国家出版基金项目
NATIONAL PUBLICATION FOUNDATION

信息光子学与光通信系列丛书

量子异质结构理论与计算

丛书主编　任晓敏

刘玉敏　俞重远　叶　寒　**编著**

北京邮电大学出版社
www.buptpress.com

内 容 简 介

本书从半导体量子异质结构的晶格失配出发,首先介绍了弹性力学的基本概念和基本理论,并在此基础上讨论了应变量子异质结构应力、应变分布的模型和计算方法。此外,原子势函数法也广泛应用于量子异质结构应力、应变计算,本书对其也做了适当的介绍。本书以位错理论为基础,讨论了异质结构中位错应力、应变分布的有限元计算方法,并以能量平衡判据分析了异质结构中位错产生的临界厚度或临界尺寸。基于能量最优化,本书分析了热力学平衡条件下量子异质结构的材料组分与形貌、尺寸的相关性。在组分和应变的基础上,本书介绍了能带结构计算的多带 $k \cdot p$ 理论、量子异质结构中电子结构的计算方法,以及如何采用应变工程的方法调控量子异质结构的生长和光电特性。最后本书介绍了腔量子电动力学理论及其在"光学微腔＋量子点"系统的应用,并介绍了基于几何投影法设计和优化光学微腔的结构,以提高量子点自发辐射率和辐射光子的捕获率。

本书可供半导体光电子专业的研究生和高年级本科生使用,或者供从事相关专业的工程技术人员参考。

图书在版编目(CIP)数据

量子异质结构理论与计算 / 刘玉敏,俞重远,叶寒编著. -- 北京 : 北京邮电大学出版社,2021.9
ISBN 978-7-5635-6425-5

Ⅰ.①量… Ⅱ.①刘… ②俞… ③叶… Ⅲ.①量子—异质结—研究 Ⅳ.①TN303

中国版本图书馆 CIP 数据核字(2021)第 143930 号

策划编辑:马晓仟　　责任编辑:孙宏颖　　封面设计:七星博纳

出版发行:北京邮电大学出版社
社　　　址:北京市海淀区西土城路 10 号
邮政编码:100876
发 行 部:电话:010-62282185　传真:010-62283578
E-mail: publish@bupt.edu.cn
经　　销:各地新华书店
印　　刷:唐山玺诚印务有限公司
开　　本:720 mm×1 000 mm　1/16
印　　张:30
字　　数:636 千字
版　　次:2021 年 9 月第 1 版
印　　次:2021 年 9 月第 1 次印刷

ISBN 978-7-5635-6425-5　　　　　　　　　　　　　　　定价:96.00 元

丛 书 总 序

  2013 年 12 月 20 日联合国第六十八届会议决定将 2015 年设定为"International Year of Light and Light-based Technologies",即光和光基技术国际年,简称国际光年。人类对光的探索可以追溯到两三千年以前,早在我国春秋战国时期,墨翟及其弟子所著的《墨经》中就记载了光的直线传播和光在镜面上的反射等现象。光学的发展漫长而曲折:1015 年前后,伊本·海赛姆写成的《光学》(*Book of Optics*)全面地介绍了希腊学者对光的认识,对后世欧洲学者产生了巨大影响;1657 年费马(Fermat)得出了著名的费马原理,并从原理出发推出了光的反射和折射定律,这两个定律奠定了几何光学的基础,光学开始真正成为一门科学;1815 年菲涅尔(Fresnel)的光波动性理论是光学发展之路里程碑式的贡献;1861 年麦克斯韦建立了著名的电磁理论,该理论预言了电磁波的存在,这是继牛顿力学之后划时代的巨大贡献;1905 年,爱因斯坦运用量子论对光电效应提出了新的解释,说明了光具有粒子性;1965 年,华裔科学家高锟在光纤光导理论方面提出的通信新模式引起了世界信息通信技术的一次革命,高锟也由此被誉为"光纤之父"。

  早期的光学主要研究物质的宏观光学特性,如光的折射、反射、衍射、成像和照明等,随着 20 世纪 60 年代初激光的出现,光学进入了现代光学的新阶段,人们着重于研究光子与物质相互作用、光子的本质,以及光子的产生、传播、探测等微观机制。光子学(photonics)这一领域应运而生,光子学是研究以光子作为信息或能量载体的科学。光子学相对于传统的光学有如电子学相对于经典电学,光子学一经提出即引起世界的高度重视。

  如今光子学技术已经广泛应用到工业、农业、交通、国防、环保、医疗、生活娱乐等各个领域,当前的因特网超过 90％的信息数据通过高速光纤通信网传输;微纳米光学广泛应用在信息处理和存储上;光伏太阳能发电具有节省能源、降低污染等优势,正向数以千万计用户提供电力。在世界各国经济实力与国防力量的较量中,光子学也起着重要作用。光子学,特别是信息光子学技术的应用已经深入人类活动的方方面面，与日常生活密不可分，我们应该让人们清楚地认识到光子学对人类生活所起到的巨大作用，以及对人类社会可持续发展产生的重要意义。

2015 年是国际光年，也是著名光学科学家王大珩院士和著名光通信科学家叶培大院士（依托北京邮电大学的信息光子学与光通信国家重点实验室创始人）100 周年诞辰；2016 年又恰逢通信光纤和半导体双异质结构制备成功 50 周年，信息论的创始人香农 100 周年诞辰。值此之际，信息光子学与光通信国家重点实验室编写完成了该丛书，旨在促进信息光子学的进一步发展。希望读者通过该丛书能够了解该领域中的一些新的重要进展，产生某些新的思考。

谨此小序，欢迎交流斧正。

信息光子学与光通信国家重点实验室（北京邮电大学）

任晓敏 **徐 坤**

2016 年 8 月

前　言

大数据、物联网、人工智能、数字地球等各种信息社会概念,乃至武器装备信息化等与信息相关的人类生产和生活活动,已经并正在对人们的工作方式、思维方式等各个方面产生深刻的影响。高速处理器、大规模集成电路、各种关键光电子器件和各种集成光学器件构成了信息社会的基石,而各种器件和功能芯片的基础则是半导体材料和与之相关的 pn 结或异质结构。

在理解半导体材料和结构的重要性之前,有必要回顾一下影响人类生产和生活的几个关键科技节点:望远镜和指南针的发明推动了 12 世纪航海业的进步,从而大大地拓展了人类在地球的活动空间;19 世纪蒸汽机的发明和改良成就了第一次工业革命;20 世纪初电磁感应的发现和电动机的研制,引发了第二次工业革命,人类进入电气时代,电报、电视等进入了人类生活;20 世纪初晶体管的发明带来了现代电子学的革命,同时半导体材料和器件的研究蓬勃发展,微电子产业和光电子产业及时而有效的结合造就了 20 世纪后半期的信息产业,从此人们步入信息社会。

进入 21 世纪以来,半导体材料和器件从主要服务信息社会逐步扩展到人类生活的其他领域,例如能源产业和医疗卫生行业,具体有太阳能、能量存储、白光照明、医学诊断和医学治疗等。人们对 21 世纪充满期待:有人说 21 世纪是光电子的世纪,有人说 21 世纪是生物学的世纪,有人则说 21 世纪是纳米科技的世纪。显然,争论哪种说法更正确,没有绝对意义,重要的是科技的持续进步,必将更深刻地影响人们的生产和生活方式,从某种程度来讲,这也是科技创新的动力源之一。从社会自身发展来看,步入 21 世纪,人们更加注重能源节约、环境友好以及发展的可持续性,以"绿色"和"低碳"为特征的工业、农业、能源、医学等必将获得长足的发展,相反,各种高能耗、非绿色产业必将被逐步淘汰,21 世纪应当是"绿色革命"的世纪。半导体材料和器件在绿色环保方面已经占有一席之地,并获得迅猛发展,特别是太阳能产业、白光照明工程在国民经济中发挥着重要作用。

制造和使用工具是人和动物的根本区别,然而,工具的制造受制造技术本身的限制,制造技术又受到材料固有的限制,这一规律从过去到现在一直适用。根据人类对材料的掌控,可将人类的文明大致划分为石器时代、青铜器时代和铁器时代。本书涉及的量子异质结构主要是指半导体材料的量子异质结构。即便在半导体材料领域也很难定义下一个时代为硅器、碳器或其他材料的时代,人们对未来的需求呈现多样性,未来应当是多材料并举的时代。基于半导体材料的重要性,科学家们对元素周期表进行了深入挖掘,发现或人工制备了大量半导体化合物和半导体合金,许多独特的物理性质有望在产业化中获得应用。然而半导体产业是一个高投入的产业,在纯度、加工工业方面,不同材料要求差别较大,一种半导体材料能否被大规模应用,与其潜力、现有半导体工艺兼容性、能支撑的产业规模有关。因此,以硅为主体的半导体材料与器件在21世纪将发挥越来越重要的作用。新一代半导体材料会随着时间的推移、技术和工艺的成熟或者新的需求而逐步登上历史舞台。根据半导体材料发展时间的几个明显节点,其一般可划分为三代。第一代半导体以硅和锗为代表,是大规模集成电路的主要材料,占半导体产业的95%以上,工艺发展十分成熟,以微电子产业为代表,构成计算机和现代电子器件的核心。第二代半导体以GaAs、InP为典型代表,是发光二极管和激光二极管的基础。第三代半导体以GaN、InN、AlN、ZnO、Ga_2O_3等宽带隙半导体为典型代表,在蓝绿光二极管和激光二极管、紫外探测、极端温度工作条件器件与高功率电子器件中有典型应用,在军工、国防领域应用前景广阔。

半导体材料按电阻率定义,主要是指电阻率在$10^2 \sim 10^9$ $\Omega \cdot cm$ 的材料;按带隙定义,指带隙宽度在 $0 \sim 4$ eV 之间的材料。以上定义并不绝对,如金刚石带隙为6 eV,被视为半导体材料。半导体是唯一能够将光子和电子集成较好的材料,可以实现电子和光子的操控。作为信息产业基石的微电子产业和光电子产业,前者涉及对电子的操控,后者涉及对光子和电子的操控,这也是半导体材料在信息领域如此重要的原因:电子属于费米子,电子之间存在较强的相互作用,易于实现信息处理和计算。缺点是电子之间除了自身相互作用外,还与周围环境相互作用,信号易受噪声影响,另外电子有一定质量,存在一定的迁移率。光子不带电,静态质量为零,相互作用很弱,易于实现信号高速传输,受环境影响小,缺点是很难操控。半导体材料及其结构为电子和光子提供了很好的宿主,半导体的物理特性可以通过掺杂、温度的改变来调节,半导体中的电子受电场和磁场的作用,容易实现半导体中电子的调控,制作信号处理器件。直接带隙半导体通过电子跃迁发光制作发光二极管和激光二极管,或者通过光电效应制作各种光探测器。

Si 和 Ge 属于单元素半导体,其他半导体大多为化合物半导体,几种化合物半导体还可以制作合金半导体。一些典型的化合物半导体具有极高的电子迁移率,非常适合做高速电子器件。化合物半导体种类较多,带隙覆盖了从远红外到紫外波段。通过合金化合的组分调控还可以实现能带的裁剪,原则上可以实现任意波长的有源光学器件。更宽发光波段的光源需求和高速电子器件的需求,是化合物半导体及半导体合金研究的重要推动力。

丰富的半导体材料库为半导体器件的发展和应用提供了较多可选择性。但仅有优秀的材料特性远远不够,目前人们对半导体器件在功耗、尺寸、功能集成、工作条件等方面提出了较高的要求,要实现上述多目标的器件设计,需要将半导体材料制成复杂的结构,这些复杂的结构既有电子学的要求,如制备量子阱、量子线、量子点等实现载流子的量子受限效应、态密度裁剪等,也包括光子学受限效应,如光波导的制备、半导体光学微腔的设计、垂直腔面发射结构等,另外对于一些需要借助量子效应的半导体器件,一些特殊的量子结构设计显得尤为重要,如单电子晶体管、量子点单光子光源、量子比特、量子级联激光器等。

下面简要回顾半导体材料、理论与器件发展中的一些重要阶段。

前期的理论发展:1899 年电子被发现;1905 年光子被发现;1925—1928 年量子力学被建立;1928 年,菲利克斯·布洛赫(Felix Bloch)的博士论文给出了金属的能带理论,费米(Fermi)提出了赝势的概念,半导体理论迅速发展。

1947 年 11 月 23 日,贝尔实验室的约翰·巴丁(John Bardeen)和沃尔特·布拉顿(Walter Brattain)发明了点接触型双极晶体管。1948 年威廉·布拉德福德·肖克莱(William Bradford Shockley)发明了结型晶体管。晶体管的发明带来了现代电子学的革命,3 人分享了 1956 年诺贝尔物理学奖。肖克莱 1949 年描述了 p-n 结的物理特性,1951 年定义了异质结的概念,1952 年引入了结型场效应晶体管。1954 年查尔斯·H. 汤斯(Charles H. Townes)发明了微波激射器。1958 年,江崎(Leo Esaki)研制成功了隧穿二极管,这是半导体物理和量子力学的"一次成功的联姻"。

图 1 从左到右依次为:巴丁、布拉顿、肖克莱以及第一个点接触型(双极)晶体管

1958 年德州仪器公司(Texas Instruments)的杰克·基尔比(Jack Kilby)发明了第一块集成电路,荣获了 2000 年的诺贝尔物理学奖。次年,仙童半导体公司(Fairchild Semiconductor)的罗伯特·诺伊斯(Rovert Noyce)发明了第一块硅基平面集成电路。1968 年,硅 MOS 器件被发明及其大规模集成电路开始实现产业化生产。

1962 年,通用电气公司(General Electric)的罗伯特·诺尔·霍尔(Robert Noel Hall)首次实现了半导体二极管的光发射。同年报道了激光二极管的有 IBM、麻省理工(MIT)的林肯实验室、德州仪器实验室。次年,苏联的尼古拉·巴索夫(Nikolay Basov)也报道了该组的 GaAs 激光器。在肖克莱提出了异质结概念的基础上,1963 年,赫伯特·克罗默(Herbert Krometer)提出了异质结构的载流子受限和光场受限机理,此后相续发展了单异质结半导体激光二极管,取得里程碑式进展的是 20 世纪

图 2 从左到右依次为：基尔比（2000 年诺贝尔物理学奖获得者）
及其第一块集成电路，诺伊斯及其第一块平板硅基平面集成电路

70 年代初由苏联的阿尔费罗夫研究组和美国的莫顿·潘尼希（Morton Panish）与哈亚希（Izuo Hayashi）等人研制的双异质结激光二极管，实现了室温下连续工作。阿尔费罗夫与集成电路的发明者基尔比共同分享了 2000 年诺贝尔物理学奖。1966 年，华裔科学家高锟指出用石英基玻璃纤维进行长距离信息传递，带来了一场通信事业的革命，并提出了当玻璃纤维损耗率下降到每千米 20 dB 时，光纤通信即可成功。他的研究为人类进入光导新纪元打开了大门，他被誉为"光纤之父"，并获得了 2009 年诺贝尔物理学奖。1970 年康宁公司研制出传输损耗低于 20 dB 的光纤。室温连续运转半导体激光器与低损耗传输光纤制备的成功开启了光纤通信的新纪元，1970 年被称为光纤通信元年。此后，在光通信的驱动下，半导体光电子技术与器件获得迅猛发展，以激光器为例，先后经历了量子阱激光器、分离受限激光器、分布反馈激光器、垂直腔面发射激光器、垂直外腔面发射激光器等。

图 3 从左至右依次为：克罗默、阿尔费罗夫和高锟

20 世纪 70 年代初江崎和朱兆祥开始人为控制半导体中电子的势分布和波函数，首次提出了半导体超晶格的概念，并提出了利用该结构实现布洛赫振荡。分子束外延设备在贝尔（Bell）实验室和 IBM 的成功研制为这一概念提供了实现的前提，

AlGaAs/GaAs 超晶格的成功制备标志着半导体材料进入人工剪裁时代，晶格工程学获得快速发展。

1978 年丁格尔等人在调制掺杂异质结平行基面电子气的输运研究中证实了电子迁移率增强现象，使高电子迁移率晶体管（high electron mobility transistor）研制成功。在此基础上，1980 年德国的克劳斯·冯·克利青（Klaus von Klitzing）发现了整数量子霍尔效应，1982 年华裔科学家崔崎（Daniel Chee Tsui）等人在迁移率极高的 AlGaAs/GaAs 异质结中发现了分数量子霍尔效应，两个半导体物理的重大发现使得两人分别获得了 1985 年和 1998 年的诺贝尔物理学奖。

1969 年贝尔实验室的维拉·波义耳（Willard S. Boyle）和乔治·史密斯（George E. Smith）发明了电耦合器件（Charge Coupled Devices，CCD），CCD 广泛应用于数码摄像、遥测遥感以及高速摄影技术等，两人因此而获得了 2009 年诺贝尔物理学奖。

1988 年，美国物理学家邓肯·霍尔丹（Duncan Haldane）提出了可能存在不需要外磁场的量子霍尔效应。2010 年，我国理论物理学家方忠、戴希等与张首晟教授合作，提出了磁性掺杂的三维拓扑绝缘体有可能是实现量子化反常霍尔效应的最佳体系。2013 年清华大学薛其坤教授团队利用分子束外延方法，生长出了高质量的 Cr 掺杂（Bi、Sb）2Te3 拓扑绝缘体磁性薄膜，并在极低温输运测量装置上成功地观测到了量子反常霍尔效应。

随着薄膜外延制备技术（特别是先进的 MBE 和 MOCVD 外延生长设备）、检测技术和加工工艺的进步，对半导体材料的研究逐渐延伸到纳米量级，包括纳米颗粒、纳米薄膜、量子线、纳米线和量子点等，纳米技术与半导体技术的结合进一步催生了这些材料或结构背后的量子效应，人们发现了许多新的物理现象，预期获得更好或全新的器件应用。一些在半导体材料中不容易观察到的现象，在量子异质结构中更容易观察、操控，比如量子阱或其超晶格中的量子受限斯塔克效应、激子光学的非线性效应、电子输运的 Aharonov-Bohm 振荡效应、电子干涉效应、量子点的库仑阻塞效应、自旋量子霍尔效应等。这些材料、结构和物理性质必将开拓新的半导体物理学分支（如半导体自旋物理学），并为半导体器件的设计和发展提供了新的思路。

本书主要讨论了具有量子特性的半导体异质结构的制备，结构本身的电学、光学和力学等物理特性，以及半导体量子异质结构在微电子和光电子器件中的应用。本书介绍了与半导体材料物理以及半导体异质结构物理相关的基础知识，重点介绍团队成员近年来在异质外延量子点的应变、组分、位错和电子结构等方面的研究工作。本书的主要目的是将与半导体异质结构相关的基础知识集中进行介绍，强调了基础理论与计算方法在科研中的应用，注重实用性，适用于相关专业高年级本科生与研究生阅读。囿于作者的学识基础和研究兴趣，选材上可能具有主观性，在部分内容的选择上，与异质结构主题或许稍有偏离。本书尽量避免了过于复杂的理论推导，主要注重数值仿真方法。

本书作者均为俞重远教授团队成员，多年从事半导体材料与量子异质结构方面的研究工作，承担和参加了国家973计划、国家863计划、国家自然科学基金等科研项目。

全书分为9章。第1章是对量子异质结构概念的阐述。第2章详细介绍了弹性力学中应力、应变的基础，以及两种常见半导体结构材料的弹性特性。第3章详细介绍了半导体中3种应变量子异质结构的应变分布计算，包括数值计算方法和解析方法。第4章详细介绍了半导体中的位错以及由于位错引起的应变分布计算和由位错决定的量子异质结构的临界问题。第5章介绍了半导体异质外延生长的动力学蒙特卡罗仿真，包括仿真方法和仿真实例。第6章详细介绍了热力学平衡条件下量子异质结构的组分分布和应变的关系。第7章详细介绍了半导体量子异质结构的电子结构计算方法，以及应变、压电效应等对电子结构的影响。第8章详细介绍了应变工程的应用对半导体材料形态、分布的有序性影响以及电子结构的调控。第9章详细介绍了半导体量子点与微腔相互作用下的腔量子电动力学及其在单光子源和量子逻辑中的应用。

感谢信息光子学与光通信国家重点实验室（北京邮电大学）的实验室主任任晓敏教授，任教授作为"信息光子学与光通信系列丛书"的主编，对本书的编写给予了大量的关心和支持。感谢国家出版基金的资助。

衷心感谢王东林、周帅、冯昊、张文、贾博雍等博士生的无私贡献。

最后，限于作者水平，书中难免有不妥甚至是错误之处，希望专家和读者指正。

作　者
于北京邮电大学

目　　录

第1章　量子异质结构概述 ……………………………………………… 1

1.1　"异质"的理解 ………………………………………………… 1

　　1.1.1　晶格失配 ……………………………………………… 2

　　1.1.2　带边失配 ……………………………………………… 6

　　1.1.3　折射率失配 …………………………………………… 9

　　1.1.4　热失配 ………………………………………………… 10

　　1.1.5　介电常数失配 ………………………………………… 11

1.2　"量子"的理解 ………………………………………………… 11

1.3　量子异质结构的制备 ………………………………………… 13

1.4　载流子的统计特性 …………………………………………… 14

　　1.4.1　量子统计分布函数 …………………………………… 14

　　1.4.2　量子态密度 …………………………………………… 16

　　1.4.3　半导体中的载流子浓度 ……………………………… 24

本章参考文献 ………………………………………………………… 26

第2章　应力应变基础 …………………………………………………… 29

2.1　应力与应变的概念 …………………………………………… 29

　　2.1.1　位移与应变张量 ……………………………………… 30

　　2.1.2　应力张量 ……………………………………………… 31

2.2　应力与应变的关系:广义胡克定律 ………………………… 33

　　2.2.1　简化下标与劲度矩阵 ………………………………… 34

　　2.2.2　立方晶体的弹性常数 ………………………………… 35

　　2.2.3　六角晶体的弹性常数 ………………………………… 36

2.3　弹性各向异性 ………………………………………………… 38

2.4　应变能密度 …………………………………………………… 43

本章参考文献 ……………………………………………… 44

第3章 异质结构的应力应变计算 ……………………… 47

3.1 晶格失配 ………………………………………………… 47

3.2 应变量子阱 ……………………………………………… 49

　3.2.1 应变分布 ………………………………………… 49

　3.2.2 任意方向外延量子阱薄膜的有效双轴模量 …… 52

　3.2.3 量子阱超晶格的应变平衡 …………………… 55

3.3 应变量子线 ……………………………………………… 58

　3.3.1 平面应变问题 …………………………………… 59

　3.3.2 量子线应变分布的有限差分法 ………………… 60

　3.3.3 格林函数法 ……………………………………… 63

　3.3.4 有限元法 ………………………………………… 66

3.4 自组织量子点的应变分布 …………………………… 67

　3.4.1 Eshelby 的 inclusion 理论 ……………………… 68

　3.4.2 格林函数法（各向同性） ……………………… 71

　3.4.3 傅里叶空间的格林函数法（各向异性） ……… 74

　3.4.4 半空间问题的 inclusion 理论 ………………… 76

　3.4.5 有限差分法 ……………………………………… 78

　3.4.6 有限元法 ………………………………………… 80

3.5 原子势函数法计算量子点的应变分布 ……………… 84

　3.5.1 Stinger-Weber 势函数 ………………………… 84

　3.5.2 价力场势函数 …………………………………… 85

　3.5.3 Tersoff 势函数 ………………………………… 87

　3.5.4 应力应变分布的原子势函数仿真 ……………… 88

本章参考文献 ……………………………………………… 90

第4章 异质结构中的位错 ……………………………… 96

4.1 位错类型与伯格斯矢量 ……………………………… 96

　4.1.1 基本位错类型 …………………………………… 96

　4.1.2 伯格斯矢量 ……………………………………… 99

4.2 位错的应力、应变分布 ……………………………… 100

4.2.1 应变分布 …………………………………………… 100

4.2.2 位错的应变能 …………………………………… 103

4.3 位错力 ………………………………………………… 105

4.4 位错应变分布的有限元计算 …………………………… 110

4.5 立方晶体和六角晶体中的位错 ………………………… 113

4.5.1 金刚石和闪锌矿结构中的位错 ………………… 113

4.5.2 金刚石和闪锌矿结构的贯穿位错 ……………… 114

4.5.3 金刚石和闪锌矿结构的失配位错 ……………… 114

4.5.4 六角晶体中的位错 ……………………………… 115

4.5.5 六角晶体中的穿透位错 ………………………… 116

4.5.6 六角晶体中的失配位错 ………………………… 116

4.6 异质外延薄膜的临界厚度 ……………………………… 117

4.6.1 MB 力平衡模型 ………………………………… 117

4.6.2 van der Merwe 模型 …………………………… 120

4.6.3 PB 模型 ………………………………………… 120

4.6.4 压应变与张应变外延的区别 …………………… 122

4.7 纳米衬底外延 ………………………………………… 123

4.7.1 刚性纳米衬底外延薄膜的临界厚度(Suhir 模型) …… 123

4.7.2 协变纳米衬底外延层的临界厚度(Zubia 模型) …… 125

4.7.3 三维受限的纳米外延 …………………………… 131

4.8 纳米衬底位错应变计算的有限元法 …………………… 135

4.9 纳米衬底异质外延临界厚度的有限元法 ……………… 139

4.9.1 外延薄膜的临界厚度 …………………………… 140

4.9.2 三维台型纳米衬底外延的临界厚度 …………… 143

4.9.3 纳米线轴向异质外延薄膜的临界厚度 ………… 146

4.9.4 纳米线轴向异质外延临界厚度的 P-K 法 ……… 154

4.10 应变异质外延量子点的位错形成位置和临界尺寸 …… 158

4.10.1 自组织量子点位错的优先形成位置 …………… 158

4.10.2 自组织量子点的临界尺寸 ……………………… 170

4.11 其他与位错有关的问题 ……………………………… 179

本章参考文献 ……………………………………………… 181

第 5 章　异质外延生长理论与仿真 ·············· 187

5.1　动力学蒙特卡罗法模拟外延生长的基本理论 ········· 187
5.1.1　生长过程中的势垒 ························· 188
5.1.2　晶格气模型、SOS 假定以及 off-lattice 模型 ······· 192
5.1.3　周期边界条件 ·························· 193

5.2　动力学蒙特卡罗算法 ···················· 194
5.2.1　动力学蒙特卡罗算法流程 ················· 194
5.2.2　事件选择算法 ························· 196
5.2.3　动力学蒙特卡罗算法基础测试 ·············· 198
5.2.4　理想均匀衬底同质外延的表面形态 ············ 199

5.3　格林函数方法计算应变 ·················· 201

5.4　KMC 仿真实验和表面形态 ················ 204
5.4.1　预应变衬底——垂直有序生长条件的优化 ······ 204
5.4.2　温度对半导体三维岛生长的影响 ············ 208
5.4.3　沉积速率对半导体量子点生长的影响 ·········· 210
5.4.4　生长中断对原子岛表面形态的影响 ··········· 211
5.4.5　原子结合能对量子点组分分布的影响 ········· 212

5.5　基于衬底工程的结构衬底量子点定位生长研究 ······· 213

5.6　动力学蒙特卡罗方法仿真自组织量子环 ········· 216
5.6.1　量子环的自组织生长模型 ················· 217
5.6.2　自组织量子环生长尺寸的设计和优化 ·········· 218

5.7　基于连续性方程的外延薄膜表面演化 ··········· 221
5.7.1　半导体外延薄膜演化的方法介绍 ············· 222
5.7.2　基于参数优化的薄膜演化数值实现 ··········· 224

本章参考文献 ·························· 225

第 6 章　异质外延半导体纳米结构的组分分布 ·········· 230

6.1　应变异质外延量子点的组分分布 ············· 230
6.1.1　热力学平衡组分分布理论 ················· 232
6.1.2　移动渐近线方法 ······················· 235
6.1.3　GeSi/Si(001)量子点组分分布 ··············· 238

6.1.4　InGaAs/GaAs(001)量子点组分分布 ·········· 243

6.1.5　量子点相互作用引入的组分分布 ·········· 246

6.1.6　位错芯附近的应变对组分分布的影响 ·········· 250

6.2　稳态合金半导体纳米线轴向组分分布 ·········· 252

6.2.1　瞬态合金纳米线生长模型 ·········· 253

6.2.2　GaAs 基合金半导体纳米线轴向组分分布 ·········· 255

6.2.3　稳态合金纳米线生长模型 ·········· 259

本章参考文献 ·········· 261

第 7 章　电子结构计算 ·········· 266

7.1　单带 **k · p** 及有效质量近似 ·········· 266

7.1.1　能量相关的有效质量近似 ·········· 266

7.1.2　单带有效质量近似 ·········· 269

7.1.3　单带有效质量近似在量子异质结构中的典型应用 ·········· 271

7.2　数值计算方法 ·········· 275

7.2.1　有限差分法 ·········· 275

7.2.2　平面波展开法 ·········· 279

7.2.3　基于偏微分方程组的有限元法 ·········· 282

7.2.4　薛定谔方程的自洽解 ·········· 282

7.3　多带 **k · p** 理论 ·········· 285

7.3.1　闪锌矿半导体 ·········· 285

7.3.2　纤锌矿半导体的 **k · p** 公式 ·········· 296

7.4　压电效应 ·········· 299

7.4.1　压电效应与压电势 ·········· 299

7.4.2　半耦合与全耦合模型 ·········· 304

7.5　在量子异质结构中的应用 ·········· 305

7.5.1　有限元法 ·········· 305

7.5.2　平面波展开法 ·········· 308

本章参考文献 ·········· 312

第 8 章　量子异质结构应变工程及应用 ·········· 316

8.1　隔离层和盖层对量子点应变分布的影响 ·········· 316

8.1.1 物理模型 ·· 317

8.1.2 隔离层和盖层的影响 ······························ 318

8.2 量子点应变补偿 ··· 322

8.2.1 应变补偿物理机制 ································· 323

8.2.2 应变补偿模型 ····································· 324

8.2.3 应变补偿方案设计 ································· 325

8.2.4 应变补偿层对量子点光学特性的影响 ············ 329

8.3 应变减少层调控量子点发光波长 ······················ 331

8.3.1 应变减少层的物理模型 ··························· 332

8.3.2 应变减少层对应变、带边和发光波长的影响 ······ 332

8.3.3 其他应变减少层材料 ····························· 336

8.4 异变外延及应用 ··· 337

8.5 位错过滤技术 ··· 339

8.5.1 InAs/GaAs 量子点位错过滤 ······················ 341

8.5.2 贯穿位错过滤的临界条件 ························· 344

8.5.3 AlN/GaN 量子点的位错过滤 ····················· 346

8.6 台形衬底外延量子点的组分形貌控制 ·················· 349

8.6.1 Si/Ge 量子点在正方台形衬底的异质外延 ········· 349

8.6.2 AlN/GaN 量子点在六角台形衬底的异质外延 ······ 355

8.7 刻蚀图形衬底纳米岛的应变弛豫和电子结构 ··········· 361

8.7.1 Si(001)衬底上生长 GeSi 纳米岛 ·················· 361

8.7.2 GaAs(001)衬底 In(Ga)As 纳米岛的电子结构 ······ 370

8.8 基于应变的量子点有序生长控制 ······················ 379

本章参考文献 ·· 383

第 9 章 量子点与微腔相互作用及光学结构设计 ············· 391

9.1 量子点与微腔耦合的腔量子电动力学系统 ············· 391

9.1.1 Jaynes-Cummings 模型 ··························· 392

9.1.2 存在耗散的 J-C 模型与主方程 ··················· 393

9.2 基于量子点的单光子源 ································· 394

9.2.1 单光子源与二阶相关函数 ························· 394

9.2.2 光子阻塞效应 ····································· 395

9.2.3 量子点-双模腔耦合系统亚泊松分布光的产生 ································· 397

9.3 磁场作用下量子点-腔的光开关和光逻辑 ····················· 401

9.3.1 磁场作用下的量子点与微腔耦合系统 ··············· 402

9.3.2 磁场作用量子点-微腔的光开关和光逻辑应用 ············· 405

9.4 基于量子点双模腔耦合系统的少光子光开关和逻辑门 ······· 409

9.4.1 系统哈密顿量 ·· 409

9.4.2 系统的能级结构与干涉相消 ····················· 410

9.4.3 系统模式转换时间 ································· 412

9.4.4 基于干涉相消的开关效应 ····················· 414

9.4.5 基于串级系统的 AND 和 OR 逻辑门 ··············· 417

9.5 光子晶体微腔的结构设计 ······························· 420

9.5.1 不同对称结构的光子晶体平板腔 ··············· 421

9.5.2 几何投影法 ·· 425

9.5.3 光子晶体腔的几何投影法优化 ··············· 429

9.6 单光子器件纳米线顶端结构的优化 ··············· 432

9.6.1 模型与优化方法 ································· 433

9.6.2 优化结果 ·· 435

本章参考文献 ··· 438

附录 A 四元合金半导体的参数拟合公式 ··············· 443

附录 B 坐标变换与张量变换 ····························· 444

附录 C 弹性张量坐标变换数值程序 ··············· 447

附录 D Mathematica 弹性张量坐标变换数值程序 ············· 450

附录 E 对坐标的曲线积分和曲面积分 ··············· 453

附录 F 三维量子点形状特征函数的傅里叶变换 ············· 458

第 1 章　量子异质结构概述

半导体的结(junction)指半导体材料的界面(理想结或突变结)或过渡区域(缓变结),需要强调的是除去缺陷外,界面或过渡区域处原子应是共格(coherent lattice)的。在半导体中依据结两侧导电载流子类型的异同,可以将结分为同型结和异型结,如 n-n、p-p 等都是同型结,同型结都用小写字母表示;依据结两侧半导体单晶材料的异同,可将结分为同质结(homojunction)和异质结(heterojunction)。对于异质结,通常将窄带隙半导体的导电类型用小写字母 n 或 p 表示,将宽带隙半导体的导电类型用大写字母 N 或 P 表示,并先写窄带隙半导体,如 n-P 和 p-N 为异型异质结,n-N 和 p-P 为同型异质结。当半导体有多个异质结或者异质结界面具有复杂的几何形状时,这样的多个结或具有复杂形状的结称为异质结构。与简单的结相比由结形成的结构可以实现更多的功能,因此,大多数情况下所说的异质结实际为异质结构(heterostructures)。异质结概念的提出者之一是赫伯特·克罗默(Herbert Kroemer)。在 2000 年诺贝尔获奖感言上,克罗默认为:"Heterostructures, as I use the word here, may be defined as heterogeneous semiconductor structures built from two or more different semiconductors, in such a way that the transition region or interface between the different materials plays an essential role in any device action."[1]。从中我们可以看出三方面的含义:第一,异质结由不同半导体材料的单晶构成;第二,异质结存在结区或过渡区域;第三,结区或过渡区域在形成器件中起到重要的功能性作用。

随着高精度的材料生长设备的广泛使用和半导体纳米加工工艺及技术的进步,我们已经可以制备复杂的半导体纳米异质结构。由于异质结构尺寸的限制,需要基于量子理论来解释异质结构中载流子的电学、光学特性,这样的异质结构称为量子异质结构。量子异质结构在纳电子学和半导体光电子学领域具有广泛的应用。下面我们首先从"异质"和"量子"两方面加深对量子异质结构的理解。

1.1　"异质"的理解

由异质结构的定义可知,在半导体异质结构中,结两侧的单晶分属禁带宽度不同的半导体材料。由于是两种不同的单晶半导体材料,因此结两侧的材料在很多物理特性方面都是不同的,如介电常数、电子亲和势、折射率、载流子(电子和空穴)有效质量、能带带隙宽度、晶格常数和热膨胀系数等。下面主要讲解半导体异质结构在力学、光学和电学等方面相关的"异质"特性。

1.1.1 晶格失配

在半导体异质外延薄膜制备中,通常衬底和外延薄膜之间的晶格常数不同,因而在界面存在晶格失配,晶格失配的大小用衬底和薄膜材料的晶格常数差与平均晶格常数的比值表征:$f = 2(a_s - a_f)/(a_s + a_f)$。其中 a_s 和 a_f 分别为衬底和外延薄膜的晶格常数,由于一般晶格常数相比于平均晶格常数差别较大,所以式中的平均晶格常数也可用衬底晶格常数代替。

早期半导体外延生长缺乏 MOCVD 和 MBE 等高级生长设备,难以实现单层或亚单层原子厚度薄膜的外延生长控制,在半导体异质结构制备过程中,必须采用晶格失配较小的材料才能制备高质量的外延薄膜,否则会在衬底和薄膜界面产生大量的位错和缺陷。位错、缺陷可以起到少数载流子复合中心的作用,影响结构的发光特性和载流子输运特性,对晶体管和激光器的使用寿命和工作性能都会产生不利影响,这也是早期异质结构理论和实验结果很难获得一致的原因,科学家把主要精力集中在晶格匹配半导体材料的研究上。图 1-1-1 为 20 世纪 70 年代人们实验测得Ⅲ-Ⅴ材料的晶格常数与带隙关系图[2],可以看出在 GaAs 衬底能够外延晶格匹配的 $Ga_xIn_{1-x}P$ 合金,或在 InP 衬底能够外延晶格匹配的 $In_xGa_{1-x}As$ 合金。晶格匹配异质外延结构的缺点是,外延材料的合金组分要求十分严格,因此带隙位置固定,难以调控发射波长。制备更复杂的四元或五元合金材料与衬底晶格匹配,对生长条件的控制要求较高,甚至很难获得重复的实验结果。

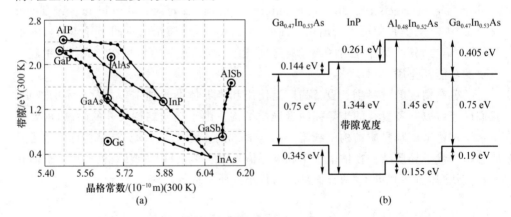

图 1-1-1 (a)晶格常数与带隙关系图(点实线表示直接带隙,虚线表示间接带隙);(b)GaInAs 和 AlInAs 与 InP 有相同的晶格常数(300 K),但有不同的带隙宽度和导带价带带阶

随着 MOCVD 和 MBE 设备的发明及应用,应变异质外延材料生长发展迅速,科研工作者已经实现了原子层甚至是亚原子厚度外延薄膜的精确调控,高质量应变异

质外延技术克服了晶格匹配外延对材料组分的固有限制,极大地增强了科研工作者对半导体材料带隙的调控能力。晶格失配导致在衬底异质外延薄膜内产生应变能积累,当衬底较厚时,应变主要在薄膜内协调,从而在薄膜内积累应变能,应变能的积累导致薄膜形态的不稳定称为 Asaro-Tiller-Grinfeld(ATG)不稳定[3],这种不稳定可导致表面形态的波动释放薄膜内的应变能,这种应变释放机制是自组装、并行、低价制备量子点的关键,**晶格失配导致的应力和应变是量子点形成的内在驱动力**[4]。

根据能量平衡理论,在异质外延薄膜制备中存在 3 种典型的生长方式。

第一种生长方式为层状生长方式(layer by layer 或者 Frank-van der Merwe),在这种生长方式下,外延层与真空之间的界面能 $\gamma_{e/v}$ 和外延层与衬底界面的界面能 $\gamma_{s/e}$ 之和小于等于衬底与真空界面能 $\gamma_{s/v}$,这时 $\gamma_{e/v}$ 外延薄膜的延展性越强,体系总能量越小,根据能量最小原理,体系呈层状生长时(薄膜与衬底材料浸润)总能量最小,因此体系倾向于层状生长。典型生长实例是在半导体衬底表面外延晶格近似匹配的单晶半导体薄膜。层状生长示意如图 1-1-2 所示。

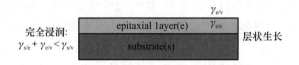

图 1-1-2　层状生长示意图

第二种生长方式为三维(3D)岛状生长方式(又称为 Volbmer-Weber 方式),在这种生长方式下,外延层与真空之间的界面能和外延层与衬底界面的界面能之和大于衬底与真空界面能。这时外延薄膜在衬底的延展性越差,体系总能量越小,体系呈岛状生长。岛的形状与体系界面能之间的相对大小有关,岛与衬底夹角需满足力平衡条件。岛状生长示意如图 1-1-3 所示。

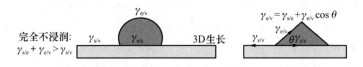

图 1-1-3　岛状生长示意图

对于晶格匹配材料,体系能量只取决于界面能之间的关系,材料生长按前两种生长方式进行。对于晶格失配外延薄膜,主要由外延薄膜协调晶格失配引起应变,在薄膜中积累的应变能随厚度线性变化,这时结合界面能之间的关系,会出现第三种生长方式,在这种情况下,初始阶段薄膜很薄,应变能很小,材料界面能关系满足第一种生长方式,外延薄膜先层状生长几层薄的浸润层(wetting layer),又称为赝晶层,然后随着应变能的增加,体系能量逐渐满足第二种生长方式,这时按岛状方式生长。1938年 Stranski 和 Krastanow 首次在离子晶体外延中发现成岛现象,称为 S-K 生长方式,如图 1-1-4 所示。岛状生长方式的附加效应就是应变能由于材料形变而得到一定的弛豫。1985 年 Goldstein 在制备 InAs/GaAs 超晶格时在半导体中发现了该现象,1990 年以后人们意识到这是制备 0 维纳米结构的一种手段。

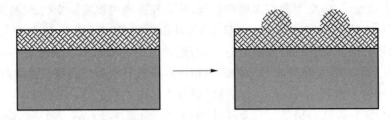

图 1-1-4　S-K 生长方式示意图

根据能量最小原理,应变岛形成的条件是形成三维岛释放的应变能(应变减少量)要大于表面面积增加而引起的表面能增加量,通常岛内仍有因不完全释放而残余的应变能。随着材料的继续增长,应变岛的体积会变大,岛内残余的应变能会相应增加,这时需要其他应变弛豫机制,否则外延层与衬底之间不能维持共格生长,岛与衬底界面将形成失配位错。在制备过程中,位错的形成会导致量子点高度的塌陷和应变场的重新分布,位错引起的应变弛豫为塑性弛豫,导致衬底和界面之间存在非共格现象。

应变是 S-K 生长方式的内在驱动力,形变(岛状生长)和位错是应变弛豫的两种手段。晶格失配越大,应变能积累越快,越容易形成界面失配位错,或者形成量子点。实际上存在一个薄膜或量子点的临界尺寸或临界厚度问题。早期制备异质结构的生长方式(如液相外延技术)难以实现单原子层厚度的控制精度,因为生长的薄膜较厚,大大地超出了临界尺寸的限制,生长的材料难以在光学或电学器件中获得应用,除非衬底和外延层晶格匹配或晶格失配较小。以最早在研究异质结构期间获得突破的 $Al_xGa_{1-x}As/GaAs$ 双异质结构激光器为例,其晶格失配为 0.16%,可以近似认为晶格匹配,GaAs 的晶格常数为 0.565 4 nm,AlAs 的晶格常数为 0.566 1 nm。根据 Vergar 定律,合金的晶格常数通常通过组分的线性插值表示,$Al_xGa_{1-x}As$ 的晶格常数因此可以表示为 $a_{A_xB_{1-x}C}(x)=xa_{AC}+(1-x)a_{BC}$,调整 $Al_xGa_{1-x}As$ 的组分可以实现与衬底晶格常数近似匹配。而 Ge-Si、GaAs-InAs 材料系之间的晶格失配分别为 4% 和 7%,属于较大失配材料系。在 $In_xGa_{1-x}As_yP_{1-y}/InP$ 中实现的 1.55 μm 室温长寿命激光器,材料之间的晶格失配也近似可以忽略。另外典型的是 $Al_{0.48}In_{0.52}As$ 和 $Ga_{0.47}InAs_{0.53}$ 与 InP 有几乎相同的晶格常数,且为直接带隙材料,可以有效地捕获载流子,这些材料常用于高速电子器件,如图 1-1-1(b)所示。

位错和形变是应变外延薄膜的两种有效应变弛豫机制,实际上这两种应变释放机制相互竞争,外延材料可以在形成量子点材料之前通过位错释放应变。当量子点足够大时,量子点内积累了较多的残余应变能,就会通过形成位错进一步释放量子点内积累的应变,如图 1-1-5 右图所示,这时量子点的尺寸(与形状有关)称为临界尺寸,量子点与衬底界面形成位错的位置与形成的位错类型有关。对于刃位错,通常会出现在量子点中心,以最大限度地弛豫应变能;对于混合位错,通常位于量子点的一侧[6-7],大多数压缩应变异质外延系统属于上述情况。近年来,人们对张应变异质外延系统产生了较高的兴趣,以 SiGe/Ge 为例,与压应变异质外延情况不同,在三维应变岛早期的生长阶段,位错引发的塑性弛豫已经发生[8],且外延浸润层厚度较大。第一原理计算表明,在典型生长温度下,SiGe 合金中的 Ge 原子和 Si 原子在压应变表面(001)上扩散势垒存在的差别明显,导致 Ge 原子迁移率是 Si 的 100～1 000 倍,但在张应变表面(001)上,两者差别不大[9]。20 世纪 80 年代,伴随着 MOCVD 和 MBE 等异质结生长工艺的发展,对异质结构生长的控制趋于精确到亚原子层厚度,可以实现在大晶格失配材料之间制备不超过临界厚度的高质量外延薄膜,这样的薄膜厚度通常在载流子的量子受限尺寸之内,这就是应变量子阱。晶格失配应变逐渐被用于制备各种应变量子异质结构,如应变量子点、量子阱、量子线等。

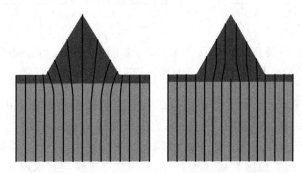

图 1-1-5　共格生长(左图)量子点和非共格生长(右图)量子点示意图,
非共格生长材料界面存在失配位错[5]

　　晶格失配的另一个作用是调控异质结构中的能带带边位置和载流子有效质量,这两个参数对半导体异质结构的光电特性十分重要。一方面,材料在张应变和压缩应变情况下,直接带隙的导带和价带边的改变会影响材料的带隙,影响发光波长;另一方面,应变对导带不同极值位置的改变,会影响材料带隙的性质,如理论上外延在大晶格衬底的纯 Ge 材料可以实现由间接带隙向直接带隙的转变,但目前为止,能制备的双轴张应变还远低于所需要的张应变条件。2009 年,研究者预测到对于(111)方向生长的 Ge 纳米线在较小的单轴张应变(4.2%)情况下可由间接带隙变为直接带隙,为光学应用和研究开辟了新的材料系[10]。Rybchenko 等人2007 年报道了由晶格失配应变导致的 InSb/GaSb 自组装量子点在量子点内的 Γ-X 导带交叉,在衬底和盖层实现 Γ-X 或 Γ-L 导带交叉是可能的[11]。导带交叉改变了异质结构半导体带隙的基本特性,极大地影响了材料的发光特性。图 1-1-6 给出了 GaAs 在不同张应变、压应变和无应变状态下的能带图,可以看出,应变不仅改变了带边的位置,同时空穴抛物带的有效质量近似不再成立,重空穴和轻空穴在布里渊区中心的简并解除。

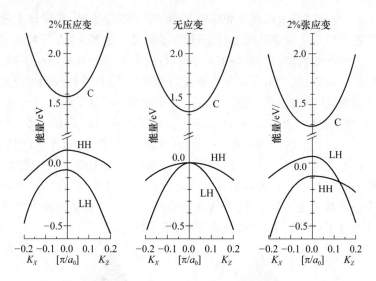

图 1-1-6　在张应变和压应变下 GaAs 能带在布里渊区中心的能带图
（C 表示导带，HH 表示重空穴带，LH 表示轻空穴带）

晶格失配的第三个作用是基于材料结构和生长技术的综合应用，控制外延生长过程中纳米异质结构，如应变量子点、量子线超晶格的空间有序性、尺寸一致性[12]。可以通过异变外延提供适用于较多晶格匹配材料的衬底[13-14]；可以基于应变实现位错过滤，防止位错向有源区扩展[15-16]；可以采用应变减少层技术向长波长拓展 InAs/GaAs 基量子点的发光波长[17-18]。总之，基于晶格失配的应变工程学在半导体量子异质结构材料与器件中已经获得了广泛应用[19]。

1.1.2　带边失配

引用诺贝尔奖获得者赫伯特·克罗默的话："如果在讨论半导体问题时，你不能画一个能带图，这表明你不知道你在说什么，如果你能画一个能带图，但没有画出，那么你的听众就不会知道你在说什么。在异质结构的讨论中，没有比这更正确的了，对后者的理解大多是基于一个人画出它们的能带图和知道它们的意思的能力"。这从侧面说明，半导体异质结构的能带图是分析异质结构特性的重要基础。一方面，异质结两侧半导体材料通常具有不同的带隙宽度，一种为宽带隙材料，另一种为窄带隙材料，两者存在带隙差；另一方面，由于两种材料的电子亲和势不同（电子从导带底逸出到真空能级所必须具备的最低能量称为电子亲和势），异质结构的结两侧形成导带带阶（band offset）。导带带阶和带隙宽度共同决定了价带带阶。如图 1-1-7 所示，材料 2 为宽带隙材料，材料 1 为窄带隙材料，两种材料形成异质结构时，由于电子亲和势的差别，使得能带线图中，窄带隙材料的导带和价带能带线嵌入材料 2 的带隙之中，这样的能带线构成的异质结构为骑跨（stradding）型异质结构，又称 Ⅰ 型异质结构，在这种情况下，宽带隙材料区域全部表现为势垒区域（对于空穴，价带向下弯曲意味着空穴能的增加,与电子相反),导带的阱区域和价带的阱区域均落在窄带隙材料上,这种情况有利于载流子快速有效地复合,称为空间直接(spatially direct)。目前大多数光电子器件(如量子阱激光器)都基于此类能带线类型的异质结构。

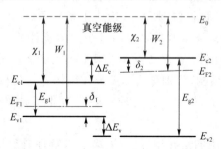

图 1-1-7　窄带隙半导体和宽带隙半导体构成的骑跨异质结

另外一种情况为宽带隙材料和窄带隙材料形成异质结时,在能带线图上两者是错位排列的,这样的异质结构称为Ⅱ型异质结构。这又有两种情况,分别称为交错(staggered)型和错层(broken)型。如图 1-1-8 所示,窄带隙材料只有导带线位于宽带隙材料中,价带线位于宽带隙材料的价带线之下,称这样的结构为交错型异质结构;若窄带隙材料的导带、价带全部位于宽带隙材料的价带之下,称这样的结构为错层型异质结构,错层型异质结构的一个例子是 InAs/GaSb,且两种材料晶格常数几乎匹配,错层能级差 $\Delta E = E_{v,GaSb} - E_{c,InAs} = 150$ meV。图 1-1-9 分别给出了Ⅰ型超晶格和交错型超晶格的能带线示意图,可以看出,对于交错型超晶格,导带的阱区和价带的阱区在空间是非对准的,这种电子和空穴在材料空间分开(spatially indirect)将导致电子和空穴复合时间增加,不适合用于光学器件。

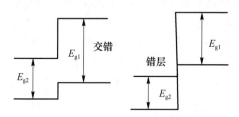

图 1-1-8　Ⅱ型异质结构的能带线图

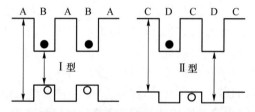

图 1-1-9　异质结构超晶格导带和价带边的一维分布示意图,
Ⅰ型半导体异质结构(左图),Ⅱ型异质结构中交错型异质结构(右图)

上述划分方法对于量子异质结构并不完善,对于一维量子阱结构,如图 1-1-8 所示,能级只在一个维度不连续,可以由带边划分。但对于三维量子结构来说,如量子点就存在不确定性。假如量子点为 A 材料构成,所处环境比较复杂,其一部分被 B 材料包围,另一部分被 C 材料包围,A/B 构成Ⅰ型异质结,A/C 构成Ⅱ型异质结,这时判断量子点的异质结构类型就需要采用量子力学统计的方法,计算或测量量子点中空穴的分布概率,假如空穴在量子点中的概率远大于在量子点包层的概率,则量子点异质结构为Ⅰ型异质结构,否则称为Ⅱ型异质结构。除材料外,晶格失配应变也可用于调控异质结构的类型,如由Ⅰ型异质结转化为Ⅱ型异质结[11],器件发光效率下降,载流子寿命急剧增加。

在电子器件中最常用的是异型异质结,高注入特性是反型异质结的重要特性之一,用注入比表示,用于反映在电流中电子电流和空穴对电流的贡献比例,假定材料 1 为受主半导体,材料 2 为施主半导体,假定掺杂完全电离,且满足非简并半导体性质,注入比可以表示为

$$\frac{J_n}{J_p} = \frac{D_{n1}}{L_{n1}} \frac{L_{p2}}{D_{p2}} \frac{N_{D2}}{N_{A1}} \exp\left(\frac{\Delta E_g}{kT}\right) \tag{1-1-1}$$

其中 D、L 分别为扩散系数和扩散长度,N 为异质结两侧的杂质浓度,角标 n 和 p 分别表示电子和空穴,ΔE_g 表示带隙差。对于同质结(pn 结),注入比表达式中没有指数项,载流子扩散系数和扩散长度差别不大,电流注入比主要取决于结两侧的掺杂浓度,要实现高注入比,需要在发射区材料高掺杂,但高掺杂会带来晶体质量下降、载流子简并、带隙窄化等一系列问题,使实验研究和理论分析复杂化。当材料为异质结构时,指数项的存在可以额外调控注入比,具有很大的灵活性,在室温下,异质结的带隙差通常很容易导致较大的指数项,导致较高的注入比,因此无须采用高掺杂的方法。

在正向偏压下,异型异质结注入到窄带载流子的少子浓度可以超过宽带材料中多子的浓度的特性,称为超注入特性,于 1967 年由俄国诺贝尔奖获得者阿尔费罗夫首次提出。假定 1 区为 p 型,2 区为 n 型,则 n 区的电子在正向偏压下克服势垒注入 p 区的少子浓度满足

$$\Delta n \approx n_1 = n_2 \exp\left(\frac{-q(V_D - V) + \Delta E_c}{kT}\right) \tag{1-1-2}$$

在异型同质结中,由于缺少导带带阶 ΔE_c 这一项,并且正向电压不能大于内建电势差,不可能实现 $\Delta n > n_2$,故不存在超注入现象。对于异质结,电子克服的势垒变为 $V_D - V - \Delta E_c$,在正向偏压不高于内建电势差的情况下,由于导带带阶的存在,可以导致势垒变为势阱,因此异质结可以实现超注入特性,这是异质结独有的特性。

在 1.1.1 节中,合金半导体的等效晶格常数采用线性插值是有效的,但对于合金材料的其他物理参数,如带隙不再有效,实际上,半导体合金的组分分布具有随机性,原胞之间不再具备固体物理学原胞的平移对称性,布洛赫定理不再严格成立。但实际结果表明,将可合金近似看作晶体处理,其物理参数用一个普适插值函数表示是合适的,这种近似称为虚晶近似(virtual crystal approximation)。对于三元(ternary)合

金 AB_xC_{1-x}，其物理参数可以表示为

$$T_{ABC}(x)=xB_{AB}+(1-x)B_{AC}+x(1-x)C_{ABC} \tag{1-1-3}$$

其中，C_{ABC} 称为弯曲参数，对于晶格常数，弯曲参数为零，对于有效质量弯曲参数作用也不明显，但对于半导体带隙，弯曲参数作用明显。随着组分的变化，可能会出现导带最低点在动量空间的高对称点之间出现交叉现象，导致材料直接带隙和间接带隙的变化。如图 1-1-10 所示，当 $Al_xGa_{1-x}As$ 合金中 Al 的摩尔组分低于 0.42 时，$E_g(\Gamma)$ 带隙最小，材料为直接带隙，当 x 大于 0.42 时，合金 $E_g(X)$ 带隙最低，材料为间接带隙。

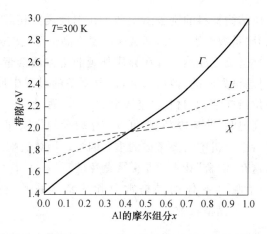

图 1-1-10　在 300 K，$Al_xGa_{1-x}As$ 合金中 Al 的摩尔组分
与对称点 X、L、Γ 带隙之间的对应关系

四元化合物的物理参数插值表达式以及三元化合物不同物理量的弯曲参数可参见附录 A。尽管虚晶近似可以很方便地用于合金参数的评估，但合金组分分布的随机性导致的周期性破坏的确会带来微观特性的影响，主要表现在载流子输运过程中的合金散射会导致载流子的平均自由程的减少，因为作用一般较小，可在围绕理论框架下分析。

1.1.3　折射率失配

在半导体激光器的结构设计中，除保证有源区具有较高的发光效率外，还要求有低损耗的光学谐振腔，实际多采用波导型 F-P 腔，在不考虑两侧镜面损耗的情况下，波导腔本身的损耗显得尤为重要。对于同质结构，波导腔需要通过掺杂浓度不同来形成光波导需要的折射率差。通常这样产生的折射率差较小，难实现有效的光学模场限制，波导的损耗较大。而异质结构材料之间通常具有较大的折射率失配，可以高达 5%，能够很容易解决波导模场受限问题，大大地提高了对光场的限制作用，降低了波导腔的损耗。正是由于同时兼具有宽带势垒导致的载流子受限和良好光波导的低损耗控制，以及载流子超注入特性，1970 年，诺贝尔奖获得者阿尔费罗夫的课题组

首次实现了室温下连续工作的半导体 AlGaAs/GaAs 双异质结激光器[2]，从此半导体激光器获得快速发展，带动光通信产业，成为现代光电子学的基础器件。

将异质结材料制备成周期折射率变化的多层膜结构，当沿膜生长方向传播的光波波长与折射率周期满足布拉格条件时，可以实现 98% 以上的高反射率，这是制备垂直腔面发射激光器谐振腔面的基础，实验常用的材料是由 AlAs/GaAs 制备的分布布拉格反射镜。

1.1.4　热失配

通常情况下，异质结构材料的制备温度和工作温度之间相差很大。如果组成异质结构的材料温度膨胀系数差别太大，那么在高温下晶格匹配的异质结构，在室温下可能存在较大晶格失配，反之亦然。这在异质外延制备方面会带来影响，一方面，如果是室温匹配而高温晶格失配的材料，那么，高温制备的过程中形成的位错，在快速退火过程中，会导致位错冻结，对材料性能不利；另一方面，如果是高温晶格匹配而室温晶格失配的材料，高温时，快速冷却，则可以产生较少的位错，但会导致室温下较大的应力，这是在材料特性分析中需要考虑的重要因素。当热失配过大时，材料在冷却后甚至会发生开裂，这在"键合"技术中是需要避免的。

表 1-1-1 给出了常见半导体的晶格常数和热膨胀系数，热膨胀系数定义为 $\alpha = \mathrm{d}a_0/\mathrm{d}T$，其中 $a_0(T)$ 为晶格常数。

表 1-1-1　室温下常见立方晶格半导体材料的晶格参数和热膨胀系数

材　料	$a_0/(10^{-10}\ \mathrm{m})$	$\alpha/(10^{-15}\ \mathrm{m \cdot K^{-1}})$	材　料	$a_0/(10^{-10}\ \mathrm{m})$	$\alpha/(10^{-15}\ \mathrm{m \cdot K^{-1}})$
Si	5.431 02	1.41	GaP	5.450 5	2.92
Ge	5.657 9	3.34	AlP	5.467 2	2.92
GaAs	5.653 25	3.88	InSb	6.479 4	3.48
InP	5.869 7	2.79	ZnS	5.410 2	3.68
AlAs	5.661 1	2.90	ZnSe	5.667 6	3.91
GaSb	6.095 9	4.72	ZnTe	6.103 7	5.00
AlSb	6.135 5	2.60	CdTe	6.486	3.11
InAs	6.058 3	2.74			

另一种文献中常用的表达晶格常数的表示方法为

$$a(T) = a(300\ \mathrm{K})\left[1 + \frac{A + BT + CT^2 + DT^3}{100}\right] \tag{1-1-4}$$

其中 A、$B(10^{-4}\ \mathrm{K^{-1}})$、$C(10^{-7}\ \mathrm{K^{-1}})$、$D(10^{-10}\ \mathrm{K^{-1}})$ 为拟合参数，定义晶格常数的线性膨胀系数为

$$\alpha(T) = \frac{1}{a(T)}\frac{\mathrm{d}a(T)}{\mathrm{d}T} \tag{1-1-5}$$

表 1-1-2 给出了常见立方晶格半导体的拟合参数和线性热膨胀系数。

表 1-1-2　立方晶格的晶格随温度变化的拟合参数及线性热膨胀系数

材　料	A	$B/(10^{-4}\ \text{K}^{-1})$	$C/(10^{-4}\ \text{K}^{-1})$	$D/(10^{-4}\ \text{K}^{-1})$	$\alpha/(300\ \text{K})$	$\alpha/(600\ \text{K})$
Si	-0.071	1.887	1.934	$-0.454\ 4$	2.6	3.7
Ge	$-0.153\ 3$	4.636	2.169	$-0.456\ 2$	5.7	6.7
GaAs	-0.147	4.239	2.916	-0.936	5.7	6.7
InSb	-0.099	1.249	8.773	-5.26	5.0	6.1
GaP	-0.11	2.611	4.445	-2.023	4.7	5.8

1.1.5　介电常数失配

介电失配与折射率失配本质是同一个概念,之所以单独提出是由于前者强调的是对光学意义上的影响,介电失配则会对量子异质结构的电学特性产生影响。在量子力学中,考虑与位置有关的有效质量,薛定谔方程的动能部分应该用 $(-\hbar^2/2)\nabla[(1/m^*)\nabla]$ 代替 $(-\hbar^2/2m^*)\nabla^2$,同理,与位置有关的介电失配导致极化势场,要表示为 $\nabla[\varepsilon(r)\nabla\Psi(r)]=-en(r)$,这在多电子量子点的电子结构计算中十分重要。另外,在量子点尺寸受限的情况下,即使是介电失配导致的单电子自极化势引起的自能也不可忽略[21-23],特别是在小尺寸多层壳的胶体量子点。

1.2　"量子"的理解

异质结构中"量子"的理解指异质结构中的载流子受异质结构带边空间尺寸的限制,使得束缚于其中的载流子在带边势阱中具有明显的分立能级,即出现量子效应。判断一个异质结构是不是量子异质结构,只需判断是否至少存在一个维度的空间受限尺度与材料中载流子的德布罗意波长相比拟,或者判断是否至少存在一个方向的空间受限尺寸与材料中激子的波尔半径相比拟。载流子在材料中的德布罗意波长与载流子的有效质量有关,而有效质量取决于带隙结构,因此两者相互关联,是等价的。在理想的半导体材料中,忽略散射作用,载流子的德布罗意波长可表示为

$$\lambda=\frac{h}{p}=\frac{h}{\sqrt{2m^*E}}=\lambda_0\sqrt{\frac{m_0}{m^*}} \tag{1-2-1}$$

在室温下,自由电子的德布罗意波长为 7.3 nm,在半导体中,由于电子的有效质量小于真空中的电子质量,因此,半导体中电子的德布罗意波长较真空中的要大,这使得在半导体中更容易在稍大的尺度上观测到由于异质结构带边受限而引起的量子效应。如在 InSb 中,观察到量子效应的尺寸可达到 65 nm。常见Ⅲ-Ⅴ半导体电子的德布罗意波长如图 1-2-1 所示。

基于量子异质结构器件的尺寸要求,量子异质结构材料和器件的发展和应用离不开三大技术:第一,纳米级外延生长制备技术,特别是 MOCVD 和 MBE 等高精度可控的纳米外延设备;第二,纳米超精细加工技术,如纳米级电子束曝光、干法刻蚀等;第三,高精度的纳米表征设备和技术,如原子力显微镜、透射电镜、扫描隧道显微镜等。

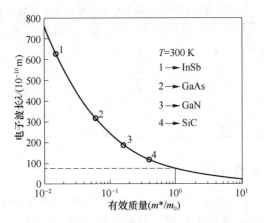

图 1-2-1 常见 Ⅲ-Ⅴ半导体电子的德布罗意波长

  根据电子的受限维数,可将量子结构分为二维量子阱、一维量子线、一维纳米线(nanowire)、零维量子点和量子环等,电子的受限维度与自由维度之和为 3,二维量子阱存在两个自由维度和一个受限维度,一维量子线则存在两个受限维度、一个自由维度,而零维量子点结构的受限维度为 3。图 1-2-2 给出了实验报道的多种半导体量子异质结构的原子力显微镜和透射电镜照片。

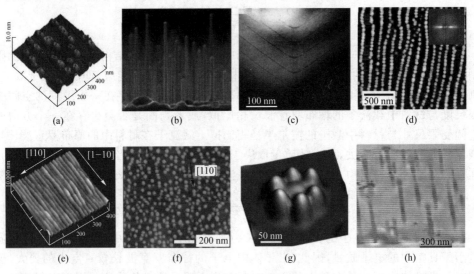

图 1-2-2 (a)由 InAs/GaAs 量子点覆盖部分 GaAs 后演化而成的 InGaAs 量子环的原子力显微镜照片[24];(b)在温度 410 ℃,利用金催化在 InAs(111)B 衬底采用分子束外延设备制备的 InAs 纳米线横截面的扫描电镜(SEM)照片[25];(c)采用流量调制外延制备的 GaAs/AlGa 六层月牙形量子线的透射电镜界面照片[26];(d)多层 InGaAs/GaAs(001)制备的量子点链原子力显微镜照片,链状方向沿(0-11)[27];(e)有序的 InAs/InP(001)量子线阵列的原子力显微镜照片[28];(f)低速率下 InGaAs/GaAs 量子点的原子力显微镜照片[29];(g)在 GaAs 丘状模板制备的 InGaAs 量子点分子的原子力显微镜照片[30];(h)采用应变补偿技术制备的 50 层量子点超晶格的透射电镜照片[31]

1.3 量子异质结构的制备

与艺术品设计类似,在纳米结构材料制备中通常有自上而下(top to bottom)和自下而上(down to up)两种制备方案。所谓自上而下,就是指将大尺寸材料(微米级和厘米级)物质通过各种刻蚀设备和技术制备成所需的纳米结构,可类比于雕刻艺术设计,如图 1-3-1 左图所示。自下而上就是利用原子、分子之间的相互作用,让材料以自组装或自组织的形式形成可用的纳米结构,可类比于园艺类的盆景造型设计,如图 1-3-1 右图所示。

图 1-3-1 自上而下(左图)和自下而上(右图)艺术品设计

总的来说两种方法各有优缺点,前者可以使得纳米结构的构建在某种程度上实现定制,如纳米结构的位置、尺寸、形貌,可以根据需要选择合适的设备进行裁剪,制作阵列纳米结构可以实现在尺寸上、空间上的高度有序。缺点是材料制备的非并行性,纳米结构需逐个制备,制备规则的纳米结构阵列需要较长的加工时间,效率低,规模化困难;在位置、尺寸、密度和形貌上的可控程度受设备分辨条件的限制。另外,在纳米结构刻蚀过程中,不可避免会引入表面污染、界面损伤等缺陷,这对纳米结构的光学和电学性质往往是致命的,因此在很多情况下,采用自上而下的方法制备的材料在光电性能表现方面与理论预测情况相差甚远。自上而下的制备方法需要的设备有电子束(electron beam lithography)曝光、聚焦离子束(focused ion beam)等高空间分辨设备以及反应离子束刻蚀(reactive ion beam etching)、高密度等离子体刻蚀(high density plasma etching)等。

常见的自下而上的制备方法有 S-K 自组织量子点、量子线生长技术、汽液固纳米线自组织生长方式等,其优点是在材料制备上采用并行机制,制备速度快,效率高,通过合理控制生长条件,可以制备出于衬底共格(coherent)的无缺陷纳米结构。如图 1-2-2 所示,实验已经报道了自组织制备的量子异质结构,如量子点、量子环、量子阱、量子线、纳米线以及量子点分子等。但自下而上制备的缺点也很明显,在异质外延过程中,成核位置具有很大随机性,纳米结构的位置不可控;其次自组织纳米结构的尺寸、形貌、密度等方面大多服从统计分布特性,如在量子点制备过程中,会出现量子点尺寸分布的双模特性。在调控手段上,可调控的生长参数多为宏观参数,如生长速率、温度、压强等,很难在微观上对自组织生长过程进行原位调控。近年来随着应变工程学的广泛应用,量子结构自组织的横向有序性获得极大改善[32]。自下而上的纳米结构制备设备主要有 MOCVD 和 MBE。

纳米结构材料的制备通常很少仅依靠一种制备方案,而是往往需要多种工艺与生长技术的结合。为了增加纳米结构材料的制备、设计的灵活性,自上而下和自下而上的制备方案通常有机结合起来,以实现复杂纳米结构的制备。例如,为了控制异质外延量子点的有序性,通常可采用图形衬底技术,采用刻蚀方法制备图形衬底就属于自上而下的制备,后续材料的异质外延则属于自下而上的制备方案。基于刻蚀的方式制备纳米结构,通常要在衬底上首先生长一层高质量的异质外延薄膜,后续的量子点或量子线的结构制备可采用高分辨刻蚀技术,最后在此基础上,重新异质外延盖层材料。

1.4　载流子的统计特性

导体中存在两种载流子:电子和空穴。电子和空穴的形成需要某种形式的激发,如晶格热运动、电离、光照等,激发过程使得载流子数目增加,与之相反的过程是电子和空穴的复合,复合导致载流子数目减少。在只考虑热运动的情况下,特定温度下电子、空穴的产生和湮灭过程保持动态平衡,称为热平衡状态。实验研究表明,半导体中的载流子浓度具有较高的温度灵敏性,在量子异质结构中,也需要了解和掌握半导体载流子浓度随温度的变化规律。包含下面 3 个方面的问题:第一,允许状态的能量分布规律,即在特定的能量间隔中允许的量子态数目,定量描述需要态密度的概念;第二,载流子在允许的能量状态中的分布情况,即电子随能量的分布规律;第三,上述统计规律在量子异质结构中的具体应用。

1.4.1　量子统计分布函数

掺杂半导体中含有大量载流子:电子或空穴。从统计力学的角度来看,在热平衡状态下,电子按能量大小具有特定的统计分布规律。半导体中的载流子为费米子,遵守泡利不相容原理的限制,根据量子统计理论,其统计服从费米-狄拉克分布。对于能量为 E 的电子状态,被电子占据的概率为

$$f_{FD}(E) = \frac{1}{1 + e^{\frac{E - E_F}{k_B T}}} \tag{1-4-1}$$

式中 $f_{FD}(E)$ 称为费米分布函数,描述了在热平衡状态下,电子在允许的量子态上的分布情况;k_B 为玻尔兹曼常数;T 为热力学温度,单位为开尔文;E_F 是费米能级。费米能级是平衡状态热力学系统的化学势,是系统增加或减少一个电子后,系统能量的增加或减少量。在统计特性上,费米能级用于区分一个能量允许的状态,基本被电子占据或基本不被电子占据的能量标志,与半导体类型、杂质浓度、温度等有关。在平衡状态下,特定系统具有统一的化学势,即统一的费米能级。从分布函数可以看出,电子按能量分布与能量零点的选取无关。

从图 1-4-1 可以很好地了解费米分布函数的一些主要特性。当系统处于绝对零度时,能量大于费米能级的态,被电子占据的概率为 0,能量小于费米能级的态,被电子占据的概率为 100%。当系统大于绝对零度时,比费米能高的量子态被电子占据的概率低于 50%,比费米能低的量子态被电子占据的概率大于 50%。随着温度的升高,电子占据低能态的概率下降,占据高能态的概率增加。在任何情况下,处于费米能级处的量子态被占据的概率为 50%。当式(1-4-1)中的能级差 $E - E_F \gg K_B T$ 时,方程可简化为

$$f_B(E) = e^{-\frac{E - E_F}{k_B T}} = A e^{\left(-\frac{E}{K_B T}\right)} \tag{1-4-2}$$

其中,$A = e^{E_F / k_B T}$。此时,能态被电子占据的概率由费米分布过渡到经典的玻尔兹曼分布。

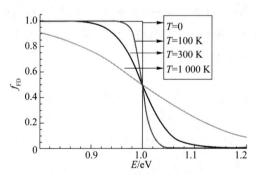

图 1-4-1 费米分布与温度的关系曲线,费米能级为 1 eV

量子统计中与费米-狄拉克分布相对应的是玻色-爱因斯坦统计分布,玻色-爱因斯坦分布函数用于描述玻色子统计特性,玻色子的自旋量子数为 0 或正整数,半导体物理理论中常见玻色子有声子和光子,其分布函数表示为

$$f_{BE}(E) = \frac{1}{e^{E - E_F / k_B T} - 1} = \frac{1}{e^{E / k_B T} - 1} \tag{1-4-3}$$

其中,玻色子系统中的化学势 E_F 为零,作为对比,图 1-4-2 中给出了两种量子统计和经典的玻尔兹曼统计分布函数的对比,为方便比较,令费米子所在系统的化学势

$E_F=0$。可见，当 $E-E_F \geqslant 3K_BT$ 时，3 种统计分布函数趋于一致，可以采用经典玻尔兹曼分布函数近似。在常温下的非简并掺杂半导体，通常采用玻尔兹曼分布函数来简化计算载流子的浓度。

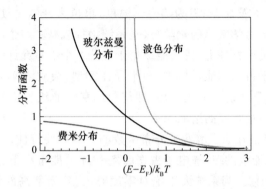

图 1-4-2　费米能级为零时，3 种分布函数的对比
（横坐标表示态能级与费米能级之差与热能的比值）

1.4.2　量子态密度

要理解热平衡状态下，半导体中载流子的运动规律，除要知道载流子在能态中的占据概率外，还要了解半导体材料中能量状态数随能量的变化规律，即载流子在不同能量位置时允许被占据的态的分布，我们用态密度表示，态密度定义为：单位体积单位能量间隔内允许的载流子（电子或空穴）的态的数目。由固体物理可知，每个允态在波矢空间的分布是等间隔的，但人们更关心的是允态在能量空间的分布。下面给出不同维度半导体态密度分布。

1. 三维态密度

考虑边长分别为 L_x、L_y、L_z 的立方体，在图 1-4-3(a) 所示的三维 k 空间中，根据玻恩-冯卡门边界条件，允许的状态用 k 空间中的波矢分量分别表示为 lk_x、mk_y 和 nk_z，其中 l、m 和 n 为整数，在 k 空间中最近邻两个态之间的最小波矢间隔为 $\Delta k_x = \dfrac{2\pi}{L_x}$、$\Delta k_y = \dfrac{2\pi}{L_y}$ 和 $\Delta k_z = \dfrac{2\pi}{L_z}$。态在 k 空间的分布是均匀的，每一个分立的状态在 k 空间中占据的体积可以表示为 $\Delta V_k = \Delta k_x \Delta k_y \Delta k_z$，当半导体 3 个维度的长度远远大于半导体晶格常数时，可以认为状态在 k 空间的分布近似按连续处理。现取半径为 k 的球，在 k 空间的体积可以表示为 $V_k = 4\pi k^3/3$，因此 k 空间半径为 k 的球体内的状态数 N 表示为

$$N = \frac{V_k}{\Delta V_k} = \frac{4\pi k^3/3}{8\pi^3} L_x L_y L_z \tag{1-4-4}$$

考虑电子的自旋简并性，每个分立的波矢点都可以被自旋相反的电荷占据，因此，球内 k 空间实际允许的状态数应表示为 N'，其中 $N' = 2N$，单位体积内的态数可

以表示为 $N''=N'/L_x L_y L_z=k^3/3\pi^2$,根据态密度的定义,态密度可以表示为

$$\rho=\frac{\mathrm{d}N''}{\mathrm{d}E}=\frac{1}{\pi^2}\frac{k^2}{\mathrm{d}E}\frac{\mathrm{d}k}{\mathrm{d}E} \tag{1-4-5}$$

假定半导体在能带极值 E_{pot} 附近的能带色散关系满足有效质量各向同性下的抛物近似:

$$k=\sqrt{2m^*(E-E_{\mathrm{pot}})/\hbar^2} \tag{1-4-6}$$

将一阶偏导数代入式(1-4-5),并化简,可得三维材料的态密度,表示为

$$\rho_{3\mathrm{D}}=\frac{1}{2\pi^2}\left(\frac{2m}{\hbar^2}\right)^{\frac{3}{2}}\sqrt{E-E_{\mathrm{pot}}} \tag{1-4-7}$$

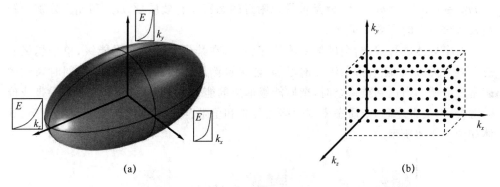

图 1-4-3 (a)三维 k 空间态的均匀分布;(b)有效质量各向异性情况下,
k 空间的等能面(假定能量极值点位于 Γ 点)

可见对于三维情况,状态在能量空间的分布是不均匀的,这来源于半导体色散关系的非线性。对于载流子有效质量各向异性半导体,色散关系为 $E=\dfrac{\hbar^2 k_x^2}{2m_x^*}+\dfrac{\hbar^2 k_y^2}{2m_y^*}+\dfrac{\hbar^2 k_z^2}{2m_z^*}$,3 个主轴方向的有效质量各不相同,根据椭球的体积元,利用类似方法可以给出三维态密度公式为 $\rho_{3\mathrm{D}}=\dfrac{1}{2\pi^2}\left(\dfrac{2m_{\mathrm{Dos}}^*}{\hbar^2}\right)^{\frac{3}{2}}(E-E_{\mathrm{pot}})^{1/2}$,其中 m_{Dos}^* 为态密度有效质量,表示为 $m_{\mathrm{Dos}}^*=(m_x^* m_y^* m_z^*)^{1/3}$。

对于间接带隙半导体材料,导带最小值并非位于波矢空间的原点(布里渊区中心),例如,单晶 Si 的导带极值点沿(001)方向有 6 个等价的椭球,总的态密度为 6 个等价的态密度之和,可以表示为

$$\rho_{3\mathrm{D}}=\frac{S}{2\pi^2}\left(\frac{2m_{\mathrm{Dos}}^*}{\hbar^2}\right)^{\frac{3}{2}}(E-E_{\mathrm{pot}})^{\frac{1}{2}} \tag{1-4-8}$$

其中 S 为等价的椭球数目。对于 Ge 材料,沿(111)方向存在 8 个等价的椭球,由于极值点位于第一布里渊区的边界,故等效的椭球数目为 4 个。因此 Si 的 S 参数

$S_{Si}=6$，Ge 的 S 参数 $S_{Ge}=4$。对于价带，价带顶部 E_v 对应有两个重合的能带，$E_{v1}=E_v-\dfrac{\hbar^2k^2}{2m_l^*}$，$E_{v2}=E_v-\dfrac{\hbar^2k^2}{2m_h^*}$，因此每个带的态密度分别表示为

$$\rho_{v1}(E)=\frac{1}{2\pi^2}\left(\frac{2m_l^*}{\hbar^2}\right)^{\frac{3}{2}}\sqrt{(E_{v1}-E_v)} \tag{1-4-9}$$

$$\rho_{v2}(E)=\frac{1}{2\pi^2}\left(\frac{2m_h^*}{\hbar^2}\right)^{\frac{3}{2}}\sqrt{(E_{v2}-E_v)} \tag{1-4-10}$$

总的价带态密度表示为 $\rho_v(E)=\rho_{v1}(E)+\rho_{v2}(E)=\dfrac{1}{2\pi^2}\left(\dfrac{2m_{Dos}^*}{\hbar^2}\right)^{\frac{3}{2}}\sqrt{(E_{v1}-E_v)}$，其中 $m_{Dos}^*=(m_l^{*3/2}+m_h^{*3/2})^{2/3}$ 就是价带顶附近的态密度有效质量，m_l^* 和 m_h^* 分别为轻空穴和重空穴的有效质量。

对半导体进行掺杂，会破坏带隙的完整性，在禁带中产生杂质能级，单个能级的态密度为无穷大，随着掺杂浓度的增加，能级逐渐展宽为非常窄的能带，同时杂质的态密度降低。当达到重掺杂时，杂质能级形成的能带进一步展宽，并逐步与导带或价带融合，形成带尾态，杂质态密度包络与导带和价带合并，同时伴随态密度的下降，具体如图 1-4-4 所示。

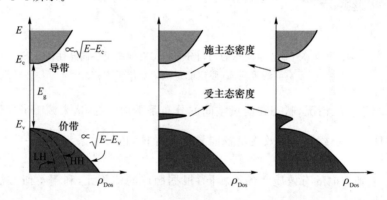

图 1-4-4　三维本征、中等掺杂和重掺杂半导体的态密度

2. 二维态密度

如图 1-4-5 所示，对于二维半导体材料，以量子阱为例，假定 z 方向为载流子受限方向，势垒区的势垒高度为 V_0，势阱区的势阱为零，量子阱的宽度为 L，势阱中的载流子具有分立的能级 $E_1,E_2,\cdots,E_n$，载流子在 x、y 方向的运动是自由的，其波函数和能量色散的关系可以表示为

$$\psi=\frac{1}{\sqrt{A}}e^{i(k_xx+k_yy)}\psi_n(z) \tag{1-4-11}$$

$$E=E_n+\frac{\hbar^2k_{x,y}^2}{2m^*},\quad k_{x,y}^2=k_x^2+k_y^2$$

在水平的二维波矢空间中，半径为 k 的圆内，单位体积的态的数目表示为

$$N'' = \frac{N'}{L_x L_y} = \frac{2 \cdot \pi k^2}{\dfrac{4\pi^2}{L_x L_y} L_x L_y} = \frac{k^2}{2\pi} \tag{1-4-12}$$

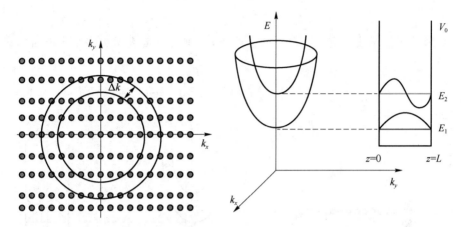

图 1-4-5　二维 k 空间的状态分布及二维量子阱分立能级和子带色散的关系

对于特定的子带，由态密度的定义可得

$$\rho = \frac{\mathrm{d}N''}{\mathrm{d}E} = \frac{m}{\hbar^2 \pi} \tag{1-4-13}$$

由此可见，对于二维态密度，每个子带内态密度的分布都是常数。对于存在多个分立能级的情况，态密度表示为多个子带的态密度之和：

$$\rho_{2D} = \frac{1}{2\pi} \left(\frac{2m}{\hbar^2} \right)^1 \sum_n (E - E_n)^0 \Theta(E - E_n) \tag{1-4-14}$$

其中 E_n 为第 n 个子能带的能级，$\Theta(x)$ 为阶跃函数。

3. 一维态密度

如图 1-4-6 所示，对于一维材料，以量子线或纳米线为例，假定 x、y 方向为量子受限方向，势垒区的势垒高度为 V_0，势阱区的势阱深度为 0，势阱为半径为 r 的圆形区域，具有量子化的分立能级为 $E_{1,1}, E_{1,2}, \cdots, E_{m,n}$，在 z 方向载流子是自由的，子带波函数和能量色散的关系可以表示为

$$\psi = \frac{1}{\sqrt{L}} \mathrm{e}^{\mathrm{i}(k_z z)} \psi_{m,n}(x, y)$$
$$E = E_{m,n} + \frac{\hbar^2 k_z^2}{2m^*} \tag{1-4-15}$$

在"半径" k 的长度内单位长度的状态数目为

$$N'' = \frac{N'_x}{L_x} = \frac{2k_z}{\pi} = \frac{2}{\pi} \sqrt{\frac{2m^*(E - E_{m,n})}{\hbar^2}} \tag{1-4-16}$$

根据色散关系和态密度的定义，得到态密度为

$$\rho = \frac{\mathrm{d}N''}{\mathrm{d}E} = \frac{2}{\pi}\sqrt{\frac{2m^*}{\hbar^2}}\frac{\mathrm{d}\sqrt{E-E_{m,n}}}{\mathrm{d}E} = \frac{2}{\pi}\sqrt{\frac{2m^*}{\hbar^2}}\frac{1}{2}(E-E_{m,n})^{-\frac{1}{2}}$$

$$= \frac{1}{\pi}\sqrt{\frac{2m^*}{\hbar^2}}\frac{1}{\sqrt{E-E_{m,n}}} \tag{1-4-17}$$

考虑纳米线或量子线具有多个分立的子能级，一维态密度表示为多个子能带的态密度之和：

$$\rho_{1D} = \frac{1}{\pi}\left(\frac{2m^*}{\hbar^2}\right)^{1/2}\sum_{n,m}(E-E_{m,n})^{-1/2}\Theta(E-E_{m,n}) \tag{1-4-18}$$

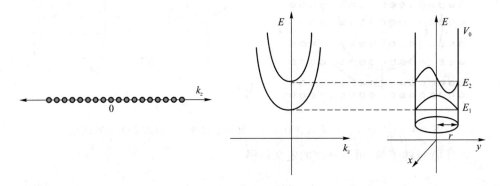

图 1-4-6 一维 k 空间状态分布及一维量子阱的分立能级和子带色散的关系

4. 零维态密度

载流子三维受限的半导体量子点材料具有类原子特性，电子在 3 个维度上都具有量子受限效应，只存在分立的能级，没有色散关系，每个能级可允许两个自旋相反的电子占据，根据态密度的定义可知，在每个分立的能级处，态密度为无穷大，可表示为

$$\rho_{0D} = \sum_{m,n,o}2\delta(E-E_{m,n,o}) \Rightarrow \sum_{m,n,o}\delta(E-E_{m,n,o}) \tag{1-4-19}$$

5. 均匀介质中的光子态密度

从量子统计特性的角度来看，光子与电子的区别在于，光子属于玻色子，电子属于费米子，具有不同的统计分布函数，在特定的能量状态，允许被光子占据的概率可以远远大于 1。从态密度上来说，两者的区别不大，对于三维空间来说，光子态密度与电子态密度类似，不同的是光子和电子具有不同的色散关系，从而导致态密度之间的区别。对于光子，这里只考虑三维均匀介质的情况（对于低纬情况，比如尺寸小于光波长，通常存在衍射极限，通常所说的光子晶体态密度，可以与半导体中的超晶格类比，是一种周期性结构，分析起来比较复杂，需要严格的电磁求解），以三维介质盒子作为模型，在长度分别为 L_x、L_y、L_z 的介质内，根据边界条件，允许光学模式，波矢必须满足的条件为

$$k_x = l\left(\frac{2\pi}{L_x}\right), \quad k_y = m\left(\frac{2\pi}{L_y}\right), \quad k_z = n\left(\frac{2\pi}{L_z}\right) \tag{1-4-20}$$

其中 l、m 和 n 为整数,光在均匀介质中的色散关系使得波矢模的平方满足

$$k^2 = k_x^2 + k_y^2 + k_z^2 = \left(\frac{2\pi}{\lambda}\right)^2 = \left(\frac{2\pi v n_r}{c}\right)^2 \tag{1-4-21}$$

其中 n_r 为介质的折射率,同理在 k 空间每个模式占据的模式体积为

$$\Delta V_k = \frac{(2\pi)^3}{L_x L_y L_z} = \frac{(2\pi)^3}{V_{\text{body}}} \tag{1-4-22}$$

考虑光学模式的极化兼并,半径为 k 的波矢空间中具有的模式数表示为

$$N_V = \frac{2V_k}{\Delta V_k} \tag{1-4-23}$$

其中 $V_k = \frac{4\pi k^3}{3} = \frac{4\pi}{3}\frac{8\pi^3 v^3 n_r^3}{c^3}$,单位体积内的模式数表示为

$$\rho = \frac{N_V}{V_{\text{body}}} = \frac{8\pi v^3 n_r^3}{3c^3} \tag{1-4-24}$$

由能量色散关系 $E = hv \rightarrow dE = hdv$,根据态密度的定义得

$$n_v = \frac{dN_V'}{dv} = \frac{8\pi v^2 n_r^3}{c^3} \tag{1-4-25}$$

上式表示单位体积单位频率间隔内光子态的数目,也可以通过转换使光子态密度转换与半导体中载流子态密度的定义保持一致,即单位体积单位能量间隔内的态的数目:

$$n_E = \frac{dN_E'}{dv} = \frac{8\pi n_r^3 E^2}{c^3 h^3} \tag{1-4-26}$$

一旦获得光子态密度,根据光子的统计分布特性,很容易求得单位频率间隔内的光子数密度:

$$\varphi(v) = v n_v f_{\text{BE}}(v) = \frac{8\pi n_r^3 v^3}{c^3} \frac{1}{e^{hv/K_B T} - 1} \tag{1-4-27}$$

或单位能量间隔内的光子数密度:

$$\varphi(E) = hv n_E f_{\text{BE}}(E) = \frac{8\pi n_r^3 E^3}{c^3 h^3} \frac{1}{e^{E/k_B T} - 1} \tag{1-4-28}$$

在对量子异质结构中"异质"的理解中,异质结构在光子和电子器件中可以带来很多好处,如光学受限、超注入等。随着量子异质结构中量子受限维度的增加,从一维量子阱到三维量子点,量子异质结构在光电子器件领域的应用中可以带来较多变化。这可以从低维量子态密度的表达式中获得启示。图 1-4-7 给出了三维到零维反型异质结构的几何模型、态密度及态密度表达式。从表达式中可以看出 3 个方面的变化:一、态密度表达式中的前置系数随维度减少有一定变化,分别为 $1/2\pi^2$、$1/2\pi$ 和 $1/\pi$,对零维量子点材料,讨论前置系数意义不大;二、与 $2m^*/\hbar^2$ 有关的项,随着量

子异质结构的受限维度增加一维,该项的幂依次降低 1/2；三、最重要的是,随着量子异质结构的受限维度增加一维,态密度与能量的依赖关系也依次降幂 1/2。

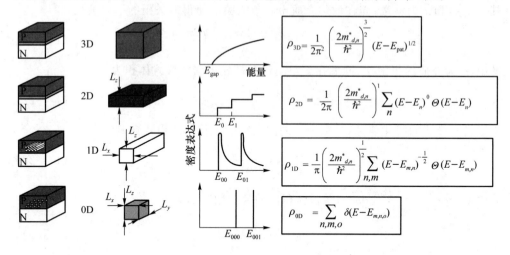

$$\rho_{3D} = \frac{1}{2\pi^2} \left(\frac{2m^*_{d,n}}{\hbar^2} \right)^{\frac{3}{2}} (E - E_{pat})^{1/2}$$

$$\rho_{2D} = \frac{1}{2\pi} \left(\frac{2m^*_{d,n}}{\hbar^2} \right)^1 \sum_n (E - E_n)^0 \, \Theta (E - E_n)$$

$$\rho_{1D} = \frac{1}{\pi} \left(\frac{2m^*_{d,n}}{\hbar^2} \right)^{\frac{1}{2}} \sum_{n,m} (E - E_{m,n})^{-\frac{1}{2}} \, \Theta (E - E_{m,n})$$

$$\rho_{0D} = \sum_{n,m,o} \delta(E - E_{m,n,o})$$

图 1-4-7 三维、二维、一维和零维材料的几何模型及态密度表达式

对于三维材料,态密度与能量呈平方根关系,态密度随着能量的增加逐渐增加,用于发光器件时,如激光器处于粒子数反转状态,能量大于导带低的电子产生辐射跃迁,对于直接跃迁,发射特定波长的有效布局数与态密度呈正比。对于二维量子阱材料,态密度呈台阶状分布,位于能量大于第一个子带能级和第二个子带能级之间的态占据的电子都可以从导带基态跃迁到价带基态,且与三维异质结构相比,初始跃迁状态的态密度较高。量子线在子带能级附近的态密度比二维态密度更高,且分布较窄。对于三维量子点,理想情况态密度为无穷大,可以起到类原子的作用,具有较窄的发射谱。自从第一支半导体激光器发明依赖,激光器的重要指标之一阈值电流密度 J_{th} 已经下降了多个数量级,每一次数量级的改变都是由于新的结构和新的物理现象的应用。图 1-4-8 给出了半导体激光器阈值电流密度的年代演化示意图,可见异质结构和量子效应是阈值电流密度下降的主要技术推动力。图 1-4-9 给出了阈值电流密度随温度的变化关系,可见材料维度降低对于提高激光器的阈值电流密度稳定性具有重要作用。特别是对于零维材料,理论上阈值电流密度不随温度的变化而改变。

图 1-4-7 中低维材料的态密度分布对应的是理想情况,实际制备的量子异质结构在尺寸上存在一定的分布,由量子力学可知,受限尺寸会影响分离的能级,具有一定尺寸分布的异质结构会导致能级展宽。从态密度的表达式可知,对于真实的量子异质结构,其态密度要进行加权平均。当展宽程度较严重时,会严重偏离理想异质结构的态密度分布[33],直至退化为三维材料的态密度,如图 1-4-10 所示,通过抛物有效质量近似分析可知,对于尺寸涨落超过 5% 时,其态密度已经不再具有量子线的主要特征。当尺寸涨落超过 10% 时,重空穴已经不再具有量子线态密度的主要特征,当尺寸涨落超过 15% 时,态密度基本退化为三维态密度分布。

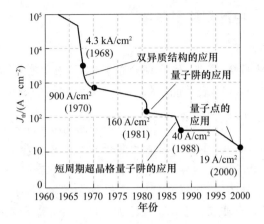

图 1-4-8　半导体激光器阈值电流密度的演化[2]

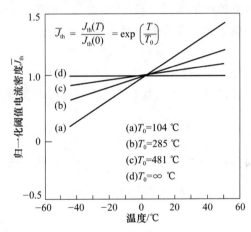

图 1-4-9　不同双异质结构激光器预期归一化阈值电流密度与温度的敏感性关系
〔(a)、(b)、(c)、(d)分别对应三维、二维、一维和零维[2]〕

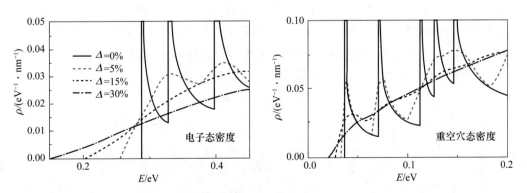

图 1-4-10　电子和重空穴的态密度分布与纳米线尺寸涨落的关系[33]
（假定纳米线界面为正方向,界面两个方向的涨落幅度相同）

1.4.3 半导体中的载流子浓度

1. 三维半导体材料

对于三维半导体材料,费米-狄拉克分布 $f_{FD}(E)$ 表示能量状态被电子占据的概率,若用于表示空穴,$f_{FD}(E)$ 表示能量状态未被空穴占据的概率。因此,能量状态被空穴占据的概率表示为 $f_{FD}^h(E) = 1 - f_{FD}(E) = \dfrac{1}{1 + \exp[-(E-E_F)/k_B T]}$,其中上角标 h 表示空穴的分布函数。本征半导体的电子和空穴浓度相等,费米能级大致位于带隙中心,对于轻掺杂的 n 型半导体,电子浓度大于空穴空度,费米能级向导带方向移动。轻掺杂 p 型半导体情况正好相反。在轻掺杂情况下,电子或空穴在能态的占据概率较低,载流子处于非简并状态,满足 $E - E_F \geqslant 3k_B T$,费米-狄拉克分布可以用玻尔兹曼分布代替。对于重掺杂半导体,费米能级可进入导带或价带,形成多子的简并,载流子的统计特性必须严格地用费米-狄拉克分布函数。

在非简并情况下,电子和空穴的分布函数可以表示为

$$f_{FD}(E) = \exp^{-(E-E_F)/k_B T}$$
$$f_{FD}^h(E) = \exp^{(E-E_F)/k_B T} \tag{1-4-29}$$

平衡状态的电子浓度可以表示分布函数与态密度在导带对能量的积:

$$
\begin{aligned}
n_0 &= \int_{E_c}^{\infty} \rho(E) f_{FD}(E)\mathrm{d}E \\
&= \frac{1}{2\pi^2}\left(\frac{2m_e^*}{\hbar^2}\right)^{\frac{3}{2}} \int_{E_c}^{\infty} \exp\left(-\frac{E-E_F}{k_B T}\right)\sqrt{E-E_c}\,\mathrm{d}E \\
&= N_c \exp\left(-\frac{E_c-E_F}{k_B T}\right)
\end{aligned}
\tag{1-4-30}
$$

其中 $N_c = \dfrac{1}{\sqrt{2}}\left[m_c^* k_B T/(\pi\hbar^2)\right]^{3/2} = 2.51\times10^{19}\left[m_c^* T/(300m_0)\right]^{3/2}$ cm^{-3},称为导带有效态密度,空穴情况类似,浓度表示为 $p_0 = N_v \exp^{-(E_F-E_v)/k_B T}$,$N_v = 2.51\times 10^{19}\left[m_h^* T/(300m_0)\right]^{3/2}$ cm^{-3}。在非简并半导体中,易证明载流子的浓度积 $n_0 p_0$ 为与带隙有关的常数 $n_0 p_0 = N_c N_v \exp(-E_g/k_B T)$,对于本征半导体,满足 $n_0 = p_0 = n_i = \sqrt{N_c N_v}\exp[-E_g/(2k_B T)]$,本征载流子浓度只与温度和半导体的带隙有关。由本征半导体的电中性条件 $n_0 = p_0$,可得本征半导体的费米能级:

$$E_F = \frac{1}{2}(E_c + E_v) + \frac{3}{4}k_B T\frac{m_h^*}{m_e^*} \tag{1-4-31}$$

对于简并半导体,电子和空穴空度分别表示为

$$n_0 = N_c \frac{2}{\sqrt{\pi}}F_{0.5}\left(\frac{E_F - E_c}{k_B T}\right)$$
$$p_0 = N_v \frac{2}{\sqrt{\pi}}F_{0.5}\left(\frac{E_v - E_F}{k_B T}\right) \tag{1-4-32}$$

其中 $F_{0.5}(x)$ 为费米积分,可采用多项式展开近似计算:

$$F_{0.5}(x) = \exp(-0.328\,81 + 0.740\,41x - 0.054\,17x^2 - 8.79 \times 10^{-4}x^3 + 1.511\,7 \times 10^{-4}x^4)$$
$$\tag{1-4-33}$$

2. 二维半导体量子阱

二维半导体量子阱的电子密度为所有子能带的电子密度之和:

$$n_{2D} = \sum_{j=1}^{m} n_j^{2D} \tag{1-4-34}$$

其中 n_j^{2D} 表示二维量子阱第 j 个子能带的电子浓度,利用二维电子态密度和电子的分布函数(非简并情况),电子第 j 个子能带的电子密度可以表示为

$$n_j^{2D} = \int_{E_j}^{\infty} \frac{m_c^*}{\pi \hbar^2} \exp\left(-\frac{E - E_F}{k_B T}\right) dE \tag{1-4-35}$$

化简式(1-4-35),并定义二维电子子能带的有效态密度 $N_c^{2D} = \dfrac{m_c^* k_B T}{\pi \hbar^2}$,可得电子密度为

$$n_{2D} = \frac{m_c^* k_B T}{\pi \hbar^2} \sum_{j=i}^{m} \ln\left(1 + \exp\left(\frac{E_F - E_J}{k_B T}\right)\right) \tag{1-4-36}$$

空穴浓度情况类似,载流子总是占据较低的能态,在近似情况下,假定电子和空穴只占据第一个子能带,根据电中性条件,对于本征半导体,电子浓度与空穴浓度相等,可得二维量子阱的费米能级为

$$E_F^{2D} = \frac{E_1^c + E_1^h}{2} + \frac{k_B T}{2} \ln \frac{m_h^*}{m_c^*} \tag{1-4-37}$$

可见量子阱的费米能级受到分立能级的影响。

3. 一维纳米线或量子线

对于一维纳米线或量子线,根据一维态密度和非简并情况下的载流子分布函数,可采用类似方法计算获得子带的电子浓度:

$$n_j^{1D} = \left(\frac{2m_e^*}{\pi \hbar^2}\right)^{1/2} \exp\left(-\frac{E_j - E_F}{k_B T}\right) \tag{1-4-38}$$

电子的一维有效态密度为 $N_c^{1D} = \left(\dfrac{2m_e^*}{\pi \hbar^2}\right)^{1/2}$。假定载流子只占据第一个子能带,对于本征纳米线半导体材料,平衡状态的费米能级可以表示为

$$E_F^{1D} = \frac{E_1^c + E_1^h}{2} + \frac{k_B T}{4} \ln \frac{m_h^*}{m_c^*} \tag{1-4-39}$$

可以看出,对于有效态密度来说,2 的系数的幂次依次随着维度的降低而降低 $1/2$,与 $m^*/\pi \hbar^2$ 的幂依赖关系也是每降低一个空间维度,幂次降低 $1/2$。对于本征半导体的费米能级 E_F 与 $k_B T \ln \dfrac{m_h^*}{m_c^*}$ 的系数依赖关系,随着维度的降低,由 $3/4$ 依次降低为 $2/4$ 和 $1/4$,依次降低 $1/4$。

本章参考文献

[1] Kroemer H. Nobel lecture: quasielectric fields and band offsets: teaching electrons new tricks[J]. Reviews of Modern Physics, 2001, 73(3), 783-793.

[2] Alferov Z I. The double heterostructure concept and its applications in physics, electronics, and technology[J]. Reviews of Modern Physics, 2002, 5(16): 647-675.

[3] Asaro R J, Tiller W A. Interface morphology development during stress corrosion cracking: Part I. Via surface diffusion[J]. Metallurgical and Materials Transactions B, 1972, 3: 1789-1796.

[4] Levine M S, Golovin A A, Davis S H. Self-assembly of quantum dots in a thin epitaxial film wetting an elastic substrate[J]. Physical Review B, 2007, 75: 205312.

[5] Shchukin V A, Bimberg D. Spontaneous ordering of nanostructures on crystal surfaces[J]. Reviews of Modern Physics, 1999, 71: 1125.

[6] Zhou Shuai, Liu Yumin, Ye Han, et al. Calculation of critical size of coherent InAs quantum dot on GaAs substrate[J]. Physica E, 2012, 46: 52-56.

[7] Zhou Shuai, Liu Yumin, Wang Donglin, et al. The preferential formation site of dislocation in InAs/GaAs quantum dots[J]. Superlattices and Microstructures, 2012, 51(1): 53-61.

[8] Pachinger D, Groiss H, Lichtenberger H, et al. Stranski-Krastanow growth of tensile strained Si island on Ge (001)[J]. Applied Physics Letters, 2007, 91: 233106.

[9] Huang L, Liu F, Lu G H, et al. Surface mobility difference between siand Ge and its effect on growth of SiGe alloy films and islands[J]. Physical Review Letters, 2006, 96(1): 016103.

[10] Zhang F, Crespi V H. Prediction that uniaxial tension along <111> produces a direct band gap in germanium[J]. Physical Review Letters, 2009, 102: 156401.

[11] Rybchnko S I, Gupta R, Lai K T, et al. Conduction band crossover induced by misfit strain in InSb/GaSb self-assembled quantum dot[J]. Physical Review B, 2007, 76: 193309.

[12] Pringholz G, Holy V, Pinczolits M, et al. Self-organized growth of three dimensional quantum-dot crystals with fcc-like stacking and a tunable lattice constant[J]. Science, 1998, 282: 734.

[13] Tangring I, Wang S M, Gu Q F, et al. Strong 1.3-1.6 μm light emission

from metamorphic InGaAs quantum wells on GaAs[J]. Applied Physics Letters, 2005, 86: 171902.

[14] Liu H Y, Qiu Y, Jin C Y, et al. 1.55 μm InAs quantum dot grown on GaAs substrate using a GaAsSb Metamorphic buffer layer[J]. Applied Physics Letters, 2008, 92: 111906.

[15] Mi Z, Bhattacharya P, Yang J, et al. Room-temperature self-organized In$_{0.5}$Ga$_{0.5}$As quantum dot laser on silicon[J]. Electronics Letters, 2005, 41: 13.

[16] Yang Jun, Bhattacharya P, Mi Z. High-performance inGaAs/GaAs quantum dot lasers on silicon with multiple-layer quantum dot dislocation filters[J]. IEEE Transactions on Electron Devices, 2007, 54: 2849.

[17] Amano T, Yamauchi S, Sugaya T, et al. Control of subband energy levels of quantum dots using InGaAs gradient composition strain-reducing layer [J]. Applied Physics Letters, 2006, 88: 261110.

[18] Yeh N T, Nee T E, Chyi J I, et al. Matrix dependence of strain-induced wavelength shift in self-assembled InAs quantum-dot heterostructures[J]. Applied Physics Letters, 2000, 76: 1567.

[19] Seravalli L, Frigeri P, Minelli M, et al. Quantum dot strain engineering for light emission at 1.3, 1.4 and 1.5 μm[J]. Applied Physics Letters, 2005, 87: 063101.

[20] Jang Y D, Badcock T J, Mowbray D J, et al. Carrier lifetimes in type-Ⅱ InAs quantum dots capped with GaAsSb Strain reducing layer[J]. Applied Physics Letters, 2008, 92: 251905.

[21] Movilla J L, Planelles J. Dielectric mismatch effects in two-electron zero-dimansional nanosystems[J]. Physical Review B, 2006, 74: 125322.

[22] Royo M, Planelles J. Effective mass and dielectric constant mismatch effects in spherical multishell quantum dots [J]. Physical Review B, 2007, 75: 033302.

[23] Tyrrell E J, Smith J M. Effective mass modeling of excitons in type-Ⅱ quantum dot heterostructures[J]. Physical Review B, 2011, 84: 165328.

[24] Sztucki M, Metzger T H, Chamarg V. Investigation of shape, strain, and interdiffusion in InGaAs quantum rings using grazing incidence Xiray diffraction[J]. Journal of Applied Physics, 2006, 99: 033519.

[25] Tchernycheva M, Travers L, Patriarche G, et al. Au-assisted molecular beam epitaxy of InAs nanowires: growth and theoretical analysis [J]. Journal of Applied Physics, 2007, 102: 094313.

[26] Wang X-L, Ogura M, Matsuhata H. Self-limiting effects of flow rate

modulation epitaxy of GaAs on patterned substrate[J]. Journal of Crystal Growth, 1998, 195: 586-590.

[27] Schmidbauer M, Wang Z M, Mazur Y I, et al. Initial stages of chain formation in a single layer of (In, Ga) As quantum dots grown on GaAs (100)[J]. Applied Physics Letters, 2007,91: 093110.

[28] Mazuelas A, Gonzalez L, Garcia J M, et al. Strain determination in MBE-grown InAS quantum wires on InP [J]. Physical Review B, 2006, 73: 045312.

[29] Huang C-Y, Wu M-C, Shen J-J, et al. Self-ordered InGaAs quantum dots grown at low growth rates [J]. Journal of Applied Physics, 2008, 103: 044301.

[30] Lee J H, Wang Z M, Strom N W, et al. InGaAs quantum dot molecules around self-assembled GaAs nanomound templates [J]. Applied Physics Letters, 2006, 89: 202101.

[31] Alongso-Alvarez D, Taboada A G, Ripalda J M, et al. Carrier recombination effects in strain compensated quantum dot stacks embedded in solar cells[J]. Applied Physics Letters, 2008, 93: 123114.

[32] Schmidt O G. Lateral Alignment of Epitaxial Quantum Dots[M]. Berlin Heidlberg: Springer,2007.

[33] Wei J H, Chan K S. A theoretical analysis of quantum dash structures[J]. Journal of Applied Physics, 2005, 97: 123524.

第 2 章　应力应变基础

　　弹性力学的理论在分析半导体异质结构中的力学和热力学特性时有重要应用，主要体现在以下几个方面：第一，晶格失配的异质外延材料由于晶格常数不同（晶格常数相同的情况称为晶格匹配），在材料界面导致晶格失配应变；第二，位于应变状态下的半导体能带结构要发生变化；第三，对于 S-K 生长模式下的异变外延量子点材料、量子线材料，应变是材料自组织生长的驱动力[1]；第四，通过材料生长控制的应变调控，可以制备各种机遇应变工程的半导体量子材料[2-4]；第五，半导体中的位错及其应变场分布决定这异质结构的临界尺寸或薄膜外延的临 o 界厚度；第六，异质结构的热力学特性分析[5]。

　　弹性力学的理论在文献上又称为连续弹性理论，研究对象针对连续的弹性体，在某一应变态形变后，不出现裂纹和折叠，弹性体内各个质点保持其连续性。这些条件要求形变要小，即满足弹性力学的小变形假设，在小变形假设下，建立应变与位移关系的几何方程时可以不考虑二次以上的项。对于很多半导体量子结构材料，尺寸在纳米量级，不具备宏观的连续性，然而计算结果表明，仍可采用宏观的连续弹性理论进行应力应变计算，并能给出采用第一原理或原子方法计算相一致的结果，计算代价相比前者要大大减少[6]。因此，连续弹性理论在解决量子异质结构材料的应变计算方面，被广泛使用。关于半导体异质结构材料中的位错，尽管有塑性应变的成分，但在剔除掉位错芯之后仍可用连续弹性理论计算[7]。

　　本章重点介绍应力应变的定义、应力应变关系（材料本构方程）、弹性理论的基本方程、边界条件等基础问题。在后续章节中，将讨论连续弹性力学在半导体量子异质结构材料应力应变分布计算中的应用。

2.1　应力与应变的概念

　　物体在外力作用下的运动状态，在基础物理课程中，涉及了两种抽象模型，一个是质点的运动，如果物体运动忽略转动部分，只有 3 个自由度，那么就可以抽象为质点；如果涉及转动，但可以忽略物体形状的变化，那么可以看成刚体，刚体有 6 个自由度，可以看成无限多质点构成，但质点之间不存在相对运动。如果运动过程中物体形状变化不可忽略，物体称为变形体，变形体有 3 种：流体、弹性体和塑性体。完全没有固定形状的为流体，外力撤销后恢复原状的为弹性体，外力撤销后部分恢复原状的为塑性体。对应的学科分别为流体力学、弹性力学和塑性力学。这里只关心弹性力学。

在外力作用下,物体将产生变形,即物体中各点之间的相对位置发生了变化,由于这种变化,物体内部产生了试图恢复初始状态的附加作用力,描述物体在受力后任意一点的内力和形变状态的物理量就是应力和应变。

2.1.1 位移与应变张量

物体在外力作用下发生形状改变称为形变,从定义来看,发生形变指物体中的各个质点之间必须存在**相对位移**。作为形变状态的物理量,应力和应变不需考虑具体的形变原因,以及形变规律,仅从形变前后的几何变化来研究,由于必须有相对位移存在,才能说明物体发生了形变,因此,仅靠位移场描述形变特征就不是特别方便。描述应力、应变的物理量是二阶张量,应变具体由位移决定。为了研究形变状态,首先要考虑质点的位移,位移为矢量场,是各个质点位置的函数,在笛卡儿直角坐标系下,质点在 x、y、z 3 个方向位移场的 3 个分量分别用 $u(x,y,z)$、$v(x,y,z)$、$w(x,y,z)$表示。将每个位移分量写成全微分的形式:

$$\mathrm{d}u = \frac{\partial u}{\partial x}\mathrm{d}x + \frac{\partial u}{\partial y}\mathrm{d}y + \frac{\partial u}{\partial z}\mathrm{d}z, \quad \mathrm{d}v = \frac{\partial v}{\partial x}\mathrm{d}x + \frac{\partial v}{\partial y}\mathrm{d}y + \frac{\partial v}{\partial z}\mathrm{d}z, \quad \mathrm{d}w = \frac{\partial w}{\partial x}\mathrm{d}x + \frac{\partial w}{\partial y}\mathrm{d}y + \frac{\partial w}{\partial z}\mathrm{d}z$$

$$(2\text{-}1\text{-}1)$$

改写成矩阵形式为

$$\begin{bmatrix} \mathrm{d}u \\ \mathrm{d}v \\ \mathrm{d}w \end{bmatrix} = \begin{bmatrix} \dfrac{\partial u}{\partial x} & \dfrac{\partial u}{\partial y} & \dfrac{\partial u}{\partial z} \\ \dfrac{\partial v}{\partial x} & \dfrac{\partial v}{\partial y} & \dfrac{\partial v}{\partial z} \\ \dfrac{\partial w}{\partial x} & \dfrac{\partial w}{\partial y} & \dfrac{\partial w}{\partial z} \end{bmatrix} \begin{bmatrix} \mathrm{d}x \\ \mathrm{d}y \\ \mathrm{d}z \end{bmatrix} \tag{2-1-2}$$

上述 9 个分量构成一个二阶张量,称为位移梯度张量,由于形变不一定均匀,因此位移梯度张量的每一个分量仍然是位置的函数。位移梯度张量用 e 表示,可以简写为 $e = [e_{ij}] = [\nabla u \quad \nabla v \quad \nabla w]^{\mathrm{T}}$。在位移梯度张量的基础上可以定义应变张量,与位移梯度张量一样,应变张量为二阶对称张量,共有 6 个独立的分量,分别可以表示为

$$\varepsilon_x = \partial u / \partial x, \quad \varepsilon_y = \partial v / \partial y, \quad \varepsilon_z = \partial w / \partial z$$

$$2\varepsilon_{xy} = \left(\frac{\partial u}{\partial y} + \frac{\partial v}{\partial x}\right) = \gamma_{xy}, \quad 2\varepsilon_{yz} = \left(\frac{\partial w}{\partial y} + \frac{\partial v}{\partial z}\right) = \gamma_{yz}, \quad 2\varepsilon_{zx} = \left(\frac{\partial u}{\partial z} + \frac{\partial w}{\partial x}\right) = \gamma_{zx} \tag{2-1-3}$$

可以简写为 $\varepsilon_{ij} = \dfrac{1}{2}(u_{i,j} + u_{j,i})$, $i,j = 1,2,3$,应变张量写成矩阵形势可以表示为

$$\boldsymbol{\varepsilon} = \frac{1}{2}\left\{[e_{ij}] + [e_{ij}]^{\mathrm{T}}\right\} = \begin{bmatrix} \varepsilon_x & \varepsilon_{xy} & \varepsilon_{zx} \\ \varepsilon_{xy} & \varepsilon_y & \varepsilon_{yz} \\ \varepsilon_{zx} & \varepsilon_{yz} & \varepsilon_z \end{bmatrix} \tag{2-1-4}$$

其中 ε_x、ε_y、ε_z 为正应变,描述了变形前平行于坐标轴的线元的相对伸缩形变,ε_{xy}、ε_{yz}、

ε_{zx} 为剪切应变,反映了在 xy、yz、zx 平面内的剪切变形,变形前后质元的角度发生变化,伸缩形变和剪切形变对于描述形变是完备的。

关于应变张量,应当强调它是弹性体在外界作用下的响应,外界作用有多种形式,可以为应力、电场和温度。因此,应变张量的起因是外界作用,但如何作用取决于弹性体本身的性质。针对不同的作用,描述弹性体性质的量也不同,因而有不同的本构方程。在矢量场(如电场)的作用下,描述二阶张量应变场与一阶张量场(矢量又称为一阶张量)关系的本构方程所涉及的物理量必为三阶张量,如压电张量。同理,描述应力与应变关系的本构方程中所涉及的物理量为四阶张量。温度场为标量场(零阶张量),描述热膨胀与应变关系的本构方程中所涉及的物理量必为二阶张量。对于晶体来说,上述本构方程中的物理量与晶体的对称性有关。在本章 2.2 节我们将介绍反映应变与应力关系的胡克定律。

在小变形假设下,以上讨论中,应变的定义忽略了位移的高阶偏导,弹性力学问题的基本方程组为线性偏微分方程组。对大变形情况,这时必须考虑二阶项乃至更高阶项,最终变形与载荷决定的方程为非线性偏微分方程组,求解将变得复杂[8-9],还需要知道材料的三阶弹性模量,除 Si、GaAs、GaP、InP 等材料外,大多数材料的三阶弹性模量数据未知。

连续性和小变形假设是弹性力学所要求的,连续性假设对位移和应变也有数学上的要求。首先,连续性要求弹性体的位移场为单值连续函数(大变形中出现的开裂和重叠分别会导致位移的非连续和多值)。其次,应变与位移是通过几何方程建立联系的,位移的单值连续性要求应变场满足应变协调方程,协调方程实际上是指,随意给出一组由 6 个自由度决定的应变态,不一定能够唯一确定单值连续的由 3 个自由度描述的位移场。由 6 个自由度确定 3 个自由度,那么 6 个自由度之间必须满足的某种关系即协调方程[10]:

$$\frac{\partial^2 \varepsilon_x}{\partial y^2} + \frac{\partial^2 \varepsilon_y}{\partial x^2} = 2\frac{\partial^2 \varepsilon_{xy}}{\partial x \partial y}, \quad \frac{\partial}{\partial x}\left(\frac{\partial \varepsilon_{zx}}{\partial y} + \frac{\partial \varepsilon_{xy}}{\partial z} - \frac{\partial \varepsilon_{yz}}{\partial x}\right) = \frac{\partial^2 \varepsilon_x}{\partial y \partial z}$$

$$\frac{\partial^2 \varepsilon_y}{\partial z^2} + \frac{\partial^2 \varepsilon_z}{\partial y^2} = 2\frac{\partial^2 \varepsilon_{yz}}{\partial y \partial z}, \quad \frac{\partial}{\partial y}\left(\frac{\partial \varepsilon_{xy}}{\partial z} + \frac{\partial \varepsilon_{yz}}{\partial x} - \frac{\partial \varepsilon_{zx}}{\partial y}\right) = \frac{\partial^2 \varepsilon_x}{\partial y \partial z} \qquad (2\text{-}1\text{-}5)$$

$$\frac{\partial^2 \varepsilon_z}{\partial x^2} + \frac{\partial^2 \varepsilon_x}{\partial z^2} = 2\frac{\partial^2 \varepsilon_{zx}}{\partial z \partial x}, \quad \frac{\partial}{\partial z}\left(\frac{\partial \varepsilon_{yz}}{\partial x} + \frac{\partial \varepsilon_{zx}}{\partial y} - \frac{\partial \varepsilon_{xy}}{\partial z}\right) = \frac{\partial^2 \varepsilon_x}{\partial y \partial z}$$

协调方程是弹性力学中应变场必须满足的,在实际计算中,如果能先计算位移场,再通过几何方程的应变定义求应变,那么应变自然满足协调方程。如果先求应变,再求应力,那么所求应变必须满足式(2-1-5)的协调方程,否则不能求得正确的位移场。

2.1.2 应力张量

根据力作用在物体上的不同特点可以将力分为体力和面力。体力直接作用在物体内部质点,属于长程力,如重力、带电体受的电力、电流体在磁场作用下的磁力、运动物体的惯性力等。体力大小与体积有关。面力直接作用在物体表面,如对物体进行拉伸、弯曲、扭转等变形操作时,作用力只作用在物体表面,而不是作用在内部,内部相互作用需要质点之间的相互作用实现。作用在表面的力称为面力,质点内部的相互作用力称为内应力,简称应力,内力和表面力都存在一个相互作用表的问题,力的大小与表面积成正比。下面着重研究应力。

弹性体在力的作用下发生形变,描述形变的物理量为应变张量,应变张量描述弹性体在外在作用情况下的几何形变,而不管这种形变是如何引起的。弹性体在外力作用下的力学上的响应,需要用应力描述。一方面,在一定外力作用下,物体具有特定的形变,形变程度与外力有关,这说明物体内部存在另外一种抵抗形变的力;另一方面,外力撤销后,弹性体恢复原来的形状,说明内部有力的作用。总之,弹性体内部存在与变形有关的内力,内力存在使得物体具有弹性。应力是一种内力,定义为:弹性体内任意一截面上某点处单位面积所受到的内力。根据定义,确定一点的应力状态,应能给出任意指定应力作用面下和应力的方向。显然,根据内里定义,力学矢量是不足以胜任描述应力状态的。为了完成对应力状态的描述,先选定坐标系,然后在该坐标系下对任意截面沿任意方向的力给出确定的描述。在如图 2-1-1 所示的笛卡儿直角坐标系下,考察弹性体内任意无限小的小六面体介质单元,该六面体的每个小面元都受到周围介质所施加的应力,每个面元受力方向任意。但每个力都可以在笛卡儿坐标下进行分解。以上平面为例,平面法线方向为 $\boldsymbol{n}$,该面的应力方向为 F_1,可以表示为

$$\boldsymbol{F}_1 = \sigma_{xz}\boldsymbol{e}_x + \sigma_{yz}\boldsymbol{e}_y + \sigma_{zz}\boldsymbol{e}_z \tag{2-1-6}$$

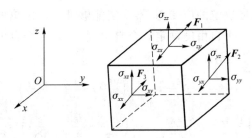

图 2-1-1　应力张量分量的定义

下面我们给出应力角标的含义,对于分量 $\sigma_{ij}(i,j=x,y,z)$,规定第一个角标表示应力的方向,第二个角标表示应力作用的平面的法线方向。因此当 $i=j$ 时,σ_{ii} 表示作用力与作用面垂直,这样的应力为正应力。取外法线方向为正方向,数值大于零表示张应力,数值小于零表示压应力。当 $i\neq j$ 时,σ_{ij} 表示作用力与表面相切(与法线方向垂直),称该应力为切应力。当外法线方向与第一个坐标轴一致,且应力方向与第二个坐标轴正方向一致时,切应力取正值;当外法线方向与第一个坐标轴相反,且应力方向与第二个坐标轴正方向相反时,切应力取正值。其他情况切应力取负值。与 F_1 类似,图 2-1-1 中外法线方向与坐标轴一致的 3 个面上的应力可以表示为

$$\boldsymbol{F}_1 = \sigma_{xz}\boldsymbol{e}_x + \sigma_{yz}\boldsymbol{e}_y + \sigma_{zz}\boldsymbol{e}_z, \quad \boldsymbol{F}_2 = \sigma_{xx}\boldsymbol{e}_x + \sigma_{yx}\boldsymbol{e}_y + \sigma_{zx}\boldsymbol{e}_z, \quad \boldsymbol{F}_3 = \sigma_{xy}\boldsymbol{e}_x + \sigma_{yy}\boldsymbol{e}_y + \sigma_{zy}\boldsymbol{e}_z \tag{2-1-7}$$

对于其他 3 个面元,与上述对应的面元上的应力大小相等,方向相反。至此,可以看出,只要引入上面 9 个应力分量就可以完全描述小六面体的受力情况,当小六面体缩小为一个点时,这 9 个应力分量完全描述弹性体内一点的应力分布,9 个应力分量可写成二阶张量的形式:

$$\boldsymbol{\sigma} = \begin{bmatrix} \sigma_{xx} & \sigma_{xy} & \sigma_{xz} \\ \sigma_{yx} & \sigma_{yy} & \sigma_{yz} \\ \sigma_{zx} & \sigma_{zy} & \sigma_{zz} \end{bmatrix} \tag{2-1-8}$$

$\boldsymbol{\sigma}$ 为应力张量,对于任意截面上一点,所处的应力为

$$\begin{bmatrix} \boldsymbol{F}_1 \\ \boldsymbol{F}_2 \\ \boldsymbol{F}_3 \end{bmatrix} = \boldsymbol{\sigma} \cdot \begin{bmatrix} n_x \\ n_y \\ n_z \end{bmatrix} \tag{2-1-9}$$

所在截面的法线方向 $\boldsymbol{n} = [n_x, n_y, n_z]$。可见二阶张量联系着两个一阶张量(矢量为一阶张量)。通常,面上的应力方向与面的法线方向有夹角,沿法线方向的分量为正应力 σ,垂直于法线方向的应力分量为剪切应力 τ,分别表示为

$$\sigma = \boldsymbol{F} \cdot \boldsymbol{n}^{\mathrm{T}}, \qquad \tau = \sqrt{|\boldsymbol{F}|^2 - \sigma^2} \tag{2-1-10}$$

对应式(2-1-9),如果在弹性体内任意一点,任意取向的面元,式(2-1-9)计算得到的数值都相等,与面元位置和方向无关,这种情况下,我们说弹性体处于均匀应力状态。

图 2-1-1 所示的小正六面体,在平衡条件下,六面体满足两个平衡条件:第一,平动平衡,六面体在任意方向的合力为零;第二,转动平衡,六面体合力矩为零。由平动平衡条件可得 $\nabla \cdot \boldsymbol{\sigma} + f = 0$,$f$ 为体积元内的体力密度,$f = \hat{i}X + \hat{j}Y + \hat{k}Z$。采用求和约定简写为:$\sigma_{ij,j} + f_i = 0$。考虑转动平衡条件,假定体力不产生任何方向的力矩。

$$\sigma_{xy}^0 = \sigma_{yx}^0, \quad \sigma_{yz}^0 = \sigma_{zy}^0, \quad \sigma_{zz}^0 = \sigma_{xz}^0 \tag{2-1-11}$$

因此当介质中不存在体力矩时,不论应力是否均匀,**应力是二阶对称的张量**,是应力张量的固有对称性。

2.2　应力与应变的关系:广义胡克定律

在弹性力学中,弹性体的变形较小,外力卸载后,弹性体可以完全恢复,不存在残余变形、残余应力和残余能量。这时应力与应变的关系满足广义胡克(Hooke)定律。

为了方便,将应力写成应变的函数 $\sigma_{ij} = \sigma_{ij}(\varepsilon_{lk})$,将应力在平衡点(无应变)附近作泰勒展开:

$$\sigma_{ij} = \sigma_{ij}(0) + \left(\frac{\partial \sigma_{ij}}{\partial \varepsilon_{lk}}\right)_{\varepsilon_{lk}=0} \varepsilon_{lk} + \frac{1}{2}\left(\frac{\partial^2 \sigma_{ij}}{\partial \varepsilon_{lk} \partial \varepsilon_{mn}}\right)_{\substack{\varepsilon_{lk}=0 \\ \varepsilon_{mn}=0}} \varepsilon_{lk}\varepsilon_{mn} + O(\varepsilon_{lk}) \tag{2-2-1}$$

在平衡点,$\sigma_{ij}(0)=0$,只保留一阶近似:

$$\sigma_{ij}=c_{ijlk}\varepsilon_{lk} \tag{2-2-2}$$

其中,$c_{ijlk}=\left(\dfrac{\partial\sigma_{ij}}{\partial\varepsilon_{lk}}\right)_{\varepsilon_{lk}=0}$ 称为劲度张量,式(2-2-2)即称广义胡克定律。因为应力与应变均为二阶张量,因此弹性模量为四阶张量,共 81 个分量。同理也可以将应变写成应力的函数,这样我们得到胡克定律的另一种形式:

$$\varepsilon_{ij}=s_{ijlk}\sigma_{lk} \tag{2-2-3}$$

s_{ijlk} 称为顺度张量。考虑应力、应变张量的对称性以及晶体材料的对称性,上述方程中独立分量的个数可以大大减少。

2.2.1　简化下标与劲度矩阵

由于张量的对称性,描述一点的应力状态只需 6 个独立的变量。应变也有 6 个独立的变量,因此可以使劲度张量的元素数目大大下降。先考虑劲度张量 c_{ijlk},应变张量的对称性使得 c_{ijlk} 后两个下标具有交换对称性,即 $c_{ijlk}=c_{ijkl}$。同理,应力张量的对称性使得 c_{ijkl} 的前两个角标具有交换对称性,即 $c_{ijlk}=c_{jilk}$。因为应力和应变的独立变量数均为 6 个,因此可以写成 6×6 的方程,共 36 个独立分量。对于胡克定律使用式(2-2-2)或式(2-2-3)的张量形式便于利用张量理论进行推导,但实际计算中通常采用对应的矩阵形式,以便充分利用应力和应变的上述对称性,得到 6×6 的应力与应变关系矩阵。为达到这一目的,通常引入简化下标。习惯用 1、2、3 代表 x、y、z。简化下标是指用单下标代替双下标,这样 4 个下标就变为两个,大为方便,简化规则如下:

$$11\rightarrow1,\quad 22\rightarrow2,\quad 33\rightarrow3,\quad 23=32\rightarrow4,\quad 31=13\rightarrow5,\quad 12=21\rightarrow6 \tag{2-2-4}$$

这样应力张量和应变张量可以用单列矩阵代替:

$$\boldsymbol{\sigma}=\begin{bmatrix}\sigma_1 & \sigma_2 & \sigma_3 & \sigma_4 & \sigma_5 & \sigma_6\end{bmatrix}^{\mathrm{T}}$$

$$\boldsymbol{\varepsilon}=\begin{bmatrix}\varepsilon_1 & \varepsilon_2 & \varepsilon_3 & \varepsilon_4 & \varepsilon_5 & \varepsilon_6\end{bmatrix}^{\mathrm{T}} \tag{2-2-5}$$

需要注意的是,对于应力和应变张量,在由双下标转化为单下标时,有如下定义,该定义对于后续顺度矩阵元和劲度矩阵元的定义有影响。

$$\begin{bmatrix}\varepsilon_{11} & \varepsilon_{12} & \varepsilon_{13} \\ \varepsilon_{21} & \varepsilon_{22} & \varepsilon_{23} \\ \varepsilon_{31} & \varepsilon_{32} & \varepsilon_{33}\end{bmatrix}\rightarrow\begin{bmatrix}\varepsilon_1 & \frac{1}{2}\varepsilon_6 & \frac{1}{2}\varepsilon_5 \\ \frac{1}{2}\varepsilon_6 & \varepsilon_2 & \frac{1}{2}\varepsilon_4 \\ \frac{1}{2}\varepsilon_5 & \frac{1}{2}\varepsilon_4 & \varepsilon_3\end{bmatrix},\quad \begin{bmatrix}\sigma_{11} & \sigma_{12} & \sigma_{13} \\ \sigma_{21} & \sigma_{22} & \sigma_{23} \\ \sigma_{31} & \sigma_{32} & \sigma_{33}\end{bmatrix}\rightarrow\begin{bmatrix}\sigma_1 & \sigma_6 & \sigma_5 \\ \sigma_6 & \sigma_2 & \sigma_4 \\ \sigma_5 & \sigma_4 & \sigma_3\end{bmatrix}$$

$$\tag{2-2-6}$$

应力与应变的关系用双下标表示为

$$
\begin{bmatrix} \sigma_1 \\ \sigma_2 \\ \sigma_3 \\ \sigma_4 \\ \sigma_5 \\ \sigma_6 \end{bmatrix} = \begin{bmatrix} C_{11} & C_{12} & C_{13} & C_{14} & C_{15} & C_{16} \\ C_{21} & C_{22} & C_{23} & C_{24} & C_{25} & C_{26} \\ C_{31} & C_{32} & C_{33} & C_{34} & C_{35} & C_{36} \\ C_{41} & C_{42} & C_{43} & C_{44} & C_{45} & C_{46} \\ C_{51} & C_{52} & C_{53} & C_{54} & C_{55} & C_{56} \\ C_{61} & C_{62} & C_{63} & C_{64} & C_{65} & C_{66} \end{bmatrix} \begin{bmatrix} \varepsilon_1 \\ \varepsilon_2 \\ \varepsilon_3 \\ \varepsilon_4 \\ \varepsilon_5 \\ \varepsilon_6 \end{bmatrix}
\tag{2-2-7}
$$

式(2-2-7)可以简写为 $\boldsymbol{\sigma} = \boldsymbol{C}\boldsymbol{\varepsilon}$，其中 $\boldsymbol{C}$ 又称为劲度矩阵。劲度矩阵中的双下标矩阵元与四届张量的分量之间满足如下关系：

$$
c_{ijkl} = C_{MN}
\tag{2-2-8}
$$

对于顺度矩阵，为了消除系数的影响，做简化下表时，需定义一些规则：

$$
\begin{cases} S_{MN} = s_{ijkl}, M = 1,2,3 \cap N = 1,2,3 \\ S_{MN} = 2s_{ijkl}, M = 4,5,6 \cup N = 4,5,6 \\ S_{MN} = 4s_{ijkl}, M = 4,5,6 \cap N = 5,6,6 \end{cases}
\tag{2-2-9}
$$

应变的切变分量转化为简化下标时也要注意系数变化。经过简化下标后，应力与应变的关系用 6×6 矩阵表示：

$$
\boldsymbol{\sigma} = \boldsymbol{C}\boldsymbol{\varepsilon} \quad 或 \quad \boldsymbol{\varepsilon} = \boldsymbol{S}\boldsymbol{\sigma}
\tag{2-2-10}
$$

其中 $\boldsymbol{S}$ 为顺度矩阵，显然，$\boldsymbol{SC} = \boldsymbol{CS} = \boldsymbol{I}$，顺度矩阵和劲度矩阵之间在数学上应满足 $\boldsymbol{C} = \boldsymbol{S}^{-1}$。矩阵元之间满足 $C_{MN}S_{NP} = S_{MN}C_{NP} = \delta_{MP}$。

通过以上简化，弹性常数简化为 36 个独立的分量，实际上，弹性模量是完全对称的四阶张量，即任意改变 c_{ijlk} 4 个角标中两个角标的顺序，弹性模量的分量不变。对应顺度矩阵和劲度矩阵也是对称矩阵，满足 $C_{ij} = C_{ji}$，$S_{ij} = S_{ji}$，这样，劲度矩阵或顺度矩阵最多就只剩下 $6 + \dfrac{36-6}{2} = 21$ 个独立的分量。三斜晶系只有中心对称，是表现最一般的各向异性晶体，其劲度矩阵需要 21 个独立的分量。对于其他对称度较高的晶体，根据对称性的不同，会导致某些弹性常数等于零，使独立弹性常数进一步减少。尽管针对具体晶体独立的弹性常数与坐标轴无关，但具体表示与坐标轴有关，弹性常数在不同坐标轴下的变换，要服从四阶张量变换规则，在半导体异质结构中，经常遇到在不同衬底晶面外延的情况，因此为了计算方便，有时需要计算坐标变换下的劲度矩阵，可以通过张量变换得到。附录 B、附录 C 与附录 D 给出了张量坐标变换的简要推导和用 Matlab 编写的四阶张量的变换程序。

2.2.2　立方晶体的弹性常数

立方晶体有 3 个四次对称轴（晶体的 3 个主轴）和 4 个三次对称轴（体对角线方向），其对应的劲度矩阵的矩阵元数因为对称性大大减少。**取 3 个晶轴为笛卡儿直角坐标系的坐标轴**，只有 3 个独立的弹性常数 C_{11}、C_{12} 和 C_{44}，完整的劲度矩阵表示为

$$[C_{ij}] = \begin{bmatrix} C_{11} & C_{12} & C_{12} & 0 & 0 & 0 \\ C_{12} & C_{11} & C_{12} & 0 & 0 & 0 \\ C_{12} & C_{12} & C_{11} & 0 & 0 & 0 \\ 0 & 0 & 0 & C_{44} & 0 & 0 \\ 0 & 0 & 0 & 0 & C_{44} & 0 \\ 0 & 0 & 0 & 0 & 0 & C_{44} \end{bmatrix} \qquad (2\text{-}2\text{-}11)$$

显然,对应的顺度矩阵也只有 3 个独立的系数:$S_{11}=S_{22}=S_{33}$,$S_{12}=S_{23}=S_{13}$,$S_{44}=S_{55}=S_{66}$。根据顺度矩阵和劲度矩阵的关系 $\boldsymbol{SC}=\boldsymbol{I}$(Mathematic 推导解析表达式),可直接求出顺度矩阵元 3 个独立系数满足:

$$S_{11}=\frac{C_{11}+C_{12}}{(C_{11}-C_{12})(C_{11}+2C_{12})}, \quad S_{12}=\frac{-C_{12}}{(C_{11}-C_{12})(C_{11}+2C_{12})}, \quad S_{44}=\frac{1}{C_{44}}$$

$$(2\text{-}2\text{-}12)$$

表 2-2-1 为常见立方晶体的弹性常数,对于三元和四元合金半导体,其弹性常数通常采用 Vegard 定律决定[18]。

表 2-2-1 常见立方晶体的弹性常数[11-15,17]

单位:GPa

材 料	C_{11}	C_{12}	C_{44}	材 料	C_{11}	C_{12}	C_{44}
InAs[11]	84.4	46.4	39.6	GaN[14]	293	159	155
GaAs[12]	122	55	60	InN[14]	187	125	86
InP[11]	102	58	46	AlN[14]	304	160	193
GaP[14]	140.5	62	70.3	CdTe[17]	53.3	36.5	20.4
InSb[14]	68.4	37.4	31.1	ZnSe[17]	90	53.4	39.6
GaSb[13]	88.3	40.4	43.2	ZnS[16]	99.6	61.3	43.7
Ge[15]	128	48	68	Si[15]	166	64	81
AlAs[14]	125	53.4	54.2	AlP[14]	133	63	61.5
AlSb[14]	87.7	43.4	40.7	ZnTe[17]	71.3	40.7	31.2
HgTe[17]	53.6	36.6	21.2	HgS[17]	81.3	62.2	26.4
HgSe[17]	61	44	22	C[17]	107	12.5	57.7

2.2.3 六角晶体的弹性常数

在六角结构中,一般将 c 轴取作 x_3 轴或 z 轴,在与 c 轴垂直的平面上取相互为 120°的 3 个基失 $\boldsymbol{a}_1$、$\boldsymbol{a}_2$ 和 $\boldsymbol{a}_3$,记为 x、y、u。但在表示弹性力学时,应力、应变以及劲度矩阵要对应直角坐标系。这时,仍取 c 轴作 x_3 轴或 z 轴,在垂直 c 轴的基面上要任取两个互相垂直的轴作为坐标系的另两个轴,形成右手坐标系,如图 2-2-1 所示。描述六方对称材料的劲度矩阵和 5 个独立的弹性常数分别为

$$\left[C_{ij}\right]=\begin{bmatrix} C_{11} & C_{12} & C_{13} & 0 & 0 & 0 \\ C_{12} & C_{11} & C_{13} & 0 & 0 & 0 \\ C_{13} & C_{13} & C_{33} & 0 & 0 & 0 \\ 0 & 0 & 0 & C_{44} & 0 & 0 \\ 0 & 0 & 0 & 0 & C_{44} & 0 \\ 0 & 0 & 0 & 0 & 0 & C_{46} \end{bmatrix} \qquad (2\text{-}2\text{-}13)$$

$$C_{33}, \quad C_{11}=C_{22}, \quad C_{44}=C_{55}, \quad C_{23}=C_{13}, \quad C_{66}=\frac{1}{2}(C_{11}-C_{12}) \qquad (2\text{-}2\text{-}14)$$

5 个对应的顺度矩阵元表达式为

$$S_{11}=\frac{C_{33}C_{11}-C_{13}^2}{[C_{33}(C_{11}+C_{12})-2C_{13}^2](C_{11}-C_{12})}, \qquad S_{12}=\frac{-C_{33}C_{12}+C_{13}^2}{[C_{33}(C_{11}+C_{12})-2C_{13}^2](C_{11}-C_{12})}$$

$$S_{13}=-\frac{C_{13}}{[C_{33}(C_{11}+C_{12})-2C_{13}^2]}, \qquad S_{33}=\frac{C_{11}+C_{12}}{[C_{33}(C_{11}+C_{12})-2C_{13}^2]}$$

$$S_{44}=1/C_{44}, \qquad S_{66}=2/(C_{11}-C_{12})$$

$$(2\text{-}2\text{-}15)$$

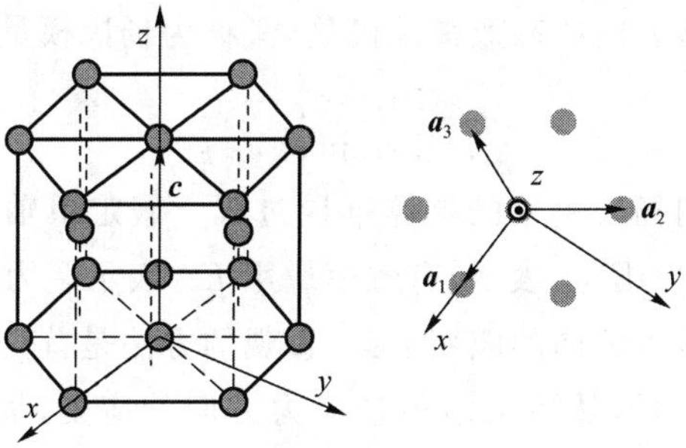

图 2-2-1 六角晶体坐标轴与主轴的关系

表 2-2-2 给出了一些常见方晶体的弹性常数[14,17,19-20]。

表 2-2-2 一些常见方晶体的弹性常数

单位:Gpa

材 料	C_{11}	C_{12}	C_{13}	C_{33}	C_{44}
GaN[14]	390	145	106	398	105
AlN[14]	396	137	108	373	116
InN[14]	223	115	92	224	48
ZnS[17]	123.4	58.5	45.5	28.9	32.5
ZnO[17]	207	117.7	106.1	209.5	44.8
6H-SiC[20]	501	111	52	553	163
CdSe[19]	74.1	45.2	39.3	83.6	13.17
CdS[19]	90.7	58.1	51	93.8	15.04

正交各向异性材料有 3 个相互正交的轴,每个都具有二次旋转对称性。由于 3 个方向的晶格常数不同,一般正交材料的独立弹性常数为 9 个:

$$[C_{ij}] = \begin{bmatrix} C_{11} & C_{12} & C_{13} & 0 & 0 & 0 \\ C_{12} & C_{22} & C_{23} & 0 & 0 & 0 \\ C_{13} & C_{23} & C_{33} & 0 & 0 & 0 \\ 0 & 0 & 0 & C_{44} & 0 & 0 \\ 0 & 0 & 0 & 0 & C_{55} & 0 \\ 0 & 0 & 0 & 0 & 0 & C_{66} \end{bmatrix} \tag{2-2-16}$$

2.3 弹性各向异性

对于弹性各向异性晶体,在施加单轴应力时,有的方向容易变形(弹性硬方向),有的方向则不容易变形(弹性软方向),为了表征弹性方向的各向异性,引入有效弹性模量的概念,有效弹性模量与单轴应力的方向有关,定义单轴应力的大小与该方向导致的应变大小之比为该方向的有效弹性模量,又称为杨氏模量。

$$E = \frac{\text{Stress}}{\text{Strain}}\bigg|_{\text{单轴应力}} \tag{2-3-1}$$

下面给出任意方向杨氏模量的具体推导过程。假定单轴应力方向为 $[hlk]$ 定义的晶体学方向,单轴应力用 σ_{hlk} 表示,有效模量用 E_{hlk} 表示。为了推导有效弹性模量,我们必须给出沿单轴应力方向的应变 ε_{hlk}。直观的方法是首先确定应力张量,进而通过胡克定律求得应变张量,然后求沿单轴应力方向的应变,最后给出有效弹性模量 $E_{hlk} = \dfrac{\sigma_{hlk}}{\varepsilon_{hlk}}$。

如图 2-3-1 所示,要给出直角坐标系下的应力张量,必须将单轴应力 σ_{hlk} 沿各个主轴的各个面投影,最后确定主轴面上的 3 个应力分量。$[hlk]$ 方向与 3 个主轴平面法线 $[001]$、$[010]$ 和 $[001]$ 方向的夹角余弦分别为 $n_x = \dfrac{h}{\sqrt{h^2+l^2+k^2}}$,$n_y = \dfrac{l}{\sqrt{h^2+l^2+k^2}}$,$n_z = \dfrac{k}{\sqrt{h^2+l^2+k^2}}$。因此可得在单轴应力 σ_{hlk} 的作用下,沿 $[001]$ 面上的应力为 $\sigma_{001} = \sigma_{hlk}n_x$,由 σ_{001} 可进一步获得相应的 3 个应力分量:

$$\sigma_{11} = \sigma_{100}n_x = \sigma_{hlk}n_x^2, \quad \sigma_{12} = \sigma_{100}n_y = \sigma_{hlk}n_xn_y, \quad \sigma_{13} = \sigma_{100}n_z = \sigma_{hlk}n_xn_z \tag{2-3-2}$$

最终完整的应力张量表示为

$$[\sigma_{ij}] = \sigma_{hlk}\begin{bmatrix} n_x^2 & n_xn_y & n_xn_z \\ n_yn_x & n_y^2 & n_yn_z \\ n_zn_x & n_zn_y & n_z^2 \end{bmatrix} \tag{2-3-3}$$

根据胡克定律,相应的应变张量写为

$$[\varepsilon_{ij}] = \sigma_{hlk} \begin{bmatrix} n_x^2 S_{11} + S_{12}(n_y^2 + n_z^2) & \dfrac{1}{2} S_{44} n_x n_y & \dfrac{1}{2} S_{44} n_x n_z \\[2mm] \dfrac{1}{2} S_{44} n_y n_x & n_y^2 S_{11} + S_{12}(n_x^2 + n_z^2) & \dfrac{1}{2} n_y n_z \\[2mm] \dfrac{1}{2} S_{44} n_z n_x & \dfrac{1}{2} S_{44} n_z n_y & n_z^2 S_{11} + S_{12}(n_x^2 + n_y^2) \end{bmatrix}$$

$$(2\text{-}3\text{-}4)$$

根据同样的变换规则,我们求得沿$[hlk]$方向的应变分量为

$$\varepsilon_{hlk} = \left[[\varepsilon_{ij}] \cdot \begin{bmatrix} n_x \\ n_y \\ n_z \end{bmatrix} \right] \cdot (\hat{i} n_x + \hat{j} n_y + \hat{k} n_z)$$

$$= \varepsilon_1 n_x^2 + \varepsilon_2 n_y^2 + \varepsilon_3 n_z^2 + 2(\varepsilon_{12} n_x n_y + \varepsilon_{23} n_y n_z + \varepsilon_{13} n_x n_z)$$

$$= \sigma_{hlk} \left[(n_x^4 + n_y^4 + n_z^4) S_{11} + (n_x^2 n_y^2 + n_x^2 n_z^2 + n_z^2 n_y^2)(2 S_{12} + S_{44}) \right] \quad (2\text{-}3\text{-}5)$$

将方向余弦带入并化简得

$$\frac{1}{E_{hlk}} = \frac{\varepsilon_{hlk}}{\sigma_{hlk}} = S_{11} + \frac{(2 S_{12} - 2 S_{11} + S_{44})(h^2 l^2 + h^2 k^2 + k^2 l^2)}{(h^2 + l^2 + k^2)^2} \quad (2\text{-}3\text{-}6)$$

求其极值,可得最大有效模量和最小有效模量分别沿<100>和<111>方向,分别为

$$E_{100} = \frac{1}{S_{11}}, \quad E_{111} = \frac{3}{S_{11} + 2 S_{12} + S_{44}} \quad (2\text{-}3\text{-}7)$$

结合式(2-3-6)和式(2-3-7)也可以将有效弹性模量用下式表示:

$$\frac{1}{E_{hlk}} = \frac{1}{E_{100}} + \frac{3(h^2 l^2 + h^2 k^2 + k^2 l^2)}{(h^2 + l^2 + k^2)^2} \cdot \left(\frac{1}{E_{111}} - \frac{1}{E_{100}} \right) \quad (2\text{-}3\text{-}8)$$

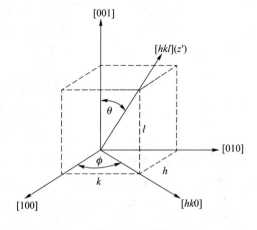

图 2-3-1　方位角与单轴应力方向之间的关系

图 2-3-2 给出了 GaAs 材料的弹性模量空间分布图,可见<100>方向弹性模量

的倒数最大,意味着其弹性模量最小,通常称为弹性软方向,弹性软方向和弹性硬方向在量子点自组织生长的有序性方面具有重要应用,弹性硬方向则沿<111>。为了方便表示弹性各向异性特性,可以进一步将上述关系写成方位角相关的表达式[21]:

$$\frac{E_{100}}{E(\theta,\varphi)}=\frac{S_{11}(\theta,\varphi)}{S_{11}}$$

$$=\frac{C_{11}-C_{12}}{C_0+C_{11}-C_{12}}+\frac{C_0(21C_{11}+10C_{12})}{32(C_0+C_{11}-C_{12})(C_{11}+C_{12})}+$$

$$\frac{C_0(C_{11}+2C_{12})}{32(C_0+C_{11}-C_{12})(C_{11}+C_{12})}(4\cos2\theta+7\cos4\theta+8\cos4\varphi\sin^2\theta)\quad(2\text{-}3\text{-}9)$$

其中 $C_0=2C_{44}+C_{12}-C_{11}$。由此可见,弹性模量的两个极值发生在[001]和[111]方向。

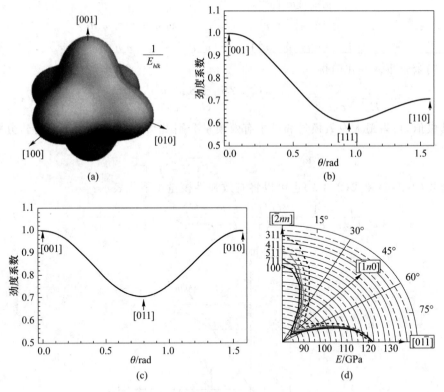

图 2-3-2　(a)单轴应力下,GaAs 材料弹性模量的倒数在空间方位的分布关系;(b)和(c)为在(1$\bar{1}$0)平面($\phi=\pi/4$)和(100)平面($\phi=\pi/2$)内弹性模量倒数沿方位角 θ 方向的分布(θ 为球坐标系下与平面法线方向 Z 轴的夹角),数值已经归一化;(d)弹性模量在其他平面上与方位角的关系

可以借助式(2-3-8)表征材料的弹性各向同性和弹性各向异性,对于弹性各向同性要求有效弹性模量与方位无关,这就要求 $E_{111}=E_{100}$,此时对应各向同性材料。

弹性各向异性偏离各向同性的程度取决于有效弹性模量的最大值与最小值之比

$\dfrac{E_{111}}{E_{100}} = \dfrac{3S_{11}}{S_{11} + 2S_{12} + S_{44}}$，显然，立方晶格的各向同性材料上式满足分子与分母相等，进

而 $S_{44} = 2(S_{11} - S_{12})$。利用对应的劲度矩阵元关系，可表示为 $2C_{44} = C_{11} - C_{12}$。对于立方材料的各向异性的强弱，可以用各向异性比表示，定义为

$$A = \frac{2C_{44}}{C_{11} - C_{12}} \qquad (2\text{-}3\text{-}10)$$

对于各向同性材料各向异性比为 1。表 2-3-1 给出了常见晶体材料的各向异性比。可见对于有些材料弹性各向异性比较大，比如 Pb 可达到 4 以上，KCl 的各向异性也比较大，为 0.36。

表 2-3-1 常见材料的弹性各向异性比[22]

材 料	C	Si	Ge	GaAs	InAs	SnTe	PbTe	PbS
A	1.21	1.56	1.64	1.83	2.08	0.18	0.27	0.51

材 料	ZnS	InP	PbSe	ZnTe	CdTe	HgSe	HgTe	GaSb
A	2.53	2.06	0.29	1.02	1.21	1.29	1.25	0.89

对于各向同性材料，劲度矩阵只有两个独立的弹性常数，有时用杨氏模量 Y 和泊松比表示，泊松比定义为在特定方向的单轴纵向张应力作用下，横向应变与纵向应变之比的负值：

$$v = -\left. \frac{横向应变}{纵向应变} \right|_{单轴应力} \qquad (2\text{-}3\text{-}11)$$

典型半导体晶体的泊松比约为 1/3，泊松比几乎总是正值，这是由于在弹性力学范围内晶体原胞的体积几乎保持不变。工程力学中对各向同性材料的弹性常数的描述习惯用拉梅常数 μ 和 λ 表征，其中 μ 又称为剪切模量（shear modulus），定义为剪切应力与剪切应变之比：

$$\mu = \frac{剪切应力}{剪切应变} \qquad (2\text{-}3\text{-}12)$$

对于立方晶体，上述参数与弹性常数的关系如下：

$$E = \frac{1}{S_{11}}, \quad v = -\frac{S_{12}}{S_{11}}, \quad S_{12} = -\frac{v}{E}, \quad \mu = \frac{E}{2(1+v)}, \quad \lambda = \frac{vE}{(1+v)(1-2v)}$$

$$\lambda = C_{12}, \quad \mu = C_{44} = \frac{1}{S_{44}} = \frac{1}{2}(C_{11} - C_{12}) = \frac{1}{2(S_{11} - S_{12})} \qquad (2\text{-}3\text{-}13)$$

在各向同性材料中的杨氏模量和泊松比分别可以表示为

$$Y = C_{11} - \frac{2C_{12}^2}{C_{11} + C_{12}}, \quad v = \frac{C_{12}}{C_{11} + C_{12}} \qquad (2\text{-}3\text{-}14)$$

在利用弹性模量和泊松比时，各向同性材料应力与应变的关系表示如下（应力与应变

采用双下标）：

$$\begin{bmatrix} \sigma_{xx} \\ \sigma_{yy} \\ \sigma_{zz} \\ \sigma_{yz} \\ \sigma_{zx} \\ \sigma_{xy} \end{bmatrix} = \frac{E}{(1+v)(1-2v)} \begin{bmatrix} 1-v & v & v & 0 & 0 & 0 \\ v & 1-v & v & 0 & 0 & 0 \\ v & v & 1-v & 0 & 0 & 0 \\ 0 & 0 & 0 & 1-2v & 0 & 0 \\ 0 & 0 & 0 & 0 & 1-2v & 0 \\ 0 & 0 & 0 & 0 & 0 & 1-2v \end{bmatrix} \begin{bmatrix} \varepsilon_{xx} \\ \varepsilon_{yy} \\ \varepsilon_{zz} \\ \varepsilon_{yz} \\ \varepsilon_{zx} \\ \varepsilon_{xy} \end{bmatrix}$$

$$(2\text{-}3\text{-}15)$$

弹性体形变后的体积膨胀率为 $\Delta V/V_0 = \varepsilon_{11} + \varepsilon_{22} + \varepsilon_{33}$。通常又将体积膨胀率称为容变率 ϑ，ϑ 只与应变张量的迹 $\mathrm{tr}[\boldsymbol{\varepsilon}]$ 有关，将应变张量的迹称为流体静应变 $\varepsilon_{\mathrm{hyd}}$。材料处于流体静压力时，将弹性体的流体静压力与弹性体的流体静应变之比定义为材料的体积模量：

$$B = -P/\varepsilon_{\mathrm{hyd}} \tag{2-3-16}$$

流体静压力状态下的应力张量表示为 $[\sigma_{ij}] = \begin{bmatrix} -P & 0 & 0 \\ 0 & -P & 0 \\ 0 & 0 & -P \end{bmatrix}$。以立方晶体

为例，此时对应的应变张量为

$$[\varepsilon_{ij}] = \begin{bmatrix} -P(S_{11}+2S_{12}) & 0 & 0 \\ 0 & -P(S_{11}+2S_{12}) & 0 \\ 0 & 0 & -P(S_{11}+2S_{12}) \end{bmatrix}$$

易得立方晶体的体积模量为 $B = \dfrac{1}{3(S_{11}+2S_{12})}$，转化为各向同性材料，即

$$B = \frac{E}{3(1-2v)}$$

可以依照与立方晶体相似的方法推导六角晶格材料在单轴应力下的有效弹性模量，此处不再具体推导，直接给出结果[23]：

$$\begin{aligned} \frac{S(\theta,\varphi)}{S_{11}} &= \sin^4\theta + \frac{S_{33}}{S_{11}}\cos^4\theta + \frac{S_{44}+2S_{13}}{S_{11}}\sin^2\theta\cos^2\theta \\ &= \sin^4\theta + \frac{C_{11}^2 - C_{12}^2}{C_{33}C_{11} - C_{13}^2}\cos^4\theta + \\ &\quad \left(\frac{[C_{33}(C_{11}+C_{12}) - 2C_{13}^2] - 2C_{13}C_{44}}{C_{44}} \right) \frac{(C_{11}-C_{12})}{C_{33}C_{11} - C_{13}^2}\sin^2\theta\cos^2\theta \end{aligned} \tag{2-3-17}$$

可以看出，有效弹性模量与 φ 无关，可见水平方向具有各向同性特性。图 2-3-3 给出了与立方晶体的 c 轴平行的平面内，有效弹性模量与角度 θ 的关系。

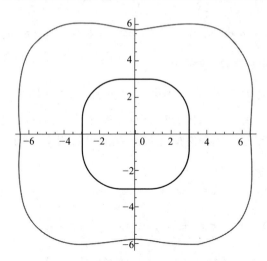

图 2-3-3　六角晶格 InN 和 AlN 材料弹性模量倒数与[0001]夹角之间的关系，单位为[1/GPa]，弹性模量在水平方向(0001)面内与方位角无关

2.4　应变能密度

弹性体在外力作用下发生形变，内部应力随之产生，应力的方向阻碍形变产生，因弹性体克服形变做负功，弹性体存储能量。在忽略弹性体质元动能的情况下（变形是缓慢过程），弹性体存储的能量与外力做的功等值。下面分析弹性体的应变能密度。

在弹性体内，取一微小体积元 D，D 的边界记为 Ω_D，由于应力场 σ 的作用，弹性体对应应变场 ε，如果新产生微小变形 $\delta\varepsilon$，在此过程中应力场对体积元做的功表示为

$$W = \iint\limits_{\Omega_D}(\boldsymbol{\sigma}\cdot\boldsymbol{n}^{\mathrm{T}})\cdot\mathrm{d}\boldsymbol{u}\mathrm{d}S = \oiint\limits_{\Omega_D}(\sigma_{ij}\cdot(\mathrm{d}\boldsymbol{u})^{\mathrm{T}})\cdot\boldsymbol{n}\mathrm{d}S = \oiint\limits_{\Omega_D}(\sigma_{ij}\mathrm{d}u_j)\mathrm{d}S \quad (2\text{-}4\text{-}1)$$

上式为了方便，采用了求和约定。引用高斯定理，上式转化为对体积积分：

$$W = \iint\limits_{D}\nabla\cdot(\sigma_{ij}\,\mathrm{d}u_j)\mathrm{d}r^3 = \int\limits_{D}\left|\begin{array}{l}\dfrac{\partial}{\partial x}(\sigma_1\,\mathrm{d}u_x + \sigma_{12}\,\mathrm{d}u_y + \sigma_{13}\,\mathrm{d}u_z) + \\[2mm] \dfrac{\partial}{\partial y}(\sigma_{21}\,\mathrm{d}u_x + \sigma_2\,\mathrm{d}u_y + \sigma_{23}\,\mathrm{d}u_z) + \\[2mm] \dfrac{\partial}{\partial z}(\sigma_{13}\,\mathrm{d}u_x + \sigma_{23}\,\mathrm{d}u_y + \sigma_3\,\mathrm{d}u_z)\end{array}\right|\mathrm{d}r^3 \quad (2\text{-}4\text{-}2)$$

假定在无外力情况下，上述微元处于平衡状态，应力张量对坐标的偏导为零，整理式(2-4-2)各项得：

$$W = \iint\limits_{D}\Big(\sigma_1\varepsilon_1 + \sigma_{12}\,\mathrm{d}\Big(\dfrac{\partial u_y}{\partial x} + \dfrac{\partial u_x}{\partial y}\Big) + \sigma_{13}\,\mathrm{d}\Big(\dfrac{\partial u_x}{\partial z} + \dfrac{\partial u_z}{\partial x}\Big) + \sigma_2\,\mathrm{d}\varepsilon_2 +$$
$$\sigma_{23}\,\mathrm{d}\Big(\dfrac{\partial u_y}{\partial z} + \dfrac{\partial u_z}{\partial y}\Big) + \sigma_3\,\mathrm{d}\varepsilon_3\Big)\mathrm{d}r^3$$

$$= \iint_D (\sigma_1 \, d\varepsilon_1 + \sigma_2 \, d\varepsilon_2 + \sigma_3 \, d\varepsilon_3 + 2\sigma_{12} \, d\varepsilon_{12} + 2\sigma_{13} \varepsilon_{13} + 2\sigma_{23} \, d\varepsilon_{23}) \, dr^3 \quad (2\text{-}4\text{-}3)$$

积分核部分即应变能密度，可表示为

$$W_e = \int \sigma_1 \, d\varepsilon_1 + \sigma_2 \, d\varepsilon_2 + \sigma_3 \, d\varepsilon_3 + 2\sigma_{12} \, d\varepsilon_{12} + 2\sigma_{13} \, d\varepsilon_{13} + 2\sigma_{23} \, d\varepsilon_{23} \quad (2\text{-}4\text{-}4)$$

由于应力场属于保守力场，因此积分与路径无关，我们可以选择最简单路径，使得弹性体从无应变状态 Γ^0 到最终应变状态 Γ，在该过程中，满足 $[\varepsilon_{ik}]_\Gamma = t \, [\varepsilon_{ik}]_{\Gamma^0}$，带入式(2-4-4)得

$$
\begin{aligned}
W_e &= \int_{\Gamma^0}^{\Gamma} \sigma_1 \, d\varepsilon_1 + \sigma_2 \, d\varepsilon_2 + \sigma_3 \, d\varepsilon_3 + 2\sigma_{12} \, d\varepsilon_{12} + 2\sigma_{13} \, d\varepsilon_{13} + 2\sigma_{23} \, d\varepsilon_{23} \\
&= \int_{t=0}^{t=1} t(\sigma_1 \varepsilon_1 + \sigma_2 \varepsilon_2 + \sigma_3 \varepsilon_3 + 2\sigma_{12} \varepsilon_{12} + 2\sigma_{13} \varepsilon_{13} + 2\sigma_{23} \varepsilon_{23}) \, dt \\
&= \frac{1}{2}(\sigma_1 \varepsilon_1 + \sigma_2 \varepsilon_2 + \sigma_3 \varepsilon_3 + \sigma_4 \varepsilon_4 + \sigma_5 \varepsilon_5 + \sigma_6 \varepsilon_6) \quad (2\text{-}4\text{-}5)
\end{aligned}
$$

这就是弹性体应变能密度的一般表达式，可以根据胡克定律写成更简洁的形式：

$$W_e = \sum_{i=1}^{6} \sum_{j=1}^{6} \frac{1}{2} C_{ij} \varepsilon_i \varepsilon_j \quad (2\text{-}4\text{-}6)$$

对于立方晶体和六角晶体，式(2-4-6)对应的应变能密度分别表示为

$$W_e^{cubic} = \frac{C_{11}}{2}(\varepsilon_1^2 + \varepsilon_2^2 + \varepsilon_3^2) + \frac{C_{44}}{2}(\varepsilon_4^2 + \varepsilon_5^2 + \varepsilon_6^2) + C_{12}(\varepsilon_1 \varepsilon_2 + \varepsilon_2 \varepsilon_3 + \varepsilon_3 \varepsilon_1)$$

$$W_e^{hex} = \frac{C_{11}}{2}(\varepsilon_1^2 + \varepsilon_2^2) + \frac{C_{33}}{2}\varepsilon_3^2 + \frac{C_{44}}{2}(\varepsilon_4^2 + \varepsilon_5^2) + \frac{(C_{11} - C_{12})}{4}\varepsilon_6^2 + C_{12}\varepsilon_1 \varepsilon_2 + C_{13}\varepsilon_3(\varepsilon_2 + \varepsilon_1)$$

$$(2\text{-}4\text{-}7)$$

以上两式会应用于分析两类常见的半导体异质结构材料的应变能，以及进一步分析应变材料的应变弛豫与异质结构的形状和能量的平衡问题。

以上是应变能体密度的表达式，在异质外延生长过程中，通常前期的异质外延材料形成量子点或其他应变异质结构后，应变弛豫并不完全，薄膜内还存在一定的残余应变能，影响外延层材料的表面化学势，并进一步控制或影响后续生长。该应变能对化学势的影响用表面应变能密度表示，对于立方晶体表示为[24-25]

$$E_{str}^{Cubic} = C_{11}(\varepsilon_{11}^2 + \varepsilon_{22}^2)/2 + C_{12}\varepsilon_{11}\varepsilon_{22} + 2C_{44}\varepsilon_{12}^2 \quad (2\text{-}4\text{-}8)$$

可见表面应变能密度只需去掉体应变能密度中与 ε_3、ε_4 和 ε_5 有关的分量即可，因此对于六角晶体，表面应变能密度表示为

$$E_{str}^{Hex} = C_{11}(\varepsilon_{11}^2 + \varepsilon_{22}^2)/2 + (C_{11} - C_{12})\varepsilon_{12}^2/4 + C_{12}\varepsilon_{11}\varepsilon_{22} \quad (2\text{-}4\text{-}9)$$

本章参考文献

[1] Ramasubramaniam A, Shenoy V B. Three-dimensional simulations of self-assembly of hut-shaped Si-Ge quantum dots[J]. Journal of Applied Physics,

2004，95(12)：7813-7824.

[2] Amano T，Yamauchi S，Sugaya T，et al. Control of subband energy levels of quantum dots using InGaAs Gradient composition strain-reducing layer[J]. Applied Physics Letters，2006，88(26)：261110.

[3] Okada Y，Oshima R，Takata A. Characteristics of InAs/GaNAs strain-compensated quantum dot solar cell[J]. Journal of Applied Physics，2009，106(2)：024306.

[4] Seravalli L，Frigeri P，Trevisi G，et al. 1.59 μm room temperature emission form metamorphic InAs/InGaAs quantum dots grown on GaAs substrates [J]. 2008，92(21)：213104.

[5] Lee R G，Idesman A，Nyakiti A，et al. Modeling of residual thermal stresses for aluminum nitride crystal growth by sublimation[J]. Journal of Applied Physics，2007，102(6)：063525.

[6] Pryor C，Kim J，Wang L W，et al. Comparison of two methods for describing the strain profiles in quantum dots [J]. Journal of Applied Physics，1998，83(5)：2548-2554.

[7] Gatti R，Marzegalli A，Zinovyev V A，et al. Modeling the plastic relaxation onset in realistic SiGe islands on Si(001)[J]. Physical Review B，2008，78 (18)：184104.

[8] Melnik R V N，Lassen B，Lew Yan Voon L C，et al. Nonlinear strain models in the analysis of quantum dot molecules[J]. Nonlinear Analysis：Theory，Methods &Applications，2005，63(5/7)：e2165-e2176.

[9] Melnik R，Mahapatra R. Coupled effects in quantum dot nanostructures with nonlinear strain and bridging modelling scales[J]. Computrs & Structures，2007，85(11/14)：698-711.

[10] 徐芝纶. 弹性力学[M].4 版.北京：高等教育出版社,2010.

[11] Ponchet A，Lacombe D，Durand L，et al. Elastic energy of strained islands：contribution of the substrate as a function of the island aspect ratio and inter-island distance[J]. Applied Physics Letters，1998，72(23)：2984-2986.

[12] Grundmann M，Stier O，Bimberg D. InAs/GaAs pyramidal quantum dots：strain distribution, optical phonons, and electronic structure[J]. Physical Review B，1995，52(16)：11969-11981.

[13] Wang T，Forchel A. Experimental and theoretical study of strain-induced AlGaAs/GaAs quantum dots using a self-organized GaSb island as a stressor [J]. Journal of Applied Physics，1999，86(4)：2001-2007.

[14] Vurgaftman I，Meyer J R，Ram-Mohan L R. Band parameters for Ⅲ-Ⅴ

compound semiconductors and their alloys[J]. Journal of Applied Physics, 2001, 89(11): 5815-5875.

[15] Schmidt O G, Eberl K, Rau Y. Strain and band-edge alignment in single and multiple layers of self-assembled Ge/Si and GeSi/Si islands[J]. Physical Review B, 2000, 62(24): 16715-16720.

[16] Siakavellas M, Kontos A G, Anastassakis E. Strain dependent optical Phonon frequencies of cubic ZnS[J]. Journal of Applied Physics, 1998, 84 (1): 517-521.

[17] Madelung O. Semiconductors Basic Data[M]. 2nd ed. Verlag Berlin Heidelberg: Spring,1996.

[18] Hanke M, Eisenschmidt C, Werner P, et al. Elastic strain relaxation in axial Si/Ge Whisker Heterostructures[J]. Physical Review B, 2007, 75 (16): 161703.

[19] Park S-H, Cho Y-H. Strain and piezoelectric potential effects on optical properties in CdSe/CS core/shell quantum dots[J]. Journal of Applied Physics, 2011, 109(11): 113103.

[20] Kamitani K, Grimsditch M, Nipko J C, et al. The elastic constants of silicon carbide: a Brillouin-Scattering study of 4H and 6H SiC single crystals [J]. Journal of Applied Physics, 1997, 82(6): 3152-3154.

[21] Grundmann M. The Physics of Semiconductors[M]. 2nd ed. Verlag Berlin Heidelberg: Springer,2010.

[22] Springholz G. Three-dimensional stacking of self-assembled quantum dots in multilayer structures[J]. Comptes Rendus Physique, 2005, 6(1): 89-103.

[23] Jogai B. Three-dimensional strain field calculations in multiple InN/AlN wurtzite quantum dots[J]. Journal of Applied Physics, 2001, 90 (2): 699-704.

[24] Meixner M, Scholl E, Scmidbauer M, et al. Formation of island chains in SiGe/Si heteroepitaxy by elastic anisotropy[J]. Physical Review B,2001, 64 (24): 245307.

[25] Stoffel M, Rastelli A, Kiravittaya S, et al. Strain-mediated lateral SiGe island motion in single and stacked layers[J]. Physical Review B, 2005, 72 (20): 205411.

第 3 章 异质结构的应力应变计算

由多个异质结或复杂几何形状的异质结构建的功能单元称为异质结构,异质结构是构成微电子和光电子器件的基本功能单元。早在 1951 年,人们就提出了异质结构的概念,并开展了一定的理论分析工作,1957 年,克罗默提出异质结比同质结具有更高的注入效率之后,异质结的研究逐渐受到重视。随着汽相外延技术的进步,1960年异质结首次被制造出。1969 年第一次制成莱塞二极管的报告被发表了,同年单异质结激光器和双异质结激光器首次被制成(由于克罗默和阿尔菲洛夫的杰出贡献,他们获得了 2000 年诺贝尔物理学奖)。1973 年,双异质结晶体管被制成。伴随着生长技术的突破性进展,特别是 MOCVD 和 MBE 生长设备的发明和使用,半导体应变异质结构在微电子学和光电子学方面的应用日益广泛,制作和发展水平日新月异。可以制备出量子尺寸的异质结构有量子阱、量子线、纳米线、量子点等。量子异质结构的出现将电子和光电子器件的应用拓展到量子力学领域,量子电子学器件(如单电子晶体管)和量子光电子学器件(如量子级联激光器)、单光子源、纠缠光源等获得应用,量子异质结构已经成为量子调控机理和应用研究的主要功能结构单元。

异质结构中的相当一大部分可归类为应变异质结构,其中应变对材料的力学、电学和光学特性方面具有重要影响,同时也是调控异质结构电学、光学特性的重要手段。因此计算异质结构材料的应变分布,对于分析、预测异质结构的物理特性非常重要。计算异质结构中的应变分布主要分为基于固体力学的连续弹性理论和原子势函数法。在具体计算上,连续弹性理论可以采用有限元、有限差分等数值计算方法,也可以采用基于格林函数法的解析计算,但大多需要做一定的简化假设。基于原子势函数的方法,需利用数值优化算法计算异质结构能量最小时的原子配置。材料体系的应变也可以采用实验手段测量和表征,但通常存在一定的不足,要么测量会对样品造成影响,导致测量时样品的应变已发生改变,要么只能测量样品表面的应变分布。

3.1 晶 格 失 配

不同晶格常数的材料在形成异质结构时存在晶格失配是应变产生的根源,对于晶格失配较小的材料可以直接通过高级外延生长技术(MOCVD 或 MBE)制备异质结构。对于晶格失配较大的,直接用外延方法很难形成异质结,这时在工艺上可采用键合技术。晶格失配太大的,则不能形成器件可用的异质结构。这里主要关注异质外延情况下晶格失配对应变的影响,假定衬底晶格常数为 a_s,外延薄膜材料的晶格常数为 a_f,我们定义晶格失配为

$$f = (a_s - a_f)/a_f \qquad (3\text{-}1\text{-}1)$$

有些文献中式(3-1-1)的分母为衬底和薄膜晶格常数的平均值,由于晶格常数远大于晶格常数之差,因此两种定义对晶格失配的计算没有影响。如图 3-1-1 所示,由于衬底较厚,在外延生长过程中,薄膜的晶格将强迫与衬底晶格对准,这种情况下,薄膜将承受水平应变 $\varepsilon_{//} = f$。如果薄膜晶格常数大,那么晶格将受到水平挤压,反之,则受到水平拉伸。由于薄膜生长方向是自由面,不存在纵向方向的应力,因此薄膜将承受双轴应力,应力张量可以表示为

$$[\sigma_{ij}] = \begin{bmatrix} \sigma_1 & 0 & 0 \\ 0 & \sigma_2 & 0 \\ 0 & 0 & 0 \end{bmatrix} \qquad (3\text{-}1\text{-}2)$$

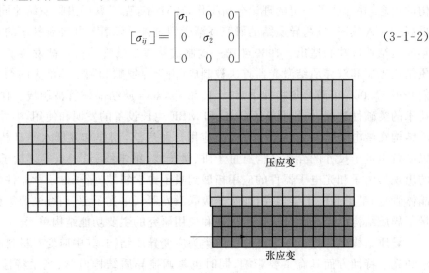

图 3-1-1　张应变和压应变下的赝晶生长方式

　　通常情况下,由于衬底较厚,不产生变形,衬底内应变张量为 0。晶格失配应变全部依靠薄膜来协调,如果晶格失配小于零,薄膜在受到水平挤压的情况下,平行于生长界面方向的晶格将强迫与衬底晶格共格(完全共格),其晶格比无应变状态下小,在生长方向,则会由于泊松效应,产生形变,使得生长方向的晶格常数比无应变状态下大,这种情况下的外延生长称为压应变异质外延,我们常见的大多数异质外延半导体器件为压应变异质外延,如 InAs/GaAs、InAs/InP、Si_xGe_{1-x}/Si、InSb/GaSb 等。对于晶格失配大于零的情况,则薄膜的应变状态恰恰相反,水平方向受到张应变,生长方向受到压应变。张应变异质外延,实验和理论方面的研究较少,主要在 Si_xGe_{1-x}/Ge 材料系有较少的涉及[1]。无论张应变异质外延还是压应变异质外延,由于在生长方向,薄膜晶格偏离了无应变状态下对应的体材料的晶格常数,所以通常称应变失配条件下的共格生长为相干应变(coherent strain)状态下的赝晶生长。

　　对于晶格失配较小的材料,赝晶薄膜可以生长得很厚,如 AlGaAs/GaAs 异质结构,其晶格失配可以小于 0.1%,近似看作晶格是匹配的。通常异质结构的晶格失配

在 1％的量级，如 InAs/GaAs 为 $-6.7％$，InAs/InP 为 $-3.2％$，Ge/Si 为 $-4.1％$，六角 AlN/GaN 为水平晶格失配 $-2％$。在晶格失配异质外延下，伴随着外延厚度的增加，薄膜中积累的应变能也会逐渐增加，当应变能积累到一定程度，界面相互作用无法继续保持共格生长时，必须通过某种机制将累积的应变能释放掉。应变能释放主要有两种途径，其中一种是在异质外延界面形成位错，位错是一种线缺陷，位错中心及周围的原子会发生位移，产生位错应变场，但薄膜中总的应变能会下降，如图 3-1-2(b)所示，在异质外延界面产生了刃型位错，衬底中心的一列原子层在薄膜中无相应的原子层与之共格。位错对异质结的光学和电学特性通常具有破坏性影响，此时薄膜原子与衬底原子为部分共格，对应的应变状态称为非相干应变（non-coherent strain）。另一种应变释放途径是薄膜产生变形，通过变形弛豫应变，有时会形成量子点或量子线，从这个意义上说，应变是量子异质结构生长的驱动力，可以借助应变来控制量子点的形貌、尺寸，以及排列的有序性、均匀性等。当形变不能弛豫足够多的应变能积累时，仍会伴随产生位错。对于大尺寸量子点，两种应变释放机制共同起作用。异质外延生长量子异质结构时，要尽量避免位错的产生，从而提高器件的性能。因此在理论和实验上研究外延薄膜产生位错的临界厚度，量子线、量子点产生位错的临界尺寸具有重要意义，具体相关问题将在下一章讨论，本章主要讨论无位错应变量子异质结构中的应变分布。

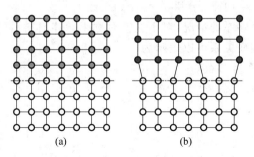

图 3-1-2　（a）共格生长；（b）存在界面刃位错的原子排列示意图

3.2　应变量子阱

3.2.1　应变分布

应变量子阱结构是最早应用于光电子器件的量子异质结构，由于应变量子阱异质结构的应用，半导体激光器的阈值电流降到了 10^2 A/cm² 左右。下面首先分析应变量子阱的应变分布特点。为了分析方便，假定量子阱材料和衬底材料之间的晶格失配为 f，忽略量子阱的边缘效应[2-3]，如果衬底和薄膜均为有限厚度，那么通常两种材料都需承受一部分晶格失配为 f 的应变，衬底和薄膜互相协调，共同分担，具有相同的水平晶格。假定 $f<0$，显然衬底受到张应变 $\varepsilon_s>0$，薄膜受到压应变 $\varepsilon_f<0$，两者满足

$$\varepsilon_f-\varepsilon_s=f \tag{3-2-1}$$

以立方晶体为例，在薄膜和衬底水平晶格应变的作用下，薄膜和衬底分别产生各自的等双轴应力，分别为 $\sigma_f=M_f\varepsilon_f$ 和 $\sigma_s=M_s\varepsilon_s$。其中 M_f 和 M_s 分别为薄膜和衬底材料的双轴模量，由界面的平动平衡条件，容易得出

$$\sigma_f h_f+\sigma_s h_s=0 \tag{3-2-2}$$

联合式(3-2-1)和式(3-2-2)可得

$$\varepsilon_f=f\frac{h_s M_s}{h_s M_s+h_f M_f},\quad \varepsilon_s=-f\frac{h_f M_f}{h_s M_s+h_f M_f} \tag{3-2-3}$$

显然，当衬底较厚的时候，$\varepsilon_s\to0$，$\varepsilon_f\to f$。在薄膜厚度和衬底厚度相当时，平衡状态下的薄膜和衬底水平共格的晶格常数 a_{mid} 介于两种材料 a_f 和 a_s 之间：

$$a_{mid}=a_f(1+\varepsilon_f)=a_s(1+\varepsilon_s) \tag{3-2-4}$$

当衬底较厚时，易得 $\varepsilon_s=0$ 和 $\varepsilon_f=f$。两者共格的水平晶格常数与衬底晶格常数相等。两种材料在生长方向上要受到拉伸或挤压，对应的应变分别表示为 $\varepsilon_f^\perp=-\nu_f\varepsilon_f$ 和 $\varepsilon_s^\perp=-\nu_s\varepsilon_s$，式中 ν_f 和 ν_s 分别是两种材料的泊松比，定义为在水平方向受到平面应力的情况下，晶格纵向方向的应变与水平应变之比。纵向晶格常数与式(3-2-4)类似，分别表示为 $a_f^\perp=\varepsilon_f^\perp(1+\varepsilon_f^\perp)$ 和 $a_s^\perp=\varepsilon_s^\perp(1+\varepsilon_s^\perp)$。

下面讨论衬底足够厚的情况，对于立方对称半导体材料沿[001]方向外延薄膜，根据胡克定律应力应变关系可以表示为

$$\begin{bmatrix}\sigma_1\\\sigma_2\\\sigma_3\\0\\0\\0\end{bmatrix}=\begin{bmatrix}C_{11}&C_{12}&C_{12}&0&0&0\\C_{12}&C_{11}&C_{12}&0&0&0\\C_{12}&C_{12}&C_{11}&0&0&0\\0&0&0&C_{44}&0&0\\0&0&0&0&C_{44}&0\\0&0&0&0&0&C_{44}\end{bmatrix}\begin{bmatrix}\varepsilon_1\\\varepsilon_2\\\varepsilon_3\\\varepsilon_4\\\varepsilon_5\\\varepsilon_6\end{bmatrix} \tag{3-2-5}$$

根据晶格失配得知，$\varepsilon_1=\varepsilon_2=\varepsilon_{//}=f$，应力分量 $\sigma_1=\sigma_2\neq0$，生长方向为自由方向，表面法线方向无约束，作用力为零，根据应力的定义，所有与该方向有关的应力分量为零，$\sigma_{13}=\sigma_{23}=\sigma_{33}=0$。由以上条件可得，$\varepsilon_3=-2C_{12}f/C_{11}$，进一步可得 $\sigma_1=\sigma_2=(C_{11}+C_{12}-2C_{12}^2/C_{11})f$，对应的薄膜应变能密度为

$$W=\frac{1}{2}\sum_i\sum_j C_{ij}\varepsilon_i\varepsilon_j=\frac{1}{2}\sum_i\sigma_i\varepsilon_i=\left(C_{11}+C_{12}-2\frac{C_{12}^2}{C_{11}}\right)f^2 \tag{3-2-6}$$

图 3-2-1 给出了 InAs/GaAs 应变量子阱的应变分量沿生长方向(001)的分布，假定衬底和盖层厚度为无限大。由上述讨论容易求晶体体积的变化率为 $\vartheta=\dfrac{\Delta V}{V}=$

$\varepsilon_{hyd}=2f\left(1-\dfrac{C_{12}}{C_{11}}\right)$。定义材料的双轴模量为材料在等双轴应变作用下，双轴应力与

双轴应变的比值,即

$$M_f = \frac{\sigma_{//}}{\varepsilon_{//}}\Bigg|_{Biaxial} \qquad (3\text{-}2\text{-}7)$$

根据定义,对于立方晶体薄膜,表面法线沿(001)方向时的双轴模量为

$$M_f(001) = \frac{\sigma}{f} = C_{11} + C_{12} - \frac{2C_{12}^2}{C_{11}} \qquad (3\text{-}2\text{-}8)$$

对于立方晶体,其剪切模量为 $\mu = (C_{11} - C_{12})/2$,[001]方向的杨氏模量 $E(001) = \frac{(C_{11} + 2C_{12})(C_{11} - C_{12})}{C_{11} + C_{12}}$,沿[001]方向的泊松比为 $\nu(001) = \frac{C_{12}}{C_{11} + C_{12}}$,因此双轴模量还可以表示为

$$M_f(001) = \frac{E(001)}{1 - \nu(001)} \qquad (3\text{-}2\text{-}9)$$

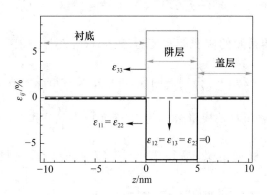

图 3-2-1 InAs/GaAs 量子阱各应变分量在衬底、
盖层和量子阱层沿(001)方向的应变分布

与泊松比类似,可以定义双轴弛豫常数,表征在双轴应力作用下,面内应变与非面内应变之比的负值:

$$R_b = -\frac{\varepsilon_\perp}{\varepsilon_{//}}\Bigg|_{biaxial\ stress} \qquad (3\text{-}2\text{-}10)$$

由定义可得,对于立方晶体薄膜,表面法线沿(001)方向,双轴弛豫常数为

$$R_b(001) = \frac{2C_{12}}{C_{11}} \qquad (3\text{-}2\text{-}11)$$

因此,对于闪锌矿结构,异质外延沿 001 方向生长时,双轴应力下,对应的应变张量表示为

$$[\varepsilon_{ij}] = \begin{bmatrix} f & 0 & 0 \\ 0 & f & 0 \\ 0 & 0 & -R_{bf} \end{bmatrix} \qquad (3\text{-}2\text{-}12)$$

结合式(3-2-6)和式(3-2-8)可知,双轴应变外延层量子阱单位面积的应变能表示为

$$E_s = M_f f^2 h \qquad (3\text{-}2\text{-}13)$$

其中 h 为外延层厚度。

对于沿 $z(x_3)$ 轴为 (0001) 晶向方向生长的六角结构量子阱异质结构，与立方晶格类似，其胡克定律可以表示为

$$
\begin{bmatrix} \sigma_1 \\ \sigma_2 \\ \sigma_3 \\ 0 \\ 0 \\ 0 \end{bmatrix} = \begin{bmatrix} C_{11} & C_{12} & C_{13} & 0 & 0 & 0 \\ C_{12} & C_{11} & C_{13} & 0 & 0 & 0 \\ C_{13} & C_{13} & C_{33} & 0 & 0 & 0 \\ 0 & 0 & 0 & C_{44} & 0 & 0 \\ 0 & 0 & 0 & 0 & C_{44} & 0 \\ 0 & 0 & 0 & 0 & 0 & (C_{11}-C_{12})/2 \end{bmatrix} \begin{bmatrix} \varepsilon_1 \\ \varepsilon_2 \\ \varepsilon_3 \\ \varepsilon_4 \\ \varepsilon_5 \\ \varepsilon_6 \end{bmatrix} \tag{3-2-14}
$$

同理，沿生长方向不受约束的 $\sigma_{13}=\sigma_{23}=\sigma_3=0$，可得对应的非零应变分量为 $\varepsilon_1=\varepsilon_2=\varepsilon_{//}=f$ 和 $\varepsilon_3=-\dfrac{2C_{13}}{C_{33}}f$。非零应力分量为 $\sigma_1=\sigma_2=\left(C_{11}+C_{12}-\dfrac{2C_{13}^2}{C_{33}}\right)f$。由 $W_e=\dfrac{1}{2}\sum\limits_{i=1}^{6}\sum\limits_{j=1}^{6}C_{ij}\varepsilon_i\varepsilon_j$ 可得薄膜的应变能密度为 $W_e=\left(C_{11}+C_{12}-2\dfrac{C_{13}^2}{C_{33}}\right)f^2$。晶格体积变化率为 $\vartheta=\dfrac{\Delta V}{V}=\varepsilon_{hyd}=2f\left(1-\dfrac{C_{13}}{C_{33}}\right)$。同理，可以定义六角晶体薄膜，法线沿 (0001) 方向时的双轴弛豫常数和双轴模量分别为 $R_b(0001)=\dfrac{2C_{13}}{C_{33}}$ 和 $M_f(0001)=\dfrac{\sigma}{f}=C_{11}+C_{12}-\dfrac{2C_{13}^2}{C_{33}}=\dfrac{E}{1-\nu}$。根据定义，易得沿 [0001] 方向的杨氏模量和泊松比分别为 $E(0001)=C_{33}-\dfrac{2C_{13}^2}{C_{11}+C_{12}}$ 和 $\nu(0001)=\dfrac{C_{13}}{C_{11}+C_{12}}$。

3.2.2 任意方向外延量子阱薄膜的有效双轴模量[4]

在第 2 章中，我们讨论了单轴应力作用下的有效模量，下面以立方晶体异质外延薄膜在任意衬底表面受到双轴应变为例，讨论泊松比、应变能密度、有效双轴模量等与薄膜法线方位的关系。假定薄膜的法线方向为 [hkl]，并令 [hkl] 方向为材料坐标系的 x_3 轴，$\boldsymbol{x}_3=\dfrac{1}{n_3}[h \quad k \quad l]^{\mathrm{T}}$，其他两个坐标轴分别为 $\boldsymbol{x}_2=\dfrac{1}{n_2}[kl \quad hl \quad -2hk]^{\mathrm{T}}$ 和 $\boldsymbol{x}_1=\boldsymbol{x}_2\times\boldsymbol{x}_3$，其中 n_2、n_3 为归一化因子：$n_2=\sqrt{(kl)^2+(hl)^2+(2hk)^2}$，$n_3=\sqrt{l^2+h^2+l^2}$。由式 (3-2-12) 可知，在双轴应变的作用下，[001] 晶面外延的应变薄膜在材料坐标系下的应变张量表示为

$$
[\varepsilon_{ij}]=\begin{bmatrix} f & 0 & 0 \\ 0 & f & 0 \\ 0 & 0 & -R_b f \end{bmatrix} \tag{3-2-15}
$$

其中 f 为晶格失配。假定这一形式在 [hkl] 坐标变换后仍成立，令 $\nu=-R_b$，为双轴应力作用下的泊松比，数值与坐标方位有关。[hkl] 坐标系与材料的自然坐标系（坐

标系沿立方晶体的晶轴方向）之间的坐标变换矩阵为 $A=\begin{bmatrix} x_1 & x_2 & x_3 \end{bmatrix}$，借助张量变换可以计算在自然坐标系下的应变张量，表示为

$$
\begin{aligned}
\left[\varepsilon_{ij}^{0}\right] &= A\left[\varepsilon_{ij}\right]A^{\mathrm{T}} \\
&= A\begin{bmatrix} f & 0 & 0 \\ 0 & f & 0 \\ 0 & 0 & \nu f \end{bmatrix}A^{\mathrm{T}} \\
&= -\frac{f}{h^2+k^2+l^2}\begin{bmatrix} -\nu h^2-(k^2+l^2) & hk(-\nu+1) & hl(-\nu+1) \\ hk(-\nu+1) & -\nu k^2-(h^2+l^2) & kl(-\nu+1) \\ hl(-\nu+1) & kl(-\nu+1) & -\nu l^2-(k^2+h^2) \end{bmatrix}
\end{aligned}
$$

$$(3\text{-}2\text{-}16)$$

由应变能密度的定义，可以进一步计算出薄膜的应变能密度 $E(\nu)=\frac{1}{2}\sum_{i=1}^{6}\sum_{j=1}^{6}C_{ij}\varepsilon_i\varepsilon_j$，对于立方晶体，$W=\frac{C_{11}}{2}(\varepsilon_{11}^2+\varepsilon_{22}^2+\varepsilon_{33}^2)+2C_{44}(\varepsilon_{23}^2+\varepsilon_{31}^2+\varepsilon_{12}^2)+C_{12}(\varepsilon_{11}\varepsilon_{22}+\varepsilon_{22}\varepsilon_{33}+\varepsilon_{33}\varepsilon_{11})$，将式(3-2-16)代入，应变能密度的表达式包含一个待定参数：泊松比（双轴弛豫率）。求应变能对应的最小值条件：$\partial E(\nu)/\partial\nu=0$。下面直接给出计算结果，应变能取最小值时对应的双轴弛豫率和应变能密度分别表示为

$$
R_{\mathrm{b}}=2\frac{C_{12}(h^4+l^4+k^4)+(C_{11}+C_{12}-2C_{44})(h^2k^2+k^2l^2+l^2h^2)}{C_{11}(h^4+l^4+k^4)+2(C_{12}+2C_{44})(h^2k^2+k^2l^2+l^2h^2)}
$$

$$
E(f)=\frac{(C_{11}+2C_{12})\left[(C_{11}-C_{12})(h^4+l^4+k^4)-(C_{11}-C_{12}+6C_{44})(h^2k^2+k^2l^2+l^2h^2)\right]}{C_{11}(h^4+l^4+k^4)+2(C_{12}+2C_{44})(h^2k^2+k^2l^2+l^2h^2)}f^2
$$

$$(3\text{-}2\text{-}17)$$

当$[hkl]=[001]$时，相应的双轴弛豫率为$R_{\mathrm{b},001}=2C_{12}/C_{11}$，与上节结论一致。为计算材料有效双轴模量，需要知道在$[hkl]$坐标系下的应力分量。为了避免推导坐标变换下的四阶张量变换，首先计算在自然坐标系下的应力分量，然后再求应力张量在$[hkl]$坐标系下的分量，根据胡克定律，在自然坐标系下，材料受到的应力张量表示为

$$
\left[\sigma_{ij}^{0}\right]=\frac{-f}{h^2+k^2+l^2}\begin{bmatrix} C_{11} & C_{12} & C_{12} & 0 & 0 & 0 \\ C_{12} & C_{11} & C_{12} & 0 & 0 & 0 \\ C_{12} & C_{12} & C_{11} & 0 & 0 & 0 \\ 0 & 0 & 0 & C_{44} & 0 & 0 \\ 0 & 0 & 0 & 0 & C_{44} & 0 \\ 0 & 0 & 0 & 0 & 0 & C_{44} \end{bmatrix}\begin{bmatrix} R_{\mathrm{b}}h^2-(k^2+l^2) \\ R_{\mathrm{b}}k^2-(h^2+l^2) \\ R_{\mathrm{b}}l^2-(k^2+h^2) \\ 2kl(R_{\mathrm{b}}+1) \\ 2hl(R_{\mathrm{b}}+1) \\ 2hk(R_{\mathrm{b}}+1) \end{bmatrix}
$$

$$(3\text{-}2\text{-}18)$$

应变外延薄膜在材料坐标系下的σ_1分量或σ_2分量分别表示为

$$
\sigma_1=\left\{\left[\sigma_{ij}^{0}\right](\boldsymbol{x}_1)^{\mathrm{T}}\right\}\cdot(\boldsymbol{x}_1)
$$
$$
\sigma_2=\left\{\left[\sigma_{ij}^{0}\right](\boldsymbol{x}_2)^{\mathrm{T}}\right\}\cdot(\boldsymbol{x}_2)
$$

$$(3\text{-}2\text{-}19)$$

进一步求解析表达式比较繁琐，分析两种特例，当$[hkl]=[001]$时，泊松比$R_{\mathrm{b},001}=$

$2C_{12}/C_{11}$，材料坐标系下的应变张量和应力张量分别为

$$[\varepsilon_{ij}^0] = \begin{bmatrix} f & 0 & 0 \\ 0 & f & 0 \\ 0 & 0 & -2fC_{12}/C_{11} \end{bmatrix} \tag{3-2-20}$$

$$[\sigma_{ij}^0] = f \begin{bmatrix} C_{11}+C_{12}-2C_{12}/C_{11} & 0 & 0 \\ 0 & C_{11}+C_{12}-2C_{12}/C_{11} & 0 \\ 0 & 0 & 0 \end{bmatrix}$$

当$[hkl]=[001]$时，$\boldsymbol{x}_1=(100)$ $\boldsymbol{x}_2=(001)$，将$[\sigma_{ij}^0]$代入式(3-2-20)，得

$$\sigma_1=\sigma_2=\left(C_{11}+C_{12}-\frac{2C_{12}^2}{C_{11}}\right)f \tag{3-2-21}$$

显然，双轴弹性模量为

$$M_{\mathrm{f}}^{001}=C_{11}+C_{12}-\frac{2C_{12}^2}{C_{11}} \tag{3-2-22}$$

当$[hkl]=[111]$时，由式(3-2-20)可得 $R_{\mathrm{b},111}=[2C_{11}+4(C_{12}-C_{44})]/(C_{11}+2C_{12}+4C_{44})$，由二阶张量变换表达式(3-2-19)，可得材料坐标系下的应变张量：

$$[\varepsilon_{ij}^0] = -\frac{f}{3} \begin{bmatrix} -(2-R_{\mathrm{b}}) & 1+R_{\mathrm{b}} & 1+R_{\mathrm{b}} \\ 1+R_{\mathrm{b}} & -(2-R_{\mathrm{b}}) & 1+R_{\mathrm{b}} \\ 1+R_{\mathrm{b}} & 1+R_{\mathrm{b}} & -(2-R_{\mathrm{b}}) \end{bmatrix} \tag{3-2-23}$$

根据胡克定律可得，应力张量为

$$[\sigma_{ij}^0] = -\frac{f}{3} \begin{bmatrix} -(C_{11}+2C_{12})(2-R_{\mathrm{b}}) & 2C_{44}(1+R_{\mathrm{b}}) & 2C_{44}(1+R_{\mathrm{b}}) \\ 2C_{44}(1+R_{\mathrm{b}}) & -(C_{11}+2C_{12})(2-R_{\mathrm{b}}) & 2C_{44}(1+R_{\mathrm{b}}) \\ 2C_{44}(1+R_{\mathrm{b}}) & 2C_{44}(1+R_{\mathrm{b}}) & -(C_{11}+2C_{12})(2-R_{\mathrm{b}}) \end{bmatrix} -$$

$$(2-R_{\mathrm{b}}) \tag{3-2-24}$$

将$[\sigma_{ij}^0]$代入式(3-2-20)，得σ_1和σ_2的表达式：

$$\sigma_1=\sigma_2=\frac{1}{6}\left[(\sigma_{ij}^0)\begin{bmatrix}1\\1\\-2\end{bmatrix}\right]\begin{bmatrix}1 & 1 & -2\end{bmatrix} = \frac{f}{3}\left[(C_{11}+2C_{12})(2-R_{\mathrm{b}})+2C_{44}(1+R_{\mathrm{b}})\right]$$

$$\tag{3-2-25}$$

代入双轴弛豫常数，并化简得双轴失配应力：

$$\sigma_2=\frac{6C_{44}(C_{11}+2C_{12})}{C_{11}+2C_{12}+4C_{44}}f \tag{3-2-26}$$

显然，弹性模量为 $M_{\mathrm{f}}^{111}=\dfrac{\sigma}{f}=\dfrac{6C_{44}(C_{11}+2C_{12})}{C_{11}+2C_{12}+4C_{44}}$，同理可以得到沿[111]方向的薄膜在双轴应力作用下的泊松比为 $\nu_{\mathrm{b},111}=\dfrac{-[2C_{11}+4(C_{12}-C_{44})]}{C_{11}+2C_{12}+4C_{44}}$。容易证明，当薄膜材料为各向同性时，双轴模量简化为 $M_{\mathrm{f}}=\dfrac{(C_{11}-C_{12})(C_{11}+2C_{12})}{C_{11}}=\dfrac{E}{1-\nu}$。图 3-2-2 给出

了立方晶体在双轴应变下,泊松比和应变能密度与空间方位的关系。

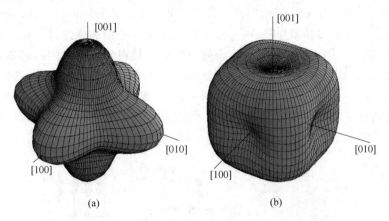

图 3-2-2 （a）双轴应变下的外延薄膜的泊松比与空间方位的关系；
（b）薄膜在不同衬底方向外延应变能密度与方位的关系

在推导等效双轴模量之前,我们假定在指定 $[hkl]$ 坐标系下,薄膜的应变分量满足 $\varepsilon_{11}=\varepsilon_{22}=f, \varepsilon_{33}=\nu f, \varepsilon_{i\neq j}=0$。现在用一个特例验证这个假定成立,首先令薄膜应变分量为普适情形 ε,通过坐标变换可以计算在材料坐标系下的应变分量 $\varepsilon^{001}=\mathbf{R}^{\mathrm{T}}\varepsilon^{hkl}\mathbf{R}$,并在该坐标系下计算 $\sigma^{001}=C^{001}\varepsilon^{001}$ 应力分量,最后我们计算在 $[hkl]$ 坐标系下的应力 $\sigma^{hkl}=\mathbf{R}\varepsilon^{001}\mathbf{R}^{\mathrm{T}}$,其中 $\mathbf{R}$ 为从 $[001]$ 坐标系到 $[hkl]$ 坐标系的坐标变换矩阵。在 $[hkl]$ 坐标系下,薄膜在法线方向是自由的,因此与这 3 个方向的应力为零,以 $[hkl]=[111]$ 为例,与法线有关的应力分量可表示为

$$\sigma_{13}^{111}=\frac{2(C_{12}+C_{11}-C_{44})}{3}\varepsilon_{13}+\frac{\sqrt{2}(C_{12}+2C_{44}-C_{11})}{6}(\varepsilon_{11}-\varepsilon_{22})\equiv 0$$

$$\sigma_{23}^{111}=\frac{2(C_{11}-C_{12}+C_{44})}{3}\varepsilon_{23}+\frac{\sqrt{2}(C_{11}-C_{12}-2C_{44})}{3}\varepsilon_{12}\equiv 0 \tag{3-3-27}$$

$$\sigma_{33}^{111}=\frac{C_{12}+2C_{11}-2C_{44}}{3}(\varepsilon_{11}+\varepsilon_{22})+\frac{C_{11}+2C_{12}+4C_{44}}{3}\varepsilon_{33}\equiv 0$$

在 $[hkl]=[111]$ 坐标系下,考虑式(3-3-27)在材料弹性常数取任意值时必须均成立,由 $\sigma_{23}^{111}\equiv 0$ 可以得出 $\varepsilon_{12}=\varepsilon_{23}=0$,由 $\sigma_{13}^{111}\equiv 0$ 可以得出 $\varepsilon_{13}=0, \varepsilon_{11}\equiv\varepsilon_{22}$。由 $\sigma_{33}^{111}\equiv 0$ 可得 $\varepsilon_{33}\equiv\dfrac{-2(C_{12}+2C_{11}-2C_{44})}{C_{11}+2C_{12}+4C_{44}}\varepsilon_{/\!/}$,根据定义,表达式的系数部分为双轴弛豫模量,即双轴应变情况下的泊松比。

3.2.3 量子阱超晶格的应变平衡

多层量子阱异质结构(二维量子阱或三维垂直有序量子点结构)可以为器件提供更多的有源区,在半导体激光器和太阳能电池领域具有重要应用。对于二维量子阱,为获得多层赝晶量子阱生长,而不产生因应变能积累而导致的塑形应变(产生界面位

错),需要考虑多层材料的应变平衡[5-6],Matthews 等人首次在 GaAs 衬底外延 GaAsP 和 GaAs 多层量子阱结构式中发现了该现象[7]。Kasper 等人将应变平衡的概念应用于 Si/Ge 超晶格中制备[8],后来人们将应变平衡的概念推广到不同材料组分的薄膜制备中,用一层晶格常数小于衬底的势垒材料取代原来的衬底来构成新势垒,使得插入层材料与衬底材料相比受到双轴张应变。这样压应变量子阱和张应变补偿材料交替生长,可以减少应变能的积累,大大延迟塑形应变弛豫的发生,由于张应变薄膜的晶格常数和带边可以通过合金组分调控,所以可以实现电学和力学上的灵活匹配。图 3-2-3 给出了应变补偿(平衡)量子阱示意图。

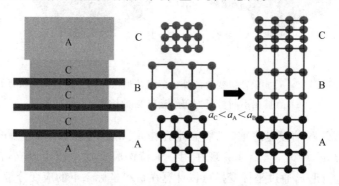

图 3-2-3　应变补偿多量子阱结构应变平衡示意图

先考虑简单的两层外延情况,衬底晶格常数为 a_A,压缩应变层晶格常数为 a_B,张应变层的晶格常数为 a_C,3 种晶格常数之间满足 $a_C < a_A < a_B$。

作为一种近似方法,在忽略材料弹性常数差异的情况下,Matthews 和 Blakeslee 等人给出了平均晶格参数法[7],即衬底的晶格参数与外延层的平均晶格参数相等:

$$a_A = (a_B h_B + a_C h_C)/(h_B + h_C) \tag{3-2-28}$$

其中,h_B 和 h_C 分别为张应变层和压应变层的厚度。

另一种设计应变平衡的判据方法为应变厚度加权法,通用表达式在考虑材料弹性常数的基础上,对应变和厚度进行加权[8],假定每一层受到的双轴应变为 $\varepsilon_{//,i} = (a_A - a_i)/a_i$,厚度加权应变平衡要求 $h_B \varepsilon_{//,B} + h_C \varepsilon_{//,C} = 0$,可得

$$a_A = (h_B + h_C) a_B a_C / (h_B a_B + h_C a_C) \tag{3-2-29}$$

从式(3-2-29)的推导来看,似乎是对双轴应变在厚度方向加权。下面考虑水平应力的厚度加权,每一层外延薄膜材料受到的双轴应力为 $M_i \varepsilon_{//,i}$,M_i 表示第 i 层外延薄膜的双轴弹性模量。对双轴应力进行厚度加权后满足平衡条件,表达式为 $M_B h_B \varepsilon_{//,B} + M_C h_C \varepsilon_{//,C} = 0$,进一步可以得到衬底晶格常数应满足

$$a_A = \frac{(M_B h_B + M_C h_C) a_B a_C}{M_B h_B a_B + M_C h_C a_C} \tag{3-2-30}$$

由此可见应变加权判据是应力加权判据在忽略材料弹性差异($M_B = M_C$)情况下的近似。

上述判断应变平衡的方法具有物理直觉性,容易理解,但对应变平衡条件缺乏严格的物理分析。对于多层异质外延结构薄膜,判定应变平衡条件,需要考虑整个结构的平均应变能取最小值[4]。上述条件可以通过平均表面应变能密度最小来满足,又称为零应力条件:

$$\overline{W} = \sum_{k=1}^{n} W_k^e h_k \Big/ \sum_{k=1}^{n} h_k \qquad (3\text{-}2\text{-}31)$$

式中,h_k 为第 k 层薄膜的厚度,W_k^e 为对应每一层材料单位面积的应变能密度。由应变能密度公式可知应变能密度可表示为 $W_k^e = M_k \varepsilon_{//,k}^2$,其中 M_k 为第 k 层材料的双轴模量,$\varepsilon_{//,k}$ 为第 k 层材料的晶格失配。由前节讨论可知,立方晶格沿(001)方向生长的量子阱和六角对称结构晶体沿(0001)方向生长的量子阱对应的双轴模量分别为 $M_f^k = C_{11} + C_{12} - 2C_{12}^2/C_{11}$ 和 $M_f^k = C_{11} + C_{12} - 2C_{13}^2/C_{33}$。式(3-2-31)可进一步简化为

$$\overline{W} = \sum_{k=1}^{n} M_k \varepsilon_{//,k}^2 h_k \Big/ \sum_{k=1}^{n} h_k \qquad (3\text{-}2\text{-}32)$$

赝晶生长条件要求每一层的晶格常数最终需与衬底晶格常数共格,因此,在稳定的应变状态下,每一层的晶格失配表示为 $\varepsilon_{//,k} = (a_A - a_k)/a_k$,对于由张应变和压应变构成两层异质结构,平面内平均应力等于总应变能密度对某一层的晶格失配应变的偏导,对于第一层,平均应力表示为

$$\overline{\sigma} = \frac{\partial \overline{W}}{\partial \varepsilon_{//,1}} = \frac{2}{h_1 + h_2} \left(M_1 \varepsilon_{//,1} h_1 + M_2 h_2 \frac{\varepsilon_{//,2}}{\varepsilon_{//,1}} \right) \qquad (3\text{-}2\text{-}33)$$

由 $\varepsilon_{//,2} = \dfrac{a_A - a_2}{a_2} = \dfrac{a_1(\varepsilon_{//,1}+1) - a_2}{a_2} = \dfrac{a_1}{a_2}\varepsilon_{//,1} + \dfrac{a_1 - a_2}{a_2}$,代入式(3-2-33),并令平均应力为零,得 $M_1 \varepsilon_{//,1} h_1 + M_2 h_2 a_1/a_2 = 0$,令第一层材料为 B,第二层材料为 C,化简可得满足平均应力为零的衬底晶格常数,表示为

$$a_A = \frac{M_B h_B a_B a_C^2 + M_2 h_2 a_C a_B^2}{M_B h_B a_C^2 + M_C h_C a_B^2} \qquad (3\text{-}2\text{-}34)$$

进一步,将二层外延薄膜推广到多层外延薄膜构成的异质结构,平均应力表示为

$$\overline{\sigma} = \frac{\partial \overline{W}}{\partial \varepsilon_{//,1}} = \frac{2}{h_1 + h_2 + h_3 + \cdots} \times \left\{ M_1 \varepsilon_{//,1} h_1 + M_2^2 \varepsilon_{//,2} h_2 \frac{\partial \varepsilon_{//,2}}{\partial \varepsilon_{//,1}} + \cdots + M_k^2 \varepsilon_{//,k} h_k \frac{\partial \varepsilon_{//,k}}{\partial \varepsilon_{//,1}} \right\}$$

$$(3\text{-}2\text{-}35)$$

相邻两层材料之间的晶格失配满足 $\varepsilon_{//,k} = a_{k-1}\varepsilon_{//,k-1}/a_k + (a_{k-1} - a_k)/a_k$,通过迭代关系可得,$\partial \varepsilon_{//,k}/\partial \varepsilon_{//,1} = a_1/a_k (k=2,3,\cdots,n)$,应变平衡条件要求多层薄膜异质结构的平面内平均应力满足零应力条件,由式(3-2-35)化简可得

$$M_1 \varepsilon_{//,1} h_1 + M_2 \varepsilon_{//,2} h_2 \frac{a_1}{a_2} + M_3 \varepsilon_{//,3} h_3 \frac{a_1}{a_3} + \cdots + M_n \varepsilon_{//,n} h_n \frac{a_1}{a_n} = 0 \qquad (3\text{-}2\text{-}36)$$

将应变表达式代入式(3-2-36),化简得应变平衡条件下衬底晶格常数(或缓冲层晶格常数)与多层量子阱之间晶格常数满足如下关系:

$$a_A = \sum_{k=1}^{n} (M_k h_k/a_k) \Big/ \sum_{k=1}^{n} (M_k h_k/a_k^2) \qquad (3\text{-}2\text{-}37)$$

假定多层结构具有周期性,式(3-2-37)对应一个周期的情况,即 n 层量子阱对应一个周期,这样整个结构仍然满足应变平衡条件。式(3-2-37)的推导过程中考虑了不同材料的弹性特性,当忽略材料弹性特性差异时,假定每层材料都具有相同的双轴模量,作为近似,式(3-2-37)可进一步简化为

$$a_0 = \sum_{k=1}^{n}(h_k a_k) \Big/ \sum_{k=1}^{n} h_k \qquad (3\text{-}2\text{-}38)$$

可见平均晶格法决定的判据就是严格应变平衡条件下,当忽略材料双轴模量差异情况时的近似。实际中,用于衬底的材料非常有限,当实际晶体材料无合适的晶格常数做衬底时,需要预先在衬底上生长一层厚的异变缓冲层,通过控制缓冲层的组分得到满足条件的晶格常数,这样的衬底称为虚衬底,异变外延是大失配外延生长中提供虚衬底的常见方法[9-11]。以 $Si_{1-x}Ge_x/Si$ 为例,可以通过生长合适的 $Si_{1-y}Ge_y/Si$ 组分达到所需要的晶格常数,通常材料组分线性变化,从纯 Si 线性变化到需要的 Ge 组分 y。当所选材料的衬底晶格常数固定时,实现应变平衡需要调控量子阱晶格来与衬底匹配,这时应变平衡条件的复杂度取决于每个周期中不同的量子阱材料数目以及特定应用所需要的材料。对于具有短周期排列的量子阱超晶格结构,只要一个周期内满足应变平衡,整个超晶格就满足应变平衡条件,这时张应变层的厚度和压应变层的厚度的正比需满足

$$h_B/h_C = \varepsilon_B M_B a_C/(\varepsilon_A M_A a_B) \qquad (3\text{-}2\text{-}39)$$

以远红外量子阱探测器为例,量子阱作为红外吸收区,量子阱之间为势垒区,应变平衡条件可以靠调整量子阱之间势垒的厚度来实现(为限制暗电流,势垒厚度要大于某个最小值),其厚度精确性值往往并不是特别重要。在量子级联激光器中,可以靠调控注入区的厚度和晶格常数提供一定的灵活性,来保证整个量子阱结构实现应变平衡条件[4]。

最后关于应变平衡量子阱做如下两点补充。

① 表达式(3-2-37)可直接应用于六角晶格材料的薄膜外延,唯一需要改变的参数是其中的双轴模量需要用六角晶格待料的双轴模量表达代替[5]。

② 表达式(3-2-37)可以应用于其他非[001]晶面外延的情况,需要根据 3.2.2 节中相应晶面的双轴模量 $M_k^{[hkl]}$ 代替 $M_k^{[001]}$,晶格双轴应变也由 $\varepsilon_{//,k}^{[hkl]}$ 代替 $\varepsilon_{//,k}^{[001]}$。

3.3　应变量子线

量子线异质结构材料主要有两种制备方式,一种在量子阱的基础上刻蚀而成[12],如图 3-3-1 中图所示,另一种直接在衬底上通过特殊的生长过程生成[13],如图 3-3-1 左图所示,或基于应变自组装制备[14],如图 3-3-1 右图所示。

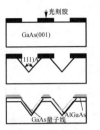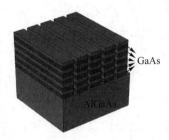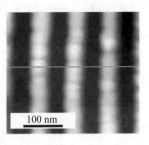

图 3-3-1　图形衬底生长 GaAs/AlGaAs 量子线截面图[13]（左图）；量子阱刻蚀制备量子线示意图（中图）[12]；应变自组织生长 $In_{0.3}Ga_{0.7}As/GaAs(001)$ 量子线[14]（右图，顶层 AFM 观察结果）

　　对于存在晶格失配的自组织量子线材料，由于沿量子线方向较长，沿量子线轴方向的应变弛豫受到限制（忽略量子线有限长度在两端引起的边缘效应），这时量子线的应变分布计算问题简化为平面应变问题，即量子线只在横截面内存在应变弛豫，在纵向方向的应变仍为材料的晶格失配。为了计算量子线的应变场分布，首先介绍平面应变问题，然后给出其数值计算的有限差分法，最后给出量子线应变分布的格林函数法。

3.3.1　平面应变问题

　　我们直接给出平面应变问题的一些基本方程，为了方便，假定平面问题中应变受限的方向为 z 方向，应力应变关系的本构方程服从胡克定律，考虑位移场分量与 z 无关，根据应变位移关系的方程易知所有含 z 分量的应变为零，即 $\varepsilon_{zz}=\varepsilon_{xz}=\varepsilon_{yz}=0$，但在 z 方向存在晶格失配引起的初始应变 $\varepsilon_{zz}(0)=f$，这样胡克定律简化为

$$\begin{bmatrix}\sigma_1\\\sigma_2\\\sigma_3\\\sigma_6\end{bmatrix}=\begin{bmatrix}C_{11}&C_{12}&0\\C_{12}&C_{11}&0\\C_{12}&C_{12}&0\\0&0&C_{44}\end{bmatrix}\begin{bmatrix}\varepsilon_1\\\varepsilon_2\\\varepsilon_6\end{bmatrix} \qquad (3\text{-}3\text{-}1)$$

由于与 z 分量有关的应变能为零，导致 σ_3 与体系的应变能无关，意义不大，通常不予计算，这样式（3-3-1）可写成对称的形式：

$$\begin{bmatrix}\sigma_1\\\sigma_2\\\sigma_6\end{bmatrix}=\begin{bmatrix}C_{11}&C_{12}&0\\C_{12}&C_{11}&0\\0&0&C_{44}\end{bmatrix}\begin{bmatrix}\varepsilon_1\\\varepsilon_2\\\varepsilon_6\end{bmatrix} \qquad (3\text{-}3\text{-}2)$$

在利用有限元软件包进行平面应变计算时，输入的劲度矩阵形式就是按式（3-3-2）的形式给出的。对于六角晶体，平面应变问题的胡克定律同样可以写成：

$$\begin{bmatrix}\sigma_1\\\sigma_2\\\sigma_6\end{bmatrix}=\begin{bmatrix}C_{11}&C_{12}&0\\C_{12}&C_{11}&0\\0&0&\dfrac{C_{11}-C_{12}}{2}\end{bmatrix}\begin{bmatrix}\varepsilon_1\\\varepsilon_2\\\varepsilon_6\end{bmatrix} \qquad (3\text{-}3\text{-}3)$$

平衡方程与三维问题类似：

$$\frac{\partial \sigma_x}{\partial x}+\frac{\partial \sigma_{xy}}{\partial y}+F_x=0, \quad \frac{\partial \sigma_{xy}}{\partial x}+\frac{\partial \sigma_y}{\partial y}+F_y=0 \tag{3-3-4}$$

协调方程大大简化，由原来的 6 个简化为 1 个：

$$\frac{\partial^2 \varepsilon_x}{\partial y^2}+\frac{\partial^2 \varepsilon_y}{\partial x^2}=2\frac{\partial^2 \varepsilon_{xy}}{\partial x \partial y} \tag{3-3-5}$$

假定在各向同性近似下，根据广义胡克定律将式（3-3-5）中的 3 个应变分量代入，并结合表达式（3-3-4）（体力为零），可得应力满足 $\nabla_{xy}^2(\sigma_{11}+\sigma_{12})=0$ 的拉普拉斯方程，其中 ∇_{xy}^2 为二维拉普拉斯算符，选择应力满足 $\sigma_{ij}=-\dfrac{\partial A}{\partial x_i \partial x_j}+\delta_{ij}\nabla_{12}^2 A$，$A$ 为艾里函数，变量为 x_i 和 x_j。这样的应力表达式自动满足式（3-3-4）的应力平衡条件。将应力表达式代入拉普拉斯方程，可得艾里函数满足的方程为 $\nabla_{12}^2(\nabla_{12}^2 A)=0$。对于平面应变问题，有时采用极坐标会比较方便，令 z 轴为对称轴，各应力分量选择表达式为 $\sigma_{rr}=\nabla_{12}^2 A-\dfrac{\partial A^2}{\partial r^2}$，$\sigma_{\theta\theta}=\dfrac{\partial A^2}{\partial r^2}$，$\sigma_{r\theta}=-\dfrac{\partial}{\partial r}\left[\dfrac{1}{r}\dfrac{\partial A}{\partial \theta}\right]$，其中极坐标下的二维拉普拉斯算符表达式为 $\nabla_{12}^2=\dfrac{\partial^2}{\partial r^2}+\dfrac{1}{r}\dfrac{\partial}{\partial \theta}+\dfrac{1}{r^2}\dfrac{\partial^2}{\partial \theta^2}$。$A(r,\theta)$ 的通解满足的表达式为 $A(r,\theta)=r^2 f(r,\theta)+g(r,\theta)$，$f(r,\theta)$ 和 $g(r,\theta)$ 均满足极坐标下的二维拉普拉斯方程 $\nabla_{12}^2 f(r,\theta)=\nabla_{12}^2 g(r,\theta)=0$，$f(r,\theta)$ 和 $g(r,\theta)$ 的具体表达式依赖于求解问题的边界条件。

3.3.2 量子线应变分布的有限差分法

在早期的研究工作中，人们通常根据量子线的应变分布特征来类比量子点应变分布的形状相关性，因此对于各种形状的量子线应变分布研究较多。图 3-3-2 给出了一个圆柱状量子线示意图，应变量子线通常在某个维度上比其他两个维度大得多，通常量子线的截面尺寸在几十个纳米范围，导致在二维空间的电子运动受限。由于纵向方向拓展远比横向方向大，纵向方向在电学和力学特性上影响不大，在纵向方向不产生应变弛豫，故应变分布的计算问题简化为 2 维平面应变处理。

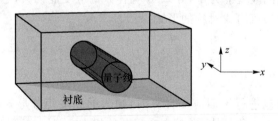

图 3-3-2 应变量子线示意图

由式（3-3-2）和式（3-3-3）给出的平面应变问题的胡克定律在应用到量子线中时，通常不能直接使用，这是因为，自组织应变量子线形成的方位通常并不正好与晶体的生长轴对应。对于自组织量子线，在文献中，通常令生长方向为 z 轴，为了与文献一致,下面的讨论也令生长方向为 z 轴,这样量子线的横截面就位于平行于 z 轴的平面上,通常令另一方向标记为 x 轴,y 方向沿量子线长度方向,为应变受限方向,这样定义的坐标系我们称为量子线的材料坐标系。通常情况下,自组织量子线的 x 轴不与晶轴平行,因此式(3-3-2)和式(3-2-3)给出的劲度矩阵的矩阵元不再适用,必须采用量子线材料坐标系下的四阶张量的分量。这样我们就必须给出式(3-3-2)和式(3-2-3)中原始的矩阵元形式(已经按材料坐标系):

$$\begin{bmatrix} \sigma_{xx} \\ \sigma_{zz} \\ \sigma_{xz} \end{bmatrix} = \begin{bmatrix} C_{11} & C_{13} & C_{15} \\ C_{31} & C_{33} & C_{35} \\ C_{51} & C_{53} & C_{55} \end{bmatrix} \begin{bmatrix} \varepsilon_{xx} \\ \varepsilon_{zz} \\ 2\varepsilon_{xz} \end{bmatrix} \tag{3-3-6}$$

材料坐标系与晶体的自然坐标系的四阶张量变换满足

$$C'_{mnop} = U_{mi} U_{nj} U_{ok} U_{pl} C_{ijkl} (i,j,k,l,m,n,o,p=x,y,z) \tag{3-3-7}$$

在附录 B、附录 C、附录 D 中,我们已经给出了相应的 Matlab 与数值计算程序和特定坐标系下弹性劲度矩阵的解析表达式。

下面我们以立方晶体为例,给出用量子线应变分布的计算过程,与量子阱不同,量子线在横截面方向会发生应变弛豫。在未弛豫前,量子线在水平方向受到初始的晶格失配应变 $\varepsilon_0 = f = \dfrac{a_s - a_f}{a_s}$,写成应变张量的形式为(假定量子线有盖层)

$$[\varepsilon_{ij}^0] = \begin{bmatrix} \varepsilon_0 & 0 & 0 \\ 0 & \varepsilon_0 & 0 \\ 0 & 0 & \varepsilon_0 \end{bmatrix} \tag{3-3-8}$$

量子线初始应力的各个分量为零,胡克定律表示为

$$\begin{bmatrix} \sigma_{xx} \\ \sigma_{zz} \\ \sigma_{xz} \end{bmatrix} = \begin{bmatrix} C_{11} & C_{13} & C_{15} \\ C_{31} & C_{33} & C_{35} \\ C_{51} & C_{53} & C_{55} \end{bmatrix} \left\{ \begin{bmatrix} \varepsilon_{xx} \\ \varepsilon_{zz} \\ 2\varepsilon_{xz} \end{bmatrix} - \begin{bmatrix} \varepsilon_0 \\ \varepsilon_0 \\ 0 \end{bmatrix} \right\} \tag{3-3-9}$$

应变弛豫后量子线的总能量表示为

$$E = \int W_e \mathrm{d}s = \int \frac{1}{2} \sum_{i=1}^{6} \sum_{j=1}^{6} C_{ij} (\varepsilon_i - \varepsilon_i^0)(\varepsilon_j - \varepsilon_j^0) \mathrm{d}V \tag{3-3-10}$$

其中应变能密度表示为

$$W_e = 0.5(C_{11}\varepsilon_{xx}^2 + C_{33}\varepsilon_{zz}^2) + 2C_{55}\varepsilon_{xz}^2 + 2\varepsilon_{xz}(C_{15}\varepsilon_{xx} + C_{35}\varepsilon_{zz}) +$$
$$C_{13}\varepsilon_{xx}\varepsilon_{zz} - \varepsilon_0 [\varepsilon_{xx}(C_{11} + C_{13}) + \varepsilon_{zz}(C_{13} + C_{33}) - 2\varepsilon_{xz}(C_{15} + C_{35})] +$$
$$\varepsilon_0^2 [C_{13} + 0.5(C_{11} + C_{33})] \tag{3-3-11}$$

为求解应变场 $\varepsilon_{ij}(r)$,将应变位移关系的几何方程 $\varepsilon_{ij} = 0.5(u_{i,j} + u_{j,i})$ 代入式(3-3-11),在整个解空间,以位移场为变量,使体系的总能量最小化。根据虚功原理,体系能量最小化对应的位移场即平衡状态下的位移场,根据位移场的计算结果,进一步利用几何方程可求得应变场分布,由于采用了位移为变量求解体系的应变能,所以协调方程自动得到满足。

上述步骤看起来相对简单,但实际计算仍比较复杂。下面给出了一个三角形状的量子线作为具体的计算实例。图 3-3-3 给出了一个三角形量子线的截面图,假定为 InAs 量子线嵌在 GaAs 材料内,生长方向为 z 轴沿(001)方向,为了简单,假定量子线的水平轴为 y 轴沿(100)方向。这样处理的三角形量子线截面显得过于简化,实际量子线的界面形状往往比较复杂。为了计算,首先要对截面进行离散化方法,为了方便最好采用均匀离散化方法,将整个截面(包含量子线和周围的材料)划分为 $N \times M$ 个节点,每个节点都对应一个位移场的采样数据,为了方便记 $u_{m,n}^x$、$u_{m,n}^y$ 分别为在节点 (m,n) 位置 x、y 方向的位移矢量。根据定义,应变场分布可采用有限差分法计算。对于平面问题不考虑 y 方向的位移,将应变场代入应变能公式,得到 $2 \times N \times M$ 个变量的方程,从式(3-3-11)可以看出,应变能是每个节点位移变量的二次函数,求解应变能最小问题转化为求下列方程:

$$\frac{\partial E}{\partial u_{m,n}^x} = \frac{\partial E}{\partial u_{m,n}^y} = 0 \tag{3-3-12}$$

式(3-3-12)可进一步表示为

$$\boldsymbol{A} \cdot u = \boldsymbol{b} \tag{3-3-13}$$

其中 $\boldsymbol{A}$ 为 $2MN \times 2MN$ 的稀疏方阵,$\boldsymbol{b}$ 为已知列矢量。求解式(3-3-13)即可求得每个节点的位移,进一步可以求出整个应变场的分布。由于 $\boldsymbol{A}$ 矩阵数目较大,直接用标准 L-U 分解求解比较困难,通常采用迭代求解,如超松弛算法,也可以采用共轭梯度算法求解[15-16]。也可以不构建式(3-3-13)所示的矩阵,直接用共轭梯度算法或超松弛算法迭代求表达式(3-3-12)的最小值。图 3-3-3(a)为采用超松弛迭代技术求得的量子线水平方向 ε_{xx} 应变场分布。

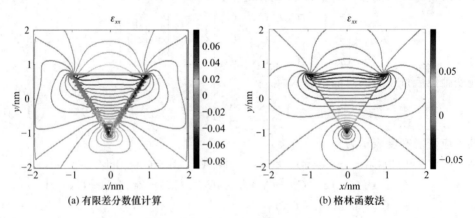

(a) 有限差分数值计算   (b) 格林函数法

图 3-3-3 三角形 QWR 应变分布

值得注意的是,在上述问题中,需要对边界条件进行合理的限定,才能求得具体的解。如果考虑孤立的量子线,那么当水平方向取较大值时,可以采用自由边界条件。模型顶部采用自由边界条件,底部采用固定位移边界条件,沿 y 方向的位移为零,沿 x 方向不做限制。对于水平方向具有周期性的量子线,模型可以在 x 方向取一个周期,这时两侧应采用固定位移边界条件, x 方向的位移为零, z 方向位移不做限制,其他边界条件与孤立量子线相同。另外,上述步骤得到的应变场分布并非在材料坐标系下求出的,因此,如需进一步计算应变对能带的影响,需要转化为材料坐标系下的应变分量。

3.3.3 格林函数法

在弹性各向同性近似下,Eshelby's 公式[17]可用于求解各种形状的量子线应变弛豫问题。Eshelby's 公式最早用于解决无限大体材料内嵌有一椭球形状的应力源或应变源的情况。Downes 和 Faux[18]等人较早地采用了格林函数法解析计算埋藏量子线的应变分布,其具体物理模型如图 3-3-4 所示,应变量子阱用域 Ω 表示,周围的无限大体材料用域 D 表示,假定横截面为矩形的量子线嵌在无限大的块状材料中,块状材料的弹性常数与量子线材料相同,均采用弹性各向同性近似表征,由杨氏模量 E 和泊松比 ν 表示,坐标原点位于量子线的中心,量子线结构沿 y 方向(弹性各向同性材料,坐标轴选择不影响应变结果),假定量子线足够长,可看作平面应变问题。

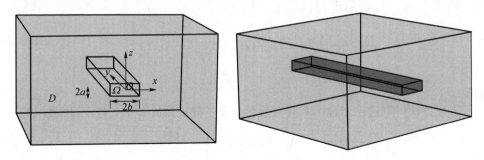

图 3-3-4 矩形量子线埋藏在无限大体材料中的结构示意图

根据 Downes 和 Faux 的计算方法,应力分布可以表示为应力场格林函数的面积分[18]:

$$\sigma(x,z) = \int_{-a}^{a}\int_{-b}^{b}\sigma_{ij}^{cyl}(x-x_0, z-z_0)\mathrm{d}x_0\mathrm{d}z_0 \tag{3-3-14}$$

为了后续理解方便,我们将式(3-3-14)改写为矢量面积分的形式:

$$\sigma(x,z) = \int_{-a}^{a}\int_{-b}^{b}\sigma_{ij}^{cyl}(x-x_0, z-z_0)\hat{j}\cdot\mathrm{d}\boldsymbol{S}(x,z) \tag{3-3-15}$$

其中, $\boldsymbol{S}(x,z)=\hat{j}\mathrm{d}S(x,z)$,对于纳米线,采用柱状应力线源,其各个分量的格林函数表示为

$$\sigma_{xx}^{cyl}(x,z)=\Lambda\frac{x^2-z^2}{(x^2+z^2)^2}\hat{j}, \quad \sigma_{zz}^{cyl}(x,z)=\Lambda\frac{z^2-x^2}{(x^2+z^2)^2}\hat{j}, \quad \sigma_{xz}^{cyl}(x,z)=\Lambda\frac{xz}{(x^2+z^2)^2}\hat{j}$$

$$\tag{3-3-16}$$

其中 $\Lambda = E\varepsilon_0 / 2\pi(1-\nu)$，$E$ 为杨氏模量，ν 为泊松比，ε_0 为量子线与周围介质的晶格失配，在压应变条件下晶格失配为负。通过计算式（3-3-15）的积分，可以获得应力分布的解析表达式：

$$\sigma_{xx} = \Lambda \sum \arctan\left(\frac{a \pm x}{b \pm z}\right)$$

$$\sigma_{zz} = \Lambda \sum \arctan\left(\frac{a \pm z}{a \pm x}\right) \tag{3-3-17}$$

$$\sigma_{xz} = \frac{\Lambda}{2}\left[\sum p\ln((a \pm x)^2 + (b \pm z)^2)\right]$$

上式对应的每一项组合都要求和，每个应力分量都对应四项求和。表达式 σ_{xz} 中的参数 p 取正负 1，当表达式中"+"为奇数个时取 1，"+"为偶数个时取 -1。当量子线形状参数 $l = c$ 时，矩形量子线转化为方形量子线，通常对于矩形量子线，在界面的短方向比长方向更难发生晶格应变的弛豫。当有多个量子嵌入在材料与 D 中时，应变场的计算需要对所有应变源产生的应变场进行叠加。

根据应变力表达式（3-3-16），根究各向同性材料的应变应力关系，即可以推导材料的应变分布：

$$\varepsilon_{xx} = \frac{1}{E}\left[(1-\nu^2)\sigma_{xx} - \nu(1+\nu)\sigma_{zz}\right] - \nu\varepsilon_0(x, z)$$

$$\varepsilon_{zz} = \frac{1}{E}\left[(1-\nu^2)\sigma_{zz} - \nu(1+\nu)\sigma_{xx}\right] - \nu\varepsilon_0(x, z) \tag{3-3-18}$$

$$\varepsilon_{xz} = \frac{2(1+\nu)}{E}\sigma_{xz}$$

上述方法可以进一步推广到任意形状的量子线。定义 3 个矢量，分别表示为

$$A_{xx} = D_2 z\hat{i}, \quad A_{zz} = D_2 x\hat{k}, \quad A_{xz} = \frac{D_2}{2}(x\hat{i} - z\hat{k}) \tag{3-3-19}$$

其中 $D_2 = \dfrac{\Lambda_2}{x^2 + z^2}$，式（3-3-19）中的 3 个矢量的叉乘运算即柱状应力"点"源对应的格林函数 σ_{xx}、σ_{zz} 和 σ_{xz}，任意截面量子线的应力场分布可以通过求矢量源的面积分得到[19]：

$$\sigma(r) = \int \nabla \times \boldsymbol{A}(r - r') \cdot \mathrm{d}\boldsymbol{S}(r) \tag{3-3-20}$$

容易证明，$\sigma_{xx}^{\mathrm{cyl}} = \nabla \times (A_{xx} \quad 0 \quad 0)$。同理其他项依次成立。积分域为量子线的截面，法线方向沿 y 方向。根据斯托克斯定理，矢量面积分可以转化为封闭回路的矢量线积分，同理矢量回路积分的方向为 y 方向，即沿顺时针方向。

$$\sigma(r) = \oint \boldsymbol{A}(r - r') \cdot \mathrm{d}r' \tag{3-3-21}$$

对于简单的几何形状（如矩形量子线），式（3-3-21）的线积分可以给出精确的解析表达式。容易看出对于矩形量子线，通过合适的选择积分函数，水平边界只对 σ_{xx} 有贡

献,而纵向边界只对 σ_{zz} 有贡献,这进一步简化了计算。

图 3-3-5 给出了三角形量子线横截面的应力分布,单位为 Λ,三角形量子线顶点位于 $(0,0)$、$(-1,1)$ 和 $(1,1)$。在实际计算中,若采用数值积分计算,在量子线外部的点应力计算容易收敛,在内部的点很难收敛。采用严格的解析表达式,量子线内部和外部应力分布的计算都容易收敛,但在量子线边界和量子线延长线的位置存在奇点。

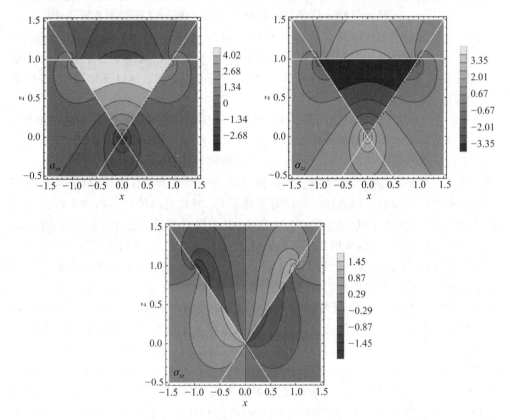

图 3-3-5 三角形量子线在横界面的应力分布,顶点位于 $(0,0)$、$(-1,1)$ 和 $(1,1)$

对于复杂形状的量子线,为计算边界积分,需要将数值离散化处理,最终转化为各段求和。对任意形状的量子线,也可以将其分解为线元和圆弧的组合(或者圆弧与圆弧的组合),通过应用线元的简单表达式[20],可以求得线元和圆弧对应力、应变的贡献,在特殊情况下,这种分解近乎精确。

上述格林函数法在推导应变分布时假定量子点和周围材料的弹性常数相同,且为弹性各向同性材料,这样计算尽管使得问题得以大大简化,但是假定的依据是量子线的体积与块状材料的体积相比比例非常小,另外两种材料的弹性常数差别不大。但到底多大程度与真实情况是一致的,仍需要进一步验证。Pan 等人以 InAs/GaAs 量子线为例研究了弹性特性的非均匀性对应变场的影响[21],通过与假定弹性均匀材料模型相比,结果表明,在应变远场两者相差不大,说明量子点弹性特性差别对应变远场没有太大影响。但对于纳米线附近的应变场,纳米线的弹性特性会产生 10% 左右的差异,这说明材料弹性常数对于应变场的作用具有一定的局域性。在考虑材料各向异性时,场分布的变化会随生长方向的差异变得更加明显。

3.3.4 有限元法

力学方面的有限元软件比较多,在已有的文献中,用于计算量子点或量子线应变分布的有限元软件中,用得比较多的有限元商业软件有 Ansys、Abaqus、Comsol、MSC/MARC 等。变分法是有限元计算的基础,一个完整的有限元分析过程包含如下步骤:建立模型、施加载荷、求解和后处理。对于求解、后处理以及建模等,各种有限元软件之间大同小异。

无论是三维量子点模型,还是二维量子线平面应变模型,我们将包含量子点或量子线在内的衬底和盖层构成的体系称为元胞,对于三维仿真,这样的一个元胞相当于无穷大量子点阵列的构成周期单元,通常采用规则六面体或规则四边形作为分析元胞的模型。对于二维模型则采用三角网格或四边形网格。生长方向有两个面:衬底材料的底面和盖层材料的顶面。假定衬底比较厚,因此衬底的底面在沿生长方向的位移固定,即在生长方向采用零位移边界条件。盖层材料顶面是外延生长面,因此沿生长方向位移是自由的,采用自由边界条件。对于三维情况,元胞在平行于生长方向有 4 个侧面,由于建立的模型是无限大量子点阵列中的一个元胞,载荷是由于衬底和量子点材料晶格失配引起的,在数值连续性弹性理论中(如有限差分法),需要直接施加初始应变于量子点或量子线材料上,在盖层和矩阵材料初始应变为零,所有材料的初始应力为零。用有限元法分析时,我们采用将量子线材料或量子点材料各个方向经历均匀热膨胀来表示,令材料的热膨胀系数为晶格失配的绝对值,并且量子点和浸润层经历 1k 的变化。这样等价于量子线或量子点材料有晶格失配大小的初始应变,其他部分没有初始应变,对于无盖层的纳米线,在初始应变设置时,可让 z 方向(纳米线生长方向)和 y 方向(纳米线的轴方向)的热膨胀系数为零。图 3-3-6 为利用有限元法计算得到的量子线在有无盖层情况下的应变分布[22]。

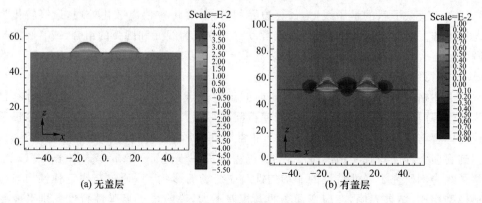

图 3-3-6　量子线应变分量 ε_{xx} 的应变分布

从软件角度来说,Ansys 功能比较强大,对材料类型有各种限制,但熟练掌握需要一定的时间。Comsol 比较灵活,没有类似 Ansys 软件的各种材料单元的限制,使用起来比较简单,上手较快,另外 Comsol 的多物理耦合模块比较强大,可以根据方程定制物理模型,这对量子材料在应变处理完毕后进一步计算压电效应、电子结构等耦合比较方便。因此,近年来文献中利用 Comsol 软件的逐渐增多。

需要注意的是,在 Comsol、Abacus 等软件中,我们采用热膨胀模型模拟材料的应变分布时,量子线或量子点材料的应变分布未减去各个初始应变分量 ε_0,而在 Ansys 软件中最终应变分量已经将初始应变分量减去,所得结果即最终应变分量。在 Comsol 中克服初始应变问题的方法就是定义子域变量 ε_{ini},并令量子点或量子线内部子域变量为初始应变,其他部分对应的子域变量为零,在计算完毕后,计算得到的应变分量应减去相应的子域变量 ε_{ini},这样就为最终体系的应变分布,同样在计算应变能或应变能密度数据时,要对公式中相应的应变分量做更正(Comsol 的高级版本已经无须更正)。

3.4 自组织量子点的应变分布

量子点是三维量子受限材料,目前有多种制备方法,如化学方法、外延自组织方法、化学刻蚀方法等。对于存在晶格失配的异质外延自组织量子点,应变无论是对生长还是物理特性都具有重要作用。尽管利用原子势函数方法计算应变分布能给出更精确的结果,但通常计算开销大,缺乏灵活性。目前,文献中应用最多的仍然是基于连续弹性理论的各种方法。不考虑轴对称情况,量子点应变场分布的求解是三维问题,满足弹性力学基本问题:几何方程、平衡方程、本构方程、边界条件。写成简化形势分别为

$$\varepsilon = \frac{1}{2}\left[(\nabla \otimes \boldsymbol{u})^{\mathrm{T}} + (\nabla \otimes \boldsymbol{u})\right]$$

$$\nabla \cdot \boldsymbol{\sigma} + \boldsymbol{f} = 0 \qquad\qquad (3\text{-}4\text{-}1)$$

$$\sigma = [C]\left[\varepsilon - \varepsilon_{\mathrm{m}}\right]$$

式中 ε_{m} 为初始应变。对于边界条件问题,一般求解析表达式可分为两类:一类属于将量子点埋藏在无限大块状材料中,这样自由边界效应可以忽略;另一类属于将量子点埋藏在半无限大体材料中,这样只考虑距离量子点最近的自由表面。

解析计算通常需要合理近似,其优点是在保证一定精确性的基础上,能够给出直观的物理解释,计算量小。量子点的应变分布计算的早期工作,多利用弹性各向同性的 inclusion 理论,假设量子点位于无限大块状材料中。在讨论表面应变分布时,需要将无限大空间扩展到半无限大空间和各向异性材料的 inclusion 理论。基于傅里叶空间的格林函数法,需要假定空间为三维周期排列的量子点阵列。

对于三维量子点应变分布的计算,同样可以采用广泛使用的商业化有限元软件

包,其优点是十分方便、灵活,能够针对实际观测的任意形状量子点进行建模,模型可以很方便地体现材料的弹性各向异性、材料的对称性、模型的边界条件等,容易分析应变分布与形状、边界之间的关系,在处理量子点之间应变耦合方面也非常简单,不足之处是计算量与模型尺寸成正比,所需内存和计算量随着模型的尺寸增加而急剧增加。考虑仿真域尺寸有限,通常需要将量子点置于一个有限体积的原胞中,为了建模方便,原胞通常为正六面体,4 个侧面取周期边界条件(法线方向位移为零,切向方向位移自由),顶面为全方向自由位移边界条件,底面固定(法线方向位移为零)。

在量子点异质结构器件应用方面,应变分布计算只是器件性能分析的第一步,通常还需要考虑压电效应,并进一步与量子力学方程耦合,求器件的电子结构等,因此多物理有限元软件越来越受欢迎。

3.4.1 Eshelby 的 inclusion 理论

仿真中经常用到的量子点形状如图 3-4-1 所示,实验报道的各种量子点形状如金字塔、截顶金字塔、透镜形、半球形、多面穹庐形等,可参见相关文献[1-2]。大多数量子点应变分布的解析工作基于 Eshelby 的 inclusion 理论。Eshelby 的相关理论公式提供了椭球形状量子点的一种直接方式,原则上,在椭球近似下,可以应用于多种形状的量子点。下面我们将简要介绍一下 Eshelby 的 inclusion 理论的主要公式和结论。

图 3-4-1 仿真中经常用到的简化量子点形状

假定任意形状的 inclusion(量子点)埋藏在无束缚的无限大矩阵材料构成的三维空间中,量子点材料和矩阵材料的弹性常数相同,按各向同性处理且量子点存在晶格失配 ε_m 导致的初始应变,如图 3-4-2 所示。

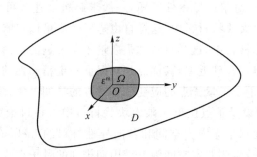

图 3-4-2 任意形状量子点 Ω 埋藏在无限大材料 D 中

根据弹性力学,各向同性材料的劲度矩阵可表示为

$$
C=\begin{bmatrix}
\lambda+2\mu & \lambda & \lambda & 0 & 0 & 0\\
\lambda & \lambda+2\mu & \lambda & 0 & 0 & 0\\
\lambda & \lambda & \lambda+2\mu & 0 & 0 & 0\\
0 & 0 & 0 & \mu & 0 & 0\\
0 & 0 & 0 & 0 & \mu & 0\\
0 & 0 & 0 & 0 & 0 & \mu
\end{bmatrix}
\quad\text{或记为}\quad C_{ijkl}=\lambda\delta_{ij}\delta_{kl}+\mu(\delta_{ik}\delta_{jl}+\delta_{il}\delta_{jk})
$$

$$(3\text{-}4\text{-}2)$$

应力张量的分量可以表示为 $\sigma_{ij}=2\mu(\varepsilon_{ij}-\varepsilon_{ij}^{m}H)+\lambda\delta_{ij}(\varepsilon_{ll}-\varepsilon_{ll}^{m}H)$,其中 H 为阶跃函数,定义为 $H(x)=\begin{cases}1, & x\in\Omega\\0, & x\notin\Omega\end{cases}$,基于位移的应力应变关系方程(Navier 方程)可表示为

$$\mu u_{i,ll}+(\mu+\lambda)u_{l,li}=-\left[(\lambda\varepsilon_{ll}^{m}\delta_{ik}+2\mu\varepsilon_{ik}^{m})H(x)\right]_{k} \tag{3-4-3}$$

显然,在界面处 $\varepsilon_{ik}H(x)$ 的导数将产生 δ 函数,即 $\varepsilon_{ik}^{m}\delta(S)$,失配应变项可以等价为材料所受体力。因此,位移矢量可以通过格林函数法获得。

$$
\begin{aligned}
u_{i}(x)&=(\lambda\varepsilon_{ll}^{m}\delta_{jk}+2\mu\varepsilon_{jk}^{m})\int_{S}G_{ij}(x-x')\mathrm{d}S_{k}(x')\\
&=(\lambda\varepsilon_{ll}^{m}\delta_{jk}+2\mu\varepsilon_{jk}^{m})\int_{V}G_{ij,k}(x-x')\mathrm{d}V(x')
\end{aligned}
\tag{3-4-4}
$$

上式采用了高斯定理将面积分转化为体积积分。Navier 方程的格林函数表示如下[17]:

$$G_{ij}(r)=\frac{1}{8\pi\mu(\lambda+2\mu)}\left[(\lambda+3\mu)\frac{\delta_{ij}}{r}+(\lambda+\mu)\frac{x_{i}x_{j}}{r^{3}}\right] \tag{3-4-5}$$

其中 $r=|x-x'|$,将式(3-4-5)代入式(3-4-4),并利用应变与位移关系的几何方程,易得

$$\varepsilon_{ij}(x)=\frac{1}{8\pi(1-\nu)}\left[\psi_{kl,klij}-2\upsilon\phi_{kk,ij}-2(1-\nu)(\phi_{ik,kj}+\phi_{jk,kl})\right] \tag{3-4-6}$$

式中,ψ 和 ϕ 为埋藏量子点的双协调和协调势函数,分别表示如下:

$$
\begin{aligned}
\psi_{ij}(x)&=\psi\varepsilon_{ij}^{m}=\varepsilon_{ij}^{m}\int_{\bar{\omega}}|x-x'|\,\mathrm{d}^{3}x'\\
\phi_{ij}(x)&=\phi\varepsilon_{ij}^{m}=\varepsilon_{ij}^{m}\int_{\bar{\omega}}\frac{1}{|x-x'|}\mathrm{d}^{3}x'
\end{aligned}
\tag{3-4-7}
$$

式(3-4-6)可以进一步写成如下形式:

$$
\begin{aligned}
\varepsilon(x)&=S(X):\varepsilon^{m}, & x\in\Omega\\
\varepsilon(x)&=D(x):\varepsilon^{m}, & x\notin\Omega
\end{aligned}
\tag{3-4-8}
$$

式中,S 和 D 分别称为量子点内部点和量子点外部点的 Eshelby 张量:

$$\{S_{ijkl},D_{ijkl}\}=\frac{1}{8\pi(1-\nu)}\{\psi_{klij}-2\nu\delta_{kl}\phi_{ij}-(1-\nu)[\phi_{kj}\delta_{il}+\phi_{ki}\delta_{jl}+\phi_{lj}\delta_{ik}+\phi_{li}\delta_{jk}]\}$$

$$(3\text{-}4\text{-}9)$$

式(3-4-9)表示的具体为 S 还是 D 取决于式(3-4-7)中的点位于量子点内部还是外部。Mura 在其经典的著作中给出了球形、柱形、椭球形、圆盘形和立方体形状的 Eshelby 张量[17]。以球形量子点为例,其对应的双协调函数和协调函数分别为

$$\psi(x) = \begin{cases} -\dfrac{1}{60}(r^4 - 10R^2 r^2 - 15R^4), & r \in \Omega \\ \dfrac{R^3}{15}\left(5r + \dfrac{R^2}{r}\right), & r \notin \Omega \end{cases} \tag{3-4-10}$$

$$\phi(x) = \begin{cases} -\dfrac{1}{6}(r^2 - 3R^2), & r \in \Omega \\ \dfrac{R^3}{3r}, & r \notin \Omega \end{cases}$$

结合式(3-4-9)与式(3-4-10),Eshelby 内部的 Eshelby 张量可以表示如下:

$$S_{ijkl} = \frac{5\nu - 1}{15(1-\nu)}\delta_{ij}\delta_{kl} + \frac{4 - 5\nu}{15(1-\nu)}(\delta_{ik}\delta_{jl} + \delta_{il}\delta_{jk}) \tag{3-4-11}$$

Eshelby 公式的意义是显然的。针对各种形状的调和及双调和势函数,原则上,允许计算 Eshelby 张量,进而可以求得量子点内部和外部的应变分布。关于 Eshelby 公式的一个有趣的结论是,对于椭球形状的 inclusion(量子点),内部的 Eshelby 张量是均匀的。这就意味着,任何形状的椭球(含球形)量子点埋藏在无限大不受束缚的矩阵材料中,并且承受均匀失配应变,平衡后,在量子点内部具有均匀的应变分布。这是非常有用的结论,通过调整椭球形状的几何参数,能够近似模拟各种各样的形状,如图 3-4-3 所示。

图 3-4-3 通过调整 3 个主轴半径,可以用椭球形状模拟的量子点形状

在以上椭球形状中,最简单的就是球形量子点。通常,应变分布在量子点内部的均匀性对于非椭球形量子点不能保证(如多面体形、金字塔形)。Eshelby 指出,椭球 inclusion 的奇特性质对于研究存在弹性模量失配的异质结构非常有用。对于椭球 inclusion,其静水应变表示为

$$\mathrm{tr}\,\boldsymbol{\varepsilon} = -\frac{9K\varepsilon^m}{4\mu + 3K}\nabla^2\phi \tag{3-4-12}$$

可见,静水应变只与调和势函数有关。调和势函数的特性决定了静水应变与量子点的形状无关。静水分量决定了体积改变量,因此,体积改变与量子点形状无关。

对于更一般的量子点形状,Eshelby 张量不再是均匀的,求解量子点的应变分布需要复杂的积分方程,对于任意形状和弹性各向异性量子点的应变分布,后面会进一

步介绍基于傅里叶变换的格林函数法。

3.4.2 格林函数法(各向同性)

对于量子线的应力分布计算,Downes 和 Faux 等采用了柱状点源的解作为二维问题的格林函数,通过量子线的界面积分来计算埋藏在无限大体材料中应变量子线产生的应力场。与二维量子线应变分布计算采用类似的方式,三维量子点的应变分布可以采用球状点源的解作为三维应力问题的格林函数 σ_{sph},通过三维积分来计算应力场的分布[3]。

$$\sigma_{ij}(x_1, x_2, x_3) = \Lambda \int_\Omega \frac{\delta_{ij}\,(r')^2 - 3x'_i x'_j}{(r')^5} \mathrm{d}V(x_1^0, x_2^0, x_3^0) \qquad (3\text{-}4\text{-}13)$$

式中,Λ 为常数,$\Lambda = \varepsilon_0 E / [4\pi(1-\nu)]$,$E$ 为杨氏模量,ν 为泊松比,ε_0 为量子点与周围材料的晶格失配,在压应变条件下晶格失配为负,$x'_i = x_i - x_i^0$,上角标"0"表示该点在量子点内部,x_1、x_2、x_3 为空间任意位置的坐标。从式(3-4-13)可以看出,对于静水应力 $\sigma_{hyd} = \sigma_{xx} + \sigma_{yy} + \sigma_{zz}$,在不考虑量子点内初始应力的情况下,静水应力的积分核为零,在量子点外部,所有正应变无初始应力,因此静水应力为零。在量子点内部,静水应力为初始应力之和。

作为简化,可进一步利用高斯定理将体积积分转化为对面积的矢量积分,以 σ_{xx} 为例,式(3-4-13)的积分核为 $\Lambda \dfrac{x_1^2 + x_2^2 + x_3^2 - 3x_1^2}{(x_1^2 + x_2^2 + x_3^2)^{5/2}}$,容易证明积分核可以表示为矢量 $\boldsymbol{A}_{xx}$ 的散度,其中 $\boldsymbol{A}_{xx} = \Lambda \dfrac{x_1}{(x_1^2 + x_2^2 + x_3^2)^{3/2}} \hat{i}$,同理其他 5 个应力格林函数分量都可以表示为对应矢量的体积积分,其余 5 个矢量定义如下[26]:

$$\boldsymbol{A}_{xx} = \Lambda \frac{x}{(x^2+y^2+z^2)^{3/2}} \hat{k}, \quad \boldsymbol{A}_{yy} = \Lambda \frac{y}{(x^2+y^2+z^2)^{3/2}} \hat{j}$$

$$\boldsymbol{A}_{xy} = \Lambda \frac{y}{(x^2+y^2+z^2)^{3/2}} \hat{i}, \quad \boldsymbol{A}_{zz} = \Lambda \frac{z}{(x^2+y^2+z^2)^{3/2}} \hat{k}, \quad \boldsymbol{A}_{yz} = \Lambda \frac{z}{(x^2+y^2+z^2)^{3/2}} \hat{j}$$

$$(3\text{-}4\text{-}14)$$

对任意形状的量子点,在位置 (x, y, z) 处的应力的积分表达式可以表示为

$$\sigma(x, y, z) = \int_\Omega \sigma^{sph}(r - r_0) \mathrm{d}V(r_0) = \int_\Omega \nabla \cdot \boldsymbol{A}(r - r_0) \mathrm{d}V(r_0) \qquad (3\text{-}4\text{-}15)$$

式中 (x_0, y_0, z_0) 对应量子点内的点,积分域为量子点的体积 Ω。式(3-4-15)中的矢量选择不是唯一的,其他表达式的散度也可以求得球状点源的格林函数应力分量 σ^{sph}。式(3-4-15)为 Eshelby 于 1957 年提出的一般 inclusion 弹性分析问题的特殊情况。根据高斯定理,可以得到

$$\sigma(x, y, z) = \oint_s \boldsymbol{A}(x - x_0, y - y_0, z - z_0) \cdot \mathrm{d}\boldsymbol{s}(x_0, y_0, z_0) \qquad (3\text{-}4\text{-}16)$$

对任意形状的量子点,式(3-4-16)或式(3-4-13)可以通过数值积分求解应力场分布。对具有简单几何形状的量子点可以获得解析表达式。用于积分的格林函数表达式代表点源的弛豫,因此积分计算的结果为弛豫应力场,为获得实际的应力场,应当

加初始应力场。然而格林函数在截面内的点进行积分时会产生奇点,这相当于考虑了失配应力,因此方程(3-4-16)给出的应力即该点的实际应力。作为计算实例,一个边长为 $2a \times 2b \times 2c$ 的立方体,埋藏在无限大体材料中,产生的应力场可获得解析表达式[26]:

$$\sigma_{xx} = -\Lambda \sum \arctan\left(\frac{(b \pm y)(c \pm z)}{(a \pm x)\sqrt{(a \pm x)^2 + (b \pm y)^2 + (c \pm z)^2}}\right)$$

$$\sigma_{xz} = \Lambda \sum p \ln(\sqrt{(a \pm x)^2 + (b \pm y)^2 + (c \pm z)^2} - (y \pm b))$$

$$(3\text{-}4\text{-}17)$$

上式中 σ_{xx} 共有 8 项求和,具体组合由 $(a \pm x)$、$(b \pm y)$、$(c \pm z)$ 决定,σ_{xz} 也有 8 项求和,具体组合也由 $(a \pm x)$、$(b \pm y)$、$(c \pm z)$ 决定,但每一项的正负号由参数 p 决定,当 $(a \pm x)$、$(b \pm y)$、$(c \pm z)$ 组合中有奇数个"+"时,对应 p 取 1,当 $(a \pm x)$、$(b \pm y)$、$(c \pm z)$ 组合中有偶数个"+"时,对应 p 取 -1。当量子点在一个维度取较大值时,式(3-4-17)对应的应力分布退化为量子线的应力分布。各个矢量的面积分得到的正立方体量子点(边长为 8)上方距离量子点上表面一倍高度处的 z 平面上的各个应力分布图如图 3-4-4 所示。

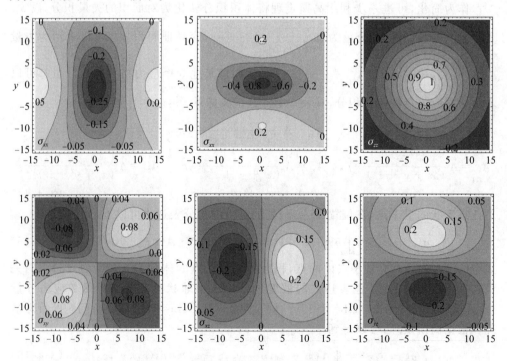

图 3-4-4 各个矢量的面积分得到的正立方体量子点(边长为 8)
上方距离量子点上表面一倍高度处的 z 平面上的各个应力分布图,单位为 Λ

由前面的讨论已知,矩形量子线的应力分布与其到量子线顶角的距离和角度有关。与矩形量子线的情况一样,立方体量子点的应力分布与该点到立方体顶角的距离和角度有关。以 σ_{xx} 分量为例,积分等价于求由该点与两个 x 轴垂直的平面(100)面构成的立体角的积分,σ_{yy} 和 σ_{zz} 对应计算坐标点与另外两对平面构成立体角的积分。对于静水应力来说,$\sigma_{xx}+\sigma_{yy}+\sigma_{zz}$ 正比于整个立体角,量子点构成封闭空间,立体角为 4π,因此量子点内部的点对应的静水应力为常数,量子点外部的点对应的静水应力为零(外部的点对应量子点形成的封闭界面构成的立体角积分为 0)。量子点内任意一点 (x,y,z) 对(100)面构成的立体角如图 3-4-5 所示。

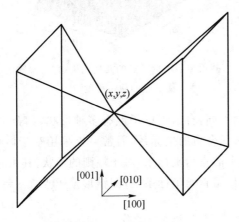

图 3-4-5　量子点内任意一点 (x,y,z) 对(100)面构成的立体角,
该立体角与 σ_{xx} 值相关

基于面积分的方法求解量子点的应变分布对于简单的形状可以求得解析解。对于复杂形状的量子点,解析解并不容易推导。对于实验中常见的金字塔形量子点,面矢量不再为常矢量,求矢量的面积分并不容易。Pearson 等人采用体积积分的方法计算了其应力分布的解析表达式[25]。金字塔量子点的形状和相关尺寸参数如图 3-4-6所示,取量子点底面中心位置为坐标系的原点,由于积分域为量子点区域,特定义如下:

$$-a\left(1-\frac{x_3^0}{h}\right)\leqslant x_1^0\leqslant a\left(1-\frac{x_3^0}{h}\right)$$

$$-b\left(1-\frac{x_3^0}{h}\right)\leqslant x_2^0\leqslant b\left(1-\frac{x_3^0}{h}\right) \qquad (3\text{-}4\text{-}18)$$

$$0\leqslant x_3^0\leqslant fh$$

式中 h 为量子点高度,a 和 b 分别为金字塔量子点基底的半宽度,如果 $a\neq b$ 则为非正方形基底,f 表示截顶程度,$0<f\leqslant1$,$f=1$ 表示非截顶金字塔,f 越小表示截顶程度越大。尽管借助 Mathematic 符号计算工具可以给出金字塔量子点应变分布的解析解,但由于具体表达式极其复杂,且不具有明确物理意义,所以不再赘述。

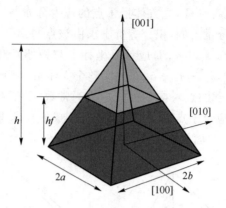

图 3-4-6　截顶金字塔量子点的几何结构参数,参数 f 决定了
量子点的截顶程度[25]

　　据实际生长条件的不同,自组织量子点有多种形状,如金字塔形状、圆柱、圆锥、透镜等。根据需要可选择合适的坐标系,通常可以采用基于体积的数值积分计算其应变分布,即便是采用平面直角坐标系,对于规则的形状,其积分上下限也容易确定。作为例子,图 3-4-7 给出了直角坐标系下,圆锥形量子点在 $y=0$ 平面内的正应变和剪切应变分布。

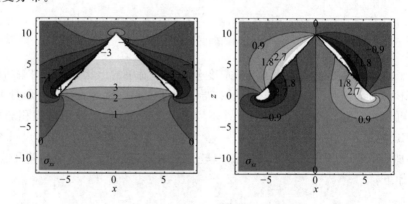

图 3-4-7　圆锥形量子点在 $y=0$ 平面内的应力分布(圆锥量子点底部半径为 6,
高度为 10。对于正应力,在量子点内部未叠加初始应力;
对于切应力,量子点内部初始切应力分量为零)

3.4.3　傅里叶空间的格林函数法(各向异性)

　　在很多情况下,通过设计各向异性弹性应变情况下的应力分布,可用于研究应变对后续材料生长有序性的控制。假定矩阵材料和量子点材料具有相同的弹性常数,量子点按正交晶格周期排列于无限大空间材料中时,Andreev 等人基于 Eshelby 的 inclusion 理论,从应力的格林函数公式出发,给出了各向异性弹性特性情况下量子

点的应变分布的一般表达式[27]。

$$\varepsilon_{ij}(r) = \frac{(2\pi)^3}{d_1 d_2 d_3} \sum_{n_1, n_2, n_3} \widetilde{\varepsilon}_{ij}(\xi_{n_1}, \xi_{n_2}, \xi_{n_3}) \exp[i(\xi_{n_1} x_1 + \xi_{n_2} x_2 + \xi_{n_1} x_3)]$$

$$(3-4-19)$$

其中 d_1、d_2、d_3 为量子点 3 个正交方向的周期间距，以该周期间距为原胞，内包一个量子点。$\widetilde{\varepsilon}_{ij}(\xi_{n_1}, \xi_{n_2}, \xi_{n_3})$ 为应变分量 $\varepsilon_{ij}(r)$ 的周期傅里叶分量，其中 $\xi_n = 2\pi\left(\frac{n_1}{d_1}, \frac{n_2}{d_2}, \frac{n_3}{d_3}\right)$。傅里叶分量与材料的弹性常数和量子点的形貌特性相关。对于立方晶体材料，应变分量在傅里叶空间的傅里叶分量可以表示为

$$\widetilde{\varepsilon}_{ij}(\xi) =$$
$$\varepsilon_m \widetilde{\chi}_{QD}(\xi)\left\{\delta_{ij} - \frac{C_{11} + 2C_{12}\xi_i\xi_j/\xi^2}{1 + (C_{12} + C_{44})\sum_{p=1}^{3}\dfrac{\xi_p^2}{C_{44}\xi^2 + C_{an}\xi_p^2}} \times \frac{1}{2}\frac{\xi^2[2C_{44}\xi^2 + C_{an}(\xi_i^2 + \xi_j^2)]}{(C_{44}\xi^2 + C_{an}\xi_i^2)(C_{44}\xi^2 + C_{an}\xi_j^2)}\right\}$$

$$(3-4-20)$$

其中 $\widetilde{\chi}_{QD}(\xi)$ 为表征量子点形状特征函数的傅里叶变换，量子点形状特征函数定义为

$$\chi_{QD}(r) = \begin{cases} 1, & r \in \Omega \\ 0, & r \notin \Omega \end{cases} \qquad (3-4-21)$$

其中 Ω 表示量子点占据的区域。表征材料的弹性各向异性的参量为 $C_{an} = C_{11} - C_{12} - 2C_{44}$，$C_{an}$ 称为各向异性参数。对于各向同性材料 $C_{an} = 0$，对应的表达式 (3-4-20) 可以大大简化：

$$\widetilde{\varepsilon}_{ij}^{iso}(\xi) = \varepsilon_m \widetilde{\chi}_{QD}(\xi)\left\{\delta_{ij} - \frac{3\lambda + 2\mu}{\lambda + 2\mu}\frac{\xi_i\xi_j}{\xi^2}\right\} \qquad (3-4-22)$$

将式(3-4-20)或式(3-4-22)中的应变分量进行反傅里叶变换，即可求得实空间的应变张量。

因此上述解析公式求量子点应变分布，反映了量子点排列的周期性，其排列方式为简单立方晶格。取式(3-4-22)的反傅里叶变换，并求其已改变张量对应的静水部分，可得

$$\varepsilon_{hyd}^{iso} = \varepsilon_0 \frac{4\mu}{\lambda + 2\mu}\chi_{QD}(r) \qquad (3-4-23)$$

对于弹性各向同性材料，静水应变在量子点内部为常数，在量子点外部为零，这与前面讨论的结论一致。当静水应变偏离上述分布时，说明各向异性在起作用，通常各向异性导致量子点外静水应变不为零，对材料导带的电子结构会产生影响。

对于六角晶格量子点材料，各应变分量存在类似的傅里叶空间的解析表达式[28]：

$$\widetilde{\varepsilon}_{ij}(\xi) = \varepsilon_m \widetilde{\chi}_{QD}(\xi)\left\{\varepsilon_a\delta_{ij} - \varepsilon_{ca}\delta_{i3}\delta_{j3} + \frac{RO - IS}{IQ - FP}\xi_i\xi_j + \frac{SF - RQ}{IQ - FP}\xi_3\frac{\xi_i\delta_{j3} + \xi_i\delta_{j3}}{2}\right\}$$

$$(3-4-24)$$

其中：

$$P=(C_{33}-2C_{44}-C_{13})\xi_3^2+C_{44}\xi^2$$
$$R=(3\alpha+2\beta+\kappa)\varepsilon_a+(\alpha+\kappa)\varepsilon_{ca}$$
$$S=(\gamma+3\kappa+4\rho)\varepsilon_a+(2\beta+\gamma+\kappa+4\rho)\varepsilon_{ca} \qquad (3\text{-}4\text{-}25)$$
$$Q=(C_{33}-2C_{13}-4C_{44}+C_{11})\xi_3^2+(C_{13}+2C_{44}-C_{11})\xi^2$$
$$F=(C_{13}+2C_{44}-C_{11})\xi_3^2+C_{11}\xi^2$$
$$I=(C_{33}+C_{44})\xi_3^2$$

其中相关参数为

$$\alpha=C_{12}$$
$$\beta=0.5(C_{11}-C_{12})$$
$$\gamma=C_{33}-2C_{13}-4C_{44}+C_{11} \qquad (3\text{-}4\text{-}26)$$
$$\kappa=C_{13}-C_{12}$$
$$\rho=C_{44}+\frac{C_{12}-C_{11}}{2}$$

当六角晶体满足弹性各向同性时，各向异性参数 $\gamma=\kappa=\rho=0$。[0001] 和 [0100] 方向的晶格失配分别为 $\varepsilon_a=(a_{a,s}-a_{a,QD})/a_{a,s}$，$\varepsilon_{ca}=(a_{c,s}-a_{c,QD})/a_{c,s}$，其中 a_a 表示水平晶格常数，a_c 表示轴向晶格常数，角标"s"表示衬底，角标"QD"表示量子点。

尽管基于傅里叶空间的格林函数对于常见形状的量子点可以给出解析的傅里叶分量表达式，但在计算实空间应变分布的过程中，仍需要数值计算，这种半解析方法有理论价值，但在实际应用中有限制：第一，即便坐标原点位于量子点的对称中心，大多数量子点特征函数的傅里叶变换仍非常复杂，甚至包含复杂的特殊函数，应用并不方便；第二，在上述推导过程中，量子点和周围材料的晶格失配是常量，这对于组分随空间变化的量子点（实际情况大多量子点组分并不均匀）并不成立，量子点特征函数的傅里叶变换需要将晶格失配分量和空间分布映射到特征函数中去，对任意组分分布的量子点特征函数的解析解基本不存在。

因此，从数值计算角度来看，并不经济。比较经济的办法是基于快速三维傅里叶变换，对空间坐标及对应的晶格失配进行空间离散化，并采用快速离散傅里叶变换计算各傅里叶分量，并与表达式括号中对应的傅里叶分量相乘，然后进行三维离散傅里叶逆变换，即可求得应变分量的实空间分布，这样最大化地利用了快速傅里叶变换技术，大大地节省了计算开销。

3.4.4 半空间问题的 inclusion 理论

前面的讨论都假定 inclusion（量子点）埋藏在无限大矩阵材料中或量子点三维周期排列于无限大空间中，这种情况当量子点与自由界面的距离比较大时（不低于 3 倍的量子点高度）比较合适。模型可以处理孤立量子点、多个量子点的应变耦合、周期排列量子点。在实际分析计算中，很多计算模型中量子点离自由界面比较近，这时矩阵材料的自由边界会对应变分布产生影响,这种情况在实际当中也很有用,比如,通过调节埋藏量子点的深浅,可以控制后续量子点生长过程的垂直关联性、量子点横向有序性等。此外,无论定性还是定量分析,浅埋量子点与深埋量子点在应变分布上具有很大的不同,比如,在浅埋情况下,根据有限元计算,即使对于椭球形状的量子点,其内部的流体静应变也不再保持不变,因此继续使用全空间的 inclusion 理论不再合适,改进的方法是采用半空间 inclusion 理论。

半空间理论的开创性工作由 Mindlin、Cheng 等提出[29-30]。根据 Mindlin 和 Cheng 的工作,假定 inclusion(量子点)材料为球形,埋藏在距离自由表面 h 处,自由表面为 $z=0$ 的表面,量子点和矩阵材料具有相同的弹性模量,为了简化,采用弹性各向同性近似,几何具体模型如图 3-4-8 所示。

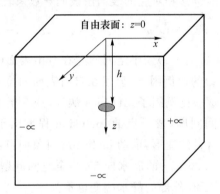

图 3-4-8 半空间 inclusion 模型

材料在半无限大区域内的位移满足

$$4\pi u(r) = -\nabla\phi - \left[(3-4\nu)\nabla + 2\nabla z \frac{\partial}{\partial z} - 4(1-\nu)e_z \nabla^2\right]\phi_2 \quad (3-4-27)$$

其中 ϕ 为全空间的调和势函数,ϕ_2 为 ϕ 以 $z=0$ 为反射平面的反射变换,$z=0$ 平面位于半无限大空间的顶面。对于无限大固体情况下的纯膨胀轴对称问题,位移势满足如下泊松方程:

$$\nabla^2\phi = -4\pi \frac{1+\nu}{1-\nu}\varepsilon_m = -4\pi \frac{9K}{3K+4\mu}\varepsilon_m \quad (3-4-28)$$

从场点 (x,y,z) 到量子点中心 $(0,0,h)$ 的距离,以及从场点到量子点中心的镜像点 $(0,0,-h)$ 的距离分别表示为

$$r = [x^2+y^2+(z-h)^2]^{1/2}, \quad r' = [x^2+y^2+(z+h)^2]^{1/2} \quad (3-4-29)$$

势函数 ϕ 和 ϕ_2 的表达式分别表示为

$$\phi = \begin{cases} \dfrac{4\pi a^3 \varepsilon_m}{3r}, & r \geq a \\ \dfrac{2\pi(3a^2-r^2)\varepsilon_m}{3}, & r < a \end{cases}, \quad \phi_2 = \frac{4\pi a^3 \varepsilon_m}{3r'} \quad (3-4-30)$$

式中 a 为量子点的半径。结合式(3-4-27),可以求得位移场的解:

$$u_e = \frac{a^3 \varepsilon_m}{3} \left[\frac{r}{r^3} + \frac{(3-4\nu)r'}{(r')^3} - \frac{6z(z+h)r'}{(r')^5} - \frac{2\hat{k}}{(r')^3} \{(3-4\nu)(z+c)-z\} \right], \quad r > a$$

$$u_i = u_e + \frac{a^3 \varepsilon_m r}{3} \left(\frac{1}{a^3} - \frac{1}{r^3} \right), \quad r < a$$

$$(3\text{-}4\text{-}31)$$

角标"e"和"i"分别表示所求场点的位置为量子点外部和量子点内部。进一步利用应变位移的几何方程可以求出应变场。

Davies 扩展了 Mindlin 和 Cheng 等人的方法,指出半无限大空间固体的应变和位移可以用无限大固体的位移和对应的表面法线的导数来表示[31]:

$$u = u^\infty + (3-4\nu)u^{-\infty} + 2z \frac{\partial}{\partial z}(u_x^{-\infty}, u_y^{-\infty}, -u_z^{-\infty}) \qquad (3\text{-}4\text{-}32)$$

其中 $u^{-\infty}(x,y,z) = u^\infty(x,y,-z)$。半空间问题在自由表面($z=0$)的位移与全空间问题相比,有一个 $4(1-\nu)$ 的比例因子,显然在自由表面的位移增加。该因子直接导致在应变关系上也服从这一比例因子。Davies 认为,这一增加的比例因子来源于两方面:一方面,对于半空间问题,量子点的 inclusion 程度由于自由表面的存在降低了;另一方面,由于周围材料的变形,推动 inclusion 对象向自由表面发展。由于自由表面的存在,存在 $-4(1-2\nu)\varepsilon_{zz}^{-\infty}$ 的静水应变,与全空间问题不同,量子点内部的静水应变不再均匀,同时量子点外部的静水应变也不为零。

另一种解决半无限空间问题的方法是采用格林函数技术,图 3-4-8 对应的半空间问题的格林函数表示为[32]

$$G_{ij}(x, x') = \frac{1}{16\mu(1-\nu)} \left[\frac{3-4\nu}{r} \delta_{ij} + \frac{1}{r^2} \delta_{ij} + \frac{X_{ii,jj}}{r^3} + \frac{(3-4\nu)X_{ii,jj}}{(r')^3} + \frac{2x_3 x_3'}{(r')^3} \left(\delta_{ij} - \frac{X_{ii,jj}}{(r')^2} \right) + \right.$$
$$\left. \frac{4(1-\nu)(1-2\nu)}{r'+x_3+x_3'} \left(\delta_{ij} - \frac{X_{ii,jj}}{r'(r'+x_3+x_3')} \right) \right] \qquad (3\text{-}4\text{-}33)$$
$$X_{ii,jj} = (x_i - x_i')(x_j - x_j')$$

自由界面的影响在半空间问题的格林函数中体现在与 r' 相关的项上。后续工作由 Mura、Chiu 等应用半空间格林函数给出了椭球 inclusion[33] 和立方体 inclusion[34] 的 Eshelby 张量,推导方式与全空间情况类似。对于椭球 inclusion,只有当其中的两个半轴相当时,才能给出解析表达式。

3.4.5 有限差分法

实际研究的半导体量子点材料主要有两种晶体结构:立方对称和六角对称。前者如 InAs/GaAs 材料,后者主要为含氮半导体材料,如 GaN/AlN 材料。由于弹性常数和各向异性方面的差异,对两种情况分别进行讨论。首先考虑立方对称晶体。

与求量子线的应变分布类似,根据连续弹性理论的虚功原理,求解平衡时材料的应变分布转化为求系统的应变能最小问题。体系的应变能可以表示为

$$U = \frac{1}{2} \iiint (\sigma - \sigma_0)^t (\varepsilon - \varepsilon_m) \mathrm{d}x\mathrm{d}y\mathrm{d}z \tag{3-4-34}$$

式(3-4-34)中 ε_m 和 σ_0 分别表示体系的初始应变以及初始应力。对于量子点体系,量子点内部的初始应变为晶格失配的绝对值,对于完全嵌入在周围材料中的压应变量子点,晶格失配表示为 $\varepsilon_0 = \varepsilon_{xx} = \varepsilon_{yy} = \varepsilon_{zz} = (a_{dot} - a_{sub})/a_{sub}$,其中 a_{dot} 表示量子点材料在非应变状态下的晶格常数,a_{sub} 表示衬底材料在非应变状态下的晶格常数。对于未施加盖层的量子点,初始应变只需考虑水平方向的晶格失配就可以,但在生长方向上表面是自由界面,施加生长方向的晶格失配并不影响计算结果,为了统一,无论是否有盖层,对于立方晶格材料,应变外延量子点的初始应变统一为 $\varepsilon_0 = \varepsilon_{xx} = \varepsilon_{yy} = \varepsilon_{zz} = (a_{dot} - a_{sub})/a_{sub}$。这样的设置对于浸润层材料同样有效。衬底和盖层材料的初始应变为 0。整个模型的初始应力均为 0。因此初始应变和应力可以看作体系的初始载荷。结合立方晶体的本构方程,将式(3-4-34)展开得[35]:

$$W = \frac{1}{2} \iiint [C_{11}(\varepsilon_{xx}^2 + \varepsilon_{yy}^2 + \varepsilon_{zz}^2) + C_{12}(\varepsilon_{xx}\varepsilon_{yy} + \varepsilon_{yy}\varepsilon_{zz} + \varepsilon_{zz}\varepsilon_{xx}) +$$
$$2C_{44}(\varepsilon_{xy}^2 + \varepsilon_{yz}^2 + \varepsilon_{zx}^2) - 2\varepsilon_0(C_{11}/2 + C_{12})(\varepsilon_{xx} + \varepsilon_{yy} + \varepsilon_{zz}) +$$
$$3\varepsilon_0^2(C_{11}/2 + C_{12})]\mathrm{d}x\mathrm{d}y\mathrm{d}z \tag{3-4-35}$$

弹性能的最小化问题转化为求系统的线性方程,并使问题的解满足

$$\frac{\mathrm{d}W}{\mathrm{d}u(i,j,k)} = \frac{\mathrm{d}W}{\mathrm{d}v(i,j,k)} = \frac{\mathrm{d}w}{\mathrm{d}w(i,j,k)} = 0 \tag{3-4-36}$$

其中 i、j、k 代表体系 x、y、z 空间位置的坐标。在边界条件处理上:盖层顶面为自由边界条件,衬底底面沿法线方向位移为零,侧面采用周期边界条件,沿法线方向位移为零。具体求解过程如下:首先将体系按立方体形状使空间坐标离散化,这样晶体在宏观上仍能保持立方对称,整个坐标体系包含 $N = N_x N_y N_z$ 个空间节点。在 x、y、z 轴方向的离散化节点个数分别为 N_x、N_y、N_z。每个节点有 3 个位移数据,分别用 u、v、w 表示在该节点位置处 x、y 和 z 方向的位移,因此,整个体系有 $3N$ 个位移数据。将 $3N$ 个未知位移数据代入应变定义式,得到每个节点的位移,其中偏导数利用一阶差分表示。将位移数据代入式(3-4-35)求积分,即可得到体系的弹性应变能。通过求体系的最小应变能来求得 $3N$ 个位移矢量,最后求得体系的应变能分布。式(3-4-35)得到的耦合线性方程可以通过数值计算(如共轭梯度算法或超连续松弛迭代算法)进行求解,考虑量子点的形状可以利用对称性质减少计算量。如果势垒材料选取得足够大,那么可以忽略边界条件的影响。式(3-4-35)中最后一项为常数,因此在计算能量最小化过程中可以略去。其最小化问题可以非常简单地利用共轭梯度算法求解[15]。

六角对称晶体的独立弹性常数为 5 个,其体系的应变能可以表示为

$$U = \frac{1}{2}\iiint C_{i,j,k,l}(\varepsilon_{i,j} - \varepsilon_{i,j}^0\delta_{ij})(\sigma_{i,j} - \varepsilon_{i,j}^0\delta_{i,j})\mathrm{d}x\mathrm{d}y\mathrm{d}z \qquad (3\text{-}4\text{-}37)$$

式(3-4-37)中 $C_{i,j,k,l}$ 为弹性系数的四阶张量,其简化下标分量与劲度矩阵中的矩阵元对应,其中角标 i、j、k、l 为直角坐标的 3 个分量之一,$\delta_{i,j}$ 为克罗内地符号。式(3-4-37)对相同角标采用理论物理中的求和约定。在初始应变处理上,六角对称晶体不同于立方晶体:

$$\varepsilon_{i,j}^0 = \varepsilon_{xx}^0 = \varepsilon_{yy}^0 = \frac{a_{\mathrm{dot}} - a_{\mathrm{sub}}}{a_{\mathrm{sub}}}, \quad \varepsilon_{zz}^0 = \frac{c_{\mathrm{dot}} - c_{\mathrm{sub}}}{c_{\mathrm{sub}}}, \quad \varepsilon_{i,j}^0 = 0 (i \neq j) \qquad (3\text{-}4\text{-}38)$$

将式(3-4-38)代入式(3-4-37),结合六角晶体的本构关系方程,展开得到体系应变能的表达式[36]:

$$U = \frac{1}{2}\iiint \{C_{11}(\varepsilon_{xx}^2 + \varepsilon_{yy}^2) + C_{33}\varepsilon_{zz}^2 + 2C_{12}\varepsilon_{xx}\varepsilon_{yy} + 2C_{13}\varepsilon_{zz}(\varepsilon_{xx} + \varepsilon_{yy}) +$$
$$4C_{44}(\varepsilon_{yz}^2 + \varepsilon_{zx}^2) + 2(C_{11} - C_{12}) - 2\varepsilon_{xy}^2\varepsilon_{xx}^0(C_{11} + C_{12})(\varepsilon_{xx} + \varepsilon_{yy}) -$$
$$2C_{33}\varepsilon_{zz}\varepsilon_{zz}^0 - 2C_{13}[2\varepsilon_{zz}\varepsilon_{xx}^0 + \varepsilon_{zz}^0(\varepsilon_{xx} + \varepsilon_{yy})]\}\mathrm{d}x\mathrm{d}y\mathrm{d}z \qquad (3\text{-}4\text{-}39)$$

根据式(3-4-39)求解体系的应变能最小问题,就可以计算六角对称晶体的应变分布,其求解过程用到的数学思想与立方对称晶体情况完全相同,边界条件与立方晶体中相关论述完全一致。

3.4.6 有限元法

强大的有限元数值计算软件包为量子点的应变分布计算带来了极大的方便。采用有限元法,除几何建模外,量子点的形状对求解问题的复杂性没有额外影响,另外,量子点的各向异性效应可以方便地加以考虑。商业上广泛采用的弹性力学软件包主要有 Ansys、Abacus、Comsol 等,在计算量子结构的应变分布中都有广泛的文献报道。除此之外,早期的文献中还采用 Castep 2000[37] 和 MSC/MARC 等[38]。以 Ansys 为例,可以很方便地建立三维有限元分析,通常三维有限元模型的单元类型可选择 Solid186,Ansys 的特点是功能十分强大。对二维有限元分析需采用轴对称模型,材料单元类型选择平面 183 单元;若采用了完全三维有限元分析,三维有限元模型的单元类型为 Solid186。对于 Abacus 和 Comsol,则没有上述单元类型的限制,Abacus 在划分网格上比 Comsol 和 Ansys 功能要强。Comsol 则比较灵活易用,特别是其脚本编程和 Matlab 兼容,非常适合连续改变几何模型参数进行大量数据扫描处理的情况,另外,Comsol 提供了局部坐标系和材料坐标系,这样就可以方便地模拟量子异质结构沿不同晶面生长时的应变分布问题。图 3-4-9 给出了 Comsol 中的劲度矩阵输入形式,单位为 Pa。

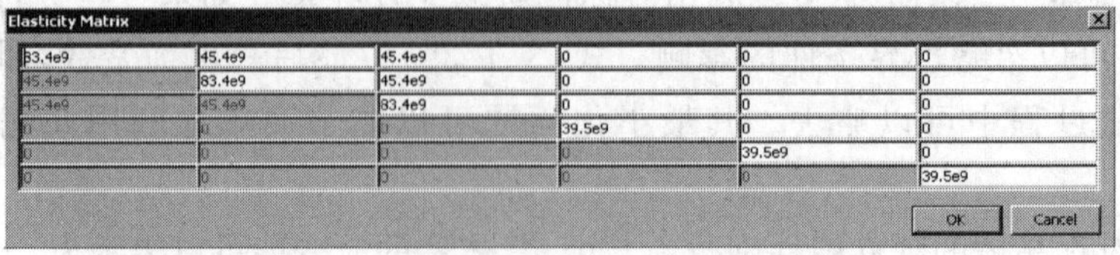

图 3-4-9　Comsol 中劲度矩阵的输入框

应当注意的是,在早期 Comsol 版本中,应力应变关系的劲度矩阵顺序与通常文献或参考书中稍有差别。其应力列矢表示为

$$\boldsymbol{\sigma} = \begin{bmatrix} \sigma_{xx} & \sigma_{yy} & \sigma_{zz} & \sigma_{xy} & \sigma_{yz} & \sigma_{zx} \end{bmatrix}^{\mathrm{T}}$$

$$\boldsymbol{\varepsilon} = \begin{bmatrix} \varepsilon_{xx} & \varepsilon_{yy} & \varepsilon_{zz} & \varepsilon_{xy} & \varepsilon_{yz} & \varepsilon_{zx} \end{bmatrix}^{\mathrm{T}}$$

$$(3-4-40)$$

因此对应的劲度矩阵,意味着 C_{66} 与 C_{44} 要变换位置。对于立方晶体,沿 (001) 方向相关系数等价,不会引起错误,但对于六角晶体或立方晶体非 (001) 方向,则需要额外注意。图 3-4-10 给出了在 Comsol 软件中计算得到的 InAs/GaAs 量子点的应变分布。

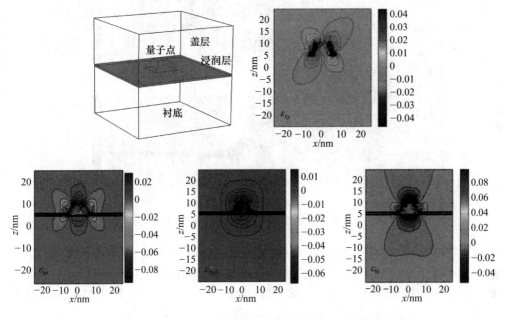

图 3-4-10 InAs/GaAs 量子点的几何模型和在 (010) 面的应变分布

通常采用完全三维有限元模型,计算量相对较大,很多时候为了减少计算量可以充分利用量子点的对称特性,将金字塔形量子点简化为具有柱对称形状的圆锥形量子点,这样就可以利用轴对称模型,将三维问题简化为二维问题[39-40],从而大大地减少了计算量。很多科研组都曾用 Ansys 或 Abacus 软件包,计算了圆锥形量子点的应变分布,如图 3-4-6 所示。由于采用了轴对称模型,计算量大大简化,从而能够在普通微机上计算多个量子点之间的相互作用。利用 Ansys 的轴对称模型,材料单元类型可采用平面 183 单元;按各向同性近似,本构关系与正交曲线坐标系类型无关。下面给出了 InAs/GaAs 轴对称锥形金字塔量子点应变分布的计算实例,计算中采用了轴对称模型,可以大大地减少计算量[41],较好地分析量子点不同区域的应变分布细节,其弹性模量和应力应变关系可表示为式 (3-4-41),若为各向同性近似,则只需输入弹性模量和泊松比即可。

$$\begin{bmatrix} \sigma_r \\ \sigma_\theta \\ \sigma_z \\ \sigma_{rz} \end{bmatrix} = \begin{bmatrix} C_{11} & C_{12} & C_{12} & 0 \\ C_{12} & C_{11} & C_{12} & 0 \\ C_{12} & C_{12} & C_{11} & 0 \\ 0 & 0 & 0 & (C_{11}-C_{12})/2 \end{bmatrix} \begin{bmatrix} u_{rr} \\ u_{\theta\theta} \\ u_{zz} \\ u_{rz} \end{bmatrix} \tag{3-4-41}$$

锥形金字塔量子点的有限元模型及应变分布如图 3-4-11 所示。

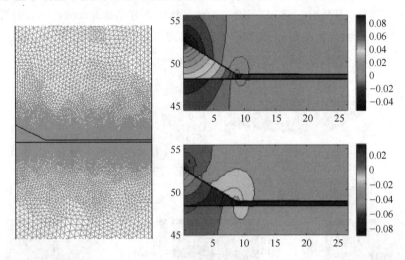

图 3-4-11　锥形金字塔量子点的有限元模型及应变分布[39]

金字塔量子点关于对称轴具有 C_{4v} 对称性,在采用有限元仿真时可以只考虑整个体积的 1/4,也大大地减少了计算量。两个截面采用的位移边界条件如下:令截面的法线方向位移为零,切线方向位移保持自由。图 3-4-12 给出了用 Abacus 软件包计算的 InAs/GaAs 量子点的应变分布,图中采用了 1/4 对称模型。

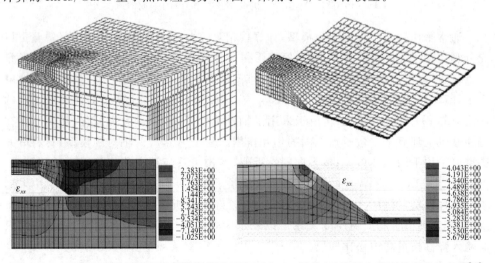

图 3-4-12　平顶金字塔量子点的有限元模型(基于 Abacus 软件包)及某个截面的应变分布图[41]

对于六角平顶 AlN/GaN 量子点,初始应变存在水平方向的初始应变和沿 (0001)方向的初始应变。六角平顶 AlN/GaN 量子点的几何模型如图 3-4-13 所示。六角平顶 AlN/GaN 量子点应变分量在 $y=0$ 平面的应变分布如图 3-4-14 所示。

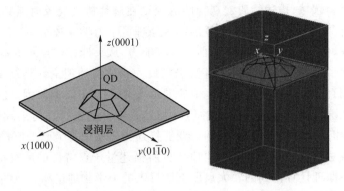

图 3-4-13 六角平顶 AlN/GaN 量子点的几何模型[42]

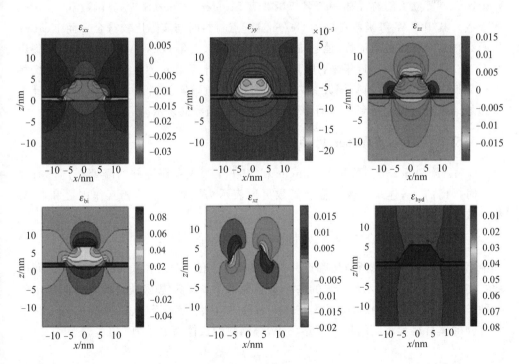

图 3-4-14 六角平顶 AlN/GaN 量子点应变分量在 $y=0$ 平面的应变分布[42]

3.5 原子势函数法计算量子点的应变分布

在微观材料领域,描述物质宏观特性的理论在解释微观现象时遇到困难或不能给出很好的解释。尽管基于从头计算的第一原理量子力学方法能够给出针对问题的预期精确描述,但目前通常受限于当前的计算能力,从头计算包含的体系通常只有几百个原子。为了能够得出与实验测量量子点尺寸相比拟的理论计算结果,在计算中考虑几十万到百万个原子构成的体系通常是必要的。基于以上原因,经典的经验势函数在很多情况下对于大规模体系的仿真仍然是唯一的选择。与连续弹性理论不同,利用原子相互作用势模型,体系的应变能描述为体系中每个原子位置的函数。尽管原子势函数法不能完全描述第一原理计算所描述量子点特性的所有细节,但的确能够给出第一原理计算得到的较大尺度上所反映的力学物理量相一致的结果。采用经验势函数方法计算应变场分布的精确性,关键在于选择合适的势函数,在半导体材料中用于计算立方对称晶体的著名势函数有 Stinger-Weber(S-W)势函数和 Keating 势函数。其中 S-W 势函数在描述 Ge/Si 量子点材料时与实际比较符合。而 Keating 势函数则具有更好的适应性,能够描述 InAs/GaAs、六角 GaN/AlN 等量子点材料以及 Ge/Si 量子点材料。近年来,用 Tersoff 势函数计算 InAs/GaAs 量子点的应变场也有文献报道,不同材料势函数参数的选择,往往通过实验拟合,或与第一原理计算得到的结果进行拟合得到。下面简要给出 3 种势函数的表示。

3.5.1 Stinger-Weber 势函数

Stinger-Weber 势函数是由 Stinger 和 Weber 等人在研究硅的凝聚态局部有序特性时提出的[43],体系结构的势能函数可以表示为二体和三体相互作用之和,S-W 势函数表示为

$$E = \sum_{\langle i,j \rangle} V_2(r_{i,j}) + \sum_{\langle i,j,k \rangle} V_3(r_{i,j}, r_{i,k}) \tag{3-5-1}$$

其中第一个求和项考虑所有最临近共价键的效果,第二个求和项考虑三体项之间的相互作用,其中 j、k 表示原子 i 的 3 个最近邻原子。S-W 势函数是针对硅而提出的一种包括两体和三体相互作用的经验势函数,被广泛应用于硅、锗以及 III-V、II-VI 化合物的体材料和表面的特性研究,S-W 势函数的二体项表示为

$$V_2 = \varepsilon(s_i, s_j) F_2\left(\frac{r_{i,j}}{\sigma(s_i, s_j)}\right) \tag{3-5-2}$$

其中 ε 为能量参数,势函数 $F_2(x)$ 由 6 个参数表示:

$$F_2(x) = \begin{cases} A\left(\dfrac{B}{x^p} - \dfrac{1}{x^q}\right) e^{\delta/(x-b)}, & x < b \\ 0, & \text{其他} \end{cases} \tag{3-5-3}$$

上式 σ 为长度参数,内部参数 s_i、s_j 表示成键原子对的种类,例如对于 Si/Ge 体系,分

别可以取 Si-Si、Si-Ge、Ge-Ge。三体势可以表示为

$$V_3(r_{i,j}, r_{i,k}) = [\varepsilon(s_i, s_j)\varepsilon(s_i, s_k)]^{1/2} L_{i,j,k} F_3\left(\frac{r_{i,j}}{\sigma(s_i, s_j)}, \frac{r_{i,k}}{\sigma(s_i, s_k)}\right)\left(\cos\theta_{i,j,k} + \frac{1}{3}\right)^2$$

$$(3-5-4)$$

式中 $\theta_{i,j,k}$ 表示原子 i、j 构成的键与原子 i、k 构成的键之间的夹角。$\cos\theta_{i,j,k} = r_{i,j} \cdot r_{i,k}/(|r_{i,j}||r_{i,k}|)$，三体项函数表示为

$$F_3(x_1, x_2) = \begin{cases} e^{\gamma/(x_1-b)+r/(x_2-b)}, & x_1 < b, x_2 < b \\ 0, & \text{其他} \end{cases} \quad (3-5-5)$$

$$L_{i,j,k} = \lambda(s_i)^2 \lambda(s_j)\lambda(s_k) \quad (3-5-6)$$

Si/Ge 材料的 S-W 势函数参数如表 3-5-1 所示，适用于纯 Si 或纯锗材料，Si/Ge 量子点系统通常包含两种元素构成的合金，Si-Ge 相互作用的 S-W 势函数参数通过纯 Si 和纯锗参数的算数平均或几何平均拟合得到：$A_{\text{si-ge}} = (A_{\text{si}} A_{\text{Ge}})^{1/2}$，$\lambda_{\text{Si-Ge}} = (\lambda_{\text{Si}}\lambda_{\text{Ge}})^{1/2}$，$B_{\text{Si-Ge}} = (B_{\text{Si}} B_{\text{Ge}})^{1/2}$，$\varepsilon_{\text{Si-Ge}} = (\varepsilon_{\text{Si}}\varepsilon_{\text{Ge}})^{1/2}$，$\sigma_{\text{Si-Ge}} = (\sigma_{\text{Si}} + \sigma_{\text{Ge}})/2$，$\varepsilon_{i,j,k} = (\varepsilon_{i,j}\varepsilon_{ik})^{1/2}$，$\lambda_{i,j,k} = (\lambda_{i,j}\lambda_{i,k})^{1/2}$。其中 i、j、k 代表 Ge 原子或 Si 原子。这些替换表达式在式（3-5-2）和式（3-5-3）中都已经有体现。

表 3-5-1 Si/Ge 材料的 S-W 势函数参数[44]

Si/Ge	$\varepsilon/(10^{-19}\,\text{J})$	$\sigma/(10^{-10}\,\text{m})$	A	B	p	q	b	λ	δ	γ
Si	3.427 3	2.095 1	7.049 552	0.602 224	4	0	1.8	21.0	1	1.2
Ge	3.092 2	2.181 0	7.049 556	0.602 24	4	0	1.8	31.0	1	1.2

3.5.2 价力场势函数

用于价力场（valence force field）模型的势函数表示形式与 S-W 势函数类似，也包含二体势函数和三体势函数，标准的 Keating 势函数表示为[45-46]：

$$E = \sum_{i,j} V_2(R_i - R_j) + \sum_{i,j,k} V_3(\theta_{i,j,k})$$

$$= \frac{1}{2}\sum_i \sum_j^{m_i} \frac{3\alpha_{i,j}}{8(d_{i,j}^0)^2}[(R_i - R_j)^2 - (d_{i,j}^0)^2]^2 +$$

$$\frac{1}{2}\sum_i \sum_{j,k\neq j}^4 \frac{3\beta_{i,j,k}}{8d_{i,j}^0 d_{i,k}^0}[(R_j - R_i)\cdot(R_k - R_i) - \cos\theta_{i,j,k}^0 d_{i,j}^0 d_{i,k}^0]^2 \quad (3-5-7)$$

上式中原子序数 i 要遍历整个系统的每一个原子，j、k 代表原子 i 的所有最近邻原子，对于闪锌矿和纤锌矿结构，每个原子周围都有 4 个最近邻原子并形成四面体结构，因此 $m_j = 4$。$R_j - R_i = d_{i,j}$ 表示原子 i、j 的键长度。$d_{i,j}$ 表示连接原子 i、j 的长度矢量，$d_{i,j}^0$ 表示对应二元化合物或单质闪锌矿半导体最近邻原子的平衡键长，$d_{i,j}^0 = a_0\sqrt{3}/4$，$a_0$ 为材料晶格常数。对于闪锌矿结构 θ_0 为理想键角，理想情况下为 $109°28'$，$\cos\theta_0 = -1/3$。与键拉伸和键弯曲（键角度变化）相关的参数分别为 $\alpha_{i,j}$ 和 $\beta_{i,j,k}$。参

数值可通过材料的体积弹性常数(实测值或基于第一原理的理论值)进行拟合决定。Si/Ge 材料 Keating 势函数的参数见表 3-5-2。

表 3-5-2　Si/Ge 材料 Keating 势函数的参数[47]

成键类型	$d^0_{i,j}/(10^{-10}\ \mathrm{m})$	$\alpha/(\mathrm{N \cdot m^{-1}})$	$\beta/(\mathrm{N \cdot m^{-1}})$
Si-Si	2.351 7	47.201	
Ge-Ge	2.449 7	38.212	
Si-Ge	2.400 7	42.844	
Si-Si-Si			14.320
Ge-Ge-Ge			12.387
Si-Ge-Si			13.083
Ge-Si-Ge			13.083
Si-Si-Ge			13.674
Si-Ge-Ge			12.725

材料的弹性常数与 Keating 价力场参数的关系可以表示为

$$C_{11}+2C_{12}=\frac{\sqrt{3}}{4r}(3\alpha+\beta),\quad C_{11}-C_{12}=\frac{\sqrt{3}}{r}\beta,\quad C_{44}=\frac{\sqrt{3}}{4r}\frac{4\alpha\beta}{(\alpha+\beta)}\quad (3\text{-}5\text{-}8)$$

其中 r 表示理想原子键长。标准 Keating 势函数的一大优点就是可以从体材料的键长和弹性常数确定势参数。对于合金的键弯曲参数可以通过算数平均获得,即 $\beta_{ABC}=(\beta_{ABA}+\beta_{CBC})/2$(注:也有文献采用几何平均[48])。由于标准的 Keating 势函数价力场模型中只包含两个自由参数,因此拟合 3 个任意的弹性常数是非充分的。表 3-5-3 给出了文献中常用价力场参数,参数由弹性常数 C_{11} 和 C_{12} 拟合得到。

表 3-5-3　常见 Ⅲ-Ⅴ 族半导体材料的 Keating 势函数参数[48-49]

材　料	$\alpha/(\mathrm{N \cdot m^{-1}})$	$\beta/(\mathrm{N \cdot m^{-1}})$	$d^0_{ij}/(10^{-10}\ \mathrm{m})$
GaAs	41.49	8.94	2.448
InAs	35.18	5.49	2.662
GaN	84.63	14.72	
GaP	44.55	10.74	
InN	69.23	7.30	
InP	39.13	6.36	

对于闪锌矿材料,满足 α、β 值的弹性常数与测量值有一定的出入。为解决这一问题,引入广义的 VCF 模型[49],在该模型中引入键拉伸与键弯曲相互作用对势函数的影响,参数为 σ,这样拟合得到的弹性参数将与实际测量结果比较一致,广义价力场模型表示为

$$E = \sum_{i,j} V_2(R_i - R_j) + \sum_{i,j,k} V_3(\theta_{i,j,k})$$

$$= \frac{1}{2} \sum_i \sum_{j=1}^4 \frac{3\alpha_{i,j}}{8(d_{i,j}^0)^2} \left[\alpha_{i,j}^{(1)} \Delta d_{i,j}^2 + \alpha_{i,j}^{(2)} \Delta d_{i,j}^3 \right] +$$

$$\frac{1}{2} \sum_i \sum_{j,k \neq j}^4 \frac{3\beta_{j,i,k}}{8 d_{i,j}^0 d_{i,k}^0} \left[(R_j - R_i) \cdot (R_k - R_i) - \cos\theta_{j,i,k}^0 d_{i,j}^0 d_{i,k}^0 \right]^2 +$$

$$\frac{1}{2} \sum_i \sum_{j,k \neq j}^4 \frac{3\sigma_{j,i,k}}{d_{i,k}^0} \Delta d_{i,j} \left[(R_j - R_i) \times (R_k - R_i) - \cos\theta_{j,i,k}^0 d_{i,j}^0 d_{i,k}^0 \right] \qquad (3\text{-}5\text{-}9)$$

式中 $\Delta d_{i,j}^2 = \{ [(R_i - R_j)^2 - (d_{i,j}^0)^2] / d_{i,j}^0 \}^2$,其他参数的定义与标准 Keating 一样,键拉伸与键弯曲相互作用项参数为 $\alpha^{(1)}(\equiv\alpha)$、$\beta_{j,i,k}$、$\sigma_{j,i,k}$ 参数与宏观弹性系数的关系如下:

$$C_{11} + 2C_{12} = \sqrt{\frac{3}{4d_0}}(3\alpha + \beta - 6\sigma)$$

$$C_{11} - C_{12} = \sqrt{\frac{3}{d_0}}\beta \qquad (3\text{-}5\text{-}10)$$

$$C_{44} = \sqrt{\frac{3}{d_0}} \frac{[(\alpha+\beta)(\alpha\beta - \sigma^2) - 2\sigma^3 + 2\alpha\beta\sigma]}{(\alpha + \beta + 2\sigma)^2}$$

价力场模型用于六角结构材料在表达式的形式上与闪锌矿结构没差别。不同之处在于每个四面体结构不再是正四面体,这与 [0001] 轴的晶格参数有关,因此在 (0001) 面上的 3 个原子与四面体中心原子的键长相等,沿 [0001] 方向的原子与四面体中心的键长取决于晶格常数 c,一般六角晶格的晶格常数满足 $c/a < \sqrt{8/3}$。在原子势函数的处理上,只需对特殊的键长和键角单独引入参数处理即可,其他 3 个键长和键角在原子势函数的处理上保持不变[50]。

3.5.3 Tersoff 势函数

Tersoff 势函数由 Tersoff 于 1986 年提出[51-52],也是一种三体相互作用势,原子键的强度不再是常数,而是强烈依赖于周围原子的局部环境。其基本函数为莫氏对势函数,可依据键强度与配位数的关系来构造。Tersoff 势函数可以很准确地模拟Ⅳ族和Ⅲ-Ⅴ族原子间的作用。相互作用势模型可以表示为

$$E = \frac{1}{2} \sum_{i \neq j} f_c(r_{ij}) [V_R(r_{ij}) + b_{ij} V_A(r_{ij})] \qquad (3\text{-}5\text{-}11)$$

其中,i、j 为系统中原子标记;r_{ij} 是 i 和 j 原子之间的键长,$r_{ij} = |r_i - r_j|$;V_R 和 V_A 分别为对势的推斥和吸引部分;b_{ij} 表示键顺序对势函数的影响,为三体相互作用项;$f_c(r_{ij})$ 为截断函数,截断函数可以减少与 i 原子周围相互作用的 j 原子对总能量的贡献,以减少计算量。截断函数可以表示为

$$f_c(r_{ij}) = \begin{cases} 1, & r_{ij} < R_{ij} \\ \dfrac{1}{2} + \dfrac{1}{2}\cos\left[\pi(r_{ij} - R_{ij})/(S_{ij} - R_{ij})\right], & R_{ij} < r_{ij} < S_{ij} \\ 0, & r_{ij} > S_{ij} \end{cases} \quad (3\text{-}5\text{-}12)$$

推斥势和吸引势各有两个独立的参数，可以表示为

$$V_R = \frac{D_e}{S-1}\exp\left[-\beta\sqrt{2S}(r_{ij} - r_e)\right]$$

$$V_A = \frac{SD_e}{S-1}\exp\left[-\beta\sqrt{2/S}(r_{ij} - r_e)\right] \quad (3\text{-}5\text{-}13)$$

式(3-5-12)的表示方式只是在表达形式上与最初的 Tersoff 势函数稍有差别，但两者等价，最初 Tersoff 势函数中推斥势和吸引势分别表示为

$$V_R(r_{ij}) = A_{ij}\exp(-\lambda_{ij}r_{ij})$$

$$V_A(r_{ij}) = -B_{ij}\exp(-\mu_{ij}r_{ij}) \quad (3\text{-}5\text{-}14)$$

两种表达形式的关系为

$$A_{ij} = \frac{D_e}{S-1}\exp\left[\beta\sqrt{2S}\,r_e\right], \quad B_{ij} = \frac{SD_e}{S-1}\exp\left[\beta\sqrt{2/S}\,r_e\right] \quad (3\text{-}5\text{-}15)$$

$$\lambda_{ij} = \beta\sqrt{2S}, \quad \mu_{ij} = \beta\sqrt{2/S}$$

成键顺序相关部分 b_{ij} 含有 4 个相关参数，可以表示为

$$b_{ij} = \chi_{ij}\left[(1 + (\beta_i\zeta_{ij})^{n_i})\right]^{-n_i/2}$$

$$\zeta_{ij} = \sum_{k\neq i,j} f_c(r_{ik})g(\theta_{ijk})\omega_{ijk} \quad (3\text{-}5\text{-}16)$$

其中 $g(\theta_{ijk})$ 表示键 ij 和键 ik 之间键角的影响，有 c、d 和 h 3 个相关的参数，可以表示为

$$g(\theta_{ijk}) = 1 + \frac{c_i^2}{d_i^2} - \frac{c_i^2}{d_i^2 + (h_i - \cos\theta_{ijk})^2} \quad (3\text{-}5\text{-}17)$$

参数 ω_{ijk} 具有指数形式，表示为 $\exp\left[\lambda^3\,(r_{ij} - r_{ik})^3\right]$。由此可见，Tersoff 势函数有较多的独立参数，这些参数不仅与材料有关，还与成键类型有关。合金的参数需通过化合物参数的算术平均或几何平均拟合计算。

$$\lambda_{ij} = (\lambda_i + \lambda_j)/2, \quad \mu_{ij} = (\mu_i + \mu_j)/2$$

$$A_{ij} = (A_iA_j)^{1/2}, \quad B_{ij} = (B_iB_j)^{1/2} \quad (3\text{-}5\text{-}18)$$

$$R_{ij} = (R_iR_j)^{1/2}, \quad S_{ij} = (S_iS_j)^{1/2}$$

Powell 等人针对Ⅲ-Ⅴ族闪锌矿结构的半导体，采用密度泛函理论对材料的弹性特性参数进行了优化，并给出了优化的Ⅲ族氮化物和Ⅲ族砷化物的 Tersoff 势函数参数，具体见本章参考文献[53]中的表 2。

3.5.4 应力应变分布的原子势函数仿真

正如 Pyror 等人[54]指出的，采用原子势函数法能够确保应变分布满足材料的点

群对称性,另外,材料的弹性非线性效应能够自动包含在势函数法当中(势函数通过引入合适的参数体现非线性效应),在弹性力学中,材料的弹性常数与应变具有一定相关性[55]。

下面具体介绍如何利用原子势函数计算量子点的局部应变。采用原子势函数法首先要非常熟悉晶体材料的原子结构,对原子的初始位置进行定位,图 3-5-1 为采用原子仿真方法构建的几何模型,不同颜色表示不同的原子。由于原子数较多,通常在百万级别,存储原子位置信息和对原子进行遍历都需要仔细地考虑原子数据读取的效率问题,通常在计算中需要有能量最小化过程,要对原子位置进行遍历和迭代计算,建立数据链表,以提高计算速度,这是常用的方法。

图 3-5-1 量子点的原子结构模型(Matlab 绘制)

在原子体系中,描述每个原子对体系应变能的贡献需要知道(闪锌矿结构和六角结构)以该原子为中心的四面体原子的位置,如图 3-5-2 所示,左、右图分别表示初始体积材料原子的位置以及应变弛豫后体系获得最小应变能时原子的位置。变形四面体的边 $R_{1,2}$、$R_{2,3}$、$R_{3,4}$ 与未变形四面体的边 $R_{1,2}^0$、$R_{2,3}^0$、$R_{3,4}^0$ 通过如下矩阵关系获得:

$$\begin{bmatrix} R_{12}^x & R_{23}^x & R_{34}^x \\ R_{12}^y & R_{23}^x & R_{34}^x \\ R_{12}^z & R_{23}^x & R_{34}^x \end{bmatrix} = \begin{bmatrix} 1+\varepsilon_{xx} & \varepsilon_{yx} & \varepsilon_{zx} \\ \varepsilon_{yx} & 1+\varepsilon_{yy} & \varepsilon_{zy} \\ \varepsilon_{xz} & \varepsilon_{yz} & 1+\varepsilon_{zz} \end{bmatrix} \times \begin{bmatrix} R_{12}^{0,x} & R_{23}^{0,x} & R_{34}^{0,x} \\ R_{12}^{0,y} & R_{23}^{0,y} & R_{34}^{0,y} \\ R_{12}^{0,z} & R_{23}^{0,z} & R_{34}^{0,z} \end{bmatrix} \quad (3\text{-}5\text{-}19)$$

理想四面体的边长分别为 $\{R^0\} = \{[110]a/2, [0\bar{1}1]a/2, [\bar{1}10]/2\}$,其中 a 表示体积材料平衡时的晶格常数,局部应变张量可以表示为

$$\begin{bmatrix} \varepsilon_{xx} & \varepsilon_{yx} & \varepsilon_{zx} \\ \varepsilon_{yx} & \varepsilon_{yy} & \varepsilon_{zy} \\ \varepsilon_{xz} & \varepsilon_{yz} & \varepsilon_{zz} \end{bmatrix} = \begin{bmatrix} R_{12}^x & R_{23}^x & R_{34}^x \\ R_{12}^y & R_{23}^x & R_{34}^x \\ R_{12}^z & R_{23}^x & R_{34}^x \end{bmatrix} \times \begin{bmatrix} R_{12}^{0,x} & R_{23}^{0,x} & R_{34}^{0,x} \\ R_{12}^{0,y} & R_{23}^{0,y} & R_{34}^{0,y} \\ R_{12}^{0,z} & R_{23}^{0,z} & R_{34}^{0,z} \end{bmatrix}^{-1} - \boldsymbol{I} \quad (3\text{-}5\text{-}20)$$

其中 $\boldsymbol{I}$ 为单位张量。如果求应变张量的迹,则等价于求变形前后四面体的体积之比:

$$\text{tr}(\boldsymbol{\varepsilon}) = \frac{\Delta V}{V} = \frac{(R_{12} \times R_{13}) \cdot R_{14}/6}{(R_{12}^0 \times R_{13}^0) \cdot R_{14}^0/6} - 1 \quad (3\text{-}5\text{-}21)$$

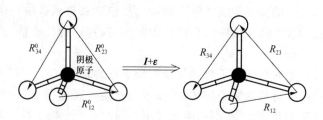

图 3-5-2 初始原子位置与应变后原子的位置示意图[50]

确定原子弛豫后的位置,需要对包含量子点的超胞的总能量进行最小化,体系总能量是原子之间距离位置的函数,即

$$E = E(R_{ij}) \tag{3-5-22}$$

具体优化方法可采用共轭梯度算法或原子蒙特卡罗法,求得最终的原子平衡位置[19-20],对每个原子的位置求能量梯度是算法中的核心,需要结合原子势函数的表达式进行推导。原子蒙特卡罗法无须计算梯度信息,但需要随机选择原子的弛豫位置,并按一定概率采取接受或拒绝办法释放体系的总能量,需要的计算量较大。

Pryor 给出了基于有限差分法的连续弹性理论数值计算结果,并将其与原子方法进行了对比,结果表明,对于大的失配应变(如 InAs/GaAs)材料,在量子点与盖层边界以及量子点内部,两种计算存在一定差别,在盖层和衬底内部,差别则很小[54]。Pryor 将两者之间的差别归咎于两个方面:第一,大的晶格失配应变局部超出了连续弹性理论的线性区域,在连续弹性理论的基础上必须考虑非线性才能给出与实际一致的结论;第二,连续弹性理论不能包含足够的原子对称信息。

大量文献报道表明,连续弹性理论在大多数情况下(甚至在单原子层水平上)能给出合理的计算结果[56-57]。Tadic 等人对柱状 InAs/GaAs、InP/InGaP 量子点的应变分布采用 3 种方法进行了比较:各向同性弹性理论、各向异性弹性理论(有限元)和原子势函数法[58]。在原子仿真中,他们分别采用了 S-W 势函数和 Keating 价力场模型,在 $(40 \times 40 \times 52)nm^3$ 的超胞内包含 360 万个原子,计算结果表明,尽管在量子点内部或者量子点与周围材料边界的应变分布存在差异,但上述应变用于分析应变对带边的影响时,所有计算模型结果可以很好地吻合。KiKuchi 等人采用 VFF 和 S-W 势函数两种原子方法对有、无盖层的 Ge/Si 金字塔量子点的应变分布进行了数值计算[44],两种势函数得到的正应变分量可以很好地吻合。对于无盖层的量子点,应变在衬底和岛的边界有差异。建议对于小尺寸 Si/Ge 金字塔量子点(底面边长小于 10 nm)采用 S-W 计算。

本章参考文献

[1]　Pchinger H, Groiss H, Lichtenberger H, et al. Stranski-Krastanow growth

of tensile strained Si islands on Ge(001)[J]. Applied Physics Letters, 2007, 91(23): 233106.

[2] Davies J H, Bruls D M, Vugs J W A M, et al. Relaxation of a strained quantum well at a cleaved surface[J]. Journal of Applied Physics, 2002, 91(7):4171-4176.

[3] Davies J H, Offermans P, Koenraad P M. Relaxation of a strained quantum well at a cleaved surface. Part II: Effect of cubic symmetry[J]. Journal of Applied Physics, 2005, 98(5): 053504.

[4] Harrison P. Quantum Wells, Wires and Dots[M]. 2nd ed. Hoboken:John Wiley, 2005.

[5] Jovanovic V D, Ikonic Z, Indjin D, et al. Designing strain-balanced GaN/AlGaN quantum well structures: application to intersuband devices at 1.3 and 1.55 μm wavelength[J]. Journal of Applied Physics, 2003, 93(6): 3194.

[6] Ekins-Daukes N J, Kawaguchi K, Zhang J. Strain-balanced criteria for multiple quantum well structures and its signature in X-ray rocking curves[J]. Crystal Growth Design, 2002, 2(4): 287.

[7] Matthews J W, Blakeslee A E. Defects in epitaxial multilayers III. Preparation of almost perfect multilayers[J]. Journal of Crystal Growth, 1976, 32(2): 265-273.

[8] Kasper E, Kibbel H, Jorke H, et al. Symmetrically strained Si/Ge superlattices on Si substrate[J]. Physical Review B, 1988, 38(5):3599-3601.

[9] Geddo M, Guizzetti G, Patrini M, et al. Metamorphic buffers and optical measurement of residual strain [J]. Applied Physics Letters, 2005, 87(26): 263120.

[10] Semenova E S, Hostein R, Patriarche G, et al. Metamorphic approach to single quantum dot emission at 1.55 μm on GaAs substrate[J]. Journal of Applied Physics, 2008, 103(10): 103533.

[11] Seravalli L. Frigeri P, Trevisi G, et al. 1.59 μm room temperature emission from metamorphic InAs/InGaAs quantum dots grown on GaAs substrates [J]. Applied Physics Letters, 2008, 92(21): 213104.

[12] Wang X L, Ogura M, Matsuhata H. Self-limiting effects of flow rate modulation epitaxy of GaAs patterned substrate[J]. Journal of Crystal Growth, 1998,195(1-4): 586-590.

[13] Caro L D, Tapfer L. Strain and piezoelectric fields in arbitrarily oriented semiconductor heterostructures II quantum wires[J]. Physical Review B, 1995,51(7): 4374-4380.

[14] Ma Z, Holden T. Strain-induced electronic energy changes in multilayered

InGaAs/GaAs quantum wire structures[J]. Journal of Applied Physics, 2007, 101(4): 044305.

[15] Qilliam H P, Saul A T, William T V, et al. Numerical recipes in C the art of scientific computing. Publishing House of Electronics Industry, 2004.

[16] Yao Wenjie, Yu Zhongyuan, Liu Yumin. Effect of wire width on strain distribution and bandgap in quantum wire nanostructures based on continuum elasticity theory [J]. Acta Physica Sinca, 2009, 58(2): 1185.

[17] Mura T. Micromechanics of defects in solids[M]. Martinus Nijhoff Publishers, 1987.

[18] Downes J, Faux D A. Calculation of strain distributions in multiple-quantum-well strained-layer structures [J]. Journal of Applied Physics, 1995, 77 (6): 2444-2447.

[19] Faux D A, Downes J R, O'Reilly E P. Analytic solutions for strain distributions in quantum-wire structures[J]. Journal of Applied Physics, 1997, 82(8): 3754.

[20] Faux D A, Downes J R, O'Reilly E P. Analytic solutions for strain distributions in quantum-wires structures[J]. Journal of Applied Physics, 1997, 82 (8): 3755-3762.

[21] Mazuelas A, Gonzalez L, Garcia J M, et al. Strain determination in MBE-grown InAs quantum wires on InP [J]. Physical Review B, 2006, 73 (4): 045312.

[22] Cui K, Robertson M D, Robinson B J, et al. Quantitative compositional analysis and strain study of InAs quantum wires with InGAsAlAs barrier layers[J]. Journal of Applied Physics, 2009, 105(9): 094313.

[23] Kratzer P, Chakrabarti A, Liu Q K K, et al. Theory of shape evolution of InAs quantum dots on $In_{0.5}Ga_{0.5}As/InP(001)$ substrate[J]. New Journal of Physics, 2009, 11(7): 073018.

[24] Rastelli A, Kummer M, Kanel H V. Reversible shape evolution of Ge islands on Si (001)[J]. Physical Review Letters, 2001, 87(25): 256101-256104.

[25] Pearson G S, Faux D A. Analytical solutions for strain in pyramidal quantum dots [J]. Journal of Applied Physics, 2000, 88(2): 730-736.

[26] Downes J R, Faux D A, O'Reilly E P. A simple method for calculating strain distributions in quantum dot structures [J]. Journal of Applied Physics, 1997, 81(10): 6700-6702.

[27] Andreev A D, O'Reilly E O. Theory of the electronic structure of GaN/AlN hexagonal quantum dots[J]. Physical Review B, 2000, 62(23): 15851.

[28] Andreev A D, Downes J R, Faux D A, et al. Strain distributions in quantum dots of arbitrary shape[J]. Journal of Applied Physics, 1999, 86(1): 297-305.

[29] Mindlin R D, Cheng D H. Thermoelastic stress in the semi-infinite solid[J]. Applied Physics Letters, 1950, 21(9): 931-933.

[30] Mindlin R D, Cheng D H. Nuclei of strain in the semi-infinite solid[J]. Journal of Applied Physics, 1950, 21(9): 926-930.

[31] Davies J H. Elastic field in a semi-infinite solid due to thermal expansion or a coherently misfitting inclusion[J]. Journal of Applied Mechanics, 2003, 70(5): 655-660.

[32] Mindlin R D. Force at a point in the interior of a semi-infinite solid. Proc. First Midwestern Conference on Solid Mechanics, 1953, Urbana, Illinois, 56-59.

[33] Seo K, Mura T. The elastic field in a half space due to ellipsoidal inclusions with uniform dilatational eigenstrains[J]. Journal of Applied Mechanics, 1979, 46(3): 568-572.

[34] Chiu Y P. On the stress field and surface deformation in a half space with a cuboidal zone in which initial strains are uniform[J]. Journal of Applied Mechanics, 1978, 45(2): 302-306.

[35] Liu Yumin, Yu Zhongyuan, Ren Xiaomin. The strain relaxation of InAs/GaAs self-organized quantum dot[J]. Chinese Physics B, 2009, 18(3): 881-887.

[36] Liu Yumin, Yu Zhongyuan, Ren Xiaomin, et al. The influence of strain reducing layer on strain distribution and ground state energy levels of GaN/AlN quantum dot[J]. Chinese Physics B, 2009, 18(10): 4136-4132.

[37] Ponchet A, Lacombe D, Durand L, et al. Elastic energy of strained islands: contribution of the substrate as a function of island aspect ration and inter-island distance[J]. Applied Physics Letters, 1998, 72(23): 2984-2986.

[38] Pei Q X, Lu C, Wang Y Y. Effect of elastic anisotropy on the elastic fields and vertical alignment of quantum dots[J]. Journal of Applied Physics, 2003, 93(3): 1487-1492.

[39] Benabbas T, Androussi Y, Lefebvre A. A finite-element study of strain fields in vertically aligned InAs islands in GaAs[J]. Journal of Applied Physics, 1999, 86(4): 1945-1940.

[40] Liu Yumin, Yu Zhongyuan, Ren Xiaomin. The influences of thickness of spacing layer and the elastic anisotropy on the strain fields and band edges of InAs/GaAs conical shaped quantum dots[J]. Chinese Physics B, 2009, 18(1): 16-22.

[41] Liu G R, Jerry S S Q. A finite element study of the stress and strain fields

of InAs quantum dots embedded in GaAs[J]. Semiconductor Science and Technology, 2001, 17(6): 630-643.

[42] Liu Yumin, Yu Zhongyuan, Ren Xiaomin, et al. Self-organized GaN/AlN hexagonal quantum dots: strain distribution and electronic structure[J]. Chinese Physics B, 2008, 17(9): 3741-3748.

[43] Stillinger F H, Weber T A. Computer simulation of local order in condensed phases of silicon[J]. Physical Review B, 1985, 31(8): 5262-5271.

[44] Kikuchi Y, Sugii H, Shintani K. Strain profiles in pyramidal quantum dots by means of atomistic simulation[J]. Journal of Applied Physics, 2001, 89 (2): 1191-1196.

[45] Keating P N. Effect of invariance requirements on the elastic strain energy of crystals with application to the diamond structure[J]. Physical Review, 1966, 145(2): 637-645.

[46] Yang M, Xu S J, Wang J. Influence of capping layer and atomic interdiffusion on the strain distribution in single and double self-assembled InAs/GaAs quantum dots[J]. Applied Physics Letters, 2008, 92(8): 083112.

[47] Lin Y Y, Singh J. Self-assembled quantum dots: a study of strain energy and intersubband transitions[J]. Journal of Applied Physics, 2002, 92(10): 6205-6210.

[48] Biswas K, Franceschetti A, Lany S. Generalized valence-force-field model of (Ga,In)(N,P) ternary alloys[J]. Physical Review B, 2008, 78(8): 085212.

[49] Kim K, Kent P R C, Zunger A, et al. Atomistic description of the electronic structure of InGaAs alloys and InAs/GaAs superlattices[J]. Physical Review B, 2002, 66(4): 045208.

[50] Camacho D, Niquet Y M. Application of Keating's valence force field model to non-ideal wurtzite materials[J]. Physica E, 2010, 42(5): 1361-1364.

[51] Tersoff J. New empirical model for structural properties of silicon[J]. Physical Review Letters, 1986, 56(6): 632-635.

[52] Tefsoff J. New empirical approach for the structure and energy of covalent systems[J]. Physical Review B, 1988, 37(12): 6991-7000.

[53] Powell D, Migliorato M A, Cullis A G. Optimized Tersoff potential parameters for tetrahedrally bonded Ⅲ-Ⅴ semiconductors[J]. Physical Review B, 2007, 75 (11): 115202.

[54] Pryor C, Kim J, Wang L W, et al. Comparison of two methods for describing the strain profiles in quantum dots[J]. Journal of Applied Physics, 1998, 83(5): 2549-2554.

[55] Ellaway S W, Faux D A. Effective elastic stiffnesses of InAs under uniform strain[J]. Journal of Applied Physics, 2002, 92(6): 3027-3033.

[56] Niquet Y M, Priester C, Gourgon C, et al. Inhomogeneous strain relaxation in etched quantum dots and wires: from strain distributions to piezoelectric fields and band-edge profiles[J]. Physical Review B, 1998, 57(23): 14850-14859.

[57] Migliorato M A, Cullis A G, Fearn M, et al. Atomistic simulation of strain relaxation in InGaAs/GaAs quantum dots with nonuniform composition[J]. Physical Review B, 2002, 65(11): 115316.

[58] Tadic M, Peeters F M, Janssens K L, et al. Strain and band edges in single and coupled cylindrical InAs/GaAs and InP/InGaP self-assembled quantum dots[J]. Journal of Applied Physics, 2002, 92(10): 5819-5829.

第4章 异质结构中的位错

位错是晶体中的一维线缺陷,就是说,缺陷区是细长的管状区域,管内的原子排列是混乱的,破坏了晶体点阵的周期性。位错的概念是 1934 年由 Orowan、Polanyi 和 Taylor 等人各自独立提出的,研究的位错类型为刃型位错,1939 年伯格斯提出了位错伯格斯矢量的概念,并指出了另一类位错类型为螺型位错。20 世纪 50 年代后,随着实验观测设备的进步,可以在原子尺度直接观测到晶体中的位错,位错的研究进入实验和理论共同发展的新阶段。现在,随着材料研究尺度向纳米级迈进,位错理论已经成为分析晶体、半导体、金属等材料力学特性不可或缺的理论工具。应变是形成位错缺陷的内在驱动力,在应变异质外延材料制备过程中,当外延层厚度超过一定临界厚度后,外延层和衬底界面会产生界面失配位错并释放应变能,与界面失配位错对应的是穿透位错,通常会贯穿整个外延层。因此,除力学响应外,位错芯原子键的破坏会导致位错成为具有带电性的线缺陷,带有正电性或负电性,影响载流子的弛豫或形成非辐射复合中心,影响异质结构材料有源区的电学或光学特性,研究表明,位错对半导体的光电特性大多会产生有害影响。在掺杂过程中位错缺陷也会成为杂质扩散的有利通道。如何控制半导体异质外延制备过程中的位错形成以及阻断位错向有源区传播对半导体异质结构器件的性能至关重要。

可以将位错线看作滑移面上已滑移区和未滑移区的边界线,只能在特定的滑移面内运动,通常位错结构十分复杂,根据位错线与滑移方向二者的相对方位,将位错分为以下 3 种基本类型:刃型位错、螺型位错以及混合位错。在Ⅲ-Ⅴ族半导体应变外延实验中,以上位错都可以观察到,其中以 60°混合位错较为多见[1-3]。本章首先介绍位错的基本类型和弹性各向同性条件下无限长直位错应变分布的一些特征。其次对立方晶体和六角晶体两种常见的半导体类型中的位错进行简要介绍。最后讨论了本章的重点:异质外延中的临界问题。首先介绍了薄膜外延过程中的临界厚度的集中常见模型和数值计算方法,其次对异质外延中量子点、纳米线等纳米结构的临界尺寸、位错成核位置等方面进行了深入讨论。

4.1 位错类型与伯格斯矢量

4.1.1 基本位错类型

已滑移区与未滑移区在滑移面上的交界线称为位错线,位错是晶体原子排列的一种特殊组态,从位错的几何结构来看,可以将其分为两种基本类型,即刃型位错和螺型位错。首先以简单立方晶体为例讨论这两种类型。

1. 刃型位错

刃型位错的结构示意如图 4-1-1 所示。该晶体结构为简立方晶体,在晶面上半部存在多余的原子面 $ABCD$,这个半原子面断于滑移面的边界 CD 处,并产生了原子错排,称为刃型位错,CD 线称为刃型位错线。从图 4-1-1 中可以看出,额外的原子面像刀刃一样,完整插入晶体半个原子面,故称该类型位错为刃型位错,半原子面的边缘 CD 就为刃型位错线。在位错 CD 处,滑移面上下的原子严重错排(或说错配度最大)。对于刃型位错,有一个多余的半原子面。一般把多余的半原子面在滑移面上边的称为正刃型位错,用符号 ⊥ 表示,在滑移面下边的称为负刃型位错,用符号 T 表示。正、负只有相对的意义,无本质区别。刃型位错线可理解为晶体中已滑移区与未滑移区的边界线,用符号 ξ 表示,它不一定是直线(可以构成回路),但必须与滑移方向垂直,也垂直于滑移矢量,其方向可以任意定义,表征位错的滑移方向和大小的物理量称为伯格斯矢量,用 b 表示,刃型位错的伯格斯矢量方向与位错线垂直。滑移面必是同时包含位错线和滑移矢量的平面或曲面。由于刃型位错线垂直于滑移矢量,所以其构成的面只有一个。刃型位错形成后,晶体周围点阵会发生弹性形变,既有切应变,又有正应变。在位错线过渡区,平均每个原子都具有较大的应变能量,且变形区域通常只有几个原子间距宽度,故应看作线缺陷。

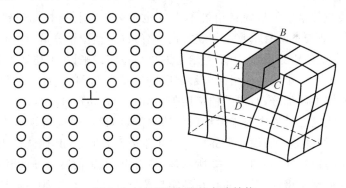

图 4-1-1　刃型位错的点阵结构

2. 螺型位错

另一种位错类型为螺型位错,其结构如图 4-1-2 所示。假定简单立方晶体上侧受到切应力的作用。其上侧左右两部分晶体沿滑移面 $ABCD$ 发生错动,边界线 CD 平行于滑移方向。可以看出,初始垂直于 CD 轴的原子面,由于两侧滑移面的错动不再与 CD 轴垂直,按顺时针方向依次连接此过渡区的成键原子,左右两侧连接起来走向与右螺旋线的前进方向一致。垂直于位错线的各平面在位错线附近(过渡区内)变成了螺旋,由于这些原子近似地按螺旋线分布,所以将这种位错类型称为螺型位错。螺型位错根据螺旋手性分为两种:左旋和右旋。上面讨论的是左手旋螺型位错,因为从原子螺旋方向沿位错线是按左手螺旋规则前进的。如果将图 4-1-2 中的局部滑移方向逆转,就得到右手旋螺位错,其中心区原子分布符合右手螺旋规则。螺型位错的位错线与滑移矢量平行,故纯螺型位错一定是直线,与刃型位错不同的是,纯螺型位错的滑移面不具有唯一性,凡是通过位错线的面均可以作为滑移面,同时滑移方向和位错线保持不变。表征滑移大小、方向的量也为伯格斯矢量,可见,螺型位错的伯格斯矢量平行于位错线。位错线周围点阵因为滑移发生了弹性畸变,但只有平行于位错线的切应变而无正应变,这是由于在垂直位错线的平面投影,观测不到原子在面内的位移。

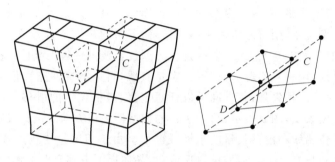

图 4-1-2 纯螺型位错晶体结构

3. 混合型位错

当位错线与伯格斯矢量的夹角既不为 0°也不为 90°时,这样的位错称为混合型位错,因为伯格斯矢量既有垂直位错线方向的分量(刃型位错分量),也有平行位错线方向的分量(螺型位错分量)。由于对给定的单根位错线来说,伯格斯矢量不变(大小和方向不变),假定位错线与伯格斯矢量之间的夹角为 θ,因此,每一小段位错都可以分解为刃型和螺型两部分,对应的伯格斯矢量分别为 $b\sin\theta$ 和 $b\cos\theta$。

由于位错线是已滑移区与未滑移区的边界线,因此一根位错线不能终止于晶体内部,而只能延伸到晶体表面或晶界。若终止于内部,则必与其他位错线相连或自成回路形成封闭的位错环,如图 4-1-3 所示,容易看出,由于伯格斯矢量恒定,在位错环中可以存在纯刃型位错环,但不能存在纯螺型位错环,纯螺位错线一定是直线。

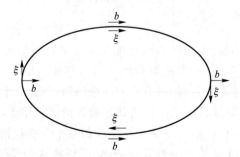

图 4-1-3 伯格斯矢量与位错环平行时,不同位错区域位错类型不同

4.1.2 伯格斯矢量

伯氏矢量(Burgers vector)可以通过伯氏回路来确定,图 4-1-4 为含有一个刃型位错的实际晶体和用作参考的不含位错的完整晶体。方法如下:第一步,确定位错线的正向,通常规定位错线出纸面的方向为位错线的正方向,在实际晶体中,从任意原子出发,围绕位错芯以一定步数做一左旋闭合回路 MNOPQ,如图 4-1-4(a)所示;第二步,在完整晶体中按同样的方向和步数做相同的回路,该回路不闭合,从终点 Q 向起点 M 引一矢量 b,该矢量即实际晶体中位错的伯氏矢量。

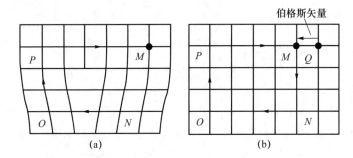

图 4-1-4 刃型位错伯氏矢量的确定

刃型位错的伯氏矢量与位错线垂直,这是刃型位错的重要特征,因此刃型位错又称为 90°位错。刃型位错的正负可用右手法则来确定。右手食指指向位错线的方向,中指指向伯氏矢量的方向,则拇指的指向代表多原子面的位向,且规定拇指向上者为正刃型位错,反之为负刃型位错。螺型位错的伯氏矢量也可按同样的方法确定,如图 4-1-5 所示。螺型位错的伯氏矢量与位错线平行,称为 0°位错,且规定 b 与位错线正向平行者为右旋位错。混合型位错的伯氏矢量与位错线呈 θ 角,可分解为刃型位错部分和螺型位错部分。

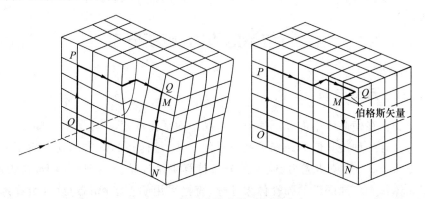

图 4-1-5 螺型位错的伯氏矢量确定

下面给出伯氏矢量的表示方法。伯氏矢量的大小和方向用它在晶轴上的分量，即点阵矢量 a、b、c 表示。对于立方晶系晶体，由于 $a=b=c$，故可用与伯氏矢量 b 同向的晶向指数来表示。在同一晶体中，伯氏矢量越大，表明该位错导致点阵畸变越严重，所处的能量也越高。

伯氏矢量的守恒性：对于一定的位错，其伯氏矢量是固定不变的，叫守恒性。反映在以下几个方面：一条位错线只有一个伯氏矢量，一个位错环只有一个伯氏矢量；多个位错相遇都指向同一个结点或都离开同一个结点，它们的 b 之和等于 0，如图 4-1-6 所示。

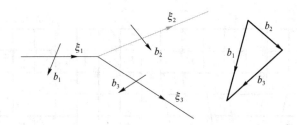

图 4-1-6　伯格斯矢量守恒示意图（3 个位错线交于一点，节点的伯格斯矢量之和为零）

位错密度定义为单体体积晶体中位错的总长度：

$$\rho = \frac{l}{V} \tag{4-1-1}$$

单位为 m^{-2} 或 cm^{-2}。另一种经常使用的位错密度采用面密度定义，即单位面积穿过的位错数目，单位与第一种定义相同。如果晶体中所有位错都是平行的，两种定义位错密度的值相同。当晶体中位错排列完全随机分布时，位错体密度定义为面密度定义的两倍。退火处理后的金属晶体位错密度的典型值在 $10^{10} \sim 10^{12}$ cm^{-2} 之间，在发生塑性形变时，位错密度急剧增加，严重时可达 $10^{14} \sim 10^{15}$ cm^{-2}。在非金属晶体中，位错密度要低得多，半导体晶体材料中的典型值可以下降到 10^{5} cm^{-2}。

4.2　位错的应力、应变分布

4.2.1　应变分布

位错的存在使晶体中的原子偏离原来晶格的平衡位置，产生了点阵畸变，而原子间作用力又有一种使其回到原来平衡位置的趋势，这样在晶体内部就产生了应力场（stress field）。一般位错应力、应变的分布计算采用连续弹性理论模型，作为简化，通常把晶体作为各向同性的弹性体来处理，直接采用胡克定律和连续函数在理论上计算位错产生的应力场和应变场。

直刃型位错的应力场中各分量可在直角坐标系和圆柱坐标系中表示，两种坐标系下应力分量的描述性定义见图 4-2-1。刃型位错的应力场模型如图 4-2-2 所示。在半径为 R 的弹性圆柱体中心挖一个半径为 r 的小孔，沿着轴线方向将其一半切开，使切面两侧沿径向（x 轴方向）相对位移一个 b 的距离，然后胶合起来，就形成一个刃型位错应力场。

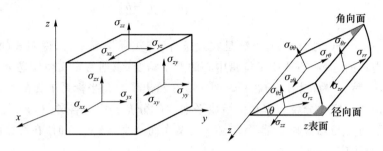

图 4-2-1　直角坐标和圆柱坐标中应力分量的描述

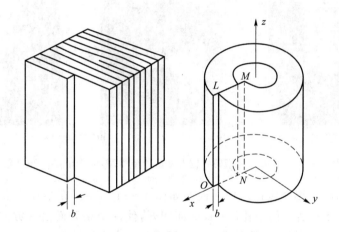

图 4-2-2　在直角坐标和柱坐标下晶体中的长、直刃型位错模型

可以看出，对刃型位错，位移在 z 轴方向上的分量为 $u_z=0$，而且其他两个位移分量不随 z 轴变化，即 $\dfrac{\partial u_x}{\partial z}=0$，$\dfrac{\partial u_y}{\partial z}=0$。这样刃型位错的应力场可看成平面应变问题。通过应变位移关系的表达式，可以得出应变项只有 ε_{xx}、ε_{yy}、ε_{zz} 和 ε_{xy} 4 个分量不为零。下面直接给出应力场各分量的表达式：

$$\sigma_{xx}=-\frac{\mu b}{2\pi(1-\nu)}\frac{y(3x^2+y^2)}{(x^2+y^2)^2}, \quad \sigma_{zz}=\nu(\sigma_{xx}+\sigma_{yy})$$

$$\sigma_{yy}=-\frac{\mu b}{2\pi(1-\nu)}\frac{y(y^2-x^2)}{(x^2+y^2)^2}, \quad \sigma_{xz}=\sigma_{zx}=\sigma_{yz}=\sigma_{zy}=0 \qquad (4\text{-}2\text{-}1)$$

$$\sigma_{xy}=-\frac{\mu b}{2\pi(1-\nu)}\frac{x(y^2-x^2)}{(x^2+y^2)^2}$$

应力分布在柱坐标下的表达式为

$$\sigma_{rr}=\sigma_{\theta\theta}=-\frac{\mu b}{2\pi(1-\nu)}\frac{\sin\theta}{r}$$

$$\sigma_{zz}=-\nu(\sigma_{rr}+\sigma_{\theta\theta}) \tag{4-2-2}$$

$$\sigma_{r\theta}=\sigma_{\theta r}=\frac{\mu b}{2\pi(1-\nu)}\frac{\cos\theta}{r}$$

在 $r=\sqrt{x^2+y^2}\to 0$ 时，$\sigma\to\infty$，不满足收敛条件，与实际情况不符，说明式（4-2-2）只适用于应力场的远场，不适用于位错中心的严重畸变区，通常定义位错芯 $r\leqslant r_0$ 的区域为位错芯，称 r_0 为位错芯的芯径。图 4-2-3 给出了直角坐标系下无限大材料中的直刃型位错的各应力分量在垂直位错线平面内的分布。应力各分量与 z 坐标无关，同时存在正应力与切应力分量，且均随 r 的增大而减小，当 $y=0$ 时，在滑移面上只有切应力，没有正应力。

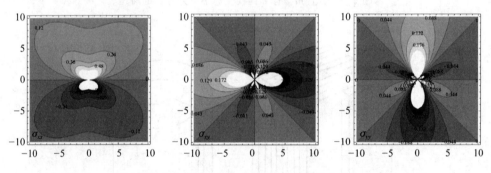

图 4-2-3　长、直刃型位错的各应力分量分布图〔单位：$-\mu|b|/2\pi(1-\nu)$〕

螺型位错的连续介质弹性切变模型如图 4-2-4 所示。在半径为 R 的弹性圆柱体中心挖一个半径为 r 的小孔，沿 xOz 面切开，使两个切开面沿 z 方向作相对位移 b，再把这两个面黏合起来，就形成了一个螺型位错应力场模型。此时，$u_x=u_y=0$，即对螺型位错没有正应力，只有切应力。因螺型位错无多余的原子面，无体积变化，即流体静应变分量满足 $\varepsilon_{xx}+\varepsilon_{yy}+\varepsilon_{zz}=0$，所以螺型位错的应力场公式为

$$\sigma_{xz}=-\frac{\mu b}{2\pi}\frac{y}{x^2+y^2},\quad \sigma_{yz}=\frac{\mu b}{2\pi}\frac{x}{x^2+y^2} \tag{4-2-3}$$

其他分量为 0。应变分量为

$$\varepsilon_{xz}=\frac{\sigma_{xz}}{2\mu}=-\frac{b}{4\pi}\frac{y}{x^2+y^2},\quad \varepsilon_{yz}=\frac{\sigma_{yz}}{2\mu}=\frac{b}{4\pi}\frac{x}{x^2+y^2} \tag{4-2-4}$$

若用柱坐标表示：$\sigma_{\theta z}=\frac{\mu b}{2\pi}\frac{1}{r}$。切应力分量只与 r 有关（反比），只要 r 一定，$\sigma_{\theta z}$ 就为常数，因此螺型位错应力场是轴对称的。长、直螺型位错的应力场分布如图 4-2-5 所示。

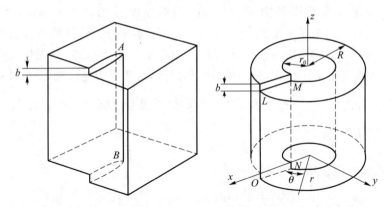

图 4-2-4　在直角坐标和柱坐标下晶体的长、直螺型位错模型

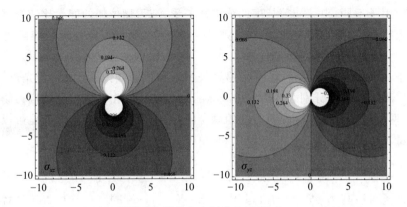

图 4-2-5　长、直螺型位错的应力场分布图〔单位：$-\mu|b|/(2\pi)$〕

4.2.2　位错的应变能

在晶体中，位错周围点阵畸变引起的弹性应力场导致材料存储机械势能增加，这部分增加的能量称为位错的应变能。位错的能量可分为两部分：位错中心畸变能和位错应力场引起的弹性应变能。位错中心区域由于点阵畸变很大，不能用胡克定律，所以需借助点阵模型直接考虑晶体结构和原子间的相互作用势能。根据计算机仿真估算，这部分能量大约为总应变能的 $8\%\sim10\%$，故常予以忽略。可用中心区域以外的弹性应变能代表位错的应变能。此项能量可采用连续介质模型根据单位长度位错所做的功求得。

单位长度刃型位错的能量为

$$w_e = \int_{r_0}^{R}\int_0^1 \frac{\mu b^2}{2\pi(1-\nu)}\frac{\alpha}{r}\mathrm{d}\alpha\mathrm{d}r = \int_{r_0}^{R}\frac{\mu b^2}{4\pi(1-\nu)}\frac{1}{r}\mathrm{d}r = \frac{\mu b^2}{4\pi(1-\nu)}\ln\frac{R}{r_0}$$

$$(4\text{-}2\text{-}5)$$

通常，称 $\mu b^2/[4\pi(1-\nu)]$ 为刃型位错能量表达式的对数前因子。为了对位错能量有定性认识,假定外截断半径为 $R=1\,\mathrm{mm}$,内截断半径为 $r_0=1\,\mathrm{nm}$,剪切模量为 $\mu=40\,\mathrm{GN\cdot m^{-2}}$,伯格斯矢量为 $b=0.25\,\mathrm{nm}$,易计算纯刃型位错的单位长度应变能为 $4\,\mathrm{nJ\cdot m^{-1}}$($\approx6\,\mathrm{eV}$),式(4-2-5)未考虑位错芯的能量,位错芯的能量可用两种方法表征,一种是基于原子仿真,另一种是近似处理,对于直刃型位错,单位位错芯的能量近似为 $w_{\mathrm{core,e}}=\dfrac{\mu b^2}{4\pi(1-\nu)}$,因此单位长度刃型位错的总能量近似为 $w_{\mathrm{Te}}=\dfrac{\mu b^2}{4\pi(1-\nu)}\left(\ln\dfrac{R}{r_0}+1\right)$。

单位长度螺型位错的应变能为

$$w_{\mathrm{s}}=\int_{r_0}^{R}\int_0^1\frac{\mu(\alpha b)}{2\pi}\frac{1}{r}\mathrm{d}r\mathrm{d}(\alpha b)=\int_{r_0}^{R}\frac{\mu b^2}{4\pi}\frac{1}{r}\mathrm{d}r=\frac{\mu b^2}{4\pi}\ln\frac{R}{r_0} \tag{4-2-6}$$

通常称 $\mu b^2/(4\pi)$ 为螺型位错能量表达式的对数前因子。由于螺型位错和刃型位错的对数前因子不同,对于同等长度的伯格斯矢量,纯刃型位错的能量比纯螺型位错的能量要大得多,比如取泊松比为 $1/3$,则 $w_{\mathrm{e}}=3w_{\mathrm{s}}/2$,这可以定性理解实际外延半导体材料中为什么较少见纯刃型位错。

对于一般混合型直线位错,其伯格斯矢量 $\boldsymbol{b}$ 与位错线矢量 $\boldsymbol{\xi}$ 成一定角度,假定为 α,其螺型和刃型分量分别表示为 $b_{\mathrm{s}}=b\cos\alpha,b_{\mathrm{e}}=b\sin\alpha$。由两种位错的应力场的表达式可知,两种位错分量不存在应力场的耦合问题,因此混合位错的应变能可以表示为螺型分量和刃型分量各自的应变能之和,单位长度混合位错的应变能为

$$w_{\mathrm{se}}=\frac{\mu b_{\mathrm{s}}^2}{4\pi}\ln\frac{R}{r_0}+\frac{\mu b_{\mathrm{e}}^2}{4\pi(1-\nu)}\ln\frac{R}{r_0}=\frac{\mu b^2}{4\pi}\left(\cos^2\alpha+\frac{\sin^2\alpha}{1-\nu}\right)\ln\frac{R}{r_0} \tag{4-2-7}$$

对数前因子可以写为 $\mu b^2/(4\pi K)$,其中 $1/K=(1-\nu\cos^2\alpha)/(1-\nu)$。在实际情况中,位错能量随着外截断半径趋于无穷大而发散,在体材料中,通常令外截断半径为位错线到最近自由面的距离。对于晶体中包含多个位错的情况,对应的外部截断半径 R 通常取(位错线到自由面的距离大于位错平均距离时)位错平均间距的一半。在实际计算中,通常取内部位错芯半径 $r_0=b$。这时,(以混合型直位错为例)单位长度的位错总应变能(含位错芯的应变能)可表示为

$$w_{\mathrm{Tse}}=\frac{\mu b^2}{4\pi K}\left[\ln\frac{R}{b}+1\right] \tag{4-2-8}$$

对于位错芯的能量,由于位错芯为严重畸变区域,不能用线性弹性力学处理,通常采用近似,一般只占位错弹性能的一小部分,另外,与位错的弹性能不同,位错芯的能量会随着位错的运动而变化。将刃型、螺型和混合型位错的弹性能进行对比,会发现,位错单位长度的弹性能与位错类型、内、外截止半径等特征参数的关系不是特别敏感,位错单位长度的弹性能近似可以写成 $w_{\mathrm{d}}\approx\alpha\mu b^2$,其中 $0.5<\alpha<1$,这就是位错反应中的基本准则:Frank 准则(Frank's rule),即在没有附加相互作用能的情况下,当反应前的伯格斯矢量平方之和大于反应后的伯格斯矢量的平方和时,位错反应的方向是有利的。如图 4-2-6 所示,两个伯格斯矢量分别为 $\boldsymbol{b}_1$ 和 $\boldsymbol{b}_2$,进行位错反应,生

成新的位错矢量 b_3 ,应满足位错矢量守恒: $b_3 = b_1 + b_2$ 。根据 Frank 准则,当满足条件 $b_1^2 + b_2^2 > b_3^2$ 时,位错反应是有利的,因为这将导致位错能量的减少。相反,如果满足条件 $b_1^2 + b_2^2 < b_3^2$,位错反应是不利的, b_3 不稳定,会进一步分解成另外两个位错。当 $b_1^2 + b_2^2 = b_3^2$ 时,不引起能量变化。上述情况分别对应图 4-2-6 中的 $\pi/2 < \phi < \pi$, $0 < \phi < \pi/2$ 以及 $\phi = \pi/2$ 3 种情况。一种极端的情况是,两个伯格斯矢量方向相反的位错进行位错反应之后,位错消失。Frank 准则也可用于描述理想位错分解成部分位错。

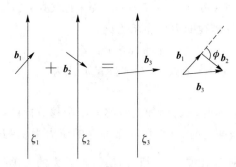

图 4-2-6 位错反应与 Frank 准则示意图

4.3 位 错 力

作用在位错上的力是一种虚力,通常需要借助虚功和虚位移的概念来理解。把含有位错的弹性体看作一个力学系统,在该力学系统中,除位错外,还包含其他应力源(外部施加的或内部缺陷等),这些应力源导致弹性体内的弹性场,从而系统具有确定的弹性能,称为力学系统的弹性势能 E_{ep} ,根据虚功的概念,对于质点对象定义虚力:

$$F_i = -\frac{\partial E_{ep}}{\partial x_i} \tag{4-3-1}$$

对于位错的虚位移也可作类似处理,只是虚位移对象为位错线。此时,系统弹性势能的来源非常重要,首先是位错本身的弹性势能,其次是内部缺陷导致的内应力和外力引起的弹性势能。对于位错本身引起的弹性势能,对应的虚力有镜像力和位错线的线张力。其他弹性场的源对应的弹性势能引起的位错力称为 P-K(Peach-Koehler)力,在应变异质外延中,位错的形成条件可依据力平衡模型进行分析,这时 P-K 力的讨论就非常必要。

根据弹性理论,可以将体系的弹性能分为位错弹性能 E_d (位错以外的内部缺陷应力或外力作用)、其他弹性能 E_{oth} 以及位错与其他应力源之间的相互作用能 E_I 。由此可以定义其他应力源对位错的作用力,可以表示为

$$F = -\frac{\partial E_1}{\partial r} \tag{4-3-2}$$

如图 4-3-1 所示,当位错整体发生位移 δr 时,位错掠过的面元为 $\delta S = \Delta L(\delta r \times \xi)$,其中 ΔL 为位错线的长度线元,在掠过面的上侧相对于下侧存在相对位移 $-b$。根据应力定义,掠过面积的面力为 $T = \sigma \cdot \delta S$,在此过程中,该面力做的功为

$$\delta W = -b \cdot T = -b \cdot \sigma \cdot \Delta L(\delta r \times \xi) \tag{4-3-3}$$

弹性力是保守力,故对于该弹性系统,所做的功等于势能的减少:

$$F \cdot \delta r = -b \cdot T = -b \cdot \sigma \cdot \Delta L(\delta r \cdot \xi) \tag{4-3-4}$$

因此,单位长度作用在位错线的力可表示为

$$F = (b \cdot \sigma) \times \xi \tag{4-3-5}$$

这就是著名的 Peach-Koehler 公式[4],写成标量形式为

$$F = \tau b \tag{4-3-6}$$

其中,b 为伯格斯矢量的长度,τ 为施加在滑移面沿滑移方向的切应力。比如,当张力 F 作用在面积为 A 的截面上时,则作用在截面上的应力为 $\sigma = F/A$,作用在滑移面上的应力为 $\sigma = \frac{F}{A'} = \frac{F}{A}\cos\phi$,其中 ϕ 为滑移面法线与外力的夹角(或截面法线与滑移面法线之间的夹角),对滑移面施加的有效切应力表示为

$$\tau = \sigma\cos\phi\cos\lambda \tag{4-3-7}$$

其中 ϕ 为张力与滑移面法线的夹角,λ 为张力与滑移面滑移方向的夹角。通常称物理量 $\cos\phi\cos\lambda$ 为施密德因子或取向因子,当式(4-3-7)中的分切应力到达临界值时,晶面间开始滑移。施密德因子大则在较小的 σ 作用下即可到达临界分切应力,从而发生滑移,因此称为软取向,反之则称为硬取向。从几何结构来看,对于 ϕ 固定的情况,当滑移方向位于滑移面与外力 F 和滑移法线构成的面的交线时,该方向的分切应力最大。此时取向因子为 $\cos(\pi/2-\phi)\cos\phi = 0.5\sin(2\phi)$,因此当 $\lambda = \phi = \pi/4$ 时,施密德因子最大,分切应力也最大。

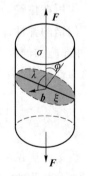

图 4-3-1 滑移力与施密德因子示意图

作为 P-K 力应用实例,下面给出两个平行长直螺型位错之间的弹性相互作用。首先讨论两平行螺型位错,如图 4-3-2(a)所示,假定螺型位错 A 位于坐标轴的 z 轴,位错线方向为 z 轴正方向,伯格斯矢量为 $b = b_A k$,另一与之平行的螺型位错 B 与螺型位错 A 的距离为 d_0,位错线方向也为 z 轴正方向,伯格斯矢量为 $b = \pm b_B k$。A 位错在 x-y 平面的投影为 o 点,B 位错在 x-y 平面的投影为 o' 点。根据螺型位错应力表达式,位错 A 在 o' 点的非零应力分量为 $\sigma_{\theta z} = \mu b_A/(2\pi d_0)$,现在以 o' 点为原点建立新坐标系 (x', y', z'),取 oo' 方向为新坐标系的 x' 轴方向,z' 轴与原坐标系方向的 z 轴平行,由右手关系可以确定 y' 轴,显然位错 A 在 o' 点的应力分量在新坐标系下位 $\sigma_{y'z'} = \sigma_{yz} = \sigma_{\theta z}$,将与位错 B 相关的物理量用

新坐标表示，$b' = \pm b_B k$。在新坐标系下代入位错力的 P-K 公式，得到

$$F = (b' \cdot \sigma) \times k = \begin{bmatrix} 0 \\ 0 \\ \pm b_B \end{bmatrix} \begin{bmatrix} 0 & 0 & 0 \\ 0 & 0 & \sigma_{y'z} \\ 0 & \sigma_{y'z} & 0 \end{bmatrix} \times k' = \pm b_B \frac{\mu b_A}{2\pi d_0} j' \times k' = \pm \frac{\mu b_A b_B}{2\pi d_0} i'$$

$$(4-3-8)$$

可见，量平行纯螺型位错之间的相互作用力仅存径向分量 F_r，$F_\theta = F_z = 0$。如果是两同号螺型位错（伯格斯矢量平行），则相互作用力为斥力，反之为引力，与长带电线电荷类似。

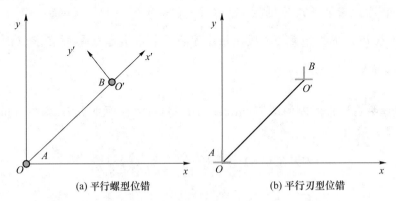

(a) 平行螺型位错   (b) 平行刃型位错

图 4-3-2　平行直位错之间的弹性相互作用示意图

对于平行刃型位错，考虑两个伯格斯矢量平行（反平行）的情况，如图 4-3-2(b)所示，位错 A 位于 z 轴，位错 B 与 z 轴平行，两者距离为 d_0，位错线方向均为 $\xi = k$，伯格斯矢量分别为 $b = b_A i$ 和 $b' = \pm b_B i$。根据刃型位错的应力场分布，位错 A 在 o' 点受到的不为零应力分量分别为 σ_{xx}、σ_{yy}、σ_{zz} 和 σ_{xy}，代入 P-K 位错力公式，可得

$$F = (b' \cdot \sigma) \times k = \begin{bmatrix} \pm b_B \\ 0 \\ 0 \end{bmatrix} \begin{bmatrix} \sigma_{xx} & \sigma_{xy} & 0 \\ \sigma_{xy} & \sigma_{yy} & 0 \\ 0 & 0 & \sigma_{zz} \end{bmatrix} \times k = [\pm b_B \sigma_{xx} i \times k + (\pm b_B \sigma_{xy} j \times k)]$$

$$(4-3-9)$$

化简可得

$$F_x = \pm b_B \sigma_{xy} = \pm \frac{\mu b_B b_A}{2\pi(1-\nu)} \frac{x(x^2-y^2)}{r^4} = \pm \frac{\mu b_B b_A}{2\pi(1-\nu)r} \cos\theta \cos 2\theta$$

$$F_y = \mp b_B \sigma_{xx} = \pm \frac{\mu b_B b_A}{2\pi(1-\nu)} \frac{y(3x^2+y^2)}{r^4} = \pm \frac{\mu b_B b_A}{2\pi(1-\nu)r} \sin\theta(2+\cos 2\theta)$$

$$(4-3-10)$$

其中，F_x 分量使得位错 B 在其滑移面（位错线与伯格斯矢量决定的平面）内滑移，平衡态位置为位错线位于 $x = \pm y$ 或 $x = 0$ 的平面内，即 $\theta = \pi/2$ 或 $\theta = \pi/4$。当两位错的伯格斯矢量平行时，位错线在 $\theta = \pi/2$ 的平面为稳定平衡位置〔$x(x^2-y^2)$ 在 $x = 0$

两侧异号〕,位错线在 $\theta = \pi/4$ 的平面为非稳定平衡位置〔$x(x^2 - y^2)$ 在 $x = 0$ 两侧异号〕,当两位错的伯格斯矢量相反时,稳定平衡位置为 $\theta = \pi/4$,非稳定平衡位置为 $\theta = \pi/2$。因此,同号平行刃型位错倾向于排列在垂直于滑移面的平面上,异号平行刃型位错倾向于排列在与滑移面呈 $\theta = \pi/4$ 角度的平面上。由于 F_y 与滑移面垂直,所以不引起位错线的运动。

下面讨论平行的两混合位错之间的相互作用力,为了方便,假定位错 A 在位错 B 处产生的应力分量为 σ_0,假定混合位错 B 的伯格斯矢量 b' 与位错线夹角为 θ,可以分解为螺型分量和刃型分量,其中螺型分量表示为 $b'_s = b_B \cos\theta$,刃型分量表示为 $b'_e = b_B \sin\theta$。写成矢量形式分别为 $b'_s = (b' \cdot \xi)\xi$ 和 $b'_e = |b' \times \xi|(\xi \times n)$,其中 $n = \dfrac{b' \times \xi}{|b' \times \xi|}$ 是位错 B 的滑移面的法线矢量。理顺了上述几何关系,现在求位错 B 受到的位错力,带入 P-K 公式,得到

$$F = (b' \cdot \sigma_0) \times \xi' \qquad (4\text{-}3\text{-}11)$$

上式可分解为在滑移面内的滑移(glide)力 F_{gl} 和与滑移面垂直的攀移(climb)分量 F_{cl},可分别表示为

$$F_{gl} = F \cdot (\xi' \times n) = \frac{[(b' \cdot \sigma_0) \times \xi'] \cdot [\xi' \times (b \times \xi')]}{|b' \times \xi'|}$$
$$\qquad (4\text{-}3\text{-}12)$$
$$F_{cl} = F \cdot n = \frac{[(b' \cdot \sigma_0) \times \xi'] \cdot (b' \times \xi')}{|b' \times \xi'|}$$

由于位错的能量与其长度成正比,它有尽量缩短长度的趋势,位错为了缩短长度会导致线张力,这与非浸润液滴为降低表面能而缩减表面积产生表面张力的概念类似。位错线的线张力单位为 J/m=N,与力的单位相同。根据上述定义,线张力在数值上自然等于单位长度的位错能量。

当位错受力发生弯曲时,线张力将抵抗位错的弯曲,使位错尽量变直,因为位错弯曲将增加位错的能量。如图 4-3-3 所示,一长度为 ds 的位错线,曲率半径为 r,ds 所对圆心角为 $d\theta$,如果在切应力的作用下,位错受到单位长度的力为 τb,该切应力的作用使位错有弯曲的趋势,位错线张力使位错有伸直的趋势,线张力的水平分力为 $2T\sin\left(\dfrac{d\theta}{2}\right)$,位错线受到的切力为 $\tau b ds$,在平衡时两者必须相等,线张力的存在是晶体中位错呈现三维网络分布的原因,当网络中相交于同一点的各位错,其线张力自动趋

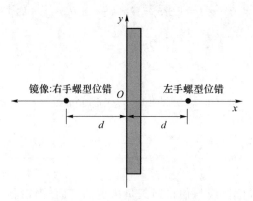

图 4-3-3　真实位错与镜像位错

于平衡状态时,保证了位错在晶体中的相对稳定。

根据长直位错的应变能公式可知,位错的能量与位错距离自由界面的距离有关,因此,当位错的位置发生改变时,体系的弹性能也发生变化,这对应着位错与自由界面的相互作用力,按照静电学的术语,通常称该相互作用力为镜像。在应力场计算时,引入镜像位错的概念,用一个镜像位错取代自由表面,使得自由表面满足相应的边界条件,从而求得存在自由表面时位错的应力和应变场分布。

首先考虑最简单的情况:自由平面边界附近存在一平行于该界面的直螺型位错受到的镜像力,以及产生的应力分布。假定该位错位于半无限大的弹性各向同性材料内,距离自由界面的距离为 d,在坐标系中的位置为 $(d,0)$,自由边界位于 $x=0$ 的平面。

根据螺型位错的应变能公式 $w_s = \dfrac{\mu b^2}{4\pi} \ln \dfrac{R}{r_0}$,令外部截断半径为 $R=d$,可以看出 w_s 依赖于到自由界面的距离,将 w_s 对 d 求微商,得到

$$F_{\text{imag}} = -\frac{\partial w_s}{\partial (d)} = -\frac{\mu b^2}{4\pi d} \tag{4-3-13}$$

F_{imag} 就是作用在螺型位错单位长度上的镜像力,负号表明,镜像力有将位错拉向自由表面的趋势,实际上,在有限尺寸下,镜像力即自由界面对螺型位错的作用力。为体现镜像的概念,建立如图 4-3-3 所示的物理模型,真实右螺型位错位于 $(d,0)$,为了满足自由界面边界条件为零的条件,可以假定介质充满左侧另一个半空间,并在关于自由边界面对称位置引入与真实位错对应的左螺旋位错,位置为 $(-d,0)$,根据平行位错相互作用力的表达式,容易验证左螺旋位错与右螺旋位错应力场叠加的效果使得自由界面 $x=0$ 满足应力为零的条件。引入的左螺旋位错称为镜像位错,显然,引入镜像位错是为了替代真实自由表面引起的边界条件。根据应力场公式,镜像位错在 $(d,0)$ 处产生的应力为

$$\sigma_{xz} = \sigma_{zx} = 0$$

$$\sigma_{yz} = \sigma_{zy} = -\frac{\mu b}{4\pi d} \tag{4-3-14}$$

作用在位错上的 P-K 力公式为

$$F = (\boldsymbol{b} \cdot \sigma) \times \boldsymbol{\xi} = \begin{bmatrix} 0 \\ 0 \\ b \end{bmatrix} \begin{bmatrix} 0 & 0 & 0 \\ 0 & 0 & \sigma_{yz} \\ 0 & \sigma_{yz} & 0 \end{bmatrix} \times \boldsymbol{k} = b\sigma_{yz}\boldsymbol{j} \times \boldsymbol{k} = -\frac{\mu b^2}{4\pi d}\boldsymbol{i} \Rightarrow F_x = -\frac{\mu b^2}{4\pi d}$$

$$\tag{4-3-15}$$

由此可见,这是一个指向自由表面的力,它由于自由边界的存在而产生,等价于镜像位错产生的应力场对该位错的 P-K 力。在右侧真实半空间中的应力场即真实位错与镜像位错应力场的叠加:

$$\sigma_{zx} = \frac{\mu b}{2\pi} \left[\frac{-y}{(x-d)^2 + y^2} + \frac{y}{(x+d)^2 + y^2} \right]$$

(4-3-16)

$$\sigma_{zy} = \frac{\mu b}{2\pi} \left[\frac{x-d}{(x-d)^2 + y^2} - \frac{x+d}{(x+d)^2 + y^2} \right]$$

对于复杂的情况,比如在有限尺寸中,圆柱体中的螺型位错平行于圆柱轴线问题,也可按静电学中的方法求解。首先,对于位错线在圆柱轴线的情况,此时,由于轴对称性,圆柱体表面自然满足自由边界条件,因此不存在镜像力,换句话说,螺型位错在圆柱中心轴线能量最低,是稳态点。对于位错线不在轴线的情况,圆柱表面不满足自由边界条件,因此需要引入镜像位错,在引入镜像位错前,需先分析几何关系,过程和原理与静电学中的柱形线电荷中的电场分布类似。

镜像法提供了位错在无穷大边界面附近应力分布的简单计算方法,对于螺型位错,可以方便地引入镜像位错来实现无穷大平面界面的应力分布条件,因而可以得出简单的解析表达式。但对于刃型位错,则不存在完全满足无穷大平面边界应力条件的镜像位错(切向应力不满足),解析表达式的推导方法和结果都变得较为复杂。

4.4   位错应变分布的有限元计算

尽管存在位错应力、应变分布的解析解,并且其可用于研究位错应变场分布和位错之间的相互作用,但在应用中面临较多限制,首先,解析解基于弹性各向同性材料,对于有明显弹性各向异性特性的材料,解析表达式的适用性受到限制。其次,解析解基于无限长直位错线模型,在实际中往往不能满足上述条件。

基于有限元法仿真位错在弹性各向异性材料和实际几何场景下的应力、应变分布中具有重要应用价值。Subramaniam 等人 2004 年提出了无应力 Eshelby 应变模型,可用于刃型位错分布的有限元计算[5]。该模型相对比较简单,且物理意义比较清晰,不需要处理位错芯,因此在有限元仿真中对内存的要求较小,缺点是只能处理刃型位错,对于分析异质外延材料中失配位错引起的应变弛豫,也只能用于刃型失配位错。其原始文献中计算了金属薄膜的临界厚度[5-7]。近年来,该模型被应用于半导体材料的临界厚度估计,与实验结果相比也比较吻合,下面简单介绍其基本原理和有限元求解步骤。

考虑对称性,对于外延薄膜中的长、直刃型失配位错,仍可平面应变处理,假定位错线沿 y 轴方向,如图 4-4-1 所示,灰色区域为外延层材料,白色区域为衬底,黑色区域为刃型失配位错作用区域。考虑刃型位错的几何特征,等价于在该作用区域插入一层额外的原子面。假定伯格斯矢量的长度为 b_e,则作用区的宽度为 b_e(考虑对称性,在图 4-4-1 中,作用宽度为 $0.5b_e$),作用区的 Eshelby 应变可以表示为

$$\varepsilon_T = \frac{[(a_s + b_e) - a_s]}{a_s + b_e}$$

(4-4-1)

其中 a_s 为衬底的晶格常数,Eshelby 应变可以理解为:由于额外原子面的引入,导致

该区域的晶格常数由 a_s 增加到 a_s+b_e。Eshelby 应变描述了位错区域的局部晶格与衬底背景晶格之间的晶格失配。在有限元模拟中，位错引起的额外晶格失配应变和薄膜与衬底的晶格失配应变等价，模拟方法与量子点材料的应变分布一样，可以采用赝热膨胀模型处理，在此不再赘述。

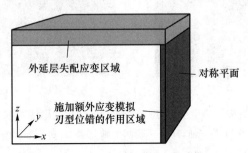

图 4-4-1　失配应变和失配刃型位错应变作用区域示意图

图 4-4-2 给出了均匀 $Ge_{0.5}Si_{0.5}$ 组分中纯刃型位错的应力分量分布[7]，在仿真中假定边界与位错区域的距离足够大，可以忽略自由边界效应对应力分布的影响。实验观测到的闪锌矿半导体内纯刃型位错在(001)面滑移，伯格斯矢量沿[110]方向，材料的杨氏模量和泊松比分别取 136.5 GPa 和 0.27。从图 4-4-3 中的正应力 σ_{xx} 和 σ_{zz} 等值线分布可以看出，采用上述方法与采用解析理论计算得到的应力分布、等值线形状等吻合较好。为进一步对比，提取沿 z 轴经过位错芯路径上的 σ_{xx} 正应力分布，并与解析表达式 $\sigma_{xx}=\dfrac{-\mu b}{2\pi(1-\nu)}\dfrac{y(3x^2+y^2)}{(x^2+y^2)^2}$ 比较，从图 4-4-3 中可以看出，在距离位错芯 $2\sim5$ nm 范围内，应力场绝对值下降斜率变化较大，有限元仿真结果与解析解相比略有低估，但趋势完全一致。总体上可以认为采用初始应变模拟刃型位错的有限元模型能给出合理的应力、应变分布。在 Subramaniam 等人的原始文献中，给出了利用上述方法计算得到的应变能与理论值的比较，结果表明，上述方法能给出合理的应变分布和位错引起的应变能量。

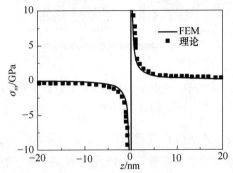

图 4-4-2　理论和 Eshelby 应变有限元法计算 σ_{xx} 应力(001)
方向经过位错芯路径上的分布对比

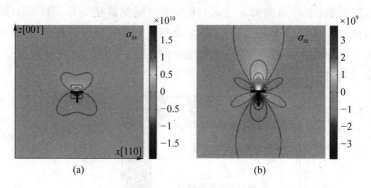

图 4-4-3 有限元法模拟均匀 Ge₀.₅Si₀.₅组分中纯刃型位错的应力分布，
位错线平行于 y 轴，其中 x 轴和 z 轴分别沿[110]和[001]方向

上述方法除能描述无限大材料中的刃型位错的应变分布外，还能够用于分析当位错与自由边界距离有限时，自由边界和位错之间的相互作用，并给出能量平衡情况下，结构的应变分布和应力分布，而不必增加模型的复杂度。图 4-4-4 给出了纯刃型位错距离自由边界 4 nm 时 ε_{xx} 和 ε_{yy} 正应变分量的分布[8]，从图中可以看出，受到自由界面的影响，与无限大材料中位错的正应变分布相比，存在自由界面的位错场，两个正应变分量的等值分布均有明显变化，由于边界条件的影响，ε_{xx} 会在自由界面消失，ε_{yy} 在自由界面则不会。由于在无限大边界表面附件的刃型位错，不能直接利用镜像法获得应力应变的解析表达式，所以数值有限元是有效的方法，计算结果可以和经典著作中复杂的解析表达式计算方法进行对比[9]。

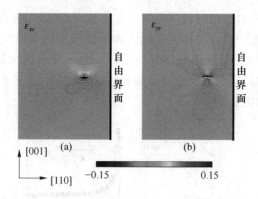

图 4-4-4 刃型位错与自由边界相互作用不可忽略时 x 和 y 的正应变分布，
其中位错缺陷原子层平行于[001]方向，法线方向与[110]一致，位错线距离自由表面 4 nm

采用无应力 Eshelby 模型仿真位错的应力、应变分布具有以下优点：①建模相对比较简单，物理意义清晰；②容易扩展到各向异性材料，并与半导体应变异质结构模型结合，对于体材料中的位错、自由界面附近的位错以及纳米外延中的位错都可以通过几何结构建模，辅以合适的边界条件实现应力和应变计算；③非常方便地分析位错

之间的相互作用、位错与晶格失配之间的相互作用，以及位错和其他与弹性场有关的缺陷的相互作用等。不足之处主要是无法处理位错的螺分量，因此不能用于描述异质外延中形成混合位错的情况。

4.5 立方晶体和六角晶体中的位错

对于刃型位错和混合位错，位错的滑移面是伯格斯矢量和位错线构成的面，滑移面与滑移方向大多是最密排面和最密排方向，密排面之间的间距最大，面内原子密度最高，在最密排面和最密排方向滑动，意味着位错在滑移时，需要的力也最小，称为派纳力，派纳力表示为

$$\tau_{\mathrm{p}} = \frac{2\mu}{1-\nu}\exp\left[-\frac{2\pi a}{(1-\nu)b}\right] \qquad (4\text{-}5\text{-}1)$$

其中 a 为滑移面的面间距，一个滑移面和一个滑移方向构成一个滑移系。

4.5.1 金刚石和闪锌矿结构中的位错

对于金刚石结构和闪锌矿结构，其密排面为 {111} 面，因此通常滑移面位于 {111} 面。通常滑移方向对应最小的晶格平移矢量，在立方半导体材料中典型的滑移方向为 $\frac{a}{2}\langle 011 \rangle$。立方晶体具有 4 个等价的 {111} 面，每个 {111} 面都有 3 个 $\langle 110 \rangle$ 方向。因此在金刚石结构和闪锌矿结构中有 12 个滑移系，如表 4-5-1 所示。

表 4-5-1 金刚石和闪锌矿结构中的滑移系[10]

滑移面	(111)	($\bar{1}\bar{1}1$)	($\bar{1}11$)	($1\bar{1}1$)
b	$\frac{a}{2}[10\bar{1}]$	$\frac{a}{2}[101]$	$\frac{a}{2}[101]$	$\frac{a}{2}[10\bar{1}]$
	$\frac{a}{2}[01\bar{1}]$	$\frac{a}{2}[011]$	$\frac{a}{2}[01\bar{1}]$	$\frac{a}{2}[110]$
	$\frac{a}{2}[1\bar{1}0]$	$\frac{a}{2}[1\bar{1}0]$	$\frac{a}{2}[110]$	$\frac{a}{2}[011]$

对于失配异质外延材料，根据晶体外延方向的不同，只有部分滑移系会出现，对于 (001) 晶面的异质外延，存在 8 个可以激发的滑移系。立方晶系半导体中典型的位错线方向为 $\langle 011 \rangle$ 方向，根据表 4-5-1 所示的 12 个滑移系，立方半导体中的位错将出现纯刃型、纯螺型和 60° 混合位错 3 种情况，在实际的闪锌矿异质外延材料中，3 种位错类型都可以观察到，但以 60° 混合位错为主。为表示简便紧凑，将伯格斯矢量为 $\frac{a}{2}[10\bar{1}]$，滑移面为 (111) 的滑移系简写为 $\frac{a}{2}[10\bar{1}](111)$ 滑移系，该类滑移系则简写为 $\frac{a}{2}\langle 10\bar{1} \rangle(111)$。

在闪锌矿结构中还存在其他类型的滑移系[10]，比如在异质外延系统中观察到的在滑移系 $\frac{a}{2}\langle 110\rangle(011)$ 形成的 V 形位错、InGaAsP/InP 沿(001)方向生长材料中观察到的 $\frac{a}{2}\langle 100\rangle(100)$ 滑移系产生的位错[11]、在 GaAs 中{100}滑移面的位错。在闪锌矿半导体中，根据位错芯化学组分的不同，60°混合位错又分为 α 和 β 两种类型。在闪锌矿化合物半导体 AB 中，当构成位错芯的所有原子为 A 原子(阳离子)时称该位错为 α 位错；反之，当构成位错芯的所有原子为 B 原子(阴离子)时称该位错为 β 位错。由于位错芯结构的不同，α 和 β 具有不同的特性，已经证实，两种位错具有不同的迁移率，在分解成部分位错时，两种位错也具有不同的特性，上述特性的差别可能会影响失配异质外延材料中的晶格弛豫动力学特性。实验证实，在异质外延生长过程中，在晶格弛豫的早期阶段，失配位错在两个正交方向产生的数目是不相等的，这可能部分地归咎于 α 和 β 两种位错之间不同的迁移率。对于本征半导体材料硅、锗或硅锗合金(无序合金)，不存在 α 和 β 两种位错类型的区别。

4.5.2　金刚石和闪锌矿结构的贯穿位错

在金刚石和闪锌矿晶锭的制备过程中，生长或冷却过程由于热应力或机械应力的作用会导致刃型、螺型或 60°混合型的贯穿位错。这些贯穿位错与晶锭的表面相交或在晶锭切割成晶圆时与晶圆表面相交，以上述晶圆为衬底制备外延材料，衬底中的贯穿位错将继续穿透外延层材料并直达外延材料的自由表面，换句话说，衬底中的贯穿位错随着生长的进行将继续向外延层传播。通过对 GaAs 外延样品的透射电子显微镜进行观察，已经证实了衬底和外延层中贯穿位错的 1 对 1 对应关系，研究也表明除 1 对 1 的对应关系外，还存在 n 对 1 的对应关系，即衬底中一个贯穿位错对应外延层中 n 个贯穿位错，出现位错增值现象，增值的位错继续向外延层传播。通过对大量失配外延系统中外延层表面位错密度的观测证实了确实存在 n 对 1 的贯穿位错传播，外延层中的贯穿位错密度的量级一般比衬底中的贯穿位错密度的量级要大，因此抑制和减少衬底的贯穿位错密度非常重要。在半导体晶圆中贯穿位错的密度因材料类型不同具有很大差别，在实际应用中，达到应用水平的晶圆，不同材料的要求也不尽相同。

4.5.3　金刚石和闪锌矿结构的失配位错

对于失配外延材料，当外延层厚度超过临界厚度时，在异质外延层界面会形成位错以释放应变能，这样的位错称为失配位错。对于(001)立方半导体外延情况，失配位错通常在界面内沿两个正交的〈110〉方向。对中等程度的失配外延生长($|f|<1\%$)，大多失配位错呈现 60°混合特征，伯格斯矢量为 $a/2\langle 101\rangle$，这是因为，若是纯刃型失配位错，则意味着其伯格斯矢量也将在界面内，而界面通常不是滑移面，这样的刃型

位错不能注入界面。对于 60° 位错,实验观察到两个正交方向的也具有各向异性特点,位错线构成的网格呈矩形特征,具体与生长条件、外延层厚度等参数有关。对于高失配异质外延层,界面的失配位错结构规则性变差,这是由于异质外延过程中应变弛豫的机制发生了变化,在高应变情况下,会出现 S-K 生长模式,应变弛豫首先会导致外延层产生形貌改变,伴随着形貌的改变,部分变形较大的区域(如大尺寸量子点)会伴随着出现失配位错,因此失配位错网格会呈现明显的不规则性。

在闪锌矿半导体中,异质外延层界面可以出现具有纯刃型特征的失配位错,主要通过两个 60° 混合位错之间的位错反应创建。比如两个 60° 混合位错,位错线矢量沿 [110],伯格斯矢量分别为 $a/2[10\bar{1}]$ 和 $a/2[0\bar{1}1]$,两个位错可以通过如下位错反应形成单个纯刃型位错(见图 4-5-1)[12]。

$$\frac{a}{2}[10\bar{1}] + \frac{a}{2}[011] \rightarrow \frac{a}{2}[110] \tag{4-5-2}$$

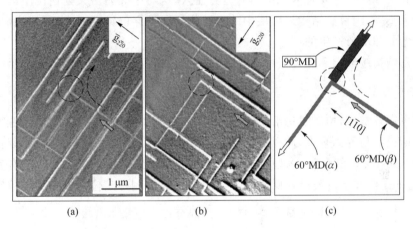

图 4-5-1　(a)和(b)为厚 20 nm 的 $Ge_{0.42}Si_{0.58}/Si(001)$ 异质外延薄膜的双束暗场平面电子显微镜照片;(c)两个 60° 的失配位错形成 90° 的刃型位错[12]

根据 Frank 位错反应法则,位错能量有利上述位错反应的发生。位错反应导致的刃型位错对晶格失配弛豫的贡献与两个 60° 混合位错的相同。在中等晶格失配的闪锌矿半导体异质外延界面中,透射电镜照片观察到的刃型位错的产生机制通常被认为是通过上述位错反应产生的。由于纯螺型失配位错对应变弛豫没有贡献,故位错反应不会导致纯螺型位错的生成。

4.5.4　六角晶体中的位错

在六角结构半导体中,如 GaN、AlN 等,通常伯格斯矢量方向为 $a/3\langle11\bar{2}0\rangle$,由于(0001)基面为原子密排面,通常该基面即位错的滑移面。每个(0001)基面都有 3 个 $\frac{a}{3}\langle11\bar{2}0\rangle$ 滑移方向,因此六角结构半导体通常有 3 个位于基面的滑移系。六角结构还存在两种非基面滑移,滑移面分别为$\{1\bar{1}00\}$和$\{10\bar{1}0\}$。非基面滑移构成的滑移系对于六角结构半导体沿(0001)异质外延时的晶格弛豫过程非常重要,这是由于这些滑移面除与外延层和衬底构成的界面相交外,还与衬底表面相交,允许位错滑移到界面,以释放晶格失配应变。

4.5.5 六角晶体中的穿透位错

异质外延三族氮化物通常生长在$c(0001)$面蓝宝石$(\alpha\text{-Al}_2\text{O}_3)$衬底或$c$面(0001)6H-SiC衬底,为了消除强烈的自发极化场,生长在R面$(1\bar{1}02)$蓝宝石$(\alpha\text{-Al}_2\text{O}_3)$衬底目前也有报道。在沉积高质量的器件外延层之前,首先在低温条件下生长GaN或AlN缓冲层,器件外延层和低温缓冲层的初始生长模式均为三维生长,连续的异质外延薄膜通过岛的合并形成,其中的材料结构演化非常复杂。在两种外延情况下,失配位错和贯穿位错主要是从三维岛的边界注入,这与中等晶格失配情况下闪锌矿结构有很大不同,闪锌矿结构外延层中的失配位错和贯穿位错主要是通过衬底中贯穿位错的弯曲和增值产生的。

六角结构缓冲层和外延层中最普遍的贯穿位错为纯刃型位错,位错线沿$[0001]$方向,伯格斯矢量为$\frac{a}{3}\langle 11\bar{2}0\rangle$。非基面滑移系统发生在一阶棱柱面$\{1\bar{1}00\}$。螺型贯穿位错也比较常见,位错线仍沿$[0001]$方向,伯格斯矢量为$c[0001]$。由于螺型位错的伯格斯矢量与界面垂直,所以它们与$c$界面的失配位错无关。但是,对于邻位衬底(titlted substrate)的台阶,螺型位错的引入可用于弛豫晶格失配应变。已有实验报道,通过c面蓝宝石衬底引入低温AlN缓冲层可以抑制螺型位错的产生。位错线矢量沿$[0001]$方向,伯格斯矢量沿$\frac{a}{3}\langle 11\bar{2}3\rangle$的混合贯穿位错也有报道。

在c面SiC或蓝宝石衬底上的GaN外延层,通常在起始的$0.5\ \mu m$厚度内包含杂乱纠缠的贯穿位错,厚度大于$0.5\ \mu m$以后,贯穿位错的位错线变得相对平直,沿$[0001]$方向,位错密度基本为常数,在$10^8 \sim 10^9\ cm^2$水平上。

4.5.6 六角晶体中的失配位错

沿(0001)方向的异质外延三族氮化物会在界面沿$\langle 11\bar{2}0\rangle$方向产生失配位错,上述位错具有刃型位错特征,表示$\{11\bar{2}0\}$面的端点,由于在基面存在3个等价的$\langle 11\bar{2}0\rangle$方向,所以失配位错相遇时,位错之间的夹角为60°,易形成规则的三角形位错阵列。透射电镜的平面视图表明,对于几乎完全弛豫的AlN/Al_2O_3材料系,沿(0001)方向生长,晶格失配为-13%,失配位错沿$\langle 1100\rangle$方向以$2.0\ nm$的间隔均匀分布。然而,对于GaN/Al_2O_3材料系,沿(0001)方向生长,晶格失配为-17%,其失配位错为不规则结构,对于任何高失配异质外延层,在三维模型下生长,必然导致上述失配位错的不规则结构,这一点与闪锌矿结构相同。理论上,在低晶格失配的三族氮化物之间的外延界面,出现规则的三角失配位错阵列是可能的。

4.6　异质外延薄膜的临界厚度

异变外延异质结构的位错产生与材料特性、材料生长过程的动力学特性以及体系的能量等因素有关,当外延层低速率缓慢生长时,可以忽略动力学过程,主要考虑体系的能量变化。合理的能量平衡判据对预测半导体纳米异质结构的临界尺寸至关重要。建立判据体现了对位错产生物理过程的认识,但也依赖于处理纳米异质结构应变能和位错能的手段。当外延层与衬底之间的晶格失配较小时,薄膜趋向于层状生长,通常衬底较厚,其晶格不受影响,应变协调由薄膜完成,薄膜的晶格常数与衬底一致(水平方向),这样的生长模式为赝形生长或共格生长。赝形生长并不稳定,随着薄膜厚度的增加,薄膜内存储的应变能也相应地增加,当赝形生长的厚度到达某一临界厚度 h_c 时,积聚的能量会以失配位错的形式释放出来,如图 4-6-1 所示。可以看出,在失配位错附近,薄膜发生了塑性形变,薄膜的晶格介于薄膜晶格常数和衬底晶格常数之间。应变分为两部分,一部分为弹性应变,另一部分为塑性应变(失配位错应变)。当薄膜晶格常数大于衬底晶格常数时,失配位错在衬底引入额外的原子面。

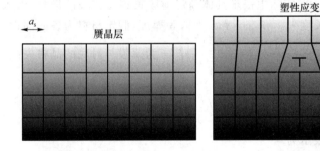

图 4-6-1　异质外延生长中的赝晶生长与失配位错的形成

鉴于位错对材料和器件性能的严重影响,在材料制备过程中应严格控制有源区的位错形成和位错增值,下面首先介绍异质外延薄膜临界厚度评估的几种模型,在这几种模型中,为了简化,多采用弹性各向同性近似。后续将基于弹性各向异性的有限元法,数值评估常见外延系统中薄膜的临界厚度。

4.6.1　MB 力平衡模型

最早和应用最广泛的临界厚度模型是由 Matthews 和 Blakeslee(简称 MB)提出的力平衡模型[13],该模型基于热动力学平衡和连续弹性理论,当外延层达到一定厚度时,在外延层双轴应力的作用下,外延层中的贯穿位错沿滑移面弯曲,并拉至材料界面,形成位于界面的失配位错。将衬底的贯穿位错转化为失配位错。如图 4-6-2

所示,衬底存在一根贯穿位错。薄膜在外延生长过程中,若无外界相互作用,由位错性质可知,位错不会终止于晶体内部,因此贯穿位错会持续延伸到外延层表面。对于存在晶格失配的外延薄膜,薄膜内部存在双轴应力,在应力的作用下,贯穿位错受到沿滑移面方向的滑移力,薄膜厚度越大,滑移力也越大。当薄膜到达一定厚度时,在滑移力与位错线张力达到平衡时,贯穿位错转化为失配位错,这时薄膜的厚度为临界厚度 h_c,力平衡模型就是指位错的滑移力与位错张力达到平衡。

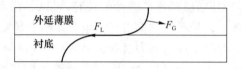

图 4-6-2 应变异质外延薄膜临界厚度的力平衡模型

作用在滑移方向的切应力可以表示为

$$\sigma_s = \sigma_{//} \cos \lambda \cos \phi \tag{4-6-1}$$

其中 $\sigma_{//}$ 为薄膜受到的双轴应力,λ 为位错伯格斯矢量与在界面内垂直于滑移面和界面交线的垂线的夹角,ϕ 为滑移面与界面法线的夹角。作用在贯穿位错线上的等效滑移力可以表示为

$$F_G = \sigma_s b h_{eff} = \sigma_{//} b h \cos \lambda \tag{4-6-2}$$

b 为伯格斯矢量的长度,在实际中很难具体确定薄膜贯穿位错段的形状,引入贯穿位错线段滑移力的有效长度 $h_{eff} = h/\cos \phi$,h 为薄膜厚度,假定材料为各向同性,则双轴应力可以表示为 $\sigma_{//} = \dfrac{2\mu(1+\nu)}{1-\nu}\varepsilon_{//} = \dfrac{2\mu(1+\nu)}{1-\nu}f$,$f$ 为薄膜与衬底的晶格失配,将双轴应力代入式(4-6-2),可得滑移力为

$$F_G = \frac{2\mu b f h (1+\nu)\cos \lambda}{1-\nu} \tag{4-6-3}$$

失配位错段的线张力表示为

$$F_L = \frac{\mu b^2 (1-\nu \cos^2 \alpha)}{4\pi(1-\nu)}[\ln(h/b)+1] \tag{4-6-4}$$

其中 α 为伯格斯矢量与位错线矢量的夹角,临界厚度条件为失配位错段的滑移力与线张力相等,比较式(4-6-3)与式(4-6-4),可得临界厚度为

$$h_c = \frac{b(1-\nu \cos^2 \alpha)[\ln(h_c/b)+1]}{8\pi |f|(1+\nu)\cos \lambda} \tag{4-6-5}$$

当薄膜厚度低于临界厚度时,滑移力不能克服位错线的线张力,位错将继续贯穿外延薄膜。相反,当薄膜厚度大于临界厚度时,贯穿位错将在滑移面滑移,将在薄膜中的贯穿部分转化为失配位错,位于薄膜与衬底界面。尽管 Matthews 等人在推导位错形成的临界厚度条件时采用的是将衬底贯穿位错转化为界面失配位错达到力平衡的条件,但界面失配位错形成的条件与位错来源无关。失配位错也可以是从表面注入半环形的位错环,当位错环的半径大于临界半径时,位错环会在滑移面向两侧延

伸,直至延伸到两侧的界面[14-15],当位错环半径小于临界半径时,不足以形成失配位错,位错环消失。位错环滑移从界面注入并形成失配位错如图 4-6-3 所示。

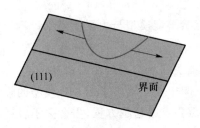

图 4-6-3 位错环滑移从界面注入并形成失配位错

系统能量和力都是表征系统状态的物理量,因此从力学模型可以等价地推导出能量平衡模型,但能量平衡模型的优点是物理量单一,容易借助数值求解,对于复杂系统并不显著增加计算复杂度。Matthews 能量平衡模型的基本思想是求得系统的总能量,然后求得系统能量与应变的微分,并求出对应的能量最小值,此时的能量为能量平衡值,对应的应变为该系统在临界厚度条件下的晶格失配。在无位错情况下,赝晶薄膜的应变能密度表示为

$$E_e = 2\mu \left(\frac{1+\nu}{1-\nu} \right) h \varepsilon_{//}^2 \tag{4-6-6}$$

对于平均位错间隔为 S 的位错阵列,单位面积的能量表示为

$$E_d = \frac{2}{S} \frac{\mu b^2 (1-\nu \cos^2 \alpha) \left[\ln(R/b) + 1 \right]}{4\pi(1-\nu)} \tag{4-6-7}$$

其中 α 为伯格斯矢量与位错线矢量的夹角,b 为伯格斯矢量的长度,R 为计算位错线能量的外截止半径,通常取薄膜厚度,对于特别密集的位错阵列,S 可能小于薄膜的临界厚度,此时外截止半径取位错平均间距 S,即

$$R = \min(S, h) \tag{4-6-8}$$

假定在低温下生长,以使得系统接近热力学平衡,实验条件容易满足 $S > h$,这时式(4-6-8)中 $R = h$。如果晶格两个主方向弛豫程度为 $\delta = f - \varepsilon_{//}$,则位错的平均间距表示为

$$S = \frac{b \cos \alpha \cos \phi}{f - \varepsilon_{//}} \tag{4-6-9}$$

其中 ϕ 为界面与滑移面法线之间的夹角,系统的总能量表示为 $E_e + E_d$,能量最小化条件为系统能量的偏导数为零:

$$\frac{\partial (E_e + E_d)}{\partial \varepsilon_{//}} = 0 \tag{4-6-10}$$

求解,可得对应的水平应变为

$$\varepsilon_{//}(\text{eq}) = \frac{f}{|f|} \frac{b (1 - \nu \cos^2 \alpha) \left[\ln(h/b) + 1 \right]}{8\pi h (1+\nu) \cos \lambda} \tag{4-6-11}$$

因子 $f/|f|$ 取决于应变符号,当 $\varepsilon_{//}=f$ 时,外延层厚度对应相应的临界厚度:

$$h_c = \frac{b(1-\nu\cos^2\alpha)\left[\ln(h_c/b)+1\right]}{8\pi|f|(1+\nu)\cos\lambda} \tag{4-6-12}$$

与式(4-6-6)比较可得,能量平衡模型与力平衡模型计算得到的临界厚度一致。

对于(001)方向外延生长的闪锌矿半导体薄膜,当 $\cos\alpha=\cos\lambda=0.5$,$b=a/\sqrt{2}$ 时,对应 $60°$ 位错,其伯格斯矢量为 $a/2\langle110\rangle$,滑移面为 $\{111\}$,假定伯格斯矢量长度为 0.4 nm,泊松比为 $1/3$,图 4-6-4 给出了用 MB 模型的临界厚度与晶格失配应变之间的关系,在求解过程中需要求解超越方程,需舍去不合适的解。

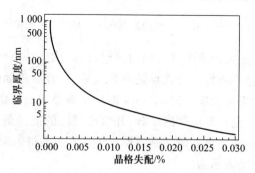

图 4-6-4　临界厚度的 MB 模型中,临界厚度与晶格失配之间的关系

4.6.2　van der Merwe 模型

van der Merwe(简称 VDM)基于能量平衡发展了另一种临界厚度的计算表达式,基本思想是当赝形薄膜的应变能与失配位错网络的界面能相等时薄膜厚度为临界厚度。与 MB 模型方法类似,薄膜厚度为 h 的赝形薄膜应变能面密度为

$$E_e = 2\mu\left(\frac{1+\nu}{1-\nu}\right)hf^2 = \frac{E}{1-\nu}hf^2 \tag{4-6-13}$$

μ、ν 分别为材料的剪切模量与泊松比,在晶格失配小于 4% 的情况下,密集失配位错网络的能量面密度近似表达为[16]

$$E_d \approx 9.5f\left(\frac{\mu b}{4\pi^2}\right) \tag{4-6-14}$$

令两者相等,VDM 模型计算得到的临界厚度表达式为

$$h_c = \left(\frac{1}{8\pi^2}\right)\left(\frac{1-\nu}{1+\nu}\right)\frac{a_0}{|f|} \tag{4-6-15}$$

其中 a_0 为衬底的晶格常数,VDM 模型与 MB 模型表达式非常相似,但没有与失配相关的对数项。

4.6.3　PB 模型

People 和 Bean(以下简称 PB)提出了针对螺型位错网格临界厚度的计算方

法[16]，令赝形薄膜的应变能等于界面处密集失配位错网络的能量，原理与 VDM 模型相同。同理，单位面积的赝形薄膜应变能为 $E_e = 2\mu\left(\dfrac{1+\nu}{1-\nu}\right)hf^2$，对于密集失配位错网络，PB 模型假定位错螺型位错特征（螺型位错比刃型位错能量低，$E_e \approx \dfrac{1}{1-\nu}E_e = 1.4E_s$），位错平均间隔为 $1\sim10$ 个 $<110>$ 原子，取平均数 5，位错平均间隔为 $S = 5\sqrt{2}a/2$，a 为外延薄膜的晶格常数。在上述假设的基础上，单位面积的密集失配位错网络的能量表示为[17]

$$E_d \approx \frac{\mu b^2}{10\pi\sqrt{2}a}\ln\left(\frac{h}{b}\right) \tag{4-6-16}$$

由能量平衡，可以求解对应的临界厚度为

$$h_c = \left(\frac{1-\nu}{1+\nu}\right)\left(\frac{1}{20\pi\sqrt{2}}\right)\left(\frac{b^2}{a}\right)\left[\left(\frac{1}{f^2}\right)\ln\left(\frac{h_c}{b}\right)\right] \tag{4-6-17}$$

假定 $a \approx 0.554$ nm，$b \approx 0.4$ nm，代入式（4-6-17）可得[18]

$$h_c = \left(\frac{1.9\times10^{-3}\text{ nm}}{f^2}\right)\ln\left(\frac{h_c}{0.4\text{ nm}}\right) \tag{4-6-18}$$

解次超越方程即可求得临界厚度，People 和 Bean 利用上述表达式计算了 $Si_{1-x}Ge_x/Si(001)$ 生长时的临界厚度问题，利用线性插值求 $Si_{1-x}Ge_x$ 合金的晶格常数：

$$a(x) = 0.543\ 1 + 0.022\ 7x \tag{4-6-19}$$

代入晶格失配表达式，可得 $f = (a_{SiGe} - a_{Si})/a_{SiGe} = -0.042x$，代入式（4-6-18）可得对于硅锗合金外延，临界厚度表达式简化为 $h_c x^2 = 10.795\ln(h_c/4)$[19]，单位为埃米。图 4-6-5 给出了 VDM 模型、MB 模型和 PB 模型计算得到的临界厚度。作为对比，同时给出了一些异质外延材料的实验数据。由 Bean 和 Bevk 等给出的 SiGe/Si(001) 异质外延材料的实验数据与 PB 模型吻合得很好。然而，对于许多其他实验数据，Matthews 和 Blakeslee 模型给出的结果与实验更吻合。失配位错导致的应变弛豫具有动力学的滞后效应，这导致实验条件下对临界厚度的估计太高，这在某种程度上能够解释 People 和 Bean 模型在一些实验中与实验结果吻合较好。

人们比较关注 PB 模型的原因在于预测 SiGe/Si(001) 和 InGaAs/GaAs(001) 的临界厚度方面，该模型与实验吻合相当好。不足之处在于，该模型假定在密集失配位错网络中，位错平均间距为 $5\sqrt{2}a/2$，物理依据不充

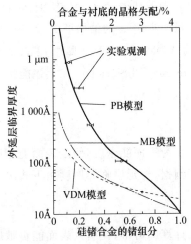

图 4-6-5　几种临界厚度模型计算的临界厚度与晶格失配关系的对比

分。从实验结果来看，图 4-6-5 给出的几种模型之间有较大区别，在给定失配下，最小的临界厚度通常最为可靠。这是由于动力学效应在起作用的时候，通常会阻碍了晶格弛豫的发生，使得实验观察的临界厚度往往比理论预测值大。MB 模型与大多数实验结果能较好地吻合，是临界厚度计算广泛采用的计算模型。

4.6.4　压应变与张应变外延的区别

在 VDM 模型和 MB 模型中，临界厚度的表达式只与晶格失配的绝对值有关。尽管大多数异质外延都是基于压应变的异质外延，但近年来，张应变异质外延，特别是基于 Ge 衬底的张应变异质外延的潜在应用前景引起了科研人员浓厚的兴趣。弄清在异质外延薄膜中张应变或压缩应变对临界厚度是否有差别十分必要。Petruzzello 和 Leys 通过考察金刚石和闪锌矿半导体中肖特基部分位错的成核情况研究了压应变层和张应变层晶格弛豫机制的不同，结果发现，弛豫机制的不同对 MB 模型中引起贯穿位错转化为失配位错的条件没有影响[20]。Cammarata 和 Sieradzki 等模拟了表面张力对临界层厚度的影响，结果表明，至少在原理上，张应变情况下的临界厚度要比压缩情况下的临界厚度要大，这种非对称情况的主要物理依据在于表面张力总是对应压缩应变[21]。

高度为 h 的（未弛豫的）异质外延薄膜单位面积的应变能可以表示为 $E_e = M_{bi}\varepsilon_{//}^2/h$，其中 M_{bi} 为双轴应变模量，对于各向同性材料，双轴应变模量可以表示为 $M_{bi} = 2\mu(1+\nu)/(1-\nu)$。沿两个 <110> 方向的失配位错方阵（位错间隔使得晶格失配应变弛豫量为 $|\delta| = |f - \varepsilon_{//}|$）单位面积的应变能为

$$E_d = \frac{\mu b(1-\nu\cos^2\alpha)\,|f-\varepsilon_{//}|\,[\ln(h/b)+1]}{4\pi(1-\nu)\cos\lambda} \tag{4-6-20}$$

其中 μ 为剪切模量，b 为位错伯格斯矢量的长度，ν 为泊松比，α 为伯格斯矢量与位错线矢量的夹角，λ 为伯格斯矢量与界面和滑移面之间交线的垂线的夹角。可见 E_e 和 E_d 为 VDM 和 MB 模型中用能量平衡判据计算的与临界厚度相关的能量项，Cammarata 和 Sieradzki 在上述能量项的基础上引入了应变异质外延层的表面能贡献，表示为

$$E_s = 2\int\gamma d\varepsilon \tag{4-6-21}$$

其中 γ 为表面能密度，假定表面能密度为各向同性且与外延层的应变无关，根据能量平衡判据，外延层临界厚度由下式决定：

$$\frac{\partial(U_e + U_d + U_s)}{\partial\varepsilon} = 0 \tag{4-6-22}$$

代入计算即可得，在引入表面能贡献后，外延层的临界厚度可以表示为

$$h_c = \frac{b(1-\nu\cos^2\alpha)[\ln(h_c/b)+1]}{8\pi|f|(1+\nu)\cos\lambda} \pm \frac{\gamma(1-\nu)}{|f|2G(1+\nu)} \tag{4-6-23}$$

其中正负号分别对应外延层为压缩应变和张应变两种情况。可见,引入表面能贡献后,临界厚度在 MB 模型的基础上额外增加了一个与晶格失配符号相关的项,该项的绝对值与表面能成正比。但由于这一项比较小,实验中位错产生的条件很复杂,很难在实验中观察到该项引起的效应,因此式(4-6-23)最后一项仅存在理论意义。

4.7 纳米衬底外延

4.7.1 刚性纳米衬底外延薄膜的临界厚度(Suhir 模型)

前述理论模型预测外延层的临界厚度,计算外延层应变能时,都假定外延层横向尺寸无穷大,即在水平方向,晶格不发生弛豫,且衬底足够厚,不协调体系应变能,应变储能只发生在外延薄膜。在纳米衬底上生长二维(2D)外延岛的临界厚度,可以看成量子点材料在有限衬底外延时临界尺寸的一种近似模型,这时由于岛的有限尺寸效应导致薄膜水平方向的应变受到边际效应的影响发生应变弛豫,外延薄膜单位面积的能量不能用简单的解析表达式表示。另外位错也不再是无限长直位错,位错能量表达式也已不再适用。

Luryi 和 Suhir 指出,有限横向尺寸 2D 岛的临界厚度取决于 2D 衬底的尺寸。Luryi 和 Suhir 计算了宽度为 $2l$ 的有限尺寸衬底上异质外延层的临界厚度,研究结果指出,在有限衬底上,外延赝形晶体结构异质外延层不同高度位置处的应变随该位置到界面的距离衰减,衰减特征厚度 h_e 与衬底受限方向的维度具有同一量级。有限衬底尺寸效应提供了外延薄膜晶格弛豫的额外自由度,导致 2D 岛的临界厚度随着衬底尺寸的减少而增加。十分有趣的是,对于特定的晶格失配,存在一个临界 2D 岛(衬底)直径,当衬底尺寸小于临界直径时,外延岛的临界厚度为∞,即无论生长多厚,外延层都保持赝形生长而不会产生失配位错,这一特点对于纳米材料和器件的制备非常有吸引力。

Luryi 和 Suhir 的物理模型如图 4-7-1 所示,假定晶格失配外延材料与衬底刚性接触,衬底为非协变衬底,直径为 $2l$,y 轴在界面内,z 轴与衬底垂直,且过衬底中心,外延层的总厚度为 h,假定衬底内无应变(刚性衬底),则外延层的平面应力为[19]

$$\sigma_{//} = f\frac{E}{1-\nu}\chi(y,z)\exp(-\pi z/2l) \tag{4-7-1}$$

其中 f 为晶格失配应变,$E=2\mu(1+\nu)$ 为杨氏模量,ν 为泊松比,分布函数 $\chi(y,z)$ 表示为

$$\chi(y,z)=\begin{cases} 1-\dfrac{\cosh(ky)}{\cosh(kl)}, & z\leqslant h_e \\ 1, & z\geqslant h_e \end{cases} \tag{4-7-2}$$

h_e 为应力在 z 方向的有效作用范围，界面协变参数 k 表示为

$$k = \left[\frac{3}{2} \left(\frac{1-\nu}{1+\nu} \right) \right]^{1/2} \frac{1}{h_e} \equiv \frac{\zeta}{h_e} \qquad (4-7-3)$$

对于硅锗合金，$\zeta \approx 0.97$ 体积应变能密度为

$$\omega(y,z) = \frac{1-\nu}{E} \sigma_{//}^2 \qquad (4-7-4)$$

结合式(4-7-1)可知，在 $y=0$ 时应变能密度最大，单位面积的应变能可通过对厚度的积分求得，应变最大位置 $y=0$ 时的表面应变能密度可表示为

$$E_s = \int_0^h \omega(0,z) \equiv \frac{E}{1-\nu} f^2 h_e^2 \qquad (4-7-5)$$

在计算中，忽略 $z > h_e$ 部分的贡献，利用 $\chi(y,z)$ 在 $z \leqslant h_e$ 区域的贡献是很好的近似，式(4-7-5)定义了特征厚度 h_e，显式地表示为如下超越方程：

$$h_e = h \left\{ \left[1 - \text{sech}\left(\frac{\zeta l}{h_e} \right) \right]^2 \left[1 - \exp(-\pi h/l) \right] \frac{l}{\pi h} \right\} = h \left[\phi\left(\frac{l}{h} \right) \right]^2 \qquad (4-7-6)$$

方程右侧定义了有效高度的减少因子 $\phi(l/h)$，当 $l \gg h$ 时，$h_e \approx h$，当 $l \ll h$ 时，有效厚度表示为

$$h_e \approx \frac{l}{h} \left[1 - \text{sech}(\zeta \pi) \right]^2 \equiv \frac{\zeta^2 l}{\pi}, \quad h \gg l \qquad (4-7-7)$$

图 4-7-2 给出了厚度减少因子与归一化横向尺寸的关系，可以看出 l 越小时，横向尺寸效应越明显，并大大地降低了有效厚度，当横向尺寸 l 变大时，厚度减少因子也相应地增加并接近于 1。尽管图中给出的是归一化横向尺寸，但横向尺寸起作用的范围通常在几十纳米以内。式(4-7-5)单位面积的应变能表达式可用于能量平衡判据计算外延层的临界厚度问题 h_c^l，衬底宽度为 $2l$，结合式(4-7-5)和式(4-7-6)，临界厚度可以表示为 ϕf 乘积的函数：

$$h_c^l(f) = h_c \left[\phi(l/h_c^l) f \right] \qquad (4-7-8)$$

在 Luryi 和 Suhir 的工作中，计算临界厚度采用了 PB 能量平衡判据。也可以用 MB 模型计算，得到的临界厚度表示为

$$h_c' = \frac{b(1-\nu \cos^2 \alpha) \left[\ln(h_c'/b) + 1 \right]}{8\pi |\phi(l/h_c')f| (1+\nu) \cos \lambda} \qquad (4-7-9)$$

临界厚度与晶格失配的关系如图 4-7-3 所示，衬底宽度为可变参数，图中实曲线对应 $2l \to \infty$ 时的情况。当衬底宽度为纳米量级时，横向弛豫通道使异质外延层的临界厚度增加非常明显，在特定晶格失配下，存在临界衬底尺寸，使得外延层的临界厚度为 $+\infty$，从工程意义上，外延层临界厚度达到 $1\ \mu m$，即可等价认为是无位错异质外延。图 4-7-3(b)给出了不同晶格失配参数下，(任意厚度)无位错外延薄膜要求的衬底临界尺寸[10]。

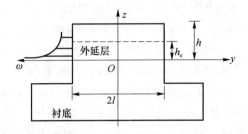

图 4-7-1 纳米图形衬底上的外延薄膜(图形衬底呈线状,宽度为 $2l$,坐标中心
位于纳米衬底中心,外延方向沿 z 轴,水平方向为 y 轴。外延层总厚度为 h)

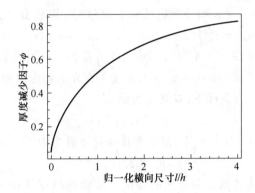

图 4-7-2 厚度减少因子与几何结构参数的关系

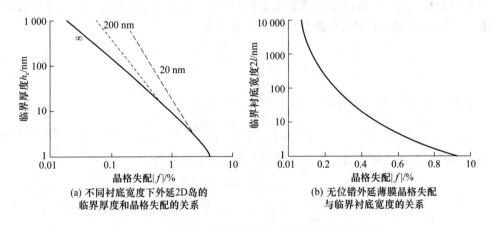

(a) 不同衬底宽度下外延2D岛的
临界厚度和晶格失配的关系

(b) 无位错外延薄膜晶格失配
与临界衬底宽度的关系

图 4-7-3 外延 2D 岛晶格矢配与临界参数之间的关系

4.7.2 协变纳米衬底外延层的临界厚度(Zubia 模型)

在 Luryi 和 Suhir 等人的基础上,Zubia 和 Hersee 进一步考虑了有限尺寸衬底的协变性对异质外延临界厚度的影响,结果表明,在协变衬底和有限尺寸提供的双重

弛豫自由度的作用下,大大地减少了外延层的应变能。

为考虑纳米尺度外延中衬底协变性的影响,首先考虑水平方向无限大衬底外延系统中,薄膜和衬底的应变能分配(strain partitioning),Hirth、Evans[22]、Lo[23]、Frend[24]等人在临界厚度的研究中,为了增加临界厚度,提出了薄的协变衬底的作用。衬底协变性的核心思想就是考虑衬底协变性,使得衬底存储一部分应变能,从而减少存储在外延层的应变能。研究表明,当衬底较薄时,相当一部分晶格失配应变能将存储在衬底中。在共格界面(coherent interface)总的晶格失配等于外延薄膜和衬底的应变之和[25]:

$$\varepsilon_0 = \varepsilon_{epi} - \varepsilon_{sub} \tag{4-7-10}$$

式(4-7-10)已经考虑了衬底和外延层的应变异号,其中 ε_{epi} 和 ε_{sub} 分别为外延层和衬底配分的应变,$\varepsilon_0 = (a_{sub} - a_{epi})/a_{epi}$,$\varepsilon_{epi} = (a_{mid} - a_{epi})/a_{epi}$,$\varepsilon_{sub} = (a_{mid} - a_{sub})/a_{sub}$,$a_{mid}$ 表示协变晶格常数,如图4-7-4所示。对于立方晶体,在各向同性近似情况下,材料承受等双轴应力 $\sigma_{11} = \sigma_{22} = \sigma$,$\varepsilon_{11} = \varepsilon_{22} = \varepsilon$,系统不存在剪切应力和剪切应变,利用边界条件 $\sigma_{33} = 0$,在双轴应力条件下,双轴应力满足

$$\sigma = E\varepsilon/(1-\nu) \tag{4-7-11}$$

在双材料(bimaterial)异质外延中,静态平衡条件下静力为零[22],即

$$\sigma_{epi} h_{epi} + \sigma_{sub} h_{sub} = 0 \tag{4-7-12}$$

其中,h_{epi} 和 h_{sub} 分别为外延层和衬底的厚度。结合式(4-7-10)~式(4-7-12)易得外延薄膜和衬底配分的应变与材料结构的函数关系,定义材料的结构参数为外延层厚度和衬底厚度之比与晶格常数倒数之比的乘积 $s = h_{epi} a_s / h_{sub} a_e \approx h_{epi}/h_{sub}$,近似为厚度之比[22]。外延层和衬底的配分应变分别表示为

$$\varepsilon_{epi}(s) = \frac{\varepsilon_0}{1 + (Ks)}, \quad \varepsilon_{sub}(s) = \frac{-\varepsilon_0}{1 + \left(\frac{1}{Ks}\right)} \tag{4-7-13}$$

其中 K 与材料弹性常数相关,称为弹性协变比,表示为

$$K = \frac{E_{epi}}{(1 - \nu_{epi})} \frac{(1 - \nu_{sub})}{E_{sub}} \tag{4-7-14}$$

结合外延层应变或衬底的应变分布即可求出协变晶格参数:

$$a_{mid} = a_{epi} - \frac{a_{epi} - a_{sub}}{1 + Ks} \tag{4-7-15}$$

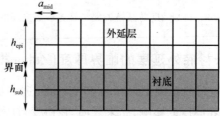

图4-7-4 外延层和衬底厚度可比拟时,衬底和外延层具有协变晶格参数

图 4-7-5 以 InAs/GaAs 为例,给出了归一化配分应变与结构参数 s 和材料弹性相关常数 K 的函数关系,假定 $K=1$。在异质外延生长过程中,随着结构参数的增加,根据式(4-7-13)配分应变也相应变化。在外延生长初期,应变主要在外延层协调,随着外延厚度的增加,更多应变在衬底中协调。可见,即便在协变衬底外延生长,在生长过程中,也必须经历非协变区域(薄膜很薄时)。单位面积系统的应变能表示为

$$E_e = \frac{E_{epi}}{(1-\nu_{epi})} h_{epi}\varepsilon_{epi}^2 + \frac{E_{sub}}{(1-\nu_{sub})} h_{sub}\varepsilon_{sub}^2 \qquad (4\text{-}7\text{-}16)$$

假定外延层和衬底弹性常数相同,单位面积的应变能进一步简化为

$$E_e = \frac{E}{1-\nu} f^2 \left(\frac{h_{epi}h_{sub}}{h_{epi}+h_{sub}} \right) \qquad (4\text{-}7\text{-}17)$$

可以看出,当衬底厚度较大时,失去协变能力,单位面积的应变能转化为式(4-6-13)。图 4-7-6 给出了无限大平面外延材料协变能力与弹性常数和材料结构的关系,可见衬底和外延层厚度相等时,协变能力最强。

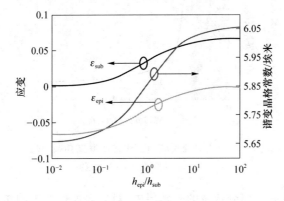

图 4-7-5 协变衬底外延(InAs/GaAs)结构参数与应变分配和
协变晶格参数的关系,忽略衬底和外延层的弹性常数差异($K=1$)

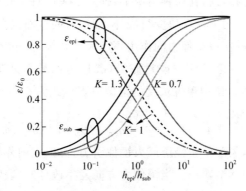

图 4-7-6 二维无限大平面异质外延时的应变配分
与材料结构和弹性相关常数的关系

根据能量平衡判据,当应变能面密度超过失配位错导致的应变能面密度 E_d 时,将导致位错产生失配位错。假定临界能量为 E_c,在衬底无穷大的情况下,临界厚度表示为 $h_{c,\infty}=E_c(1-\nu)/(Ef^2)$。在厚度为 h_{sub} 的协变衬底上外延薄膜的厚度 h_{epi} 使表达式(4-7-17)的左端等于 E_c 时,h_{epi} 即协变衬底外延薄膜的临界厚度,此时临界厚度表示为 $h_{c,sub}$。结合式(4-7-17),易得协变衬底临界厚度满足

$$\frac{1}{h_{c,sub}}+\frac{1}{h_{sub}}=\frac{1}{h_{c,\infty}} \tag{4-7-18}$$

定义归一化临界厚度 $y=h_{c,sub}/h_{c,\infty}$ 和归一化衬底厚度 $x=h_{sub}/h_{c,\infty}$,由表达式(4-7-18)可知,两者之间满足 $1/y=1-1/x$ 的关系。需要注意的是当 $h_{sub}<h_c$ 时,方程(4-7-18)无解,对应的 $h_{c,sub}\to\infty$,这对于无位错外延生长十分具有吸引力,但足够薄的衬底并不容易获得。协变衬底归一化衬底厚度和归一化有效临界厚度之间的关系如图4-7-7所示。

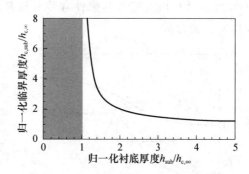

图4-7-7 协变衬底归一化衬底厚度和归一化
有效临界厚度之间的关系

在薄的协变衬底上部分弛豫的外延层中,衬底表面镜像力的作用不可忽略,该镜像力有助于降低外延层中的贯穿位错密度。对于厚衬底,镜像力的作用总是将位错拉向外延层对应的自由表面,在这种情况下,外延层表面对应的镜像力等价于真实位错与镜像位错之间的作用力。在协变衬底外延时,衬底表面也会存在镜像力,两个自由表面对镜像力的贡献使得镜像力的作用幅度大大减少,甚至会改变作用方向,驱动位错向衬底移动。Lo讨论了闪锌矿衬底沿(001)方向异质外延时,60°失配位错沿<110>方向的镜像力。位错单位长度的镜像力表达式为

$$\frac{F_I}{L}=\frac{\mu b^2}{4}\left(\frac{1}{4}+\frac{1}{2(1-\nu)}\right)\left(\frac{1}{h_{epi}+h_{sub}}\right)\cot\left(\frac{\pi h_{epi}}{h_{epi}+h_{sub}}\right) \tag{4-7-19}$$

在无穷大衬底时,失配位错经历最大镜像引力,方向指向外延层表面。随着衬底厚度的减小,镜像引力逐渐减小。当镜像力方向发生改变时,表明外延层表面对失配位错的作用力由引力变为斥力。图4-7-8给出了归一化外延层厚度和归一衬底厚度共同决定的镜像力特征。

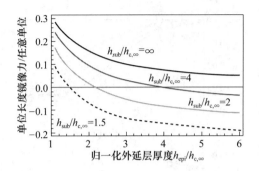

图 4-7-8　单位长度镜像力与归一化外延层厚度的关系

在理解了无限大协变衬底异质外延的应变配分机制后,可以进一步分析纳米外延中协变衬底的作用。将 Suhir 和 Luryi 外延薄膜的应力变化特性拓展到协变衬底情况,外延层和衬底的应力表达式为

$$\sigma_{epi}(y,z) = \varepsilon_{epi0} \frac{E_{epi}}{(1-\nu_{epi})} \chi(y,z) e^{-\pi z/2l}$$

$$\sigma_{sub}(y,z) = \varepsilon_{sub0} \frac{E_{sub}}{(1-\nu_{sub})} \chi(y,z) e^{\pi z/2l} \tag{4-7-20}$$

其中 ε_{epi0} 和 ε_{sub0} 分别为界面位置外延层和衬底的配分应变。在横向方向,应力分布是均匀的(除外延层边界,在靠近外延层边界时,应力迅速减少为零),为简化计算,假定 $\chi=1$,这样静态平衡条件表示为

$$\int_0^{h_{epi}} \sigma_{epi}(z) dz + \int_{-h_{sub}}^0 \sigma_{sub}(z) dz = 0 \tag{4-7-21}$$

结合式(4-7-13),易得在纳米外延界面的配分应变,表示为

$$\varepsilon_{epi0} = \frac{\varepsilon_0}{1 + \left(K \dfrac{(1-\exp[-\pi h_{epi}/2l])}{(1-\exp[-\pi h_{sub}/2l])} \right)}$$

$$\varepsilon_{sub0} = \frac{\varepsilon_0}{1 + \left(K \dfrac{(1-\exp[-\pi h_{sub}/2l])}{(1-\exp[-\pi h_{epi}/2l])} \right)} \tag{4-7-22}$$

图 4-7-9 给出了纳米外延中衬底半径尺度 $l=10$ nm 和 $l=30$ nm,以及 $K=1$ 和 $K=1.3$ 四种情况下界面应变配分与外延层厚度的关系。可以看出,在纳米外延中,随着外延层厚度的增加,薄膜和衬底的配分应变存在一个渐近极限值,该值的大小取决于弹性相关参数 K,与结构参数 s 无关。这是因为,根据 Luryi 和 Suhir 的相关理论,应力随外延厚度呈指数衰减,特征长度为 $2l/\pi$,这意味着,当外延层厚度 $h>2l/\pi$ 时,应变配分函数与厚度无关,同样,由于衬底的协变性,衬底和外延层都存在一个有效厚度范围。一旦外延层厚度(衬底厚度)超过特定值,应变配分函数不再发生变化,因此式(4-7-22)所示的应变配分的渐近极限值只与弹性协变比 K 有关。

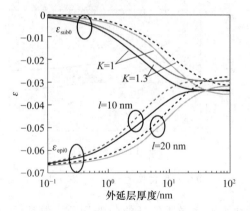

图 4-7-9 纳米协变衬底异质外延中界面应变分配与
相关参数之间的相关性,其中 $\varepsilon_0 = -0.067$

讨论临界厚度问题,系统的弹性能参数非常重要,应变能密度可以表示为

$$\omega(y,z) = \frac{1-\nu}{E}\sigma^2(y,z) \tag{4-7-23}$$

进一步可以写出(系统的)应变能面密度,包含外延层和衬底的贡献:

$$E_s(y) = \int_0^{h_{epi}} \omega_{epi}(y,z)\mathrm{d}z + \int_{-h_{sub}}^0 \omega_{sub}(y,z)\mathrm{d}z \tag{4-7-24}$$

分布函数 $\chi(y,z)$ 导致应变能面密度与坐标方位 y 有关,但根据 $\chi(y,z)$ 的表达形式可知,在纳米外延衬底的中心(水平方向),即 $y=0$ 位置,χ 和 E_s 具有最大值,对应的外延层和衬底应变能面密度的贡献分别表示为

$$E_{epi} = \frac{E_{epi}}{1-\nu_{epi}}(\varepsilon_{epi0})^2 \left[1-\operatorname{sech}(k_{epi}l)\right]^2 \frac{l\left[1-\exp(-\pi h_{epi}/l)\right]}{\pi}$$

$$E_{sub} = \frac{E_{sub}}{1-\nu_{sub}}(\varepsilon_{sub0})^2 \left[1-\operatorname{sech}(k_{sub}l)\right]^2 \frac{l\left[1-\exp(-\pi h_{sub}/l)\right]}{\pi}$$

$$\tag{4-7-25}$$

为与 Luryi 和 Suhir 的形式保持一致,将能量写成 $E = \frac{E}{1-\nu}\varepsilon^2 h_{eff}$ 的形式,并定义有效外延层厚度,有效厚度与式(4-7-17)的形式类似,可直接写出:

$$h_{epi}^{eff} = \left[1-\operatorname{sech}(k_{epi}l)\right]^2 \frac{l\left[1-\exp(-\pi h_{epi}/l)\right]}{\pi} \tag{4-7-26}$$

由式(4-7-26)可知,k 与有效厚度相关,因此结合式(4-7-25)可以分别定义有效外延层厚度和有效衬底厚度,将式(4-7-25)简化为

$$E_{epi} = \frac{E_{epi}}{1-\nu_{epi}}\varepsilon_{epi0}^2 h_{epi}^{eff}, \quad E_{sub} = \frac{E_{sub}}{1-\nu_{sub}}\varepsilon_{sub0}^2 h_{sub}^{eff} \tag{4-7-27}$$

有了纳米衬底异质外延系统应变能面密度的表达式,可以直接将其应用到纳米外延材料的临界厚度判断。以规则螺型位错在阵列为例,w_D 为位错间有效界面宽度,单

位面积的位错长度表示为 $2/w_d$，易得单位面积的螺型位错阵列的应变能为[26]

$$E_D \approx \frac{w_d}{2} w_s = \frac{Eb^2}{4\pi(1+\nu)w_D} \ln\left(\frac{R}{b}\right) \tag{4-7-28}$$

其中，w_s 为螺型位错单位长度的应变能，R 为位错线到最近的自由表面之间的距离，$R = \min(h_{epi}, h_{sub}, l)$，假定位错位于衬底中心。

Zubia 等人利用 MOVPE 技术，对 SOI（Silicon-on-Insulator）纳米衬底上外延 GaN 材料进行了实验研究[27]。纳米衬底为在 SiO_2 上制备的二维方形硅岛，高度为 40 nm，直径为 $80 \sim 300$ nm，岛间距为 $360 \sim 900$ nm。有趣的是在外延反应中的硅岛熔点温度大大降低了，在体积材料下，熔点温度约为 $1\,412°$，在纳米岛状况下，其熔点降到了 $1\,110°$甚至更低。纳米岛的熔点降低导致纳米外延衬底具有更好的协变性，称该熔点降低效应为有源协变性。图 4-7-10 分别给出了纳米导直径在 80 nm 和 280 nm 衬底异质外延 GaN 的透射电子显微镜照片，两种情况下，在界面附近都存在位错，但是，随着与界面距离的增加，位错密度逐渐下降。

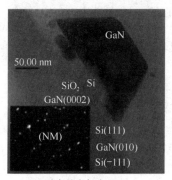 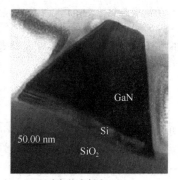

(a) 硅岛的直径为80 nm　　　　　　(b) 硅岛的直径为280 nm

图 4-7-10　在 SOI 纳米岛衬底外延 GaN 的透射电子显微镜照片[27]

4.7.3　三维受限的纳米外延

在 Zubia 模型中，考虑了纳米外延的衬底协变性，实际上，对于纳米衬底的外延层，除衬底与外延层界面外，其他表面（侧面和顶面）都可以提供应变弛豫。在 Zubia 模型中，只考虑了横向一个维度的纳米衬底，实际上，水平方向上也应该存在两个有效维度。另外，体积衬底外延时的传统位错能量处理方法在有限纳米尺度的衬底情况下面临困难，多个自由界面存在会对位错能量有修正。Huang 等人给出了纳米外延时横向的两个弛豫自由度，协变纳米衬底的弹性应变处理方法，该方法是对 Suhir 模型和 Zubia 模型的进一步扩展[28]。同时，在 Huang 的模型中，由于衬底厚度和薄膜厚度可比拟，因此，考虑了纳米尺度下镜像位错对位错能量的贡献。

图 4-7-11 给出了 Huang 纳米衬底外延的几何结构。为了表述一致，仍令外延层和衬底厚度表示为 h_{epi} 和 h_{sub}，纳米衬底的长度和宽度分别表示为 $2l$ 和 $2w$，考虑有限

厚度的外延层和有限厚度的衬底的自由边界效应,引入两个一阶镜像位错,其伯格斯矢量与真实位错的伯格斯矢量相反。

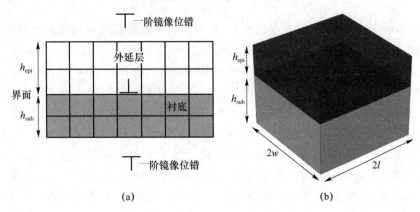

图 4-7-11 (a)在协变衬底中真实位错、外延层表面的镜像位错和衬底表面的镜像位错示意图;(b)三维受限的台形衬底异质外延结构示意图

对于各向同性材料,在无限大衬底外延系统中位于界面的直位错单位长度的应变能表示为

$$E_{dis} = \frac{\mu b^2 (1 - \nu \cos^2\theta)}{4\pi(1-\nu)} \ln(\alpha h/b) \tag{4-7-29}$$

其中 h 为位错线的外半径,在最近的自由表面截断,α 为内部截断半径 b 和外部截断半径的不确定性,通常取 $1\sim4$ 之间的数。对于协变衬底薄膜外延系统,通常假定位错间隔远大于薄膜或衬底厚度,因此取 $h = h_{epi}$ 或 $h = h_{sub}$,具体取决于 $\min(h_{epi}, h_{sub})$。令位错单位长度的应变能等于无限大衬底时位错的单位长度应变不再合适,主要误差来自系统表面边界条件。对于无限大衬底系统,外延层表面是唯一的无应力边界条件,因此可以忽略镜像作用的贡献。对于纳米衬底,存在多个无应力边界,多个镜像作用必须考虑。

如图 4-7-11 所示,当位错位于外延层和协变衬底的界面时,除真实位错和外延层顶部的镜像位错外,在衬底下部还存在另外一个一阶镜像位错。衬底的一阶镜像位错会在外延层表面产生一个二阶镜像位错,同样,在外延层的一阶镜像位错也会在衬底产生一个二阶镜像位错。根据叠加原理,总的位错包含真实位错和所有在外延层顶部和衬底底部产生的镜像位错,其能量的 2 倍表示为

$$2C_0 \ln(h_r/b) = C_0 \ln(h_{epi}/b) + \ln(h_{sub}/b) - \sum(\text{image}) \tag{4-7-30}$$

其中常数 $C_0 = \mu b^2 (1 - \nu \cos^2\theta) / [4\pi(1-\nu)]$,为简单起见,假定外延层和衬底具有相同的弹性常数,式(4-7-30)最后一项表示镜像位错的贡献,表示为

$$\sum(\text{image}) = C_0 \ln\left(\prod_{m=1}^{n} \frac{(mH + h_{epi}) \times (mH + h_{sub})}{[(m-1)H + h_{epi}] \times [(m-1)H + h_{sub}]} \right)$$

$$= C_0 \ln\left(\frac{(nH + h_{epi})(nH + h_{sub})}{h_{epi}h_{sub}}\right) \tag{4-7-31}$$

其中 $H = h_{epi} + h_{sub}$，n 为考虑的镜像位错的阶数。随着阶数的增加，所有镜像位错对能量的贡献将发散，因此合适的截断是必要的，在只考虑一阶镜像位错的情况下，总的单位长度的位错能表示为

$$E_{dis} = C_0 \ln(h_r/b) = C_0 \ln\left(\frac{h_{epi}h_{sub}}{\{[(H+h_{epi})(H+h_{sub})]^{1/2}b\}}\right) \tag{4-7-32}$$

当薄膜和衬底其中之一远比另个厚度大时，比如衬底较厚，归一化厚度 $h_r = h_{epi}$，代入式(4-7-32)得到与非协变衬底一样的结果 $E_{dis} \approx C_0 \ln(h_{sub}/b)$。当两者厚度可以比拟时，假定高度均为 h，系统单位长度的位错能变为 $E_{dis} \approx C_0 \ln[h/(3b)]$。

在考虑了位错能量之后，下面讨论与晶格失配相关的弹性应变能。对于无限大协变衬底外延情况，单位面积的应变能可参见式(4-7-16)。对于水平方向具有一个弛豫自由度的纳米外延协变衬底的情况，单位面积的应变能可参见 Zubia 模型，相应的表达式为式(4-7-25)。需要注意的是，在该模型中，只考虑了沿生长方向的有效厚度，并没有考虑沿水平方向的有效尺寸。下面我们考虑在水平方向的有效尺寸。根据应力调制分布函数

$$\chi(y,z) = \left(1 - \frac{\cosh(ky)}{\cosh(kl)}\right)\exp(-\pi z/l) \tag{4-7-33}$$

定义水平方向的有效尺寸为

$$l_e = \int_0^l \chi(y,z)\mid_{z=0}\mathrm{d}y = l/\left[\psi(l/h)\right]^2 \tag{4-7-34}$$

其中

$$\psi(l/h) = \left[\left(1 - \frac{\tanh kl}{kl}\right) + \frac{[1 + (\sin 2kl)/2kl]}{1 + \cosh 2kl}\right]^{-1/2} \tag{4-7-35}$$

在 Huang 的理论中，假定在另一个弛豫自由度方向的有效尺寸为

$$w_e = \int_0^w \chi(y,z)\mid_{z=0}\mathrm{d}y = w/\left[\Phi(l/h)\right]^2 \tag{4-7-36}$$

其中

$$\Phi(l/h) = \left[\left(1 - \frac{\tanh kl}{kl}\right) + \frac{[1 + (\sin 2kl)/2kl]}{1 + \cosh 2kl}\right]^{-1/2} \tag{4-7-37}$$

薄膜衬底体系总的弹性能表示为

$$E_{total} = \frac{E_{epi}}{1 - \nu_{epi}}\varepsilon_{epi}^2 h_{epi}^{eff} 2l_{eff} 2w_{eff} + \frac{E_{sub}}{1 - \nu_{sub}}\varepsilon_{sub}^2 h_{sub}^{eff} 2l_{sub}^{eff} 2w_{sub}^{eff} \tag{4-7-38}$$

为计算位错需要转化为单位面积的弹性能：

$$E_s = \frac{E_{epi}}{1 - \nu_{epi}}\varepsilon_{epi}^2 h_{epi}/(\psi_{epi}\phi_{epi}\Phi_{epi})^2 + \frac{E_{sub}}{1 - \nu_{sub}}\varepsilon_{sub}^2 h_{sub}/(\psi_{sub}\phi_{sub}\Phi_{sub})^2 \tag{4-7-39}$$

对于刚性衬底的情况，只需将(4-7-39)表达式中的后一项去掉，同时令所有应变在外延层协调，即 $\varepsilon_{epi} = f_0$ 即可。对于非刚性衬底，衬底和外延层的双轴应变分配与无

限大协变衬底一致,写成如下形式:

$$\varepsilon_{epi}=\varepsilon_0/(1+Ks)=\varepsilon_0/\gamma_{epi}, \quad \varepsilon_{sub}=\varepsilon_0/(1+1/sK)=\varepsilon_0/\gamma_{sub} \quad (4\text{-}7\text{-}40)$$

其中,$K=B_{epi}/B_{sub}$,B 为双轴模量,$B=E/(1-\nu)$,s 仍为结构参数,$s=h_{epi}/h_{sub}$。最终,系统应变能面密度可以表示为

$$E_s=B\varepsilon_0^2 h_{epi}/(\gamma_{epi}\psi_{epi}\phi_{epi}\Phi_{epi})^2+B\varepsilon_0^2 h_{sub}/(\gamma_{sub}\psi_{sub}\phi_{sub}\Phi_{sub})^2 \quad (4\text{-}7\text{-}41)$$

有了系统晶格失配应变能面密度和位错单位长度的应变能,根据 PB 模型,在 Si 纳米协变衬底上外延 SiGe 合金薄膜的临界厚度可以表示为[28]

$$B_{epi}\varepsilon_0^2 h_c/(\gamma_{epi}\psi_{epi}\phi_{epi}\Phi_{epi})^2+B_{su}\varepsilon_0^2 h_{sub}/(\gamma_{sub}\psi_{sub}\phi_{sub}\Phi_{sub})^2=\frac{C_0}{(2.5\sqrt{2}a)}\ln\left(\frac{h_r}{b}\right)$$

$$(4\text{-}7\text{-}42)$$

假定产生的位错为纯螺型位错,$C_0=\mu b^2/4\pi$,当衬底在水平方向的尺寸小于衬底或外延层厚度时,式(4-7-42)中的 h_r 取 l 或 w 中的最小值。图 4-7-12(a)给出了 SiGe 合金薄膜中锗组分在不同衬底情形下的临界厚度,从左到右衬底类型依次为体材料衬底,200 nm、50 nm、25 nm 3 种协变衬底,以及尺寸为 $0.1\times0.1~\mu m^2$ 和 $0.05\times 0.05~\mu m^2$ 的台型衬底,其中台型衬底为厚度为 25 nm 的硅薄膜材料。图 4-7-12(b)给出了 $Si_{0.5}Ge_{0.5}$ 合金薄膜的临界厚度与硅衬底厚度的关系。可以看出,随着硅衬底厚度的减少,合金薄膜的临界厚度连续增加。衬底厚度的临界尺寸为 20 nm,当衬底厚度低于 20 nm 时,$Si_{0.5}Ge_{0.5}$ 薄膜能够以任意厚度共格形式生长,而不产生失配位错。

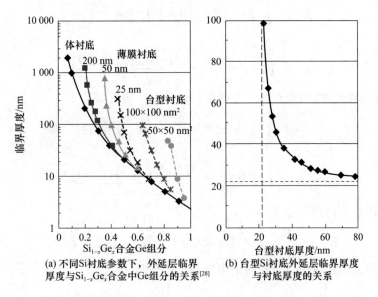

(a) 不同 Si 衬底参数下,外延层临界厚度与 $Si_{1-x}Ge_x$ 合金中 Ge 组分的关系[28]　(b) 台型 Si 衬底外延层临界厚度与衬底厚度的关系

图 4-7-12　临界厚度与生长参数之间的关系

4.8 纳米衬底位错应变计算的有限元法

有限衬底为晶格应变弛豫提供了额外的自由度，在 Luryi 和 Suhir 的工作中，采用刚性衬底近似，讨论了衬底有限尺寸效应对应变弛豫的影响[19]。Zubia 的改进模型考虑了衬底协变性[26]。Huang 的三维受限台型衬底模型考虑了三维横向有效尺寸和界面对位错的作用[28]。尽管 Huang 的理论在计算纳米衬底外延薄膜的位错应变能时引入了外延层和衬底镜像位错的作用，但并未涉及位错的应变分布受有限衬底(横向)尺寸的影响。实际上，衬底有限尺寸不仅对薄膜应变弛豫有影响，对位错的应变场分布影响也很大，对于台型衬底，位错段长度有限，利用无限长度的位错能公式不一定是合理的，另外，在纳米衬底外延材料为不规则形状的量子点时，位错应变能计算的外截断半径的选取，面临新的问题。

目前还没有处理有限尺度下位错应变场计算的严格理论，大多采用无限位错情况下的近似[19-28]或采用数值有限元法。数值有限元法的优点：①可以很方便地将异质外延材料不同区域的弹性特性和材料弹性各向异性特性引入模型中；②可依据模型几何特征自动包含多个自由边界对位错的相互作用，不存在外截断半径的选取；③可以借助各种成熟的商业有限元软件包完成运算。4.4 节中的无应力 Eshelby 应变模型可以方便地对纯刃型位错进行有限元仿真，下面介绍 Gatti 等人提出的位错段初始应力模型[29]，其可以解决两种类型的位错应变问题。

首先考虑一纳米结构中的一段位错段，假定该结构中除位错变形外，不存在其他应力或应变源。根据经典的连续弹性理论，在平衡条件下，固体内部应力状态由固体体力、位移和边界条件共同决定，写成偏微分方程形式为

$$\begin{cases} \sigma_{ij,j}(u(x,y,z),v(x,y,z),w(x,y,z)) = f_i, & (x,y,z) \in \Omega \\ \sigma_{ij}(u(x,y,z),v(x,y,z),w(x,y,z))n_j = 0, & (x,y,z) \in \partial\Omega_N \quad (4\text{-}8\text{-}1) \\ u(x,y,z) = 0, v(x,y,z) = 0, w(x,y,z) = 0, & (x,y,z) \in \partial\Omega_D \end{cases}$$

其中，Ω 为计算域，$\partial\Omega$ 为计算域的边界，$\partial\Omega_N$ 为不受力边界，$\partial\Omega_D$ 为固定位移边界，式(4-8-1)的表述形式与 COMSOL 有限元软件包结构力学模块中的定义基本一致，n_j 为边界法线方向单位矢量的分量。式(4-8-1)中第一行为计算域的内力平衡条件，第二行为边界的力平衡边界条件(假定边界不受力)，第三行对应边界的位移边界条件，在具体的模型中，位移边界条件可以根据模型进行具体限定。采用有限元法可以很方便地求出式(4-8-1)所描述的体系应力和应变分布。

采用有限元法求解有限结构中位错的应力场的步骤如下：首先利用解析公式求出无限大材料中有限长度的一段直位错段的应力场 $\sigma_{ij}^{\text{dislo}}$($i,j=1,2,3$)，作为初始应力 σ_{ij}^0；然后令 $\sigma_{ij}+\sigma_{ij}^0$ 代替式(4-8-1)中的 σ_{ij}。假定系统不受体力作用，即 $f_i=0$，然后求式(4-8-1)中满足边界条件的应力场分布 σ_{ij}。总的应力场可以写成以下各项之和：

$$\sigma_{ij} = \sigma_{ij}^{\text{surf}} + \sigma_{ij}^{\text{interf}} + \sigma_{ij}^0 \tag{4-8-2}$$

其中 $\sigma_{ij}^{\text{surf}}$ 为位错与边界的相互作用对的修正，$\sigma_{ij}^{\text{interf}}$ 为异质材料界面或缺陷与位错的相互对 σ_{ij} 的修正。

埋藏于无限大材料中的有线长位错段的应力解析公式是下一步进行半导体纳米异质结构中位错应变场计算仿真的必要条件。

下面给出有限长直位错段的解析公式，假设在笛卡儿直角坐标系中位错段位于 z 轴上，用线段 $z_1 z_2$ 表示，如图 4-8-1 所示，则空间内任意一点 x、y、z 处位错段所产生的应力场可用式（4-8-3）表示[30]：

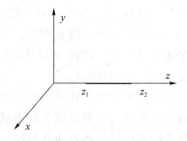

图 4-8-1　有限长直位错段位于 Z 轴上，用 $z_1 z_2$ 表示

$$\frac{\sigma_{xx}}{\sigma_0} = \frac{b_x y}{R(R+\lambda)}\left[1 + \frac{x^2}{R^2} + \frac{x^2}{R(R+\lambda)}\right] + \frac{b_y x}{R(R+\lambda)}\left[1 - \frac{x^2}{R^2} - \frac{x^2}{R(R+\lambda)}\right]$$

$$\frac{\sigma_{yy}}{\sigma_0} = \frac{-b_x y}{R(R+\lambda)}\left[1 - \frac{y^2}{R^2} - \frac{y^2}{R(R+\lambda)}\right] - \frac{b_y x}{R(R+\lambda)}\left[1 + \frac{y^2}{R^2} + \frac{y^2}{R(R+\lambda)}\right]$$

$$\frac{\sigma_{zz}}{\sigma_0} = b_x\left[\frac{2\nu y}{R(R+\lambda)} + \frac{y\lambda}{R^3}\right] - b_y\left[\frac{2\nu x}{R(R+\lambda)} + \frac{x\lambda}{R^3}\right]$$

$$\frac{\sigma_{xy}}{\sigma_0} = \frac{-b_x x}{R(R+\lambda)}\left[1 - \frac{y^2}{R^2} - \frac{y^2}{R(R+\lambda)}\right] + \frac{b_y y}{R(R+\lambda)}\left[1 - \frac{x^2}{R^2} - \frac{x^2}{R(R+\lambda)}\right] \tag{4-8-3}$$

$$\frac{\sigma_{xz}}{\sigma_0} = -\frac{b_x x y}{R^3} + b_y\left(-\frac{\nu}{R} + \frac{x^2}{R^3}\right) + \frac{b_z(1-\nu)y}{R(R+\lambda)}$$

$$\frac{\sigma_{yz}}{\sigma_0} = b_x\left(\frac{\nu}{R} - \frac{y^2}{R^3}\right) + b_y\frac{xy}{R^3} - \frac{b_z(1-\nu)x}{R(R+\lambda)}$$

$$R = \sqrt{x^2 + y^2 + (z'-z)^2}$$

$$\sigma_0 = \mu/4\pi(1-\nu)$$

$$\lambda = z' - z$$

其中 μ、ν 为材料的杨氏模量和泊松比，b_x、b_y、b_z 分别为伯格斯矢量在 x、y、z 轴上的分量。对于式（4-8-3）给出的直位错段应力场分布，在使用其进行数值有限元计算的过程中需要特别注意的是，位错芯部分的应力分布是奇异的，需要进行特别处理。具体方法在下一节给出。针对式（4-8-3）的缺点，Cai 等人给出了其修正形式，解决了位错芯部分应力分布奇异的问题。如图 4-8-1 所示，取 a 为足够小的任意值，位错段 $z_1 z_2$ 右侧空间内任意一点 z' 处（$z_1 < z_2 < z'$）的应力场表示为[31]

$$\frac{\sigma_{xx}}{\sigma_0}=\frac{b_x y}{R_a(R_a+\lambda)}\left[1+\frac{x^2+a^2}{(R_a)^2}+\frac{x^2+a^2}{R_a(R_a+\lambda)}\right]+\frac{b_y x}{R_a(R_a+\lambda)}\left[1-\frac{x^2+a^2}{(R_a)^2}-\frac{x^2+a^2}{R_a(R_a+\lambda)}\right]$$

$$\frac{\sigma_{yy}}{\sigma_0}=\frac{-b_x y}{R_a(R_a+\lambda)}\left[1-\frac{y^2+a^2}{(R_a)^2}-\frac{y^2+a^2}{R_a(R_a+\lambda)}\right]-\frac{b_y x}{R_a(R_a+\lambda)}\left[1+\frac{y^2+a^2}{(R_a)^2}+\frac{y^2+a^2}{R_a(R_a+\lambda)}\right]$$

$$\frac{\sigma_{zz}}{\sigma_0}=b_x\left\{\frac{2\nu y}{R_a(R_a+\lambda)}\left[1+\frac{a^2/2}{(R_a)^2}+\frac{a^2/2}{R_a(R_a+\lambda)}\right]+\frac{y\lambda}{(R_a)^3}\right\}-$$
$$b_y\left\{\frac{2\nu x}{R_a(R_a+\lambda)}\left[1+\frac{a^2/2}{(R_a)^2}+\frac{a^2/2}{R_a(R_a+\lambda)}\right]+\frac{x\lambda}{(R_a)^3}\right\}$$

$$\frac{\sigma_{xy}}{\sigma_0}=\frac{-b_x x}{R_a(R_a+\lambda)}\left[1-\frac{y^2}{(R_a)^2}-\frac{y^2}{R_a(R_a+\lambda)}\right]+\frac{b_y y}{R_a(R_a+\lambda)}\left[1-\frac{x^2}{(R_a)^2}-\frac{x^2}{R_a(R_a+\lambda)}\right]$$

$$\frac{\sigma_{xz}}{\sigma_0}=-\frac{b_x xy}{(R_a)^3}+b_y\left[-\frac{\nu}{R_a}+\frac{x^2}{(R_a)^3}+(1-\nu)\frac{a^2/2}{(R_a)^3}\right]+\frac{b_z(1-\nu)y}{R_a(R_a+\lambda)}\left[1+\frac{a^2/2}{(R_a)^2}+\frac{a^2/2}{R_a(R_a+\lambda)}\right]$$

$$\frac{\sigma_{yz}}{\sigma_0}=b_x\left[\frac{\nu}{R_a}-\frac{y^2}{(R_a)^3}-(1-\nu)\frac{a^2/2}{(R_a)^3}\right]+b_y\frac{xy}{(R_a)^3}-\frac{b_z(1-\nu)x}{R_a(R_a+\lambda)}\left[1+\frac{a^2/2}{(R_a)^2}+\frac{a^2/2}{R_a(R_a+\lambda)}\right]$$

$$\sigma_0=\frac{\mu}{4\pi(1-\nu)},\quad \lambda=z'-z,\quad R_a=\sqrt{x^2+y^2+z^2+a^2}$$

(4-8-4)

位错段 $z_1 z_2$ 左侧空间内任意一点 z' 处($z'<z_1<z_2$)的应力场表示为

$$\frac{\sigma_{xx}}{\sigma_0}=\frac{-b_x y}{R_a(R_a+\lambda)}\left[1+\frac{x^2+a^2}{(R_a)^2}+\frac{x^2+a^2}{R_a(R_a+\lambda)}\right]-\frac{b_y x}{R_a(R_a+\lambda)}\left[1-\frac{x^2+a^2}{(R_a)^2}-\frac{x^2+a^2}{R_a(R_a+\lambda)}\right]$$

$$\frac{\sigma_{yy}}{\sigma_0}=\frac{b_x y\lambda}{\rho_a^2 R_a}\left[1-\frac{2(y^2+a^2)}{\rho_a^2}-\frac{y^2+a^2}{R_a^2}\right]+\frac{b_y x\lambda}{\rho_a^2 R_a}\left[1+\frac{y^2+a^2}{(R_a)^2}+\frac{2(y^2+a^2)}{\rho_a^2}\right]$$

$$\frac{\sigma_{zz}}{\sigma_0}=b_x\left\{\frac{-2\nu y}{R_a(R_a-\lambda)}\left[1+\frac{a^2/2}{(R_a)^2}+\frac{a^2/2}{R_a(R_a-\lambda)}\right]+\frac{y\lambda}{(R_a)^3}\right\}-$$
$$b_y\left\{\frac{-2\nu x}{R_a(R_a-\lambda)}\left[1+\frac{a^2/2}{(R_a)^2}+\frac{a^2/2}{R_a(R_a-\lambda)}\right]+\frac{x\lambda}{(R_a)^3}\right\}$$

$$\frac{\sigma_{xy}}{\sigma_0}=\frac{b_x x}{R_a(R_a-\lambda)}\left[1-\frac{y^2}{(R_a)^2}-\frac{y^2}{R_a(R_a+\lambda)}\right]-\frac{b_y y}{R_a(R_a-\lambda)}\left[1-\frac{x^2}{(R_a)^2}-\frac{x^2}{R_a(R_a+\lambda)}\right]$$

$$\frac{\sigma_{xz}}{\sigma_0}=-\frac{b_x xy}{(R_a)^3}+b_y\left[-\frac{\nu}{R_a}+\frac{x^2}{(R_a)^3}+(1-\nu)\frac{a^2/2}{(R_a)^3}\right]-$$
$$\frac{b_z(1-\nu)y}{R_a(R_a-\lambda)}\left[1+\frac{\dfrac{a^2}{2}}{(R_a)^2}+\frac{\dfrac{a^2}{2}}{R_a(R_a-\lambda)}\right]$$

$$\frac{\sigma_{yz}}{\sigma_0}=b_x\left[\frac{\nu}{R_a}-\frac{y^2}{(R_a)^3}-(1-\nu)\frac{\dfrac{a^2}{2}}{(R_a)^3}\right]+b_y\frac{xy}{(R_a)^3}+$$
$$\frac{b_z(1-\nu)x}{R_a(R_a-\lambda)}\left[1+\frac{\dfrac{a^2}{2}}{(R_a)^2}+\frac{\dfrac{a^2}{2}}{R_a(R_a-\lambda)}\right]$$

$$\sigma_0=\frac{\mu}{4\pi(1-\nu)},\quad \lambda=z'-z,\quad R_a=\sqrt{x^2+y^2+z^2+a^2}$$

(4-8-5)

位错段 $z_1 z_2$ 之间空间内任意一点 z' 处（$z_1 < z' < z_2$）的应力场表示为

$$\frac{\sigma_{xx}}{\sigma_0} = \frac{-b_x y\lambda}{\rho_a^2 R_a}\left[1 + \frac{x^2+a^2}{(R_a)^2} + \frac{2(x^2+a^2)}{\rho_a^2}\right] - \frac{b_y x\lambda}{\rho_a^2 R_a}\left[1 - \frac{x^2+a^2}{(R_a)^2} - \frac{2(x^2+a^2)}{\rho_a^2}\right]$$

$$\frac{\sigma_{yy}}{\sigma_0} = \frac{b_x y\lambda}{\rho_a^2 R_a}\left[1 - \frac{2(y^2+a^2)}{\rho_a^2} - \frac{y^2+a^2}{R_a^2}\right] + \frac{b_y x\lambda}{\rho_a^2 R_a}\left[1 + \frac{y^2+a^2}{(R_a)^2} + \frac{2(y^2+a^2)}{\rho_a^2}\right]$$

$$\frac{\sigma_{zz}}{\sigma_0} = b_x\left\{\frac{-2\nu y\lambda}{\rho_a^2 R_a}\left[1 + \frac{a^2}{\rho_a^2} + \frac{a^2/2}{(R_a)^2}\right] + \frac{y\lambda}{(R_a)^3}\right\} - b_y\left\{\frac{-2\nu x\lambda}{\rho_a^2 R_a}\left[1 + \frac{a^2/2}{(R_a)^2} + \frac{a^2}{\rho_a^2}\right] + \frac{x\lambda}{(R_a)^3}\right\}$$

$$\frac{\sigma_{xy}}{\sigma_0} = \frac{b_x x\lambda}{\rho_a^2 R_a}\left[1 - \frac{y^2}{(R_a)^2} - \frac{2y^2}{\rho_a^2}\right] - \frac{b_y y\lambda}{\rho_a^2 R_a}\left[1 - \frac{x^2}{(R_a)^2} - \frac{2x^2}{\rho_a^2}\right]$$

$$\frac{\sigma_{xz}}{\sigma_0} = -\frac{b_x xy}{(R_a)^3} + b_y\left[-\frac{\nu}{R_a} + \frac{x^2}{(R_a)^3} + (1-\nu)\frac{a^2/2}{(R_a)^3}\right] - \frac{b_z(1-\nu)y\lambda}{\rho_a^2 R_a}\left[1 + \frac{a^2/2}{(R_a)^2} + \frac{a^2}{\rho_a^2}\right]$$

$$\frac{\sigma_{yz}}{\sigma_0} = b_x\left[\frac{\nu}{R_a} - \frac{y^2}{(R_a)^3} - (1-\nu)\frac{a^2/2}{(R_a)^3}\right] + b_y\frac{xy}{(R_a)^3} + \frac{b_z(1-\nu)x\lambda}{\rho_a^2 R_a}\left[1 + \frac{a^2/2}{(R_a)^2} + \frac{a^2}{\rho_a^2}\right]$$

$$\sigma_0 = \frac{\mu}{4\pi(1-\nu)}, \quad \lambda = z' - z, \quad R_a = \sqrt{x^2+y^2+z^2+a^2} \quad \rho_a = \sqrt{x^2+y^2+a^2}$$

$$(4\text{-}8\text{-}6)$$

整个求解过程可以借助有限元软件包（如 Comsol MultiPhysics 中的结构力学模块）进行。需要特别注意的是，无限大体积材料直位错中应力场分布的解析表达式在数值计算过程中，在位错芯是奇异的，因此在有限元计算中，需要做特殊处理。首先，位于位错芯的有限元节点不可参与上述偏微分方程的求解过程，否则将引入无穷大应力场。其次，在芯区附近的区域，应力值比较大，必须划分较密集的网格。以上两点可以通过简单的几何构造来满足。围绕位错芯构建半径为 $|b|/\alpha$ 的小圆柱体，在柱体内部可以划分较密集的网格。在 Gatti 的原始文献中，取 $\alpha = 2.71$。在有限元计算时，计算域不包含小圆柱。位错芯对能量的贡献可以根据经验引入，或基于原子仿真，具体与位错结构有关。在大多数基于无限长直位错的相关理论计算中，位错芯的截断半径通常取为 $0.5|b|$，该取值可参考多个关于位错的经典著作中的结论[30,32,33]，这一结论在体积衬底异质外延薄膜的文献中也被广泛采用。有限元网格的网格密度往往需要借助经验，通常跟具体的几何模型有关，与大多数基于有限元或有限差分法一样，当系统计算的能量随网格密度的增加不再显著变化时，可以认为有限元网格的密度是合适的。

为定性说明上述方法的有效性，图 4-8-2 给出了 Gatti 等人用有限元法计算得到的刃型位错附近存在自由平面时的弹性应力场分布，并将其与解析解进行了对比。在 4-3 节已经介绍，当螺型位错附近存在自由平面时，自由平面的作用可以直接由等价的真实位错与镜像位错的应力场叠加代替，因此应力场可以直接表示为真实位错与镜像位错应力场分布的叠加。对于刃型位错，情况比较复杂，真实位错与镜像位错的叠加不足以保证自由界面应力为零的条件。Head 给出了这一问题的完美解析解，在该解析解中，位错线与自由表面的距离为 d，伯格斯矢量与自由边界垂直[34]。根据该解析解，刃型位错的应力场分布如图 4-8-2（a）至图 4-8-2（c）所示。

图 4-8-2(d)至图 4-8-2(f)为有限元法计算得到的应力分布,可见,解析解与数值解吻合得很好。有趣的是,σ_{xx} 与 σ_{xy} 分量在靠近自由表面时逐渐减为零,σ_{yy} 分量并不为零,显然与近似镜像法得到的结果并不一致。由于位错芯的有效体积较小,因此上述模型的有限元计算需要耗费较多内存资源,对于上述计算实例,获得稳定的计算结果需要内存不低于 8 Gbit[29]。尽管如此,该方法提供了存在多个自由表面时,位错应力场分布的有效数值方法,特别是在自由表面具有不规则形状的情况下,缺乏有效的解析计算方法,这时有限元法就显得非常必要。

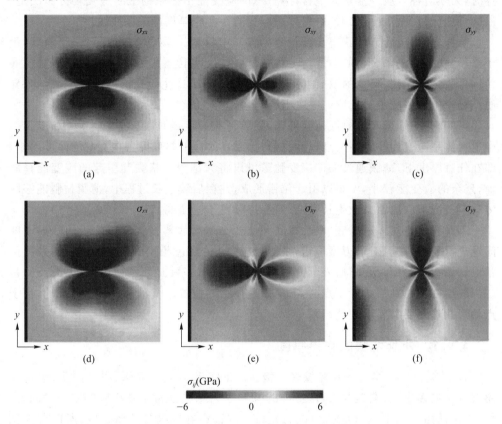

图 4-8-2　在自由界面附近的无限长直刃型位错各个应力分量的分布。(a)～(c)为解析计算[32],(d)～(f)为采用有限元计算[29],其中刃型位错的伯格斯矢量 $\boldsymbol{b}=[100]$,位错线方向为 $\boldsymbol{\xi}=[001]$,位错线距离自由界面(图中黑粗线为自由界面)为 6 nm,位错线位于 $x=0$ 处

4.9　纳米衬底异质外延临界厚度的有限元法

采用上节讲述的有限元数值计算方法,异质外延临界厚度可以方便地采用数值计算的方法获得,临界判据采用能量平衡判据。计算方法如下。

第一,计算无位错情况下材料体系的应变能(包含衬底和薄膜(或量子点或量子线)的贡献,衬底的协变性可通过模型设置实现],获得体系的应变能与薄膜厚度关系曲线。

第二,计算包含失配位错时材料体系的应变能,应变或应力源有两部分:薄膜和衬底的晶格失配和位错。应变能包含四部分:晶格失配引起的应变能、位错引起体系的应变能、晶格失配和位错之间的相互作用能、位错与界面之间的相互作用能。如在位错对产生的时候,还需要考虑位错之间的相互作用能。在采用数值有限元进行计算时,无须对各个应变能单独进行计算,总的应变能由体系的最终应变场分布决定。最终可计算得到包含位错时,材料体系应变能与薄膜厚度的关系曲线。

第三,采用拟合方法获得步骤一和步骤二中材料体系的应变能随(薄膜厚度、量子点尺寸变化)关系变化的曲线,找到曲线交点,交点位置即所在材料系在特定衬底(3D 衬底、2D 衬底、协变衬底、纳米衬底)情况下薄膜产生位错的临界厚度或纳米异质结构产生位错的临界尺度。

第四,对于纳米尺度衬底薄膜外延,随着薄膜厚度的增加,如果步骤一和步骤二中材料体系应变能不存在交点,说明材料体系在对应的衬底配置中无临界厚度限制,即在任意厚度下,薄膜通过局部应变弛豫可以将大部分晶格失配引起的应变能释放掉,残余的应变能较小,不足以引起位错形成,并在后续生长过程中,薄膜材料能够以体材料情况下的晶格常数生长,体系不会持续积累应变能。

下面我们将对体积衬底、刚性衬底和协变纳米衬底等情况异质外延的临界厚度问题进行具体讨论,对于刃型位错,采用无应力 Eshelby 模型,对于混合位错,采用位错段初始应力模型。在异质外延方面,分两种情况,一种是外延薄膜,这里涉及的是临界厚度问题。在形成量子点时,需要涉及位错的位置以及量子点的临界尺寸,量子点的形状选择要与实验观测结果一致。

4.9.1 外延薄膜的临界厚度

Ⅲ-Ⅴ族氮化物半导体在光发射二极管(LED)和激光二极管、白光照明、生物传感领域有诸多应用,典型的 InGaN/GaN 多量子阱结构通常制备于厚的 GaN 衬底模板,由于初始外延于 Al_2O_3 衬底(0001)方向,界面存在较高的位错密度,所以会劣化器件的光电性能。因此 InGaN/GaN 外延薄膜的临界厚度研究十分必要,然而大多数理论研究假定材料为各向同性材料。下面采用各向异性弹性特性分析[0001]滑移面上,伯格斯矢量为 $b = \frac{1}{3}[11\bar{2}0]$ 的刃型位错在 InGaN/GaN 材料系中的应变分布和薄膜的临界尺寸。如图 4-9-1 所示,生长方向[0001]与 z 轴平行,伯格斯矢量沿 x 轴方向。计算采用无应力 Eshelby 应变模型,位错区域的晶格失配应变表示为 $\varepsilon_0^{dis} = [a_{sub} + b_{edge} - a_{sub}]/(a_{sub} + b_{edge})$。外延层的应变表示为

$$\varepsilon_{ij}^{0} \begin{cases} \varepsilon_{//}^{0} = \dfrac{a_{\text{sub}}\,[11\bar{2}0] - a_{\text{film}}\,[11\bar{2}0]}{a_{\text{film}}\,[11\bar{2}0]} \\[3mm] \varepsilon_{\perp}^{0} = -2\,\dfrac{C_{13}}{C_{33}}\varepsilon_{xx}^{0} \\[3mm] \varepsilon_{ij,\,i\neq j}^{0} = 0 \end{cases} \tag{4-9-1}$$

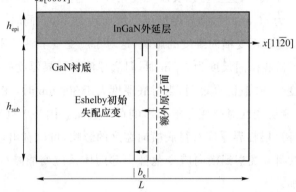

图 4-9-1　InGaN/GaN 相干异质外延薄膜和刃型位错仿真结构示意图[35]

　　在有限元仿真过程中,材料弹性常数采用各向异性弹性常数,具体数值不同文献略有差别,对应力和应变分布的计算误差可以忽略,具体参考本章参考文献[35]。衬底底面在法线方向的位移固定,模型两侧的边界条件与计算几何结构有关,当仿真大横向尺寸时,两侧可采用周期边界条件,法线方向的位移为零。对于二维无限大衬底材料,这样的几何模型是合理的,因为位错的形成来源于外延层的应变弛豫,尽管体系的总能量会随着外延层厚度的增加以及横向尺度的增加而增加,但对于二维薄膜来说,对形成位错有贡献的部分,主要来源于位错附近的外延薄膜,横向方向距离位错较远的薄膜不发生应变弛豫,对位错形成能无贡献。当计算有限尺寸的纳米衬底外延时,两侧采用自由边界条件,以确保水平方向提供了应变弛豫的额外通道,假定在纳米衬底的尺寸范围内部产生的位错网格仅产生一根位错,即水平距离小于等于位错的平均间距。二维模型仿真简单,但缺点是忽略了位错阵列网格的影响,仍可以定性描述临界厚度的依赖关系。对于位错芯弹性能的贡献采用如原子计算的 $\alpha(5/7)$ 位错芯能量进行插值拟合:

$$E_{\text{cor}}(\text{In}_{x}\text{Ga}_{1-x}\text{N}) = xE_{\text{cor}}(\text{InN}) + (1-x)E_{\text{cor}}(\text{GaN}) \tag{4-9-2}$$

其中 $E_{\text{cor}}(\text{GaN}) = 14.6\ \text{eV/nm}$,$E_{\text{cor}}(\text{InN}) = 10.2\ \text{eV/nm}$[36]。定义无位错时体系的应变能 E_{coh} 与有位错时体系的应变能 $E_{\text{incoh}} + E_{\text{cor}}$ 之差 ΔE 作为评估系统临界厚度的条件,初始外延层较薄,应变能较小不足以提供形成位错需要的能量,随着外延层厚度的增加,两者相等时的外延层厚度即临界厚度。

$$\Delta E = E_{coh} - (E_{inicoh} + E_{cor}) \tag{4-9-3}$$

在仿真中,In 的组分为 16%,晶格常数采用线性插值。在考虑位错芯的应变能时,计算得到的临界厚度为 3.9 nm,在不考虑位错芯时,临界厚度为 1.9 nm,由此可见,尽管位错芯的能量占位错总能量的比例不大,但对于氮化物临界厚度的影响比较明显。根据 Zubia 以及 Suhir 纳米异质外延的理论,横向受限衬底的临界厚度会随着横向维度的减少而减少,甚至可以实现无位错外延生长。采用数值仿真表明,当外延层横向尺度减少为 65 nm 时,临界厚度可以增加到 29 nm。同时,当横向尺寸大于500 nm 时,临界厚度不再受横向维度的影响,这对于应变量子阱异质外延是有利的。图 4-9-2(a)给出了衬底横向尺度为 5 μm 时,衬底厚度和临界厚度的关系。衬底厚度决定了应变的协变性,数值仿真表明,当衬底厚度大于 300 nm 时,在研究的外延层临界厚度范围内,应变协变性对应变分配的影响可以忽略。图 4-9-2(b)给出了衬底厚度为 300 nm 时,外延层临界厚度对衬底横向宽度的影响,可以看出,当衬底宽度低于100 nm 时,才可以明显观察到横向应变弛豫引起的体系应变能减少,并使得外延薄膜的临界厚度增加。

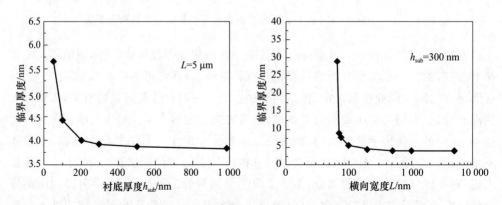

图 4-9-2　(a)横向尺度为 5 μm 时,外延层临界厚度与衬底厚度的关系;
(b)衬底厚度为 300 nm 时,横向宽度和临界厚度的关系

图 4-9-3 给出了不同铟组分外延层量子阱临界厚度曲线,并与早期的文献进行了对比。其中 Fischer 等人[37]提出的模型中,考虑了应变弛豫以及位错之间的相互作用,理论上更趋近完善,但通过与实验对比发现,该计算结果高估了临界厚度,部分无位错数据点位于图 4-9-3 Fischer 曲线下方[39,42]。Holec 等人[38]采用各向同性弹性理论,深入分析了六角对称晶体多种位错配置下的临界厚度并考虑了原子计算的位错芯能量,根据广泛的实验数据与理论数据对比发现,该结果过于低估了临界厚度,部分无位错实验数据位于理论曲线上方[38-39,42]。相比较而言,尽管仅采用了二维模型,采用各向异性弹性理论和有限元法,但通过合理设计边界条件,计算得到的临

界厚度曲线与大多数实验数据匹配度较高,从图 4-9-3 可以看出,尽管也有较少临界厚度数据与实验相比出现高估的情况[38],但数据距离理论曲线较近,误差较小,并且所有实验观测到的有位错出现的薄膜厚度数据都在计算的临界厚度之上。

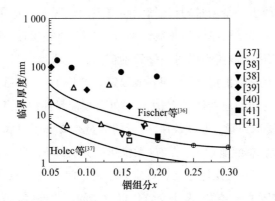

图 4-9-3 不同模型计算得到的 InGaN/GaN 单层异质外延系统临界厚度以及与实验数据的对比(实验数据中,实心符号:产生位错薄膜厚度数据。空心符号:无位错薄膜厚度数据)[37-42]

4.9.2 三维台型纳米衬底外延的临界厚度

尽管上小节采用二维有限元仿真了纳米衬底对外延层临界厚度的影响,但当纳米衬底横向尺寸变小时,临界层厚度明显增加,直至当衬底横向尺寸小于一定临界尺寸时,出现无位错外延,即晶格失配的应变完全由衬底和外延层的应变弛豫来协调。下面以 InGaAs/GaAs 为例,采用三维有限元仿真模型,分析材料组分与纳米衬底横向尺寸等参数对该材料系临界厚度的影响[42]。

在具体计算过程中,材料弹性常数采用各向同性近似:$E_{GaAs} = 86.96$,$E_{In_{0.5}Ga_{0.5}As} = 68.65$(单位为 GPa),泊松比均为 0.31,合金的晶格参数和杨氏模量均采用线性插值。临界厚度的判定采用能量平衡法。在仿真过程中,纳米衬底的地面固定,其他侧面都采用自由边界条件。位错的有限元仿真计算仍采用无应力 Eshelby 应变模型。假定位错类型为纯刃型位错,位错矢量方向沿 [110] 方向,长度为 $0.5a_s$,a_s 为衬底沿 [110] 方向的晶格常数。有限元几何模型如图 4-9-4(a)所示,x 轴与 [110] 方向一致,z 方向沿 [001] 方向,位错位于衬底和外延层界面的中心位置,位错线沿 y 轴 [1$\bar{1}$0] 方向,坐标原点位于界面中心。体积衬底仅为示意方便,不参与仿真。

图 4-9-4(b)给出了正应力的 σ_{xx} 分量从台型衬底中心沿生长方向的分布,可以看出,无论是衬底还是外延层,水平方向的应力在位错形成时都得到弛豫,仅在靠近界面附近,应力得到增强。图 4-9-5(a)给出了在有位错和无位错情况下,衬底的应变能、外延能的应变能以及总的应变能等参量随薄膜厚度的变化关系。可以看出,衬底

的应变能 W_{sub} 占体系应变能的 25% 左右,说明衬底的协变性不可忽略,且总能量的分配比例不变(与薄膜厚度成正比),有位错的情况下衬底应变能比无位错的情况下衬底应变能要大,且两条曲线近乎平行,说明位错不能弛豫衬底的能量,位错的引入会导致衬底应变能产生一个增量,且该增量与薄膜厚度无关。在无位错的情况下,外延层的应变能 W_{epi} 随外延层厚度呈非线性关系,说明即便在无位错情况下,体系的能量也在弛豫,能量弛豫来源于有限衬底导致的横向弛豫通道。当外延层较薄时,无位错薄膜的能量低于有位错的应变能,随着薄膜厚度的增加,无位错外延层的应变能逐渐等于并大于有外延能的应变能。有、无位错外延层能量曲线交点位置并非临界厚度的能量平衡条件。要达到临界厚度条件,两者的能量差要大于衬底部分因为位错导致的能量增量,直到最后总的能量 W_t 在有、无位错时达到平衡,总能量平衡的交点位置对应的薄膜厚度要大于外延层能量交点对应的薄膜厚度。对于 Suhir 等人提出的刚性衬底模型[19],衬底不分配应变能,两个交点位置对应的薄膜厚度相等,即临界厚度。

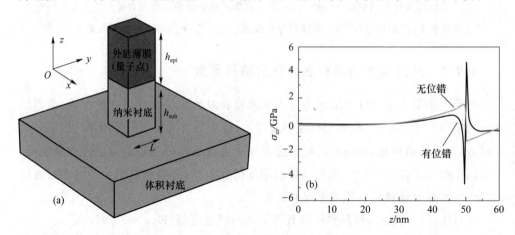

图 4-9-4 (a)方形纳米衬底异质外延 InGaAs/GaAs 临界厚度计算的有限元模型[42];(b)有位错和无位错情况下正应力的 σ_{xx} 分量从台型衬底中心沿生长方向的分布,其中衬底厚度为 50 nm,外延层厚度为 10 nm

上一小节采用二维有限元仿真讨论了 InGaN/GaN 外延的临界厚度,本小节采用三维受限台型衬底模型更精确地模拟异质外延层的临界厚度,图 4-9-5(b)以 InGaAs/GaAs 材料系对两种模型进行了对比,可以看出,对于高铟组分合金,两种模型下的临界厚度相差不大,随着铟组分的降低(晶格失配降低),三维模型计算得到的临界厚度大于二维仿真模型,这是由于横向方向的应变弛豫通道增加了一个维度,可以更大程度地释放外延层晶格失配的应变积累。在缺乏纳米衬底异质外延临界尺寸实验数据的情况下,图 4-9-5(b)给出了体积衬底外延 InGaAs/GaAs 材料系中实验测得的不同 In 组分合金外延薄膜中,观察到位错出现的厚度数据[44]。由于观察到薄膜厚度已经出现了位错,所以厚度大于等于对应组分的临界厚度,这是因为不能保证观测对应的厚度恰恰是临界厚度。假如观测数据恰好是临界厚度,那么由于纳米衬底增加应变弛豫通道,导致临界厚度增加,原则上实验观察数据应位于仿真计算曲线的下方,可以看出,对于三维有限元模型,这个条件是成立的。对于 2D 模型,以上数据并不成立。总的来说,纳米衬底对异质外延临界厚度的增加与实验对比是合理的,且三维纳米衬底的临界厚度增加效果可以获得侧面的实验数据支持。对于二维模型从体积衬底外延的数据不支持,这是由于体积衬底外延实验观测数据存在不确定性,因此不期望对 2D 模型的数据结论做评价。

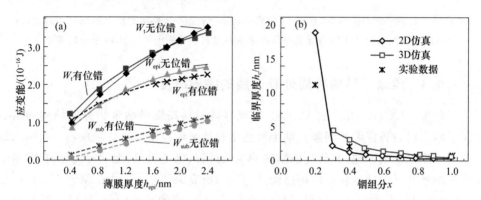

图 4-9-5 (a)有位错和无位错情况下 $In_{0.5}Ga_{0.5}As/GaAs$ 纳米衬底异质外延系统中薄膜应变能、衬底应变能和总应变能随外延层厚度的变化关系;(b)二维仿真、三维仿真和实验数据临界厚度与 InGaAs 合金薄膜中铟组分之间的关系,(a)和(b)中衬底的厚度和横向尺寸均为 50 nm

晶格失配是应变源,横向尺寸受限是应变弛豫通道,位错也是应变弛豫通道,因此临界厚度既与晶格失配(合金组分)有关,又与横向尺寸有关。图 4-9-6(a)给出了台型衬底异质外延合金组分及衬底横向尺寸与临界厚度的关系曲线,其中衬底厚度为 50 nm。可以看出高应变源(大晶格失配)需要更有效的应变弛豫通道,才能与低应变源保持相同的临界厚度。不同晶格失配的临界厚度对横向尺寸的灵敏性依赖关系与横向尺寸的位置有关,晶格失配越大,高灵敏性对应的横向尺寸越小,当横向尺寸低于灵敏区域后,临界厚度迅速增加,当临界厚度大于 1 000 nm 时,可以认为材料无位错外延生长。把此时的横向尺寸称为纳米衬底无位错外延生长的临界尺寸 L_c。图 4-9-6(b)给出了方形纳米衬底(厚度为 50 nm)无位错外延的临界尺寸与铟组分的关系曲线,可以看出在中等组分情况下,无位错异质外延需要方形纳米衬底的横向尺寸低于 25 nm,而对于纯 InAs 需要的横向尺寸约为 10 nm,纳米衬底外延尽管对衬底要求较高,但提供了无位错外延生长的可能性,在异质外延无应变量子点中有潜在应用价值。

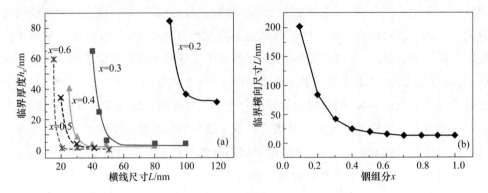

图 4-9-6　（a）纳米衬底 InGaAs/GaAs 异质外延不同铟组分下临界厚度与横向尺寸的关系；
（b）台型纳米衬底无位错异质外延时纳米衬底的临界横向尺寸与 In 组分的关系

4.9.3　纳米线轴向异质外延薄膜的临界厚度

近年来，Si、GaAs、InP、InAs、GaP 等半导体材料高质量纳米线异质结构的制备引起了纳米材料界巨大的兴趣。纳米衬底生长纳米线技术已经日趋成熟。在纳米线上纵向异质外延纳米柱，并研究该结构的生长过程、电子输运、光学特性等，在纳米电子学和纳米光子学领域获得应用已经成为热门研究课题之一。由于横向方向结构有限，晶格失配在水平方向可以得到有效弛豫，与方形纳米衬底类似，可以生长较厚的外延层而不引入界面失配位错。下面讨论圆柱纳米线轴向异质外延薄膜的临界厚度问题。在介绍数值有限元仿真工作之前，先介绍 Gals 在这方面的解析工作[45]，该工作的优点是给出了决定临界厚度的解析表达式以及任意厚度无位错外延的纳米线临界半径与晶格失配的关系式，但在解析推导过程中进行了较多假设，这些假设在实际情况下不容易满足。

1.　纳米线轴向异质外延解析计算的刚性衬底模型

纳米线异质外延以及界面失配位错示意如图 4-9-7 所示，柱状纳米线衬底的半径为 r_0，z 轴为异质外延方向，衬底部分为无支撑半无限长（$-\infty \leqslant z \leqslant 0$）纳米线，衬底和外延层（$0 \leqslant z \leqslant h$）之间的晶格失配为 f。在弹性能的计算过程中，假定衬底为刚性衬底，材料的弹性特性按弹性各向同性处理。临界条件的判定仍采用能量平衡判据，计算临界厚度，需要首先计算材料体系在有位错和无位错情况下的应变能。

首先计算系统无界面失配位错情况下的弹性能，对于同样的物理模型，2005 年 Ertekin 等人在分析临界厚度问题时，利用变分法给出了体系应变能的表达式，利用该方法与有限元法进行对比，结果表明，变分法的计算结果高估了体系应变能 15% 左右[46]。对于有限高度失配层在无限厚圆柱体的应变能问题，1941 年 Barton 给出了精确的积分解[47]。Glas 在 Barton 等人工作的基础上给出了本问题中应变能的近似解，无位错时体系的应变能表示为

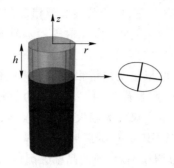

图 4-9-7 纳米线异质外延以及界面失配位错示意

$$E_{\mathrm{coh}} = \frac{2\mu(1+\nu)}{1-\nu}\phi(p)f^2 V \approx \frac{2\mu(1+\nu)}{1-\nu}\frac{\pi r_0^2 h f^2}{1+A_\nu p} \tag{4-9-4}$$

其中 $V = \pi r_0^2 h$ 为外延层的体积，$\phi(p) = \dfrac{1}{1+A_\nu p}$ 为应变能弛豫函数，该函数主要取决于薄膜的高宽比，与材料的泊松比呈弱相关性（当 $\nu = 1/3$ 时，$A_\nu = 27.3 \pm 0.55$，该值可通过数值计算确定），与杨氏模量或剪切模量无关。应变能弛豫函数定义为有限尺寸的纳米线衬底外延薄膜的应变能与等体积外延材料在无限大衬底外延时的应变能之比：$\phi(p) = E_{\mathrm{coh}}/E_{\mathrm{2D}}$。其中 E_{2D} 为外延薄膜材料以赝晶形式共格生长（晶格与衬底晶格一致）于无限大衬底时的应变能：

$$E_{\mathrm{2D}} = Mf^2 V = \frac{2\mu(1+\nu)f^2}{(1-\nu)}\pi r_0^2 h \tag{4-9-5}$$

对于给定的衬底半径 r_0 和晶格失配，外延层的能量会随着外延层高度的增加而增加，但是对于水平受限的 2D 薄膜，外延层的能量会随着高度的增加逐渐趋于常数，这是由于当外延层高度在接近水平方向的尺寸后，外延材料的晶格常数将恢复其无应变状态，对应变能不再有贡献。根据线性弹性理论，应变场唯一取决于系统几何构造，也即高宽比 p。系统应变能与高宽比的关系可以从式（4-9-4）得出：

$$E_{\mathrm{coh}} \approx \frac{4\mu(1+\nu)\pi r_0^3 p f^2}{(1-\nu)(1+A_\nu p)} \tag{4-9-6}$$

应变能弛豫函数可以采用有限元数值计算结果拟合求得。为讨论方便，将 E_{coh} 对 $2\mu(1+\nu)r_0^3 f^2$ 取归一化，归一化表达式为

$$E_{\mathrm{coh}}/2\mu(1+\nu)r_0^3 f^2 = 2\pi p/[(1-\nu)(1+A_\nu p)] \tag{4-9-7}$$

上述应变能弛豫函数随外延薄膜高宽比的变化关系，以及归一化弹性能与系统高宽比的关系，与利用有限元法的计算结果进行对比，发现除高宽比较小的情况外，解析表达式与有限元计算吻合较好，对于纳米线衬底异质外延，临界厚度通常比较大，因此在感兴趣的范围内表达式（4-9-7）可以放心使用。

对于有位错的情况，首先，由于界面失配位错的存在，其位错平行于界面的刃型分量将协调部分晶格失配，导致新的晶格失配 $|f'| < |f|$，因此存在位错时外延薄膜

的应变能 E_{incoh} 减少；其次，位错自身的应变能和位错芯的能量将使得系统能量增加。在计算外延薄膜的弹性应变能时，为了保证薄膜的双轴平面应变弛豫特征，在 Glas 以及 Ertekin 等人的模型中[45-46]，均假定在界面存在一对正交的界面失配位错，另外，为了保证系统的对称性，两根正交位错相交于纳米线的中心轴，这时位错具有最大的长度，能够起到有效的应变弛豫作用。假定 b 为位错的伯格斯矢量，b_{eff} 为其平行于界面的刃型分量。对于水平尺寸无限大衬底情况，假定 d 为方形正交位错阵列的周期，如图 4-9-8 所示，在面积为 d^2 的区域内，位错长度为 $2d$，因此单位面积的位错长度 $l=2/d$。考虑位错协调作用后，新的晶格失配可以表示为

$$f' = f + b_{eff}/d = f + \frac{lb_{eff}}{2} \qquad (4\text{-}9\text{-}8)$$

其中 l 为单位面积位错的长度。对于圆柱形纳米线衬底的情况，可采用相同的方法，易得 $l=4r/(\pi r^2)=4/(\pi r)$，因此界面失配位错对晶格失配的协调作用可以表示为 $2b_{eff}/(r_0\pi)=\alpha b_{eff}/(2r_0)$，其中 $\alpha=4/\pi$，这样新的晶格失配可以表示为

$$f' = f + 2b_{eff}/(\pi r_0) \qquad (4\text{-}9\text{-}9)$$

在 Ertekin 等人的模型中，界面失配位错对晶格协调作用的表达式中无 α 因子[46]。根据式（4-9-9），采用平均晶格弛豫后，非共格双轴应变的应变能 E_{incoh} 的表达式可表示为

$$E_{incoh} = \frac{2\mu(1+\nu)}{(1-\nu)} \frac{\pi r_0^2 h\,(f')^2}{1+A_\nu p} \qquad (4\text{-}9\text{-}10)$$

引入界面失配位错前后，纳米线异质外延层的应变能减少量可以表示为

$$\Delta E = E_{coh} - E_{incoh} = \frac{2\mu(1+\nu)\phi(p)\pi r_0^2 h}{(1-\nu)} \left[\frac{4b_{eff}\,|f|}{\pi r_0} - \frac{4b_{eff}^2}{\pi^2 r_0^2} \right] \qquad (4\text{-}9\text{-}11)$$

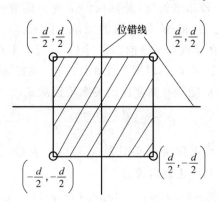

图 4-9-8　位错对晶格失配的协调作用示意图

下面讨论位错本身的应变能，根据位错理论，位错的应变能可以表示为位错长度乘以单位长度的长直位错的应变能密度，位错的长度为 $4r_0$，因此，位错的应变能表示为

$$E_{dis} = 4r_0 \left[\frac{\mu b^2}{4\pi(1-\nu)}(1-\nu\cos^2\phi)(\ln\frac{R}{b}+1) \right] \qquad (4\text{-}9\text{-}12)$$

其中 R 为位错的外截止半径,对于水平方向无限大衬底的情况,外截止半径通常可取位错线到自由表面的距离,即薄膜厚度。通常采取的做法是取位错线到最近邻自由表面的距离,这对于如图 4-9-7 所示的几何模型,则比较复杂。一种几何平均的方法是,首先确定位错线到侧面的平均距离 $\overline{d}$,对于图 4-9-7 所示的几何模型,平均距离可以表示为

$$\overline{d} = \frac{\int_0^{\pi/2} r\cos\theta\, r\, d\theta}{\int_0^{\pi/2} r\, d\theta} = \frac{2}{\pi} r_0 \qquad (4\text{-}9\text{-}13)$$

显然,平均距离小于纳米线的半径。外部截止半径可以表示为 $R = \min(h, \overline{d})$。

在给出了位错应变能以及界面位错前后应变能的能量减少量之后,就可以根据能量平衡判据方便地给出外延薄膜的临界厚度。令式(4-9-12)和式(4-9-11)相等,求出对应的高度 h(即对应的临界厚度),因此临界厚度条件为

$$h_c = \frac{r_0 b^2 (1 + A_\nu h_c/(2r_0))(1 - \nu\cos^2\phi)\left(\ln\dfrac{R}{b} + 1\right)}{8(1+\nu)b_{\mathrm{eff}}(\pi r_0 \mid f \mid - b_{\mathrm{eff}})} \qquad (4\text{-}9\text{-}14)$$

基于式(4-9-14)就可以讨论各种类型的位错产生的临界厚度了,尽管看起来上述表达式与弹性模量无关,但弛豫函数的参数与弹性模量有关,因此临界厚度与弹性模量的关系体现在弛豫函数的参数 A_ν 中。图 4-9-9(a)给出了 $60°$ 位错时,不同晶格失配情况下,异质外延薄膜的临界厚度与纳米线半径之间的关系(假定伯格斯矢量的长度为 $b = 0.4\ \mathrm{nm}$)。可以看出,对于特定的晶格失配,当纳米线半径小于某临界值 r_0^c 时,外延层的临界厚度趋于无穷大。利用式(4-9-14)容易得出,当 h_c 趋于无穷大时,位错的外截断半径为 $2r_0/\pi$,纳米线的临界半径由下式决定:

$$\frac{b_{\mathrm{eff}}(\pi f r_0^c - b_{\mathrm{eff}})}{A_\nu} = \frac{(1 - \nu\cos^2\phi)b^2}{16(1+\nu)}\left(\ln\frac{2r_0^c}{\pi b} + 1\right) \qquad (4\text{-}9\text{-}15)$$

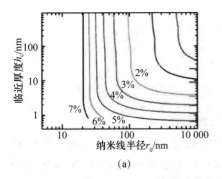

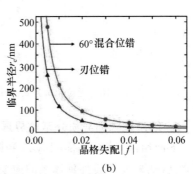

(a)　　　　　　　　　　　　　(b)

图 4-9-9 (a) 不同晶格失配下纳米线半径与临界厚度的关系;
(b) 无位错异质外延纳米线临界半径与晶格失配的关系[44]

图 4-9-10 给出了无限大共格生长情况下纳米线的临界半径与材料晶格失配之间的关系,图中三角数据线对应刃型位错 $\left(\phi = \frac{\pi}{2}, b_{\text{eff}} = b\right)$,圆点数据线对应 60°位错 $\left(\phi = \frac{\pi}{3}, b_{\text{eff}} = \frac{b}{2}\right)$,可以看出相同条件下,混合位错的临界半径要大于刃型位错的临界半径,这是由于相同结构下,刃型位错的形成需要更多的应变能弛豫,临界厚度要大,因此对应的临界半径也越大。

下面对 Glas 的纳米异质外延临界厚度的计算模型做几点总结:该模型重点集中在如何通过解析方式给出关于柱状纳米线轴向异质外延时临界厚度与衬底几何结构的关系,物理意义清晰;在特定晶格失配下,当纳米线的半径小于某一临界半径时,外延薄膜的临界厚度趋于无穷大,对于生长无位错量子异质结构纳米线具有重要指导意义,这与上一小节的纳米台型衬底结论一致。模型的局限性表现在:首先在实际生长实验中,很难保证高质量的无支撑纳米线;其次对于真实材料,纳米衬底横向尺寸有限,其协变性很强,作为刚性衬底并不合适,会低估对临界厚度的预测;再次纳米线本身的应变能采用了无限长直位错模型,忽略了纳米线长度截断效应和纳米线之间的相互作用;最后该模型采用弹性各向同性近似,对于高各向异性材料会导致误差,模型正确使用需要先确定应变弛豫函数中相关的参数,这些参数与弹性常数和几何参数有关。

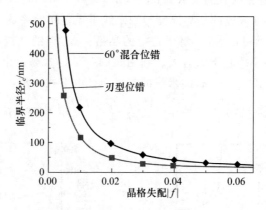

图 4-9-10　无位错异质外延需要的纳米线临界半径与晶格失配的关系[44]

2. 纳米线轴向异质外延临界厚度的数值有限元法

下面给出了采用 Eshelby 应变模型进行的类似分析数值分析,首先分析位错产生前、后纳米线异质外延体系的应变能,利用残余应变能平衡判据,分析纳米线异质外延结构的临界尺寸以及无位错外延时纳米线的临界半径。

圆柱纳米线异质结构模型如图 4-9-11(a)所示[48],与方形纳米衬底模型〔图 4-9-9(a)〕类似,假定纳米线材料生长在体材料衬底上,体材料衬底与纳米线之间的晶格匹配,这样作为后续外延生长的纳米线衬底内部无应变,忽略侧面界面的影响,其晶格常数为自由状态体材料的晶格常数，纳米线衬底高度足够高，在应变协调时，不会影响体材料衬底。纳米线水平方向两个维度在纳米量级，自由侧表面可有效弛豫异质外延结构中的应变，增加了无位错生长的临界厚度。笛卡儿坐标轴分别对应[110]和[001]。轴向外延沿 z 轴生长，异质外延界面位于 $z=0$，材料体系为典型的 $In_xGa_{1-x}As/GaAs$。同样采用各向同性弹性理论，但对于有限元仿真，纳米线衬底和外延层可采用不同的杨氏模量和泊松比。$In_xGa_{1-x}As$ 合金的晶格常数用插值函数表示 $a=0.653+0.405x$（单位为 nm），杨氏模量 $E=85.9-34.5x$（单位为 GPa），泊松比 $\nu=0.31+0.04x$。

首先分析无位错纳米线异质外延的应变分布和体系应变能，初始应变为晶格失配，表示为 $f_m=(a_f-a_s)/a_f$。作为例子，首先考察 $In_{0.5}Ga_{0.5}As/GaAs$ 纳米线轴向异质外延结构的应变场分布，纳米线半径为 30 nm，纳米线衬底高度为 50 nm，外延层高度为 25 nm。图 4-9-11(b)给出了 σ_{xx} 正应变分量，由于对称性，σ_{yy} 正应变具有类似分布。在无位错情况下，界面两侧应力异号，理论上应该没有过渡区域。在有位错的情况下，远离位错芯附近，应力值与共格情况的应力同号，但数值要小于共格情况，说明应力由于位错存在而弛豫，但在靠近位错芯的情况下，应力值迅速增加，直至与共格情况下的应力异号，图中限定位错芯区域的宽度约为 0.8 nm。可以看出，位错芯区域的应力太大，基于有限元的仿真数据在该区域不再有效。

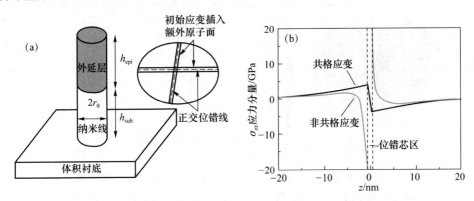

图 4-9-11　(a)纳米线衬底异质外延临界厚度计算的有限元模型；
(b)有位错和无位错情况下正应力的 σ_{xx} 分量在纳米线衬底中心沿生长方向的分布

图 4-9-12 给出了 ε_{xx} 正应变沿纳米线剖面的应变分布，衬底材料具有明显的应变协调作用，应变值在衬底内部一定深度内不可忽略。纳米线衬底处于张应变状态，应变大于零，外延层则相反，从 ε_{xx} 正应变沿轴向的分布来看，应变在界面两侧符号相反，一侧为压缩应变，另一侧为张应变。从应变轴向分布图来看，当增加至 60 nm 左右时，压应变逐渐减小为零，在 $z=-50$ nm 处，张应变也可以忽略。这说明外延体积的应变能已经由衬底和外延层协调，故对于 50 nm 的纳米线衬底，其高度是足够的。从 ε_{xx} 应变的水平分布来看，由于侧面尺寸有限且为自由边界，可以提供附加的应变

弛豫通道,靠近侧面的应变能逐渐减少,这也正是纳米衬底可以提高异质外延临界厚度的原因,为更好地说明这一点,图 4-9-12(c)给出了 $z=3$ nm 剖面的外延层部分的流体静应变分布,从中可以看出,流体静应变在水平面内具有各向同性,且数值从内到外逐渐降低,图 4-9-12(d)给出了流体静应变在 $z=3$ nm 面内沿 x 轴的应变分布,可以看出在纳米外延层轴中心的流体静应变最强,由于侧面提供了额外的应变弛豫通道,流体静应变在靠近边界附近时,数值逐渐减小,在边界附近流体静应变几乎完全弛豫。

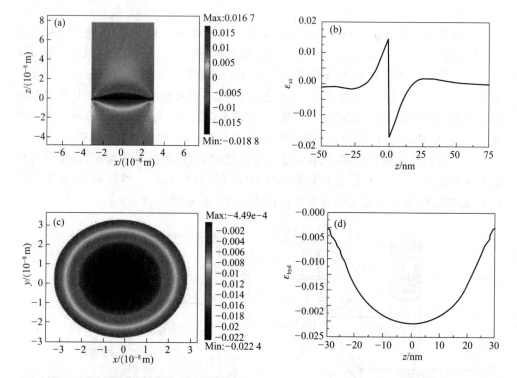

图 4-9-12　无位错时纳米线的应变分布。(a)$y=0$ 平面内正应变分量 ε_{xx} 的分布;(b)正应变分量 ε_{xx} 沿纳米线中心轴的分布;(c)流体静应变 ε_{hyd} 在 $z=3$ nm 水平面内(外延层)的分布;(d)流体静应变 ε_{hyd} 在 $z=3$ nm 平面内沿 x 轴的分布

对于含有位错的纳米线异质结构,考虑对称性,假定最早产生的位错为相互垂直的刃型位错,位错线交于纳米线轴心,该位错配置具有最强的应变弛豫效果。刃型位错采用在位错线区域内设置初始应变的方法进行模拟,等效于将多余半原子面压缩入一个[110]方向的 GaAs 晶格。伯格斯矢量为 $\boldsymbol{b}=0.5a_s[110]$。综合考虑失配应变和位错应变后,用有限元求解体系残余应变分布。如图 4-9-12(b)所示,引入位错后,失配相反的剩余应变场出现在位错芯附近,随着到位错距离的增大,剩余应变逐渐恢复至与失配应变同号,但绝对值降低,表明位错是部分而非完全弛豫了的晶格失配应变。无位错和包含位错系统应变总能量随纳米线外延层厚度的变化如

图 4-9-13(a)所示。位错芯非弹性能量对体系的贡献在临界厚度计算中的作用不可忽略,位错芯能量可采用近似表达式 $E_{core} = \mu b^2 L_{dis}/2\pi$ 计算[30],L_{dis} 为位错段的总长度:$L_{dis} = 4r_0$。随着薄膜厚度的增加,当有位错和无位错两种情况下体系的应变能相等时,到达能量平衡条件,此时的薄膜厚度即临界厚度,可以看出半径为 30 nm,衬底厚度为 50 nm 的 $In_{0.5}Ga_{0.5}As/GaAs$ 纳米线轴向异质外延结构的临界厚度约为 12.4 nm。若纳米线的衬底高度从 50 nm 增大至 100 nm,外延薄膜的临界厚度约为 12 nm。可以看出,纳米线的衬底高度大于 50 nm 的部分对体系应变能的谐调作用可以忽略不计。

纳米线轴向异质结构外延层的临界厚度对衬底半径非常敏感,敏感的衬底半径位置与晶格失配有关,晶格失配越大,敏感的半径位置越小,当低于敏感半径时,随着衬底半径的减少,外延层的临界厚度迅速增加,直至实现无位错异质外延。不同晶格失配异质外延的临界厚度随着衬底半径的典型变化曲线如图 4-9-13(b)所示,每条曲线都对应不同的晶格失配,变化范围从 1.38% 到 4.78%,相应的 In 含量从 0.2 增至 0.6。随着衬底半径的减少,临界厚度出现指数快速上升趋势,并可以预测存在使外延层保持无位错生长的临界半径 r_c。图 4-9-13(b)中包含了半导体纳米线轴向异质结构的实验数据,空心点表示实验样品已产生位错,实心点表示实验样品未产生位错。菱形[49]、正方形[50]、倒三角[51]和圆形[52]分别代表晶格失配为 0.9%、3.14%、3.7%、7.1% 的纳米异质外延。以 3.14% 的晶格失配为例,半径 20 nm 计算得到的临界半径大于 100 nm,外延层厚度小于 100 nm 的样品无位错,计算结果与实验结果吻合。

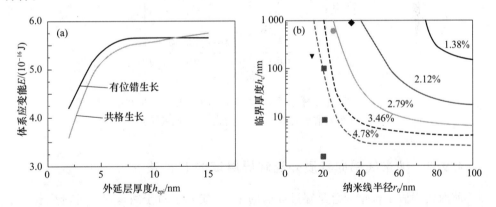

图 4-9-13 (a)有无正交位错情况下 $In_{0.5}Ga_{0.5}As/GaAs$ 系统总能量随外延层厚度的变化关系;(b)不同 InGaAs 组分(晶格失配不同)情况下外延层的临界厚度和纳米线衬底半径的关系

图 4-9-14 给出了 InGaAs/GaAs 纳米线无位错异质外延纳米线临界半径与 In 含量的关系,对应失配应变从 0.68% 到 6.7%。临界半径的存在意味着可以通过衬底纳米工程,实现晶格失配外延体系的无位错生长。例如,半径在 50 nm 以下的

$In_{0.2}Ga_{0.8}As$ 纳米线外延层可以不再担心位错的产生。这在无限大衬底外延薄膜中是不可能实现的,这主要归功于纳米线衬底有限的横向尺寸提供了纳米线侧表面的额外应变弛豫通道。InAs/GaAs 材料晶格失配应变达到 6.7%,其临界半径约为 8 nm。图 4-9-14 给出了不同纳米线衬底厚度对临界半径的影响,可以看出对于纳米线半径 50 nm 和 100 nm,两种情况得到的临界厚度曲线差别很小,可认为厚度 50 nm 已足够大,可视为无支撑纳米线。采用有限元数值计算得到的材料临界半径与上节介绍的 Glas 的解析工作相比,数值稍偏小,主要原因是:第一,在有限元仿真中衬底和外延层采用了不同的弹性常数,因此,有限元计算模型考虑了衬底对晶格失配应变的协调性,而在解析工作中采用的是刚性衬底,所有晶格失配均由外延层协调;第二,在位错场的应变仿真中,有限元法可以考虑复杂的界面关系以及有限长度位错段的截断影响,解析工作借助的是无限长位错段的能量公式,并且不考虑位错的相互作用和有限长度截断的影响。有限元法的优势是将位错场直接引入失配应变场来得到剩余应变分布。不足之处是,基于无应力 Eshelby 应变模型的位错有限元仿真无法处理位错的螺型分量,而闪锌矿材料以 60°位错为主,这在某种程度上限制了该方法的应用。

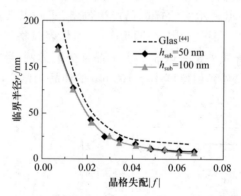

图 4-9-14　不同柱形衬底厚度情况下任意外延厚度保持共格生长的
柱形衬底的临界半径与晶格失配之间的关系

4.9.4　纳米线轴向异质外延临界厚度的 P-K 法

前面我们假定位错线总是穿过界面的中心,实际上对于纳米衬底外延生长薄膜存在着位错形成的优先位置问题。在讨论轴向外延纳米线衬底时,我们假定 60°混合位错穿过异质界面中心。实际上,位错优先形成的位置与其生长方向有关。早期实验生长的闪锌矿异质外延纳米线大多沿[111]方向,其混合位错的优先形成位置穿过纳米线中心。近年来,在[001]方向生长的纳米线已有报道,下面我们从能量最小原理角度分析位错优先位置与生长方向、位错类型及外延材料高宽比等因素的关系,并用 P-K 法进行研究[53],重点讨论沿[111]方向生长纳米线的临界直径问题,并与前面介绍的两种方法进行对比。

如图 4-9-15(a)所示的两种柱状纳米线异质外延,其中一种标记为 NW/NW,为在纳米线衬底异质外延纳米线薄膜,另一种标记为 NW/Bulk,为在体积衬底异质外延纳米线薄膜。体积衬底和纳米线衬底的协变性通过材料弹性常数和几何结构关系体现在模型中。令纳米线外延生长方向为 z 轴,共格生长的纳米线异质结构的应力、应变场分布和应变能采用数值有限元法计算。计算过程中采用各向同性近似,假定衬底和外延层材料具有相同的弹性模量和泊松比,对于 z 轴沿[001]方向的异质外延,弹性模量取 90 GPa,泊松比为 0.33,对于[111]外延,弹性模量不变,泊松比为 0.2。边界条件对于纳米线外侧和顶部全部采用自由边界条件。仿真结果表明,在初始阶段,弹性应变能随外延厚度的增加而增加,当高宽比大于 2 时,应变能增加变缓,这是由于纳米线侧壁的弹性弛豫,对于体积衬底,由于应变协变性差,导致计算得到的应变能大于对应的纳米线衬底。

在纳米线异质界面引入位错,塑性弛豫后的应变能可以用 P-K 法评估[54-55]。该方法考虑了共格生长应力场与位错的相互作用。具体来说,一段长度为 dl 的直位错在应力场中会受到 P-K 力的作用:$\boldsymbol{F}=\boldsymbol{b}\cdot\boldsymbol{\sigma}\times\mathrm{d}\boldsymbol{l}$。应变能弛豫量等于将沿 y 轴方向的位错从表面插入纳米线内部一点(x,z)时所做的功,可表示为

$$W_{\mathrm{relax}}(x,z) = b_x \int_z^{h(x)} \left(\int_{l(x,z)} \sigma_{xx}\,\mathrm{d}y \right)\mathrm{d}z + b_z \int_z^{h(x)} \left(\int_{l(x,z)} \sigma_{xz}\,\mathrm{d}y \right)\mathrm{d}z \quad (4\text{-}9\text{-}16)$$

其中 $h(x)$ 为表面的 z 轴坐标。$l(x,z)$ 为通过该点的位错线,从有限元法计算得到的平衡应力场确可保 P-K 力积分与路径无关,因此在计算中,为简化计算,通常取从顶层表面的垂直路径,这种方法也可用于计算复杂形状的应变异质结构(如量子点)中位错的弛豫应变能,通常称为 P-K 力法。

下面分析有位错配置时,系统应变能弛豫 W_{relax} 与纳米线生长方向和位错位置的相关性。假定只考虑沿<110>方向的 60°位错,伯格斯矢量为$(a/2)$<101>。对于许多闪锌矿半导体,选择 $b=0.4$ nm。当纳米线沿[111]异质方向生长时,生长方向垂直于滑移面,位错线和伯格斯矢量位于滑移面内,因此伯格斯矢量沿 x、y、z 方向的投影分量分别为$\sqrt{3}b/2$、$b/2$ 和 0。当纳米线沿[001]方向生长时,$b_x=b_y=b/2$,$b_z=\sqrt{2}b/2$。作为示例,考虑一厚度为 6 nm 的纳米线外延层,直径为 30 nm,位于纳米线衬底和体材料衬底之上,如图 4-9-15(a)所示。图 4-9-15(b)给出了对应的能量弛豫分布图。最大的应变能弛豫(对应最小的 W_{relax})发生的情况与生长方向和位错在异质界面的位置有关,对于沿[001]生长的纳米线,位错在异质界面 $L=0.385D$(从左侧起)和 $L=0.355D$ 时,分别在纳米线衬底外延和体积衬底外延结构获得最大应变能弛豫。这一偏离纳米线中心轴的现象,来源于 xz 分量的剪切应力与伯格斯矢量 z 分量的相互作用,这一影响在早期文献中没有提及。当伯格斯矢量没有 z 分量时,能量弛豫最有效位置为通过纳米线中心的 60°位错,比如对于沿[111]生长的纳米线。显然,无论沿哪种生长方向,体积衬底具有更差的应变协调性(与纳米线衬底相比),

因而具有更大的 W_{relax}。

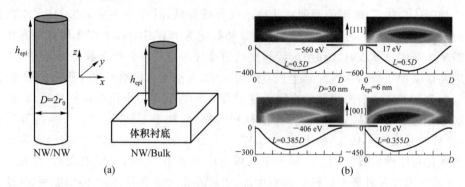

图 4-9-15　(a)分别在体积衬底 NW/Bulk 和纳米线衬底 NW/NW 轴向外延的柱状纳米线异质结构；(b)轴向纳米线异质结构沿[111]方向和[001]方向外延时的能量弛豫图(纳米线外延薄膜的高度和直径分别为 6 nm 和 30 nm，晶格失配的绝对值为 0.04)

根据能量最小原理，60°混合位错在沿[001]生长的轴向纳米线异质结构中的优先形成位置与生长过程中纳米线薄膜的高宽比有关。如图 4-9-16 所示，对于体积衬底外延纳米线，优先形成位错的位置随高宽比的增加先减小后增加并接近于一个渐近值 0.43D。在能量最小时，对应的高宽比为 0.2，当高宽比接近于 1 时，优先形成位错的位置逐渐接近 $L=0.43D$ 的位置。这一趋势反映了伯格斯矢量 b_x 分量与 b_z 分量在不同高宽比下对能量弛豫的竞争。对于沿[001]方向生长的纳米线衬底异质外延，趋势与在体积衬底沿[001]方向生长的情况类似，不同的是最小值对应的高宽比略小，另外随着高宽比的增加，优先形成位错的位置接近 0.5D，在上述结果中，衬底和外延层采用了相同的弹性参数。

对于在[111]生长的纳米线，60°位错出现的最优位置与高宽比无关，总是出现在纳米线的中心。然而轴向纳米线外延生长沿[001]方向，在低高宽比的情况下，偏离纳米线中心产生位错的现象尚缺乏实验报道，但这一现象在自组织量子点中已被观察到[54]。实际上当量子点为柱状量子点时，情况应当与在体积衬底异质外延纳米线类似。

目前大多数实验中闪锌矿轴向纳米线异质外延沿[111]方向[55]，如前面讨论，对于[111]异质界面，60°位错的优先位置穿过纳米线中心，以保证最大应变能弛豫。共格和位错纳米线异质结构之间的总能量变化，可简单表示为 P-K 力做功引起的应变能弛豫和位错自能，简单来说，有位错时体系残存的应变能如果能够维持导致位错产生的位错自能，那么位错就会产生，反之，则不能。我们将总能量变化表示为

$$\Delta W = W_{relax} + W_{dis} \tag{9-4-17}$$

根据 Glas[45] 和 Ovid'ko[57] 的研究，位错线的应变能(包含位错芯的非弹性能)可以近似用解析表达式表示为

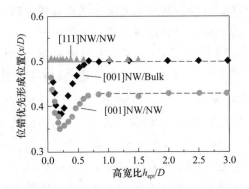

图 4-9-16　根据能量最小原理，位错优先形成位置与外延薄膜高宽比的关系(图中沿[111]生长的异质结用上三角曲线表示；沿[001]方向生长的异质结用圆点表示，其中实心和空心圆点曲线分别表示在纳米线衬底和体积衬底上外延)

$$W_{\text{dis}}=\frac{D}{2\pi}\frac{\mu_{\text{epi}}\mu_{\text{sub}}}{\mu_{\text{epi}}+\mu_{\text{sub}}}b^2\left(\cos^2\theta+\frac{\sin^2\theta}{1-\nu_{\text{epi}}}\right)\left(\ln\frac{2r_0}{\pi b}+1\right) \tag{9-4-18}$$

其中 θ 为伯格斯矢量与位错线方向的夹角，μ_{epi} 和 μ_{sub} 分别表示外延层和衬底的剪切模量，ν_{epi} 为外延层的泊松比。该表达式在外延层高度 $H\geqslant 2r_0/\pi$ 时成立，其中 $2r_0/\pi$ 为位错线到纳米线侧壁的平均距离，作为位错线外截断半径。根据能量平衡判据，显然当 ΔW 大于 0 时，外延层保持共格生长，相反，ΔW 小于 0 将形成位错，外延层发生塑性应变弛豫。考虑实验实际情况，假定 1 000 nm 可视为纳米线外延厚度无穷大，因而当纳米线外延层在 1 000 nm 时，若满足 $\Delta W=0$，纳米线的直径即临界直径。对于这里研究的"纳米线模型"，将直径范围限定在 200 nm 是合适的。图 4-9-17(a)和图 4-9-17(b)分别给出了纳米线衬底异质外延和体积衬底异质外延纳米线中的临界半径和晶格失配的关系曲线。图 4-9-17(a)中的内嵌图给出了当直径为 30 nm 时，ΔW 随着晶格失配的增加而近似线性减少的变化趋势。数据计算表明，上述变化趋势对于体积衬底和纳米线衬底外延都是有效的。可以看出，两种外延情况，临界直径随失配位错的变化趋势类似，近似呈倒数关系。定性判断纳米线直径越小，越有利于外延层弹性能的应变弛豫，因此即使是大的晶格失配也可以维持异质界面共格生长。对于纳米线衬底外延纳米线薄膜情况(NW/NW)，由于纳米线衬底的有限尺寸，其衬底侧壁可以提供附加的应变弛豫通道，导致纳米线具有更大的临界直径。这一点与图 4-9-17(a)和图 4-9-17(b)在同一晶格失配下的临界直径对比结果吻合。具体以 Ge/Si 异质外延为例，两者之间的晶格失配为 0.04，弹性模量和泊松比分别为 $E=90\ \text{GPa}$，$\nu=0.2$。在纳米线衬底和体积衬底外延纳米线薄膜的临界直径分别为 31.8 nm 和 19.8 nm，说明与体积衬底相比，纳米线衬底对应变的弛豫作用效果极其明显，根据 Glas 的应变弛豫率函数表示，采用有限元拟合，前者的应变能弛豫函数为

$1/(1+26p)$，后者为 $1/(1+17p)$，其中 p 为纳米线外延薄膜的高宽比，进一步说明纳米线衬底弛豫能力强，对纳米线外延薄膜的高宽比更敏感。

为便于对比，图 4-9-17 给出了 Glas 解析方程法给出的轴向纳米线异质外延沿 [111] 方向生长的临界直径。仍采用 60°混合位错，伯格斯矢量为 $[101]a/2$，其有效的刃型位错分量为 $\sqrt{3}|b|/2$。从图 4-9-17 可以看出，Glas 的方法和 P-K 法都得到了一致的临界直径与晶格失配的关系，但两者存在差异，P-K 法得到的临界直径低于 Glass 的方法。与 P-K 法相比，Glas 的解析方法低估了位错引入的能量弛豫，高估了位错自身能量，从而导致更大的临界直径。当 $b=2$ nm 时，P-K 法提供的计算数据与不同的 III-V 族体积衬底外延纳米线的实验数据一致，见图 4-9-17 中实填充方框数据[58-59]。对于大多数半导体，长度为 0.4 nm 的伯格斯矢量，平衡理论工作预测的临界直径的数据，远低于实验观察数据，说明可能有动力学因素在临界厚度中起重要作用。

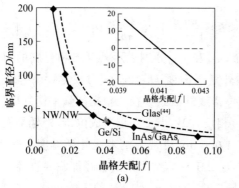 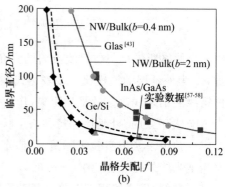

图 4-9-17　外延生长无临界厚度限制时，衬底的临界直径与晶格失配之间的关系。(a)纳米线为衬底，沿[111]方向生长的外延薄膜(下三角数据点分别表示 Ge/Si(失配 0.04)和 InAs/GaAs(失配 0.064)材料系。Glas 模型计算结果用虚线表示，采用的能量弛豫率函数为 $1/(1+26p)$，其中 p 为高宽比 H/D。内嵌图为衬底直径为 30 nm 时，体系含位错时的残余能量与位错能之差)；(b)体积衬底沿[111]方向异质外延纳米线薄膜临界直径与晶格失配的关系曲线(Glas 模型用虚线表示，采用的能量弛豫率函数为 $1/(1+17p)$，其中 p 为高宽比 H/D，实验观测数据点[58-59]用实填充方框表示)

4.10　应变异质外延量子点的位错形成位置和临界尺寸

4.10.1　自组织量子点位错的优先形成位置

量子点中的界面失配位错导致量子点应变得到弛豫，在未加盖层之前，量子点中的位错与二维薄膜界面失配位错的主要区别表现在两点：①位错长度有限，界面失配位错只贯穿量子点与衬底的界面；②位错与自由边界距离很近，最小距离为0，最大距离小于等于量子点的高度，位错与复杂界面之间的相互作用情况与量子点形状有关。实验表明，不同类型位错在量子点中的位置不一样，根据能量最小原理，在热平衡条件下，量子点的位错应当使得系统总的能量最小，也就是说，位错优先成核位置应该能使得量子点应变能获得最大弛豫效果。我们基于连续弹性理论分析实验中观察的两种类型的位错在量子点中的位置与应变弛豫的关系，并讨论不同形状量子点对位错位置的影响。

1. InSb/GaSb 量子点中刃型位错的优先形成位置

窄禁带 InSb 量子点是中红外、远红外激光器、探测器的重要材料。InSb 量子点已被成功制备在 GaAs、InP、GaSb 等衬底上。由于 In 元素在 Sb 原子层表面具有较长的表面迁移距离，所以早期实验很难制备出高质量的与衬底共格的 InSb/GaSb 量子点，制备的量子点往往尺寸较大，存在位错，有塑性应变。2006 年，Tournie 利用 MBE 设备，提出了一种包含低温沉积和退火两个阶段的生长方式，成功制备出无位错、高密度、平均直径约为 10 nm 的 InSb/GaSb 量子点[1]。同时，基于透射电镜实验，他们还提出了 InSb/GaSb 量子点的生长过程：首先，形成扁平无位错透镜形状量子点，随着进一步沉积或退火，量子点在各方向长大，当超过某临界尺寸后，在中心产生纯刃型位错，使应变得到弛豫，后续量子点的形状会发生改变，并逐步形成特定的晶面。

本节的有限元几何模型将根据实验数据建立[7]，如图 4-10-1 所示。实验中 Tournie 等人制备的透镜形量子点底面平均直径为 (13 ± 3) nm，平均高度为 (1.7 ± 0.5) nm。在量子点生长过程中，假设高宽比 H/D 为 1.7/13，且该比例不随衬底尺寸变化，下面仅以量子点底边直径描述量子点大小。材料失配的有限元模拟方法与前面一致，量子点在界面产生位错后，自由边界和位错间的相互作用不可忽略，解析手段较难处理，而有限元模型可以自动考虑自由边界对位错场的影响，对于刃型位错应变分布的计算采用 4.4 节介绍的无应力 Eshelby 应变模型，在此不再赘述。下面给出 InSb/GaSb 量子点位错的几何模型，仿真中位错区域的初始应变为 $[(a_s+b)-a_s]/(a_s+b)$，位错伯格斯矢量为 $b=0.5a_s[110]$，材料的晶格失配为 -0.059，InSb 和 GaSb 的弹性常数分别为：InSb，$C_{11}=88.42$，$C_{12}=40.26$，$C_{44}=43.22$；GaSb，$C_{11}=68.47$，$C_{12}=37.35$，$C_{44}=31.11$，单位为 GPa。

图 4-10-2 给出了无位错和中心有刃型位错时量子点内的流体静应变分布，底面直径为 13 nm。可以看出，无位错时，量子点内部表现为压缩应变，当中心存在刃型位错时，刃型位错附近量子点内部的压缩应变得到缓解，甚至部分区域转换为正应变。位错在量子点几何模型中的应变能与其位置有关，如图 4-10-3(a) 所示。注意，此时未考虑量子点材料失配，仅考虑了位错的应变，可见，刃型位错在量子点正中时应变能最大，偏离中心至量子点边缘时，应变能逐渐减小为 0。对于塑性弛豫后的量

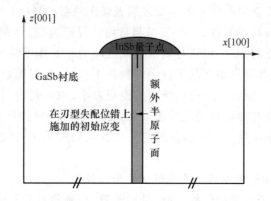

图 4-10-1　三维透镜型 InSb/GaSb 量子点在[1-10]方向的截面图，
刃型位错位于量子点中心[7]

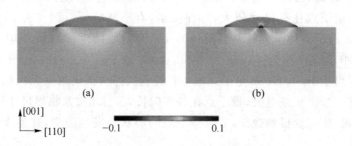

图 4-10-2　流体静应变 ε_{hyd} 在量子点中的分布图。(a)无位错；(b)有刃型位错，
且位错线穿过量子点的中心

子点，位错引入的场将部分抵消晶格失配引起的应变分布，使总应变能下降。

为定量描述塑性弛豫的程度，定义应变弛豫率为 $r = 1 - E_{res}/E_{2D}$，其中，$E_{res} = E_{mis} - E_{dis}$ 表示量子点和位错体系残余的应变能，E_{2D} 表示量子点材料水平方向的晶格与衬底晶格一致时量子点材料存储的应变能。E_{mis} 为没有位错时的应变能，E_{dis} 为仅有位错时的应变能。弛豫率随位错位置的变化如图 4-10-3(b)所示。E_{res} 中包含晶格失配应变能、位错应变能和两者相互作用能。纯刃型位错仅和正应变相互作用，异质界面的中心作用域最大，弛豫率最高，相应位错最优先在此位置形成(成核)。

2. InAs/GaAs 平顶金字塔量子点中 60°混合位错的优先形成位置

上述讨论分析了刃型位错在量子点中的优先成核位置为量子点的中心。对于闪锌矿结构，除纯刃型位错外，试验中经常观测到的另一种位错类型为 60°混合位错。通常 60°混合位错有效弛豫量子点失配应变的位置并不贯穿量子点的中心，而是靠近量子点一侧。具体位置与量子点形状有一定的关系，下面我们利用有限元仿真，从能量最小原理分析量子点形成的优先位置。对于 60°混合位错的有限元仿真，我们采用 4.8 节介绍的位错段初始应力模型进行。

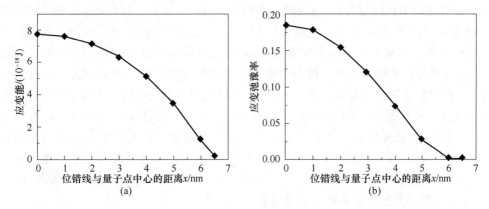

图 4-10-3 （a）位错应变能与位错位置的关系；
（b）体系应变弛豫率与位错线到量子点中心距离的关系

图 4-10-4 为量子点的几何模型以及坐标系和方位的关系，选择 z 轴沿 $[001]$，x 轴沿 $[\bar{1}\bar{1}0]$，y 轴沿 $[1-10]$，位错线 ζ 沿 $|1\bar{1}0|$ 方向。InAs/GaAs 量子点为平顶金字塔形状，宽高比定义为 s/h，其中 h 为量子点高度，s 为量子点方形基底的宽度。在计算量子点体系存在晶格失配和矢配位错时，体系的应变能可以采用 4.8 节介绍的初始应力法，由于初始应力和初始应变的对应关系，所以两者是等价的，下面我们采用初始应变法来计算。

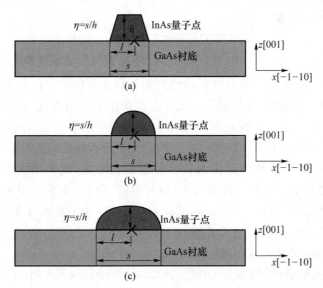

图 4-10-4 InAs/GaAs 量子点几何模型[60]。（a）在界面右侧含 60°混合位错，
截顶金字塔形状；（b）半椭球形状；（c）透镜形状

首先将失配位错引入半导体纳米异质结构模型，以含界面失配位错的 InAs/

GaAs 异质量子点模型为例,应变源包含两部分:InAs 量子点与 GaAs 衬底之间的晶格失配以及量子点-衬底界面上的失配位错。与之相对应的系统总应变能则包含三部分:量子点-衬底界面晶格失配导致的应变能、界面失配位错自身的应变能以及量子点-衬底界面晶格失配和界面失配位错之间的相互作用能。在采用完全的有限元进行计算时,不需要区分这 3 种应变能,系统总应变能由整个量子点体系的最终应变场决定,即由异质结构中位错产生后的应变分布决定。通过计算 InAs/GaAs 异质量子点模型充分弛豫后的最终应力应变分布,基于系统总应变能的计算公式,可以采用数值计算得到界面失配位错位于不同位置时 InAs/GaAs 异质外延量子点系统总应变能量与位错位置的关系曲线。当位错位于某特定位置时,该系统总应变能最小,则该位置即界面失配位错的优先形成位置。

在下面的计算中,由于 InAs 量子点和 GaAs 衬底中存在初始应变源,因此 InAs 量子点系统总应变能的最终形式为

$$E_{QD} = \frac{1}{2} \int ((\varepsilon_{xx} - \varepsilon_{xx}^0 - \varepsilon_{xx}^{dis})\sigma_{xx} + (\varepsilon_{yy} - \varepsilon_{yy}^0 - \varepsilon_{yy}^{dis})\sigma_{yy} + (\varepsilon_{zz} - \varepsilon_{zz}^0 - \varepsilon_{zz}^{dis})\sigma_{zz} +$$

$$2(\varepsilon_{xy} - \varepsilon_{xy}^0)\sigma_{xy} + 2(\varepsilon_{xz} - \varepsilon_{xz}^0)\sigma_{xz} + 2(\varepsilon_{yz} - \varepsilon_{yz}^0)\sigma_{yz})dV \tag{4-10-1}$$

对于 GaAs 衬底最终形式为

$$E_{sub} = \frac{1}{2} \int ((\varepsilon_{xx} - \varepsilon_{xx}^{dis})\sigma_{xx} + (\varepsilon_{yy} - \varepsilon_{yy}^{dis})\sigma_{yy} + (\varepsilon_{zz} - \varepsilon_{zz}^{dis})\sigma_{zz} + 2(\varepsilon_{xy} - \varepsilon_{xy}^0)\sigma_{xy} +$$

$$2(\varepsilon_{xz} - \varepsilon_{xz}^0)\sigma_{xz} + 2(\varepsilon_{yz} - \varepsilon_{yz}^0)\sigma_{yz})dV \tag{4-10-2}$$

因此系统最终总应变能为

$$E_{total} = E_{sub} + E_{QD} \tag{4-10-3}$$

其中 σ_{ij} 与 $\varepsilon_{ij}(i,j=x,y,z)$ 分别为采用有限元法计算得出的系统剩余应力与应变;ε_{ij}^0 与 $\varepsilon_{ij}^{dis}(i,j=x,y,z)$ 是分别来自材料晶格失配与界面失配位错段的初始应变。需要注意的是,在设置初始应变时,晶格失配应变仅在量子点内部进行设置,衬底部分初始无晶格失配应变,且由于没有盖层,初始应变只需考虑水平方向的正应变。

考虑图 4-10-4(a)所示的平顶金字塔量子点几何模型,将图 4-10-4 截面图中 InAs量子点与底面的左侧端点设为位错位置的参考点,则界面失配位错在 InAs/GaAs 异质外延量子点中的位置可以用"相对距离"即 l/s 表示。用上述讨论的方法进行计算,截顶金字塔 InAs/GaAs 异质量子点系统总应变能量与位错位置的关系曲线如图 4-10-5(a)所示,其中方形曲线(mixed dislocation)代表 60°混合位错,圆点曲线(edge dislocation)代表纯刃型位错。

根据能量最小原理,当量子点宽高比(aspect ratio)$\eta = 2$ 时,对于位错线沿着[1−10]方向的界面失配位错,伯格斯矢量为[110]的纯刃型位错的优先形成位置位于 InAs 量子点与 GaAs 衬底中心;而对于伯格斯矢量为[01−1]的 60°界面失配位错,当位错位于"相对距离"等于 0.9 时,其系统应变总能量位于能量最低点,此即 60°位错的优先形成位置。当量子点宽高比为 4 和 6 时,纯刃型位错的优先形成位置保

持不变,60°界面失配位错的优先形成位置位于"相对距离"等于 0.8 处,如图 4-10-5(b)、图 4-10-5(c)所示,在仿真过程中,可以看出随着宽高比的增加,体系最小应变能量在降低,这是由于宽高比大的量子点,界面失配位错可以更有效地弛豫量子点内部的应变。

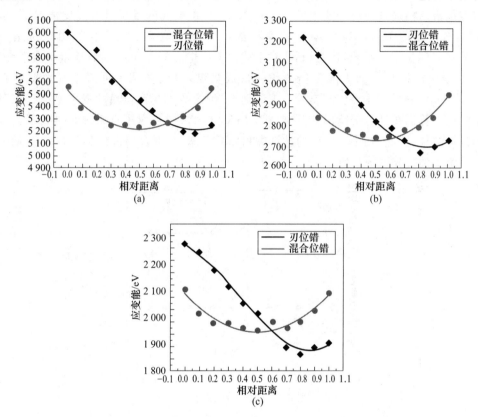

图 4-10-5　截顶金字塔形 InAs/GaAs 量子点宽高比分别为 2、4 和 6 时,纯刃型位错以及
60°混合型位错对应的模型应变能与位错线位置的关系曲线,分别对应图(a)、图(b)和图(c)

连续改变截顶金字塔形 InAs 量子点的宽高比,并依据系统应变能平衡判据得出该宽高比下纯刃型与 60°混合型界面失配位错的优先形成位置,从而可以数值获得量子点宽高比与两种界面失配位错优先形成位置的关系曲线,如图 4-10-6 所示。从图 4-10-6 中可以看出,对于伯格斯矢量为[110]的纯刃型位错,其系统应变总能量的最低点总是位于相对距离等于 0.5 的位置,这说明纯刃型位错的优先形成位置总是位于量子点-衬底界面的中心位置,与之相类似的结论在 InSb/GaSb 异质外延量子点系统中得到了实验和前面数值计算中的印证[1,7]。对于 60°混合界面失配位错,其优先形成位置总是位于量子点-衬底界面边缘,而位错具体的优先形成位置会随着量子点宽高比的改变而进行变化。对于截顶金字塔形的 InAs 量子点,当量子点宽高比的变化范围为 1~4 时,60°混合位错优先形成位置的"相对距离"变化范围为

0.95～0.8，且呈现线性变化关系。但是，当量子点宽高比大于 4 时，60°界面失配位错优先形成位置的"相对距离"固定在 0.8 的位置上。

图 4-10-7 为两种界面失配位错的 InAs/GaAs 异质量子点系统的最小总应变能与量子点宽高比之间的关系曲线，其中方形曲线代表 60°混合位错，圆点曲线代表纯刃型位错。根据系统应变能平衡判据可以发现，在不同的量子点宽高比情况下，含 60°混合位错的 InAs/GaAs 量子点系统的最小应变能总是低于含纯刃型位错的 InAs/GaAs量子点系统，这意味着，对于截顶金字塔形 InAs/GaAs 异质量子点系统，60°混合位错是其界面失配位错的优先形成类型，该结算结果可以很好地解释在 InAs/GaAs 异质量子点生长实验中观测到 60°混合界面失配位错的概率要高于纯刃型位错。我们在计算透镜形以及椭球形 InAs/GaAs 异质量子点系统时得到了类似的计算结果，因此，在本节后面的计算中我们只考虑 60°混合位错在 InAs/GaAs 量子点系统中的优先形成位置。

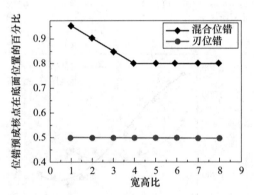

图 4-10-6　截顶金字塔形 InAs/GaAs 量子点宽高比与纯刃型
和 60°混合型界面失配位错优先形成位置的关系

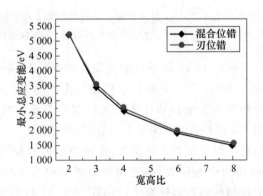

图 4-10-7　含纯刃型和 60°混合型界面失配位错的截顶金字塔形
InAs/GaAs 异质量子点系统的最小总应变能与量子点宽高比之间的关系曲线

3. InAs/GaAs 椭球形量子点中 60°混合位错的优先形成位置

下面仅考虑 60°混合位错的优先形成位置,如图 4-10-4(b)所示,将 InAs 量子点的形状设定为椭球形,底面两个半轴相等。利用上面相同的计算方法,可得出椭球形 InAs/GaAs 异质外延量子点系统总应变能量与 60°混合界面失配位错位置的关系曲线,如图 4-10-8 所示。

当量子点宽高比为 2 时,伯格斯矢量为[01−1]的 60°界面失配位错的优先形成位置位于"相对距离"为 0.85 处,当量子点宽高比为 4 和 6 时,60°界面失配位错的优先形成位置位于"相对距离"等于 0.8 处。同样,通过继续改变透镜形 InAs 量子点的宽高比,并依据系统应变能可得出特定宽高比下 60°混合型界面失配位错的优先形成位置,从而可以数值获得量子点宽高比与 60°混合界面失配位错优先形成位置的关系曲线,如图 4-10-8 所示。

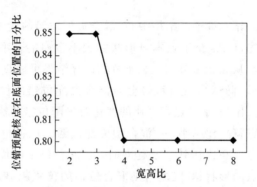

图 4-10-8 椭球形 InAs/GaAs 异质外延量子点不同宽高比
与 60°混合界面失配位错优先形成位置的关系曲线

与截顶金字塔形 InAs/GaAs 量子点类似,在椭球形 InAs/GaAs 量子点中,60°混合界面失配位错的优先形成位置总是位于量子点-衬底界面边缘,而位错具体的优先形成位置会随着量子点宽高比的改变而进行变化。具体来说,当量子点宽高比小于 4 时,60°混合位错优先形成位置的"相对距离"会在 0.8～0.85 的范围内变化;当量子点宽高比大于 4,60°界面失配位错优先形成位置的"相对距离"固定在 0.8 的位置上。

4. InAs/GaAs 透镜形量子点中 60°混合位错的优先形成位置

与截顶金字塔形以及椭球形 InAs/GaAs 异质量子点系统类似,下面讨论透镜形 InAs/GaAs 量子点中系统总应变能量与 60°混合界面失配位错位置的关系,以及量子点宽高比与 60°混合界面失配位错优先形成位置的关系曲线。如图 4-10-9 所示,在透镜形 InAs/GaAs 量子点中,60°混合界面失配位错的优先形成位置同样会随着量子点宽高比的改变而变化。当量子点宽高比小于 4 时,60°混合位错优先形成位置的"相对距离"会在 0.8～0.85 的范围内变化;当量子点宽高比大于 4 时,60°界面失配位错优先形成位置的"相对距离"固定在 0.8 处。

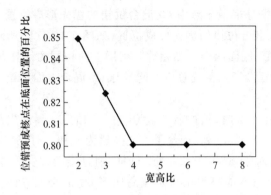

图 4-10-9　不同透镜形 InAs/GaAs 异质量子点宽高比
与 60°混合界面失配位错优先形成位置的关系曲线

　　影响 InAs/GaAs 异质量子点结构中 60°混合失配位错的优先形成位置的主要因素由两方面组成：首先，InAs 量子点本身形状的大小会对混合型界面失配位错的优先形成位置产生影响，从 3.2.2 节到 3.2.4 节的计算结果可以直接得出 InAs 量子点的形状（截顶金字塔形、椭球形、透镜形）会对混合失配位错的优先位置产生一定影响；其次，更主要的是，InAs 量子点宽高比的变化对失配位错的优先形成位置能够产生重要影响，即量子点宽高比越小，60°混合型失配位错的位置越靠近量子点-衬底界面边缘，并且当量子点宽高比达到一定程度时，60°混合位错的优先形成位置趋于稳定。也就是说，量子点的形状越"陡峭"，则混合位错的位置越靠近异质界面边缘；而当量子点的形状趋于"平坦"时，60°混合位错的位置会向异质结构界面中央靠拢，并且对于不同几何类型的量子点都存在一个宽高比的临界值，在宽高比大于该阈值的量子点系统中，混合失配位错的优先形成位置趋于固定：在靠近边界且位于底面宽度的 80%处。

　　另外，界面混合失配位错本身的结构特性同样会对其在异质量子点结构中的优先形成位置产生影响。为进一步探索 60°界面混合失配位错本身结构特性对其在异质量子点结构中形成位置的影响，我们以宽高比为 4 的透镜形 InAs/GaAs 异质量子点结构为计算模型，分别计算伯格斯矢量为[01−1]的 60°混合位错，伯格斯矢量分别为[110]、[00−1]的两个刃型位错分量，伯格斯矢量为[−110]的螺位错分量在不同位错位置下系统总应变能的变化曲线，如图 4-10-10 所示。其中，界面失配位错为 60°混合位错的情况用方形曲线表示；Edge dislocation 表示 60°混合位错的两个刃型位错分量，其中正三角曲线表示伯格斯矢量为[00−1]的刃分量，圆点曲线表示伯格斯矢量为[110]的刃分量；60°混合位错的螺型位错分量用倒三角曲线表示。

　　从图 4-10-10 中可知，当混合位错的螺型位错分量位于 InAs/GaAs 量子点结构中不同位置时，系统总应变能变化不大，说明螺型位错分量对混合位错的最终形成位置几乎没有影响。这是因为螺型位错分量在纳米半导体异质结构中起不到弛豫应变的作用。因此,混合位错内部结构中影响其最终形成位置的因素主要来自其两个刃型位错分量。刃型位错分量的形成主要在于可以有效弛豫量子点内积累的压应变。对于不同伯格斯矢量方向的两种刃型位错分量,其在异质量子点结构中弛豫压应变的最有效位置是不同的:对于伯格斯矢量为[110]的刃型位错分量,其弛豫应变的最优位置位于异质界面中心;而对于伯格斯矢量为[00−1]的刃型位错分量,其弛豫应变的最优位置位于异质界面的边缘。因此,混合位错的形成位置最终由其两种刃型位错分量之间的相互影响而决定。

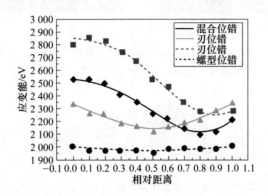

图 4-10-10 混合 60°位错及其刃型位错分量、螺型位错分量
在不同位错位置下系统总应变能的变化曲线

基于能量最小原理,利用有限元计算方法分别计算不同形状 InAs/GaAs 异质量子点结构纯刃型界面失配位错以及 60°混合型界面失配位错的优先形成位置,相关结论可以与其他已有理论研究结果相印证[1,7,48,55]。分析量子点形状、宽高比以及位错本身结构对其最终形成位置的影响,为进一步研究半导体纳米异质材料无位错生长的临界条件提供了必要前提。

5. InAs/GaAs 量子点中非界面位错的优先形成位置

在绝大多数 InAs/GaAs 异质外延量子点生长实验中观测到的失配位错位于材料的异质界面上。但是 2012 年,Chen 等人的实验观测结果表明,InAs/GaAs 异质外延量子点中的失配位错有可能会出现在量子点-衬底界面上方[61],如图 4-10-11 所示。Kim 等人在 GaSb/GaAs 异质外延量子点中也观测到了类似的实验现象[62]。

为了从能量平衡的角度解释界面失配位错平移的原因,在本节中,采用与上节类似的模型与计算方法,研究 InAs/GaAs 量子点中形成非界面位错时的应变能与几何参数的关系,并确定位错优先形成位置,与界面失配位错的优先形成位置进行对比分析。同样地,采用单独的无盖层 InAs/GaAs 异质量子点作为计算模型,其中 InAs 量子点的形状设定为椭球形。如图 4-10-12 所示,量子点的基底边长 s 为 20 nm,量子点高度 h 为 5 nm,量子点宽高比 s/h 为 4。

我们分析了 60°混合位错分别位于界面、距离界面 0.5 nm 和距离界面 1 nm 3 种

(a)   (b)

图 4-10-11　(a) InAs/GaAs 量子点的扫面电镜(SEM)照片;(b)[−110]截面应变岛晶格弛豫
的透射电子显微镜照片(图中白色箭头所示为位于量子点界面上方的失配位错)[59]

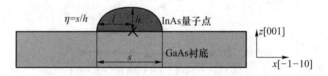

图 4-10-12　InAs/GaAs 异质量子点几何结构截面图,其中衬底为 GaAs,
量子点为 InAs,量子点基底宽度为 s,量子点高度为 h,位错线与量子点边缘距离为 l

情况下椭球形 InAs/GaAs 异质外延量子点系统总应变能与失配位错位置的关系,如
图 4-10-13 所示,其中方形曲线代表 60°界面混合位错,圆形曲线和三角形曲线代表
60°非界面失配位错,分别高出量子点-衬底界面 0.5 nm 和 1 nm。

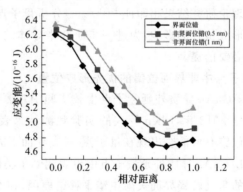

图 4-10-13　混合位错分别位于异质界面、异质界面之上 0.5 nm 和 1 nm 时
系统总应变能与位错位置的关系曲线

　　根据图 4-10-13,首先可以得出,在外部条件相通的情况下,含 60°界面失配位错
InAs/GaAs 异质量子点结构的系统总应变能总是低于含 60°非界面失配位错的系统
总应变能。这可以解释在绝大多数 InAs/GaAs 异质量子点结构生长实验中总能观

测到界面失配位错而不是非界面失配位错。对于非界面失配位错的形成,根据 Z. B. Chen 等人的实验分析,可能是衬底表面氧化所导致[61],对于 Kim 等人观察的结果,非界面失配位错位于一层类似浸润层的 GaSb 赝晶层,该中间层的晶格常数与衬底 GaAs 相同,物理机制尚不清楚[62]。

同时,在图 4-10-13 中可以看到,界面失配位错和非界面失配位错的优先形成位置都处于"相对距离"等于 0.8 的位置上,这意味着量子点-衬底界面对材料异质生长所产生的失配位错在水平方向的形成位置几乎没有影响。这间接地证明了影响混合失配位错优先形成位置的主要因素为异质外延量子点结构的材料、形状及混合失配位错自身的结构。为进一步验证非界面失配位错自身结构对其优先形成位置的影响,我们采用与上一节类似的方法,分别计算了 60°混合失配位错的螺型位错和刃型位错分量在不同位错位置下系统总应变能的变化曲线,分别对应图 4-10-14(a)、图 4-10-14(b)、图 4-10-14(c),图中方形曲线代表 60°界面混合位错,圆点曲线和正三角曲线分别代表高出量子点-衬底界面 0.5 nm 和 1 nm 的 60°非界面失配位错[63]。

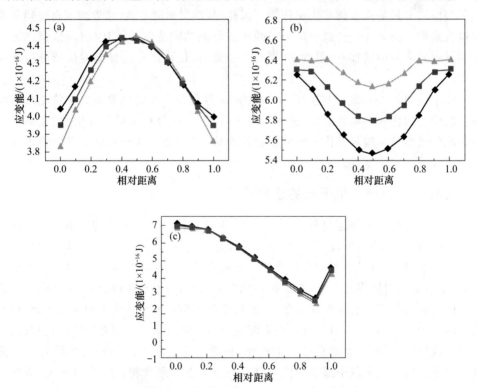

图 4-10-14 分别位于异质界面、异质界面之上 0.5 nm 和 1 nm 时,60°混合位错在不同相对距离时,各位错分量对应的系统应变能变化曲线。(a)螺型位错分量;(b)刃型位错分量(伯格斯矢量[110]方向);(c)刃型位错分量(伯格斯矢量沿[00−1]方向)

从图 4-10-14 中可以得到与上节相类似的结论,对比 60°界面失配位错,主要区别在于随着混合界面失配位错上移到量子点内部,螺型位错分量位于 InAs/GaAs 量子点结构中不同位置时,系统应变能变化幅度增大,其对混合位错的最终形成位置能够产生一定影响,使得位错趋向量子点的边界,同时位错在边界区,非界面螺型位错分量的能量更低,有使位错偏离界面的趋势,但由于能量差不大,偏离能有限;对于伯格斯矢量为[110]的刃型位错分量,系统应变能变化幅度减小,对混合位错的最终形成位置产生的影响也会相应减小,位错位于量子点中心时,界面位错和非界面位错的应变能最小,应变能的变化一方面对位错位置变化比较敏感,另一方面,界面位错对应的应变能最小,因此该刃型位错分量总是驱动位错位于界面位置,且与螺型位错分量相比,阻止位错偏离界面的能量较大;对于伯格斯矢量为[00−1]的非界面刃型位错分量,当其位于 InAs/GaAs 量子点结构中不同位置时,系统应变能总是低于含界面刃型位错分量的系统总应变能,这说明,该方向的刃型位错分量会驱动混合失配位错离开异质材料界面,但通过比较可以看出,驱动位错离开界面的偏离能太小。另外,通过对比可以看出该位错分量的能量随位置变化量最大,在决定位错位置方面,该刃型位错分量的应变能起决定作用。因此,从能量角度来看,非界面混合位错的形成位置最终是由其 3 个位错分量之间的相互影响共同决定的,同时驱动位错离开界面和靠近界面的因素都有,但就 60°混合位错来看,使位错靠近界面的位错分量起决定作用。

在上述讨论中系统地研究了 InAs/GaAs 异质量子点结构界面失配位错与非界面失配位错的优先形成位置,并进行了对比研究,重点分析了量子点形状、宽高比以及失配位错本身结构对其优先形成位置的影响,这为进一步研究量子点位错形成时的临界尺寸奠定了基础。

4.10.2 自组织量子点的临界尺寸

对于高失配异质外延材料,如 InAs/GaAs 材料系,其生长遵循 S-K 模式,材料生长初期为二维生长,形成浸润层,当厚度超过某临界厚度 h_c 时,在二维浸润层上形成三维量子点,三维量子点的形状能够部分弛豫晶格失配应变,因此在量子点形成初期,量子点仍与衬底保持共格,随着材料生长的进行,量子点体积变大(形状也发生跃变),内部存储的应变能也逐渐增多,当形状变化不足以弛豫足够多的应变能时,将导致界面失配位错的产生,以释放晶格失配应变。位错对量子点的光学特性是致命的,在器件应用中,要尽可能避免位错的产生,因此讨论量子点的临界尺寸具有重要意义。由于位错在量子点中形成的优先位置与量子点的形状和位错类型有关,所以下面我们首先固定量子点的形状,这样就可以从量子点材料的应变和位错理论出发,详细讨论量子点在特定形状下在优先位置形成位错时的临界尺寸问题,判断依据采用能量平衡,首先计算模型在无位错时弹性弛豫后的残余应变能与量子点尺寸的关系,其次计算有位错时模型的残余应变能与量子点尺寸的关系,最后有、无位错模型残余应变能相等时对应的量子点尺寸即量子点的临界尺寸。

1. PIM 模型

2000 年，Tillmann 和 Forster 等人提出了 InGaAs/GaAs(001)界面失配位错的计算模型，该模型中，量子点为圆锥形量子点，在决定界面位错的长度时，采用了位错长度与位错位置无关的方法，位错的有效长度定义为量子点基底的平均扩展长度，因此该模型又称为 PIM(Position Independent Model)模型[64]。圆锥形量子点的几何参数如图 4-10-15 所示，量子点高度为 h，底面半径为 r，定义量子点的高宽比为 $\eta = h/(2r)$。考虑 InGaAs/GaAs 立方晶体异质外延体系，实验观察到的位错线沿[110]方向，量子点的生长方向为[001]方向。

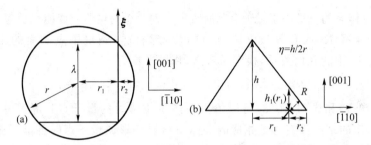

图 4-10-15　(a)圆锥形量子点的底面有位错穿过时的几何参数示意图[64]；
(b)过对称轴并垂直于位错线的界面几何结构示意图

在 PIM 模型中，为讨论方便，假定材料为弹性各向同性，衬底和量子点材料弹性常数统一采用衬底的弹性常数，对于无应变弛豫的双轴应变薄膜，其应变能密度可以表示为

$$E_{coh} = \frac{\mu}{1-\nu}(\varepsilon_{110}^2 + \varepsilon_{1\bar{1}0}^2 + 2\nu\varepsilon_{1\bar{1}0}\varepsilon_{110}) = \frac{2\mu(1+\nu)f^2}{1-\nu} = Mf^2 \qquad (4\text{-}10\text{-}4)$$

其中，μ 和 ν 分别为薄膜材料的剪切模量和泊松比，$\varepsilon_{1\bar{1}0}$ 和 ε_{110} 为晶格失配 f。当形成第一根失配位错时，如图 4-10-15 所示，位错线 ξ 沿[110]方向，由于位错的刃型分量对晶格失配应变有贡献，所以对于[110]方向，晶格失配保持不变，对于[1$\bar{1}$0]方向，晶格失配由于位错刃分量的协调作用而减小，近似可以表示为

$$f' = f + b_{eff}/(2r) \qquad (4\text{-}10\text{-}5)$$

其中 b_{eff} 表示伯格斯矢量沿 [1$\bar{1}$0] 的绝对值。这时只有一根位错的非共格薄膜材料的应变能密度表示为

$$E_{incoh} = \frac{\mu}{1-\nu}\left[f^2 + (f - b_{eff}/2r)^2 + 2\nu f(f - b_{eff}/2r)\right]$$

$$= \frac{2\mu(1+\nu)f^2}{1-\nu}\left[1 - \frac{b_{eff}}{2rf} + \frac{b_{eff}^2}{8r^2f^2(1+\nu)}\right] \qquad (4\text{-}10\text{-}6)$$

因此在位错形成后，等价的薄膜材料能量增量为

$$\Delta E = (E_{coh} - E_{incoh})V = V\frac{2\mu f^2(1+\nu)}{1-\nu}\left[\frac{b_{eff}}{2rf} - \frac{b_{eff}^2}{8r^2f^2(1+\nu)}\right] \qquad (4\text{-}10\text{-}7)$$

其中 V 为量子点的体积，$V=\pi r^2 h/3=2\pi r^3 \eta/3$。对于一般长直位错，单位长度的能量表示为

$$E_{dis}=\frac{1}{2\pi}\frac{\mu_{sub}\mu_{epi}}{\mu_{sub}+\mu_{epi}}b^2\left[1-\nu_{epi}\sin^2\phi\right]\left[\ln(R/|b|)+1\right] \qquad (4\text{-}10\text{-}8)$$

其中 ϕ 为伯格斯矢量 b 与位错线方向 ξ 的夹角，R 为位错线外部截止半径。对于 PIM 模型，位错线的有效长度取任意位置处位错线在量子点基底的扩展长度，因此位错段的有效长度为

$$L_{eff}=2\int_0^r \sqrt{r^2-x^2}\,dx/\int_0^r dx=\pi r/2 \qquad (4\text{-}10\text{-}9)$$

可见，有效位错段的长度小于量子点基底直径。因此总的位错应变能表示为 $E_{dis}L_{eff}$，关于外部截断半径 R，取有效长度所对应的位错线位置到量子点侧面的距离，根据图 4-10-15(b)中的几何关系，很容易看出，临界半径为

$$R=\sqrt{r_2h(r_1)}=r\sqrt{2\eta}\left[1-\sqrt{1-\pi^2/16}\right] \qquad (4\text{-}10\text{-}10)$$

结合式(4-10-7)和式(4-10-8)可以给出在产生位错时的量子点临界尺寸 r_c。应当注意这样给出的结果没有考虑相应的等体积材料在形成量子点时的能量弛豫，量子点应变能的弛豫可以用弛豫后的等效晶格失配表示：

$$f_{eff}=f\varphi(\eta) \qquad (4\text{-}10\text{-}11)$$

通常近似认为，晶格弛豫函数 $\varphi(\eta)$ 主要与量子点的高宽比有关(与量子点的形状呈弱相关性)，可以表示为 $\varphi(\eta)=\sqrt{1-\exp\left[-\kappa/\eta\right]}$，对于式中的关键参数可以通过有限元法拟合出不同形状量子点的晶格弛豫函数与高宽比的关系，对于锥形量子点和金字塔量子点，晶格弛豫参数 $\kappa=0.087$。球形量子点 $\kappa=0.082$，立方体量子点 $\kappa=0.073$，对于平顶金字塔量子点，晶格弛豫参数与侧面角度有关[64]。借助晶格弛豫函数，求出圆锥形量子点材料的临界半径，表示为

$$r_c(\eta)=\frac{2}{b_{eff}}\left\{\frac{b_{eff}^2}{8(1+\nu)}+\left[\frac{1-\nu\cos^2\varphi}{1-\nu}\right]\left[\ln\frac{R}{|b|}+1\right]\left[\frac{3b^2}{32\pi\eta}\left(\frac{1-\nu}{1+\nu}\right)\right]\right\}$$
$$(4\text{-}10\text{-}12)$$

对于 InAs/GaAs 材料系，实验观察到的位错通常为 60°混合位错，伯格斯矢量为 $b=a/2\langle011\rangle$，有效伯格斯矢量的长度表示为

$$b_{eff}=b\cos\phi\cos\lambda=a\sqrt{2}/4 \qquad (4\text{-}10\text{-}13)$$

其中，λ 为滑移面和界面法线之间的夹角。

下面我们对 Tillmann 等人提出的 PIM 模型进行几点说明。

第一，PIM 模型显然忽略了位错线位置以及由此决定的位错线的弹性应变能，实验观察和理论计算表明(见上一节)，位错线在量子点基底的位置通常在距离点中心 1/3 处，该位置可以有效弛豫量子点积累的应变。

第二，在推导过程中忽略了衬底对弹性能的贡献，对于 2D 材料，在无限大衬底的情况下，这样近似没有问题，但对于 3D 量子点材料，衬底作用不可忽视，根据有限

元计算,衬底存储的弹性能可以占到总弹性能的 10% 左右[47]。

第三,在处理量子线的外截断半径时,截断半径取图 4-10-15(b)中截面所示的位错线到圆锥母线的距离并不合适,在通常情况下,位错截断半径可以取外延层的厚度或平均位错间距的一半[13,16,44],对于量子点材料,位错到表面的距离通常与量子点的几何结构有关。在 PIM 模型中,如果图 4-10-15 所示的截面为量子线的截面,则外截断半径 R 的取值比较合理,对于量子点材料则明显不合适。

在文献中,为了表征量子点形状(高宽比为 η)对应变弛豫的影响,通常不采用上述晶格弛豫率函数表征,用应变能弛豫率函数表示[29,45],应变能弛豫率函数是材料弹性常数和量子点形状的函数,应变能弛豫率函数的关键参数可以通过有限元拟合,将外延层和量子点层的弹性常数精确考虑。结合表达式(4-9-4)可知,应变能弛豫率函数 $\phi(\eta) = \varphi^2(\eta)$,其中 $\varphi(\eta)$ 为晶格弛豫率函数。对于 SiGe/Si 量子点[29],形状为[105]侧面的金字塔量子点,高宽比为 0.1,应变能弛豫率为 0.68;对于圆屋顶形的量子点,高宽比为 0.2,应变能弛豫率为 0.39;对于谷仓形量子点,高宽比为 0.33,应变能弛豫率为 0.22。

2. 数值有限元法

前面我们已经用数值有限元计算了位错的优先成核位置,对于位错临界厚度的有限元计算,采用能量平衡判据,基本思路如下:

第一步,采用有限元计算无位错的量子点体系(包含衬底)的应变能 E_{coh};

第二步,采用有限元法计算有位错时量子点体系的总残余应变能 E_{total};

第三步,采用有限元法计算只包含位错(忽略晶格失配效应)时量子点体系的应变能 E_{dis}。

在上述步骤中,位错应变场的处理采用 4.8 节中介绍的方法进行,即"初始应力+边界条件"。系统应变能可以通过将有限元计算得到的体系应力和应变分布带入应变能表达式得到,表示为

$$E = \frac{1}{2}\int_V (\sigma_{xx}\varepsilon_{xx} + \sigma_{yy}\varepsilon_{yy} + \sigma_{zz}\varepsilon_{zz} + 2\sigma_{xy}\varepsilon_{xy} + 2\sigma_{yz}\varepsilon_{yz} + 2\sigma_{zx}\varepsilon_{zx})\mathrm{d}V$$

$$(4\text{-}10\text{-}14)$$

量子点材料的临界尺寸同样采用能量平衡判据:首先得出 E_{coh} 和 E_{total} 随量子点尺寸变化的关系,两条曲线的交点所对应的量子点尺寸即产生第一根位错时量子点的临界尺寸。为了便于与 PMI 和下面介绍的 P-K 法进行比较,我们需要定义其他参量:在有位错情况下系统的晶格失配引起的弹性能 $E_{incoh} = E_{total} - E_{dis}$。引入位错前后量子点弹性能的减少量

$$\Delta E = E_{coh} - E_{incoh} = E_{coh} - (E_{total} - E_{dis}) = E_{coh} + E_{dis} - E_{total} \quad (4\text{-}10\text{-}15)$$

3. P-K 法

与 4.9 节中利用 P-K 法计算纳米线衬底异质外延薄膜的方法类似,利用 P-K 法计算量子点的位错能较早由 Spencer 等人于 2000 年提出[54],Marzegalli 等人将其应

用于量子点临界厚度的计算[55]，具体计算步骤如下。

第一步，采用有限元法计算 3D 量子点无位错时的应力和应变分布，并计算体系弹性能 E_{coh}。

第二步，利用数值积分，计算在第一步计算得到的 3D 量子点应变场中，引入界面失配位错后 3D 系统应变能的变化，由于体系应变能的变化可以通过在引入位错过程中，位错线与应力场相互作用力（Peach-Koeler 力）的做功来体现，所以对体系做功意味着系统应变能的减少。假定位错线沿 x 轴方向，典型的 60° 混合位错的位错线沿 $\{110\}$，体系应变能变化可以表示为

$$\Delta E(y_0, z_0) = \left[b_y \int_{z_0}^{h(y_0 - z_0)} \left(\int_{\xi(y_0 - z_0)} \sigma_{yy} \, dx \right) dz + b_z \int_{z_0}^{h(y_0 - z_0)} \left(\int_{\xi(y_0 - z_0)} \sigma_{yz} \, dx \right) dz \right]$$

$$(4\text{-}10\text{-}16)$$

其中，(y_0, z_0) 为位错线在量子点界面上的坐标，$h(y_0, z_0)$ 为自由界面到对应位错线的距离，$\zeta(x_0, z)$ 为位错线沿 x 轴的长度，b_y、b_z 分别为沿水平方向和生长方向的伯格斯矢量的刃型分量，式（4-10-16）的积分与路径无关，因此通常可采用从界面边界注入位错。

第三步，利用解析表达式给出位错的应变能，与 PIM 模型类似，可以表示为

$$E_{dis}(y_0, z_0) = l(y_0, z_0) \frac{1}{2\pi} \frac{\mu_{epi} \mu_{sub}}{(\mu_{epi} + \mu_{sub})(1 - \nu_{epi})} b^2 (1 - \nu_{epi} \cos^2 \phi) \left(\ln \frac{R}{|b|} + 1 \right)$$

$$(4\text{-}10\text{-}17)$$

其中 $l(y_0, z_0)$ 表示位错线的有效长度。

第四步，给出 E_{coh} 和 $E_{total} = E_{dis} + E_{incoh} = E_{dis} + (E_{coh} - \Delta E)$ 随量子点尺寸的变化关系，利用能量平衡判据，当 $E_{coh} = E_{total}$ 时为出现位错的条件，即当 $\Delta E = E_{dis}$ 时对应的量子点尺寸即量子点产生第一根位错时的临界尺寸。

在以上的计算中，外部截断半径的选取与 PIM 方法类似，根据位错线到基底的最近边界和自由表面边界之间的几何平均，计算时以位错线的中截面为参照。

以上即量子点位错临界尺寸计算的 3 种基本模型，3 种模型都采用能量平衡判据，但在计算有位错时体系的总应变能时，采用的计算方法不同。另外，对于 PIM 模型，量子点的晶格弛豫函数往往与量子点的形状有关，需要通过有限元进行数值拟合。下面的讨论基本基于以上几种模型。下面给出几个典型的量子点临界尺寸的算例。

（1）SiGe/Si 喇叭形量子点的临界尺寸

在 500～800 ℃ 范围内采用 MBE 设备，以 S-K 生长方式制备 SiGe/Si 量子点时，首先会在衬底表面形成一层赝晶薄膜（浸润层），随着沉积的进行，会出现各种复杂的量子点形状，如金字塔形状、平顶金字塔形状以及穹顶形和谷仓形的大尺寸量子

点[65-66]，如图 4-10-16 所示，随着量子点的高度增加，陡峭坡度侧面的面积逐渐增加，量子点以谷仓形为主。大尺寸的量子点对应较陡峭的量子点侧面和大的量子点高度，尽管高量子点有助于弛豫应变能使量子点形态保持稳定，但大尺寸下，仍会导致界面失配位错的产生，位错产生后会改变量子点形貌，并降低高宽比，随着后续沉积，会继续出现第二根位错乃至多根位错[67]。

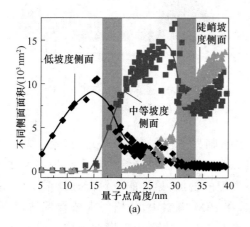

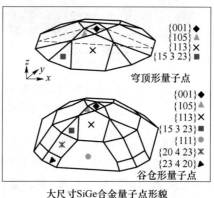

大尺寸SiGe合金量子点形貌

(a) (b)

图 4-10-16 （a）SiGe/Si 量子点在形貌演化过程中的不同类型侧面面积和量子点高度的对应关系[64]，低坡度量子点侧面对应{105}、{103}，中等坡度对应{15 3 23}、{20 4 23}，陡峭坡度侧面对应{111}，图中灰色柱状区域分别表示不同形貌量子点的过渡区域；（b）穹顶和谷仓形量子点的形貌和小面对应关系[54]

　　对于临界问题，一般只关心第一根位错产生的临界尺寸，实验观察首次产生位错的量子点形貌对应谷仓形量子点。

　　Marzegalli 等人利用 P-K 法计算的结果表明，在相同的 Ge 组分下，穹顶形 SiGe 合金量子点产生位错的临界直径大于谷仓形量子点的临界直径[55]。在实验中观察到的岛的形状演化顺序是穹顶量子点会演化成谷仓形量子点，前者的临界厚度大，意味着发现的穹顶形量子点与衬底共格生长。因此，除去动力学因素，从能量平衡的角度来看，谷仓形量子点是产生位错量子点前 SiGe 合金量子点的最终形态。

　　Gatti 等人对 3 种模型进行了对比研究，所不同的是，对于 PMI 模型，Gatti 等人对外部截断半径的选取与原始的 PMI 模型有所不同，在 Gatti 的工作中，PMI 模型的外部截断半径为：与量子点等体积情况下以量子点基底为面积的薄膜厚度，即 $R=V/S$，其中 V 为量子点的体积，S 为量子点基底的底面积。无论是 P-K 模型还是完全的有限元模型，都离不开应力、应变分布的有限元计算。对于 PIM 模型，尽管形式上不需要有限元计算，但晶格弛豫函数或应变能弛豫函数的参数仍需要借助有限元拟合确定。

　　图 4-10-17 给出了谷仓形量子点在无位错时静水应力和切应力的分布，其中 x

轴为[110]方向，z 轴为生长方向[001]，y 轴为[1̄10]方向，可以看出位错的存在改变了附近量子点和衬底的净水应力符号。无论是净水应力还是切应力，位错对应力分布的影响范围仅限于位错附近区域，具有较强的局域性，这也是 Gatti 等人为什么可以采用初始应力有限元法计算量子点中有限位错段的应力分布的原因。

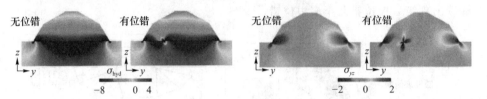

图 4-10-17 有限元法计算得到的谷仓形状 SiGe/Si 量子点在 x 截面有、
无位错时的静水应力和切应力分布图[29]

对于 PIM 模型由于位错有效长度固定，临界半径固定，因此其位错能 E_{dis}、ΔE 与位错线的位置无关。P-K 法、PIM 法和完全有限元法都能给出量子点临界尺寸和晶格常数关系的相同变化趋势：随着晶格失配的增加，累计的位错能逐渐增加，岛的临界尺寸相应减小。以有限元法为基准，在 PIM 模型中，位错线能量被低估，导致 PIM 模型对应相同条件下的量子点临界尺寸最小。尽管 P-K 模型中位错线的能量被高估，但在位错对量子点弹性能的减少方面，P-K 法也同样高估了，最终 P-K 模型得到的临界尺寸介于 PIM 模型和有限元法之间。

（2）InSb/GaSb 纯刃型位错透镜型量子点的临界直径

在 4.9 节中，以 InSb/GaSb 量子点为例，确定了纯刃型位错量子点的预先成核位置位于量子点的中心。在确定成核位置的基础上，下面分析位错产生时的临界尺寸。存在位错的量子点异质结构总能量包括剩余应变能和位错芯的非弹性能 $E_{core} = \dfrac{\mu_{QD}\mu_s}{\mu_{QD}+\mu_s}\dfrac{b^2}{4\pi(1-\nu)}l$。在无位错和有位错两种情况下 InSb/GaSb 体系总能量与量子点底面直径的关系如图 4-10-18(a)所示。根据能量平衡理论，两曲线交点所在位置的直径即量子点产生位错的临界尺寸，对应直径为 11.4 nm。实验观测到的临界尺寸为 12～13 nm，如图 4-10-18(b)所示[1]，实验观测与理论计算符合较好，较小的误差可能在实验中，量子点和衬底有一定的组分混合效应，导致量子点的临界厚度增加，这也从侧面说明在实验生长条件下，量子点中位错产生过程无明显动力学因素引起的迟滞效应。

（3）InAs/GaAs 量子点产生 60°混合位错的临界厚度[68]

对于无位错时量子点体系的应变能，可以采用有限元法进行计算。根据 4.8 节介绍的方法采用有限元法计算有 60°混合位错的体系应变能，通过能量平衡判据，可以找到两者应变能随量子点几何尺寸的变化曲线，以确定量子点形成位错时的临界尺寸。

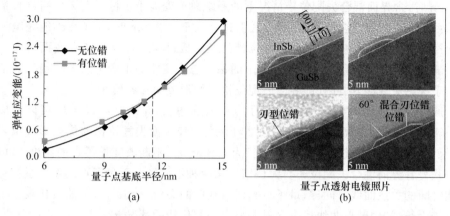

(a)

(b)

图 4-10-18 （a）无位错和量子点中心有纯刃型位错时 InSb/GaSb 量子点体系总能量
随量子点底面半径的关系[7]；（b）MBE 制备 InSb/GaSb 量子点形态随生长过程的演化[1]

仍然考虑图 4-10-4 所示的量子点几何模型，InAs 量子点的形状设定为截顶金字塔形且其宽高比为 $s/h=6$。根据前面的讨论，宽高比为 6 的截顶金字塔形 InAs/GaAs 量子点，其界面失配位错的优先形成位置位于"相对距离"$l/s=0.8$ 处。基于以上结论，分别计算不同 InAs 量子点尺寸下，含界面混合失配位错与无位错生长两种情况下的系统总应变能，并绘制 InAs 量子点底边边长与两种情况下系统应变能的关系曲线，如图 4-10-19 所示，其中量子点角度 $\alpha=30°$，三角形曲线代表量子点无位错生长情况，圆形曲线代表含界面混合失配位错的情况。

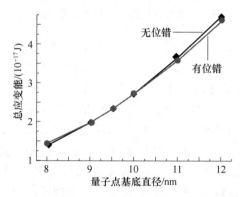

图 4-10-19 InAs 量子点底边边长与有位错和无位错情况下系统应变能的关系曲线，
其中纵轴表示系统的总应变能，单位为焦耳；横轴表示量子点的底面边长

根据系统应变能平衡判据可得，当 InAs 量子点底面边长小于 9.2 nm 时，量子点无位错生长情况下的系统总应变能小于含界面混合失配位错情况下的系统总应变能，这说明当量子点底面边长小于 9.2 nm 时，量子点可以有效弛豫异质结构中的应变，实现 InAs/GaAs 异质量子点结构的无位错生长；当 InAs 量子点底面边长大于

9.2 nm 时,含界面混合失配位错情况下的系统总应变能小于量子点无位错生长情况下的系统总应变能,这说明当量子点底面边长大于 9.2 nm 时,量子点不能完全地有效弛豫异质结构中的应变,界面失配位错已经形成;而当 InAs 量子点底面边长等于9.2 nm 时,含界面混合失配位错情况下的系统总应变能等于量子点无位错生长情况下的系统总应变能,则此处即界面失配位错开始形成的临界尺寸。

通过固定截顶金字塔形 InAs 量子点的底面边长,并改变其高度 h,可以相应改变 InAs 量子点的宽高比。如图 4-10-20 所示,假设界面失配位错的优先形成位置仍位于 $l/s=0.8$ 处,固定量子点底面边长为 8.3 nm,并不断改变量子点的高度 h,可以数值获得含界面混合失配位错与无位错生长两种不同情况下量子点高度与系统总应变能之间的关系曲线。同样,量子点侧面与地面的夹角 $\alpha=30°$,方形曲线代表量子点无位错生长情况,圆形曲线代表含界面混合失配位错的情况。

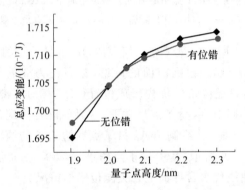

图 4-10-20　InAs 量子点高度与有位错和无位错情况下系统总应变能的关系曲线

类似地可以得出以下结论:当 InAs 量子点高度小于 2.04 nm 时,可以实现InAs/GaAs 异质量子点结构的无位错生长;当 InAs 量子点高度大于 2.04 nm 时,界面失配位错已经形成;而当 InAs 量子点高度等于 2.04 nm 时,含界面混合失配位错情况下的系统总应变能等于量子点无位错生长情况下的系统总应变能,则此处即界面失配位错开始形成的临界尺寸。进一步,我们还可以得出,在临界高度 2.04 nm处,量子点的宽高比 s/h 为 4.06。也就是说,当 InAs 量子点宽高比约等于 4 时,其无位错生长的临界底面半径为 8.3 nm。从数据可以看出,对于截顶金字塔形 InAs/GaAs 量子点,其形状越扁平,无位错生长越容易实现。为验证量子点的这一结论,下面进一步研究了截顶金字塔形 InAs/GaAs 异质量子点结构无位错生长的临界角度问题。

固定截顶金字塔形 InAs 量子点的底面边长及其高度 h,并相应改变 InAs 量子点侧面与底面之间的角度。假设界面失配位错的优先形成位置仍位于 $l/s=0.8$ 处,固定量子点底面边长以及量子点的高度分别为 8.3 nm 和 2.04 nm。图 4-10-21 给出了数值获得含界面混合失配位错与无位错生长两种不同情况下量子点角度 α 与系统总应变能之间的关系曲线。同样方形曲线代表量子点无位错生长情况,圆形曲线代表含界面混合失配位错的情况。

　　根据图 4-10-21 可以得出以下结论:当 InAs 量子点角度小于 30°时,可以实现 InAs/GaAs 异质量子点结构的无位错生长;当 InAs 量子点角度大于 30°时,界面失配位错已经形成;而当 InAs 量子点角度等于 30°时,含界面混合失配位错情况下的系统总应变能等于量子点无位错生长情况下的系统总应变能,则此处即界面失配位错开始形成的临界尺寸。这进一步说明 InAs 量子点侧面与底面之间角度越小,也就是其形状越扁平,无位错生长越容易实现。

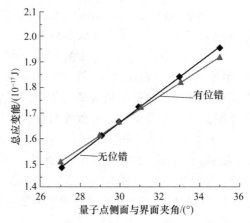

图 4-10-21　固定量子点高度和地面半径,InAs 量子点侧面与界面的夹角与有位错和无位错情况下系统应变能的关系曲线

4.11　其他与位错有关的问题

　　尽管本章就异质外延中位错及临界问题进行了较多讨论,但很多问题还未涉及。

1. 实际上在生长过程中位错形成的动力学问题

　　在位错形成的临界问题方面,主要集中对热力学平衡条件下的应变能平衡进行讨论。Miles 等人在 GeSi/Si 异质外延系统中报道了在 $330\sim550$ ℃范围内,临界厚度强烈依赖于生长的温度,意味着在偏离热力学平衡过程中,临界厚度的预测必须考虑动力学引起的缺陷形成机制[69]。对于高应变异质外延,如 InAs/GaAs,在偏离热平衡条件下,存在二维界面失配位错和三维量子点位错的应变弛豫竞争[70],使得传统的临界厚度概念变得模糊。为了从动力学方面提高应变异质外延的临界厚度,采用催化剂是一种可行的办法,Osten 等人提出了采用 Sb(antimony)作为催化剂,制备超过临界厚度的 Ge/Si 异质外延薄膜,其基本原理是锑原子趋向于表面富集,从而改变了外延的表面能,避免了生长过程中的二维到三维的跃迁 S-K 生长模式[71]。

2. 量子线的临界厚度和径向异质外延纳米线内的临界厚度

本章讨论了无限大衬底异质外延、纳米衬底异质外延和纳米线轴向异质外延的

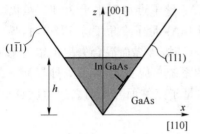

图 4-11-1 选择性异质外延 V 形量子线界面失配位错的几何模型

临界厚度，以及异质外延量子点产生位错的临界尺寸和优先位置。量子线外延生长也存在临界尺寸问题，对于选择性异质外延制备的纳米线，如图 4-11-1 所示，Freund 等人对此类量子线异质外延的临界尺寸进行了讨论[72]，基于 4.9 节与 4.10 节讨论的计算方法，该量子线的临界厚度计算比量子点要简单得多，故不再赘述。

对于纳米线异质外延除轴向异质外延外，在器件引用中，为了消除纳米线有源区的表面缺陷，通常需要沿纳米线径向外延一层保护材料，还可以在载流子的运动中起到势垒的作用。这层径向异质外延层由于晶格失配的作用，也可能会产生界面位错。典型的配置结构如图 4-11-2 所示。对于闪锌矿结构，如图 4-11-2(a)所示，纳米线轴向沿[111]方向，理想的位错趋向于纯螺型位错或伯格斯矢量沿<011>的 60°混合位错，因此核、壳纳米线界面不可能出现位错线沿[111]的轴向位错。其典型位错为伯格斯矢量沿轴向的刃型位错环，该位错类型来源于[111]核、壳方向的层错。刃型位错环可以有效释放晶格失配引起的应变，并在实验中被证实[73]，位错环的伯格斯矢量长度为 $\sqrt{3}a/3$，即(111)晶面的面间距。对于纤锌矿结构，则可以产生如图 4-11-2(b)所示的位错线沿[0001]方向的纯刃型位错，伯格斯矢量方向为⟨11$\bar{2}$0⟩，Raychaudhuri 等人对两种位错的临界尺寸问题基于变分法进行了分析[74]，采用 4.10 节中介绍的完全有限元计算上述结构的临界尺寸问题是直接的。

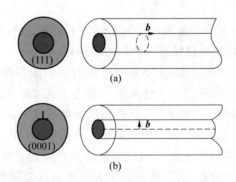

图 4-11-2 (a) 纳米线中伯格斯矢量为[111]方向的纯刃型位错环；
(b) 纳米线中伯格斯矢量平行界面方向的长刃型位错

本章参考文献

[1] Deguffroy N, Tasco V, Baranov A N, et al. Molecular-beam epitaxy of InSb/ GaSb quantum dots[J]. Journal of Applied Physics, 2007, 101(12): 124309.

[2] Maree P M, Barbour J C, van der Veen J F, et al. Generation of misfit dislocations in semiconductors[J]. Journal of Applied Physics, 1987, 62 (11): 4413-4420.

[3] Albert L Y K, Chernak D J, Bierman M J, et al. Formation of Pbs nanowire pine trees driven by screw dislocations[J]. Journal of American Chemical Society, 2009, 131(45): 16461-16471.

[4] Peach M, Koehler J S. The forces exerted on dislocations and the stress fields produced by them[J]. Physical Review, 1950, 80(3): 436-439.

[5] Subramaniam A. Critical thickness of equilibrium epitaxial thin films using finite element method[J]. Journal of Applied Physics, 2004, 95 (12): 8472-8474.

[6] Kumar A, Gautam M, Subramaniam A. Critical sizes for the stabilization of coherent pricipitates [J]. Journal of Applied Physics, 2014, 115 (19): 193509.

[7] Ye Han, Lu Pengfei, Yu Zhongyuan, et al. Dislocation-induced composition profile in alloy semiconductors[J]. Solid State Communications, 2010, 150 (29/30): 1275-1278.

[8] Ye Han, Lu Pengfei, Yu Zhongyuan, et al. Equilibrium critical size of coherent InSb/GaSb quantum dot[J]. Physica E, 2010, 42(9): 2402-2405.

[9] Hirth J P, Lothe J. Theory of Dislocations[M]. 2nd ed. New York: Wiley, 1992.

[10] John E A. Heteroepitaxy of semiconductors theory, growth and characterization [M]. New York: CRC Press, 2007.

[11] Chu S N G, Nakahara S. 1/2<. 100>{100} dislocation loops in a zinc blende structure[J]. Applied Physics Letters, 1990, 56(5): 434-436.

[12] Bolkhovityanov Y B, Deryabin A S, Gutakovskii A K, et al. Mechanisms of edge-dislocation formation in strained films of zinc blende and diamond cubic semiconductors epitaxially grown on (001)-oriented substrates[J]. Journal of Applied Physics, 2011, 109(12): 123519.

[13] Matthews J M, Blakeslee A E. Defects in epitaxial multilayers: I. Misfit dislocations[J]. Journal of Crystal Growth, 1974, 27: 118-125.

[14] Matthews J M. Defects associated with the accommodation of misfit between

crystals[J]. Journal of Vacum Science Technology, 1975, 12(1): 126-133.

[15] Matthews J W, Blakeslee A E, Mader S. Use of misfit strain to remove dislocations from epitaxial thin films[J]. Thin Solid Films, 1976, 33(2): 253-266.

[16] People R, Bean J C. Calculation of critical layer thickness versus lattice mismatch for $Ge_x Si_{1-x}/Si$ strain-layer heterostructres[J]. Applied Physics Letters, 1985, 47(3): 322-324.

[17] Nabarro F R N. Theory of Crystal Dislocations[M]. Oxford:Clarendon, 1967.

[18] People R, Bean J C. Erratum: calculation of critical layer thickness versus lattice mismatch for $Ge_x Si_{1-x}/Si$ strain-layer heterostructres[J]. Applied Physics Letters, 1986, 49(4): 229.

[19] Luryi S, Suhir E. New approach to the high quality epitaxial growth of lattice-mismatched materials[J]. Applied Physics Letters, 1986, 49(3): 140-142.

[20] Petruzzello J, Leys M R. Effect of the sign of misfit strain on the dislocation structure at interfaces of the heteroepitaxial $GaAs_x P_{1-x}$ films[J]. Applied Physics Letters, 1988, 53(24): 2414-2416.

[21] Cammarata R C, Sieradzki K. Surface stress effects on the critical film thickness for the epitaxy[J]. Applied Physics Letters, 1989, 55(12): 1197-1198.

[22] Hirth J P, Evans A G. Damage of coherent multilayer structures by injuction of dislocations or cracks[J]. Journal of Applied Physics, 1986, 60(7): 2372-2376.

[23] Lo Y H. New approach to grow pseudomorphic structures over the critical thickness[J]. Applied Physics Letters,1991, 59(18): 2311-2313.

[24] Freund L B, Nix W D. A critical thickness condition for a strained compliant substrate/epitaxial film system[J]. Applied Physics Letters, 1996, 69(2): 173-175.

[25] Zubia D, Hersee S D, Khraishi T. Strain partitioning in coherent compliant heterostructures[J]. Applied Physics Letters, 2002, 80(5): 740-742.

[26] Zubia D, Hersee S D. Nanoheteroepitaxy: the application of nanostructuring and substrate compliance to the heteroepitaxy of mismatched semiconductor materials [J]. Journal of Applied Physics, 1999, 85(9): 6492-6496.

[27] Zubia D, Zaidi S H, Brueck S R J, et al. Nanoheterepitaxial growth of GaN on Si by organometallic vapor phase epitaxy[J]. Applied Physics Letters, 2000,76(7): 858-860.

[28] Huang Y H. Theory of strain relaxaton for epitaxial layers grown on substrate of a finite eimension[J]. Physical Review Letters, 2000, 85(4):

784-787.

[29] Gatti R, Marzegalli A, Zinovyev V A, et al. Modeling the plastic relaxation onset in realistic SiGe islands on Si(001)[J]. Physical Review B, 2008, 78 (18): 184104.

[30] Hirth J P, Lothe J. Theory of Dislocations[M]. 2nd ed. New York: Wiley, 1992.

[31] Cai W, Arsenlis A, Weinberger C, et al. A non-singular continuum theory of dislocations[J]. Journal of the Mechanics Physics Solids, 2006, 54(3): 561-587.

[32] Hull D, Bacon D J. Introduction to Dislocations[M]. 4th ed. Oxford: Butterwort-heinemann, 2002.

[33] Freund L B, Suresh S. Thin Film Materials: Stress, Defect Formation, and Surface Evolution[M]. Cambridge: Cambridge University Press, 2003.

[34] Head A K. Proceedings of physical society[J]. Section B, 1953, 66(9):793-781.

[35] Ye Han, Lu Pengfei, Yu Zhongyuan, et al. Equilibrium critical thickness for a wurtzite InGaN/GaN heterostructure [J]. Superlattices and Microstructures, 2010, 48(1): 58-65.

[36] Lei H P, Ruterana P, Nouet G, et al. Core structures of a a-edge dislocation in InN[J]. Applied Physics Letters, 2007, 90(11): 111901.

[37] Fisher A, Kuhne H, Richter H. New approach in equilibrium theory for strained layer relaxation [J]. Physical Review Leters, 1994, 73 (20): 2712-2715.

[38] Holec D, Zhang Y, Rao D V S, et al. Equilibrium critical thickness for misfit dislocations in Ⅲ-nitrides[J]. Journal of Applied Physics, 2008, 104 (12): 123514.

[39] 李超荣, 吕威, 张泽. InGaN/GaN 量子阱结构的应变弛豫临界厚度、行为以及对物理性能的影响[J]. 电子显微学报, 2004, 23(4): 402.

[40] Reed M J, El-Masry N A, Parker C A, et al. Critical layer thickness determination of GaN/InGaN/GaN double heterostructures [J]. Applied Physics Letters, 2000, 77(25): 4121-4123.

[41] Parker C A, Roberts J C, Bedair S M, et al. Determination of the critical layer thickness in the InGaN/GaN heterostructures[J]. Applied Physics Letters, 1999, 75(18): 2776-2778.

[42] Cost P M F J, Datta R, Kappers M J, et al. Mistfit dislocations in In-rich InGaN/GaN quantum well structures[J]. Physica Status Solidi A, 2006,

203(7): 1729-1732.

[43] Ye Han, Lu Pengfei, Yu Zhongyuan, et al. Critical lateral dimension for a nanoscale-patterned heterostructure using the finite element methodm[J]. Semiconductor Science and Technology, 2009, 24(2): 025029.

[44] Wang S M, Andersson T G, Kulakovskii V D, et al. Critical layer thickness in InGaAs/GaAs quantum wells studied by photoluminescence and transmission electron mirocsopy[J]. Superlattice and Microstructure, 1991, 9(1): 123-126.

[45] Glas F. Critical dimensions for the plastic relxaation of strained axial heterostructures in free-standing nanowires[J]. Physical Review B, 2006, 74(12): 121302.

[46] Ertekin E, Greaney P A, Chrzan D C. Equilibrium limits of coherency in strained nanowire heterostructures[J]. Journal of Applied Physics, 2005, 97(11): 1114325.

[47] Barton M V. Journal of Applied Mechanics, 1941.

[48] Ye H, Lu P F, Yu Z Y, et al. Critical thickness and radius for axial heterostructure nanowires using finite-element method[J]. Nano Letters, 2009, 9(5): 1921-1925.

[49] Svensson C P T, Seifer W, Larsson M W, et al. Epitaxially grown GaP/ GaAs$_{1-x}$P$_x$/ GaP double heterostructure nanowires for optical applications [J]. Nanotecnology, 2005, 16(6): 936-939.

[50] Bjork M T, Ohlsson B J, Sass T, et al. One-dimensional steeplechase for electrons realized[J]. Nano Letters, 2002, 2(2): 87-89.

[51] Verheijen M A, Immink G, Smet T, et al. Growth kinetics of heterostructured GaP-GaAs nanowire[J]. Journal of the American Chemical Society, 2006, 128 (4): 1353-1359.

[52] Hiruma K, Yasawa M, Katsuyama T, et al. Growth and optical properties of nanometer-scale GaAs and InAs Whiskers [J]. Journal of Applied Physics, 1995, 77(2): 447-462.

[53] Ye Han, Yu Zhongyuan. Plastic relaxation of mixed dislocation in axial nanowire heterostructures using Peack-Koehler approach [J]. Physical Status Solid RRL, 2014, 8(5): 445-448.

[54] Spencer B J, Tersoff J. Dislocation energetics in epitaxial strained islands [J]. Applied Physics Letters, 2000, 77(16): 2533-2535.

[55] Marzegalli A, Zinovyev V A, Montalenti F, et al. Critical shape and size for dislocation nucleation in Si$_{1-x}$Ge$_x$ Islands on Si (001)[J]. Physical Review

Letters, 2007, 99(23): 235505.

[56] Dubrovskii V G, Cirlin G E, Ustinov V M. Semiconductor nanowhiskers: synthesis, properties and appliations[J]. Semiconductors, 2009, 43(12): 1539-1584.

[57] Ovid'Ko I A. Relaxation mechanisms in strained nanoislands[J]. Physical Review Letters, 2002, 88(4): 046103.

[58] Chuang L C, Moewe M, Chase C, et al. Critical diameter for Ⅲ-Ⅴ nanowires grown on a lattice-mismatched substrates[J]. Applied Physics Letters, 2007, 90 (4): 043115.

[59] Cirlin G E, Dubrovskii V G, Soshnikov I P, et al. Critical diameters and temperature domains for MBE growth of Ⅲ-Ⅴ nanowires on lattice mismatched substrates[J]. Physical Status Solidi RRL, 2009, 3(4): 112-114.

[60] Zhou Shuai, Liu Yumin, Wang Donglin, et al. The preferential formation site of dislocations in InAs/GaAs quantum dots[J]. Superlattices and Microstructures, 2012, 51(1): 53-61.

[61] Chen Z B, Lei W, Chen B, et al. Can misfit dislocations be located above the interface of InAs/GaAs (001) epitaxial quantum dots[J]. Nanoscale Research Letters, 2012, 7(1): 486.

[62] Kim Y H, Lee J Y, Noh Y G, et al. High-resolution transmission electron miscroscopy study on the growth modes of GaSb islands grown on a semi-insulating GaAs (001) substrate[J]. Applied Physics Letters, 2007, 90 (24): 241915.

[63] Zhou Shuai, Liu Yumin, Lu Pengfei, et al. The formation site of noninterfacial misfit dislocations in InAs/GaAs quantum dots[J]. Journal of Nanomaterials, 2014: 103640.

[64] Tillmann K, Foster A. Critical dimensions for the formation of interfacial misfit dislocations of $In_{0.6}Ga_{0.4}As$ islands on GaAs (001)[J]. Thin Solid films, 2000, 368(1): 93-104.

[65] Rastelli A, Kummer M, Kanel V H. Reversible shape evolution of Ge islands on Si (001)[J]. Physical Review Letters, 2001, 87(25): 256101.

[66] Stoffel M, Rastelli A, Tersoff J, et al. Local equilibrium and global relaxation of strained SiGe/Si (001) layers[J]. Physical Review B, 2006, 74 (15): 155326.

[67] Merdzhanova T, Kiravittaya A, Rastelli A, et al. Dendrochronology of strain-relaxed islands[J]. Physical Review Letters, 2006, 96(22): 226103.

[68] Zhou Shuai, Liu Yumin, Ye Han, et al. Calculation of critical size of coherent InAs quantum dot on GaAs substrate[J]. Physica E, 2012, 46: 52-56.

[69] Milles R H, McGill T C. Dependence of critical thickness on growth temperature in GeSi/Si superlattices[J]. Applied Physics Letters, 1988, 52(11): 916-918.

[70] Gendry M, Drouot V, Santinelli C, et al. Critical thicknesses of highly strained InGaAs layers grown on InP by molecular beam epitaxy [J]. Applied Physics Letters, 1992, 60(18): 2249-2251.

[71] Osten H J, Klatt J, Lippert G, et al. Two-dimensional lattice-mismatched heteroepitaxy of germanium on silicon beyond the critical thickness by introducing a surfactant [J]. Applied Physics Letters, 1992, 60 (20): 2522-2524.

[72] Freund L B, Gosling T J. Critical thickness condition for growth of strained quantum wires in substrate V-Grooves[J]. Applied Physics Letters, 1995, 66(21): 2822-2824.

[73] Lin H M, Chen Y L, Yang J, et al. Synthesis and characterization of core-shell GaP@GaN and GaN@GaP Nanowires[J]. Nano Letters, 2003, 3(4): 537-541.

[74] Raychaudhuri S, Yu E T. Critical dimensions in coherently strained coaxial nanowire heterostructures [J]. Journal of Applied Physics, 2006, 99 (11): 114308.

第5章　异质外延生长理论与仿真

当前,低维异质外延半导体材料主要有两种重要的生长设备,一种是分子束外延(Molecular Beam Epitaxy,MBE),另一种是基于有机化学气相沉积生长,最重要的就是金属有机化学气相沉积(Metal-Organic Chemical Vapor Deposition,MOCVD)。两者之间差别比较大,MBE 材料生长主要发生的是物理过程,待沉积的材料按一定的比例在超高真空条件下,以原子流方式沉积到高温样品表面,并在表面扩散、成核。由于没有经历化学反应,分子束外延生长的主要过程是沉积和扩散,且原子解吸附的概率很小。基于以上原因 MBE 生长技术易于实现理论模拟。相反,MOCVD 生长技术则会在表面发生复杂的化学反应,反应对温度、材料组分浓度、气压等很敏感,并且化学反应通常是双向进行的,因此原子的解吸附作用在 MOCVD 生长过程中显得非常重要。其他广泛应用于外延生长的方法还有液相外延、溅射沉积、原子沉积以及物理气相沉积等。尽管不同外延技术的生长机理差别很大,但所有的生长方法包含的基本生长过程都是相同的,分别是输运外延材料到样品表面,沉积材料,沉积原子在表面扩散,原子汇聚成核等几个阶段。本章只讨论 MBE 生长的理论仿真。

5.1　动力学蒙特卡罗法模拟外延生长的基本理论

MBE 生长技术原子解吸附概率取决于两个因素:表面势垒和温度。原子解吸附概率可以表示为

$$\tau = \tau_0 \exp(D_0/K_B T) \quad (5\text{-}1\text{-}1)$$

式中 τ_0 为 10^{-14} s 量级,与沉积吸附过程相比可以忽略[1]。

典型的 MBE 沉积物理机制可以由图 5-1-1 描述[2]。本章主要介绍利用动力学蒙特卡罗法仿真基于 MBE 的外延薄膜材料生长过程。由于解吸附过程在MBE 生长中作用并不明显,因此在计算机仿真时可以忽略。

当材料 B 在材料 A 上沉积时,很难了解材料按何种生长模型进行生长,这时

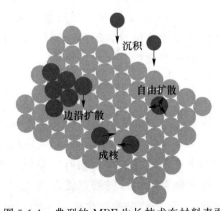

图 5-1-1　典型的 MBE 生长技术在材料表面的物理过程

除了材料本身的一些特性之外,环境参数(如温度、压力、材料沉积速率等)也会对生长产生影响。根据热动力学平衡理论,Bauer 将外延生长分为 3 种类型[3]。材料生长的表面形貌分别如图 5-1-2(a)、图 5-1-2(b)和图 5-1-2(c)所示,依次为层状生长(Volmer-Weber,V-W)、岛状生长(Frank-Vander merwe,F-V)、先层状后岛状生长(Stranski-Krastanov,S-K)。

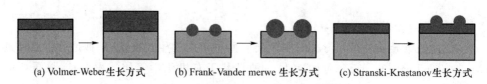

(a) Volmer-Weber生长方式　　　(b) Frank-Vander merwe 生长方式　　　(c) Stranski-Krastanov生长方式

图 5-1-2　薄膜材料外延生长的 3 种方式

材料的生长方式受生长条件的影响很大,一般说来,远离平衡条件的 MBE 生长中,高温条件有利于层状生长,低温条件有利于 3 维岛状生长;在低温条件下,生长台阶引起的局部势垒不利于高层原子向下台阶扩散,在高温条件下,原子则具有足够的能量,能够克服台阶势垒的影响,因而有利于层状生长。大的晶格失配容易导致岛状生长,高的分子束沉积速率有利于层状生长。在特定条件下,原子能够在表面扩散,但不能克服台阶势垒,这样将导致有序的金字塔形状生长,这一现象首先被Villain[4]发现。

S-K 生长方式就是目前三维量子点的生长主流制备技术,广泛研究的生长材料有在 GaAs 衬底上生长 InAs 量子点[5]以及在 Si 衬底上生长 Ge[6]。有很多研究工作试图描述 S-K 生长方式,特别是二维岛到三维岛的形态跃迁过程[7],目前为止,研究手段大致可以分为两种,一种基于纯粹的动力学方法,另一种基于所谓“静态”能量的方法,对应亚稳态甚至稳态情况下材料的原子位置。对于动力学方法,分为两种,一种为原子量级的动力学蒙特卡罗方法,另一种为基于均场理论的速率方程法[8]。“静态”能量方法主要是从经验势以及从头计算方法研究体系最小能量时原子的配置。一般来说,动力学手段易于描述量子点材料横向和纵向分布,以及量子点密度等自组织特性。基于能量计算的第一原理密度泛函理论以及热动力学平衡理论可用于研究量子点形状方面的自组织特性[9]。

5.1.1　生长过程中的势垒

现在讨论衬底表面的吸附原子扩散运动,为了更好地模拟外延生长,分析一下原子之间的相互作用与表面扩散运动之间的影响是十分必要的。这一过程与沙粒在风的作用下在小沙丘表面运动有些类似。沙粒在粗糙的沙丘表面运动,沙粒的运动必须克服表面粗糙引起的静摩擦以及克服沙丘高度引起的重力势能。吸附原子的扩散完全类似,只是势垒的产生机制不同。由于吸附原子具有量子力学的某种特性,所以扩散势垒既取决于吸附原子的周围环境,又取决于扩散运动的方向。表面原子结构产生波纹状势场分布,低温情况下原子趋向于能量最小位置。吸附原子从一个位置扩散到另一个位置必须克服表面自由能势垒,根据 Gibbs-Boltzmann 公式,原子在单位时间内有一定的概率从一个位置扩散到最近邻位置,该概率表达式可表示为

$$p = v_0 \exp(-E_s/k_B T) \tag{5-1-2}$$

式中 k_B 为波尔兹曼常数,E_s 为衬底的表面能,$v_0 = \dfrac{k_B T}{h}$ 为原子的振动频率,其中 h 为普朗克常数,典型的频率值为 10^{13} s^{-1} 量级,另一个常用的量是扩散常数:

$$D = a^2 p/4 \tag{5-1-3}$$

其中,a 表示最近邻原子之间的扩散距离。通常势垒可以通过第一原理或密度泛函理论得到,并直接应用于动力学蒙特卡罗仿真。下面讨论原子扩散中常见的几种情况。

1. 同层原子的边界原子扩散

当吸附原子位于同层原子的边界时,也就是说吸附原子周围有近邻原子存在,原子的扩散势垒不仅受表面原子结合能的影响,同时还受到周围最近邻和次近邻原子键的影响。原子扩散的方向不同,势垒大小也不同,扩散势垒表示为 $E = E_s + nE_n + mE_m$,其中 n 和 m 分别表示与近邻和次近邻结合的数目。如图 5-1-3(a)所示,$E_{off} = E_s + 2E_n$,E_n 为同层最近邻原子的结合能,原子扩散必须克服 2 个最近邻原子的结合能导致的势垒。显然当该原子沿边界扩散时,只需破坏其中一个原子键,原子扩散后仍和两个原子键中的一个保持成键,因此要克服的势垒 E_{edge} 小于 E_{off}。对于拐角原子扩散,尽管成键数目和边界扩散一致,但考虑次近邻结合能 E_m 扩散后比扩散前少了,因此需要克服的势垒要大于边界扩散而小于脱离岛的扩散,即 $E_{off} > E_{corner} > E_{edge}$。因此考虑最近邻和次近临原子的结合能,扩散速率的表达式将写为

$$p = v_0 \exp[-(E_s + nE_n + mE_m)/K_B T] \tag{5-1-4}$$

图 5-1-3(b)以立方晶格为例,给出了表面吸附原子可能的扩散方向,由于近邻和次近邻个数限制,可能扩散方向是有限的,在蒙特卡罗仿真中,原子向各个方向扩散的概率无方向性差别。

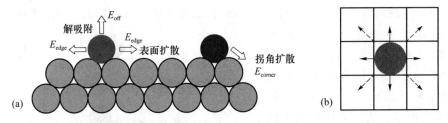

图 5-1-3　(a)原子不同位置和扩散方向需要克服的势垒;(b)吸附原子在表面的扩散路径(俯视图,为方便采用了二维立方晶格,其中实箭头表示近邻扩散,虚箭头表示次近邻扩散)

2. 台阶原子扩散的 Schwoebel 势垒

当位于台阶边界的原子向上层扩散时或当上层台阶原子向下层扩散时,原子必

须克服额外的势垒,这个势垒不同于最近邻和次近邻原子结合能,这一效应首先被 Ehrlich 观察到,并由 Schwoebel 讨论了该势垒对晶体生长的影响[10]。该势垒产生的原因可以从图 5-1-4 中定性给出,作为比较,图 5-1-4 画出了不受 Schwoebel 势垒影响的原子以及受 Schwoebel 势垒影响的原子势。由于台阶上面的原子左右两侧受到的下层原子的原子结合能不对称,左侧下层原子给该原子结合能小于右侧。因此台阶上面的原子向下层原子台阶扩散需要克服由于结合能不对称而产生的 Schwoebel 势垒。

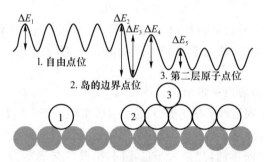

图 5-1-4 非对称性台阶附加的 Schwoebel 势垒[10]

将 Schwoebel 势垒作用引入动力学蒙特卡罗仿真,需要将每个原子每个可扩散方向按单独的事件进行考虑,每个可能的扩散方向都有自己的扩散速率。由于应变的影响,岛边界的原子活性能将降低,有利于原子向各个方向扩散,但在方向上是有区别的。由于 Schwoebel 势垒的作用,岛边界的原子向远离岛的方向扩散,与向上一层原子扩散的速率是不同的。向上扩散的 Schwoebel 势垒和向下扩散的 Schwoebel 势垒是不同的。向上扩散的 Schwoebel 势垒将使得新的原子层易于出现在二维原子岛上,并导致较高的三维岛形成,因此,在仿真过程中,考虑 Schwoebel 势垒的影响,当原子在边界向上一层跳跃或向下一层跳跃时需要在式(5-1-1)中增加 E_{Sw},大小在 $0.1\,eV$ 量级。

3. 挤出效应

当具有高动能的粒子溅射到样品表面时,如果原子位置恰好沉积到上边界位置,高动能原子可能将台阶原子向外侧"挤出"并占据剩下的空位,原来的边界原子仍为边界原子。这一过程称为挤出(kick-out)效应,如图 5-1-5 所示。这一效应有利于层状生长,直接依靠粒子的动能克服了 Schwoebel 势垒效应。

4. 应变效应

对于异质外延生长,衬底和吸

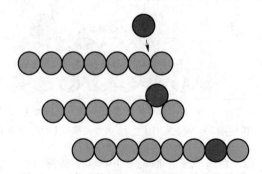

图 5-1-5 高动能粒子对边界原子的挤出效应

附原子有不同的晶格常数,因此在晶体形成过程中,每个原子都调整各自的位置,在调整过程中将导致应变的产生。因此必须考虑应变在扩散过程中的作用。这一过程可以由图5-1-6形象地表示。当原子由于晶格失配必须偏离平衡位置时,原子对之间的相互作用程度降低,相应的结合能减小,应变原子结合与平衡结合相比是一种松散的结合。图5-1-7通过原子对的相互作用可以形象地说明应变时原子偏离平衡位置对势垒的影响。由式(5-1-2)可知,应变作用下的原子将导致扩散势垒降低,使得原子扩散速度加快。对于 S-K 生长模式,表面原子在浸润层之上,其相互作用距离已经不同于平衡位置,正晶格失配和负晶格失配将分别导致原子距离与平衡距离相比增加或减小。基于应变在异质外延生长中的作用,必须将应变的相互作用考虑进去。

$$p = v_0 \exp\left[-(E_s + nE + nnE_{nn} + E_{strain})/K_B T\right] \qquad (5\text{-}1\text{-}5)$$

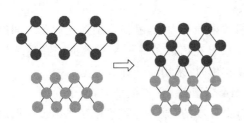

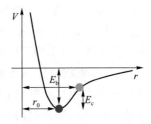

图 5-1-6　晶格失配导致位移和应变　　　　图 5-1-7　应变对原子势能的影响

考虑应变相互作用部分的应变能 E_{strain} 常有以下几种方法。第一种利用原子相互作用势近似表示,如 Lennard-Jones 势[11],这时只考虑近邻原子之间的原子对相互作用,式(5-1-5)中其他项也统一用势函数求和表示:

$$\phi(q) = E\frac{q^n - nq}{n-1}, \qquad q = \left(\frac{\sigma}{r}\right)^m \qquad (5\text{-}1\text{-}6)$$

通过设置衬底和吸附原子 σ_{as} 参数以及吸附原子之间的 σ_{aa} 参数,设定原子的势能环境,对于晶格失配,通过引入 σ_{aa} 与 σ_{ss} 的线性关系表示,如对于 10% 的正晶格失配应变,则令 $\sigma_{aa} = 1.1\sigma_{ss}$,若为负晶格失配应变,则调整为 $\sigma_{aa} = 0.9\sigma_{ss}$。第二种方法采用简化的弹性模型[12],这时应变能可简单表示为

$$E_{strain} = \frac{1}{2}ks\delta^2 \qquad (5\text{-}1\text{-}7)$$

其中,k 等价于弹性常数,s 表示二维岛内原子数目,$\delta = a_{large} - a_{small}$ 表示晶格失配,对于三维岛采取相同的形式。第三种方法与第二种方法类似,也是一种近似的方法[13],应变能表示为 $E_{strain} = (c/2)\sum (a_i - a_i^0)^2/(a_i^0)^2$,其中 a_i^0 和 a_i 分别为无应变和拉伸状态下的键长,i 遍历所有被近邻和次近邻占据的原子,对于典型的半导体,取 $c = 44$ eV。利用三维有限元计算量子点的应变分布,表明在水平方向上,量子点的应变从中心向两侧减少,并迅速衰减为零。根据这一计算结果,假定量子点的最

大应变是岛内原子个数的函数,但存在上限 $E_c = aN$, N 为岛内原子个数, a 为常数。从量子点中心到量子点边界采用衰减函数近似模拟应变分布,对于动力学蒙特卡罗仿真,量子点中间原子的应变意义不大,因为这些原子是固定的,影响大的是岛边界原子。第 4 种方法通过基于弹性理论的二维格林函数法计算弹性应变,该方法比较可靠,并可以考虑弹性各向异性作用,详细计算方法见本章参考文献[14]。

5.1.2　晶格气模型、SOS 假定以及 off-lattice 模型

为了方便模拟材料的生长过程,在仿真中,需要考虑主要因素,忽略次要因素(尽管有的次要因素在特定条件下可能变得重要)。蒙特卡罗研究的最早的伊辛模型(Ising model)就属于晶格气(lattice gas)模型,对于晶格气模型,假定气体、固体被离散的晶格点划分,粒子只能占据空间离散的格点位置。高原子密度区域称为固相或晶相(crystal phase),低原子密度区域称为气相(gas phase)。晶格气模型可以很好地描述晶相和固相材料,描述气相材料效果并不太好,晶格模型描述原子之间的相互作用需要人为引入,因此相互作用参数只有在离散条件下是有效的。在后续讨论过程中,描述最近邻和次近邻原子的相互作用时,采用原子计数模型。

与晶格气模型相对应的是 off-lattice 模型[15],在该模型中,原子允许占据空间的任意可能的位置,原子的位置是可以自由移动的,原子之间的相互作用多根据局部的成对原子势函数(如 Lennard-Jones 势)进行计算,原子之间的距离可以连续变化,原子的位置是空间位置的连续变量。在这种模型下,晶格失配的应变计算将更忠实于实际情况。观察系统的原子按 r^N 空间分布的概率可以表示为

$$P(r^N) = \frac{1}{Z} e^{-U(r^N)/K_B T} \tag{5-1-8}$$

其中 $U(r^N)$ 表示原子位置为 r^N 配置时系统的总势能,Z 为配分函数。对于 off-lattice 模型,通常需要借助原子势函数研究系统演变过程中的势垒对跃迁的影响,这时的动力学蒙特卡罗算法称为连续空间变化的动力学蒙特卡罗算法,除了仍采用事件驱动之外,与分子动力学方法有类似之处。在早期的研究中,Schneider 等人采用 Lennard-Jones 势以及 Stillinger-Weber 三体作用势[16-17],研究了硅衬底同质外延生长,并观察到低温下无定形生长和高温下晶相生长现象[17]。

在仿真过程中若假定原子或分子只能沉积在已经存在的晶体表面上,并且不允许晶格占空位和悬空位置存在,忽略体积内原子扩散,忽略位错的产生,忽略交换作用,并且衬底的原子晶格固定,这种假定称为 SOS(Solid on Solid)假定。

这是目前大多数动力学蒙特卡罗仿真采用的模型。稍微复杂的晶格有面心立方晶格、体心立方晶格以及金刚石晶格。立方晶格使得仿真过程的技术细节变得简单而容易实现。对于其他晶格,一方面晶格本身复杂,增加了仿真实现的许多细节问题,另一方面与之相关的应变场计算也必须考虑生长方向的影响。尽管采用立方晶格作为简化可能会失去仿真细节,但仿真结果中重要的结论不会受到影响。

连续空间和离散空间的动力学蒙特卡罗算法各有优缺点,前者可以很好地观察原子偏离理想晶格点时的一些现象,如位错的发生[18],但空间连续运动计算仿真代价比较大,需要很大的计算量,限制了生长过程中仿真的时间尺度,对外延生长中发生的其他现象以仿真的方式再现有困难。离散动力学蒙特卡罗算法可以大大地减少计算资源,因此可以仿真生长过程中遇到的其他现象,特别适合仿真晶格匹配外延,对于非晶格匹配外延可以合理地引入应变模型,在异质外延仿真中应用较多。

5.1.3　周期边界条件

动力学蒙特卡罗仿真原子系统的目的是提供在宏观条件下微观系统所呈现的宏观特性方面的信息。仿真系统通常为几百到几百万个粒子构成的系统,这样的仿真系统与实际情况相差很远,因此有限的仿真容量对仿真结果统计特性的影响非常重要。尽可能地提高仿真容量是解决问题的最好方法,但计算代价线性增加,在仿真中可采用的另一措施就是利用周期边界条件消除边界效应的影响。周期边界条件能够有效地消除边界条件的影响,但系统仿真结果仍然受限于仿真元胞的大小。因此,必须通过多次利用不同元胞大小来模拟系统,用于在经验上判断多大的仿真元胞是合适的,太小会导致不合理的仿真结果,太大则会导致没有必要的计算代价。

对于连续性相互作用势,在周期边界条件下势能的计算相对复杂,每个原子的相互作用势都是由无限数目的原子与目标原子的作用和构成的。因此必须引入截断半径,只考虑目标原子截断半径内的原子与目标原子的相互作用。对于短程相互作用势,利用截断方式计算不会带来仿真误差,对于长程相互作用势(如库仑相互作用势),简单截断将严重影响系统的仿真结果。对于用于半导体材料的经典势函数通常为短程相互作用势函数。

分子动力学仿真和动力学蒙特卡罗仿真在截断处理上也稍有不同。这是由于在分子动力学仿真中简单截断在有的位置将导致力的不连续性。动力学蒙特卡罗仿真则不存在这样的问题。对于分子动力学,有的情况还要考虑截断修正,具体请参考Frenkel 和 Smit 编写的《分子模拟——从算法到应用》[19]。周期边界条件示意如图 5-1-8 所示。

相对于事件概率驱动的动力学蒙特卡罗法,分子动力学(molecular dynamics)方法是确定性方法,每一个时间步,体系中原子或分子的运动由牛顿运动定律得出。系统中所有粒子都有确定的位置和速度。可通过合适的势函数计算粒子之间的相互作用。势函数的评估通过量子力学或实验的方法,势函数的参数通过第一原理计算或实验测量。将参数应用于 MD 仿真,并与实验进行对比,同时调整参数,直到与实验一致。分子动力学方法适合应用于与时间相关的物理现象,仿真时间较短,通常为纳秒量级,而表面扩散生长通常为秒量级。分子动力学与动力学蒙特卡罗仿真的区别如图 5-1-9 所示。

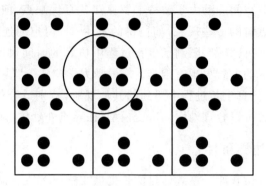

图 5-1-8 周期边界条件示意图,图中圆形内部区域为截断区域,
中心原子只与圆内原子相互作用

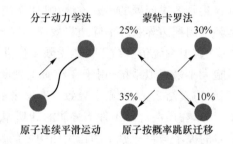

图 5-1-9 分子动力学与动力学蒙特卡罗仿真的区别

5.2 动力学蒙特卡罗算法

5.2.1 动力学蒙特卡罗算法流程

"动力学蒙特卡罗"这一术语最早出现在 1992 年 *Science* 的一篇开创性论文,题目为《外延生长和计算机仿真艺术》[20]。动力学蒙特卡罗算法是一种基于"事件"驱动来执行动力学仿真问题的方法,可高效再现非平衡过程随时间的演化,在动力学蒙特卡罗仿真的动力学系统中,存在大量不同的事件,每个事件发生的概率和需要的时间间隔与系统配置有关,每个仿真步骤都依据概率选择一个事件执行,事件发生的时间间隔由系统中事件发生的总概率决定。与动力学蒙特卡罗方法不同,在 Metropolis 蒙特卡罗法研究的系统中,事件发生的时间间隔与系统的配置无关,随机选取其中的一个事件,根据系统配置决定拒绝还是执行该事件[21]。

为描述晶体生长的扩散运动,假定动力学蒙特卡罗仿真系统服从玻尔兹曼分布,系统新的配置通过对应真实物理事件来实现,因此动力学蒙特卡罗算法是基于事件的模型。系统中每个可能的事件都按照一定的扩散速率表示,如式(5-1-4),扩散速率表示单位时间该事件可能发生的概率。扩散速率的倒数表示特定的扩散运动被执行所需要的时间。因为不同的原子运动导致的扩散速率是独立的,因此,系统的物理时间与系统所有可能的原子扩散概率之和的倒数相联系。动力学蒙特卡罗算法描述的基本框架如下。

第一步,计算所有可能执行的事件,并将之与一定的原子跃迁速率相联系。假定在系统配置为 C 的情况下有 N 个可能的事件,且每个事件发生的速率为 $R_a(a=1, 2, \cdots, N)$,定义总速率为

$$T = T(C) = \sum_{a=1}^{N} R_a \qquad (5\text{-}2\text{-}1)$$

系统状态变换概率表示为

$$W(C \rightarrow C') = \sum_{a=1}^{N} R_a V^a (C \rightarrow C') \qquad (5\text{-}2\text{-}2)$$

统计矢量 $V^a(C \rightarrow C')$ 指定了系统状态由 $C \rightarrow C'$ 的变化是否可以被事件 a 实现。事件 a 发生的概率表示为

$$P = \frac{R_a}{T} \qquad (5\text{-}2\text{-}3)$$

第二步:从指定可能发生的事件中选择其中一个事件作为执行事件。选择过程需要掌握一定的技巧,以确保选择的事件代表系统演化的方向。选择事件有两个原则:①概率大的事件得到执行的机会要大;②小概率事件仍有执行的机会。由于蒙特卡罗仿真程序的主体依赖概率性事件驱动,因此为提高蒙特卡罗程序运行的效率,合适的事件选择算法十分重要。

第三步:更改系统配置、数据结构等,完成实际事件的执行,并计算新的系统配置下可能发生的事件及其速率。

第四步:更新系统仿真时钟。决定是否发生沉积事件。

第五步:重复以上过程,直到到达系统仿真时间或完成特定的沉积原子数目。蒙特卡罗程序的基本步骤看起来相对简单,但由于涉及大量粒子的扩散运动,并且每个粒子都有各自的局部环境,因此在程序实现上依然是非常复杂的。另外,计算时间是必须考虑的问题,动力学蒙特卡罗仿真中最耗时的部分为原子的能量计算以及执行事件的选择。由于涉及的粒子非常多,所以内存管理也显得非常重要,这对于仿真大系统(几万到几十万个原子的系统)来说尤其如此。正如 5.1 节介绍的那样,在原子结合能计算上可以采用简单的最近邻原子计数模型来计算每个原子扩散需要克服的能量垒,应变能的引入可以采用多种近似方法,因此在能量计算上相对简单。动力学蒙特卡罗仿真流程如图 5-2-1 所示。

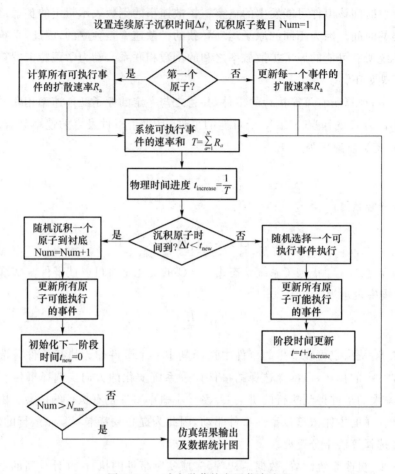

图 5-2-1　动力学蒙特卡罗仿真流程

5.2.2　事件选择算法

通常可以采用两种算法来执行概率时间选择过程,分别为线性搜索算法和分组查表选择算法。

1. 线性搜索算法

通过线性搜索算法从可执行事件中选择一个作为实际执行事件的方法类似于轮盘赌游戏,这一规则通常应用于遗传算法中,通过该法则随机选择父代个体进行遗传算子操作。如图 5-2-2 所示,为便于说明,假定有一个三原子组成的系统,第一个原子有两个可执行事件,第二个和第三个原子各有 3 个可执行事件,每个原子对应的事件概率表示为 ξ_{11}、ξ_{12}、ξ_{21}、ξ_{22}、ξ_{23}、ξ_{31}、ξ_{32}、ξ_{33}。将每个可执行事件依次排序(无须按特定规则排序),并将概率归一化,计算累计概率。产生一个在[0-1]之间均匀分布的随机数 ξ,当次选择产生的执行事件由随机数决定。当 ξ 满足如下条件时,概率为 ξ_{31}

的可执行事件被选择：

$$(\xi_{11}+\xi_{12}+\xi_{21}+\xi_{22}+\xi_{23})<\xi\leqslant(\xi_{11}+\xi_{12}+\xi_{21}+\xi_{22}+\xi_{23}+\xi_{31})\qquad(5\text{-}2\text{-}4)$$

当原子系统为小系统时，线性搜索算法是有效的算法，执行的事件可以从下式决定：

$$\xi\leqslant\sum_{i=1}^{K}\sum_{j}^{M}\xi_{ij}\qquad(5\text{-}2\text{-}5)$$

上式表示 N 个原子中的第 K 个原子的第 M 个事件被选择作为可执行事件，对于一万个原子的系统，选择一个执行事件需要几万个计算步。因此线性搜索算法对于大系统具有固有的低效率，平均每个事件需要的计算机计算时间为 $O(M)$，M 为系统可能的蒙特卡罗事件数。

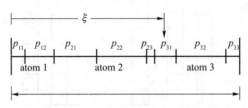

图 5-2-2 线性搜索算法的事件选择过程示意图

2. 分组查表选择算法

为了改进事件选择效率，可采用二叉树搜索算法，平均每个事件需要的计算机计算时间为 $O(\log_2 M^{1/2})$。这个方法适用于任意一组事件概率，但典型的离散 KMC 仿真依据原子所处环境以及能量计算的成键计数法，使得每个原子只涉及有限个事件发生概率，且很多原子可能处于同一种环境中，这使得可以构造一个更快的基于列表的算法，其平均每次事件执行的计算时间可大大地减少[22-24]。研究发现，对于典型的仿真，该算法通常将计算时间减少 30%～50%[24]。

为提高选择算法的效率，Maksym 提出了一种分组查表选择算法[23]，大大地提高了选择效率。该方法的基本思路就是，第一步将每个可扩散原子事件的扩散速率相加得到原子的扩散速率 R_{atom}，这一原子扩散速率可以转化为等效的原子扩散势垒。第二步将所有扩散速率相同的原子，或扩散速率在一定间隔 $[R,R+\Delta R]$ 内的原子合并为一组，在考虑应变场时，按概率或速率间隔分组是必要的，因为应变场是连续变化的，当不考虑应变场时，可以按等扩散速率分组。将该组内所有原子的扩散速率相加得到该组的扩散速率 R_{group}。第三步将所有组的扩散速率相加得到 R_{total}。第四步决定选择过程，首先随机选择一个原子分组，其次在分组内根据等概率原则选择其中一个原子，最后在选择的原子中根据线性搜索确定选择的原子扩散事件并决定该原子的扩散方向，分组查表选择扩散事件示意如图 5-2-3 所示。

通常，一个原子的扩散将导致该原子本身近邻的情况改变，同时影响周围原子的近邻和次近邻分布情况，一旦某个原子的扩散被执行，除该原子标记的位置坐标需改变外，还要改变该原子的近邻信息、该原子原位置近邻原子的近邻信息以及新位置周围原子的近邻信息。严格来说,每一步扩散运动,相应小环境的应变场也要更新,但应变场的改变通常需要多个原子扩散事件导致局部区域原子分布呈现明显改变时,才能在仿真中体现出来,因此在实际仿真中,每发生 1 000 步左右的蒙特卡罗事件,更新一次应变场分布就足够了。每更新一次应变场分布,表面原子所属的原子扩散分布会受应变的改变而改变,因此更新应变场分布后,要立即进行表面原子扩散速率以及原子扩散概率分组的更新。

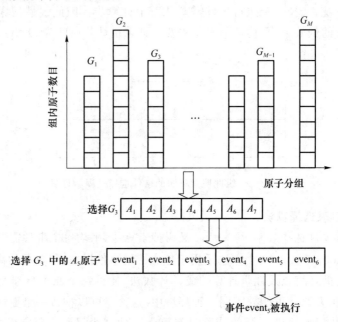

图 5-2-3　分组查表选择扩散事件示意

5.2.3　动力学蒙特卡罗算法基础测试

5.2.2 节给出了 KMC 的基本流程,但真实情况外延生长需要考虑的因素还有很多,如图形衬底、变场的影响、多元素原子沉积、生长中断、高温退火等。但在做复杂的外延生长仿真之前,采用简单场景对 KMC 仿真做一些基本测试,以验证仿真框架的可行性是必要的。下面将仿真过程局限于单一元素沉积过程,假定沉积量比较小,远少于一个原子单层,生成的均为二维岛。这样的假定可以用于描述材料初始生长过程。由于应变在量子点的自组织生长过程中具有决定性意义,所以我们首先比较简单同质外延蒙特卡罗仿真技术(未考虑应变效应)与考虑应变效应时异质外延对生长的影响。图 5-2-4(a)、图 5-2-4(b)左图为系统的原始配置,表面的原子数固定,包含大、小二维原子岛各一个。在两种情况下计算恒温条件下扩散速率的概率表达式,分别为

$$p = v_0 \exp\left[-(E_s + nE + nnE_m)/K_BT\right]$$

$$\qquad\qquad (5\text{-}2\text{-}6)$$

$$p = v_0 \exp\left[-(E_s + nE + nnE_m + E_{strain})/K_BT\right]$$

图 5-2-4(a)、图 5-2-4(b)右图给出了在不存在新的原子流沉积的情况下,同质外延和应变外延分别导致了二维岛的熟化和共生现象。对于第一种情况,大原子岛变得更大,小原子岛逐渐消失,这是由于大的原子岛边界比较大,有更大捕获表面吸附原子的概率,相比之下逃离大原子岛的概率比被大原子岛吸附的概率要小,综合效果表现小的二维岛有向大二维岛扩散的净原子通量,最终大原子岛将小原子岛完全“吃掉”,因此在宏观表现上趋向层状生长,这一结论由早期科研工作者基于蒙特卡罗法模拟分子束外延(同质外延)半导体表面的生长情况提出,并解释了分子束外延在高能电子衍射枪(RHEED)中观察到的强度震荡现象[25]。对于第二种情况,大原子岛被部分分解,部分原子扩散到小原子岛或形成新的小原子岛,因为在应变存在的情况下,二维岛的边界应变比较大,二维岛越大,对应的应变也越大,大的应变将导致原子从岛的边界脱离大尺寸二维岛,同时大的边界有更多的机会使岛与表面吸附原子结合,两种情况的竞争导致岛的大小在特定环境下有相对优化的值。在未达到优化值之前,大的原子岛以前者为主,小岛以后者为主,当达到或接近优化岛的大小时,脱离和流向岛的静原子通量为 0,二维岛大小维持不变,如果半导体表面仍存在富裕原子,则富裕原子将形成新的原子岛,比如若存在持续的原子沉积,表面将生成更多分立的二维原子岛,这意味着存在量子点应变导致的自限生长效应,提供了一种量子点尺寸可控生长的方式[11]。

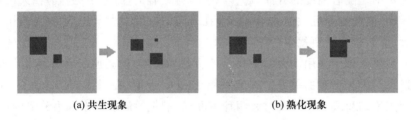

(a) 共生现象　　　　　　　　　　(b) 熟化现象

图 5-2-4　不考虑应变和考虑应变时的共生现象和熟化现象

5.2.4　理想均匀衬底同质外延的表面形态

原子外延生长初始阶段的表面形态在 KMC 仿真中需要特别关注,这是因为初始阶段外延的表面形态对后续多层原子的生长有着很重要的影响。下面考察理想均匀衬底(表面无缺陷、无弯曲)情况下,改变 KMC 仿真的一些基础参数(例如温度、E_n)对原子团簇的形状和大小的影响。

假定新沉积的原子以固定的沉积速率 F 沉积到衬底表面,这些原子沉积的初始位置随机产生,并且在表面做自由扩散迁移,直到它们与另一个原子结合在一起,当两个原子结合在一起时,其扩散速率 p 与 $\exp(-E_n/K_BT)$ 有密切关系,当 E_n/K_BT 较小时,两个原子可以比较容易地分离,直到其中一个与相近的大的岛结合,所以衬底的表面形态表现得比较紧密〔如图 5-2-5(a)所示〕；相反地，当 E_n/K_BT 较大时，两个原子一旦结合在一起，将变得不容易分开，所以衬底的表面形态表现得比较零散，且不规则〔如图 5-2-5(b)所示〕，该现象类似分形的分支结构，这与扩散限制聚集(diffusion-limited aggregation)现象很相似[26-27]。

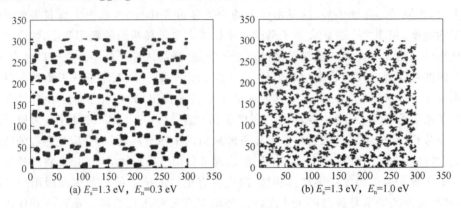

(a) E_s=1.3 eV, E_n=0.3 eV　　　　　　　　(b) E_s=1.3 eV, E_n=1.0 eV

图 5-2-5　温度为 540 K,衬底大小为 300×300,覆盖率为 20%,沉积速率为 0.01 ML/s

图 5-2-6 给出了衬底的表面形态随温度的变化，在这里我们假设衬底的原子沉积覆盖率为 15%，温度变化范围 450~600 K。在低温环境下，迁移原子自由迁移的能力很小，当它沉积在衬底上以后几乎就不能再活动。团簇的平均尺寸较小，而且形状也不规则。随着温度的升高，迁移原子变得更有活性，原子更容易在大尺度范围内扩散运动，因此和附近大的原子岛结合在一起的概率大大增加，这时岛的尺寸已经明显增大，形状也变得更规则。

本节主要介绍了采用动力学蒙特卡罗方法(KMC)仿真原子在外延生长中衬底的表面形态与生长参数的关系。本节采用了 SOS 近似，在只生成二维岛的情况下，分析了理想均匀衬底和预应变衬底两种情况，我们把衬底表面划分为分离的格子，原子沉积到这些分离的格子里面，迁移原子的能量主要考虑两个：邻近原子的束缚能 E_n 和衬底对原子的吸附能 E_s。在预应变衬底情况下，我们加入边界条件，把衬底再按能量区域划分成一些正方形的格子，衬底对原子的吸附能 E_s 与原子所在的坐标成分段式的线性关系，并且我们比较了均匀衬底和预应变衬底的一些不同之处。

预应变衬底可以产生有一定周期性的、规则的簇阵列，这对后续沉积原子层的薄膜生长具有重要的作用，它可以使有序生长的岛成为可能，从而提高半导体器件的性能。这些预应变的衬底与原子迁移的限制作用有关，而这种限制作用主要取决于外延生长的温度和沉积速率。改变温度和改变沉积速率对衬底形态的形成有同样的作用。当达到一个优化的温度范围时，适当调节沉积速率，可以制造出有利于生长岛的规则衬底。另外，改变邻近原子的束缚能 E_s 对衬底表面形态的形成也有一定的影响。

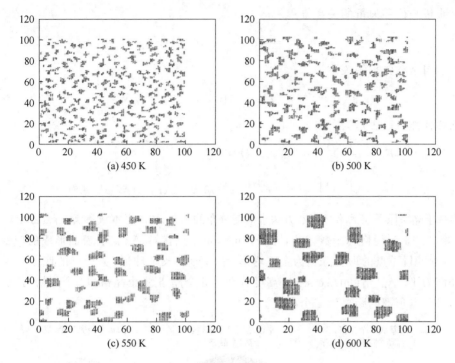

图 5-2-6 衬底大小为 100×100,覆盖率为 15%,沉积速率为 $0.01\ \text{ML/s}$,
$E_s = 1.3\ \text{eV}, E_n = 0.3\ \text{eV}$

5.3 格林函数方法计算应变

格林函数方法是一种求解数学物理方程的方法,如果某个面源或体积源被分解为许多点源的叠加,一旦知道点源产生的场,利用叠加原理,就可以得到同样边界条件下任意源的场,而点源产生的场函数通常称为格林函数(源函数)。格林函数方法在电磁仿真领域有广泛的应用,其点源可以是标量源,如电荷,也可以是矢量源,如电流源和磁流源,前者对应格林函数,后者对应并矢格林函数。对于应变分布问题,格林函数方法对应的电源相对复杂一些,对应的电源为应力点源或应变点源,应力或应变属于二阶张量。对于纳米异质外延结构,假定其受到外力或者内部应力的作用,将产生变形,从而其内部各点将出现位移。在动力学蒙特卡罗仿真过程中,通常采用格林函数方法对生长过程中产生的应变能进行求解。下面简要地介绍一下用格林函数方法计算半导体量子点中的应变。从一般意义上讲,格林张量可以近似看作边界问题微分算符的导数。在本模型的计算中弹性理论格林张量满足平衡条件

$$\lambda_{ijkl} \nabla_j \nabla_l u_k(r) = \nabla_j (\sigma_{ij}^{(0)} \vartheta(r)) \tag{5-3-1}$$

$$n_j(r)(\lambda_{ijkl} \nabla_k u_l(r))\big|_S = 0 \tag{5-3-2}$$

格林张量与位移矢量的关系方程为

$$u_i(r) = \int d^3r' G_{ij}(r,r') f_j(r') \tag{5-3-3}$$

弹性能与格林张量的关系为

$$\int_V d^3r \sigma_{ij}^{(0),P} \nu^P(r) \varepsilon_{ij} = \int_V d^3r \sigma_{ij}^{(0),P} \nu^P(r) \nabla_j u_i \tag{5-3-4}$$

那么弹性能可以表示为

$$E_{el} = \frac{1}{2} \sum_P \int_V d^3r \sigma_{ij}^{(0),P} \nu^P(r) \varepsilon_{ij}^{(0),P} -$$

$$\frac{1}{2} \sum_{p,q} \int_V d^3r \int d^3r' \sigma_{ij}^{(0),P} \nu^P(r) \nabla_j G_{il}(r,r') \nabla'_m \sigma_{lm}^{(0),q} \nu^q(r') \tag{5-3-5}$$

更多基于晶格原子层的格林函数方法求应变分布的细节,请参考本章参考文献[28-29]。

图 5-3-1 为用格林函数方法计算的 InAs 量子点在 GaAs 盖层表面形成的应变能分布,埋藏量子点的形状分别为金字塔形、平板形以及半球形,量子点的底面边长和半径都为 11 个晶格(lattice site),高度分别为 5 个晶格、1 个晶格、11 个晶格,盖层表面与量子点顶部的距离为 2 个晶格。

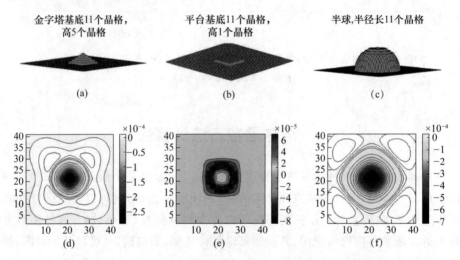

图 5-3-1　InAs/GaAs(001)量子点在盖层表面形成的应变能分布。
(a)金字塔量子点;(d)、(e)、(f)分别为盖层表面对应的应变分布

从应变能的分布上可以看出由埋藏量子点产生的应变能分布与量子点的形状之间的关系。格林函数方法可以精确地描述量子点形成的应变能的分布细节。能量的正负代表压应变区域和张应变区域。盖层表面作为新的量子点生长表面,应变能的分布影响着原子在表面上的扩散行为,原子在张应变区域相对容易发生聚集成核。

从图 5-3-2 中可以看出盖层表面的应变能随着埋藏深度的变化,以及应变能分布的变化。模型中埋藏了 4 个 InAs 金字塔形的量子点。当埋藏深度较小时,盖层表

面出现 4 个应变能最小值区域(张应变区域),随着埋藏深度的增加,盖层表面的应变能分布只出现一个极小值,而且在中心位置。根据原子扩散与应变的关系,张应变区域容易成岛,原子在埋藏深度为 2~4 l.s.〔l.s. 表示晶格点(lattice site)〕时,埋藏量子点与原子岛具有垂直对准的关系,而当埋藏深度大于 6 晶格位置时,原子倾向于在中心区域聚集成岛。与我们利用动力学蒙特卡罗算法模拟的结果一致(如图 5-3-3 所示),这也就可以解释实验当中相邻层量子点之间因为盖层厚度不同而出现相关与反相关现象。

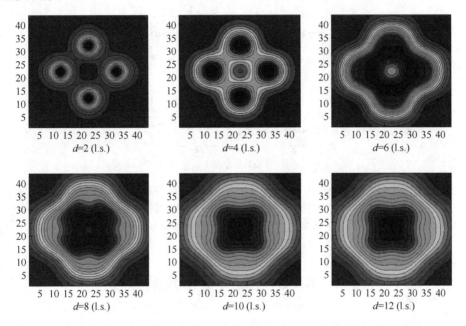

图 5-3-2 InAs/GaAs 量子点埋藏深度 d 与埋藏表面应变能分布之间的关系

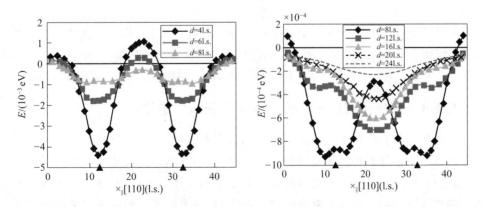

图 5-3-3 过盖层表面中心沿[110]方向应变能分布随着盖层高度 d 的变化
(图中黑色三角代表量子点位置)

下面基于 KMC 仿真给出底层存在量子点阵列（假定为方格子阵）时，表面应变分布对后续生长初始阶段形貌的影响，仿真区域内包含 4 个量子点。从图 5-3-4 可以看出，当下层量子点埋藏深度很小时，量子岛在盖层表面的 4 个压应变区域成岛，并且原子岛的大小均匀。随着盖层厚度继续增加，4 个量子点的应变能在中心处叠加成一个较大的极小值区域，原子开始在中心区域聚集成大岛，由于张应变区域以外的区域有少量原子聚集成岛，所以岛大小的方差逐渐增大。中心岛与埋藏量子点不再垂直对准，而形成了一定的角度。

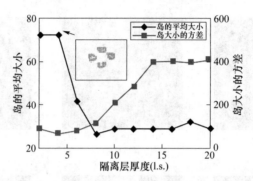

图 5-3-4 平均岛大小和岛大小方差与量子点埋藏厚度的关系，插图表示隔离层厚度为 5 时 KMC 仿真得到的二维岛分布。生长温度 $T=550$ K，沉积速率 $F=0.1$ ML/s，原子沉积量 $C=0.15$ ML，生长停顿时间 $t=20$ s（系统达到热动力学平衡）

5.4　KMC 仿真实验和表面形态

对于大部分基于量子点阵列的半导体光电子器件来说，量子点的大小、形状、位置的均匀性是影响器件性能的关键因素。量子点自组织生长的随机性决定了量子点生长在一定程度上具有不可控性。在众多的量子点生长方式中，Stranski-Krastanov 生长模式被认为是最适合自组织量子点生长的方式。而在 S-K 生长模式中，生长参数（温度、沉积速率、覆盖度以及生长停顿时间）是影响量子点生长质量的直接因素。本节将讨论生长基本参数对于量子点生长质量的影响，考虑一般情况，材料不再限于二维岛。

5.4.1　预应变衬底——垂直有序生长条件的优化

三维周期排列的量子点超晶格材料在激光器、量子点放大器和太阳能电池等方面具有重要的应用潜力。实验已经证实，可以借助自组织生长技术制备量子点超晶格，随着应变外延层的增加，受各向异性应变场相互作用的影响，量子点排列的有序性逐渐增强。为进一步生长有序的量子点阵列，在平坦的表面制备周期排列的纳米孔，然后再进行应变外延，是一种更常见的情况。图 5-4-1 给出了 4×4 周期排列的 InAs/GaAs 量子点盖层表面的应变场分布，其中 InAs 量子点生长填充在纳米孔的位置,在后续的生长中,初始有序的量子点阵列产生的应变场将会影响后续量子点的自组织,形成应变控制下有序的量子点超晶格。下面采用 KMC 仿真再现实验中的自组织现象。

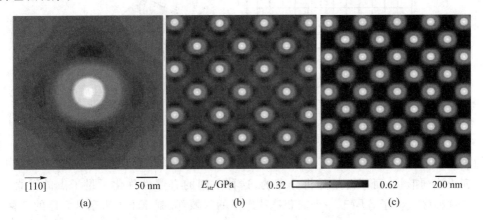

[110]　　　　　　50 nm　　　E_{str}/GPa　　0.32 ▭ 0.62　　200 nm

(a)　　　　　　　　(b)　　　　　　　　　(c)

图 5-4-1　盖层表面应变能分布[30]。(a)单个 InGaAs 量子点生长在纳米孔衬底;
(b)周期有序量子点阵列,周期为 210 nm;(c)周期为 160 nm

1. 预应变分布的简化

在 KMC 仿真中,对于预应变衬底的影响,通常将表面应变能合并到表面结合能中。大多采用正方形的衬底能量分布,如图 5-4-2 所示[30],在引入 10×10 周期的量子点阵列情况下,将衬底表面分成 220×220 个格子,每一个量子点对应盖层的能量分布区域包含 22×22 个格子,在这种模型中 E_s 随沉积原子的坐标值分段式线性变化,此时活性能 $E=E_s(x,y)+nE_n$,应该注意到,虽然衬底的能量与原子所处的坐标值有关,但是对于任意一个给定位置的原子,它向任意 4 个方向迁移的概率是一样的。我们可以把这种模型看成一种周期性的势垒模型,假设初始条件如下:$E_{s1}=0.65$ eV,$E_{s2}=0.85$ eV,$E_n=0.18$ eV,沉积速率 $F=0.01$ ML/s。在每一个周期单元内,假定中心格点位置为 x_0 和 y_0,那么在周期内格点的原表面能表示为 $E_{s2}-(E_{s2}-E_{s1})$ Min$(abs(x-x_0)$, $abs(y-y_0))/(0.5P)$,其中 P 为周期长度。图 5-4-2 右图给出了周期预应变衬底的表面能分布。

2. 生长参数的影响

图 5-4-3 给出了不同温度下,初期阶段盖层的表面形态,生长参数为 $E_{s1}=0.65$ eV,$E_{s2}=0.85$ eV,$E_n=0.18$ eV,沉积速率 $F=0.01$ ML/s。随着温度的升高(450～600 K),非均匀衬底的沉积表面形态会发生明显变化。在低温环境下,吸附原子的平均迁移距离一般比较小,当与某一个原子结合以后一般较难再分开,成核的尺寸一般比较小,而且都不太规则,每个区域格子里面都存在多个小的成核区;随着温度的升高,吸附原子的平均迁移距离越来越长,迁移原子可以遍历整个区域格子,这时能量分布的影响逐渐显示出来,小的原子岛被大的原子岛吸附,一般在格子的中间部分存在一个大

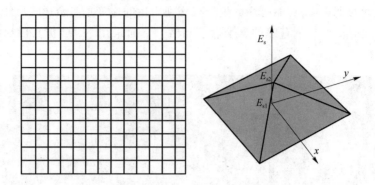

图 5-4-2 (a) 预应变的表面能量区域格子的划分;(b) E_s 在格子中随坐标值的变化

的簇,而不像均匀衬底情况下分布是随机的,与理想的均匀衬底情况不同的是,簇的排列成阵列形状,而不再是随机分布的,这种空间的有序性优化了量子点的垂直生长。这种区域格子等同于一个捕获迁移原子的区域,限制原子本来杂乱无序的迁移,使其生长更加有序,也使得量子点的形状更加规则。与已有实验情况相对照,动力学蒙特卡罗(KMC)模拟能很好地验证有序生长存在优化生长条件。

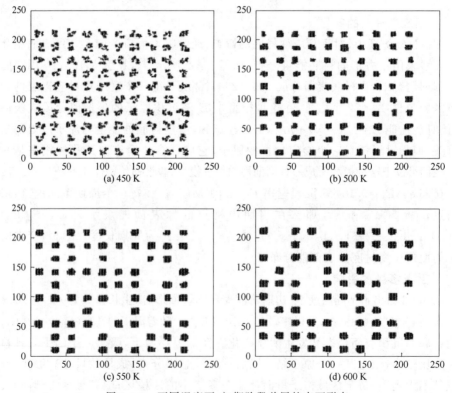

图 5-4-3 不同温度下,初期阶段盖层的表面形态

(其中覆盖率为 15%,沉积速率为 $0.01\ \text{ML/s}$,$E_{s1}=0.65\ \text{eV}$,$E_{s2}=0.85\ \text{eV}$,$E_n=0.18\ \text{eV}$)

原子在表面迁移的过程中,表面原子结合键能 E_n 对衬底表面的最终形态和原子岛的大小分布有显著影响。图 5-4-4 给出了不同键能 E_n 在初始生长阶段的表面形态,图中生长温度为 $T=550$ K,原子覆盖率 $C=15\%$,沉积速率 $F=0.01$ ML/s,$E_{s1}=0.65$ eV,$E_{s2}=0.85$ eV。E_n 数值越高,表明相邻近原子对迁移原子的相互作用越大,相应的衬底对迁移原子吸附能的作用变小,原子平均扩散距离变小,一旦形成小的原子岛很难再分开,生长条件不利于大原子岛的形成。

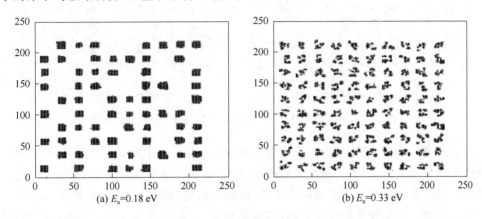

(a) E_n=0.18 eV   (b) E_n=0.33 eV

图 5-4-4 键能对表面形态的影响

在外延生长的各个条件中,沉积速率和温度是最重要的两个条件。我们知道扩散速率与温度成指数对应关系,$D=k_0\exp(-E/k_B T)$,沉积速率决定了材料生长过程中的动力学和热动力学驱动过程,沉积速率越快,动力学特征越明显,沉积速率过慢,可以接近热平衡扩散(如生长中断),则温度决定的热动力学过程特征明显,因此最终形态的形成与 D/F 有直接相关性[32],因此,提高温度与降低沉积速率有同样的作用。图 5-4-5 给出了沉积速率对均匀衬底和非均匀衬底表面形态的影响,图中对应的衬底大小为 220×220,温度 $T=440$ K,覆盖率 $C=15\%$,$E_{s1}=0.65$ eV,$E_{s2}=0.85$ eV,$E_n=0.18$ eV。通过与前面的温度对衬底表面形态的影响进行对比,可以发现,温度和沉积速率对表面形态的影响具有相似性。随着沉积速率的降低,表面原子在与沉积原子形成新的二维岛之前可以充分扩散,直至遇到体积较大的原子岛。在沉积速率较大时,大量的表面原子会随机结合生成小的原子岛,并固定下来,表面扩散的原子一旦被小原子岛吸附,便很难逃离,且沿岛的边缘迁移的概率也较低。因此,在高沉积速率情况下,形成的岛不规则性强,多有类似分形的结构特征,同时伴随着岛的数目多、体积小等特点。

在以上的讨论中,无论哪种情况,我们都可以看出,对于预应变衬底的影响,在设计的 10×10 每个区域块中,都可以观察到明显的岛汇聚现象。但在每个区域中并不是都形成了一个大原子岛,因为每个区域块中都包含 22×22 个晶格点,在高沉积速率、大紧邻原子结合能 E_n 以及低温情况下,更容易在每个小区域块中出现多个小的原子岛,如图 5-4-3(a)、图 5-4-4(b)和图 5-4-5(a),具有明显的动力学特性。

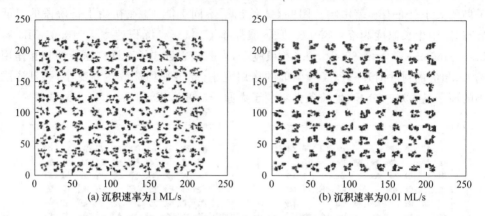

(a) 沉积速率为1 ML/s   (b) 沉积速率为0.01 ML/s

图 5-4-5   沉积速率对均匀衬底和非均匀衬底表面形态的影响

在上述讨论中,可以看出衬底应变场对后续外延生长中量子点的影响,大部分区域块中都分布有原子岛,在条件合适的情况下,每个区域可以出现一个原子岛,且在位置上与应变场分布具有直接对应关系,这就是应变自组织生长有序量子点超晶格的物理机理。但同时我们也观察到,在有的情况下,如图 5-4-3(c)和 5-4-3(d)所示,在特定的区域块没有出现原子岛,但有的区域块量子岛的形状特别大,具有明显的Ostwald ripening(奥斯特瓦尔德熟化)现象。这是由于在出现大原子岛的情况下,生长趋于热动力学平衡,原子在表面可以充分扩散,在原子沉积量一定,且不存在原子岛的尺寸点自限效应的情况下,必然导致在一些区域出现大的原子岛,应变场的局域特征被掩盖。实际上,原子岛边缘部分的应变的确会导致量子点的尺寸自限效应。在实际仿真中,量子点的自限效应与区域块的大小共同决定了表面原子岛的分布情况,当量子点自限效应较弱,而每个区域块的尺寸较大时(底层量子点周期较大),就会出现上面所讨论的情况,即后续生长的量子点并不与应变场分布完全对应,也就是在后续的成长过程中,出现了所谓的"量子点晶体"缺陷。但当量子点的尺寸自限效应较强,而区域块的尺寸较小时(底层量子点周期较小),则会导致形成的量子点不足以容纳特定的沉积原子,这时就会形成三维原子岛,或在区域边界位置出现小的二维原子岛。即在应变场不利于生长量子点的位置也有量子点"插入间隙"的现象,Kiravittaya 等人的 KMC 仿真结果也再现了上述现象[30]。

5.4.2   温度对半导体三维岛生长的影响

当衬底温度较低时,原子沉积到衬底表面,由于没有足够激活能克服扩散势垒,所以只能在原位或者小范围内扩散运动,而且不能克服键结合能以及衬底的束缚向上层跃迁,从而形成了大片的薄膜状分布。随着温度的增加,原子的热激活能逐渐增加,开始能克服一定的扩散势垒,有些原子可以克服岛的束缚,较小的岛开始形成。

与此同时,原子开始能克服衬底的束缚,向上层扩散,岛的高度开始逐渐增加,从而形成三维原子岛。

图 5-4-6 给出了在不同生长温度下,沉积 1 个原子单层时衬底的表面形态,沉积速率为 $F=1$ ML/s,沉积原子量 $C=1$ ML,$E_b=0.2$ eV,仿真尺寸为 200×200 晶格。从岛的形状上看,在温度较低的时候,薄膜岛没有固定的形状,而且出现了类似分形的现象。随着温度的增加,分立的三维原子岛趋于形成,且岛的形状趋于规则,在 $600\sim700$ K 的时候,虽然还存在少量长条状的二维原子岛,但岛的形状较 $400\sim500$ K 时有了明显的中心点对称分布特征。随着温度增加到 $800\sim900$ K,岛的形状基本固定,岛的大小比较均匀。

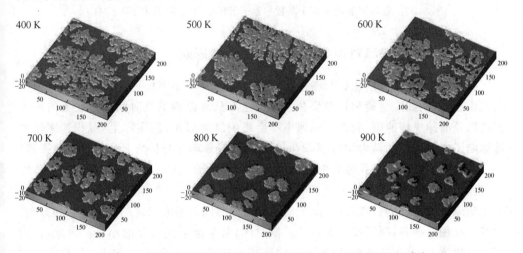

图 5-4-6　不同温度下的生长形貌,岛的颜色代表高度沉积速率[33]

图 5-4-7 给出了在不同温度下原子岛与沉积总量的关系,其他生长参数与图 5-4-6 一致。当原子沉积量较少时,温度越低,单原子岛越多,见图 5-4-7(400~500 K)原子岛数随沉积量增加的过程。生长初期原子岛的数量较多,随着生长时间的增加,单原子开始聚集成小岛,并且出现小岛合并成大岛的现象,原子岛数逐渐减少,如图 5-4-7 所示。当沉积量较小(<0.5 ML)时,温度越高,原子扩散激活能越大,原子扩散范围也越大,原子成岛的概率相应也就越大,所以温度越高,原子岛的数量就越少,原子岛的平均大小也就越大。当原子沉积量较大时,衬底温度越大,原子克服衬底束缚的能力也越强,原子岛的高度相应也就越大,衬底的覆盖度就越小。而当衬底温度较低时,因为原子很难克服衬底的束缚向高层扩散,原子岛的覆盖度逐渐增加,岛的横向尺寸越来越大,小岛逐渐合并成大岛,所以沉积量较大时,温度越高原子岛越倾向于高度的增加,二维岛的合并程度较低,所以原子岛的数量降低较慢。

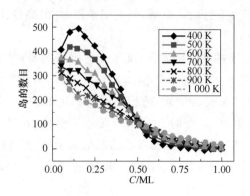

图 5-4-7   在不同温度下原子岛数与原子沉积量的关系,其中 $F=1$ ML/s

5.4.3   沉积速率对半导体量子点生长的影响

沉积速率是表征材料沉积到衬底表面的速率,并不影响任何与生长方程有关的自组织过程,例如应变能和扩散势垒。沉积速率只是影响单位时间内衬底上的原子密度以及岛的成核速率,貌似沉积速率不会影响岛的形貌,但实际上,沉积速率极大地影响了表面生长的动力学过程,不同沉积速率是影响半导体外延生长的重要因素。

图 5-4-8 给出了在不同沉积速率情况下衬底表面的原子岛形态,其他生长条件为:温度 $T=800$ K,沉积原子量 $C=1$ ML,$E_b=0.8$ eV。在低沉积速率时,沉积到衬底上的原子有足够的扩散时间,原子岛有充足的时间来形成稳定的平衡形状和分布。而在高沉积速率时,原子没有充足的扩散时间,常常会形成密集的小岛。因此,在同等生长参数下,沉积速率越低,平衡岛的形状越规则,尺寸也越大;相反,沉积速率越大,岛的形状越不规则,尺寸也越小。

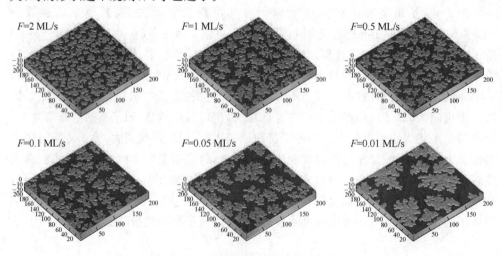

图 5-4-8   不同沉积速率与岛形貌的关系

从图 5-4-9 可以看出,在沉积速率(2 ML/s、1 ML/s、0.5 ML/s)较大时,随着原子沉积量的增加,原子岛数量先增加然后逐渐减少。这是因为当原子沉积速率较大时,原子沉积到衬底上没有足够的时间扩散,扩散范围较小,在生长初期原子岛主要以成核的形式存在,原子岛数与原子沉积量成正比,随着生长时间的增加,多个成核的岛逐渐合并成大尺寸的岛,岛的数量开始减少。当沉积速率(<0.5 ML/s)较小时,原子有较长的扩散时间,开始阶段很少原子岛以成核形式存在,因此岛的数目受到限制,随着沉积的进行,原子岛逐渐会合并成较大的岛,原子岛数量随着原子沉积呈弱下降趋势。

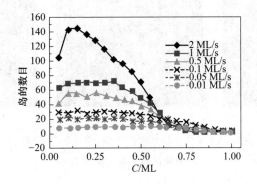

图 5-4-9   在不同的沉积速率条件下原子成岛数与原子沉积量的关系

5.4.4   生长中断对原子岛表面形态的影响

生长停顿是材料制备过程中的一种常用技术,在一定温度下,停止向衬底沉积原子,衬底表面原子在特定温度下自由扩散运动一段时间后,再退火或继续外延生长。在生长中断过程中,表面的原子趋向于热力学平衡,使系统达到能量最低,结构稳定。实验发现,生长停顿对于外延生长的表面形貌具有非常大的影响[34]。在生长中断过程中,通过扩散行为,原子更容易到达平衡位置,系统更接近于热平衡状态。动力学控制与热动力学控制的生长对原子岛的尺寸分布和形态具有本质的区别,图 5-4-10 给出了经过一系列生长中断时间后,表面形态在热力学生长控制下的演化,其中 $T=600$ K,原子沉积量 $C=0.15$ ML。

可以看出,在生长中断刚开始时,岛的形状非常不规则,分布也不均匀。随着生长停顿时间的增加,岛的边缘逐渐光滑,岛和岛之间相对更加独立,一些小的岛被分解,被大的岛捕获。在 $t=40\sim50$ s 时,岛的形状基本稳定,岛的分布相对之前更加均匀,系统逐渐达到热平衡状态。

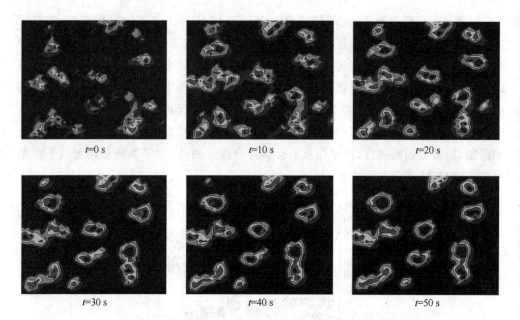

$t=0\ \text{s}$ $t=10\ \text{s}$ $t=20\ \text{s}$

$t=30\ \text{s}$ $t=40\ \text{s}$ $t=50\ \text{s}$

图 5-4-10   生长停顿时间对原子岛生长形态的影响（图中岛的不同颜色代表应变能的大小，
颜色越深表示应变能越大）

5.4.5   原子结合能对量子点组分分布的影响

在大部分蒙特卡罗仿真量子点生长的过程中，都将量子点两元材料考虑成一种复合原子，并没有区分不同元素原子组成的合金半导体量子点在生长沉积过程中，由于应变弛豫的影响导致原子的组分分布不均匀[35-37]。当原子之间的结合能不同时，会因为成键方式的稳定性不同而对整体量子点的组分分布产生影响。假定系统中有a、b 两种原子，SOS 模型中存在 3 种类型的原子结合键，分别是 a-a、a-b、b-b。

当 $E_{aa}=E_{bb}=E_{ab}$ 时，由于 3 种类型的原子键结合能相等，所以原子具有全同性，原子相互结合呈现随机分布，组分混合比较均匀，如图 5-4-11（下列）所示。当 E_{aa} 大于 E_{bb} 与 E_{ab} 时，a-a 原子键相对其他两种成键方式更加稳定，a 原子更趋于与 a 原子结合。从图 5-4-11 中可以看出，a 原子浓度在岛中心较高，说明 a 原子在岛中心聚集，同理，b 原子在岛的边缘浓度较大，说明 b 原子趋向于在岛的边缘聚集。

为了更好地反映原子的混合程度，我们通过计算在 0.5 附近（0.4～0.6）的原子比例来表征原子混合程度对生长的影响，从图 5-4-11 中可以看出，当原子结合能相等时，随着生长时间的增加，量子点岛中均匀混合的原子浓度比例基本稳定在较高的比例（0.7 附近）。而当原子结合能不同时，在生长初期，混合均匀的原子比例较高（0.45 左右），随着生长时间的增加，原子系统更趋向于平衡状态，混合均匀的原子比例稳定在较低的状态，原子混合程度较低，出现了不同种原子的聚集，如图 5-4-12 所示。

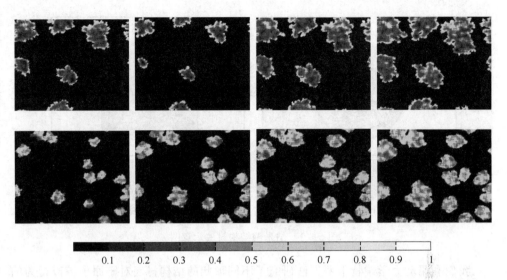

图 5-4-11 在不同生长时刻(从左到右依次为 0.5s,2.5s,5s,7.5s,10s)量子点岛中 b 原子的组分分布图,上列图结合能为 $E_{ab}=0.2$ eV,$E_{aa}=0.4$ eV,$E_{bb}=0.3$ eV,下列图结合能为 $E_{aa}=E_{ab}=E_{bb}=0.3$ eV,$T=800$ K,$F=0.1$ ML/s

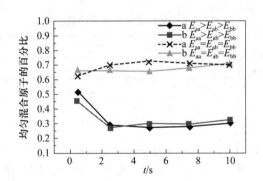

图 5-4-12 随着生长时间 t 的变化,均匀混合原子比例的变化趋势,$F=0.1$ ML/s

5.5 基于衬底工程的结构衬底量子点定位生长研究

前一节介绍了生长参数对多量子点生长的影响,量子点阵列作为有源区的器件,性能主要受到量子点体密度和均匀性的影响,位置影响相对较弱。但是在少量子点器件甚至单量子点器件中,量子点的位置成为影响其性能的主要因素。最典型的结构为近年来提出的量子点与高 Q 因子腔的耦合结构,这种结构被用作腔量子电动力学实验、单光子源以及低(无)阈值纳米激光器。精确地控制量子点的位置成为该结构获得高性能的基础。纳米洞结构衬底示意图如图 5-5-1 所示。

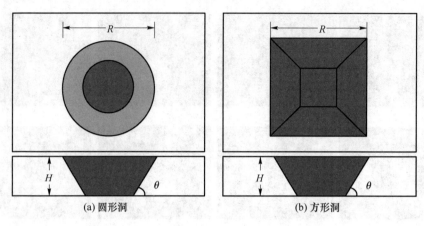

(a) 圆形洞   (b) 方形洞

图 5-5-1 纳米洞结构衬底示意图

我们利用动力学蒙特卡罗方法研究了不同形状的结构衬底对于原子扩散行为的影响,从而研究了量子点成核位置与结构衬底之间的关系。我们以 GaAs/AlGaAs 材料体系为研究对象,因为量子点和衬底材料不存在晶格失配,所以可以忽略失配应变的作用,仿真参数如表 5-5-1 所示。

表 5-5-1 动力学蒙特卡罗仿真参数

洞的高度 H(l. s.)	开口半径 R(l. s.)	开口长度 L(l. s.)	倾角 θ/(°)
9	70	124	[10 30 45 60 80]
仿真面积(l. s. ×l. s.)	生长速率 F(ML/s)	沉积量 C/%	温度 T(K)
200×200	0.01	10	[400 500 600 700 800]

当温度较低时〔如图 5-5-2(b)与图 5-5-2(c)所示〕,由于原子的扩散范围相对较小,所以距离纳米洞较远的原子在纳米洞外聚集成岛,而纳米洞附近以及纳米洞附近沉积的原子,扩散到纳米洞内或是纳米洞的边缘,聚集成岛。从图 5-5-2 中可以看出,温度越低越少原子在纳米洞中聚集,也就是说,温度越低纳米洞外原子岛数随之增加,不利于量子点位置控制。如图 5-5-2(a)所示,当温度较高时,由于原子的能量较高,所以原子可以在较大范围扩散,由于纳米洞的扩散势垒较大,所以绝大部分原子在纳米洞附近或是纳米洞内聚集,当原子沉积较多时,原子倾向于在纳米洞内或者附近成岛,在这种情况下非常利于对于量子点生长位置的控制,与实验中观察到的现象一致[38]。

为了更加精确地控制量子点的成核位置,我们研究了纳米洞的形状以及纳米洞倾角对于原子扩散行为的影响。图 5-5-1 定义了圆形纳米洞和方形纳米洞衬底,并且纳米洞面积($S_{nanohole}$)相等,纳米洞面积与衬底表面积($S_{substrate}$)的比例为 $S_{nanohole}/S_{substrate}=0.38$。

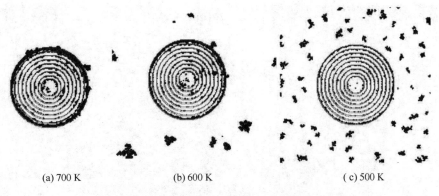

(a) 700 K　　　　　(b) 600 K　　　　　(c) 500 K

图 5-5-2　圆形纳米洞衬底上,温度对原子扩散行为的影响

(沉积速率为 0.1 ML/s,纳米洞侧壁与底面夹角为 45°)

　　纳米洞影响原子扩散行为主要有两个方面:第一个方面是纳米洞倾斜面上的原子台阶扩散势垒,在模型中考虑纳米洞衬底表面原子与沉积原子形成的原子键能,以及台阶的附加势垒;第二个方面是纳米洞表面化学势分布的影响,为了简化计算,我们只考虑纳米洞表面结合能。

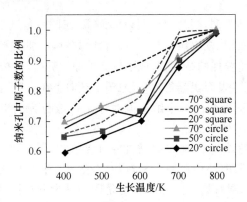

图 5-5-3　纳米洞对原子扩散行为的影响规律

　　为了研究纳米洞侧壁不同倾斜程度以及衬底温度对原子扩散行为的影响规律,定义了纳米洞中原子与总的沉积原子比值作为特征变量。从仿真结果图可以看出,随着生长温度的提高,原子的扩散长度增加,沉积在纳米洞外的原子扩散到纳米洞的概率增加,又因为之前提到的纳米洞侧壁大量原子台阶的存在,形成了较高的扩散势垒,对于原子具有较强吸附的能力,而在纳米洞中的原子很难克服纳米洞的束缚而扩散出来,因此原子在纳米洞中的比例逐渐增加。在温度相等时,在纳米洞中原子的比例与侧壁倾角的关系如图 5-5-3 所示,倾角越大,原子在纳米中聚集的比例越高。在深度一定的情况下,侧壁倾斜程度越高,侧壁形成的原子台阶也就越高,原子的扩散势垒也越大,所以通过扩散进入纳米洞的原子需要克服更大的阻力来离开纳米洞。

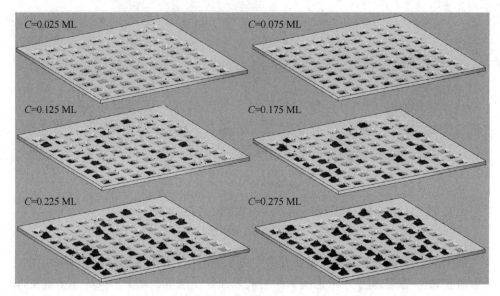

图 5-5-4 GaAs/AlGaAs 量子点在结构衬底上随生长时间的形貌，
$T=800\ \text{K}, F=0.1\ \text{ML/s}$，图中 C 为原子沉积量

对于不同形状的纳米洞，因为纳米洞口的面积，在同一角度下，方形纳米洞比圆形纳米洞具有更大的表面积，相应地具有更多的台阶数量，再加上方形衬底在不同侧面的相交位置形成的台阶角叠加的结构，形成了较高的原子势垒，对扩散原子具有更强的束缚能力，所以纳米洞在等表面积等角度时，原子更倾向于在方形纳米洞中聚集。

在研究衬底上不同形状的单个纳米洞对原子扩散行为的影响规律的基础上，进一步研究方形纳米洞阵列衬底的 KMC 模型，纳米洞侧壁倾角为 80°，纳米孔深度为 5 个晶格。图 5-5-4 为随着生长时间的增加量子点的生长变化情况。从图中可以看出，在生长初期，纳米洞内部聚集原子相对均匀，随着生长时间的增加，原子沉积数量增加，只有较少的纳米洞有量子点出现。这是因为纳米洞较浅，原子可以克服纳米洞的势垒作用，向邻近纳米洞之间扩散，并逐渐聚集成岛，而纳米洞为岛的聚集成核提供了成核中心，从而可以实现对量子点阵列生长位置和均匀性的控制。

5.6 动力学蒙特卡罗方法仿真自组织量子环

在 5.3 节中分析了衬底内部埋藏量子点时表面的应变能分布，并基于应变分布采用了一种基于周期方格的表面能分布，采用 KMC 研究了预应变衬底对后续外延岛初期阶段形貌的影响，实际上表面应变能分布受到埋藏量子点形状、材料弹性特性、量子点间距和盖层厚度等多个物理参数的影响。在实验中，观察到后续外延的多层量子点材料与埋藏量子点会呈现垂直对准、斜对准和随机生长等情形。其中斜对准是由于在特定的晶格失配和盖层厚度下，表面化学势最小值可呈现角向分布，在条件合适的情况下,角向分布的化学势最小可以导致后续不仅可以形成斜对准的量子点,还可以形成量子环[39]。如图 5-6-1 所示,衬底、埋藏量子点和沉积材料的晶格常数分别为 a_A、a_B 和 a_C,假定材料为立方晶格,生长方向沿[001]方向。当 $a_A > a_B \geq a_C$ 或 $a_C \geq a_B > a_A$ 时,衬底表面的化学势如图中曲线 a 所示,化学势最小位置位于量子点正上方,在实际材料制备中,外延大多以压缩应变为主,因此大多对应 $a_C \geq a_B > a_A$。当 $a_C > a_A > a_B$ 或 $a_B > a_A > a_C$ 时,衬底表面的化学势恰好相反,埋藏量子点的正上方化学势最大,沉积原子最容易在量子点中间区域成核,这种情况下外延材料 C 通常用作应变补偿层,以避免在多层量子点制备过程中量子点逐层变大,导致位错发生。当 $a_B > a_C > a_A$ 或 $a_A > a_C > a_B$ 时,表面化学势的分布与盖层厚度有关,当盖层厚度很小时,表面最小化学势位置与埋藏量子点的连线和表面法线存在夹角,夹角大小与弹性系数有关。随着盖层厚度的增加,表面化学势最小值的分布情况与第一种情况一致,但数值要变小。

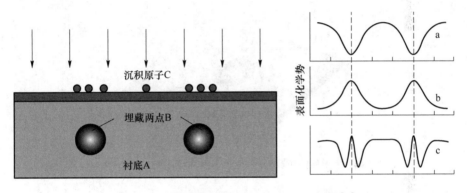

图 5-6-1　预应变衬底外延模型及表面化学势[39]

在控制量子点组分、形状和尺寸的研究中,人们发现通过在制备的量子点表面生长一层薄的盖层材料(两字点高度的 20% 左右)并进行生长中断,岛状的量子点可演化为量子环的形状。进一步研究发现量子点和量子环在光学和电学特性方面一些有趣的差别,如基态跃迁震荡强度、电偶极矩大小与方向以及在磁场下的调控等。为进一步挖掘量子环的应用潜力,多种制备量子环的技术得到了发展。其中采用预应变衬底,在衬底表面最小化学势位置呈现角分布特征,是直接自组织制备量子环材料的一种有潜力的方法,下面基于 KMC 仿真研究量子环自组织初始阶段的特征。

5.6.1　量子环的自组织生长模型

关于量子环的仿真参数:仿真区域为 200×200,温度 $T = 800$ K,沉积速率 $F = 1$ ML/s,生长时间为 0.4 s,其他参数参照 InAs/GaAs(001)系统的仿真参数[40]。在仿真过程中,为了简化计算,In-In、In-As、As-As 原子结合能做相等处理。

如图 5-6-2 所示,在我们的模拟过程中建立两种模型以实现对量子环大小的调谐。一种如图 5-6-2(a)所示,在衬底中埋藏单个量子点,通过改变量子点的半径和高度的比值,观察最终模拟得到的量子环的形状变化规律。另一种如图 5-6-2(b)所示,在固定埋藏量子点的尺寸下,通过改变两埋藏量子点的间隔距离来研究最终得到的量子环的形状变化规律。量子环的仿真形貌如图 5-6-3 所示。

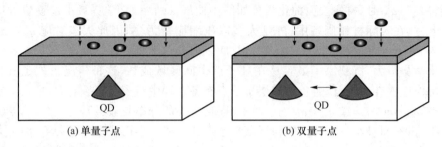

(a) 单量子点　　　　　　　　(b) 双量子点

图 5-6-2　埋藏量子点衬底示意图

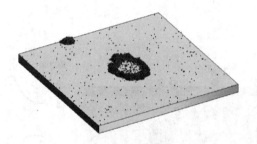

图 5-6-3　量子环的仿真形貌,生长温度为 $T=800\ \mathrm{K}$,$F=1\ \mathrm{ML/s}$

5.6.2　自组织量子环生长尺寸的设计和优化[41]

浸润层表面上吸附原子的扩散行为受表面化学势的影响,而埋藏量子点产生的表面应变能 E_{strain} 是影响化学势分布的主要因素。在这种情况下,我们考虑埋藏合适晶格常数的量子点对表面原子的扩散行为进行约束,进而形成所需的结构。通过蒙特卡罗方法,我们研究了通过改变两量子点之间的间隔距离而得到的量子环最终形状。通过改变埋藏量子点的尺寸和相邻量子点间的间隔距离最终实现控制量子环大小和形状的方法。

首先,图 5-6-4 所示为通过改变单个埋藏量子点的半径和高度的比值(从 0.25 到 3)模拟得到的不同量子环形状结果图。从图 5-6-4 中可以看出随着埋藏量子点半径与高度比值的增加,量子环的横向尺寸也增大。为了准确地反映量子环的变化,我们研究了量子环外半径和量子环宽度的变化。生长表面的化学势分布主要受到应变场分布的影响,当半径高度比值较小时,表面应变场的极值区域(张应变区域)比较集中且数值较大,原子的扩散势垒较强,原子在较小的极值区域聚集。随着半径高度比值的增加,量子点在生长表面上形成的应变场极值区域增大,绝对值相应地减少,从而导致了生长表面的原子扩散势垒降低,所以原子在较大区域内可以扩散成核,量子环外半径和量子环宽度(外半径和内半径之差)相应增加,而量子环的高度值相应地减少,如图 5-6-5 所示。

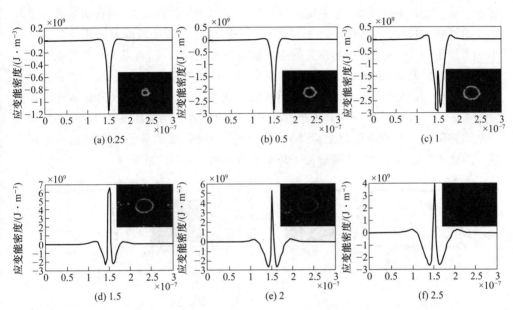

图 5-6-4 量子环尺寸与埋藏量子点高宽比之间的关系(图中曲线为生长表面的应变能分布,内嵌图为量子环的生长图样)

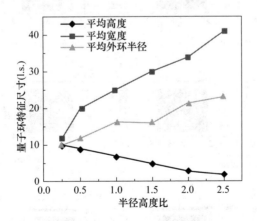

图 5-6-5 埋藏量子点的半径高度比与量子环的平均高度、平均宽度、平均外环半径的关系

下面通过改变最邻近量子点之间的间隔距离来研究量子环的生长规律。当埋藏量子点的间隔距离较小时,需要考虑量子点之间的应变耦合作用,从而通过表面应变场分布实现对量子环尺寸的调控。下面给出两个中不同半径高度比的量子点埋藏模

型:模型 A,埋藏量子点半径和高均为 20 nm;模型 B,埋藏量子点半径和高分别为10 nm 和 20 nm。

如图 5-6-6 所示,模型 A 中显示了改变埋藏量子点间隔导致量子环的形状变化过程。从上述讨论中可知,应变能的分布影响着原子的扩散行为,直接决定着量子环生长的形状和尺寸。通过图 5-6-6 可以看出中间位置处应变能随着间距的变大而减小。当间距为 60 nm 时,中间位置的应变能绝对值相对较小,对量子环的扩散势垒影响可以忽略。此时,埋藏量子点之间的应变耦合作用明显减弱,生长表面形成两个相对独立的应变场分布,最终得到两个相邻的独立量子环。图 5-6-6(d)显示在两埋藏量子点中间位置处形成的量子环开始出现内凹的趋势。当间距变为 10 nm 时,到达一个临界距离。在临界距离之后,随着间距的扩大,形成的量子环变形也越来越明显。当间距为 30 nm 时,椭圆形量子环变为内凹的"8 字形"量子环。

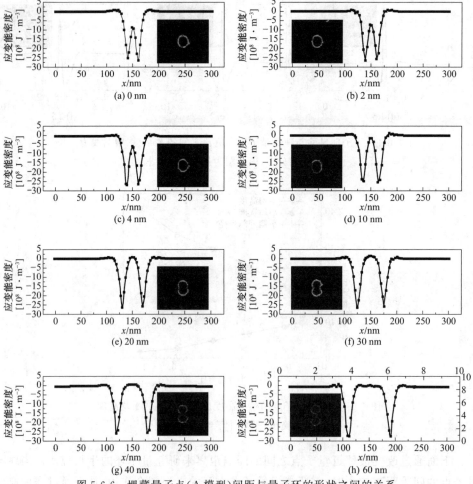

图 5-6-6 埋藏量子点(A 模型)间距与量子环的形状之间的关系

(图中曲线为生长表面的应变能密度分布,插图为量子环的生长图样)

图 5-6-7 显示了埋藏量子点底面半径和高相等的(模型 B)情况下量子点间距对量子环形状的影响。两种模型尺寸的不同导致了模型 B 的应变能分布和模型 A 的应变场分布的不同。同模型 A 的情况类似,当间距较小时,量子点之间的应变耦合作用较强,生长表面形成的应变场具有一个极值区域。随着两量子点之间间隔距离的增加,两个量子点在生长表面形成的应变场开始分离,并逐渐形成两个相对独立的极值区域,在生长表面最终形成两个独立的量子环。当量子点间距相同时,因为模型 B 的应变场极值区域较大,所以模型 B 最终形成的量子环尺寸也相对较大。

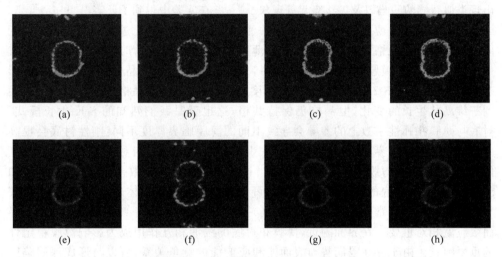

图 5-6-7　B模型的仿真结果图,(a)～(h)分别表示埋藏量子点的间距为
0 nm、2 nm、4 nm、10 nm、20 nm、30 nm、40 nm、60 nm

从上面的模拟可以得出,量子点的半径高度比值越大,量子环的尺寸相对越大,量子环的宽度越低。在量子点间距较小时,通过设计多量子点的盖层厚度可以实现较大尺寸量子环的生长调控;当量子点间距较大时,通过设计量子点数量和埋藏间距,可以实现双量子环以及多量子环分子的定制生长。

5.7　基于连续性方程的外延薄膜表面演化

基于衬底表面厚度的连续性演化方程是半导体纳米材料生长仿真中非常重要的仿真方法。相对于基于原子细节的生长仿真方法而言,生长方程的仿真具有形式简单、物理含义(热动力学、动力学、力学)明显、消耗的计算资源少、仿真系统尺度大等优点。在半导体外延生长领域,特别是量子点生长,科研工作者利用连续性方程仿真做出了很多的工作,并得到了一些非常不错的结果[41-43],证实了连续性方程在描述半导体外延生长方面有较大的优势。

5.7.1 半导体外延薄膜演化的方法介绍

利用生长方程描述薄膜演化始于对应力薄膜的线性不稳定性分析[44-46]。通过线性稳定性分析二维模型中半无限大衬底上应力表面的扩散行为,当表面的微扰波长大于临界值时,表面就表现出不稳定性。表面的不稳定性驱动力主要来自表面弹性能和表面能,表面粗化的速度与薄膜材料的质量输运动力学特性(表面扩散等)相关。近年来,研究者开始关注薄膜演化的非线性行为,仿真结果为不稳定的应力表面演化会出现类似裂缝的凹陷以及尖状突起等现象[47-48],并在实验中得到了证实[49-50]。

在半导体外延薄膜领域,人们开始关注异质外延薄膜演化过程的研究。具有相同晶体结构不同晶格常数的外延衬底和薄膜系统,在厚度较薄时,共格生长,且不发生晶格弛豫,当薄膜厚度达到一定程度时,外延薄膜就会产生晶格弛豫,导致表面形态发生变化,如图 5-7-1 所示。当薄膜厚度超过临界厚度时,晶格弛豫产生二维平面到三维岛状生长的变化,但晶格仍保持共格,这也就是我们熟知的 S-K 生长模式。衬底与薄膜在弹性系数上的差异会导致不同的薄膜临界厚度不同:刚性衬底会提高薄膜的稳定性和临界厚度,相反柔性衬底上薄膜的临界厚度相对较小。当薄膜厚度低于临界厚度时,薄膜处于稳定状态。当衬底与薄膜晶格常数差别不大的时候(如 SiGe/Si 系统),衬底的刚度效应不明显,可以忽略。对于半导体外延系统来说,衬底与外延之间的晶格常数差异不大(<10%)。所以半导体外延系统中薄膜和衬底的界面效应就相对重要。在界面附近,薄膜和衬底的浸润相互作用成为影响薄膜稳定性的重要因素。由于存在浸润势与表面能和应变能的竞争关系,所以与形成深凹陷区域不同,半导体外延薄膜在超过临界厚度之后开始形成分立的岛状结构。

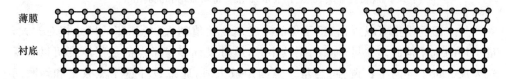

薄膜

衬底

图 5-7-1　外延薄膜的共格生长以及晶格弛豫示意图

在外延系统中,失配应变的弛豫机制会导致沿着表面质量输运(表面扩散和组分混合以及失配位错的积累[51])。在合适的生长条件下,表面附近晶格的变形以及表面形状的改变会补偿晶格失配的作用,在一定厚度范围内,不会形成失配位错。这个厚度即临界厚度,数值与晶格失配以及生长参数有关。从应用角度出发,需要制备无位错的纳米结构(量子点等),一般研究应变薄膜演化过程都假定薄膜处于无位错状态。

下面简要给出半导体外延薄膜的演化以及量子点自组织机制的数学描述。在外延薄膜演化模型中假定衬底厚度远远大于外延薄膜厚度,如不考虑原子沉积,只考虑由表面化学势驱动的表面扩散行为引起的薄膜演化过程(热动力学平衡过程),则演化方程为

$$\frac{\partial h}{\partial t} = D \sqrt{1+|\nabla h|^2} \nabla_s^2 \mu + F n_z \tag{5-7-1}$$

其中 D 为表面扩散常数，F 是原子沉底速率（$F=0\ \mathrm{ML/s}$），n_z 是表面法线的 z 分量，h 为薄膜表面高度，为位置 x、y 的函数，即 $h=h(x,y)$。∇_s 为表面梯度算符：

$$\nabla_s = \frac{1}{1+h_x^2+h_y^2} \begin{bmatrix} (1+h_y^2)\partial_x - h_x h_y \partial_y \\ (1+h_x^2)\partial_y - h_x h_y \partial_x \\ h_x \partial_x + h_y \partial_y \end{bmatrix} \tag{5-7-2}$$

其中，∂_x 表示对 x 求偏微分，$h_x=\partial h/\partial x$，$h_y=\partial h/\partial y$，$\nabla_s^2$ 为表面拉普拉斯算符：

$$\nabla_s^2 = \nabla_s \cdot \nabla_s$$

$$= \frac{1}{1+h_x^2+h_y^2} \Big\{ (1+h_y^2)\partial_x^2 - 2h_x h_y \partial_x \partial_y + (1+h_x^2)\partial_y^2 - $$

$$\frac{(1+h_y^2)h_{xx} - 2h_x h_y h_{xy} + (1+h_x^2)h_{yy}}{(1+h_x^2+h_y^2)} (h_x \partial_x + h_y \partial_y) \Big\} \tag{5-7-3}$$

系统的表面化学势包括表面应变能密度、表面能、浸润势能：

$$\mu(x,y,t) = \Omega[U_E + U_s + \omega(h)] \tag{5-7-4}$$

其中 U_E 为应变能：

$$U_E = \frac{1}{2}\sigma_{ij}\varepsilon_{ij}, \quad i,j=1\sim3 \tag{5-7-5}$$

σ_{ij} 和 ε_{ij} 分别代表薄膜和衬底中的应力和应变。系统的表面能为

$$U_s = -\gamma\kappa \tag{5-7-6}$$

$\gamma(h)$ 和 κ 分别代表表面能密度（或者表面张力）和二维自由表面平均曲率，二维自由表面的表面平均曲率可表示为

$$\kappa = -\frac{(1+h_y^2)h_{xx} - 2h_x h_y h_{xy} + (1+h_x^2)h_{yy}}{(1+h_x^2+h_y^2)^{3/2}} \tag{5-7-7}$$

$\omega(h)$ 描述薄膜表面与薄膜衬底界面随着薄膜厚度变化时的相互作用，称为浸润势，随着厚度的增加，浸润势能逐渐减少。

在薄膜演化过程中，在 S-K 生长模式下薄膜会从最初的二维薄膜演化为三维的岛，在这个过程中会出现浸润层，也就是在衬底与岛之间存在一定厚度的薄膜结构。Kukta 和 Freund[52] 以及 Zhang 和 Brower[53] 等的物理模型中都提出了对浸润层附近能量的处理方法。在此基础上，研究工作者给出了表面能密度和浸润层势能的模型[54]，表面能在薄膜和衬底中的变化关系如图 5-7-2 所示，随着薄膜厚度的增加，表面

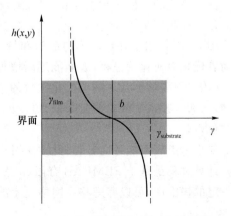

图 5-7-2　薄膜衬底界面的表面能假设

能趋向于薄膜材料的表面能,即 $\gamma \to \gamma_{film}$,在界面位置,近似取二者的平均值,过渡区域呈反正切变化。

Spencer 给出的浸润层表面能量的数学描述为[55]

$$\gamma(h) = \frac{1}{2}(\gamma_f + \gamma_s) + \frac{1}{\pi}(\gamma_f - \gamma_s)f\left(\frac{h}{b}\right) \tag{5-7-8}$$

$$f\left(\frac{h}{b}\right) = \arctan\left(\frac{h}{b}\right) \tag{5-7-9}$$

根据薄膜和衬底相互作用物理机制的区别,如电子相互作用和范德瓦耳斯(van der Waals)相互作用[56],表面能和浸润势能会有不同的数学描述,根据由 B. J. Spencer 给出的表面能的描述[55],非线性的浸润势能表示为 $\omega(h) = n_z\gamma'(h)$,令 $\Delta\gamma = \gamma_{film} - \gamma_{substrate}$,简化得

$$\omega(h) = \frac{-1}{\sqrt{1 + |\nabla h|^2}} \frac{\Delta\gamma}{\pi} \frac{b}{b^2 + h^2} \tag{5-7-10}$$

其中,n_z 为薄膜表面法线 $n = \dfrac{(-h_x, -h_y, 1)}{\sqrt{1 + |\nabla h|^2}}$ 在 z 方向的分量。

Golovin 在本章参考文献[57]中讨论了浸润势能对表面演化过程的影响,发现薄膜和衬底之间的弱相互作用可以明显延迟表面的不稳定性,使得形成空间规则的岛阵列成为可能。

5.7.2 基于参数优化的薄膜演化数值实现

结合有限元工具包(FEMLAB)和 Matlab 程序可实现生长方程的一维度数值描述。有限元计算应变的过程见前面章节。浸润势能和表面能公式参考式(5-7-8)和式(5-7-10)。

假设外延薄膜厚度由不同角频率分量的三角函数叠加而成:

$$h(x) = h_0 + \sum_{i=1}^{n} a_i\sin(i\omega x) + b_i\cos(i\omega x) \tag{5-7-11}$$

通过优化系统的不同频率分量的三角函数幅度值 a_i、b_i 得到系统能量的最小值。为了简化计算我们采用 $n = 5$,$h_0 = 5$ nm。优化算法采用 Matlab 提供的模拟退火算法。

图 5-7-3 给出了外延薄膜的最初和最优化形态。从图 5-7-4 中可以看出应变薄膜随着优化而演化的过程,表面能逐渐增加,应变能逐渐减小,说明薄膜的表面积增大,开始出现岛的形状。随着优化次数的增加,薄膜的应变能继续减少,表面能继续增加,从而薄膜系统的总能量降低,可以说应变能对于系统的正贡献小于表面能对系统的负贡献。

如果考虑表面能各向异性,此方法可以用于优化量子点的形状演化。但是因为应变计算过程是基于 FEMLAB 有限元程序包的,所以在处理大变形物理问题时具有一定的局限性,可以考虑移动网络技术的应用,此处不再赘述。

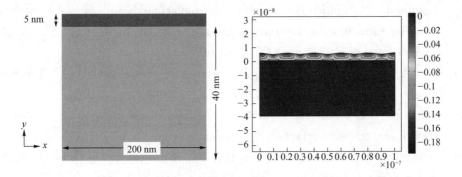

图 5-7-3 InAs/GaAs 外延薄膜演化仿真模型图(左)和外延薄膜应变 ε_{xx} 分布图(右)

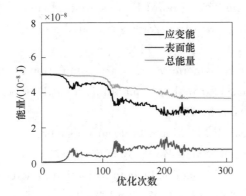

图 5-7-4 在优化过程中外延薄膜中的能量变化

本章参考文献

[1] Fichthorn K A, Merrick M L, Scheffler M. A kinetic Monte Carlo investigation of island nucleation and growth in thin-film epitaxy in the presence of substrate-mediated interactions[J]. Applied Physics A, 2002, 75(1): 17-23.

[2] Tan S, Lam P-M. Monte Carlo simulation of three-dimensional islands[J]. Physical Review B, 1999, 60(11): 8314-8320.

[3] Tu K-N, Mayer J W, Feldman L C. Electronic Thin Film Science: for Electrical Engineers and Materials Scientists. New York: Macmillan, 1992.

[4] Villain J. Continuum models of crystal growth from atomic beams with and without deposition[J]. Journal dephysique I, 1991, 1(1): 19-42.

[5] Lenard D, Krishnamurthy M, Reaves C M, et al. Direct formation of quantum-sized dots from uniform coherent islands of InGaAs on GaAs surface[J]. Applied Physics Letters, 1993, 63(23): 3203-3205.

[6] Voigtander B, Zinner A. Simultaneous molecular beam epitaxy growth and scanning tunneling microscopy imaging during Ge/Si epitaxy[J]. Applied Physics Letters, 1993, 63(22): 3305-3057.

[7] Levi A C, Kotrla M. Theory and simulation of crystal growth[J]. Journal of Physics: Condensed Matter, 1997, 9(2): 299-344.

[8] Grima R, DeGraffenreid J, Venables J A. Mean-field theory of nucleation and growth on strained surfaces[J]. Physical Review B, 2007, 76(23): 233405.

[9] Stampfl C, Kreuzer H J, Payne S H, et al. First principles theory of surface thermodynamics and kinetics[J]. Physical Review Letters, 1999, 83(15): 2993-2996.

[10] Chen P L, Wang T Y, Luo M F. A statistical simulation approach for early stage thin-film growth from vapor-deposited atoms[J]. Journal of Chemical Physics, 2007, 127(14): 144714.

[11] Scholl E, Bose S. Kinetic Monte Carlo simulation of the nucleation stage of the self-organized growth of quantum dots[J]. Solid-State Electronics, 1998, 42(7/8): 1587-1591.

[12] Sovirith T, Lam P-M. Monte Carlo investigation of island growth in strained layers[J]. Physical Review B, 1999, 59(8): 5871-5875.

[13] Barabasi A-L. Self-assembled island formation in heteroepitaxial growth[J]. Applied Physics Letters, 1997, 70(19): 2565-2567.

[14] Meixner M, Scholl E. Kinetically enhanced correlation and anticorelation effects in self-organized quantum dot stacks[J]. Physical Review B, 2003, 67(12): 121202.

[15] Michael B, Florian M. Off-lattice Kinetic Monte Carlo simulations of Stranski-Krastanov-like growth. 2003.

[16] Schneider M, Rahman A, Schuller I K. Role of relaxation in epitaxial growth: a molecular dynamics study[J]. Physical Review Letters, 1985, 55(6): 604-606.

[17] Schneider M, Schuller I K, Rahman A. Epitaxial growth of silicon: a molecular dynamics simulation[J]. Physical Review B, 1987, 36(2): 1340-1343.

[18] Dong L, Schnitker J, Smith R W, et al. Stress relaxation and misfit dislocation nucleation in the growth of misfitting films: a molecular dynamics simulation study[J]. Journal of Applied Physics, 1998, 83(1): 217-227.

[19] 弗兰克,等. 分子模拟——从算法到应用[M]. 汪文川等,译. 北京:化学工业出版社,2002.

[20] Metiu H, Liu Y-T, Zhang Z. Epitaxial Growth and the art of computer

simulations[J]. Science，1992，225(5048)：1088-1092.

[21] Shim Y，Amar J G. Semirigorous synchronous sublattice algorithm for parallel kinetic Monte Carlo simulations of thin film growth[J]. Physical Review B，2005，71(12)：125432.

[22] Maksym P A. Fast Monte Carlo simulation of MBE growth[J]. Semiconductor Science and Technology，1988，3(6)：594.

[23] Blue J L，Beichl I，Suollivan F. Faster Monte Carlo simulations[J]. Physical Review E，1995，51(2)：867-868.

[24] Schulze T P. Kinetic Monte Carlo simulations with minimal searching[J]. Physical Review E，2002，65(3)：036704.

[25] Neave J H，Joyce B A，Dobson P J，et al. Dynamics of film growth of GaAs by MBE from Rheed observations[J]. Applied Physics A，1983，31(1)：1-8.

[26] Witten T A，Sander L M. Diffusion-limited aggregation，a kinetic critical phenomenon[J]. Physical Review Letters，1981，47(19)：1400-1403.

[27] 宋禹欣，俞重远，刘玉敏. 沉积速率和生长停顿对 InAs/GaAs 量子点超晶格生长影响的综合分析[J]. 物理学报，2008，57(4)：2399-2403.

[28] Meixner M，Scholl E. Kinetically enhanced correlation and anticorrelation effects in self-organized quantum dot stacks[J]. Physical Review B，2003，67(12)：121202.

[29] Lam C-H，Lee C-K，Sander L M. Competing roughening mechanisms in strained heteroepitaxy：a fast kinetic Monte Carlo Study[J]. Physical Review Letters，2002，89(21)：216102.

[30] Kiravittaya S，Schmidt O G. Quantum-dot crystal defects[J]. Applied Physics Letters，2008，93(17)：173109.

[31] Nurminen L，Kuronen A，Kaski K. Kinetic Monte Carlo simulation of nucleation on patterned substrates[J]. Physical Review B，2000，63(3)：035407.

[32] Mulheran P A，Robbie D A. Island mobility and dynamic scaling during thin film deposition[J]. Physical Review B，2001，64(11)：115402.

[33] Song Xin，Feng Hao，Liu Yumin，et al. Kinetic Monte Carlo simulations of three-dimensional self-assembled quantum dot islands[J]. Chinese Physics B，2014，23(1)：016802.

[34] Kaminskii A Y，Suris R A. Smoothing of crystal surfaces during growth interruption[J]. Applied Surface Science，1996(104/105)：312-316.

[35] Wanger R J，Gulari E. Simulation of Ge/Si intermixing during heteroepitaxy [J]. Physical Review B，2004，69(19)：195312.

[36] Kelires P C. A constrained-equilibrium Monte Carlo method for quantum dots—the problem of intermixing [J]. Journal of Physics: Condensed Matter, 2004, 16(17): S1485-S1501.

[37] Sonner P, Kelires P C. Monte Carlo studies of stress fields and intermixing in Ge/Si (100) quantum dots [J]. Physical Review B, 2002, 66 (20): 205307.

[38] Lee J Y, Noordhoek M J, Smereka P, et al. Filling of hole arrays with InAs quantum dots[J]. Nanotechnology, 2009,20(28): 285305.

[39] Li X L. Surface chemical potential in multilayered Stranski-Krastanow systems: an analytic study and anticipated applications [J]. Journal of Applied Physics, 2009, 106(11): 113520.

[40] Zhu R, Pan E, Chung P W. Fast multiscale kinetic Monte Carlo simulations of three dimensional self-assembled quantum dot islands [J]. Physical Review B, 2007, 75(25): 205339.

[41] Liu Jiantao, Feng Hao, Yu Zhongyuan,et al. Kinetic Monte Carlo simulations of optimization of self-assembly quantum rings growth strategy based on substrate engineering[J]. Chinese Physics B, 2013, 22(4): 046801.

[42] Friedman L H, Xu J. Feasibility study for thermal-field directed self-assembly of heteroepitaxial quantum dots[J]. Applied Physics Letters, 2006, 88(9): 093105.

[43] Tekalign W T, Spencer B J. Evolution equation for a thin epitaxial film on a deformable substrate [J]. Journal of Applied Physics, 2004, 96 (10): 5505-5512.

[44] Tu Y, Tersoff J. Coarsening, mixing, and motion: the complex evolution of epitaxial islands[J]. Physical Review Letters, 2007,98(9):096103.

[45] Caha O, Holy V, Bassler K E. Nonlinear Evolution of Surface Morphology in InAs/AlAs Superlattices via Surface Diffusion [J]. Physical Review Letters, 2006, 96(13):136102.

[46] Asaro R J, Tiller W A. Interface morphology development during stress corrosion cracking: Part I. Via surface diffusion [J]. Metallurgical and Materials Transactions B, 1972, 3(7): 1789-1796.

[47] Grinfeld M A. Instability of interface between a nonhydrostatically stressed elastic body and a melt[J]. Doklady Akademii Nauk SSSR, 1986 (290): 1358-1363.

[48] Yang W H, Srolovitz D J. Cracklike surface instabilities in stressed solids [J]. Physical Review Letters, 1993, 71(10): 1593-1596.

[49] Yang W H, Srolovitz D J. Surface-morphology evolution in stressed solids

surface diffusion controlled crack initiation[J]. Journal of the Mechanics and Physics of Solids, 1994, 42(10): 1551-1574.

[50] Torii R H, Balibar S. Helium crystals under stress: the Grinfeld instability [J]. Journal of Low Temperature Physics, 1992, 89(1/2): 391-400.

[51] Berrehar J, Caroli C, Lapersonne-Meyer C, et al. Surface patterns on single crystal films under uniaxial stress experimental evidence for the Grinfeld instability[J]. Physical Review B, 1992, 46(20): 13487-13495.

[52] Tu Y, Tersoff J. Coarsening, mixing, and motion: the complex evolution of epitaxial islands[J]. Physical Review Letters, 2007, 98(9): 096103.

[53] Kukta R V, Freund L B. Minimum energy configuration of epitaxial material clusters on a lattice-mismatched substrate[J]. Journal of the Mechanics and Physics of Solids, 1997, 45(11/12): 1835-18660.

[54] Zhang Y W, Bower A F. Numerical simulations of island formation in a coherent strained epitaxial thin film system[J]. Journal of the Mechanics and Physics of Solids, 1999, 47(11): 2273-2297.

[55] Spencer B J. Asymptotic derivation of the glued-wetting-layer model and contact-angle condition for Stranski-Krastanow islands[J]. Physical Review B, 1999, 59(3): 2011-2017.

[56] Spencer B J, Davis S H, Voorhees P W. Morphological instability in epitaxially strained dislocation-free solid films nonlinear evolution[J]. Physical Review B, 1993, 47(15): 9760-9777.

[57] Suo Z, Zhang Z. Epitaxial films stabilized by long-range forces[J]. Physical Review B, 1998, 58(8): 5116-5120.

[58] Golovin A A, Davis S H, Voorhees P W. Self-organization of quantum dots in epitaxially strained solid films[J]. Physical Review E, 2003, 68 (5): 056203.

第6章　异质外延半导体纳米结构的组分分布

异质外延半导体纳米结构作为新型激光器、光伏及光电器件的基本功能单元,成为纳米材料研究的重要领域。合金半导体量子点、纳米线内部合金材料的组分为异质外延纳米体系的光电特性裁剪提供了一个新的自由度。除形状和弹性应变外,材料组分调控成为合金量子点力学、电学、光学特性的另一重要决定因素。本章主要讨论应变异质外延量子点的组分分布和 VLS(气液固)生长方式下纳米线异质外延的组分分布。

6.1　应变异质外延量子点的组分分布

量子点的组分分布用于体现量子点材料组成及其分布,与异质外延纳米结构的生长条件密不可分。基于 MBE 或 MOCVD 等沉积制备形成自组织合金量子点,可以通过调整生长气氛中材料比例、温度、生长时间等参数来主动控制量子点的形貌和组分。即便仅沉积单种材料,实验中仍可观察到合金量子点,主要来源于以下两个方面[1-2]:①在形成化合物量子点的过程中,量子点中的原子与衬底中的原子在较高生长温度条件下存在一定的原子交换,如 Ge 量子点与 Si 衬底间存在原子互扩散,形成 GeSi 合金量子点;②形成单一材料量子点后,盖层材料与量子点之间的互扩散,如 InAs 量子点与 GaAs 盖层间互扩散。纳米结构内部组分的均匀性,理论预测和实验测量纳米结构组分的分布,有利于深刻理解材料的生长过程,对于纳米结构力学、光学和电学特性分析也具有重要作用。

在实验方面,已经有多种方法可以用于测量量子点的组分,但在测量精度和表征细节方面有差异,有的测量方法只能表征材料的平均组分,有的测量方法只能表征材料表面或某个截面的组分分布等,为提高精度,将一些测量方法和算法结合可以比较精确地确定材料的组分和形貌。常规测量方法有 X 射线散射仪、X 射线光电显微镜、拉曼光谱仪、透射电镜结合电子能量损失能谱仪、横截面扫描电镜等。Hanke 利用高分辨率 X 射线衍射结合数值散射模拟的方法测量了 5 层紧密排量的 InGaAs/GaAs 量子点的形貌和组分分布,发现 In 组分从浸润层向量子点顶部逐渐增加,另外在浸润层中的 In 浓度明显低于量子点内的平均值[3]。Glas 等人基于定性分析截面透射电镜 002 暗场图形的对比度,直观地测量了 InAs/GaAs 量子点的组分[4],如图

6-1-1(a)、图 6-1-1(c)所示,在盖层生长之前,量子点顶部 In 元素含量最大,量子点底部 Ga 元素含量较大,确认了衬底中的 Ga 元素向量子点的传质过程,盖层之后,顶部铟原子因迁移而溶解,强烈改变量子点的形状。利用原子力显微镜和分步选择性湿法刻蚀,Rastelli[5]定量还原出了 GeSi/Si 量子点内部组分的三维分布,如图 6-1-1(b)所示,Ge 元素聚集在量子点顶部,值得注意的是,原子力显微镜给出了量子点表面的准确形貌,特别是量子点两侧自发形成的低于衬底的沟槽。Medeiros-Ribeiro 基于原子力显微镜和 X 光衍射技术测量了 GeSi/Si 量子点的形貌和组分,同样证实了 Ge 元素在量子点顶部各表面有明显的聚集特征[6]。

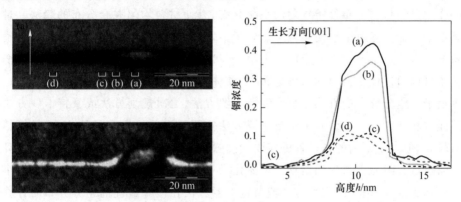

图 6-1-1　(a)透射电镜 002 暗场成像 InAs/GaAs 量子点;(b)在沉积 GaAs 盖层之前,沉积有 1nm 的 AlAs;(c)从不同位置沿生长方向的 In 组分分布(箭头代表生长方向,标记的字母的位置代表图中 In 组分测量的位置)[4]

在理论方面,分析量子点的组分分布并不是件容易的工作,因为在量子点的形成过程中,量子点的形貌、应变和组分具有复杂的依赖关系,另外生长条件(如温度)对组分分布的影响也十分重要。Spencer 等人试图用解析的方法来计算"预金字塔"形量子点的组分分布[7],量子点的形状取决于不同组分合金的表面化学势,形状导致的非均匀应力引起了组分在表面的非均匀性,尽管该理论结果提供了针对量子点形状尺寸和组分图的解析公式,但结论仅适用于无小面形状(光滑表面)的小尺寸预金字塔量子点。而实验制备的量子点大多具有复杂的表面形态和大的量子点尺寸。Uhlik 等人将蒙特卡罗方法和有限元方法结合,通过数值计算了量子点组分分布[8];Medhekar 等人通过二次规划优化算法和有限元法结合,数值计算了量子点的组分分布, 在计算中考虑了热熵和混合熵对组分分布的影响[9];Hadjisavvas 等人采用蒙特卡罗方法计算了 Ge/Si 量子点组分分布和应变弛豫过程,结果表明量子点内部是 Si 富集区域,外部是 Ge 富集区域[10]。上述算法能在一定的精度范围内计算得到量子点的平衡组分分布,但其计算效率还有待提高。下面介绍一种量子点平衡组分分布的计算方法,该方法可以得到与实验测试相吻合的量子点平衡组分分布,有利于精确分析和正确预测量子点材料的光电特性,对预测量子点材料特性、指导和解释实验结果具有很重要的意义。

在热力学平衡条件下,影响量子点组分分布的主要因素是量子点内部不同能量的竞争,如应变能、热熔、材料混合熵等。在量子点的形成过程中,量子点体系为了达到最小能量的稳定状态而释放由于晶格失配而产生的应变能。这就会导致与衬底材料失配较小的材料聚集在量子点底部,而与衬底材料失配较大的材料就会往量子点顶部汇聚,这个过程就为系统提供了一个减小晶格失配应变的通道。但是量子点熵能的作用是使材料分布处于均匀的平衡状态,有使材料均匀混合分布的趋势。量子点体系中的能量竞争结果使得量子点处于一定的组分平衡状态,同时这个状态确保体系的自由能最小。对于一个已知大小、形状和平均组分的量子点来说,它的平衡组分分布可以通过优化材料的组分分布,并使体系的自由能最小来得到。目前理论上计算量子点组分分布的方法主要有蒙特卡罗方法、二次规划方法或蒙特卡罗方法与有限元方法结合的方法。其中蒙特卡罗方法需要轮询每一个原子的位置,计算精度相对较高,但由于采用的是事件的接受-拒绝来执行组分的优化,所以效率低,计算量大。而通过有限元方法的网格划分来简化量子点中的组分分布,可以大大地减小应变能的计算量,但是二次规划方法或蒙特卡罗方法在搜寻最优的组分分布时计算速度较慢,虽然计算结果能与实验结果吻合,但是计算效率没有得到很大的提高。下面通过在商业有限元软件中建立模型并结合移动渐近线算法对组分分布进行优化,可以大大提高量子点平衡组分的计算效率。

6.1.1　热力学平衡组分分布理论

合金半导体量子点的组分分布是量子点生长中热力学和动力学因素共同作用的结果。热力学一般从宏观参数出发,考虑整个系统内的熵和焓[6,9]、应变能,寻找体系能量的最低状态,适用于热力学平衡情况;动力学需要考虑原子跃迁、交换、表面扩散过程[11-12],特别是考虑这些过程中势垒的作用,适用于非平衡情况。针对量子点,动力学研究涉及量子点形状演化过程。形状演化与组分之间关系密切,组分会影响下一步生长中新晶面的形成,形状也会影响量子点内组分的分布。结合组分的动力学生长过程非常复杂,是全面研究合金量子点的重要一步,尚无完善的理论框架。本节的目标是预测合金半导体量子点的热力学平衡下的组分分布,在热力学平衡框架下,针对形状、尺寸、平均组分等参数确定合金量子点,通过优化算法,得到体系最稳定时的组分分布。

合金半导体量子点的形成过程伴随着应变的释放、化学能量的混合以及熵的演化。Gibbs自由能用于描述体系总能量,包含熵和焓两部分贡献,本节中采用的

Gibbs 自由能表达式可以写为

$$G = E_{entropy} + E_{enthalpy} = -TS + E_{chemical} + E_{strain} \tag{6-1-1}$$

其中 $E_{entropy}$ 为熵的贡献，$E_{enthalpy}$ 为焓的贡献。熵的贡献可以表示为[9]

$$E_{entropy} = -TS \approx (KT/v) \times [c\ln(c)] + (1-c)\ln(1-c)] \tag{6-1-2}$$

c 为合金组分，T 为量子点生长温度，K 为玻尔兹曼常数，v 为原子体积。焓的贡献可以表示为：

$$E_{enthalpy} = E_{chemical} + E_{elastic} + E_{surf} + E_{lin} \tag{6-1-3}$$

右式中 4 项从左至右分别为化学混合能、弹性应变能、表面能、边线能。对于固定的表面形态，表面能和边线能的大小随组分的变化很小，在焓的计算中可忽略与组分有关的边线能和表面能的变化[9]，假设仅包含化学混合能和弹性应变能。合金的化学混合能可以近似表达为[8]

$$E_{chemical} = \Omega c(1-c) \tag{6-1-4}$$

其中 c 为组分，Ω 为化学反应参数。

应变能的求解基于连续弹性体理论，在方法上大多采用有限元计算，与组分均匀的量子点的区别在于，具有组分分布的合金半导体量子点的初始应变和各弹性参数与其内部各位置的组分分布相关。例如，InGaAs/GaAs 量子点内部各位置的初始应变为 $-0.067c$，c 为相应位置 In 元素的含量。为简化问题，弹性常数做线性差值。对于有限元法，合金半导体量子点应变能计算应采用更精确的各向异性弹性参数。对于 GeSi、InGaAs 等闪锌矿晶格结构量子点，为方便建模，涉及弹性劲度矩阵的坐标变换。应力与应变间转换的关系可以由劲度矩阵 $\mathbf{D}$ 表示，对于坐标轴沿(001)、(010)、(100)的闪锌矿材料，矩阵 $\mathbf{D}$ 仅含有 C_{11}、C_{12}、C_{44} 3 个独立分量，当坐标轴沿其他方向建模时，可通过张量转换矩阵得到新的矩阵元：

$$C_{i,j,k,l} = U_{i,m} U_{j,n} U_{k,o} U_{l,p} C_{m,n,o,p} \tag{6-1-5}$$

$$\mathbf{U} = \begin{bmatrix} \cos\varphi\cos\theta & \sin\varphi\cos\theta & -\sin\theta \\ -\sin\varphi & \cos\varphi & 0 \\ \cos\varphi\sin\theta & \sin\varphi\sin\theta & \cos\varphi \end{bmatrix} \tag{6-1-6}$$

其中下角标 i、j、k、l 表示新坐标空间的量，下角标 m、n、o、p 表示基准空间的量。$U_{i,j}$ 是旋转矩阵中的项，与具体的坐标有关。坐标轴的空间关系可见图 6-1-2。计算后得到应力应变分布，通过对体系应变能密度进行积分，得到体系应变能：

$$E_{strain} = \frac{1}{2} \int [(\varepsilon_{xx} - \varepsilon_{xx}^0)\sigma_{xx} + (\varepsilon_{yy} - \varepsilon_{yy}^0)\sigma_{yy} + (\varepsilon_{zz} - \varepsilon_{zz}^0)\sigma_{zz} +$$

$$2\varepsilon_{xy}\sigma_{xy} + 2\varepsilon_{xz}\sigma_{xz} + 2\varepsilon_{yz}\sigma_{yz}]dV \tag{6-1-7}$$

晶格失配产生的应变是自组织量子点的基础，是 Gibbs 自由能中重要的组成部分，后续将讨论应力应变对合金量子点组分平衡分布的影响。

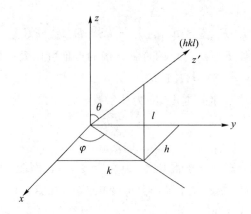

图 6-1-2 旋转矩阵对应的新旧坐标关系图

从式(6-1-1)可以看出,Gibbs 自由能包含熵、化学混合能和应变能三部分的贡献。前两项与组分显性相关,可以把这两项合并,标记为化学自由能,体现所有与组分、温度相关的贡献,可改写为:

$$E_{\text{free}} = -TS + E_{\text{chemical}} = \Delta F(T)c + F_{\text{m}}(T) \times c \times (1-c) \tag{6-1-8}$$

其中 $\Delta F(T)$ 体现了合金材料两种不相同(合金中两种元素完全分离时)的能量差别,一旦量子点内的平均组分确定,右式第一项积分后与组分分布无关,在优化过程中未起作用。$F_{\text{m}}(T)$ 代表合金材料在某一温度下的稳定度,若 $F_{\text{m}}(T) < 0$,则合金体系倾向于均匀分布,即保持单一合金相,此时温度较高,熵在化学自由能中起主导作用;若 $F_{\text{m}}(T) > 0$,则合金体系倾向于两种元素分离,对应温度较低的情况,化学混合能起主导作用。$F_{\text{m}}(T)$ 的值利用式(6-1-8)拟合式(6-1-2)和式(6-1-4)得到,见表 6-1-1。

表 6-1-1 $F_{\text{m}}(T)$ 温度参数表[9]

T	F_{m}	
	InGaAs/GaAs	GeSi/Si
400 ℃	-0.8×10^8	-3.0×10^8
600 ℃	-1.9×10^8	-4.9×10^8

确定合金半导体量子点($A_c B_{1-c}$)平衡组分分布的过程是通过改变量子点内部各位置组分,寻找体系总能量最小值的过程,是较为典型的优化问题,限定条件为量子点形状、尺寸和平均组分均为定值。目标函数为系统的 Gibbs 自由能 G 或应变能 E_{strain};优化变量是特定位置的组分 c,其上下限分别为 0 和 1,对应纯 A 或纯 B 两种材料;约束条件为量子点平均组分 $\bar{c}$。优化过程需忽略量子点和衬底间材料的互扩散。

针对目前理论计算量子点平衡组分分布方法计算效率低的问题,采用有限元方法简化量子点材料应力应变计算,替代耗时的原子蒙特卡罗算法,在组分优化算法上,采用一种快速搜寻极值的方法,即移动渐近线方法,可以大大地提高计算量子点平衡组分的效率。具体量子点组分优化的计算步骤如下。

①选取研究对象。为了能更好地指导实验研究，选取实验中观察到的材料、形状作为量子组分优化的对象，通常实验中观察到的量子点形状较为复杂，在建模过程中可以适当简化。以 SiGe/Si 量子点材料为例，实验观察到的形状跟体积有关，体积从小到大，形状依次有金字塔形、穹顶形、超穹顶形、谷仓形等。建立的几何模型中要包含量子点、衬底等要素。

②确定计算变量。将步骤①中的有限元模型精细网格化，将量子点简化为多个体积元组合，并用有限元量子点模型中的网格节点来替代体积元。给每个网格节点赋予组分值，并将每个节点上的组分值作为计算变量，原则上衬底部分的组分不变，这是一种近似（衬底和外延层存在一定程度的组分扩散），节点上的组分值不作为计算变量。

③选取优化目标。基于能量最小原理，通过优化体系的吉布斯自由能得到量子点平衡组分分布，因此研究目标为体系的吉布斯自由能。

④确定限制条件。通过调整量子点组分分布来得到体系最小能量，因此量子点的平均组分不变化才能保证材料的稳定性，所以计算的限制条件为合金量子点的平均组分。

⑤计算目标函数对组分分布的梯度。为了加速优化算法并搜寻最优解，我们通过有限元方法计算模型的自由能，并通过此方法计算出吉布斯自由能大小对组分分布的梯度信息。

⑥计算限制函数对组分分布的梯度。通过有限元方法计算出量子点平衡组分对组分分布的灵敏度。

⑦求最优解。将目标函数（吉布斯自由能）、限制函数（量子点平均组分）、优化变量（网格节吉布斯自由能点的组分）以及灵敏度信息代入移动渐近线方法（Method of Moving Asymptotes，MMA）[13]，并求出吉布斯自由能最小时的组分分布。

⑧稳定性与效率分析。为了验证优化结果的正确性，将本结果与其他方法和实验结果进行对比。

以上为计算量子点组分的具体步骤，其中目标函数和限制函数对优化变量的梯度信息是通过有限元方法中的伴随矩阵方法求的，目的是加快最优解的求解速度。

6.1.2　移动渐近线方法

本节介绍移动渐近线方法，并用其来求解合金量子点平衡组分优化问题。Svanberg 于 1987 年提出移动渐近线优化方法，主要应用于工业力学结构设计，其基本思想是基于泰勒展开，通过凸函数来取代目标函数，即目标函数（隐函数）被分离成一系列的凸函数（显函数）的组合。在显函数中，两个参数称为移动渐近线，被用于定义当前循环优化变量新的上下限。优化问题最终简化为计算一系列显函数的子问题，子问题的解将作为下一优化过程的初始值，并以此循环，直至找到最优解。本节将介绍与有限元相结合的移动渐近线算法的工作过程,更为一般和详细的数学描述请见本章参考文献[13]。

合金半导体量子点平衡组分优化问题可以表述如下。①目标函数:Gibbs 自由能或应变能,标记为 $f_0(c)$。②约束条件:平均组分 $\int c(r)\mathrm{d}V/V = \bar{c}$,标准 MMA 算法处理的约束条件形式为 $f_i(c) \leqslant \bar{f}$,因此,需要引入两个约束条件,即 $f_1(c) = \frac{1}{V}\int c(r)\mathrm{d}V \leqslant \bar{c}, f_2(c) = -\frac{1}{V}\int c(r)\mathrm{d}V \leqslant -\bar{c}, i=1,2$ 代表约束函数。③优化变量:量子点内部各位置组分 $c^{\mathrm{low}} < c < c^{\mathrm{up}}$。

定义角标 k 表示循环次数,整个移动渐近线过程可具体划分为 4 步。

① 选取合适的 c 初始值,组分优化时一般将量子点内部组分设置为均匀分布,将循环次数归零,$k=0$。

② 根据给定的 c 值,即初始值或上一循环得到的组分分布 c^{k-1},计算 $f_i(c)(i=0,1,2)$ 的值,并计算灵敏度 $\partial f_i(c)/\partial c(i=0,1,2)$。组分分布 c^{k-1} 将作为参数输入量子点有限元模型中,以求解应力应变场及相应的化学自由能分布,通过对系统进行积分,得到目标函数。同时,有限元方法还负责计算目标函数和约束函数对优化变量的两个参数的灵敏度分布。

③ 基于上一步计算的函数值和灵敏度,可以将函数 $f_i(c)$ 泰勒展开为一系列显性凸函数 $f_i^{(k)}(c)$,可表示为

$$f_i^{(k)}(x) = r_i^{(k)} + \frac{p_i^{(k)}}{U^{(k)} - x} + \frac{q_i^{(k)}}{x - L^{(k)}} \tag{6-1-9}$$

其中 k 为循环步数,x 为变量:

$$p_i^{(k)} = \begin{cases} (U^{(k)} - x^{(k)})^2 \partial f_i/\partial x, & \text{当} \partial f_i/\partial x > 0 \text{ 时} \\ 0, & \text{当} \partial f_i/\partial x < 0 \text{ 时} \end{cases}$$

$$q_i^{(k)} = \begin{cases} 0, & \text{当} \partial f_i/\partial x > 0 \text{ 时} \\ -(x^{(k)} - L^{(k)})^2 \partial f_i/\partial x, & \text{当} \partial f_i/\partial x < 0 \text{ 时} \end{cases} \tag{6-1-10}$$

$$r_i^{(k)} = f_i(x^{(k)}) - \left(\frac{p_i^{(k)}}{U^{(k)} - x^{(k)}} + \frac{q_i^{(k)}}{x^{(k)} - L^{(k)}} \right)$$

对给定的 $c^{(k)}$,将产生 U 和 L 两个变量,并作为其变化的上下限 $L^{(k)} < c^{(k)} < U^{(k)}$,称为移动渐近线。由式(6-1-10)可见,$p_i^{(k)}$ 和 $q_i^{(k)}$ 均为非负值,则函数 $f_i^{(k)}(c)$ 的二阶导数大于 0,保证了凸函数的性质:

$$\frac{\partial^2 f_i^{(k)}(x)}{\partial x^2} = \frac{2p_i^{(k)}}{(U^{(k)} - x)^3} + \frac{2q_i^{(k)}}{(x - L^{(k)})^3} > 0 \tag{6-1-11}$$

相比于固定渐近线,U 和 L 的移动性体现在每一次循环都将根据当前的 $c^{(k)}$ 重新选取。若整个优化过程倾向于震荡,那么需要增加优化变量的稳定性,这就要求移动渐近线靠近 $c^{(k)}$,降低 c 的变化幅度。若优化过程处于单调区间且优化速度较慢,则需要使渐近线远离 $c^{(k)}$ 的差距,提供更大的可变化空间,加速优化过程。在数学上,移

动渐近线可表达为：当 $k=0$ 和 $k=1$ 时，设 $L^{(k)}=c^{(k)}-(c^{up}-c^{low})$，$U^{(k)}=c^{(k)}+(c^{up}-c^{low})$，当 $k>1$ 时，若 $c^{(k)}-c^{(k-1)}$ 和 $c^{(k-1)}-c^{(k-2)}$ 的符号相同，表明优化过程是单调的，移动渐近线正在降低优化收敛的速度，这时应适当增大移动渐近线参数 U 和 L 的范围，$L^{(k)}=c^{(k)}-(c^{(k-1)}-L^{(k-1)})/\eta$，$U^{(k)}=c^{(k)}+(U^{(k-1)}-c^{(k-1)})/\eta$；若 $c^{(k)}-c^{(k-1)}$ 和 $c^{(k-1)}-c^{(k-2)}$ 的符号相反，表明优化过程中组分出现震荡，应适当减小渐近线参数的范围，$L^{(k)}=c^{(k)}-\eta(c^{(k-1)}-L^{(k-1)})$，$U^{(k)}=c^{(k)}+\eta(U^{(k-1)}-c^{(k-1)})$，其中，$\eta$ 为松弛因子，按现有定义，应为小于 1 的实数。至此，优化问题最终简化为计算一系列显函数的子问题。

④ 采用对偶解法得到子问题的优化解，判断目标函数的收敛性，若未达到收敛要求，则将此解作为下一循环的初始值，跳至第②步。对偶解法的详细数学表述请见本章参考文献[14-15]。

本节以 $In_cGa_{1-c}As/GaAs$ 金字塔形量子点为例，给出了移动渐近线算法优化合金量子点平衡组分分布的过程。量子点形状的具体晶面参数将在后续几节中给出。In 元素的摩尔百分比为优化变量 c，假设量子点内 In 平均组分为 0.5。目标函数为应变能，未考虑组分相关的化学自由能贡献，初始应变和弹性矩阵均根据 In 组分采用线性插值。InGaAs/GaAs 金字塔量子点组分优化过程如图 6-1-3 所示。在初始情况，In 在量子点内均匀分布，从第 1 步优化开始，In 元素和 Ga 元素开始出现分离，即非均匀分布。In 元素在量子点顶部聚集，相应地，Ga 元素倾向量子点底部，使与衬底间形成的异质结弱化，有效地降低了应变能。第 1 步优化后，In 组分在量子点顶端约为 0.62，第 20 步组分优化已基本收敛，顶端 c 为 1.0。移动渐近线组分优化收敛过程如图 6-1-4 所示。采用移动渐近线优化合金量子点组分，收敛在数十步量级，收敛速度取决于目标函数和松弛因子 η。本例中，$\eta=0.4$。每一次循环都需要计算体系的吉布斯自由能、限制函数值以及相应的梯度信息，大概需要 50 s，所以一次优化大概只需 17 min。图 6-1-4 给出了已发表的采用有限元结合蒙特卡罗方法优化量子点组分的收敛过程，收敛需要 1 000 步以上[8]。同样计算条件下，每一次优化都需要数天，相比较来说此种方法的计算效率还是很高的。通过对比，移动渐近线方法体现出了较大的效率优势。

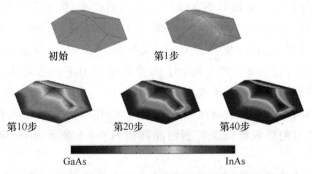

初始　第1步

第10步　第20步　第40步

GaAs　InAs

图 6-1-3　InGaAs/GaAs 金字塔量子点组分优化过程

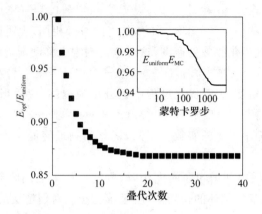

图 6-1-4 移动渐近线组分优化收敛过程（$E_{opt}/E_{uniform}$ 为优化组分量子点总能量与
均匀组分量子点总能量之比。内嵌图为蒙特卡罗优化方法收敛图）[8]

　　量子点的形成和演化是动力学过程和热力学过程共同作用的结果，不足之处是，此计算方法只采用了简化的热力学模型，忽略了一些原子尺度的信息。以 GeSi/Si 材料系为例，在生长量子点时 Ge 原子会向衬底中扩散，而且 Si 原子也会向量子点中扩散，另外生长动力学因素也会对组分分布有较大影响，不过这些扩散的量比较小，所以简化的热力学模型仍然能得到定性的结果，这给实验提供了一定的理论指导。

6.1.3　GeSi/Si(001)量子点组分分布

　　鉴于多年来 Si 基半导体技术得到了迅猛发展并极具成本优势，GeSi/Si(001)晶格失配体系一直是半导体材料研究的热点。Ge 与 Si 之间存在 4％的晶格失配，导致 Si 衬底上 GeSi 的生长遵循 Stranski-Krastanow 生长模式。初期将维持层状生长至临界厚度，约为 3～4 单原子层，失配所产生的应变能在外延层中不断积累。在较高的生长温度下，超过临界厚度时，浸润层表面将出现暂无晶面取向的原子堆来弛豫应变，可称为预金字塔形（prepyramid）。随着生长的继续，预金字塔形将转变为正方形底面、侧表面为{105}晶面的金字塔形（pyramid）量子点[16]。当沉积的 GeSi 覆盖率不断增大时，将导致从金字塔形到穹顶形（dome）的转变，量子点的高宽比迅速增加，侧面出现更为陡峭的晶面。早期认为 GeSi 量子点形成穹顶形状后，不再有明显的形状变化，随着尺寸增大，将形成含有失配位错的岛[17]。2006 年 Schmidt 等人发现在穹顶形之后，量子点将会继续产生形状上的变化，高宽比进一步增大，出现新的晶面，产生无位错的谷仓形（Barn）量子点[18]。在两次量子点形状转变过程中，底面直径基本不变，沉积材料在顶部堆积，弛豫了积累的应变，在本质上并无区别。实验观察到的 3 种形状量子点的形貌特征及各表面晶向如图 6-1-5 所示，图中结果取自本章参考文献[16,18]。

　　本节将讨论真实形状 GeSi/Si(001)量子点内部的平衡组分分布。有限元模型将根据图 6-1-5 提供的侧表面晶向建立,如图 6-1-6 所示。可以看到,虽然 3 种形状差异较大,但基本保持了水平方向 90°对称性。金字塔形量子点底边为正方形,侧表面晶向为{105},其高宽比为 0.1。穹顶形量子点包含{001},{105},{113}和{15 3 23} 4 个晶面,高宽比设定为 0.2。谷仓形量子点更为复杂,侧表面共有 7 个晶面:{001},{105},{113},{15 3 23},{111},{ 20 4 23}及{23 4 20}。高宽比设定为 0.3。

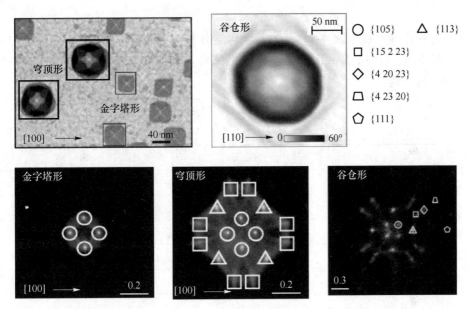

图 6-1-5 GeSi/Si 金字塔形、穹顶形、谷仓形自组织量子点扫描隧道显微镜(STM)和原子力显微镜(AFM)形貌图[16,18],以及针对不同形状量子点表面求空间梯度的强度分布图,用于确定各晶面方向

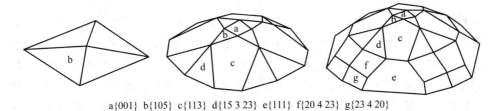

a{001} b{105} c{113} d{15 3 23} e{111} f{20 4 23} g{23 4 20}

图 6-1-6 GeSi/Si 金字塔形、穹顶形、谷仓形自组织量子点几何模型
(a～g 分别为相应量子点侧表面晶向)[19-20]

对于有限元模型的弹性应变计算,假设量子点内部各位置的初始应变为与组分相关的晶格失配$-0.04c$,c 为相应位置 Ge 元素的摩尔百分比。计算考虑了各向异性的弹性参数,为简化问题,劲度矩阵按组分做线性差值。选取[110]方向为 x 轴,

通过矩阵旋转,新的劲度矩阵可写为

$$
D = \begin{bmatrix}
C_{11} & C_{12} & C_{13} & 0 & 0 & 0 \\
C_{12} & C_{11} & C_{13} & 0 & 0 & 0 \\
C_{13} & C_{13} & C_{33} & 0 & 0 & 0 \\
0 & 0 & 0 & C_{44} & 0 & 0 \\
0 & 0 & 0 & 0 & C_{44} & 0 \\
0 & 0 & 0 & 0 & 0 & C_{66}
\end{bmatrix}
\tag{6-1-12}
$$

具体的材料弹性参数见表 6-1-2。与温度和组分相关的化学自由能将采用表 6-1-1 中的参数 $F_m(T)$ 体现,通过对各点化学自由能密度和应变能密度进行积分,得到体系 Gibbs 自由能。

表 6-1-2 **GeSi 材料弹性常数**

单位:GPa

C	Ge	Si
C_{11}	155.4	194.65
C_{12}	21.8	35.45
C_{13}	48.3	63.9
C_{33}	128.9	166.2
C_{44}	66.8	79.6
C_{66}	40.3	51.15

假定在 GeSi 合金中,Ge 的平均组分为 0.5。图 6-1-7 给出了 GeSi/Si(001)金字塔形、穹顶形、谷仓形量子点三维平衡组分分布,优化过程分别考虑了以应变能为优化目标函数(SEO)以及以吉布斯自由能为目标函数(GEO)。Ge 晶体的晶格较大,故而 Ge 元素倾向于占据量子点内部压应变较小的区域。可以看到,3 种形状量子点顶部 Ge 的组分均趋向于 1。不同 Miller 指数晶面相交的棱和角,由于其应变弛豫作用显著,通常也是 Ge 原子聚集的位置。相对地,Si 原子倾向聚集在量子点底部,即 Si 组分沿着生长方向逐渐降低,此趋势随量子点高宽比的增加更加明显。Si 聚集的最主要位置是量子点底面的外边沿。原因在于量子点底脚位置存在压应变奇点,Si 的聚集降低了此处的晶格失配,有利于减少应变能密度。为了研究熵和焓对量子点组分分布的影响,我们分别计算了穹顶形量子点在 300 ℃、600 ℃ 和 900 ℃ 时量子点的组分分布。量子点在不同温度下的组分分布剖面图如图 6-1-8(a)所示,量子点中心处垂直方向上的组分分布如图 6-1-8(b)所示。由量子点组分分布图可以看出,一方面,在高温下熵在吉布斯自由能中占主要地位,它使组分趋于均匀分布,但是由于在量子点底部角落处存在应变的极点[21],从而导致组分的分离;另一方面,当温度较

低时系统的应变能起主要作用,导致量子点组分分离。实际上量子点的生长温度大约在 600 ℃,而实验上观测到 Ge 会明显地聚集在量子点顶部[22]。如果忽略量子点底部角落处应变的畸变,我们计算的 600 ℃ 时量子点顶端的组分能到达 0.75,这个结果与实验结果匹配得较好。

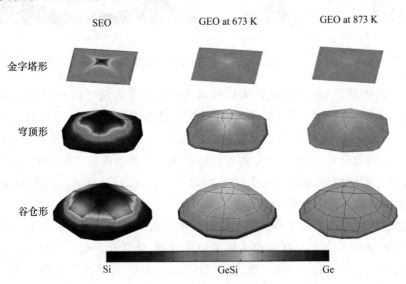

图 6-1-7　GeSi/Si(001)金字塔形、穹顶形、谷仓形自组织量子点平衡组分分布

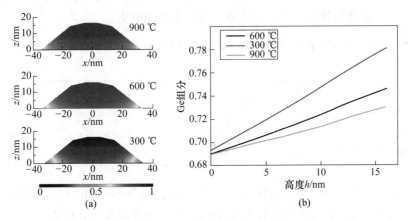

图 6-1-8　(a)不同温度下穹顶形量子点的组分分布剖面图;
(b)不同温度下穹顶形量子点中心轴线上的组分分布

图 6-1-9 给出了穹顶形、谷仓形量子点中 Ge 组分为 0~0.55 的区域,可以反映针对 Ge 选择性刻蚀后剩余的量子点形状。穹顶形量子点中间出现了明显的烧洞,相应地,谷仓形顶部明显出现了下凹,但未贯穿至衬底。虽然未考虑熵等因素的影响,但图形与实验中的刻蚀结果仍然定性相符[23],验证了应变对组分分布的

影响。

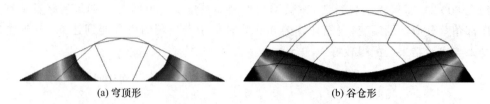

(a) 穹顶形　　　　　　　　　　　　　(b) 谷仓形

图 6-1-9　在以应变能为优化目标的情况下,穹顶形、谷仓形量子点中 Ge 组分为 0~0.55 的区域

GEO 以体系 Gibbs 自由能作为目标函数得到的合金量子点平衡组分体现了应变能和化学自由能的整体贡献。化学自由能与温度相关,从表 6-1-1 中可见,400 ℃与 600 ℃时 GeSi 合金的 $F_m(T) < 0$,即在此温度下,化学自由能中熵占主导地位,体系组分倾向均匀分布,非均匀分布将使其能量增加。由上面的分析可知,为了减小应变能,合金元素倾向分离,形成组分的非均匀分布。此时,化学自由能和应变能在降低体系 Gibbs 自由能的过程中是竞争关系。

通过计算可以得到量子点组分优化前后量子点体系各个能量的变化。以穹顶形量子点为例,600 ℃下组分优化前后体系的应变能、化学能和熵的变化如表 6-1-3 所示。由表 6-1-3 可以看出,优化前后应变能的变化最大,这是因为优化后 Ge 会在量子点顶端聚集,在量子点底端减小,这就减小了体系的晶格失配,从而释放了体系的应变能。而组分的分离导致了量子点材料混合度的下降,从而使体系的熵在优化后增加了,所以应变的释放是量子点组分分离的主要驱动力。

表 6-1-3　穹顶形量子点组分优化前后体系的应变能、化学能和熵的变化情况[24]

单位:10^{-15} J

	应变能	化学能	熵	吉布斯自由能
优化前	1.338	1.943	−8.980	−5.699
优化后	1.280	1.932	−8.942	−5.730
改变量	−0.058	−0.011	0.038	−0.031

如图 6-1-7 中 GEO 部分可见,Ge、Si 分离的方向与 SEO 情况一致,即量子点顶部 Ge 组分较大,量子点底部则是 Si 聚集的区域。当考虑化学自由能后,Ge、Si 两种元素分离度降低,且温度越高,组分分离度越小。如 400 ℃时,穹顶形量子点内 Ge 组分最大值约为 0.64;600 ℃时最大值仅约为 0.6。GEO 与 SEO 在组分分布趋势上的一致性表明应变是量子点内平衡组分非均匀的主要驱动力。尽管从定量关系来看,化学自由能的绝对值是应变能的几倍,比如 600 ℃时,谷仓形量子点应变能约为 8×10^{-16} J,化学自由能约为 3.8×10^{-15} J,但组分优化仍然沿着量子点应变能减小的方向进行。

6.1.4 InGaAs/GaAs(001)量子点组分分布

In(Ga)As/GaAs 量子点具有优异的光电特性,以其为基本结构的激光器激射波长可落在光通信窗口,同时还具有低阈值、高效率、高热稳定度等优点,被应用物理界广泛关注。同时,In(Ga)As 还是典型的Ⅲ-Ⅴ族半导体,在材料性质研究方面具有代表性。InAs/GaAs(001)的晶格失配为 0.067,沉积生长过程遵循 S-K 生长模式。关于 In(Ga)As 量子点的研究主要集中在电子结构和光学特性上,对量子点形貌和组分方面的研究很少。通过高分辨率扫描隧道显微镜,观察到 In(Ga)As 量子点具有两种明确表面的形貌,如图 6-1-10(a)所示[25-26]:①对于较小的金字塔形量子点,其外表面为{137}和{111};②对于较大的穹顶形量子点,其面积最大的外表面为{101}晶面,{111}晶面出现在量子点底部,同时,量子点顶部保持{137}晶面。金字塔形向穹顶形量子点的转变主要来源于材料继续沉积或退火。

本节的目标是根据观察到的晶面建立准确的 InGaAs/GaAs(001)量子点模型,通过移动渐近线方法,得到其平衡组分分布,以为进一步研究合金半导体量子点光电特性提供参考。几何模型如图 6-1-10(b)所示。金字塔量子点的高宽比由两个{137}面相交的交线确定,交线方向为(774),因此高宽比为 $4/14\sqrt{2} \approx 0.2$;穹顶形量子点高宽比可调,设定为 0.4。InGaAs 量子点仅具有 180°对称性。弹性应变计算采用各向异性,劲度矩阵进行水平 45°旋转,弹性参数和初始应变根据各位置组分线性插值,见表 6-1-4。

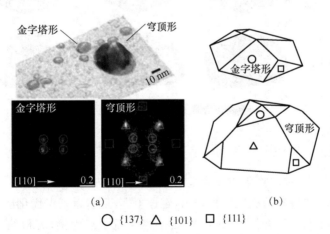

图 6-1-10 (a)InGaAs 金字塔形、穹顶形自组织量子点 STM 形貌图及晶面图[25-26];
(b)InGaAs 合金量子点有限元几何模型示意图

表 6-1-4　InGaAs 材料弹性常数

单位:GPa

C	InAs	GaAs
C_{11}	104.17	149.35
C_{12}	25	29.35
C_{13}	45.26	56.6
C_{33}	83.9	122.1
C_{44}	35.59	60.0
C_{66}	19.32	32.75

图 6-1-11 给出了 InGaAs/GaAs(001)金字塔形、穹顶形自组织量子点三维平衡组分分布。In 平均组分为 0.5。优化过程分别考虑了 SEO 与 GEO,其中 GEO 的温度设为 400 ℃与 600 ℃两种情况。类似于 GeSi 量子点,平衡组分分布中 In 原子聚集在量子点顶部及各个晶面相交处;Ga 元素倾向于量子点底部,特别是底部外边界;熵对元素聚集的限制作用随温度的升高逐渐增强。对比可见,InGaAs 材料相对于 GeSi 材料,在相同温度下,合金元素聚集效果更为明显。

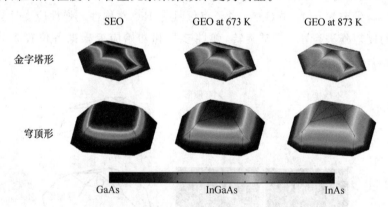

图 6-1-11　InGaAs/GaAs(001)金字塔形、穹顶形自组织量子点平衡组分分布

在上述讨论中,关注点集中在合金半导体量子点内部的组分分布。由分析可知,应变是组分非均匀分布的决定性推动力,定性上,各形状量子点优化后的组分均将降低体系的总应变能。下面仅以 InGaAs 金字塔形量子点为例,分析组分分布对应变的具体影响。如图 6-1-12 所示,SEO 优化前后量子点内的应变能密度分布变化非常明显,表明了优化过程自洽的重要性。在组分均匀的情况下,量子点顶部应变弛豫明显,同时,底部边界处存在非常强的压应变分布。经过优化,由于 Ga 原子在底部边界处聚集,且 In 组分基本为 0,所以此处应变能释放最为显著。量子点顶部仍然处于弛豫状态。优化的代价是量子点底部中心处的应变能密度增大。但从整个体系来

看,总应变能下降了约 13%。若考虑熵对组分非均匀分布的限制,应变能变化将随温度的增加而减小。

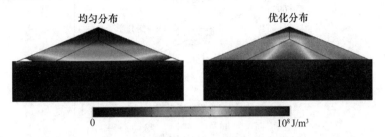

均匀分布　　　　　　　　　　优化分布

0　　　　　　　　　　　　　　10^8 J/m³

图 6-1-12　SEO 优化前后 InGaAs 金字塔形量子点应变能密度分布

在量子点生长过程中,随着材料沉积量的增多,量子点体积变大,但在一定范围内形状保持不变,当量子点体积超过某个临界值时,量子点的形状会发生跃变,表现在量子点的表面会出现陡峭的晶面,使量子点向具有更大高宽比的形状转变,这种形状改变使得应变能弛豫率变大,体系应变能减少,应变是量子点形貌变化的内在驱动力之一。由于合金组分的分布会引起应变的弛豫,因此也会影响量子点形状转换的临界尺寸。如图 6-1-13 所示,我们通过优化较平坦形状(面角 $\theta=15°$)和陡峭形状(面角 $\theta=45°$)的金字塔 Ge_xSi_{1-x}/Si 量子点的组分得到系统的最小自由能,研究组分优化对形状转换临界尺寸的影响。由于涉及形状的变化,所以表面能也会发生变化,金字塔形量子点的表面能可以近似为

$$E_{surf} = (3V_q)^{2/3} \eta^{-2/3} (\sqrt{1-4\eta^2}-1)\gamma \qquad (6-1-13)$$

其中 V_q 是量子点体积,η 是金字塔形量子点的高宽比,γ 是量子点表面能密度(GeSi 的表面能密度为 $\gamma=2.22$ J/m²)。组分优化前后平坦形(面角 $\theta=15°$)和陡峭形(面角 $\theta=45°$)金字塔量子点的能量随体积的变化如图 6-1-14 所示。当组分均匀分布时,陡峭形量子点更容易释放应变能,但是当量子点很小时,表面能会比应变能大,而平坦型量子点表面能较小,所以在生长初期量子点呈平坦状。随着量子点体积的增大,量子点的应变能也会逐渐增大,当体积增大到量子点释放的应变能大于表面能的增加时,就会发生形状转变,所以体积较大的量子点多呈陡峭形。而组分优化后的量子点比均匀的量子点能释放更多的应变能,因此组分的引入会使这种形状转换提前发生,也就是组分的优化能减小量子点形状转换的临界尺寸[24]。

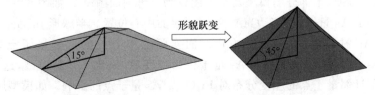

形貌跃变

15°　　　　　　　　　　45°

图 6-1-13　平坦形状(面角 $\theta=15°$)和陡峭形状(面角 $\theta=45°$)
金字塔形量子点的形貌跃变

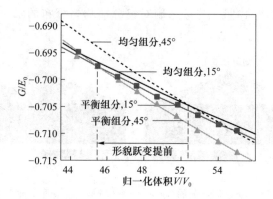

图 6-1-14　组分优化前后平坦形(面角 $\theta=15°$)和陡峭形(面角 $\theta=45°$)GeSi 金字塔量子点的
归一化吉布斯自由能随归一化体积的变化(选定量子点平均组分为 0.5,特征体积为
$V_0=[\gamma/(M\varepsilon_m^2)]^3$,特征能量为 $E_0=V_q\,M\varepsilon_m^2\,(M\varepsilon_m^2=2.82\times10^8\,\mathrm{J/m^3})$,G 表示吉布斯自由能

6.1.5　量子点相互作用引入的组分分布

　　无论是在理论上还是在实验上,得到精确的量子点组分分布对于预测量子点特性、指导和解释实验结果有重要的意义。Blokland 等人通过扫描隧道显微技术,扫描量子点的剖面结构,得到了 InAs/GaAs 量子点材料的晶格分布,根据晶格分布拟合得到了量子点的组分分布结构[27]。Walther 等人通过高分辨率的透射式电子显微镜得到了 InAs/GaAs 量子点的晶格结构分布,通过能量选择法得到了量子点的组分分布[28]。以上在实验上测得的量子点组分分布的分辨率仅适用于测量单个量子点的组分分布。在多层量子点系统中,量子点的组分会相互影响,以现有的条件很难测得相互影响的量子点的组分分布情况。在多层量子点系统中,量子点之间会产生应变的耦合,从而影响量子点的组分分布。Yang 等人研究了垂直方向近邻量子点之间的应变耦合[29],但是关于近邻量子点之间的组分相互影响的研究却很少。基于量子点组分的计算方法,可以计算水平方向和垂直方向近邻量子点的应变场对无盖层量子点组分的影响。

　　为了定性地研究水平方向上近邻量子点对组分的影响,下面采用半球形量子点作为研究对象。组分的优化计算采用移动渐近线算法,计算模型都为三维有限元模型,为了展示方便,本部分的模型及结果图仅为二维剖面图[30]。如图 6-1-15 所示,近邻的半球形 InAs 量子点位于 GaAs 衬底上表面中心位置。半球形 $In_xGa_{1-x}As$ 量子点位于 GaAs 衬底表面沿 [100] 方向。而实际上中心处的近邻量子点也应该为 $In_xGa_{1-x}As$ 量子点,这里只用 InAs 量子作为应变源,简化了计算模型,这种简化其实是放大了近邻量子点的应变分布对 $In_xGa_{1-x}As$ 量子点的影响。如模型所示,半球形 $In_xGa_{1-x}As$ 量子点的半径为 7.5 nm,衬底的长和宽都为 100 nm,高为 35 nm,衬底的侧面取周期边界条件,底面为固定边界条件,其他面为自由边界,两量子点分开

的距离用 S 表示。采用移动渐近线和有限元结合的方法计算平均组分为 0.5 的 $In_xGa_{1-x}As$ 量子点在 600 ℃下的组分分布。

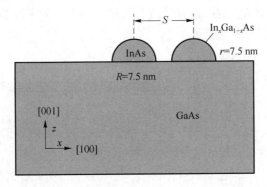

图 6-1-15 水平方向近邻量子点有限元模型剖面图

为了进行比对,首先计算单个 $In_xGa_{1-x}As$ 量子点在 GaAs 衬底上的组分分布。如图 6-1-16(a)中右下角所示,组分优化后 In 原子会往量子点顶端聚集,而 Ga 原子会沉积在量子点底部,以减小晶格失配释放系统应变能。考虑水平方向上近邻量子点的影响以后,$In_xGa_{1-x}As$ 量子点的组分分布如图 6-1-16(a)所示。研究发现,当两个量子点靠得很近时,$In_xGa_{1-x}As$ 量子点靠近中心 InAs 量子点的一侧的组分会受到影响。这种影响仅在 $In_xGa_{1-x}As$ 量子点底端出现少量的 Ga 聚集,而且影响不是很明显。当两个量子点距离变大时,近邻量子点对组分的影响就基本没有了。图 6-1-16(b)给出了两个量子点距离不同时体系的 y 方向应变分布的剖面图。由图可以看出 $In_xGa_{1-x}As$ 量子点的组分分布主要受到衬底中张应变的影响,而这部分张应变主要由中心近邻 InAs 量子点提供,但是这个张应变在衬底中水平方向影响范围很小。所以当两个量子点距离增大时,近邻量子点对组分的影响就可忽略不计。

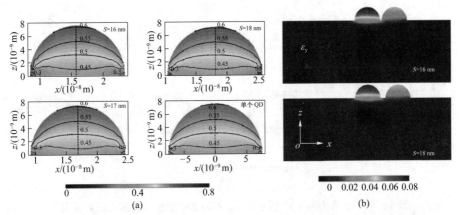

图 6-1-16 (a)单个量子点组分分布及近邻量子点分离距离不同时 $In_xGa_{1-x}As$ 的组分分布;
(b)近邻量子点分离距离不同时,应变 ε_y 在 $y=0$ 平面内的应变分布

与水平方向近邻量子点类似,下面选取 InAs 量子点作为应变源埋藏在衬底中。如图 6-1-17 所示,$In_xGa_{1-x}As$ 量子点位于 GaAs 衬底表面沿 [100] 方向,两个量子点的水平距离为 L,垂直距离为 H,其他边界条件也与水平方向近邻量子点模型类似。

两个量子点在不同的水平距离和垂直距离情况下无盖层 $In_xGa_{1-x}As$ 量子点的组分分布如图 6-1-18 所示。当两个量子点垂直对准($L=0$),且靠得很近时,$In_xGa_{1-x}As$ 量子点组分的分离是太明显。随着两个量子点垂直距离的增大,量子点组分的分离才越来越明显。当两个量子点非垂直对准($L\neq0$),且靠得很近

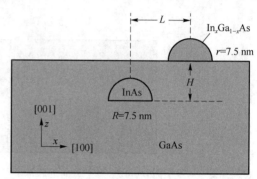

图 6-1-17　垂直方向近邻量子点有限元模型剖面图

时,$In_xGa_{1-x}As$ 量子点组分的分离非常明显,而且靠近埋藏量子点的一侧出现明显的 In 原子聚集。随着两个量子点距离的增加,这种对组分的影响也会逐渐减弱。

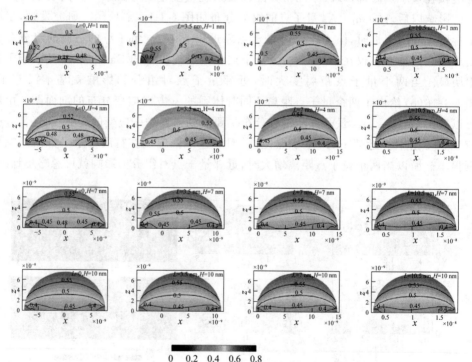

图 6-1-18　垂直方向上两个量子点在不同的水平距离和垂直距离情况下
无盖层 $In_xGa_{1-x}As$ 量子点的组分分布

　　埋藏的 InAs 量子点产生的张应变与无盖层 $In_xGa_{1-x}As$ 量子点应变的耦合是影响量子点组分分布的主要原因。当两个量子点垂直对准($L=0$),且靠得很近时,InAs 量子点产生的张应变与 $In_xGa_{1-x}As$ 量子点中的张应变耦合产生均匀平衡的应变场,阻碍了应变的释放,从而会使 $In_xGa_{1-x}As$ 量子点的组分分离不明显。当两个量子点非垂直对准($L\neq0$),且靠得很近时,应变的耦合在 $In_xGa_{1-x}As$ 量子点中产生的是非平衡的应变,靠近埋藏量子点的一侧是张应变,而另一侧则依然是压应变。这种非平衡的应变场驱使 In 聚集在张应变区域,而 Ga 聚集在压应变区域,以减小晶格失配释放应变能。当两个量子点距离增大到超出 InAs 量子点应变的影响范围时,$In_xGa_{1-x}As$ 量子点的组分基本不受近邻量子点的影响。

　　与图 6-1-18 中量子点位置相对应的 y 方向应变剖面图由图 6-1-19 给出。从相应的应变分布图可以看出,埋藏的 InAs 量子点产生的张应变与无盖层 $In_xGa_{1-x}As$ 量子点应变的耦合是影响量子点组分分布的组要原因。当两个量子点垂直对准($L=0$),且靠得很近时,InAs 量子点产生的张应变与 $In_xGa_{1-x}As$ 量子点中的张应变耦合产生均匀平衡的应变场,阻碍了应变的释放,从而会使 $In_xGa_{1-x}As$ 量子点的组分分离不明显。当两个量子点非垂直对准($L\neq0$),且靠得很近时,应变的耦合在 $In_xGa_{1-x}As$ 量子点中产生的是非平衡的应变,靠近埋藏量子点的一侧是张应变,而另一侧则依然是压应变。这种非平衡的应变场驱使 In 聚集在张应变区域,而 Ga 聚集在压应变区域,以减小晶格失配释放应变能。当两个量子点距离增大到超出 InAs 量子点应变的影响范围时,$In_xGa_{1-x}As$ 量子点的组分基本不受近邻量子点的影响。

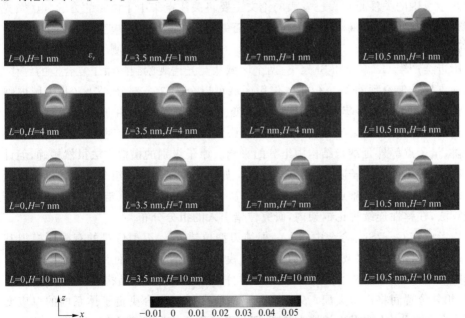

图 6-1-19　垂直方向上两个量子点在不同的水平距离和垂直距离情况下
量子点系统 y 方向应变 ε_{yy} 分布剖面图

由于组分优化算法只适用于计算无盖层的量子点组分,所以本部分的研究仅针对无盖层量子点。而有盖层时近邻量子点产生的应变会通过盖层耦合在一起,进而影响量子点的组分分布。这种有盖层的近邻量子点对组分的影响势必会大于无盖层的量子点,相关研究还很欠缺。总之,多层量子点生长方法是得到大小均匀、位置稳定量子点结构的一种有效方法。在多层量子点系统中,量子点之间产生的应变会产生耦合,这种应变的耦合会影响量子点的组分分布及生长位置。通过计算水平方向和垂直方向上近邻 InAs 量子点对无盖层 $In_xGa_{1-x}As$ 量子点组分分布的影响,发现水平方向上 InAs 量子点在衬底中产生的张应变会影响近邻 $In_xGa_{1-x}As$ 量子点的组分,但是由于张应变在水平方向上影响范围很小,所以对水平方向量子点组分的影响很小。而垂直方向上 InAs 量子点产生的应变会穿过衬底与 $In_xGa_{1-x}As$ 量子点产生应变耦合,垂直对准时耦合的应变场在 $In_xGa_{1-x}As$ 量子点中达到平衡,从而阻止应变的释放和组分的分离。非垂直对准时耦合的应变场在 $In_xGa_{1-x}As$ 量子点中为非平衡状态,从而导致了组分的分离。但是近邻量子点对组分的影响仅当量子点靠得很近时才很明显,当两个量子点的距离大于应变耦合的范围时,近邻量子点对组分的影响就消失了。

6.1.6 位错芯附近的应变对组分分布的影响

GeSi、InGaAs、InGaN 等合金半导体材料中的位错是半导体异质外延纳米结构材料生长中的关注重点。已发表的论文主要将关注点集中于位错的力学、电学、光学特性,但较少讨论另外一个重要问题:界面失配位错芯附近的应变场如何影响合金半导体材料的组分分布。利用原子蒙特卡罗方法,Martinelli 预测了 GeSi 合金中,位错芯附近会产生 Ge 聚集和 Si 聚集,两个区域从荧光谱观察到的激子复合能的红移,从侧面支持了理论预测[31]。位错的作用区域可以分为 3 个部分:芯区(此区域内弹性理论不适用)、元素聚集明显的区域和应变主导的区域[32]。由于组分对材料光电特性起决定性作用,所以当异质外延层产生失配位错来弛豫应变时,需要理解位错对量子阱、量子点等外延纳米结构中组分的影响。原子级别的模拟方法虽然精确,但计算量巨大,较难处理量子阱、量子点等情况。如何将位错引入的组分分布与异质外延体系结合起来,是一个难点。下面提出的解决方案采用有限元位错模型,结合移动渐近线算法,在弹性连续理论框架内,研究位错引入的组分分布。

考虑在 $Ge_{0.5}Si_{0.5}$ 合金中插入一根纯刃型位错[33]。刃型位错的有限元模拟基于在一个晶格常数的区域内加入初始应变,模拟多余的半原子面。在 GeSi 合金中,位错的初始应变为 1/3。同时,体系内的组分呈现非均匀性,晶格长度随位置发生改变,相邻位置间将产生失配。失配和位错的应变相互耦合决定了体系内的总应变状态。合金组分均匀的状态被选为基准,即与组分相关的失配可写为 $-0.042 \times (c-0.5)$。图 6-1-20 给出了移动渐近线算法优化含位错的 GeSi 材料 Gibbs 自由能的过程,二维模型尺寸为 100 nm×100 nm,温度设定为 400 ℃。Ge 原子明显聚集在多余半原子面的上方,即张应变区域,相反,Si 原子聚集在压应变区域。与量子点优化类似,移动渐近线法优化的吉布斯自由能在约 40 步即可收敛,效率很高。沿 z 方向的组分具体数值曲线见图 6-1-21。当仅考虑应变能最小化,即不考虑熵的贡献时,位错芯附近合金中不同元素的聚集程度将有明显增强。为了验证计算结果,这里还采用了有限元结合二次规划的方法,得到的平衡组分分布的结果与移动渐近线吻合。

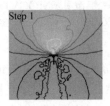
(a) 第一步中合金组分
的等值分布图

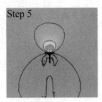
(b) 第五步中合金组分
的等值分布图

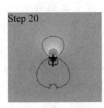
(c) 第20步中合金组分
的等值分布图

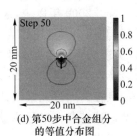
(d) 第50步中合金组分
的等值分布图

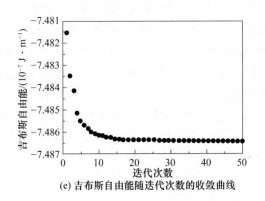
(e) 吉布斯自由能随迭代次数的收敛曲线

图 6-1-20 $Ge_{0.5}Si_{0.5}$ 合金中位错引入的组分优化过程

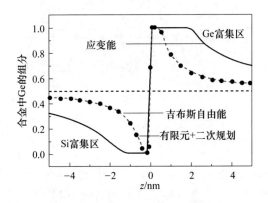

图 6-1-21 沿 z 轴刃型位错的 Ge 组分分布,位错芯位于 $z=0$ 平面内

6.2 稳态合金半导体纳米线轴向组分分布

半导体纳米线横向尺寸限制于 10 nm 量级，可用于制备新型器件，如单光子源、激光器、生物探测器以及太阳能单元电池的基本单元[34-36]，引起了纳米材料界的极大兴趣。2000 年以来，采用分子数外延（MBE）或金属有机化学气相沉积（MOCVD）手段，利用金属液滴作为催化，实现了垂直于衬底生长的单元素半导体（如 Ge、Si）、III-V 族化合物半导体（如 GaAs、GaP）纳米线以及 GeSi、AlGaAs、InGaAs、GaAsP 等合金半导体材料纳米线[37-44]。合金半导体为纳米线设计提供了新的自由度：材料组分的调控。通过元素组分改变，可实现对合金半导体晶格和带隙的调控。类似于上一节讨论的合金半导体量子点，合金纳米线内部的组分一般也是非均匀的，组分分布取决于生长过程。

为了确定组分分布，主要采用 X 射线能谱仪（EDXS）和电子能量损失谱（EELS）[32-35,40-41]，测量结果已可达合理的分辨率。Chen 和 Lim 两个研究小组在制备 AlGaAs 纳米线时，分别发现合金纳米线自发形成了核-壳异质结构，并且沿生长方向 Al 的组分也呈现非均匀分布[37-38]。Kim 制备了锥形 InGaAs 纳米线，并观察到 In/Ga 摩尔组分比沿纳米线生长方向变化剧烈[39]，从纳米线底部到顶部，In/Ga 摩尔组分比从 1.71 降至 0.27，如图 6-2-1 所示。Kim 认为组分的变化来源于生长过程中 In、Ga 两种吸附原子不同的扩散性质。Shapiro 发现 GaAs 纳米线中 InGaAs 段内的 In 组分将随其长度的增长而变大[43]。然而，由于各实验采用不同的生长设备和生长条件，所以实验观察到的结果也存在较大差异，统一的合金半导体纳米线组分变化的理论框架尚未确立。所以，采用数值方法定量理解异质外延纳米线组分分布的物理机理，对制备高质量合金半导体纳米线具有重要意义。

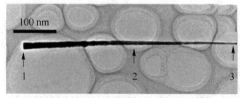

1: In/Ga=1.71   2: In/Ga=1.18   3: In/Ga=0.27

图 6-2-1　锥形 InGaAs 纳米线的透射电镜照片（1、2 和 3 标记了用 X 射线能谱仪测量的
纳米线组分的位置，In/Ga 比例逐渐降低）[39]

在生长制备方面的理论工作主要针对纳米线生长速率、形状变化、缺陷形成以及晶体结构等方面展开[45-51]。尽管取得了巨大的进展，但几乎所有文献都仅讨论单元素或III-V族、II-VI族化合物材料。尽管多个研究组已成功预测了异质外延合金半导体量子点的平衡组分[7,9,11]，但在量子点中，组分非均匀分布的主要驱动力是

Gibbs 自由能的最小化,包含应变能和化学自由能的贡献。然而,这种热力学模型并不能解释合金纳米线中的组分分布。如图 6-2-1 所示,纳米线底部 In 组分明显大于顶端,但若从应变最小化的角度,Ga 元素应当聚集于接近失配异质结的纳米线底部。可以推断:是动力学过程,而不是热力学过程,控制着纳米线的生长。本节将在动力学框架内建立模型,研究双元素扩散引起的合金半导体纳米线轴向组分分布。

6.2.1 瞬态合金纳米线生长模型

本节建立的合金半导体纳米线生长模型如图 6-2-2 所示。几何模型假设纳米线顶端催化剂为半球形,纳米线为正圆柱形,半径不随高度变化。在生长过程中,标记为 A、B 的两种同族元素将同时沉积,C 为可能出现的共价补偿元素。在 VLS 模式中,纳米线生长共有两个途径:表面吸附原子从衬底和纳米线侧壁扩散至纳米线顶端催化剂液滴;气氛中的原子直接进入催化剂液滴。模型中考虑了两种元素参与的 7个过程:①气体原子衬底表面吸附;②吸附原子衬底表面扩散;③衬底退吸附;④气体原子纳米线侧壁吸附;⑤吸附原子纳米线侧壁扩散;⑥纳米线侧壁退吸附;⑦气体原子直接进入催化剂。两种元素对纳米线生长的贡献不同,将引起轴向 A/B 组分的变化。模型适用于Ⅳ族、Ⅲ-Ⅴ族和Ⅱ-Ⅵ族合金半导体材料。

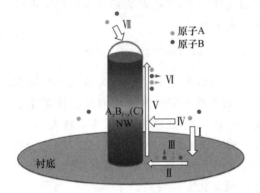

图 6-2-2 合金半导体纳米线生长模型(图中Ⅰ、Ⅳ表示气体原子在衬底、纳米线
侧壁表面吸附;Ⅱ、Ⅴ表示吸附原子在衬底表面、纳米线侧壁扩散;Ⅲ、Ⅵ表示吸附
原子在衬底、纳米线侧壁退吸附;Ⅶ表示气体原子直接进入催化剂)

基于以上模型中考虑的过程,A、B 两种元素在衬底和纳米线侧壁的浓度可由下列瞬态扩散方程描述:

$$\frac{\partial \rho_{i,s}}{\partial t} = D_{i,s} \frac{1}{r} \frac{\partial}{\partial r} \left(r \frac{\partial \rho_{i,s}}{\partial r} \right) + \frac{J_{i,s}}{N_A} - \frac{\rho_{i,s}}{\tau_{i,s}} \qquad (6-2-1)$$

$$\frac{\partial \rho_{i,nw}}{\partial t} = D_{i,nw} \frac{\partial^2 \rho_{i,nw}}{\partial z^2} + \frac{J_{i,nw}}{N_A} - \frac{\rho_{i,nw}}{\tau_{i,nw}} \qquad (6-2-2)$$

角标 i 和 x 分别用来表示合金中不同的元素和相应表面。$\rho_{i,x}$ 为 i 元素在 x 表面(角标"s"代表衬底,"nw"代表纳米线侧壁)的摩尔浓度。表面扩散系数 $D_{i,x}$ 由表达式

$D_{i,x} = D_{i,x}^0 \exp(-E_{i,x}^0/k_B T)$ 确定,其中 $D_{i,x}^0 = 0.25\upsilon a^2$。$E_{i,x}^0$ 为扩散势垒,a 和 υ 分别为最近原子跃迁间距和原子跃迁频率。$\tau_{i,x}$ 用于描述吸附原子成核或退吸附前的生存时间。基于表面扩散系数和生存时间,可以得到吸附原子的扩散长度 $\lambda_{i,x} = \sqrt{D_{i,x}\tau_{i,x}}$。最后,$J_{i,x}$ 为在相应表面的吸附速率,r 和 z 分别为到纳米线中心和纳米线底部的距离。扩散方程的边界条件可写为

$$\frac{\partial \rho_{i,s}}{\partial r}\bigg|_{r=R_s} = 0$$

$$D_{i,s}\frac{\partial \rho_{i,s}}{\partial r}\bigg|_{r=R_{nw}} = -D_{i,nw}\frac{\partial \rho_{i,nw}}{\partial z}\bigg|_{z=0} \tag{6-2-3}$$

$$\rho_{i,nw}\big|_{z=L(t)} = 0$$

第一个边界条件为远场条件,表明衬底上远离纳米线的位置上的元素浓度为常数,即模型中衬底的最外沿($r=R_s$)。第二个边界方程描述了在纳米线与彻底交界边界上的扩散元素质量的连续性。第三个边界表明所有到达纳米线顶部的原子均被催化剂液滴溶解。通过求解瞬态方程(6-2-1)和(6-2-2),每种元素单位时间到达催化剂的量由边界上的扩散流量 $j_{i,diff} = -D_{i,nw}\dfrac{d\rho_{i,nw}}{dz}\bigg|_{z=L(t)}$ 给出。另外,假定所有直接打在半球形催化剂表面的气体原子,都将对纳米线生长产生贡献。于是,单种元素对纳米线生长速率的贡献可表示为

$$v_i(t) = \frac{2\Omega}{R_{nw}} \times j_{i,diff} + 2\Omega J_{i,ca} \tag{6-2-4}$$

其中 Ω 代表分子体积,R_{nw} 为纳米线半径,$J_{i,ca}$ 为催化剂吸附气体原子速率。模型中没有考虑 Gibbs-Thomson 效应和催化剂液滴内部具体的生长行为,可以预期,生长速率将反比于纳米线半径,即纳米线越细,生长速率越大。

基于各元素扩散对纳米线生长速率的贡献,可以继续分析合金半导体纳米线中的轴向组分分布。在生长过程中,定义 A 元素在纳米线-催化剂界面的摩尔百分比为组分 ξ,可通过以下时间演化方程得到[52]:

$$\delta\frac{\partial \xi}{\partial t} = v_A(t) - \xi(t)v(t) \tag{6-2-5}$$

其中 δ 代表原子形成固体时最外侧原子层厚度,假设此厚度为一定值,不随时间变化。$v(t)$ 和 $v_A(t)$ 分别为总生长速率和 A 元素贡献的生长速率,$v(t)=v_A(t)+v_B(t)$。模型中忽略了纳米线内部材料的原子扩散,认为纳米线-催化剂界面的组分随生长时间(纳米线高度)的变化即纳米线轴向组分分布。

值得注意的是,已发表文献中建立的纳米线生长理论模型均为稳态模型[42-47],假设纳米线生长速率远小于表面吸附原子的扩散速度,每一时刻表面原子浓度均可达到稳态解。本节的目标是建立合金纳米线生长的瞬态模型,利用有限元方法求解扩散方程,并基于瞬态解,给出合金纳米线组分分布。瞬态生长模型的难点在于纳米线需要随时间不断长高,且需要保留本时刻元素在表面的浓度分布,并以此作为下一

时刻方程的起始值,即处理几何变化和扩散方程之间的相互耦合。考虑采用的解决方案为移动网格技术,部署任意拉格朗日-欧拉方法[53]（Arbitrary Lagrangian-Eulerian,ALE）使纳米线-催化剂界面以 $v(t)$ 为速度沿生长方向运动。当有限元模型的边界移动或是发生扭曲形变时,计算时需对网格进行处理。如图 6-2-3 所示,主要有 3 种算法[53]。a. 拉格朗日算法。计算网格的每个单独节点始终跟随材料的运动,主要用于材料力学。可以方便跟踪自由表面和不同材料间的界面,并有助于处理材料具有历史依赖性的本构关系。其缺点是无法处理大扭曲或变形问题。b. 欧拉算法。这种算法被广泛地应用于流体动力学,计算网格是固定的,容易处理大扭曲、变形问题,但牺牲了精确的界面定义和流体细节。c. ALE 算法。该算法综合了前述两种方法的优点,网格随物质移动,但并不严格跟随。这种自由度既可以处理超出纯拉格朗日算法能力范围的大变形问题,又可以保证具有比欧拉算法高的分辨率。

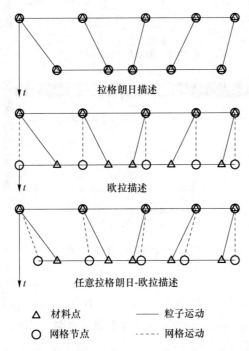

图 6-2-3 处理一维有限元模型几何形变或边界移动的 3 种描述[53]

6.2.2 GaAs 基合金半导体纳米线轴向组分分布

本节将合金半导体纳米线瞬态生长模型应用于 GaAs 基半导体材料,纳米线为 XGaAs,X 为Ⅲ族合金元素（如 In、Al 等）。采用图 6-2-4 中的标记,则 A＝X,B＝Ga,As 为共价补偿元素 C。采用 MOCVD 和 MBE 的纳米线生长实验,一般Ⅴ/Ⅲ族元素气分比很大,可假设Ⅴ族元素总是处于过剩状态,即仅需考虑描述Ⅲ族元素的质量传输方程。Ⅲ族元素来源于衬底、纳米线侧壁和催化剂表面上的吸附,在 CVD

中,吸附原子源自有机物裂解,如三甲基镓(Trimethyl Gallium,TMG),MBE 吸附的直接为气态原子。为统一此过程,假定 Ga 原子在所有 3 个表面上的吸附速率为 0.5 ML/s。合金纳米线沿生长方向组分分布不均匀将导致纳米线侧壁上原子扩散系数随位置变化,为简化问题,假设纳米线侧壁的扩散系数与 GaAs 衬底相同。Ga 原子的跃迁势垒为 1.2 eV[54],跃迁频率为 10^{13}[55],最近原子跃迁间距为 0.565 4 nm,扩散长度设定为 400 nm[56-57]。

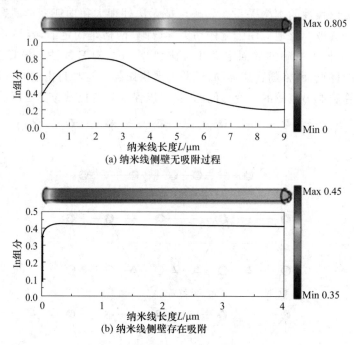

图 6-2-4　直径为 30 nm 的 InGaAs 纳米线轴向组分分布[57]

根据本章参考文献[34]中的报道,考虑以直径为 30 nm 的 InGaAs 合金纳米线的生长为例进行模拟,固定生长温度为 450 ℃。In 元素在气体中的比例为 0.2,故假设其在各表面吸附速率为 0.125 ML/s。由于缺乏吸附于 GaAs 表面 In 原子的跃迁参数,且 In 原子直径较大,所以 In 吸附原子的扩散长度取为 Ga 扩散长度的 3 倍,即 $\lambda_m = 1.2\ \mu m$。4 下面将分别讨论纳米线侧壁不存在吸附和存在吸附两种情况。首先分析纳米线侧壁不存在吸附的过程,化学束外延生长(Chemical Beam Epitaxy,CBE)为此种情况的代表。图 6-2-4(a)给出了 9 μm 长的 InGaAs 纳米线内轴向 In 组分分布。可见,尽管 In 元素的吸附速率为 Ga 的 1/4,但在纳米线生长的初始阶段,In 组分上升了约 80%,在合金纳米线底部形成了一个 In 聚集的区域。这种现象来源于 In 吸附原子更高的扩散效率。随着纳米线继续生长,纳米线长度逐渐大于或远大于扩散长度,原子扩散对纳米线生长速率的贡献逐渐降低,直至为零。此时衬底吸附的原子已无法运动至催化剂,后续纳米线生长完全靠直接进入催化剂的气态分子。可

见,组分最终的稳定值将为气体中 In 元素的组分,$\xi=0.2$。第二种情况,如 MOCVD
中,原子将吸附于纳米线侧壁,并沿侧壁扩散至顶部催化剂。如图 6-2-4(b)所示,在
4 μm InGaAs 纳米线中,In 组分在生长初始阶段仍然快速增大,然后降低至稳定的
组分值。然而,组分变化的幅度大大低于忽略侧壁吸附的情况。基于选用的参数,整
个纳米线中没有出现 In 组分超过 50% 的区域。在生长后期,组分的稳定值明显大
于气氛中的 In 含量,这是由于侧壁吸附原子始终可以到达催化剂,扩散对纳米线生
长速率的贡献不会随纳米线长高而消失。

  针对更一般的情况,下面将讨论合金半导体纳米线轴向组分分布与材料扩散参
数的关系。η 表示元素 A 和 B 扩散长度的比值。B 仍然选取 Ga 元素作为参考,并假
设气氛中两种元素的比例为 1:1。当忽略纳米线侧壁吸附时,轴向组分的演化如图
6-2-5 所示。各曲线针对不同的 η 值,η 从 0.25 变化至 3,此范围可以覆盖典型Ⅲ族
元素,如 In、Al 等。若 $\eta<1$,元素 B 由于扩散更强,将聚集在生长的初始阶段;反之,
若 $\eta>1$,元素 A 将聚集于纳米线底部。根据前面的讨论,当 $L(t)\gg\lambda_i$ 时,可预期扩
散对纳米线的生长无贡献,导致 η 不同的各条曲线最终都收敛于稳定的组分,即气氛
中 A 元素所占的比例,$\xi=0.5$。值得注意的是,当 $\eta>1$ 时,η 值越大,组分随时间的
变化程度与变化范围越大,并且组分趋向于稳定值的演化过程越慢。

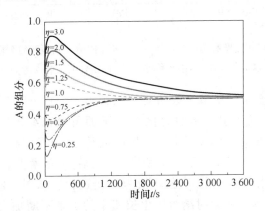

图 6-2-5   在无侧壁吸附的情况下,合金半导体纳米线顶部组分随时间的变化

（η 为元素扩散长度比,纳米线半径为 50 nm,生长温度为 500 ℃)[57]

  图 6-2-6 给出了气体中元素比为 1:1 时,考虑了纳米线侧壁吸附的轴向组分分
布。这种情况下,通过表面扩散,在催化剂附近侧壁的吸附原子总能到达催化剂,与
纳米线长度无关,将可以形成与动力学扩散参数相关的稳定组分。为了定量预测此
组分值,将本章参考文献[42]中的稳态解析生长模型进行推广,来处理多元素合金材
料。在纳米线生长后期,即 $L(t)\gg\lambda_i$,单一元素对生长速率的贡献近似与纳米线长度
无关,可以写为

$$v_{i,\text{steady}}=2\Omega J_{i,\text{ca}}+2\Omega J_{i,\text{nw}}\lambda_i/R_{\text{nw}} \qquad (6\text{-}2\text{-}6)$$

其中 R_{nw} 为纳米线半径。此时生长速率与纳米线半径、吸附速率和有效扩散长度相关，不再随纳米线生长而改变。此解由稳态模型得到，仅当吸附原子扩散速度远大于生长速率时成立。于是，稳定组分的值可以表示为

$$\xi_{steady} = \frac{v_{A,steady}}{v_{A,steady} + v_{B,steady}} = \frac{J_{A,ca} + J_{A,nw}\lambda_{A,nw}/R_{nw}}{J_{A,ca} + J_{B,ca} + (J_{A,nw}\lambda_{A,nw} + J_{B,nw}\lambda_{B,nw})/R_{nw}} \quad (6\text{-}2\text{-}7)$$

图 6-2-6 中虚线给出了稳定组分值。可以看到，ALE 模型随着生长时间增长，最终逼近相应的解析稳定组分。通过测试发现，两者存在的误差与瞬态模型选用的扩散系数相关。若将扩散系数放大，则误差将下降，并且组分随时间的变化比图 6-2-6 中的实线更加剧烈。

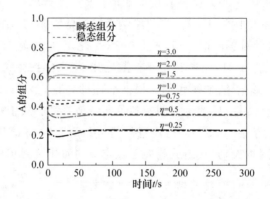

图 6-2-6　在存在侧壁吸附的情况下，合金半导体纳米线顶部组分随时间的变化

（η 为元素扩散长度比，纳米线半径为 30 nm，生长温度为 500 ℃）[57]

　　本节提出的合金半导体纳米线瞬态生长模型，允许考虑扩散引起的轴向异质结构中的组分分布，而不引入新的简化[58]。下面将模拟纳米线双异质结的生长。吸附速率从常数转变为时间相关量，并引入如下的沉积过程：首先单独沉积 B 元素 100 s，然后 B 元素停止，A 元素沉积 20 s，最后 A 元素停止，B 元素沉积最后 80 s。假设 A、B 元素吸附速率一致，转换为跳变过程。如图 6-2-7 所示，随着 A、B 元素在 100 s 时切换，A 元素对纳米线生长速率的贡献不断加大，A 元素组分在第一个异质结开始上升，形成一个组分渐变的异质外延段。基于之前选取的扩散参数，20 s 的异质外延段中没有形成纯 A 元素的部分。在第二个异质结，随着沉积元素切换回 B，A 组分随之下降。扩散长度比 η 越大，A 组分上升越快，且达到的最大值越大，相应地，A 组分在后续下落较慢。这意味着若后续元素的扩散长度较大，则可以期待一个更尖锐的异质结出现。由于自由侧壁的作用，纳米线应变弛豫作用比平面薄膜，甚至量子点都要强，纳米线异质结中的失配应变对组分分布的影响没有包含在模型中。

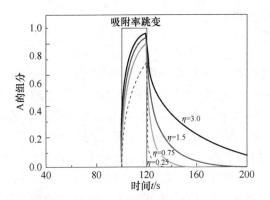

图 6-2-7　在元素 A 吸附速率存在跳变的情况下,合金半导体纳米线异质结组分随时间的变化
(纳米线半径为 30 nm,生长温度为 500 ℃,考虑了纳米线侧壁吸附)

6.2.3　稳态合金纳米线生长模型

我们在 6.2.1 节已经建立了瞬态合金半导体纳米线生长模型,分析了合金纳米线和异质结中的轴向组分分布。为了研究的全面性,本节中将给出基于稳态生长模型的组分分布,并将其作为对比[42]。稳态生长模型成立的基本条件是纳米线生长速率远小于表面吸附原子的扩散速度。稳态模型同样考虑了图 6-2-2 中的 7 个过程,稳态表面扩散方程可写为

$$D_{i,s}\frac{1}{r}\frac{\partial}{\partial r}\left(r\frac{\partial \rho_{i,s}}{\partial r}\right)+\frac{J_{i,s}}{N_A}-\frac{\rho_{i,s}}{\tau_{i,s}}=0 \tag{6-2-8}$$

$$D_{i,nw}\frac{\partial^2 \rho_{i,nw}}{\partial z^2}+\frac{J_{i,nw}}{N_A}-\frac{\rho_{i,nw}}{\tau_{i,nw}}=0 \tag{6-2-9}$$

各参数、角标的意义与 6.2.1 节中保持一致。两方程需按顺序求解。衬底表面方程 (6-2-8) 的边界条件为 $\rho_{i,s}(R_{nw})=0$。衬底方程的稳态解可基于第二类修正 Bessel 函数给出:

$$\rho_{i,s}(r)=\frac{J_{i,s}}{N_A}\tau_{i,s}\left[1-\frac{K_0(r/\lambda_s)}{K_0(R_{nw}/\lambda_s)}\right] \tag{6-2-10}$$

纳米线侧壁原子扩散方程 (6-2-9) 的边界条件可分别表示为 $\rho_{i,nw}(L)=0$ 和 $D_{i,nw}\partial \rho_{i,nw}(0)/\partial z=-D_{i,s}\partial \rho_{i,s}(R_{nw})/\partial r=j_{i,snw}$,解析解可表示为[42]

$$\rho_{i,nw}(z)=\frac{J_{i,nw}}{N_A}\tau_{i,nw}\left[1-\frac{\cosh(z/\lambda_{i,nw})}{\cosh(L/\lambda_{i,nw})}\right]-\frac{j_{i,snw}\lambda_{i,nw}}{D_{i,nw}}\frac{\sinh[(L-Z)/\lambda_{i,nw}]}{\cosh(L/\lambda_{i,nw})} \tag{6-2-11}$$

其中衬底向纳米线侧表面的流量为

$$j_{i,snw}=-\frac{J_{i,s}}{N_A}\lambda_s\frac{K_1(R_{nw}/\lambda_s)}{K_0(R_{nw}/\lambda_s)} \tag{6-2-12}$$

求解出纳米线表面原子浓度分布后,即可通过类似式 (6-2-4) 的表达式得到单元素

对纳米线生长速率的贡献：

$$v_i = \frac{2\Omega J_{i,\text{nw}}\lambda_{i,\text{nw}}}{R_{\text{nw}}}\tanh\left(L/\lambda_{i,\text{nw}}\right) - \frac{2N_A\Omega j_{i,\text{snw}}}{R_{\text{nw}}\cosh\left(L/\lambda_{i,\text{nw}}\right)} + 2\Omega J_{i,\text{ca}} \qquad (6\text{-}2\text{-}13)$$

轴向组分与各元素生长速率的关系与瞬态模型中式（6-2-5）一致。

图 6-2-8 和图 6-2-9 分别为在未考虑和考虑纳米线侧壁吸附两种情况下，基于稳态生长模型的合金纳米线组分分布。纳米线几何尺寸及生长条件与上一节中一致。通过对比图 6-2-4 和图 6-2-5 可以发现，稳态模型与瞬态模型给出的组分分布趋势基本一致，扩散能力强的元素将更多地出现在纳米线底部，并且在平均组分中占据主要地位。两者的相似性从侧面验证了瞬态模型的正确性。两者的不同点在于稳态模型给出组分的变化范围更大，特别是在考虑纳米线侧壁吸附的情况下。这些差别说明之前选取的表面扩散系数还不足以满足稳态条件。

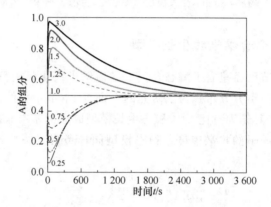

图 6-2-8 基于稳态生长模型的合金纳米线组分分布（纳米线半径为 50 nm，生长温度为 500 ℃，无纳米线侧壁吸附）

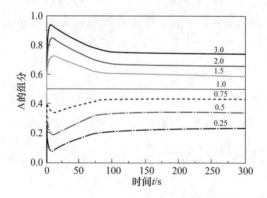

图 6-2-9 基于稳态生长模型的合金纳米线组分分布（纳米线半径为 30 nm，生长温度为 500 ℃，考虑纳米线侧壁吸附）

本章参考文献

[1] Alonso M I, de la Calle M, Osso J O, et al. Strain and composition profiles of self-assembled Ge/Si(001) islands [J]. Journal of Applied Physics, 2005, 98(3):033530.

[2] Eisele H, Lenz A, Heitz R, et al. Change of InAs/GaAs quantum dot shape and composition during capping [J]. Journal of Applied Physics, 2008, 104 (12):124301.

[3] Hanke M, Grigoriev D, Schmidbauer M, et al. Vertical composition gradient in InGaAs/GaAs alloy quantum dots as revealed by high-resolution x-ray diffraction [J]. Applied Physics Letters, 2004,85(15):3062-3064.

[4] Lemaitre A, Patriarche G, Glas F. Composition profiling of InAs/GaAs quantum dots [J]. Applied Physics Letters, 2004, 85(17):3717-3719.

[5] Rastelli A, Stoffel M, Malachias A, et al. Three-dimensional composition profiles of single quantum dots determined by scanning-probe-microscopy-based nanotomography [J]. Nano Letters, 2008, 8(5): 1404-1409.

[6] Medeiros-Ribeiro G, Williams R S. Thermodynamics of coherently strained $Ge_x Si_{1-x}$ nanocrystals on Si(001):alloy composition and island formation [J]. Nano Letters, 2007, 7(2):223-226.

[7] Spencer B J, Blanariu M. Shape and composition map of a prepyramid quantum dot [J]. Physical Review Letters, 2005, 95(20):206101.

[8] Uhlık F, Gatti R, Montalenti F. A fast computational method for determining equilibrium concentration profiles in intermixed nanoislands [J]. Journal of Physics: Condensed Matter, 2009(21):084217.

[9] Medhekar N V, Hegadekatte V, Shenoy V B. Composition maps in self-assembled alloy quantum dots [J]. Physical Review Letters, 2008, 100 (10):106104.

[10] Hadjisavvas G, Kelires P C. Critical aspects of alloying and stress relaxation in Ge/Si(100) islands [J]. Physical Review B,2005,72(7):075334.

[11] Niu X B,Stringfellow G B, Liu F. Nonequilibrium composition profiles of alloy quantum dots and their correlcation with growth mode [J]. Physical Review Letters, 2011,107(7):076101.

[12] Katsaros G, Costantini G, Stoffel M, et al. Kinetic origin of island intermixing during the growth of Ge on Si (001) [J]. Physical Review B, 2005, 72 (19): 195320.

[13] Svanberg K. The method of moving asymptotes—a new method for structural optimization [J]. International Journal of Numerical Methods Enginering [J]. 1987, 24(2): 359-373.

[14] Fleury C, Gerandin M. Optimality criteria and mathematical programming in structural weight optimization [J]. Computer and Structures, 1978, 8 (1): 7-17.

[15] Svanberg K. An algorithm for optimum structural design using duality [C]//Math. Programming Study. Berlin: Springer, 1982, 20: 161-177.

[16] Costantini G, Rastelli A, Manzano C, et al. Universal shapes of self-organized semiconductor quantum dots: striking similarities between InAs/GaAs(001) and Ge/Si(001) [J]. Applied Physics Letters, 2004, 85(23): 5673-5675.

[17] Rastelli A, von Kanel H. Island formation and faceting in the SiGe/Si(001) system [J]. Surface Science, 2003(532/535): 769-773.

[18] Stoffel M, Rastelli A, Tersoff J, et al. Local equilibrium and global relaxation of strained SiGe/Si(001) layers [J]. Physical Review B, 2006, 74(15): 155326.

[19] Ye Han, Yu Zhongyuan. Electronic structures of GeSi nanoislands grown on pit patterned Si (001) substrate [J]. AIP Advances, 2014, 4(11): 117104.

[20] Ye Han, Lu Pengfei, Yu Zhongyuan, et al. Electronic strutures of alloy quantum dots with nonuniform composition [J]. The European Physical Journal B, 2011, 81(4): 425-430.

[21] Liu Yumin, Yu Zhongyuan, Ren Xiaomin. The strain relaxation of InAs/GaAs self-organized quantum dot [J]. Chinese Physics B, 2009 (3): 881-887.

[22] Leite M S, Malachias A, Kycia S W, et al. Evolution of thermodynamic potentials in closed and open nanocrystalline systems: Ge-Si: Si(001) islands [J]. Physical Review Letters, 2008, 100(22): 226101.

[23] Gatti R, Uhlik F, Montalenti F. Intermixing in heteroepitaxial islands: fast, self-consistent calculation of the concentration profile minimizing the elastic energy [J]. New Journal of Physics, 2008(10): 083039.

[24] Wang Donglin, Yu Zhongyuan, Liu Yumi, et al. The equilibrium composition in Ge_xS_{1-x}/Si self-assembled alloy quantum dot [J]. Chinese Physics B, 2010 (19): 086801.

[25] Costantinia G, Rastellia A, Manzanoa C, et al. Pyramids and domes in the InAs/GaAs(001) and Ge/Si(001) systems [J]. Journal of Crystal Growth, 2005(278): 38-45.

[26] Kiravittaya S, Songmuang R, Rastelli A, et al. Multi-scale ordering of self-assembled InAs/GaAs(001) quantum dots [J]. Nanoscale Research Letters, 2006,1(1):1-10.

[27] Blokland J H, Bozkurt M, Ulloa J M, et al. Ellipsoidal InAs quantum dots observed by cross sectional scanning tunneling microscopy [J]. Applied Physics Letters, 2009, 94(2):023107.

[28] Walther T, Cullis A G, Norris D J, et al. Nature of the Stranski-Krastanow Transition during Epitaxy of InGaAs on GaAs [J]. Physical Review Letters, 2001, 86(11):2381-2384.

[29] Yang X F, Fu K, Lu W, et al. Strain effect in determining the geometric shape of self-assembled quantum dot [J]. Journal of Physics D: Applied Physics, 2009, 42(12):125414.

[30] Wang Donglin, Yu Zhongyuan, Liu Yumin, et al. The effect of near laterally and vertically neighboring quantum dots on the composition of uncapped $In_xGa_{1-x}As$/GaAs quantum dots [J]. Modelling and Simulation in Materials Science and Engineering, 2010, 18(8):085004.

[31] Martinelli L, Marzegalli A, Raiteri P, et al. Formation of strain-induced Si-rich and Ge-rich nanowires at misfit dislocations in SiGe: a model supported by photoluminescence data [J]. Applied Physics Letters, 2004, 84(15): 2895-2897.

[32] Remediakis I N, Jesson D E, Kelires P C. Probing the structure and energetics of dislocation cores in SiGe alloys through Monte Carlo simulations [J]. Physical Review Letters, 2006, 97(25):255502.

[33] Ye Han, Lu Pengfei, Yu Zhongyuan, et al. Dislocation-induced composition profile in alloy semiconductors [J]. Solid State Communications, 2010, 150 (19120): 1275-1278.

[34] Tribu A, Sallen G, Aichele T, et al. High-temperature single-photon source from nanowire quantum dots [J]. Nano Letters, 2008, 8(12): 4326-4329.

[35] Zheng G F, Patolsky F, Cui Y, et al. Multiplexed electrical detection of cancer markers with nanowire sensor arrays [J]. Nature Biotechnology, 2005, 23(10):1294-1301.

[36] Garnett E C, Yang P D. Silicon nanowire radial p-n junction solar cells [J]. Journal of the American Chemical Society,2008,130(29):9224-9225.

[37] Chen C, Shehata S, Fradin C, et al. Self-directed growth of AlGaAs core-shell nanowires for visible light applications [J]. Nano Letters, 2007, 7(9):

2584-2589.

[38] Lim S K, Tambe M J, Brewster M M, et al. Controlled growth of ternary alloy nanowires using metalorganic chemical vapor deposition [J]. Nano Letters, 2008, 8(5):1386-1392.

[39] Kim Y, Joyce H J, Gao O, et al. Influence of nanowire density on the shape and optical properties of ternary InGaAs nanowires [J]. Nano Letters, 2006, 6(4):599-604.

[40] Wu Z H, Sun M, Mei X Y, et al. Growth and photoluminescence characteristics of AlGaAs nanowires [J]. Applied Physics Letters, 2004, 85 (4):657-659.

[41] Dailey E, Madras P, Drucker J. Composition and growth direction control of epitaxial vapor-liquid-solid-grown SiGe nanowires [J]. Applied Physics Letters, 2010, 97(14):143106.

[42] Lu Q, Adu K W, Gutierrez H R, et al. Raman scattering from $Si_{1-x}Ge_x$ alloy nanowires [J]. Journal of Physical Chemistry C, 2008, 112 (9): 3209-3215.

[43] Shapiro J N, Lin A, Wong P S, et al. InGaAs heterostructure formation in catalyst-free GaAs nanopillars by selective-area metal-organic vapor phase epitaxy [J]. Applied Physics Letters, 2010, 97(24):243102.

[44] Zhang X, Lew K K, Nimmatoori P, et al. Diameter-dependent composition of vapor-liquid-solid grown $Si_{1-x}Ge_x$ nanowires [J]. Nano Letters, 2007, 7 (10):3241-3245.

[45] Johansson J, Svensson C P T, Martensson T, et al. Mass transport model for semiconductor nanowire growth [J]. Journal of Physical Chemistry B, 2005, 109(28):13567-13571.

[46] Dubrovskii V G, Cirlin G E, Soshnikov I P, et al. Diffusion-induced growth of GaAs nanowhiskers during molecular beam epitaxy: theory and experiment [J]. Physical Review B, 2005, 71(20):205325.

[47] Dubrovskii V G, Sibirev N V, Cirlin G E, et al. Theoretical analysis of the vapor-liquid-solid mechanism of nanowire growth during molecular beam epitaxy [J]. Physical Review E, 2006,73(2):021603.

[48] Dubrovskii V G, Sibirev N V. Growth thermodynamics of nanowires and its application to polytypism of zinc blende Ⅲ-Ⅴ nanowires [J]. Physical Review B,2008, 77(3):035414.

[49] Dubrovskii V G, Sibirev N V, Cirlin G E, et al. Role of nonlinear effects in nanowire growth and crystal phase [J]. Physical Review B, 2009, 80

(20):205305.

[50] Mohammad S N. General theoretical model for the vapor-phase growth and growth rate of semiconductor nanowires [J]. Journal of Vacuum Science and Tecnology B, 2010, 28(2): 329-352.

[51] Glas F, Harmand J C, Patriarche G. Why does wurtzite form in nanowires of Ⅲ-Ⅴ zinc blende semiconductors? [J]. Physical Review Letters, 2007, 99(14):146101.

[52] Shenoy V B. Evolution of morphology and composition in three-dimensional fully faceted strained alloy crystals [J]. Journal of the Mechanics and Physics of Solids [J]. 2011, 59(5):1121-1130.

[53] Donea J, Huerta A, Ponthot J P, et al. Arbitrary Langrangian-Eulerian Methods, Encyclopedia of Computational Mechanics [M]. [s. n.]: John Wiley & Sons, 2004.

[54] Sato T, Tamai I, Hasegawa H. Growth kinetics and theoretical modeling of selective molecular beam epitaxy for growth of GaAs nanowires on nonplanar (001) and (111) B substrates [J]. Journal of Vacuum Science and Technology B: Microelectronics and Nanometer Structures, 2005, 23(4): 1706-1713.

[55] Kratzer P, Penev E, Scheffler M. First-principles studies of kineticsin epitaxial growth [J]. Applied Physics A: Materials Science & Processing, 2002, 75(1): 79-88.

[56] de Jong E, LaPierre R R, Wen J Z. Detailed modeling of the epitaxial growth of GaAs nanowires [J]. Nanotechnology, 2010, 21(4):045602.

[57] Ye Han, Yu Zhongyuan, Kodambaka S, et al. Kinetics of axial composition evolution in multi-component alloy nanowires [J]. Applied Physics Letters, 2012,100(26):263103.

[58] Nazarenko M V, Sibirev N V, Cirlin G E, et al. Heterostructure formation in nanowhiskers via diffusion mechanism [J]. Technical Physics Letters, 2008, 34(9):750-753.

第 7 章　电子结构计算

布洛赫定理的发现是固体力学的重要理论突破,此后,大量的能带计算方法不断被提出,经典的固体理论著作通常都会详细讲述平面波展开法、紧束缚(tight binding)近似和赝势法等计算方法[1]。在光电子器件领域,人们更多关注的是直接带隙半导体带边极值附近的能带色散关系、载流子有效质量、态密度等参数。例如,在理论分析半导体的光学特性时(如光吸收和光增益特性),需要首先了解半导体的能带结构,特别是导带底和价带顶的能量本征和相应的波函数,然后根据著名的量子力学费米黄金准则(Fermi's golden rule)可以求得相应的光学吸收系数。这时 $k \cdot p$ 微扰法就变得非常有用,$k \cdot p$ 微扰法就是利用量子力学微扰理论获得能带在极值点 k_0 附近波失的能带结构(通常 k_0 位于能带结构的极小值或极大值)。一方面,带边极值附近的较多物理参数可以用实验的方法直接或间接测量(如 E_g、m_{eff}、光学矩阵元等),并转化为 $k \cdot p$ 微扰法模型中的待定参数,使得该方法具有较好的自洽性,以进行实验验证;另一方面,材料光电特性的理论预测对带边极值附近的能带细节要求较高,$k \cdot p$ 微扰法的确能正确还原带边极值 k_0 附近的能带色散关系和波函数特征的细节信息。下面重点介绍 $k \cdot p$ 微扰法及其在量子异质结构中的电子结构计算。

7.1　单带 $k \cdot p$ 及有效质量近似

7.1.1　能量相关的有效质量近似

$k \cdot p$ 微扰法首次由 Bardeen(1938 年)引入[2];Seitz(1940 年)利用该方法推出了一个有效质量的表达式[3];Shockley(1950 年)把有效质量公式推广到更多简并带的情况[4];Dresselhans(1955 年)在他的关于回旋共振的经典文章中引入了自旋-轨道相互作用,奠定了 $k \cdot p$ 法的基础;Luttinger-Kane(1955 年)哈密顿则包含了简并带自旋轨道耦合相互作用[6];Kane(1957 年)进一步给出了包含自旋轨道相互作用的 $k \cdot p$ 哈密顿,并计算了 InSb 的能带结构[7];Pikus-Bir(1960 年)给出了应变对能带结构的影响[8];Cardona-Pollak(1960 年)则利用 $k \cdot p$ 微扰法给出了整个布里渊区的能带结构[9]。$k \cdot p$ 微扰法已经广泛地应用于研究半导体材料的电子结构和光学特性,近十几年来,$k \cdot p$ 微扰法在计算半导体量子异质结构(特别是量子点)的光学特性方面应用较多[10-15]。

根据布洛赫定理,周期势函数下薛定谔方程 $\left[\dfrac{-\hbar^2}{2m_0}\nabla^2+V(r)\right]\psi(r)=E\psi(r)$ 的电子波函数满足布洛赫函数的形式 $\psi_{nk}(r)=\mathrm{e}^{ik\cdot r}u_{nk_0}(r)$,其中 $V(r)=V(r+\boldsymbol{R})$,$u_{nk}(r+\boldsymbol{R})=u_{nk}(r)$,$\boldsymbol{R}=m_1\boldsymbol{a}_1+m_2\boldsymbol{a}_2+m_3\boldsymbol{a}_3$。薛定谔方程最终可以表示为

$$\left[\frac{p^2}{2m_0}+V(r)\right]\psi_{nk}(r)=E_n(k)\psi_{nk}(r) \tag{7-1-1}$$

将布洛赫波函数 $\psi_{nk}(r)=\mathrm{e}^{ik\cdot r}u_{nk_0}(r)$ 代入式(7-1-1)并化简得 $u_{nk}(r)$ 满足的方程

$$\left[\frac{p^2}{2m_0}+\frac{h}{m_0}k\cdot p+V(r)\right]u_{nk}(r)=\left[E_n(k)-\frac{h^2k^2}{2m_0}\right]u_{nk}(r) \tag{7-1-2}$$

若特定的波失 k_0 对应的本征值 $E_n(k_0)$ 和本征波函数 $u_{nk_0}(r)$ 已知,由于本征波函数 $u_{nk_0}(r)$ 构成完备正交基,则 k_0 附近的本征值和本征波函数可以利用波失 k_0 的本征值 $E_n(k_0)$ 和本征波函数 $u_{nk_0}(r)$ 展开获得,对于直接带隙半导体材料,$k_0=0$ 附近的色散关系对于发光特性非常重要,下面我们讨论直接带隙半导体在 Γ 点附近的色散关系,本征值方程表示为

$$\left[H_0+\frac{h^2}{m_0}k\cdot p\right]u_{nk}(r)=\left[E_n(k)-\frac{h^2k^2}{2m_0}\right]u_{nk}(r) \tag{7-1-3}$$

其中,$k_0=0$ 时的哈密顿算符表示为 $H_0=\dfrac{p^2}{2m_0}+V(r)$,满足 $H_0u_{n0}(r)=E_n(0)u_{n0}(r)$。

如果仅对能带结构中的某个能带(比如导带)感兴趣,该带与其他带之间的耦合作用可以忽略,这时对于 $k=0$ 附近的波失 k,$\boldsymbol{k}\cdot\boldsymbol{p}$ 项很小,可以将式(7-1-3)中的 $\boldsymbol{k}\cdot\boldsymbol{p}$ 项看作微扰,可以借助与时间无关的微扰理论获得 $k_0=0$ 附近的色散关系。下面用角标 n 标记感兴趣的能带,用 n' 标记不感兴趣的能带。根据非简并微扰理论,能量的二阶微扰可以表示为

$$E_n(k)=E_n(0)+\frac{h^2k^2}{2m_0}+\frac{h}{m_0}k\cdot p_{nn}+\frac{h^2}{m_0^2}\sum_{n'\neq n}\frac{\left|k\cdot p_{nn'}\right|^2}{E_n(0)-E_n'(0)} \tag{7-1-4}$$

波函数的一阶微扰可以表示为

$$u_{nk}(r)=u_{n0}(r)+\sum_{n'\neq n}\left[\frac{h}{m_0}\frac{k\cdot p_{n'n}}{E_n(0)-E_{n'}(0)}\right]u_{n'0}(r)\equiv\sum_{n'}a_{n'}u_{n'0}(r) \tag{7-1-5}$$

其中 $p_{nn'}$ 为动量矩阵元,表示为

$$p_{nn'}=\int_{\substack{\text{unit}\\\text{cell}}}u_{n0}^*(r)pu_{n'0}(r)\mathrm{d}^3r \tag{7-1-6}$$

波矢为 k 时,本征值 $E_n(k)$ 所对应的晶体电子波函数可以表示为 $\psi_{nk}(r)=\mathrm{e}^{ik\cdot r}u_{nk}(r)$。由于 u_{n0} 满足正交归一性,即 $\int_{\substack{\text{unit}\\\text{cell}}}u_{n0}^*(r)u_{n'0}(r)\mathrm{d}^3r=\delta_{nn'}$,所以 u_{nk} 的归一性自动满足。

对于直接带隙半导体,$k_0=0$ 对应导带的极值,因此导带在 $k=0$ 附近的色散关系与 k 的二次方成正比,因此式(7-1-4)中的第三项为零,即 $p_{nn}=0$,该项对应能量的一阶修正,因此对于能量必须要考虑二阶修正。对于较小的波失 k,通常将 E-k 关系表示为

$$E_n(k) = E_n(0) + \frac{\hbar^2 k^2}{2m^*} \tag{7-1-7}$$

其中 m^* 为能带极值 $k_0 = 0$ 附近的有效质量,结合式(7-1-4),易得

$$\frac{1}{m^*} = \frac{1}{m_0} + \frac{2}{mk^2} \sum_{n' \neq n} \frac{|k \cdot p_{mn'}|^2}{E_n(0) - E_{n'}(0)} \tag{7-1-8}$$

式(7-1-8)通常可用来计算非简并能带的有效质量。将式(7-1-8)展开,可进一步表示为如下形式:

$$\left(\frac{1}{m^*}\right)_{\alpha\beta} = \frac{1}{m_0}\delta_{\alpha\beta} + \frac{1}{m_0} \sum_{n' \neq n} \frac{p_{mn'}^{\alpha} p_{n'n}^{\beta} + p_{mn'}^{\beta} p_{n'n}^{\alpha}}{E_n(0) - E_{n'}(0)} \tag{7-1-9}$$

其中 $\alpha, \beta = x, y, z$。容易证明,有效质量倒数 $(1/m^*)_{\alpha\beta}$ 为对称二阶张量。从以上讨论可以看出,晶体中的电子有效质量与自由电子有效质量的主要差别来源于不同能带电子态之间的动量耦合项。

近邻能带对所关注能带有效质量的影响主要取决于两个因素。第一,当邻近波函数 $u_{n'k}$ 与 u_{nk} 之间发生耦合相互作用的动量矩阵元 $p_{mn'} = \int_{\text{unit cell}} u_{n0}^*(r) p u_{n'0}(r) \mathrm{d}^3 r$ 不为零时,近邻能带才对关注能带的有效质量产生影响。动量矩阵元是否为零与晶体的对称性有关。对于闪锌矿结构,动量 p 具有 Γ_4 对称性,如果所关注的为导带,由于导带具有 Γ_1 对称性,因此导带的有效质量仅取决于具有 Γ_4 对称性的能带。另外,如果关注的能带为价带,价带具有 Γ_4 对称性,则可与具有 Γ_1、Γ_3、Γ_5 对称性的能带耦合。第二,两个近邻能带之间的能带差 $\Delta E_{mn'0} = E_n(0) - E_{n'}(0)$ 决定了 n' 带对 n 带有效质量影响程度的大小和方向。能量比 n 带本征值小的能带对 $1/m^*$ 的贡献为正,使得 m^* 小于自由电子的有效质量;相反,能量比 n 带本征值大的能带对 $1/m^*$ 的贡献为负,使得 m^* 大于自由电子的有效质量。对于金刚石和闪锌矿半导体最高价带,有效质量为负值。

以上讨论有助于理解许多 III-V 族和 II-VI 族半导体导带有效质量随带隙的变化趋势。上述直接带隙半导体中,最低导带具有 Γ_1 对称性,其有效质量主要取决于具有 Γ_4 对称性的最近邻能带之间的动量耦合矩阵元,既包含价带,又包含导带,但半导体 Γ_1 导带和最近邻的 Γ_4 导带之间的动量矩阵元远小于 Γ_1 导带与最近邻的 Γ_4 价带之间的动量矩阵元。定性讨论,只考虑价带之间的耦合作用,对于直接带隙,两个能带的能量间隔恰好为带隙 E_g,这时有效质量倒数可以表示为

$$\frac{1}{m^*} = \frac{1}{m_0} + \frac{2}{m^2 E_g k^2} |k \cdot \langle \Gamma_{1c} | p | \Gamma_{4v} \rangle|^2 \tag{7-1-10}$$

通常将 $|\Gamma_{4v}\rangle$ 波函数表示为 $|X\rangle$、$|Y\rangle$ 和 $|Z\rangle$,根据其 T_d 对称性,不为零的动量矩阵元为

$$\langle X | p_x | \Gamma_{1c} \rangle = \langle Y | p_y | \Gamma_{1c} \rangle = \langle Z | p_z | \Gamma_{1c} \rangle = \mathrm{i}P \tag{7-1-11}$$

为不失一般性,假定 $|X\rangle$、$|Y\rangle$、$|Z\rangle$ 和 $|\Gamma_{1c}\rangle$ 均为实函数,考虑动量算符 $p = -\mathrm{i}\hbar\nabla$,式(7-1-11)中的 P 为实数,则式(7-1-10)可以简化为

$$\frac{m_0}{m_c^*} = 1 + \frac{2P^2}{m_0 E_g} \tag{7-1-12}$$

大多数闪锌矿半导体动量矩阵元 P 的值非常接近自由电子对应的结果 $P = 2\pi\hbar/a_0$，实际表明，对于大多数Ⅳ族、Ⅲ-Ⅴ族、Ⅱ-Ⅵ族半导体，矩阵元 P^2 大致为常数，满足 $2P^2/m_0 \approx 20$ eV。典型的带隙 E_g 小于 2 eV，因此 $2P^2/(m_0 E_g) \gg 1$，式（7-1-12）简化为

$$\frac{m_0}{m_c^*} \approx \frac{2P^2}{m_0 E_g} \qquad (7\text{-}1\text{-}13)$$

以 GaAs 为例，在 4.2 K 时，对应的带隙 $E_g = 1.52$ eV，由（7-1-12）易得有效质量约为 $0.076m_0$，该值非常接近利用回旋共振技术测得的有效质量 $0.067m_0$。表 7-1-1 给出了几个Ⅳ族、Ⅲ-Ⅴ族、Ⅱ-Ⅵ族半导体导带有效质量的实验测量值与利用式（7-1-13）计算的值之间的比较。

表 7-1-1　常见半导体的带隙与导带有效质量的关系

	Ge	GaAs	GaN	InP	InAs	GaSb	InSb	ZnS	CdTe	ZnSe	ZnTe
E_g/eV	0.89	1.55	3.44	1.34	0.45	0.81	0.24	3.8	1.59	2.82	0.39
m_c^*/m_0（实验）	0.041	0.067	0.17	0.073	0.026	0.047	0.012	0.2	0.11	0.134	0.124
m_c^*/m_0（计算）	0.04	0.078	0.17	0.067	0.023	0.04	0.012	0.16	0.08	0.14	0.12

式（7-1-13）除用于分析导带有效质量的变化趋势之外，还可以扩展分析波矢不在能带极值（非抛物能带）时的有效质量，其变化定性取决于表达式中带隙能 E_g 的增加。

7.1.2　单带有效质量近似

对于理想的晶体结构，其单电子近似下的薛定谔方程可以表示为

$$\left[\frac{p^2}{2m} + V(r)\right]\psi_n(k,r) = E_n(k)\psi_n(k,r) \qquad (7\text{-}1\text{-}14)$$

其中 $V(r)$ 为空间变化的周期性势场，晶体的电子波函数满足布洛赫定理的形式，电子在晶体中具有非局域性。在大多数情况下，需要处理晶体的周期性势场受到扰动情况下的电子波函数，比如晶体中存在杂质，杂质原子电离后将导致正电或负电中心，这时，杂质离子将产生长程库伦势场，通常对于浅杂质而言，该势场分布与晶体周期性势场比较具有慢变特征，另外一种常见的情况是在异质结构材料中，在异质结构的界面两侧由于材料不同而导致空间周期性势场的破坏。对于上述两种情况，显然布洛赫定理不再适用。解决上述问题常采用有效质量近似，可充分利用已知的能带结构参数，如有效质量、带边极值等。有两种方法可以推导有效质量近似，第一种需要借助瓦尼尔函数的概念，第二种需要用到布洛赫函数。由于瓦尼尔函数是布洛赫函数的傅里叶变换，因此两种方法等价，下面简要给出基于布洛赫函数的推导过程[1]。

假定 $V_I(r)$ 为施加在周期性势场 $V(r)$ 之上的扰动势场，该势场具有局域特性，这

时晶体电子的薛定谔方程表示为

$$\left[\frac{p^2}{2m}+V(r)+V_1(r)\right]\phi(r)=E\phi(r) \tag{7-1-15}$$

其中 ϕ 为扰动后的电子波函数,我们可以将未扰动的布洛赫波函数 $\psi_{n'}(k',r)$ 作为正交基,将 ϕ 展开:

$$\phi(r)=\sum_{n'k'}A_{n'}(k')\psi_{n'}(k',r) \tag{7-1-16}$$

其中 $A_{n'}(k')$ 为展开式系数,将式(7-1-16)代入式(7-1-15)并化简,可得展开系数满足

$$[E_n(k)-E]A_n(k)+\sum_{n'k'}U_{nn'}(k,k')A_{n'}(k')=0 \tag{7-1-17}$$

其中 $U_{nn'}(k,k')=\int\psi_n^*(k,r)V_1(r)\psi_{n'}(k',r)dr$。当只考虑一个能带时,以导带为例,假定导带位于能带极值附近,色散关系具有抛物形式,即 $E_n(k)=E_c+\hbar^2k^2/2m_c^*$,将其代入式(7-1-17),得

$$\left[\frac{\hbar^2k^2}{2m_c^*}+E_c-E\right]A(k)+\sum_{k'}U(k,k')A(k')=0 \tag{7-1-18}$$

其中,$U(k,k')=\int\psi_c^*(k,r)V_1(r)\psi_c(k',r)dr$,将布洛赫函数的形式代入式(7-1-18),得

$$U(k,k')=\int u_c^*(k,r)u_c(k',r)e^{-i(k-k')\cdot r}V_1(r)dr \tag{7-1-19}$$

当微扰势场具有长程平滑(与晶体原胞相比)特性时,可将 $u_c^*(k,r)u_c(k',r)$ 的平均值取代式(7-1-19)中的积分核部分,并将其提到积分号外,作为 $k\approx k'$ 条件下的近似,$u_c^*(k,r)u_c(k',r)$ 的平均值为 $1/V$,其中 V 为考察对象的空间体积,则式(7-1-19)简化为

$$U(k,k')=\frac{1}{V}\int e^{-i(k-k')\cdot r}V_1(r)dr \tag{7-1-20}$$

式(7-1-20)可以看成微扰势场的傅里叶变换。为表示方便,将 k 空间的展开式系数 $A(k)$ 构成的包络,转换到傅里叶空间,则实空间的包络 $F(r)$ 表示为

$$F(r)=\frac{1}{\sqrt{V}}\sum_k A(k)e^{ik\cdot r} \tag{7-1-21}$$

结合式(7-1-20)和式(7-1-21),将方程(7-1-18)转换到实空间,可以表示为

$$\left[-\frac{h^2}{2m_c^*}\nabla^2+V_1(r)\right]F(r)=(E-E_c)F(r) \tag{7-1-22}$$

将其写成有效质量张量的形式:

$$\left[\sum_{\alpha,\beta}\frac{h^2}{2}\left(-i\frac{\partial}{\partial\alpha}\right)\left(\frac{1}{m^*}\right)_{\alpha\beta}\left(-i\frac{\partial}{\partial\beta}\right)+V_1(r)\right]F(r)=[E-E_c(0)]F(r) \tag{7-1-23}$$

最终,式(7-1-16)中的波函数 $\phi(r)$ 表示为

$$\phi(r) = F(r) u_{ck_0}(r) \tag{7-1-24}$$

7.1.3 单带有效质量近似在量子异质结构中的典型应用

单带有效质量近似忽略了临近能带的耦合相互作用,可用于定性分析量子异质结构电子结构随外部参数的变化规律,对于导带电子结构分析,其作为简化,比较常用[16-17]。对于价带,由于与重空穴、轻空穴和自旋分裂带耦合作用比较明显,所以通常需要用有效质量近似下的多带 $k \cdot p$ 理论计算[18-19]。尽管单带有效质量近似大大地简化了计算量,但对于一维量子阱、二维量子线或三维量子点中的薛定谔方程大多仍需要数值求解。事实上,只有少数一维单带有效质量近似下的薛定谔方程具有解析解,大多数仍需要诸如微扰法、变分法、平面波展开法、数值有限差分法、数值有限元法等求解[20-24]。下面对量子力学薛定谔方程部分有解析解的情况简单做一些总结。

对于有解析解的薛定谔方程求解过程,主要遵循以下步骤:①给出薛定谔方程;②分区域给出薛定谔方程的通解形式;③根据边界条件(波函数连续和波函数的一阶偏导连续)求解待定系数或得到系数有解的特征方程,然后再确定待定系数;④对波函数进行归一化。

1. 无限深方势阱

无限深方势阱是量子力学中最简单的问题,如图 7-1-1 所示,给出了阱内和阱外的势函数以及不同势阱区域的通解形式等。

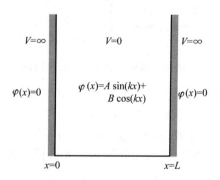

图 7-1-1 无限深方势阱示意图

在势阱内部,薛定谔方程表示为 $\dfrac{d^2 \varphi(x)}{dx^2} + \dfrac{2mE}{\hbar^2} \varphi(x) = 0$,令传播波失的模 $|k|$ 表示为 $|k| = \sqrt{2mE/\hbar^2}$,其中 $E > 0$ 薛定谔方程进一步表示为 $\dfrac{d^2 \varphi(x)}{dx^2} + k^2 \varphi(x) = 0$。边界条件可以表示为 $\varphi(0) = \varphi(L) = 0$。因此系数 $B = 0$,考虑方程具有非平凡解,易得 $\sin(kL) = 0$,量子化条件为 $kL = n\pi$,$n = 1, 2, 3, \cdots$。将上述结果代入传播波失的表达式,得到能量本征值为 $E_n = \hbar^2 k^2 / 2m = \hbar^2 n^2 \pi^2 / 2mL^2$,$n = 1, 2, 3, \cdots$。容易看出,

势阱中的粒子能量是量子化的,只允许能量 E_n 存在,其中量子数为 n,粒子能量与量子数的平方成正比,随着能量本征值的增加,相邻能级之间的能级间隔变大。将波失 k 代入波函数并归一化,可确定系数 A,最后波函数可表示为 $\varphi(x)=\sqrt{2/L}\sin(n\pi x/L)$。有时为了计算积分方便,需要将波函数写成对称的形式,可以平移坐标,将原点位于势阱中心,此时波函数写成 $\varphi(x)=\sqrt{2/L}\sin(n\pi(x-L/2)/L)=\sqrt{2/L}\sin(n\pi x/L-n\pi/2)$。容易看出,只有当势阱宽度比较小时,量子化效果才显著,对于自由电子,当 $L=1\,\mathrm{nm}$ 时,$\Delta E_{2,1}\approx1\,142\,\mathrm{meV}$,当 $L=5\,\mathrm{nm}$ 时,$\Delta E_{2,1}\approx45.6\,\mathrm{meV}$,当 $L=8\,\mathrm{nm}$ 时,$\Delta E_{2,1}$ 只有 $17.8\,\mathrm{meV}$。对于半导体量子阱材料,以 GaAs 导带为例,通常有效质量要($0.067\,m_0$)远小于自由电子质量,因此量子效应比相同受限尺寸条件下的自由电子要显著得多。无限深方势阱的波函数在平面波展开法求解薛定谔方程中应用较多,对于三维无限深方势阱,容易写出其波函数,为

$$\varphi(x)=\sqrt{8/L_xL_yL_z}\sin(l\pi x/L_x)\sin(m\pi x/L_y)\sin(n\pi x/L_z)$$

2. 有限深方势阱

对于有限深方势阱,其势函数分布及波函数通解如图 7-1-2 所示。

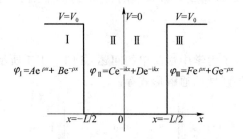

图 7-1-2　有限深方势阱的电势、边界以及各区域的通解

根据势函数分布,将空间划分为 3 个区域,其中传播波失 k 和衰减波失 ρ 分别表示为 $k=\sqrt{2mE/\hbar^2}$ 和 $\rho=\sqrt{2m(V_0-E)/\hbar^2}$,对于电子束缚于有限深方势阱的情况,此时 $V_0>E$,衰减波失 ρ 为实数,在 $\pm\infty$ 处,波函数应趋近于 0,系数 B 和 F 均为零。利用量子力学的标准边界条件:在界面处波函数和波函数的一阶偏导连续。在边界 $x=-L/2$ 处,由边界条件 $\varphi_{\mathrm{I}}(-L/2)=\varphi_{\mathrm{II}}(-L/2)$,$\dfrac{\mathrm{d}\varphi_{\mathrm{I}}}{\mathrm{d}x}\Big|_{x=-L/2}=\dfrac{\mathrm{d}\varphi_{\mathrm{II}}}{\mathrm{d}x}\Big|_{x=-L/2}$;在边界 $x=L/2$ 处,由边界条件 $\varphi_{\mathrm{II}}(L/2)=\varphi_{\mathrm{III}}(L/2)$,$\dfrac{\mathrm{d}\varphi_{\mathrm{II}}}{\mathrm{d}x}\Big|_{x=L/2}=\dfrac{\mathrm{d}\varphi_{\mathrm{III}}}{\mathrm{d}x}\Big|_{x=L/2}$。由上述边界条件得到 4 个有关 A、C、D、G 的方程,上述方程具有非零解的条件是:由 A、C、D、G 系数构成的方程的行列式为零。此条件方程又称为久期方程,即

$$\begin{vmatrix} \mathrm{e}^{-\rho L/2} & -\mathrm{e}^{-ikL/2} & -\mathrm{e}^{ikL/2} & 0 \\ \rho\mathrm{e}^{-\rho L/2} & -ik\mathrm{e}^{-ikL/2} & ikD\mathrm{e}^{ikL/2} & 0 \\ 0 & \mathrm{e}^{ikL/2} & \mathrm{e}^{-ikL/2} & -\mathrm{e}^{-\rho L/2} \\ 0 & ik\mathrm{e}^{ikL/2} & -ik\mathrm{e}^{-ikL/2} & \rho\mathrm{e}^{-\rho L/2} \end{vmatrix}=0 \tag{7-1-25}$$

化简得 $(\rho-\mathrm{i}k)/(\rho+\mathrm{i}k)=\pm\mathrm{e}^{\mathrm{i}kL}$，由于传播波失和衰减波失与能量本征值 E 有关，故被称为有限深方势阱的特征方程。右侧取正号时，$\rho/k=\tan(kL/2)$，取负号时，$\rho/k=-\cot(kL/2)$。直接求解上述方程比较困难，用做图法或数值求解上述超越方程即可求得能量本征值。

根据波函数在 $x=-L/2$ 处的连续和一阶偏导连续边界条件，并将系数 C 和 D 表示为系数 A 的函数，易得

$$\frac{D}{C}\mathrm{e}^{\mathrm{i}kL}=\frac{\rho-\mathrm{i}k}{\rho+\mathrm{i}k} \tag{7-1-26}$$

由特征方程可知，展开式系数 $D/C=\pm1$，显然，当 $D=C$ 时，量子阱内波函数具有偶宇称，当 $D=-C$ 时，量子阱内波函数具有奇宇称。因此，量子阱中的波函数可表示为

$$\varphi_{\mathrm{II}}=B\cos(kx)\text{ 或 }\varphi_{\mathrm{II}}=B\sin(kx) \tag{7-1-27}$$

通过特征方程求能量本征值，可采用牛顿-莱布尼茨迭代法。迭代更新表达式为

$$E^{n+1}=E^n-f(E^n)/f'(E^n) \tag{7-1-28}$$

对于偶宇称态 $f(E)=k\tan\left(\dfrac{kL}{2}\right)-\rho$，其一阶倒数可以表示为

$$\frac{\mathrm{d}f}{\mathrm{d}E}=\frac{\mathrm{d}k}{\mathrm{d}E}\tan\left(\frac{kL}{2}\right)+k\sec^2\left(\frac{kL}{2}\right)\frac{L}{2}\frac{\mathrm{d}k}{\mathrm{d}E}-\frac{\mathrm{d}\rho}{\mathrm{d}E} \tag{7-1-29}$$

其中 $\dfrac{\mathrm{d}k}{\mathrm{d}E}=\dfrac{\sqrt{2m}}{\hbar}\dfrac{1}{2\sqrt{E}}$，$\dfrac{\mathrm{d}\rho}{\mathrm{d}E}=-\dfrac{\sqrt{2m}}{\hbar}\dfrac{1}{2\sqrt{V-E}}$。对于奇宇称态，$f(E)=k\cot\left(\dfrac{kL}{2}\right)+\rho$，其一阶导数可以表示为

$$\frac{\mathrm{d}f}{\mathrm{d}E}=\frac{\mathrm{d}k}{\mathrm{d}E}\cot\left(\frac{kL}{2}\right)-k\csc^2\left(\frac{kL}{2}\right)\frac{L}{2}\frac{\mathrm{d}k}{\mathrm{d}E}+\frac{\mathrm{d}\rho}{\mathrm{d}E} \tag{7-1-30}$$

在以上的讨论中，我们假定阱区和垒区电子的有效质量相等且为常数。在实际的半导体量子异质结构中，异质结构界面两侧材料不同，通常阱区和垒区具有不同的有效质量。材料的有效质量失配不会改变波函数的分布形式，但会影响边界条件。对于有效质量失配情况下有限深方势阱，为了保证动能算符的厄米性，通常将一维单粒子薛定谔方程写成如下形式：

$$\left[-\frac{\partial}{\partial x}\frac{1}{m^*}\frac{\partial}{\partial x}+V(x)\right]\varphi(x)=E\varphi(x) \tag{7-1-31}$$

相应的内部边界条件满足 $\varphi(x)$ 和 $\dfrac{1}{m^*}\dfrac{\partial}{\partial x}\varphi(x)$ 分别在边界两侧连续。假定在上述单量子阱结构中，阱内有效质量和势垒有效质量分别表示为 m_{w}^* 和 m_{b}^*，阱内的传播波失和势垒中的衰减波失分别表示为 $k=\sqrt{2m_{\mathrm{w}}^*E/\hbar^2}$ 和 $k=\sqrt{2m_{\mathrm{b}}^*(V_0-E)/\hbar^2}$。其余求解步骤不变，本征值特征方程变为 $\dfrac{m_{\mathrm{b}}^*}{m_{\mathrm{w}}^*}\tan\left(\dfrac{kL}{2}\right)=\dfrac{\rho}{k}$ 和 $\dfrac{m_{\mathrm{b}}^*}{m_{\mathrm{w}}^*}\cot\left(\dfrac{kL}{2}\right)=-\dfrac{\rho}{k}$。

3. 双量子阱及多量子阱

对于多量子阱结构，可以借助传输矩阵法获得其能量本征值满足的特征方程，图

7-1-3 给出了双量子阱结构示意图,为不失一般性,令第一个势阱的宽度为 a,第二个势阱的宽度为 $c-b$,相邻两个阱的间隔为 $b-a$,势垒高度为 V_0。在该量子阱结构中,不同区域波函数解满足的形式如图 7-1-3 所示,其中 $k=\sqrt{2m_w^* E/\hbar^2}$,$\rho=\sqrt{2m_b^*(V_0-E)/\hbar^2}$。

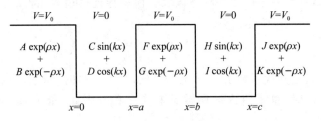

图 7-1-3 双量子阱结构示意图

根据 BDD 边界条件,在阱垒边界 $x=0$ 处,波函数连续,波函数一阶偏导数与有效质量倒数的乘积连续,可分别得到 $A+B=D$ 和 $m_w^*\rho(A-B)=m_b^* kC$,将两个方程写成以 A、B、C、D 为系数的 2×2 矩阵形式:

$$\begin{bmatrix} 1 & 1 \\ m_w^*\rho & -m_w^*\rho \end{bmatrix}\begin{bmatrix} A \\ B \end{bmatrix}=\begin{bmatrix} 0 & 1 \\ m_b^* k & 0 \end{bmatrix}\begin{bmatrix} C \\ D \end{bmatrix} \tag{7-1-32}$$

可简写为 $\boldsymbol{M}_1 [A\ \ B]^{\mathrm{T}}=\boldsymbol{M}_2 [C\ \ D]^{\mathrm{T}}$,同理,在界面 $x=a$,$x=b$,$x=c$ 这 3 个内部边界分别可以得到类似的矩阵形式,表示为 $\boldsymbol{M}_3 [C\ \ D]^{\mathrm{T}}=\boldsymbol{M}_4 [F\ \ G]^{\mathrm{T}}$,$\boldsymbol{M}_5 [F\ \ G]^{\mathrm{T}}=\boldsymbol{M}_6 [G\ \ I]^{\mathrm{T}}$ 和 $\boldsymbol{M}_7 [H\ \ I]^{\mathrm{T}}=\boldsymbol{M}_8 [J\ \ K]^{\mathrm{T}}$。将以上矩阵联立可得 $[A\ \ B]^{\mathrm{T}}=\boldsymbol{M}[J\ \ K]^{\mathrm{T}}$,其中 $\boldsymbol{M}=\boldsymbol{M}_1^{-1}\boldsymbol{M}_2\boldsymbol{M}_3^{-1}\boldsymbol{M}_4\boldsymbol{M}_5^{-1}\boldsymbol{M}_6\boldsymbol{M}_7^{-1}\boldsymbol{M}_8$,$\boldsymbol{M}$ 矩阵的每一个矩阵元都是能量 E 的函数。现在考虑自然边界条件,当 $x\to\pm\infty$ 时,波函数收敛,故 $\varphi(x)=0$,易得系数 $B=J=0$,代入传输矩阵表达式,得

$$\begin{bmatrix} A \\ 0 \end{bmatrix}=\begin{bmatrix} M_{11} & M_{12} \\ M_{21} & M_{22} \end{bmatrix}\begin{bmatrix} 0 \\ K \end{bmatrix}\Rightarrow\begin{cases} A=M_{12}(E)K \\ M_{22}(E)=0 \end{cases} \tag{7-1-33}$$

矩阵元 $M_{22}(E)$ 决定了上述双量子阱结构中能量本征值 E 所必须满足的条件,因此 $M_{22}(E)=0$ 即双量子阱结构的特征方程。对于对称双量子阱,能量特征值的表达式可简化为

$$\frac{2}{\tan(kL)}+\left(\frac{\rho}{k}-\frac{k}{\rho}\right)=\pm\left(\frac{\rho}{k}+\frac{k}{\rho}\right)\mathrm{e}^{-\rho h} \tag{7-1-34}$$

其中 k 和 ρ 分别为量子阱和势垒中的传播波失和衰减波失,特征方程中的"$\pm$"对应双量子阱的偶宇称和奇宇称解。

上述双量子阱结构可直接扩展到多量子阱结构,不再详述,当量子阱较多时,矩阵元 $M_{22}(E)$ 的解析表达式推导比较困难,这时可借助数值计算。

4. 超晶格

对于单带有效质量近似下的量子阱超晶格,其模型与著名的 Kroning-Penny 模

型基本一致,不同的是,在量子阱内和势垒内存在不同的有效质量,因此需要考虑有效质量失配。假定超晶格量子结构如图 7-1-4 所示,其中势阱宽度为 l_w,势垒宽度为 l_b,周期为 $L=l_w+l_b$,量子阱中电子的有效质量为 m_w^*,势垒中电子的有效质量为 m_b^*。

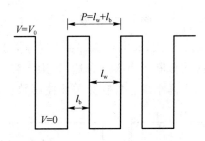

图 7-1-4　量子阱超晶格结构示意图

在图 7-1-4 所示的模型中,阱区和垒区边界要满足一般量子力学波函数的边界条件,在周期边界两侧要满足布洛赫边界条件,根据 4 个边界条件,易得能量本征值满足的特征方程可以表示为

$$\begin{cases} \cos(k_w l_w)\cosh(\alpha l_b)-\sin(k_w l_w)\sinh(\alpha l_b)\left(\dfrac{(m_b^*)^2 k_w^2-(m_w^*)^2\alpha^2}{2m_b^* m_w^* k_w\alpha}\right)=\cos(kP), & E<V \\ \cos(k_w l_w)\cos(k_b l_b)-\sin(k_w l_w)\sin(k_b l_b)\left(\dfrac{(m_b^*)^2 k_w^2+(m_w^*)^2 k_b^2}{2m_b^* m_w^* k_b k_w}\right)=\cos(kP), & E>V \end{cases}$$

$$\text{(7-1-35)}$$

其中 $k_w=\dfrac{\sqrt{2m_w^* E}}{\hbar}$, $\begin{cases} k_b=\sqrt{2m_b^*(E-V)/\hbar^2}, & E>V \\ k_b=\sqrt{2m_b^*(V-E)/\hbar^2}, & E<V \end{cases}$。

7.2　数值计算方法

7.2.1　有限差分法

单带有效质量近似下的薛定谔方程为二阶偏微分方程,基于有限差分法求解薛定谔方程的本征值和本征函数是最常用的方法之一。主要步骤如下:①对实空间进行离散化,并为每个离散点的有效质量、势场等参量赋值,离散化的采样点要排序,以方便数据存取操作;②对薛定谔方程根据空间采样点的近邻关系进行方程离散化;③按照一定规则进行排序并组建本征值方程的哈密顿矩阵;④求解哈密顿矩阵的本征值和本征矢量,将本征矢量按一定排序规则还原为空间波函数。空间维度不同,复杂度也不同,对于一维量子阱,只需建立三点差分就可以对方程进行离散化,对于二维量子线,需要采用 5 点差分,对于三维量子点,则要 7 点差分法。为了便于说明问题,首先分析最简单的一维量子阱。

图 7-2-1 给出了一维量子阱的势场分布以及计算域离散化示意图，计算域总长度为 L，在计算域内将空间离散化，共有 N 个采样点，连续采样点 n 标记为 $1, 2, \cdots,$ N。$n=0$ 和 $n=N+1$ 在计算域之外。采样间距为 $\delta x = L/(N-1)$，图 7-2-1 所示的薛定谔方程可表示为

$$-\frac{\hbar^2}{2m^*}\frac{\partial^2}{\partial z^2}\varphi(x)+V(x)\varphi(x)=E\varphi(x) \tag{7-2-1}$$

依据自然边界必定在无穷远处收敛，取 $\varphi_0 = \varphi_{N+1} = 0$，这等价于在 $n=0$ 位置和 $n=N+1$ 位置出现了无穷大势垒，因此截断距离必须合适，否则无穷大势垒将对势阱的波函数产生干扰，这样就不会给出正确结果。现在只关注波函数在 $\varphi_1, \cdots, \varphi_n$ 处的取值。

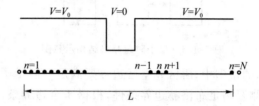

图 7-2-1 一维量子阱的势场分布和计算域离散化示意图

根据微分定义式，薛定谔方程的二阶微分可以表示为

$$\frac{\mathrm{d}^2\varphi}{\mathrm{d}x^2}\approx\frac{\varphi'(x+\delta x)-\varphi'(x-\delta x)}{2\delta x}=\frac{\varphi(x+2\delta x)-2\varphi(x)+\varphi(x-2\delta x)}{(2\delta x)^2} \tag{7-2-2}$$

令 $2\delta x \rightarrow \delta x$，并代入薛定谔方程（7-2-1），得

$$-\frac{\hbar^2}{2m^*(\delta x)^2}(\varphi(x+\delta x)+\varphi(x-\delta x))+\left(V(x)+\frac{2\hbar^2}{2m^*(\delta x)^2}\right)\varphi(x)=E\varphi(x)$$
$$\tag{7-2-3}$$

可以看出，离散化的薛定谔方程采样点 $\varphi(x)$ 只与空间最近邻的两个点 $\varphi(x+\delta x)$ 和 $\varphi(x-\delta x)$ 有关联。令 $\hbar^2/[2m^*(\delta x)^2]=t_0$，并将式（7-2-3）写成序号索引 n 表示的通用形式，为

$$-t_0\varphi_{n+1}+(V_n+2t_0)\varphi_n-t_0\varphi_{n-1}=E\varphi_n \tag{7-2-4}$$

由于空间共有 N 个采样点，离散化后的薛定谔方程构成了 N 个相互关联的方程组，可以将薛定谔方程写成矩阵形式：

$$\boldsymbol{H}_{N\times N}\begin{bmatrix}\varphi_1\\\varphi_2\\\varphi_3\\\vdots\\\varphi_{N-2}\\\varphi_{N-1}\\\varphi_N\end{bmatrix}=E\begin{bmatrix}\varphi_1\\\varphi_2\\\varphi_3\\\vdots\\\varphi_{N-2}\\\varphi_{N-1}\\\varphi_N\end{bmatrix} \tag{7-2-5}$$

其中 $\boldsymbol{H}_{N\times N}$ 为 $N\times N$ 的哈密顿矩阵元,为对角化稀疏矩阵:

$$
\boldsymbol{H}=
\begin{array}{c|ccccccc}
 & 1 & 2 & 3 & \cdots & N-2 & N-1 & N \\
\hline
1 & 2t_0+V_1 & -t_0 & 0 & \cdots & 0 & 0 & 0 \\
2 & -t_0 & 2t_0+V_2 & -t_0 & \cdots & 0 & 0 & 0 \\
3 & 0 & -t_0 & 2t_0+V_3 & \cdots & 0 & 0 & 0 \\
\vdots & \vdots & \vdots & \vdots & & \vdots & \vdots & \vdots \\
N-2 & 0 & 0 & 0 & \cdots & 2t_0+V_{N-1} & -t_0 & 0 \\
N-1 & 0 & 0 & 0 & \cdots & -t_0 & 2t_0+V_{N-1} & -t_0 \\
N & 0 & 0 & 0 & \cdots & 0 & -t_0 & 2t_0+V_N
\end{array}
\tag{7-2-6}
$$

需要注意的是,第一行与 φ_1 关联的采样点除其本身外,还有 φ_0 和 φ_2,因此在第一行中,不为零的元素个数应该有 3 个(分别与 φ_1 本身以及 φ_0 和 φ_2 关联),但是由于 φ_0 已不在计算域之内,所以我们设置了硬边界条件,令 $\varphi_0=0$,因此与 φ_0 关联的元素值无关紧要,等同于和 φ_0 不关联。同理,最后一行与 φ_N 关联的非零元素个数也分别对应 φ_{N-1} 和 φ_N,与第一行类似,φ_{N+1} 不予考虑。薛定谔方程的本征值可以通过求哈密顿矩阵 $\boldsymbol{H}_{N\times N}$ 的本征值求得,本征矢即所对应的本征函数,可以采用科学计算程序包(如 Python 或 Matlab)中的本征值计算程序实现。

若图 7-2-1 给出的是半导体量子阱超晶格中的一个完整周期,这时除内部边界外,两侧还需要满足布洛赫边界条件,$n=0$ 位置的点应考虑布洛赫边界条件,该位置的波函数满足 $\varphi_0=\exp(-\mathrm{i}k_xL)\varphi_{N-1}$,故哈密顿矩阵(7-2-6)中第一行第 $N-1$ 列对应的矩阵元应为 $-t_0\exp(-\mathrm{i}k_xL)$,同理最后一行第 2 列的矩阵元应为 $-t_0\exp(\mathrm{i}k_xL)$。

对于二维薛定谔方程的求解,与一维薛定谔方程完全一样,不同的是,对于二维空间,需要进行二维离散化,离散化的薛定谔方程中相互关联的波函数采样点由原来的 3 点变为 5 点,故又称为 5 点差分法。另外,与一维量子阱不同的是,相互关联的 5 个点的序号索引不再是连续的。

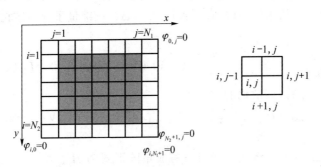

图 7-2-2 二维量子线有限差分示意图

如图 7-2-2 所示,图中阴影部分为计算域,将空间划分为 $N_1\times N_2$ 个空间采样点,为了表达式简便,通过合理设计 N_1 和 N_2 的值,使得 x 方向的采样间隔和 y 方向的采样间隔相等，$\delta x = \delta y = \Delta = L_x/N_1 = L_y/N_2$。每一个采样格点都用两个角标表示，分别为 y 方向的序号（第一个角标）和 x 方向的序号（第二个角标）。统一的索引用 n 表示，$n = N_2(j-1)+i$，索引顺序为先沿 y 轴扫描再沿 x 轴扫描。对超出计算域之外的点，同样采用硬边界，即 $\varphi_{ij}=0$。二维量子线的薛定谔方程表示为

$$-\frac{\hbar^2}{2m^*}\left[\frac{\partial^2}{\partial x^2}\varphi(x,y)+\frac{\partial^2}{\partial y^2}\varphi(x,y)\right]+V(x,y)\varphi(x,y)=E\varphi(x,y) \quad (7\text{-}2\text{-}7)$$

采用数值有限差分后，离散化的方程为

$$-t_0\varphi_{i,n+1}+(V_{i,j}+4t_0)\varphi_{i,j}-t_0\varphi_{i,n-1}-t_0\varphi_{i-1,j}-t_0\varphi_{i+1,j}=E\varphi_{i,j} \quad (7\text{-}2\text{-}8)$$

其中 $\hbar^2/(2m^*\Delta^2)=t_0$。将式(7-2-8)写成矩阵形式，为 $\boldsymbol{H}_{(N_1\times N_2)\times(N_1\times N_2)}[\varphi]=E[\varphi]$，其中列矢量 $[\varphi]=(\varphi_{1,1} \quad \varphi_{2,1} \quad \cdots \quad \varphi_{N_2,1} \quad \cdots \quad \varphi_{1,N_1} \quad \cdots \quad \varphi_{N_2-1,N_1} \quad \varphi_{N_2,N_1})^{\mathrm{T}}$，列矢量用索引 n 表示，可写为 $[\varphi]=(\varphi_1 \quad \varphi_2 \quad \cdots \quad \varphi_n)^{\mathrm{T}}$，其中 $n=N_2(j-1)+i$。对于哈密顿矩阵，除边界上的采样点外，每一行矢量都有 5 个不为零的元素，比如第 n 行，$n=N_2(j-1)+i$，该行中 5 个不为零的元素，其中之一为第 n 个元素，对应的序号为 (i,j)，数值为 $V_{i,j}+4t_0$，第 $n+1$ 个元素、第 $n-1$ 个元素对应 y 轴方向的两个近邻，序号分别为 $(i+1,j)$ 和 $(i-1,j)$，但需要判断对应的第一序号是否越过了 y 轴的计算域边界，如 $i-1=0$ 或 $i+1=N_2+1$。另外两个不为零的元素为 $n+N_2$ 和 $n-N_2$，对应 x 轴方向的两个近邻，序号分别为 $(i,j+1)$ 和 $(i,j+1)$，需要判断对应的第二序号是否越过了边界，如 $j-1=0$ 或 $j+1=N_1+1$。在不过边界的情况下，4 个关联的不为零元素的值均为 $-t_0$，对于超越了边界的近邻元素设置为零。每一行矢量可设置的非零元素需要满足，该元素属于有效序号 (i,j) 对应的 4 个近邻，且近邻点均属于计算域内的采样点。

对于三维量子异质结构的薛定谔方程，整个空间划分为 $N_1\times N_2\times N_3$ 个采样点，其中 x 方向有 N_1 个采样点，y 方向有 N_2 个采样点，z 方向有 N_3 个采样点。每一个采样点按空间方位与 6 个最近邻的采样点关联，称为 7 点差分，为了简化表达式，仍假定 3 个方向的采样间隔 $\Delta x=\Delta y=\Delta z=\Delta$。三维量子异质结构的薛定谔方程可表示为

$$-\frac{\hbar^2}{2m^*}\left[\frac{\partial^2}{\partial x^2}+\frac{\partial^2}{\partial y^2}+\frac{\partial^2}{\partial z^2}\right]\varphi(x,y)+V(x,y)\varphi(x,y)=E\varphi(x,y) \quad (7\text{-}2\text{-}9)$$

采用数值有限差分后，离散化的方程为

$$-t_0(\varphi_{i-1,j,k}+\varphi_{i+1,j,k}+\varphi_{i,j+1,k}+\varphi_{i,j-1,k}+\varphi_{i,j,k+1}+\varphi_{i,j,k-1})+(V_{i,j,k}+6t_0)\varphi_{i,j,k}=E\varphi_{i,j,k}$$
$$(7\text{-}2\text{-}10)$$

同样，$\hbar^2/(2m^*\Delta^2)=t_0$。将式(7-2-10)写成矩阵形式为 $\boldsymbol{H}_{(N_1\times N_2\times N_3)\times(N_1\times N_2\times N_3)}[\varphi]=E[\varphi]$，其中列矢量 $[\varphi]=(\varphi_{1,1,1} \quad \varphi_{2,1,1} \quad \cdots \quad \varphi_{N_2,N_1,1} \quad \varphi_{1,1,2} \quad \varphi_{2,1,2} \quad \cdots \quad \varphi_{N_2-1,N_1,N_3} \quad \varphi_{N_2,N_1,N_3})^{\mathrm{T}}$，若用索引表示，列矢量可以写为 $[\varphi]=(\varphi_1 \quad \varphi_2 \quad \cdots \quad \varphi_n)^{\mathrm{T}}$。对于哈密顿矩阵，除边界上的采样点外，每一行矢量都有 7 个不为零的元素，对于第 n 行，$n=(k-1)N_1\times N_2+N_2(j-1)+i$，该行中 7 个不为零的元素之一为第 n 个元

素,该元素与自身关联,对应的序号为(i,j,k),数值为$V_{i,j,k}+6t_0$;另外两个不为零的元素对应第$n+1$个元素和第$n-1$个元素,对应y轴方向的两个近邻,序号分别为$(i+1,j,k)$和$(i-1,j,k)$,需要判断对应的第一序号是否越过了边界,如$i-1=0$或$i+1=N_2+1$。如果越过边界,则该元素设为零(因为实际空间中的$n+1$元素或$n-1$元素与n并不构成近邻关系,构成近邻的点在计算域之外)。另外两个不为零的元素为第$n+N_2$个元素和第$n-N_2$个元素,对应x轴方向的两个近邻,序号分别为$(i,j+1,k)$和$(i,j-1,k)$,需要判断对应的第二序号是否越过了边界,如$j-1=0$或$j+1=N_1+1$。最后两个不为零的元素为第$n+N_1\times N_2$个元素和第$n-N_1\times N_2$个元素,对应沿z轴方向的两个近邻采样点,序号分别为$(i,j,k+1)$和$(i,j,k-1)$,需要判断对应的第三序号是否越过了边界,如$k-1=0$或$k+1=N_3+1$。同样,对于超越了边界的情况,第$n+N_1\times N_2$个元素或第$n-N_1\times N_2$个元素的值设为零。在不过边界的情况下,6个关联的不为零元素的值均为$-t_0$。通过以上设置,即可完成哈密顿矩阵元的初始化,然后可采用 Matlab 的矩阵运算完成本征值和本征矢量的求解。本征矢量求解完后,需按照一定规则变换为三维矩阵,才能实现波函数数据的可视化。

以上有限差分法分析均建立在电子的有效质量为常数的基础上,对于有效质量不是常数的情况,薛定谔方程应写成如下形式:

$$-\frac{\hbar^2}{2}\left[\nabla\frac{1}{m^*}\nabla\right]\varphi(x,y)+V(x,y)\varphi(x,y)=E\varphi(x,y) \tag{7-2-11}$$

同样利用导数的定义代入式(7-2-11),可以得到薛定谔方程的差分形式为(以一维量子阱为例)

$$\frac{\varphi(x+\Delta)}{m^*(x+\Delta/2)}=\left\{\frac{2\cdot\Delta^2}{\hbar^2}[V(x)-E]+\frac{1}{m^*(x+\Delta/2)}+\frac{1}{m^*(x-\Delta/2)}\right\}\varphi(x)-\frac{\varphi(x-\Delta)}{m^*(x-\Delta/2)} \tag{7-2-12}$$

令$\hbar^2/2\Delta^2=t_0$,依照图 7-2-1 所示的离散化标记,将方程写为离散化后的形式:

$$-t_0\left[\frac{\varphi_{n+1}}{m^*_{n+0.5}}+\frac{\varphi_{n-1}}{m_{n-0.5}}\right]+\left[V_n+t_0\left(\frac{1}{m^*_{n+0.5}}+\frac{1}{m^*_{n-0.5}}\right)\right]\varphi_n=E\varphi_n \tag{7-2-13}$$

仿照式(7-2-3),很容易写出二维和三维薛定谔方程相应的离散化方程。其他求解过程主要是哈密顿矩阵的初始化,与前面的介绍无区别。最后需要对求解的波函数进行归一化:

$$\psi(x)\rightarrow\frac{\psi(x)}{\sqrt{\int\psi^*(x)\psi(x)\mathrm{d}x}} \tag{7-2-14}$$

7.2.2 平面波展开法

在量子异质结构中,对于式(7-2-11)所示的薛定谔方程,可以用平面波展开法求解其波函数和本征值。通常采用的平面波基函数为无限深方势阱的薛定谔方程的解。如图 7-2-3 所示,为了示意方便,采用二维量子线模型,其中阱区的有效质量和势场分别表示为 m_w^* 和 V_w,势垒区的有效质量和势场分别表示为 m_b^* 和 V_b。

式(7-2-11)的波函数用平面波解展开,可表示为

$$\psi_\mu = \sum_n^N c_{n,u} \varphi_n \tag{7-2-15}$$

其中 φ_n 为待求解域 Ω 下无限深方势阱对应的波函数,对应的本征值为 E_n 满足如下方程:

$$-\frac{\hbar^2}{2} \nabla \cdot (\frac{1}{m_B^*} \nabla) \varphi_n = E_n \varphi_n \tag{7-2-16}$$

将式(7-2-15)代入式(7-2-11)并化简,可以得到如下薛定谔方程的矩阵形式:

$$H_{N\times N} \begin{bmatrix} c_{1,u} \\ c_{2,u} \\ \vdots \\ c_{2,u} \end{bmatrix} = E_\mu \begin{bmatrix} c_{1,u} \\ c_{2,u} \\ \vdots \\ c_{2,u} \end{bmatrix} \tag{7-2-17}$$

矩阵元表示为

$$H_{mn} = -\frac{\hbar^2}{2} \int_\Omega \varphi_n^* \nabla(\frac{1}{m^*} \nabla \varphi_m) \mathrm{d}r + \int_\Omega \varphi_n^* V \varphi_m \mathrm{d}r \tag{7-2-18}$$

将式(7-2-18)第一项展开,并利用分部积分可得

$$-\frac{\hbar^2}{2} \int_\Omega \varphi_n^* \nabla(\frac{1}{m^*} \nabla \varphi_m) \mathrm{d}r = -\frac{\hbar^2}{2} \left[\int_\Omega \nabla(\varphi_n^* \frac{1}{m^*} \nabla \varphi_m) \mathrm{d}r - \int_\Omega \frac{1}{m^*}(\nabla \varphi_n^*)(\nabla \varphi_m) \mathrm{d}r \right]$$

$$= \frac{\hbar^2}{2} \int_\Omega \frac{1}{m^*}(\nabla \varphi_n^*)(\nabla \varphi_m) \mathrm{d}r \tag{7-2-19}$$

其中利用了高斯定理,以及中间硬边界条件下,域 Ω 的表面 φ 函数和一阶偏导为零的条件。假定在阱区和垒区有效质量和势场分别为常量,式(7-2-18)矩阵元第一项简化为

$$\frac{\hbar^2}{2} \int_{\Omega=B+W} \frac{1}{m^*}(\nabla \varphi_n^*)(\nabla \varphi_m) \mathrm{d}r = \frac{\hbar^2}{2} \frac{1}{m_B^*} \int_\Omega (\nabla \varphi_n^*)(\nabla \varphi_m) \mathrm{d}r +$$

$$\frac{\hbar^2}{2}(\frac{1}{m_W^*} - \frac{1}{m_B^*}) \int_W (\nabla \varphi_n^*)(\nabla \varphi_m) \mathrm{d}r \tag{7-2-20}$$

对式(7-2-10)第一项进行分部积分,得 $-\frac{\hbar^2}{2m_B^*} \int_\Omega \varphi_n^* \nabla^2 \varphi_m \mathrm{d}r = \int_\Omega \varphi_n^* \hat{H}_0 \varphi_m \mathrm{d}r = \varepsilon_n \delta_{mn}$。

对于式(7-2-18)第二项,同理可表示为

$$\int_\Omega \varphi_n^* V \varphi_m \mathrm{d}r = V_B \delta_{mn} + (V_W - V_B) \int_W \varphi_n^* \varphi_m \mathrm{d}r \tag{7-2-21}$$

通常令势阱的势函数为零,势垒的势函数为 V,式(7-2-21)简化为 $V\delta_{mn} - V \int_W \varphi_n^* \varphi_m \mathrm{d}r$。总的哈密顿矩阵元表示为[23]

$$H_{mn} = (V + \varepsilon_n)\delta_{mn} + \frac{\hbar^2}{2}(\frac{1}{m_W^*} - \frac{1}{m_B^*}) \int_W (\nabla \varphi_n^*)(\nabla \varphi_m) \mathrm{d}r - V \int_W \varphi_n^* \varphi_m \mathrm{d}r \tag{7-2-22}$$

对于三维无限深方势阱的波函数,式(7-2-22)中的量子数 m、n 需要用 3 个角标表示[25]:

$$\varphi_n = \varphi_{lmn} = \sqrt{\frac{8}{L_x L_y L_z}} \sin\left(\frac{l\pi x}{L_x}\right) \sin\left(\frac{m\pi y}{L_y}\right) \sin\left(\frac{n\pi z}{L_z}\right) \quad (7\text{-}2\text{-}23)$$

$$\varepsilon_n = \frac{\hbar^2 \pi^2}{2m_B^*}\left(\frac{l^2}{L_x^2} + \frac{m^2}{L_y^2} + \frac{n^2}{L_z^2}\right) \quad (7\text{-}2\text{-}24)$$

用三维无限深方势阱计算得到的矩阵元重写为

$$H_{lmn,l'm'n'} = \left[\frac{\hbar^2 \pi^2}{2m_B^*}\left(\frac{ll'}{L_x^2} + \frac{mm'}{L_y^2} + \frac{nn'}{L_z^2}\right) + V\right]\delta_{ll'}\delta_{mm'}\delta_{nn'} + \frac{\hbar^2}{2}\left(\frac{1}{m_W^*} - \frac{1}{m_B^*}\right) \times$$

$$\int_W (\nabla\varphi_{l'm'n'}^*)(\nabla\varphi_{lmn})\mathrm{d}x\mathrm{d}y\mathrm{d}z - V\int_W \varphi_{l'm'n'}^*\varphi_{lmn}\mathrm{d}x\mathrm{d}y\mathrm{d}z \quad (7\text{-}2\text{-}25)$$

在计算并求得哈密顿矩阵元后,可直接求哈密顿矩阵的本征值和本征矢,本征矢对应平面波的展开式系数。式(7-2-25)是以量子数为角标对应的矩阵元,如何将 3 个量子数转化为哈密顿矩阵元中的行列角标? 需按一定的规则,否则无法将波函数的系数与波函数对应。假定在展开的平面波中,$l \in (-i, i), m \in (-j, j), n \in (-k, k)$,$i$、$j$、$k$ 均为正整数,则角标 lmn 对应的哈密顿矩阵元的角标序号为 $N = (n+k+1) + (m+j)(2k+1) + (l+i)(2k+1)(2j+1)$。对应关系如下:$H_{N\times N}(c_1 \quad c_2 \quad \cdots \quad c_N)^{\mathrm{T}} = E(c_1 \quad c_2 \quad \cdots \quad c_N)^{\mathrm{T}}$。单角标展开式系数矢量与三角标的对应关系如下:

$$(c_1 \quad c_2 \quad \cdots \quad c_N)^{\mathrm{T}} = (c_{-i,-j,-k} \quad c_{-i,-j,-k+1} \quad \cdots \quad c_{-i,-j,2k+1} \quad c_{-i,-j+1,1} \quad \cdots \quad c_{i,j,k})^{\mathrm{T}}$$
$$(7\text{-}2\text{-}26)$$

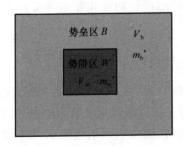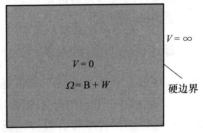

图 7-2-3　平面波展开法模型示意图,各子域的有效质量和势场已标注,用于展开的平面波对应右图无限深势阱的解,所有外边界满足硬边界,对应三维情况,只需将面积对应体积,边界对应外表面即可

最后需要说明的是,在式(7-2-25)中,后两项对应平面波的数值积分,为了积分计算方便,通常将坐标原点置于阱区的中心,但由于阱区的形状不一定规则,因此不一定能得到解析表达式,在后文中会给出柱形量子点在指数形式的平面波表示下积分的解析解。

7.2.3 基于偏微分方程组的有限元法

基于有限元求解偏微分方程,这里不做原理阐述,只针对 Comsol 有限元软件如何构建薛定谔方程模型做简单介绍。在 Comsol 中的数学模块建立 PDE 系数形式的偏微分方程模型(一维、二维、三维均支持)。偏微分方程为

$$\lambda^2 e_a u - \lambda d_a u + \nabla \cdot (-c \nabla u - \alpha u + \gamma) + \beta \cdot \nabla u + au = f \qquad (7\text{-}2\text{-}27)$$

式(7-2-27)是非耦合偏微分方程的普适表达式,原则上可以根据需要建立任意复杂的偏微分方程,因此完全可以用于设置如式(7-2-9)所示的薛定谔方程。根据需要扩散系数项 c 可以设置为 $\hbar^2/2m^*$,且可以根据实际情况设置有效质量张量的形式。λ 为本征值,故设置质量系数 $e_a = 0$,阻尼系数 $d_a = 1$。α 和 β 均为矢量,分别为守恒通量对流系数和对流系数,将所有分量均设置为零。将守恒通量源 γ 和源项 f 置零。最后令吸收系数 $a = V(r)$,这样方程(7-2-27)转化为

$$-\lambda u(x,y,z) + \nabla \cdot \left(\frac{-\hbar^2}{2m^*} \nabla u(x,y,z)\right) + V(x,y,z)u(x,y,z) = 0 \,(7\text{-}2\text{-}28)$$

得到形式与式(7-2-9)一致的薛定谔方程,此时 λ 等价于薛定谔方程的本征值,因变量 $u(x,y,z)$ 等价于波函数。最后需要注意的是,Comsol 软件中默认方程的量纲为 $1/\text{m}^2$,$u(x,y,z)$ 是无量纲的波函数。因此若直接将 $\hbar^2/2m^*$ 代入式(7-2-27)中的 c 参数,会导致量纲不一致,并不能得到正确的能量本征值。因此需要先调整方程的单位,令源项的默认单位 $1/\text{m}^2$ 变为能量的量纲 J,这时 c 参数的量纲会变为 $\text{kg} \cdot \text{m}^4/\text{s}^2$,其他参数的量纲也均已改变为正确的量纲。对模型进行网格化和边界设置后,得到的本征值量纲为能量的量纲 J。

7.2.4 薛定谔方程的自洽解

对于单一因变量有效质量近似下的薛定谔方程,可以采用上述几种方法完成求解过程。但在实际中存在两类问题,不能采用上述方法直接求解,其中一类是与能量有关的有效质量近似。尽管单带有效质量近似在能带极值附近成立,但随着能量的增加,有效质量不再是常数,因此基于单带有效质量近似的薛定谔方程需要进行修正,有效质量由常数转化为与能量有关,$m^* = m^*(E)$。结合式(7-2-9),我们可以看出,方程需求出本征值 E,同时参量 $m^*(E)$ 是能量本征值的函数:

$$-\frac{\hbar^2}{2} \nabla \cdot \left(\frac{1}{m^*(E)} \nabla\right) \varphi(r) + V(r)\varphi(r) = E\varphi(r) \qquad (7\text{-}2\text{-}29)$$

另一类不能直接求解的为调制掺杂量子异质结构,杂质电离的载流子在空间产生一定空间电荷分布,电荷分布会引起有效的空间电势,自由载流子的空间电荷产生的电势与量子异质结构带边(band edge)引起的电势叠加,即 $V(r) = V_{\text{be}}(r) + V_\rho(r)$。空间电荷分布取决于电荷在空间的分布概率,由量子力学可知,占据概率取决于空间概率密度 $\varphi^*(r)\varphi(r)$,因此薛定谔方程的势场与波函数有关,另外求解波函数需要先

知道势场,因此存在场和波函数的自洽问题。

以上两类问题都需要自洽迭代求解。第一类问题相对较简单:①首先求解常有效质量下的薛定谔方程,确定本征值 E;②计算与能带相关的有效质量,并求更新后薛定谔方程的本征值;③检查能量本征值是否收敛,如果收敛,输出本征值和本征函数以及有效质量,如果不收敛,或迭代次数低于预设值,重回步骤②。一般情况下,通过第二次迭代求解,本征值就会大大接近收敛值,迭代次数在 10 次左右是足够的。

对于第二类问题,假定单一施主杂质均匀,并且杂质全部电离,掺杂浓度为 $N_D(r)$,掺杂区域体积为 V_D,空间电离杂质位置固定,浓度为 $N_D^+(r)$,波函数求解域体积为 V,$V \geqslant V_D$,容易计算电子浓度 $n(r) = \varphi_1^*(r)\varphi_1(r)N_D V_D/V$(假定所有电子均占据最低的子能带),因此电荷密度 $\rho = e[N_D(r) - n(r)]$,求解泊松方程即可求得电荷引起的附加电势场:

$$\varepsilon_0 \nabla \cdot (\varepsilon_r(r)\nabla V_\rho) = \rho \tag{7-2-30}$$

在获得附加势场后,就可以更新薛定谔方程,重新求解下一代波函数、本征值了,这样持续的迭代过程直到本征值收敛。因此这类问题的求解又称为泊松-薛定谔方程自洽求解。计算流程如图 7-2-4 所示。

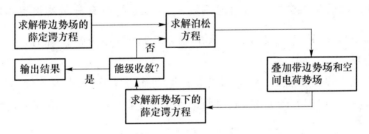

图 7-2-4 泊松-薛定谔方程自洽求解过程示意图

下面给出采用柱对称求解三维量子环和量子点的电子结构计算实例[26]。图 7-2-5 给出了柱坐标下的量子点和量子环截面示意图。单带有效质量近似下的薛定谔方程可表示为

$$\left[-\frac{\hbar}{2}\nabla \cdot \left(\frac{1}{m(E,r)}\nabla \right) + V(r) \right]\psi(r) = E\psi(r) \tag{7-2-31}$$

电子有效质量 $m(E,r)$ 与位置和能量有关,在柱坐标下,如图 7-2-5 所示的量子点和量子环具有柱对称性,势场 $V = V(r,z)$,和有效质量 $m(E,r) = m(E,r,z)$ 与方位角无关,波函数可以写成分离变量的形式 $\psi(r,z,\theta) = \phi(r,z)\varphi(\theta)$,将其代入式(7-2-31),化简为

$$\frac{mr^2}{\varphi}\left\{ -\frac{\hbar^2}{2}\frac{\partial}{\partial z}\left(\frac{\partial\varphi(r,z)}{m\partial z} \right) - \frac{\hbar^2}{2r}\frac{\partial}{\partial r}\left(\frac{r\partial\varphi(r,z)}{m\partial r} \right) \right\} + mr^2(V-E) = \frac{\hbar^2}{2}\frac{1}{\phi}\frac{\partial^2\phi}{\partial\theta^2}$$

$$\tag{7-2-32}$$

令方程左右两侧均为 $-n^2\hbar^2/2$,易得 $\phi = \exp(in\theta)$,其中 $n = 0, \pm 1, \pm 2, \cdots$,为轨道量子数。右侧方程满足

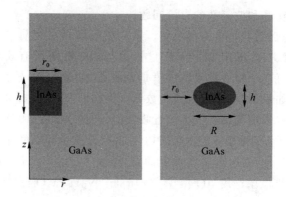

图 7-2-5　柱坐标下的 InAs/GaAs 圆柱形量子点和 InAs/GaAs 量子环几何模型示意图

$$-\frac{\hbar^2\partial}{2\partial z}(\frac{\partial\varphi(r,z)}{m\partial z})-\frac{\hbar^2}{2}\frac{1}{r}\frac{\partial}{\partial r}(\frac{r}{m}\frac{\partial\varphi(r,z)}{\partial r})+\left[\frac{n^2\hbar^2}{2mr^2}+V(r,z)\right]\varphi(r,z)=E\varphi(r,z)$$

$$(7\text{-}2\text{-}33)$$

若采用基于 Comsol 的有限元求解,式(7-2-27)中只需配置的参数为:吸收系数 $a=\frac{n^2\hbar^2}{2mr^2}+V(r,z)$,质量系数 $e_a=0$,阻尼系数 $d_a=1$。α 的所有分量均设置为零,将守恒通量源 γ 和源项 f 置零,c 参数设置为 $\hbar^2/2m^*$,β 的第一分量设置为 $-\hbar^2/(2m^* r)$,第二分量为零。

在边界条件设置方面,令外部边界取狄里克莱边界条件,在对称轴的边界需特殊处理,此时 r 趋于零,当 $n=0$ 时,取纽曼边界条件,保证对 r 的一阶偏导连续,当 $n\neq 0$ 时,为避免 $\frac{n^2\hbar^2}{2mr^2}\phi(r)$ 的发散性,采用狄里克莱边界条件。

对于 InAs/GaAs 材料系,带边势场可表示为

$$V(r)=\begin{cases} 0, & r\in \text{阱区 (InAs)} \\ V_0, & r\in \text{垒区 (GaAs)} \end{cases}$$

$$(7\text{-}2\text{-}34)$$

其中 $V_0=0.77$ eV。与能量相关的有效质量表示为

$$\frac{1}{m(E,r)}=\frac{P^2}{\hbar^2}\left[\frac{2}{E+E_g-V(r)}+\frac{1}{E+E_g-V(r)+\Delta(r)}\right]$$

$$(7\text{-}2\text{-}35)$$

其中 P 为动量矩阵元,E_g 为带隙,$\Delta(r)$ 为自旋分离能,InAs/GaAs 参数值分别为 $3m_0 P_{\text{InAs}}^2/\hbar^2=22.2$ eV,$3m_0 P_{\text{GaAs}}^2/\hbar^2=24.2$ eV,$E_{g,\text{GaAs}}=1.52$ eV,$E_{g,\text{InAs}}=0.42$ eV,$\Delta_{\text{GaAs}}=0.34$ eV,$\Delta_{\text{InAs}}=0.42$ eV。

图 7-2-6 为采用 Matlab 与 Comsol 联合的方法,通过迭代自洽求解得到的圆柱形量子点的能量本征值与迭代次数的收敛特性曲线,图中针对的是基态能级。可见,在考虑了与能量相关的有效质量近似后,能量本征值收敛速度很快,只需不超过 6 次就实现了能量本征值与有效质量的自洽。

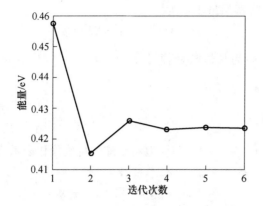

图 7-2-6 自洽求解能量本征值与迭代次数的收敛特性曲线

图 7-2-7(a)给出了不同量子点半径和高度情况下,柱形量子点基态能级的变化曲线,可以看出,自洽解和抛物近似解在趋势上是一致的,只有当量子点尺寸比较小的时候,与能量相关的有效质量近似的作用才会比较明显。图 7-2-7(b)给出了与能量相关的有效质量与量子点尺寸的变化关系,其变化趋势与能级的变化趋势类似。

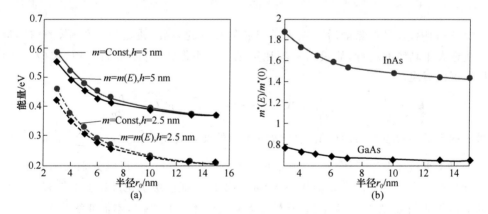

图 7-2-7 (a)与能量相关的有效质量近似对基态能级的影响与 InAs/GaAs 量子点半径和高度的关系;(b)与 InAs、GaAs 能量相关的有效质量与量子点半径的关系($h=5$ nm)

7.3 多带 $k \cdot p$ 理论

7.3.1 闪锌矿半导体

1. 含自旋轨道耦合的 $k \cdot p$ 微扰

对于含有重元素的三五族化合物半导体,自旋-轨道相互作用不可忽略,在价带的重空穴带和轻空穴带之下,会由于自旋轨道耦合导致自旋-轨道分离带。描述自

旋-轨道相互作用的哈密顿量表示为

$$H = H_0 + S \times \boldsymbol{\sigma} \cdot \nabla V \times \boldsymbol{p} \tag{7-3-1}$$

其中 $H_0 = \dfrac{p^2}{2m_0} + V(r)$ 为晶体哈密顿量，$S = \hbar/(4m_0^2 c^2)$，其中 $\boldsymbol{\sigma}$ 是泡利自旋矩阵矢量，共含 3 个分量，分别表示为

$$\boldsymbol{\sigma}_x = \begin{bmatrix} 0 & 1 \\ 1 & 0 \end{bmatrix}, \quad \boldsymbol{\sigma}_y = \begin{bmatrix} 0 & -i \\ i & 0 \end{bmatrix}, \quad \boldsymbol{\sigma}_z = \begin{bmatrix} 1 & 0 \\ 0 & -1 \end{bmatrix} \tag{7-3-2}$$

自旋矢量 $\uparrow = (1 \quad 0)^T, \downarrow = (0 \quad 1)^T$，泡利矩阵的自旋操作表示满足如下关系式：

$$\boldsymbol{\sigma}_x \uparrow = \downarrow, \quad \boldsymbol{\sigma}_y \uparrow = i\downarrow, \quad \boldsymbol{\sigma}_z \uparrow = \uparrow,$$
$$\boldsymbol{\sigma}_x \downarrow = \uparrow, \quad \boldsymbol{\sigma}_y \downarrow = -i\uparrow, \quad \boldsymbol{\sigma}_z \downarrow = -\downarrow \tag{7-3-3}$$

完整的薛定谔方程表示为

$$\left\{ H_0 + \frac{\hbar}{4m_0^2 c^2} [\nabla V \times p] \cdot \sigma \right\} \psi_{nk}(r) = E_n(k) \psi_{nk}(r) \tag{7-3-4}$$

将布洛赫波函数 $\Psi_{nk}(r) = \exp(ik \cdot r) u_{nk}(r)$ 带入薛定谔方程(7-3-4)，化简得

$$\left\{ H_0 + \frac{\hbar}{m_0} \boldsymbol{k} \cdot \boldsymbol{p} + \frac{\hbar}{4m_0^2 c^2} [\nabla V \times p] \cdot \boldsymbol{\sigma} + \frac{\hbar^2}{4m_0^2 c^2} \nabla V \times \boldsymbol{k} \cdot \boldsymbol{\sigma} \right\} \times u_{nk}(r) = (E_n(k) - \frac{\hbar^2 k^2}{2m_0}) u_{nk}(r)$$
$$\tag{7-3-5}$$

式(7-3-5)中，等号左侧最后一项表示与波矢有关的自旋-轨道相互作用，考虑动量一般远大于晶体准动量，故最后一项比第三项要小得多，忽略最后一项，式(7-3-5)最终可以写成：

$$\left(H_0 + \frac{\hbar}{m_0} \boldsymbol{k} \cdot \boldsymbol{p} + \frac{h}{4m_0^2 c^2} \nabla V \times p \cdot \sigma \right) u_{nk}(r) = \left(E_n(k) - \frac{\hbar^2 k^2}{2m_0} \right) u_{nk}(r) \tag{7-3-6}$$

对应的本征函数表示为用极值点(此处 $k = 0$)的波函数展开：$u_{nk}(r) = \sum_{n'} a_{n'} u_{n'0}(r)$。

对于直接间隙半导体，在 $k = 0$ 点的本征函数(考虑自旋)可以分别表示如下：对于导带有两个简并的能带波函数 $|S\uparrow\rangle$ 和 $|S\downarrow\rangle$，本征能级为 E_s，对于价带有 6 个简并的能带波函数 $|X\uparrow\rangle$、$|X\downarrow\rangle$、$|Y\uparrow\rangle$、$|Y\downarrow\rangle$、$|Z\uparrow\rangle$ 和 $|Z\downarrow\rangle$，本征能级为 E_p。

选择 $|S\uparrow\rangle$、$|X\uparrow\rangle$、$|Y\uparrow\rangle$、$|Z\uparrow\rangle$、$|S\downarrow\rangle$、$|X\downarrow\rangle$、$|Y\downarrow\rangle$ 和 $|Z\downarrow\rangle$ 作为基态波函数，代入式(7-3-6)，化简得到的 8×8 哈密顿矩阵元可表示为[27]

$$\boldsymbol{H}_{8\times8} = \begin{bmatrix} \boldsymbol{H}_{4\times4} & \boldsymbol{0} \\ \boldsymbol{0} & \boldsymbol{H}_{4\times4} \end{bmatrix} + \boldsymbol{H}_{so} \tag{7-3-7}$$

其中 $\boldsymbol{H}_{4\times4} = \begin{bmatrix} E_s & k_x P & k_y P & k_z P \\ -k_x P^* & E_p & 0 & 0 \\ -k_y P^* & 0 & E_p & 0 \\ -k_z P^* & 0 & 0 & E_p \end{bmatrix}$, $\boldsymbol{H}_{so} = \begin{bmatrix} \boldsymbol{G} & \boldsymbol{F} \\ -\boldsymbol{F}^* & \boldsymbol{G}^* \end{bmatrix}$, 其中 $\boldsymbol{G} =$

$$\frac{\Delta}{3}\begin{bmatrix} 0 & 0 & 0 & 0 \\ 0 & 0 & -\mathrm{i} & 0 \\ 0 & \mathrm{i} & 0 & 0 \\ 0 & 0 & 0 & 0 \end{bmatrix} \quad \mathbf{F}=\frac{\Delta}{3}\begin{bmatrix} 0 & 0 & 0 & 0 \\ 0 & 0 & 0 & 0 \\ 0 & -1 & 0 & -\mathrm{i} \\ 0 & 0 & \mathrm{i} & 0 \end{bmatrix}$$

下面以 $\mathbf{G}_{2\times3}$ 为例,给出推导过程(令

$$\frac{3\hbar\mathrm{i}}{4m_0c^2}\langle X|\frac{\partial V}{\partial x}p_y-\frac{\partial V}{\partial y}p_x|Z\rangle=\Delta)。$$

$$\mathbf{G}_{2\times3}=\left\langle X\uparrow\left|\frac{\hbar}{4m_0c^2}\sigma\cdot\nabla V\times\mathbf{p}\right|Z\uparrow\right\rangle=\left\langle X\left|\frac{\hbar}{4m_0c^2}(\nabla V\times\mathbf{p})_z\right|Z\right\rangle$$

$$=\frac{\hbar}{4m_0c^2}\left\langle X\left|\frac{\partial V}{\partial x}p_y-\frac{\partial V}{\partial y}p_x\right|Z\right\rangle=-\mathrm{i}\frac{\Delta}{3} \tag{7-3-8}$$

在推导过程中利用了 z 分量的泡利矩阵的自旋保持特性。在 $k=0$ 时,$\mathbf{H}_{8\times8}$ 的本征值和本征函数如表 7-3-1 所示。

表 7-3-1　在 $k=0$ 时,$\mathbf{H}_{8\times8}$ 的本征值和本征函数

本征值	本征函数
E_s(导带二重简并)	$|\mathrm{i}S\uparrow\rangle$
	$|\mathrm{i}S\downarrow\rangle$
$E_p+\Delta/3$(重空穴二重简并)	$\varphi_{\mathrm{hh},a}=\left|\frac{3}{2},\frac{3}{2}\right\rangle=\frac{-1}{\sqrt{2}}|(X+\mathrm{i}Y)\uparrow\rangle$
	$\varphi_{\mathrm{hh},\beta}=\left|\frac{3}{2},-\frac{3}{2}\right\rangle=\frac{1}{\sqrt{2}}|(X-\mathrm{i}Y)\downarrow\rangle$
$E_p+\Delta/3$(轻空穴二重简并)	$\varphi_{\mathrm{lh},a}=\left|\frac{3}{2},-\frac{1}{2}\right\rangle=\frac{1}{\sqrt{6}}|(X-\mathrm{i}Y)\uparrow\rangle+\sqrt{\frac{2}{3}}|Z\downarrow\rangle$
	$\varphi_{\mathrm{lh},\beta}=\left|\frac{3}{2},\frac{1}{2}\right\rangle=\frac{-1}{\sqrt{6}}|(X+\mathrm{i}Y)\downarrow\rangle+\sqrt{\frac{2}{3}}|Z\uparrow\rangle$
$E_p-2\Delta/3$(自旋分离带二重简并)	$\varphi_{\mathrm{so},a}=\left|\frac{1}{2},\frac{-1}{2}\right\rangle=\frac{1}{\sqrt{3}}|(X-\mathrm{i}Y)\uparrow\rangle-\sqrt{\frac{1}{3}}|Z\downarrow\rangle$
	$\varphi_{\mathrm{so},\beta}=\left|\frac{1}{2},\frac{1}{2}\right\rangle=\frac{1}{\sqrt{3}}|(X+\mathrm{i}Y)\downarrow\rangle+\sqrt{\frac{1}{3}}|Z\uparrow\rangle$

　　能量本征值的色散关系如图 7-3-1 所示,从图中可以看出,由于仅考虑了 s 态和 p 态之间的耦合相互作用,计算得到的重空穴带的色散曲线与实际情况相差较大,因此,考虑远带对 8 个态的耦合作用非常重要。

2. 哈密顿矩阵的基矢变换和坐标变换

　　上一节简单推导了 s 态和 p 态作为基函数表示的哈密顿矩阵元,由量子力学可知,基矢函数的选取对于计算矩阵元的能量本征值十分重要,好的基矢可以实现哈密顿矩阵元的部分或全部对角化,大大地简化了能量本征值的计算。因此进行适当的基矢变化是必要的,假定新基矢和原基矢满足如下变换关系:

$$(u_{01} \quad u_{02} \quad \cdots \quad u_{08})^{\mathrm{T}}=\mathbf{S}_{8\times8}(|S\uparrow\rangle \quad |X\uparrow\rangle \quad \cdots \quad |Z\downarrow\rangle)^{\mathrm{T}} \tag{7-3-9}$$

其中 $\mathbf{S}_{8\times8}$ 为基矢变换矩阵,容易证明变换矩阵具有如下特性:$(\mathbf{S}_{8\times8})^{-1}=(\mathbf{S}_{8\times8})^{+}$。

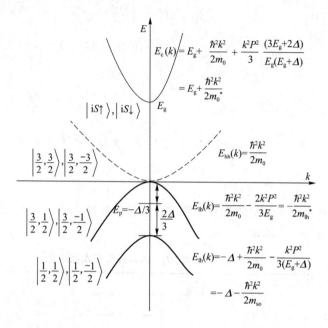

$$E_c(k) = E_g + \frac{\hbar^2 k^2}{2m_0} + \frac{k^2 P^2}{3} \frac{(3E_g+2\Delta)}{E_g(E_g+\Delta)}$$

$$= E_g + \frac{\hbar^2 k^2}{2m_0^*}$$

$|iS\uparrow\rangle, |iS\downarrow\rangle$

$\left|\frac{3}{2},\frac{3}{2}\right\rangle, \left|\frac{3}{2},\frac{-3}{2}\right\rangle$

$$E_{hh}(k) = \frac{\hbar^2 k^2}{2m_0}$$

$\left|\frac{3}{2},\frac{1}{2}\right\rangle, \left|\frac{3}{2},\frac{-1}{2}\right\rangle$

$E_p = -\Delta/3$　$\frac{2\Delta}{3}$

$$E_{lh}(k) = \frac{\hbar^2 k^2}{2m_0} - \frac{2k^2 P^2}{3E_g} = -\frac{\hbar^2 k^2}{2m_{lh}^*}$$

$\left|\frac{1}{2},\frac{1}{2}\right\rangle, \left|\frac{1}{2},\frac{-1}{2}\right\rangle$

$$E_{lh}(k) = -\Delta + \frac{\hbar^2 k^2}{2m_0} - \frac{k^2 P^2}{3(E_g+\Delta)}$$

$$= -\Delta - \frac{\hbar^2 k^2}{2m_{so}}$$

图 7-3-1　考虑 s 态和 p 态 8 个带耦合时的能量色散关系

新基矢下的哈密顿矩阵表示为

$$\boldsymbol{H}_{new} = \boldsymbol{S}\boldsymbol{H}_{old}\boldsymbol{S}^+ \tag{7-3-10}$$

新哈密顿矩阵波函数的展开式系数与旧基矢下的波函数展开式系数满足：

$$(a_{n,1} \quad a_{n,2} \quad \cdots \quad a_{n,8})_{new}^{T} = = \boldsymbol{S}_{8\times8}^{-1}(a_{n,1} \quad a_{n,2} \quad \cdots \quad a_{n,8})_{old}^{T} \tag{7-3-11}$$

由上一节自旋轨道耦合项的矩阵元可知,只有 p 态基矢之间对自旋轨道耦合有贡献,将自旋轨道耦合项按照如下基矢($|X\uparrow\rangle\ |Y\uparrow\rangle\ |Z\uparrow\rangle\ |X\downarrow\rangle\ |Y\downarrow\rangle\ |Z\downarrow\rangle$)展开的哈密顿矩阵元表示为

$$(\boldsymbol{H}_{so})_{6\times6} = \frac{\Delta}{3}\begin{vmatrix} 0 & -i & 0 & 0 & 0 & 1 \\ i & 0 & 0 & 0 & 0 & -i \\ 0 & 0 & 0 & -1 & i & 0 \\ 0 & 0 & -1 & 0 & i & 0 \\ 0 & 0 & -i & -i & 0 & 0 \\ 1 & i & 0 & 0 & 0 & 0 \end{vmatrix} \tag{7-3-12}$$

将上述哈密顿矩阵对角化得

$$(\boldsymbol{H}_{so}')_{6\times6} = \boldsymbol{S}^{-1}(\boldsymbol{H}_{so})_{6\times6}\boldsymbol{S} = \frac{\Delta}{3}\begin{vmatrix} 1 & 0 & 0 & 0 & 0 & 0 \\ 0 & 1 & 0 & 0 & 0 & 0 \\ 0 & 0 & 1 & 0 & 0 & 0 \\ 0 & 0 & 0 & 1 & 0 & 0 \\ 0 & 0 & 0 & 0 & -2 & 0 \\ 0 & 0 & 0 & 0 & 0 & -2 \end{vmatrix} \tag{7-3-13}$$

将新基矢和原基矢的关系表示为

$$
\begin{bmatrix} u_{01} \\ u_{02} \\ u_{03} \\ u_{04} \\ u_{05} \\ u_{06} \end{bmatrix} = \begin{vmatrix} -1/\sqrt{2} & -\mathrm{i}/\sqrt{2} & 0 & 0 & 0 & 0 \\ 0 & 0 & \sqrt{2/3} & -1/\sqrt{6} & -\mathrm{i}/\sqrt{6} & 0 \\ 1/\sqrt{6} & -\mathrm{i}/\sqrt{6} & 0 & 0 & 0 & \sqrt{2/3} \\ 0 & 0 & 0 & 1/\sqrt{2} & -\mathrm{i}/\sqrt{2} & 0 \\ 0 & 0 & 1/\sqrt{3} & 1/\sqrt{3} & \mathrm{i}/\sqrt{3} & 0 \\ 1/3 & -\mathrm{i}/\sqrt{3} & 0 & 0 & 0 & -1/\sqrt{3} \end{vmatrix} \begin{bmatrix} |X\uparrow\rangle \\ |Y\uparrow\rangle \\ |Z\uparrow\rangle \\ |X\downarrow\rangle \\ |Y\downarrow\rangle \\ |Z\downarrow\rangle \end{bmatrix} \tag{7-3-14}
$$

易验证,在新基矢下,不仅自旋轨道耦合哈密顿矩阵元可以实现对角化,对于 $\boldsymbol{k}\cdot\boldsymbol{p}$ 耦合项也完全实现了矩阵对角化。在 Kane 的八带 $\boldsymbol{k}\cdot\boldsymbol{p}$ 模型中,选择的 8 个基矢函数分别为 $|\mathrm{i}S\downarrow\rangle$,$\left|\dfrac{X-\mathrm{i}Y}{\sqrt{2}}\uparrow\right\rangle$,$|Z\downarrow\rangle$,$-\left|\dfrac{X+\mathrm{i}Y}{\sqrt{2}}\uparrow\right\rangle$,$|\mathrm{i}S\uparrow\rangle$,$\left|\dfrac{X-\mathrm{i}Y}{\sqrt{2}}\downarrow\right\rangle$,$|Z\uparrow\rangle$ 和 $-\left|\dfrac{X+\mathrm{i}Y}{\sqrt{2}}\downarrow\right\rangle$。

下面简单给出基函数的坐标变换,当进行坐标变换,z 轴方位角和俯仰角分别为 φ 和 θ 时,笛卡儿直角坐标系变换满足

$$
\begin{vmatrix} x' \\ y' \\ z' \end{vmatrix} = \begin{vmatrix} \cos\theta\cos\varphi & \cos\theta\sin\varphi & -\sin\theta \\ -\sin\varphi & \cos\varphi & 0 \\ \sin\theta\cos\varphi & \sin\theta\sin\varphi & \cos\theta \end{vmatrix} \begin{vmatrix} x \\ y \\ z \end{vmatrix} = \boldsymbol{R}\begin{vmatrix} x \\ y \\ z \end{vmatrix} \tag{7-3-15}
$$

$\boldsymbol{R}$ 为坐标变换矩阵,此时自旋基矢满足:

$$
\begin{vmatrix} \uparrow' \\ \downarrow' \end{vmatrix} = \begin{vmatrix} \mathrm{e}^{-\mathrm{i}\varphi/2}\cos\dfrac{\theta}{2} & \mathrm{e}^{\mathrm{i}\varphi/2}\sin\dfrac{\theta}{2} \\ -\mathrm{e}^{-\mathrm{i}\varphi/2}\sin\dfrac{\theta}{2} & \mathrm{e}^{\mathrm{i}\varphi/2}\cos\dfrac{\theta}{2} \end{vmatrix} \begin{vmatrix} \uparrow \\ \downarrow \end{vmatrix} = \boldsymbol{S}\begin{vmatrix} \uparrow \\ \downarrow \end{vmatrix} \tag{7-3-16}
$$

$\boldsymbol{S}$ 为自旋矢量的变换矩阵,考虑自旋后,新坐标下的 p 态基矢与原有 p 态基矢的变换矩阵满足如下关系式:

$$
\begin{bmatrix} |X'\uparrow'\rangle \\ |Y'\uparrow'\rangle \\ |Z'\uparrow'\rangle \\ |X'\downarrow'\rangle \\ |Y'\downarrow'\rangle \\ |Z'\downarrow'\rangle \end{bmatrix} = \begin{bmatrix} \boldsymbol{R}S_{11} & \boldsymbol{R}S_{12} \\ \boldsymbol{R}S_{12} & \boldsymbol{R}S_{22} \end{bmatrix} \begin{bmatrix} |X\uparrow\rangle \\ |Y\uparrow\rangle \\ |Z\uparrow\rangle \\ |X\downarrow\rangle \\ |Y\downarrow\rangle \\ |Z\downarrow\rangle \end{bmatrix} \tag{7-3-17}
$$

波矢变换满足 $\boldsymbol{k}=\boldsymbol{R}k$,结合式(7-3-15)～式(7-3-17),就可以计算新坐标系下的哈密顿矩阵元了。

3. 考虑远带耦合的哈密顿矩阵

考虑远带对哈密顿矩阵元的贡献,可以采用 Löwdin 理论[28],将上文中的 s 态和 p 态共 8 个关心的能带看作 A 类,其余较远的能带看作 B 类,8 个关心的能带包含 2

个二重简并的导带、重空穴带、轻空穴带和自旋轨道分离带。$k \cdot p$ 相互作用下的哈密顿矩阵可以表示为（忽略自旋轨道耦合与 k 的相互作用项）

$$H = H_0 + \frac{\hbar^2 k^2}{2m_0} + \frac{\hbar}{4m_0^2 c^2} \nabla V \times p \cdot \sigma + \frac{\hbar k \cdot p}{m_0} \qquad (7\text{-}3\text{-}18)$$

本征值方程满足 $H u_{nk}(r) = E_{nk} u_{nk}(r)$，将本征函数展开：

$$u_{nk}(r) = \sum_m^A a_m(k) u_{m0}(r) + \sum_\beta^B a_\beta(k) u_{\beta 0}(r) \qquad (7\text{-}3\text{-}19)$$

其中 m 表示 A 类能带，β 表示 B 类能带。A 类正交基波函数表示为 $|S\uparrow\rangle$、$|X\uparrow\rangle$、$|Y\uparrow\rangle$、$|Z\uparrow\rangle$、$|S\downarrow\rangle$、$|X\downarrow\rangle$、$|Y\downarrow\rangle$ 和 $|Z\downarrow\rangle$。总的哈密顿矩阵表示为

$$U_{m\times n} = H_{m\times n} + \sum_\beta \frac{H_{m\beta} H_{\beta n}}{E - H_{\beta\beta}} \qquad (7\text{-}3\text{-}20)$$

作为近似，不考虑自旋轨道的重整化，仅考虑一阶重整化，将式（7-3-20）中的 E 用 $(H_m + H_{mm})/2$ 代替。总的哈密顿矩阵表示为

$$U_{8\times 8} = \begin{bmatrix} H_{4\times 4} & 0 \\ 0 & H_{4\times 4} \end{bmatrix} + H_{so} + \begin{bmatrix} H_R & 0 \\ 0 & H_R \end{bmatrix} \qquad (7\text{-}3\text{-}21)$$

其中前两项与式（7-3-7）完全一致。哈密顿量（7-3-18）中，考虑正交性，矩阵元 $\left(H_0 + \frac{\hbar^2 k^2}{2m_0}\right)_{m\beta} = \left(H_0 + \frac{\hbar^2 k^2}{2m_0}\right)_{\beta n} = 0$，因此 $H_{m\beta}$ 中参与贡献的只有 $H_{m\beta} = \left(\frac{\hbar}{m_0} k \cdot p\right)_{m\beta}$。易得远带的贡献：

$$H_R = \begin{bmatrix} Ak^2 & Bk_y k_z & Bk_x k_z & Bk_x k_y \\ Bk_y k_z & Lk_x^2 + M(k_y^2 + k_z^2) & Nk_x k_y & Nk_x k_z \\ Bk_x k_z & Nk_x k_y & Lk_y^2 + M(k_x^2 + k_z^2) & Nk_y k_z \\ Bk_x k_y & Nk_x k_z & Nk_y k_z & Lk_z^2 + M(k_x^2 + k_y^2) \end{bmatrix}$$

$$(7\text{-}3\text{-}22)$$

其中相关参数分别表示如下：

$$A = \frac{\hbar^2}{m_0^2} \sum_{n\in\beta} \frac{\langle S|p_x|n\rangle \langle n|p_x|S\rangle}{E_c - E_\beta}$$

$$B = \frac{2\hbar^2}{m_0^2} \sum_{n\in\beta} \frac{\langle S|p_x|n\rangle \langle n|p_y|Z\rangle}{0.5(E_c - E_v) - E_n}$$

$$L = \frac{\hbar^2}{m_0^2} \sum_{n\in\beta} \frac{\langle X|p_x|n\rangle \langle n|p_x|X\rangle}{E_v - E_n} \qquad (7\text{-}3\text{-}23)$$

$$M = \frac{\hbar^2}{m_0^2} \sum_{n\in\beta} \frac{\langle X|p_x|n\rangle \langle n|p_y|X\rangle}{E_v - E_n}$$

$$N = \frac{\hbar^2}{m_0^2} \sum_{n\in\beta} \frac{\langle Z|p_z|n\rangle \langle n|p_x|X\rangle + \langle Z|p_x|n\rangle \langle n|p_z|X\rangle}{E_v - E_n}$$

以上给出了以 s 态和 p 态为基矢的哈密顿矩阵，并考虑了远带对上述 8 个态之间的耦合相互作用。

文献中最常用的形式还是以式(7-3-14)为基矢的哈密顿矩阵,表示 6 个价带之间的哈密顿相互作用。对于窄带,必要时考虑加入两个简并的导带 s 态并将其作为基矢展开。下面仅考虑将 6 个价带在 $k=0$ 点的态作为基矢,并引入远带的相互作用。基矢波函数满足

$$H(k=0)u_{j0}(r)=E_j(0)u_{j0}(r) \tag{7-3-24}$$

其中基态的能量本征值满足

$$E_j(0)=\begin{cases} E_p+\dfrac{\Delta}{3}=0, & j=1,2,3,4 \\[2mm] E_p-\dfrac{2\Delta}{3}=-\Delta, & j=5,6 \end{cases} \tag{7-3-25}$$

在 A 类能带的哈密顿矩阵元中,忽略 $\hbar k \cdot p/m_0$ 项,A 类能带的哈密顿矩阵表示为

$$\boldsymbol{H}_{6\times6}=\begin{bmatrix} 0 & & & & & \\ & 0 & & & & \\ & & 0 & & & \\ & & & 0 & & \\ & & & & -\Delta & \\ & & & & & \Delta \end{bmatrix}+\frac{\hbar^2 k^2}{2m_0}\boldsymbol{I}_{6\times6} \tag{7-3-26}$$

其中 $\boldsymbol{I}$ 为单位矩阵。总的哈密顿矩阵表示为 $\boldsymbol{U}_{6\times6}=\boldsymbol{H}_{6\times6}+(\boldsymbol{H}_R)_{6\times6}$。对于远带的影响,我们以 $u_{10}(r)=\left|\dfrac{3}{2},\dfrac{3}{2}\right\rangle=\dfrac{-1}{\sqrt{2}}|(X+\mathrm{i}Y)\uparrow\rangle$ 为例,推导出对应的矩阵元 $(\boldsymbol{H}_R)_{11}$:

$$(\boldsymbol{H}_R)_{11}=\frac{1}{2}\sum_\beta\frac{H_{X\beta}H_{\beta X}}{E-H_{\beta\beta}}+\frac{1}{2}\sum_\beta\frac{H_{Y\beta}H_{\beta Y}}{E-H_{\beta\beta}}+\frac{\mathrm{i}}{2}\sum_\beta\frac{H_{X\beta}H_{\beta Y}}{E-H_{\beta\beta}}-\frac{\mathrm{i}}{2}\sum_\beta\frac{H_{Y\beta}H_{\beta X}}{E-H_{\beta\beta}} \tag{7-3-27}$$

由于 $H_{m\beta}=\left(\dfrac{\hbar}{m_0}\boldsymbol{k}\cdot\boldsymbol{p}\right)_{m\beta}$,考虑轮换对称性易得

$$(\boldsymbol{H}_R)_{11}=\frac{1}{2}\sum_\beta\frac{H_{X\beta}H_{\beta X}}{E-H_{\beta\beta}}+\frac{1}{2}\sum_\beta\frac{H_{Y\beta}H_{\beta Y}}{E-H_{\beta\beta}} \tag{7-3-28}$$

由式(7-3-22)可知 $(\boldsymbol{H}_R)_{11}=\left[\dfrac{1}{2}Lk_x^2+\dfrac{1}{2}M(k_y^2+k_z^2)+\dfrac{1}{2}Lk_y^2+\dfrac{1}{2}M(k_x^2+k_z^2)\right]$,因此总的哈密顿矩阵元表示为 $U_{11}=\dfrac{\hbar k^2}{2m_0}+\left[\dfrac{1}{2}(L+M)(k_x^2+k_y^2)+Mk_z^2\right]$,令 $A=\dfrac{\hbar^2}{2m_0}+L$,$B=\dfrac{\hbar^2}{2m_0}+M$。定义能带结构(Luttinger -Kohn)参数[6]:

$$-\frac{\hbar^2\gamma_1}{2m_0}=\frac{1}{3}(A+2B)$$

$$-\frac{\hbar^2\gamma_2}{2m_0}=\frac{1}{6}(A-B) \tag{7-3-29}$$

用能带结构参数表示矩阵元 $U_{11} = -P-Q$,其中:

$$P = \frac{\hbar^2 \gamma_1}{2m_0} k^2$$

$$Q = \frac{\hbar^2 \gamma_2}{2m_0}(k_x^2 + k_y^2 - 2k_z^2) \tag{7-3-30}$$

矩阵元 U_{12} 涉及的两个态分别是

$$u_{10}(r) = \left| \frac{3}{2}, \frac{3}{2} \right\rangle = \frac{-1}{\sqrt{2}} |(X+iY)\uparrow\rangle$$

$$u_{20}(r) = \left| \frac{3}{2}, \frac{1}{2} \right\rangle = \frac{-1}{\sqrt{6}} |(X+iY)\downarrow\rangle + \sqrt{\frac{2}{3}} |Z\uparrow\rangle \tag{7-3-31}$$

代入易得 $U_{12} = \frac{-1}{\sqrt{3}}(Nk_x k_z - iNk_z k_y) = \frac{-1}{\sqrt{3}} N(k_x - ik_y)k_z$,定义能带结构(Luttinger-Kohn)参数:

$$-\frac{\hbar^2 \gamma_3}{2m_0} = \frac{1}{6}N \tag{7-3-32}$$

将矩阵元用能带结构参数表示,易得

$$U_{12} = S = \frac{-1}{\sqrt{3}} \frac{-6}{2m_0} \frac{\hbar^2 \gamma_3}{2m_0}(k_x - ik_y)k_z = \frac{\hbar^2 \gamma_3}{2m_0} 2\sqrt{3}(k_x - ik_y)k_z \tag{7-3-33}$$

最后,我们推导一下矩阵元 U_{13},涉及的两个态分别是

$$u_{10}(r) = \left| \frac{3}{2}, \frac{3}{2} \right\rangle = \frac{-1}{\sqrt{2}}(X+iY)\uparrow\rangle$$

$$u_{30}(r) = \left| \frac{3}{2}, \frac{-1}{2} \right\rangle = \frac{1}{\sqrt{6}} |(X-iY)\uparrow\rangle + \sqrt{\frac{2}{3}} |Z\downarrow\rangle \tag{7-3-34}$$

代入易得

$$U_{13} = \frac{-1}{\sqrt{12}}(Lk_x^2 + M(k_y^2 + k_z^2) - 2iNk_x k_y - Lk_y^2 - M(k_x^2 + k_z^2))$$

$$= \frac{-1}{\sqrt{12}}[(L-M)(k_x^2 - k_y^2) - 2iNk_x k_y] \tag{7-3-35}$$

$L-M = A-B$,由式(7-3-29)和式(7-3-32),将能带结构(Luttinger-Kohn)参数代入式(7-3-35)得

$$U_{13} = -R = \frac{\hbar^2}{2m_0}[\sqrt{3}\gamma_2(k_x^2 - k_y^2) - i2\sqrt{3}\gamma_3 k_x k_y] \tag{7-3-36}$$

其余哈密顿量矩阵元不再详细列举,下面直接给出哈密顿矩阵 U[29]:

$$
U_{6\times 6} = - \begin{bmatrix}
P+Q & -S & R & 0 & \dfrac{-S}{\sqrt{2}} & \sqrt{2}R \\
-S^{+} & P-Q & 0 & R & -\sqrt{2}Q & \sqrt{3/2}S \\
R^{+} & 0 & P-Q & S & \sqrt{3/2}S^{+} & \sqrt{2}Q \\
0 & R^{+} & S^{+} & P+Q & -\sqrt{2}R^{+} & -S^{+}/\sqrt{2} \\
-S^{+}/\sqrt{2} & -\sqrt{2}Q^{+} & \sqrt{3/2}S & -\sqrt{2}R & P+\Delta & 0 \\
\sqrt{2}R^{+} & \sqrt{3/2}S^{+} & \sqrt{2}Q^{+} & \dfrac{-S}{\sqrt{2}} & 0 & P+\Delta
\end{bmatrix}
$$

$$(7\text{-}3\text{-}37)$$

上角标"+"表示复共轭,参数分别表示为

$$
P = \frac{h^2 \gamma_1}{2m_0}(k^2), \quad Q = \frac{h^2 \gamma_2}{2m_0}(k_x^2 + k_y^2 - 2k_z^2)
$$

$$(7\text{-}3\text{-}38)$$

$$
R = \frac{h^2}{2m_0}\left[-\sqrt{3}\gamma_2(k_x^2 - k_y^2) + i2\sqrt{3}\gamma_3 k_x k_y \right], \quad S = \frac{h^2 \gamma_3}{m_0}\sqrt{3}(k_x - ik_y)k_z
$$

对于大多数情况,量子异质结构的能带结构计算对于导带用单带有效质量近似是足够的,但对于价带,情况比较复杂,极值点高度简并,需要用多带 $k \cdot p$ 才能正确描述能带结构。对于较窄带隙的半导体,考虑导带和价带的耦合 8 带 $k \cdot p$ 理论则更为精确。下面直接给出闪锌矿结构 8 带 $k \cdot p$ 理论的哈密顿矩阵元[29]:

$$
H = \begin{bmatrix}
|S\downarrow\rangle & |S\uparrow\rangle & \left|\tfrac{3}{2},-\tfrac{3}{2}\right\rangle & \left|\tfrac{3}{2},-\tfrac{1}{2}\right\rangle & \left|\tfrac{3}{2},\tfrac{1}{2}\right\rangle & \left|\tfrac{3}{2},\tfrac{3}{2}\right\rangle & \left|-\tfrac{1}{2},-\tfrac{1}{2}\right\rangle & \left|-\tfrac{1}{2},\tfrac{1}{2}\right\rangle \\
A & 0 & T'+V' & 0 & -\sqrt{3}(T-V) & \sqrt{2}(W-U) & W-U & \sqrt{2}(T'+V') \\
0 & A & \sqrt{2}(W-U) & -\sqrt{3}(T'+V') & 0 & T-V & -\sqrt{2}(T-V) & W^{\dagger}+U \\
T+V & \sqrt{2}(W^{\dagger}-U) & -P+Q & -S' & R & 0 & \sqrt{\tfrac{3}{2}}S & -\sqrt{2}Q \\
0 & -\sqrt{3}(T+V) & -S & -P-Q & 0 & R & -\sqrt{2}R & \sqrt{\tfrac{1}{2}}S \\
-\sqrt{3}(T'-V') & 0 & R' & 0 & -P-Q & S' & \sqrt{\tfrac{1}{2}}S' & \sqrt{2}R' \\
\sqrt{2}(W'-U) & T'-V' & 0 & R' & S & -P+Q & \sqrt{2}Q & \sqrt{\tfrac{3}{2}}S' \\
W^{\dagger}-U & -\sqrt{2}(T'-V') & \sqrt{\tfrac{3}{2}}S' & -\sqrt{2}R' & \sqrt{\tfrac{1}{2}}S & \sqrt{2}Q & Z & 0 \\
\sqrt{2}(T+V) & W+U & -\sqrt{2}Q & \sqrt{\tfrac{1}{2}}S' & \sqrt{2}R & \sqrt{\tfrac{3}{2}}S & 0 & Z
\end{bmatrix}
$$

$$(7\text{-}3\text{-}39)$$

应该指出,矩阵行列的具体排列顺序并没有统一标准。式(7-3-39)中元素的上角标 † 表示共轭复数,各个元素的具体表达式为

$$A = E_c + (A' + \frac{\hbar^2}{2m_0})(k^2), \quad U = \sqrt{\frac{1}{3}}P_0 k_z, \quad V = \sqrt{\frac{1}{6}}P_0(k_x - ik_y)$$

$$W = i\sqrt{\frac{1}{3}}Bk_x k_y, \quad T = \sqrt{\frac{1}{6}}Bk_z(k_x + ik_y), \quad P = -E_v + \frac{\hbar^2 \gamma_1}{2m_0}(k_x^2 + k_y^2 + k_z^2)$$

$$\tag{7-3-40}$$

$$Q = \frac{\hbar^2 \gamma_2}{2m_0}(k_x^2 + k_y^2 - 2k_z^2), \quad R = -\frac{\sqrt{3}}{2}\frac{\hbar^2}{m_0}\left[\gamma_2(k_x^2 - k_y^2) - 2i\gamma_3 k_x k_y\right]$$

$$S = \sqrt{3}\gamma_3 \frac{\hbar^2}{m_0}k_z(k_x - ik_y), \quad Z = -P - \Delta$$

在式(7-3-40)中，P_0 用于描述导带和价带的耦合，表示为 $P_0 = -i\frac{\hbar}{m_0}\langle S|p_x|X\rangle$，$P_0$ 与 E_p 的关系为 $E_p = \frac{2m_0}{\hbar^2}P_0^2$；$E_c$ 和 E_v 分别为导带边和价带边的能量；B 为反演对称参数，对于立方晶系 $B = 0$；γ_1、γ_2 和 γ_3 分别是对应的修正 Luttinger 参数，与 Luttinger 参数 γ_i^L 的关系为

$$\gamma_1 = \gamma_1^L - \frac{E_p}{3E_g + \Delta}, \quad \gamma_2 = \gamma_2^L - \frac{1}{2}\frac{E_p}{3E_g + \Delta}, \quad \gamma_3 = \gamma_3^L - \frac{1}{2}\frac{E_p}{3E_g + \Delta} \tag{7-3-41}$$

导带变为 E_c，价带变为 $E_{v,hh} = E_v' + \frac{\Delta}{3}$，自旋分离带带边为 $E_{v,so} = E_v' - \frac{2\Delta}{3}$，带隙表达为 $E_g = E_c - E_v$。

4. 应变半导体的哈密顿量

当原子逐渐靠近形成固体的时候，会导致能级分裂，随着间距的减小，能级分裂程度增强。因此很容易判断，在晶体承受应变的过程中，会导致晶体能带的变化。下面我们直接给出 Pikus-Bir 哈密顿量矩阵的主要结论[30]：利用变形势取代 **k·p** 微扰哈密顿矩阵中的有效质量倒数前置因子，将 $k_\alpha k_\beta$ 替换为 $\varepsilon_{\alpha\beta}$。前置因子中替换规则如下：

$$导带：\frac{\hbar^2}{2m_c^2} \leftrightarrow a_c$$

$$价带：\frac{\hbar^2 \gamma_1}{2m_0} \leftrightarrow -a_v, \quad \frac{\hbar^2 \gamma_2}{2m_0} \leftrightarrow -\frac{b}{2}, \quad \frac{\hbar^2 \gamma_3}{2m_0} \leftrightarrow -\frac{d}{2\sqrt{3}} \tag{7-3-42}$$

比如，对于单带有效质量近似，导带的能量色散关系为 $E(k) = E_c(0) + \frac{\hbar^2}{2m_c^*}(k_x^2 + k_y^2 + k_z^2)$，因此应变对带边的改变量为 $\Delta E_c = a_c(\varepsilon_{xx} + \varepsilon_{yy} + \varepsilon_{zz}) = a_c\varepsilon_{hyd}$，$a_c$ 为导带流体静应变变形势，与哈密顿矩阵元中的项对应，易得

$$P_\varepsilon = -a_v\varepsilon_{hyd}, \quad Q_\varepsilon = -\frac{b}{2}\varepsilon_{bi}, \quad R_\varepsilon = \frac{\sqrt{3}}{2}b(\varepsilon_{xx} - \varepsilon_{yy}) - id\varepsilon_{xy}, \quad S_\varepsilon = -d(\varepsilon_{xz} - i\varepsilon_{yz})$$

$$\tag{7-3-43}$$

其中，b 为双周应变变形势，d 为剪切应变变形势，$\varepsilon_{hyd} = \varepsilon_{xx} + \varepsilon_{yy} + \varepsilon_{zz}$ 为流体静应变，$\varepsilon_{bi} = \varepsilon_{xx} + \varepsilon_{yy} - 2\varepsilon_{zz}$。在利用单带有效质量近似计算异质结构的电子结构时，需要在

带边势场的作用下，考虑应变对带边的修正。在四带 $\boldsymbol{k \cdot p}$ 理论下，哈密顿矩阵元表示为

$$
\boldsymbol{U}_{4 \times 4} = \begin{bmatrix}
-(P+P_{\varepsilon}+Q+Q)_{\varepsilon} & S+S_{\varepsilon} & -(R+R_{\varepsilon}) & 0 \\
(S+S_{\varepsilon})^{+} & -P-P_{\varepsilon}+Q+Q_{\varepsilon} & 0 & -(R+R_{\varepsilon}) \\
-(R+R_{\varepsilon})^{+} & 0 & -P-P_{\varepsilon}+Q+Q_{\varepsilon} & -(S+S_{\varepsilon}) \\
0 & -(R+R_{\varepsilon})^{+} & -(S+S_{\varepsilon})^{+} & -(P+P_{\varepsilon}+Q+Q)_{\varepsilon}
\end{bmatrix}
$$

$$(7\text{-}3\text{-}44)$$

由 $\det[\boldsymbol{U}_{4 \times 4}(k) - \delta_{ij}E] = 0$，求得两个二重简并的重空穴带和两个二重简并的轻空穴带本征值，分别为

$$
E_{hh}(k) = -P_{\varepsilon} - P - \mathrm{sgn}(Q_{\varepsilon}) \sqrt{(Q_{\varepsilon}+Q)^2 + RR^{+} + SS^{+}}
$$
$$
E_{hh}(k) = -P_{\varepsilon} - P + \mathrm{sgn}(Q_{\varepsilon}) \sqrt{(Q_{\varepsilon}+Q)^2 + RR^{+} + SS^{+}}
$$

$$(7\text{-}3\text{-}45)$$

由式(7-3-45)可知，导带重空穴带、轻空穴带和自旋分离带的带边($k=0$)修正分别为

$$
E_{hh}(k=0) = -P_{\varepsilon} - Q_{\varepsilon} = a_{v}(\varepsilon_{xx}+\varepsilon_{yy}+\varepsilon_{zz}) + \frac{b}{2}(\varepsilon_{xx}+\varepsilon_{yy}-2\varepsilon_{zz})
$$
$$
E_{lh}(k=0) = -P_{\varepsilon} + Q_{\varepsilon} = a_{v}(\varepsilon_{xx}+\varepsilon_{yy}+\varepsilon_{zz}) - \frac{b}{2}(\varepsilon_{xx}+\varepsilon_{yy}-2\varepsilon_{zz})
$$

$$(7\text{-}3\text{-}46)$$

为了完整，单独给出应变对导带带边的修正：

$$
E_{c}(k=0) = a_{c}(\varepsilon_{xx}+\varepsilon_{yy}+\varepsilon_{zz}) = a_{c}\varepsilon_{hyd} \tag{7-3-47}
$$

上面给出了在四带 $\boldsymbol{k \cdot p}$ 模型中应变对重空穴和轻空穴带边的修正，忽略了自旋轨道耦合分离带的影响，更精确的是采用六带的 $\boldsymbol{k \cdot p}$ 模型，与式(7-3-37)对应，式(7-3-48)给出了 $k=0$ 时的哈密顿矩阵(已考虑初始带边的位置，分别为两个简并重空穴，带边能为 0，两个简并轻空穴，带边能为零，两个简并自旋分离带，能量为 $-\Delta$)。将矩阵对角化，易得在六带的 $\boldsymbol{k \cdot p}$ 模型下，应变对带边的修正为

$$
\boldsymbol{U}_{6 \times 6}(k=0) = - \begin{bmatrix}
P_{\varepsilon}+Q_{\varepsilon} & 0 & 0 & 0 & 0 & 0 \\
0 & P_{\varepsilon}-Q_{\varepsilon} & 0 & 0 & -\sqrt{2}Q_{\varepsilon} & 0 \\
0 & 0 & P_{\varepsilon}-Q_{\varepsilon} & 0 & 0 & \sqrt{2}Q_{\varepsilon} \\
0 & 0 & 0 & P_{\varepsilon}+Q_{\varepsilon} & 0 & 0 \\
0 & -\sqrt{2}Q_{\varepsilon} & 0 & 0 & P_{\varepsilon}+\Delta & 0 \\
0 & 0 & \sqrt{2}Q_{\varepsilon} & 0 & 0 & P_{\varepsilon}+\Delta
\end{bmatrix}
$$

$$(7\text{-}3\text{-}48)$$

$$
E_{hh}(k=0) = -P_{\varepsilon} - Q_{\varepsilon} = a_{v}(\varepsilon_{xx}+\varepsilon_{yy}+\varepsilon_{zz}) + \frac{b}{2}(\varepsilon_{xx}+\varepsilon_{yy}-2\varepsilon_{zz})
$$

$$
E_{lh}(k=0) = -P_{\varepsilon} + \frac{1}{2}(Q_{\varepsilon}-\Delta+\sqrt{\Delta^2+2\Delta Q_{\varepsilon}+9Q_{\varepsilon}^2}) \tag{7-3-49}
$$

$$
E_{so}(k=0) = -P_{\varepsilon} + \frac{1}{2}(Q_{\varepsilon}-\Delta-\sqrt{\Delta^2+2\Delta Q_{\varepsilon}+9Q_{\varepsilon}^2})
$$

由此可见,在六带模型中,重空穴在带边与自旋分离带是解耦的,与四带模型结果一致,但在轻空穴和自旋分离带是耦合的,轻空穴带边受影响的程度取决于 Q_ε 与 Δ 的相对值。在 $\mathrm{In}_{1-x}\mathrm{Ga}_x\mathrm{As}/\mathrm{InP}$ 材料系的计算结果表明,自旋轨道耦合的作用不可忽略[31]。

对于 8 带的 $\boldsymbol{k \cdot p}$ 哈密顿矩阵,对应的应变哈密顿量与 6 带 $\boldsymbol{k \cdot p}$ 哈密顿矩阵一样,在相关项中,P_ε、Q_ε、R_ε、S_ε 与六带模型中的完全对应,除此之外,还多了 3 项,分别为

$$\Delta E_c = a_c \varepsilon_{\mathrm{hyd}}$$

$$U_\varepsilon = \frac{-\mathrm{i}P_0}{\sqrt{3}}\left(\varepsilon_{zx}\frac{\partial}{\partial x} + \varepsilon_{zy}\frac{\partial}{\partial y} + \varepsilon_{zz}\frac{\partial}{\partial z}\right) \tag{7-3-50}$$

$$V_\varepsilon = \frac{-\mathrm{i}P_0}{\sqrt{6}}\left[(\varepsilon_{xx}-\mathrm{i}\varepsilon_{xy})\frac{\partial}{\partial x} + (\varepsilon_{xy}-\mathrm{i}\varepsilon_{yy})\frac{\partial}{\partial y} + (\varepsilon_{xz}-\mathrm{i}\varepsilon_{yz})\frac{\partial}{\partial z}\right]$$

7.3.2 纤锌矿半导体的 $\boldsymbol{k \cdot p}$ 公式

纤锌矿结构半导体大多属于宽带隙半导体,多带 $\boldsymbol{k \cdot p}$ 理论不需要考虑导带与价带的耦合,只需要考虑重空穴、轻空穴和自旋轨道分离带之间的六带 $\boldsymbol{k \cdot p}$ 模型。与闪锌矿结构不同的是,p 态与 $H_0 = \frac{p^2}{2m_0} + V(r)$ 的相互作用哈密顿矩阵元中包含了晶体分裂场:

$$\langle X|H_0|X\rangle = \langle Y|H_0|Y\rangle = E_v + \Delta_1, \quad \langle Z|H_0|Z\rangle = E_v \tag{7-3-51}$$

另外,p 态与自旋轨道耦合哈密顿量的矩阵元存在两个不为零的自旋轨道分离能:

$$\langle X|H_{so,z}|X\rangle = -\mathrm{i}\Delta_2, \quad \langle Y|H_{so,x}|Z\rangle = \langle Z|H_{so,y}|X\rangle = -\mathrm{i}\Delta_3 \tag{7-3-52}$$

以 $|X\uparrow\rangle\ |X\uparrow\rangle\ |X\uparrow\rangle\ |X\downarrow\rangle\ |X\downarrow\rangle\ |X\downarrow\rangle$ 为基矢,自旋轨道耦合的哈密顿矩阵元表示为

$$(\boldsymbol{H}_{so})_{6\times6} + (\boldsymbol{H}_0)_{6\times6} = \begin{bmatrix} \Delta_1 & -\mathrm{i}\Delta_2 & 0 & 0 & 0 & \Delta_3 \\ \mathrm{i}\Delta_2 & \Delta_1 & 0 & 0 & 0 & -\mathrm{i}\Delta_3 \\ 0 & 0 & 0 & -\Delta_3 & \mathrm{i}\Delta_3 & 0 \\ 0 & 0 & -\Delta_3 & \Delta_1 & \mathrm{i}\Delta_2 & 0 \\ 0 & 0 & -\mathrm{i}\Delta_3 & -\mathrm{i}\Delta_2 & \Delta_1 & 0 \\ \Delta_3 & \mathrm{i}\Delta_3 & 0 & 0 & 0 & \Delta_1 \end{bmatrix} \tag{7-3-53}$$

不考虑与 $\boldsymbol{k \cdot p}$ 有关的哈密顿矩阵元时,式(7-3-52)给出了 $k=0$ 时能带的带边位置,求能量本征值,易得 3 个二重简并的能量本征值,分别为 $E_1 = \Delta_1 + \Delta_2$,$E_2 = 0.5(\Delta_1 - \Delta_2) + \Delta$ 和 $E_3 = 0.5(\Delta_1 - \Delta_2) - \Delta$,其中 $\Delta = \sqrt{(\Delta_1 - \Delta_2)^2/4 + 2\Delta_3^2}$。在不考虑自旋轨道耦合的作用时,能量本征值分别为:4 个简并的能量本征值 $E = \Delta_1$,两个简并的能量本征值 $E=0$。由此可见,与闪锌矿半导体不一样,自旋轨道耦合作用打破了重空穴和轻空穴之间的简并。

仍采用上述基矢,求 $\boldsymbol{k} \cdot \boldsymbol{p}$ 微扰方程中与 $\boldsymbol{k} \cdot \boldsymbol{p}$ 有关的哈密顿矩阵,同样,将 6 个 p 态看作 A 类,将其他远带看作 B 类,得到的哈密顿矩阵表示为[32]

$$U_{6\times6}=\begin{bmatrix} \boldsymbol{H}_{3\times3} & 0 \\ 0 & \boldsymbol{H}_{3\times3} \end{bmatrix} \tag{7-3-54}$$

其中,$\boldsymbol{H}_{3\times3}$ 表示为

$$\boldsymbol{H}_{3\times3}=\begin{bmatrix} k_xL_1k_x+k_yM_1k_y+k_zM_2k_z & k_xN_1k_y+k_yN_1'k_x & k_xN_2k_z+k_zN_2'k_x \\ k_yN_1k_x+k_xN_1'k_y & k_xM_1k_x+k_yL_1k_y+k_zM_2k_z & k_yN_2k_z+k_zN_2'k_y \\ k_zN_2k_x+k_xN_2'k_z & k_zN_2k_y+k_yN_2'k_z & k_xM_3k_x+k_yM_3k_y+k_zL_2k_z \end{bmatrix} \tag{7-3-55}$$

上述价带有效质量参数定义如下:

$$L_1=A_2+A_4+A_5, \quad L_2=A_1, \quad M_1=A_2+A_4-A_5, \quad M_2=A_1+A_3, \quad M_3=A_2$$
$$N_1=3A_5-(A_2+A_4)+1, \quad N_1'=-A_5+A_2+A_4+1, \quad N_2=1-(A_1+A_3)+\sqrt{2}A_6$$
$$N_2'=A_1+A_3-1 \tag{7-3-56}$$

其中 $A_k(k=1,\cdots,6)$ 为 Rashba-Sheka-Pikus 价带参数。

在文献中,用得较多的还是变换基矢下的哈密顿矩阵元,变换基矢表示为[33]

$$u_{10}=\frac{-1}{\sqrt{2}}|(X+iY)\uparrow\rangle, \quad u_{20}=\frac{1}{\sqrt{2}}|(X-iY)\uparrow\rangle, \quad u_{30}=|Z\uparrow\rangle \tag{7-3-57}$$
$$u_{40}=\frac{1}{\sqrt{2}}|(X-iY)\downarrow\rangle, \quad u_{20}=\frac{-1}{\sqrt{2}}|(X+iY)\downarrow\rangle, \quad u_{30}=|Z\downarrow\rangle$$

容易证明在上述新基矢下:

$$(\boldsymbol{H}_{so})_{6\times6}+(\boldsymbol{H}_0)_{6\times6}=\begin{bmatrix} \Delta_1+\Delta_2 & 0 & 0 & 0 & 0 & 0 \\ 0 & \Delta_1-\Delta_2 & 0 & 0 & 0 & \sqrt{2}\Delta_3 \\ 0 & 0 & 0 & 0 & \sqrt{2}\Delta_3 & 0 \\ 0 & 0 & 0 & \Delta_1+\Delta_2 & 0 & 0 \\ 0 & 0 & \sqrt{2}\Delta_3 & 0 & \Delta_1-\Delta_2 & 0 \\ 0 & \sqrt{2}\Delta_3 & 0 & 0 & 0 & \Delta_1 \end{bmatrix} \tag{7-3-58}$$

$\boldsymbol{k} \cdot \boldsymbol{p}$ 相关项的哈密顿矩阵表示为

$$U_{6\times6}=\begin{bmatrix} \lambda+\theta & -K^* & -H^* & 0 & 0 & 0 \\ -K & \lambda+\theta & H & 0 & 0 & 0 \\ -H & H^* & \lambda & 0 & 0 & 0 \\ 0 & 0 & 0 & \lambda+\theta & -K & H \\ 0 & 0 & 0 & -K^* & \lambda+\theta & -H^* \\ 0 & 0 & 0 & H^* & -H & \lambda \end{bmatrix} \tag{7-3-59}$$

总的哈密顿矩阵表示为

$$\boldsymbol{U}_{6\times6}=\begin{bmatrix} F & -K^* & -H^* & 0 & 0 & 0 \\ -K & G & H & 0 & 0 & \sqrt{2}\Delta_3 \\ -H & H^* & \lambda & 0 & \sqrt{2}\Delta_3 & 0 \\ 0 & 0 & 0 & F & -K & H \\ 0 & 0 & \sqrt{2}\Delta_3 & -K^* & G & -H^* \\ 0 & \sqrt{2}\Delta_3 & 0 & H^* & -H & \lambda \end{bmatrix} \tag{7-3-60}$$

其中 $F=\lambda+\theta+\Delta_1+\Delta_2$，$G=\lambda+\theta+\Delta_1-\Delta_2$，其他相关的参数分别为

$$\lambda=\frac{\hbar^2}{2m_0}[A_1k_z^2+A_2(k_x^2+k_y^2)],\qquad \theta=\frac{\hbar^2}{2m_0}[A_3k_z^2+A_4(k_x^2+k_y^2)]$$

$$K=\frac{\hbar^2}{2m_0}A_5(k_x+\mathrm{i}k_y)^2,\qquad H=\frac{\hbar^2}{2m_0}A_6(k_x+\mathrm{i}k_y)k_z \tag{7-3-61}$$

同样考虑应变对哈密顿矩阵元的影响，在上述基矢下，应变哈密顿量可以表示为与式 (7-3-59)对应的形式，利用 $\frac{\hbar^2A_i}{2m_0}\leftrightarrow D_i$ 和 $k_\alpha k_\beta\leftrightarrow\varepsilon_{\alpha\beta}$ 进行代换，易得应变哈密顿矩阵中的对应项可以表示为

$$\lambda_\varepsilon=D_1\varepsilon_{zz}+D_2(\varepsilon_{xx}+\varepsilon_{yy}),\qquad \theta_\varepsilon=D_3\varepsilon_{zz}+D_4(\varepsilon_{xx}+\varepsilon_{yy})$$

$$K_\varepsilon=D_5(\varepsilon_{xx}-\varepsilon_{yy}+2\mathrm{i}\varepsilon_{xy}),\qquad H_\varepsilon=D_6(\varepsilon_{xz}+\mathrm{i}\varepsilon_{yz}) \tag{7-3-62}$$

应变哈密顿矩阵表示为

$$(\boldsymbol{U}_{6\times6})_\varepsilon=\begin{bmatrix} \lambda_\varepsilon+\theta_\varepsilon & -K_\varepsilon^* & -H_\varepsilon^* & 0 & 0 & 0 \\ -K_\varepsilon & \lambda_\varepsilon+\theta_\varepsilon & H_\varepsilon & 0 & 0 & 0 \\ -H_\varepsilon & H_\varepsilon^* & \lambda_\varepsilon & 0 & 0 & 0 \\ 0 & 0 & 0 & \lambda_\varepsilon+\theta_\varepsilon & -K_\varepsilon & H_\varepsilon \\ 0 & 0 & 0 & -K_\varepsilon^* & \lambda_\varepsilon+\theta_\varepsilon & -H_\varepsilon^* \\ 0 & 0 & 0 & H_\varepsilon^* & -H_\varepsilon & \lambda_\varepsilon \end{bmatrix} \tag{7-3-63}$$

对于纤锌矿半导体结构，需要更多的变形势参数来描述应变对带边的影响，导带需要考虑垂直晶轴方向的流体静应变和沿晶轴[0001]方向的正应变对带边的影响，可以表示为

$$E_c(k=0)=E_c+a_c^{//}\varepsilon_{zz}+a_c^\perp(\varepsilon_{xx}+\varepsilon_{yy}) \tag{7-3-64}$$

剔除掉总的哈密顿矩阵中与 k 有关的项，并求解本征值，可得到 3 个二重简并的能量本征值，分别为

$$E_1=\Delta_1+\Delta_2+\lambda_\varepsilon+\theta_\varepsilon$$

$$E_2=\frac{\Delta_1-\Delta_2+\theta_\varepsilon}{2}+\lambda_\varepsilon+\sqrt{\left(\frac{\Delta_1-\Delta_2+\theta_\varepsilon}{2}\right)^2+2\Delta_3^2}$$

$$E_3=\frac{\Delta_1-\Delta_2+\theta_\varepsilon}{2}+\lambda_\varepsilon-\sqrt{\left(\frac{\Delta_1-\Delta_2+\theta_\varepsilon}{2}\right)^2+2\Delta_3^2} \tag{7-3-65}$$

可以看出，对于价带（重空穴）也可以表示应变对带边的影响：

$$E_{hh}(k=0)=E_v+(D_1+D_3)\varepsilon_{zz}+(D_2+D_4)(\varepsilon_{xx}+\varepsilon_{yy}) \tag{7-3-66}$$

其中 $E_v=\Delta_1+\Delta_2$。

7.4 压电效应

除改变带边结构外，在应变场的作用下半导体材料通常会受到压电效应的影响。压电效应导致极化电荷分布，进而产生压电势场，进一步影响材料的带边结构，导致材料和器件光学特性改变。除压电极化外，对于六角结构材料，如 GaN、AlN 等还有较强的自发极化。

7.4.1 压电效应与压电势

与在外加电场作用下的介电极化类似，压电极化用极化强度矢量描述，极化强度矢量 **P** 与应力张量或应变张量联系，其本构关系在线性情况下（应力或应变不太大）可以表示为

$$\boldsymbol{P}=\boldsymbol{d}:\boldsymbol{\sigma} \ \text{或} \ \boldsymbol{P}=\boldsymbol{e}:\boldsymbol{T} \tag{7-4-1}$$

由张量表达式的性质可知，e、d 为三阶张量，前者称为压电模量或压电应变系数，后者称为压电应力系数，显然 e 和 d 的关系可以通过晶体的广义胡克定律相联系。在讨论量子材料的压电效应时，文献大多采用压电应力系数，为保持一致，下面只介绍后者，将压电本构关系写成分量的形式，可以表示为

$$P_i=e_{ijk}\varepsilon_{jk} \quad (i,j,k=1,2,3) \tag{7-4-2}$$

其物理意义为：压电极化的每个分量 P_i 与每一个应变分量都呈线性关系。以 P_1 为例，其可以写成 9 项之和：

$$P_1=e_{111}\varepsilon_{11}+e_{112}\varepsilon_{12}+e_{113}\varepsilon_{13}+e_{121}\varepsilon_{21}+e_{122}\varepsilon_{22}+e_{123}\varepsilon_{23}+e_{131}\varepsilon_{31}+e_{132}\varepsilon_{32}+e_{133}\varepsilon_{33}$$

$$\tag{7-4-3}$$

由于 $[e_{ijk}]$ 为三阶张量，所以共有 27 个分量，实际上由于晶体的对称性，其独立分量的数目可大大减少。首先是其固有对称性，来源于应力或应变二阶张量的对称性。假定只存在某对切应变分量的情况，比如 $\varepsilon_{kj}=\varepsilon_{jk}$，因此压电极化强度 $P_i=(e_{ijk}+e_{ikj})\varepsilon_{jk}$，实验只能测出成对的且应变分量对极化强度分量的贡献，为了避免两个压电应力系数张量分量取值的随意性，合理的方式是令两者相等，即 $e_{ijk}=e_{ikj}$。这就是应变张量的固有对称性导致压电应力系数张量后两个下标的置换对称性。这样固有对称性导致 $[e_{ijk}]$ 分量的个数由原来的 27 个减少为 $3\times6=18$ 个（每行 6 个独立分量）。为了书写简单，同样引入简化下标，对张量角标的后两个由双下标转化为单下标，简化方法与弹性力学的下标简化方法相同：

$$11\rightarrow1,\ 22\rightarrow2,\ 33\rightarrow3,\ 23=32\rightarrow4,\ 31=13\rightarrow5,\ 12=21\rightarrow6 \tag{7-4-4}$$

$$e_{iN}=e_{ijk},\quad N=1,2,3,4,5,6 \tag{7-4-5}$$

将本构关系写成矩阵形式,可以表示为

$$\begin{bmatrix} P_1 \\ P_2 \\ P_3 \end{bmatrix} = \begin{bmatrix} e_{11} & e_{12} & e_{13} & e_{14} & e_{15} & e_{16} \\ e_{21} & e_{22} & e_{23} & e_{24} & e_{25} & e_{26} \\ e_{31} & e_{32} & e_{33} & e_{34} & e_{35} & e_{36} \end{bmatrix} \begin{bmatrix} \varepsilon_1 \\ \varepsilon_2 \\ \varepsilon_3 \\ \varepsilon_4 \\ \varepsilon_5 \\ \varepsilon_6 \end{bmatrix} \tag{7-4-6}$$

需要注意的是,用压电应变系数描述的矩阵形式描述压电效应的本构关系时,其他形式不变,但为了使得关系式中不出现系数,双下标与单下标之间满足如下关系式:

$$\begin{cases} d_{iN} = d_{ijk}, & N = 1, 2, 3 \\ d_{iN} = 2d_{ijk}, & N = 4, 5, 6 \end{cases} \tag{7-4-7}$$

对于闪锌矿结构如 InAs/GaAs 材料,不为零分量个数进一步减少,只有一个分量,表示为 $e_{14} = e_{25} = e_{36}$,压电极化分量表示为如下矩阵形式:

$$\begin{bmatrix} P_x \\ P_y \\ P_z \end{bmatrix} = \begin{bmatrix} e_{14} & 0 & 0 \\ 0 & e_{14} & 0 \\ 0 & 0 & e_{14} \end{bmatrix} \begin{bmatrix} 2\varepsilon_{yz} \\ 2\varepsilon_{zx} \\ 2\varepsilon_{xy} \end{bmatrix} \tag{7-4-8}$$

可以看出,对于一阶压电效应,压电极化只与剪切应变有关,对于闪锌矿结构的量子点,由于剪切分量主要集中在量子点与周围材料的界面附近,因此也在界面附近产生较强的压电极化效应。图 7-4-1 所示为 InAs/GaAs 金字塔形量子点的几何模型及其压电势等值面分布,可以看出,压电势场具有四极场特征。对于闪锌矿结构,尽管压电势场不大,但可以看出,由于极化电势与边界附近的剪切应变相关,因此会改变

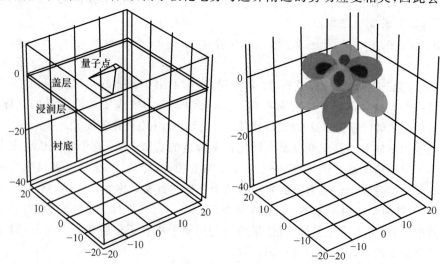

图 7-4-1 InAs/GaAs 金字塔形量子点的几何模型及其压电势等值面分布

电势场的对称性,金字塔形量子点具有 C_4 对称性,但由于压电势的存在,导致电势场具有的对称性降低为 C_2 对称性,会间接影响量子点电子波函数的对称性。表 7-4-1 给出了常见闪锌矿半导体的压电应变系数与相对介电常数。

表 7-4-1　常见闪锌矿半导体的压电应变系数与相对介电常数(粗体为实验值)

材　料	InAs	GaAs	InSb	GaSb	AlSb	CdTe	ZnSe	ZnS	InP	GaN	AlN
$e_{14}/(\text{C} \cdot \text{m}^{-2})$	**−0.045**	**−0.16**	**−0.071**	**−0.12**	**−0.157**	0.054	0.049	0.254	0.003	0.59	0.59
$\in_r$	14.6	13.18	16.8	15.69	12.04	10.2	7.6	8.0	12.61	9.7	9.7

根据密度泛函理论,Bester 等人发现,对于闪锌矿结构 InAs/GaAs 材料系,二阶极化效应不可以忽略[34],作为一个特例,二阶极化和线性极化的压电效应贡献可比拟,且二阶极化效应和线性极化效应具有相反的影响,在大应变情况下,甚至二阶效应起主要作用。二阶压电系数为五阶张量,压电极化表示为

$$P_i = P_{1,i} + P_{2,i} = \sum_j e_{ij}\varepsilon_j + \frac{1}{2}\sum_{jk}B_{ijk}\varepsilon_j\varepsilon_k \quad (i=1,2,3; j,k=1,2,3,4,5,6)$$

$$(7\text{-}4\text{-}9)$$

其中,P_1 和 P_2 分别为一阶和二阶压电极化矢量,当 $j,k=1,2,3$ 时,$B_{i,jk}=B_{i,mnop}$,当 $j,k=4,5,6$ 时,$B_{i,jk}=4B_{i,mnop}$,当仅 $j=1,2,3$ 或仅 $k=1,2,3$ 时,$B_{i,jk}=2B_{i,mnop}$。对于闪锌矿结构,63 个元素中共 12 个非零元素,但二阶压电极化独立的非零系数只有 3 个,表示为 $B_{114}=B_{225}=B_{336}$,$B_{156}=B_{246}=B_{345}$ 和 $B_{124}=B_{143}=B_{215}=B_{235}=B_{316}=B_{326}$,总的二阶极化可以表示为

$$\boldsymbol{P}_2 = 2B_{114}\begin{bmatrix}\varepsilon_{xx}\varepsilon_{yz}\\\varepsilon_{yy}\varepsilon_{xz}\\\varepsilon_{zz}\varepsilon_{xy}\end{bmatrix} + 2B_{124}\begin{bmatrix}\varepsilon_{yz}(\varepsilon_{yy}+\varepsilon_{zz})\\\varepsilon_{xz}(\varepsilon_{xx}+\varepsilon_{zz})\\\varepsilon_{xy}(\varepsilon_{yy}+\varepsilon_{xx})\end{bmatrix} + 4B_{156}\begin{bmatrix}\varepsilon_{xz}\varepsilon_{xy}\\\varepsilon_{yz}\varepsilon_{xy}\\\varepsilon_{yz}\varepsilon_{xz}\end{bmatrix} \quad (7\text{-}4\text{-}10)$$

可以看出,二阶极化效应不仅与材料的剪切应变有关,而且与材料的正应变有关。InAs 和 GaAs 材料二阶非线性系数的取值如表 7-4-2 所示,合金材料参数可由线性插值获得。

表 7-4-2　二阶压电系数(理论计算值)[34]

	$B_{114}/(\text{C} \cdot \text{m}^{-2})$	$B_{124}/(\text{C} \cdot \text{m}^{-2})$	$B_{156}/(\text{C} \cdot \text{m}^{-2})$
InAs	−0.531	−4.076	−0.120
GaAs	−0.439	−3.765	−0.492
GaP	−0.7	−3.6	−0.9
InP	−1.1	−3.8	−0.5
InSb	0.1	−3.5	0.6
GaSb	0.2	−3.2	0
AlSb	−0.7	−2.2	−0.7
AlAs	−1.5	−2.6	−1.2
AlP	−1.9	−2.7	−1.3

对于纤锌矿结构的半导体如 GaN、InN、AlN 等,线性压电张量有 3 个有效的分量:$e_{31}=e_{32}$,e_{33} 和 $e_{24}=e_{15}$。压电极化表示为

$$
\begin{bmatrix} P_x \\ P_y \\ P_z \end{bmatrix} = \begin{bmatrix} 0 & 0 & 0 & 0 & e_{15} & 0 \\ 0 & 0 & 0 & e_{15} & 0 & 0 \\ e_{31} & e_{31} & e_{33} & 0 & 0 & 0 \end{bmatrix} \begin{bmatrix} \varepsilon_{xx} \\ \varepsilon_{yy} \\ \varepsilon_{zz} \\ 2\varepsilon_{yz} \\ 2\varepsilon_{zx} \\ 2\varepsilon_{xy} \end{bmatrix}
\tag{7-4-11}
$$

除压电极化外,六角结构材料还有很强的自发极化 $\boldsymbol{P}^{\text{spont}}$,极化沿 c 轴方向,因此,异质结构中总极化可表示为

$$
\boldsymbol{P}^{\text{total}} = \boldsymbol{P}^{\text{strain}} + \boldsymbol{P}^{\text{spont}}
\tag{7-4-12}
$$

极化电荷密度分布可以表示为

$$
\rho(r) = -\nabla \cdot \boldsymbol{P}^{\text{total}}(r)
\tag{7-4-13}
$$

进一步可得,极化势场可用泊松方程表示为

$$
\varepsilon_0 \nabla \cdot (\varepsilon_r(r) \nabla V_P) = \rho(r)
\tag{7-4-14}
$$

常见纤锌矿半导体的压电系数和自发极化率如表 7-4-3 所示。

表 7-4-3 常见纤锌矿半导体的压电系数和自发极化率

材　料	$e_{31}/(C \cdot m^{-2})$	$e_{33}/(C \cdot m^{-2})$	$e_{24}/(C \cdot m^{-2})$	$P^{sp}/(C \cdot m^{-2})$	$\in_r$
GaN[36]	−0.49	0.73	−0.49	−0.029	9.6[38]
AlN[36]	−0.6	1.46	−0.6	−0.081	8.5[38]
InN[37]	−0.484	1.06	−0.3	−0.042	15[38]
CdSe[39]	−0.16	0.347	−0.138		9.28
CdS[39]	−0.24	0.44	−0.21		8.28

从图 7-4-2 中 AlN/GaN 量子点压电势的比较来看,自发极化电势非常重要,在幅度上大于压电极化势,由于自发极化只有[0001]方向的分量,间接说明,压电极化主要以[0001]方向的极化为主。在考虑压电极化后,根据单带有效质量近似,半导体量子结构导带电子的哈密顿量可以表示为

$$
H_e = -\frac{2}{2m_e^*} \nabla^2 + E_c + \Delta E_c - eV_p
\tag{7-4-15}
$$

式(7-4-15)包含应变和压电对带边的影响,分别为 $\Delta E_c = a_c(\varepsilon_{xx} + \varepsilon_{yy} + \varepsilon_{zz})$ 和 $-eV_p$。图 7-4-3 给出了 AlN/GaN 量子点沿 c 轴过量子点中心的电势分布和导带、价带带边分布,可见自发极化的作用对带边影响占相当大的比重。

为了消除自发极化带来的影响,可以改变晶体的生长方向,让带边量子受限势方向与自发极化的方向垂直[40],改变量子点的生长方向,引起的极化电势能使 InAs/GaAs 量子点的带边也有明显变化[41]。

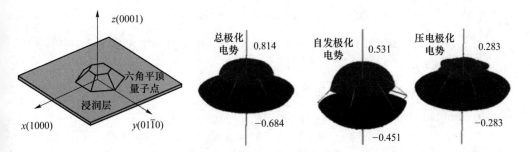

图 7-4-2 AlN/GaN 六角平顶金字塔的几何模型以及对应的极化电势分布

（分别给出了总极化、自发极化和压电极化的电势分布）[35]

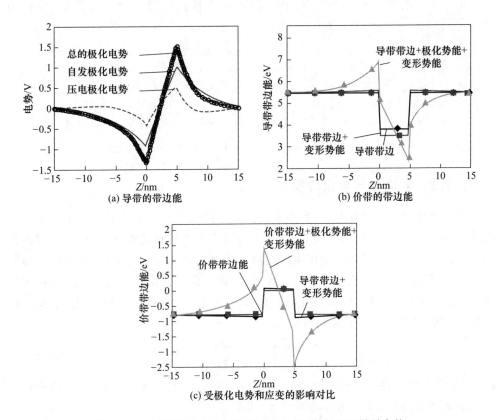

图 7-4-3 过量子点中心沿 [0001] 方向的 AlN/GaN 量子点的

压电极化势、自发极化势与总极化势的对比

对于纤锌矿结构，二阶压电极化效应表达式比闪锌矿结构要复杂，共有 8 个不为零的二阶非线性极化参数，二阶极化率表示为[35]

$$
\boldsymbol{P}_2=\begin{bmatrix} 2B_{115}(\varepsilon_{xx}\varepsilon_{xz}+\varepsilon_{xy}\varepsilon_{yz})+2B_{135}\varepsilon_{zz}\varepsilon_{xz}+2B_{125}(\varepsilon_{yy}\varepsilon_{xz}-\varepsilon_{yx}\varepsilon_{yz}) \\ 2B_{115}(\varepsilon_{yy}\varepsilon_{yz}+\varepsilon_{xy}\varepsilon_{xz})+2B_{135}\varepsilon_{zz}\varepsilon_{yz}+2B_{125}(\varepsilon_{xx}\varepsilon_{yz}-\varepsilon_{xy}\varepsilon_{xz}) \\ \dfrac{B_{311}}{2}(\varepsilon_{xx}^2+\varepsilon_{yy}^2+2\varepsilon_{xy}^2)+B_{312}(\varepsilon_{xx}\varepsilon_{yy}-\varepsilon_{xy}^2)+B_{313}(\varepsilon_{xx}\varepsilon_{zz}+\varepsilon_{yy}\varepsilon_{zz})+2B_{344}(\varepsilon_{yz}^2+\varepsilon_{xz}^2)+\dfrac{B_{333}}{2}\varepsilon_{zz}^2 \end{bmatrix} \tag{7-4-16}
$$

其中二阶压电极化用矩阵表示，如图 7-4-4 所示[35]。

i,jk	11	22	33	44	55	66	12	13	23	45	36	26	16	25	15	35	46	14	24	34	56
1	0	0	0	0	0	0	0	0	0	0	0	0	0	$2b$	$2a$	c	$a-b$	0	0	0	0
2	0	0	0	0	0	0	0	0	0	0	0	0	0	0	0	0	0	$2b$	$2a$	c	$a-b$
3	$2d$	$2d$	g	h	h	$d-e$	$2e$	f	f	0	0	0	0	0	0	0	0	0	0	0	0

图 7-4-4 二阶压电极化系数矩阵的矩阵元分布情况(共 17 个非零元素，8 个独立的参数)

图 7-4-5 给出了几种常见六角结构半导体材料的理论计算参数值，单位为 C/m^2[35]。

	$2a$	$2b$	c	$2d$	$2e$	f	g	h
AlN	4.4	2.4	−0.1	3.0	3.0	3.8	−26	3.2
GaN	3.8	2.3	2.7	6.2	3.3	0.4	−21.4	0.4
InN	4.5[±0.4]	2.8[±0.2]	1.6[±0.4]	4.8	3.7	0.5[±0.1]	−18.6	0.5
ZnO	3.0	2.5	1.4	3.5	3.7	0.0	−14.1	0.9

图 7-4-5 几种常见六角结构半导体材料的理论计算参数值

7.4.2 半耦合与全耦合模型

在半导体量子结构材料中，利用解析法或有限元法在一定边界条件下求出材料的应变场分布，在应变场的基础上，根据压电效应求出材料的极化强度分布，进而根据一定的边界条件求材料内的压电极化以及压电场和压电势分布，上述方法通常称为半耦合模型。与之对应的是全耦合模型，全耦合模型考虑了压电效应产生的电场力对应力的影响，导致压电和应变之间的相互耦合。在全耦合模型中，应力张量 $\boldsymbol{\sigma}$、电位移矢量 $\boldsymbol{D}$ 遵循下列耦合本构方程[42]：

$$
\begin{aligned} \sigma_{ij}&=C_{ijlm}\varepsilon_{ij}-e_{kji}E_k \\ D_i&=e_{ijk}\varepsilon_{jk}+\in_{ij}E_j+P_i^{\mathrm{sp}} \end{aligned} \tag{7-4-17}
$$

$\boldsymbol{\epsilon}$ 为二阶介电张量，$\boldsymbol{E}_k$ 为电场，$\boldsymbol{P}^{\mathrm{sp}}$ 为自发极化矢量。应变 ε_{ij} 和电场 E_k 通过应变位移关系和电场电势关系与位移 $\boldsymbol{u}$ 和电势 V_{p} 相联系：

$$
\begin{aligned} \nabla\cdot\boldsymbol{\sigma}&=\rho_{\mathrm{d}}\frac{\partial^2 u}{\partial t^2} \\ \nabla\cdot\boldsymbol{D}&=\rho_{\mathrm{f}} \end{aligned} \tag{7-4-18}
$$

其中，ρ_{d} 和 ρ_{f} 分别表示材料密度和自由电荷密度。对于半导体量子异质结构，在静态情况下，式(7-4-18)第一式右侧为零，由于无自由电荷存在，因此第二式右侧也为零。数值计算表明对于机电耦合因子较小的材料(如 GaAs 材料),机电耦合因子 $g=0.04$,全压电和半压电耦合模型计算结果并无差别,当机电耦合因子较大时(如 AlN 材料),$g=0.32$,半偶合模型计算结果误差较大,必须用全耦合压电模型才能得到正确的压电特性。机电耦合因子定义如下:

$$g=e_{max}/\sqrt{\epsilon_{max}/C_{max}} \qquad (7\text{-}4\text{-}19)$$

其中 e_{max}、ϵ_{max}、C_{max} 分别表示压电系数、介电常数和弹性常数中的最大分量。Lassen 等人的数值计算结果表明对于 GaN/AlN 量子点,半耦合与全耦合模型进行对比,最大应变误差可达 30%,最大极化电势可达 30 meV[43]。

7.5 在量子异质结构中的应用

对于价带,多个简并的能带相互作用较强,在计算价带电子结构时必须考虑价带之间的耦合,因此必须采用多带有效质量近似。与单带有效质量近似类似,在缓变微扰势场 $U(r)$ 的作用下,薛定谔方程表示为

$$[H_0+H_{so}+U(r)]\psi(r)=E\psi(r) \qquad (7\text{-}5\text{-}1)$$

其中 $H_0=\dfrac{p^2}{2m_0}+V(r)$,为单电子近似下的晶体哈密顿量,满足 $H_0\psi_{nk}(r)=E_n(k)\psi_{nk}(r)$。多个能带之间的色散关系由下列哈密顿矩阵元给出:

$$\sum_{j'=1}^{n}[H_0+H_{so}]_{jj'}\equiv\sum_{j'=1}^{n}\left[E_j(0)\delta_{jj'}+\sum_{\alpha,\beta}D_{jj'}^{\alpha\beta}k_\alpha k_\beta\right]a_{j'}(k)=E(k)a_j(k)$$

$$(7\text{-}5\text{-}2)$$

方程(7-5-1)的解可以表示为 $\psi(r)=\sum_{j=1}^{n}F_j(r)u_{j0}(r)$,其中 $F_j(r)$ 为对应能带的包络函数,各包络函数满足多带耦合偏微分方程:

$$\sum_{j'=1}^{n}\left[E_j(0)\delta_{jj'}+\sum_{\alpha,\beta}D_{jj'}^{\alpha\beta}(-i\frac{\partial}{\partial x_\alpha})(-i\frac{\partial}{\partial x_\beta})+U(r)\delta_{jj'}\right]F_{j'}(r)=EF_j(r)$$

$$(7\text{-}5\text{-}3)$$

基于多带 ***k*** · ***p*** 法,求解异质结构中多带耦合的有效质量包络函数,与单带有效质量近似相比要复杂得多,这是由于每个包络函数之间都相互耦合。数值方法求解的基本思想与前面介绍的有限元法、有限差分法和平面波展开法等完全相同。

7.5.1 有限元法

在多带有效质量包络函数近似中,有限元法仍介绍 Comsol 中常用的基于系数的偏微分方程法,侧重于如何设置耦合的偏微分方程组,并求解本征值。以闪锌矿结构的八带 ***k*** · ***p*** 哈密顿矩阵为例,具体见式(7-3-39),假定 8 个包络函数分别为 u_1,u_2,u_3,u_4,u_5,u_6,u_7,u_8,满足哈密顿方程

$$H_{8\times 8}[u_1 \quad u_2 \quad u_3 \quad u_4 \quad u_5 \quad u_6 \quad u_7 \quad u_8]^T = E[u_1 \quad u_2 \quad u_3 \quad u_4 \quad u_5 \quad u_6 \quad u_7 \quad u_8]^T$$

$$(7\text{-}5\text{-}4)$$

在建立模型时,仍选择数学模块中的系数偏微分方程的形式,在单带有效质量近似中,我们设置的因变量个数为 1,这时要设置成 8 个耦合的偏微分方程,因此直接设置成 8 个因变量即可,系统默认情况下 8 个因变量分别为 $u = [u_1 \quad u_2 \quad u_3 \quad u_4 \quad u_5 \quad u_6 \quad u_7 \quad u_8]^T$ (注意:不能直接依靠添加 8 个系数的偏微分方程,这样建立的方程可以实现简单求解结果与其他方程间的耦合,并不能形成具有共同本征值的耦合偏微分方程),系数偏微分方程的形式仍为

$$\lambda^2 e_a u - \lambda d_a u + \nabla \cdot (-c \nabla u - \alpha u + \gamma) + \beta \cdot \nabla u + a u = f \qquad (7\text{-}5\text{-}5)$$

其中 $u = [u_1 \quad u_2 \quad u_3 \quad u_4 \quad u_5 \quad u_6 \quad u_7 \quad u_8]^T$,此时,源参数 f 表示一个列矢量,对比式 (7-5-4),容易看出需将 f 列矢量中的所有项置零;质量系数 e_a 由原来的单标量变换为 8×8 的矩阵,每个矩阵元均为标量,由于我们求的是本征值问题,所以 e_a 矩阵中的所有矩阵元同样置零;阻尼系数 d_a 也为 8×8 的矩阵,每个矩阵元均为标量,由于 λ 等价于本征值方程的本征值,容易看出,d_a 必须设置为 8×8 的单位矩阵,即 $d_a = I_{8\times 8}$;守恒通量源 γ 为一个长度为 8 的单列矩阵,每个矩阵元均为矢量,对于三维情况,每个矩阵元都有 3 个分量。由于式(7-5-4)中每个矩阵元都作用在特定的因变量 u_a 上,因此不存在与因变量无关的项,故守恒通量源中矩阵元的所有分量均设置为零。这样普适的偏微分方程设置成如下形式:

$$\nabla \cdot (-c \nabla u) + \beta \cdot \nabla u + a u = \lambda u \qquad (7\text{-}5\text{-}6)$$

其中 λ 即代求的本征值,$u = [u_1 \quad u_2 \quad u_3 \quad u_4 \quad u_5 \quad u_6 \quad u_7 \quad u_8]^T$,其余配置过程主要是基于 $H_{8\times 8}$ 的矩阵元特点,设置式(7-4-6)中的相关参数 c、β、a。对于量子异质结构,不同材料区域的带边不同,因此,为了处理方便,将哈密顿矩阵分解为如下几个哈密顿矩阵之和的形式:$H_{8\times 8} = H_{kp} + H_s + V(r)$。其中前两项分别表示 $k \cdot p$ 微扰哈密顿矩阵和应变哈密顿矩阵,最后一项为带边势场,带边势场需要针对阱区和垒区分区域设置,对于特定的区域可以表示为如下对角矩阵的形式:

$$V_a = \begin{bmatrix} E_c & 0 & 0 & 0 & 0 & 0 & 0 & 0 \\ 0 & E_c & 0 & 0 & 0 & 0 & 0 & 0 \\ 0 & 0 & E_v & 0 & 0 & 0 & 0 & 0 \\ 0 & 0 & 0 & E_v & 0 & 0 & 0 & 0 \\ 0 & 0 & 0 & 0 & E_v & 0 & 0 & 0 \\ 0 & 0 & 0 & 0 & 0 & E_v & 0 & 0 \\ 0 & 0 & 0 & 0 & 0 & 0 & E_v & 0 \\ 0 & 0 & 0 & 0 & 0 & 0 & 0 & E_v \end{bmatrix} \qquad (7\text{-}5\text{-}7)$$

因此,带边势场的作用在偏微分方程中,需要在式(7-5-7)中设置吸收参数 a,吸收参数 a 在(7-5-7)中为 8×8 的矩阵,每个矩阵元均为标量,可见带边势场在吸收参数 a 的设置上比较简单,只需设置其中的对角矩阵元即可。

在量子异质结构中,在量子受限方向,波矢量(动量)不再是好的量子数,因此需

要将矩阵元中的 k_α 用 $-\mathrm{i}\partial/\partial x_\alpha$ 代替。对于不受限的方向，与 k_α 相关的项要保留，并可以求能量本征值与波矢的色散关系。我们以量子点为例，据此写出式（7-3-39）中的各个矩阵元相关项的微分算符：

$$A=E_c-\nabla\cdot\frac{\hbar^2}{2m_c}\nabla,\quad P=-\frac{\hbar^2}{2m_0}\nabla\cdot\gamma_1\nabla,\quad Q=-\frac{\hbar^2}{2m_0}(\nabla_{xy}\gamma_2\nabla_{xy}-\nabla_z2\gamma_2\nabla_z)$$

$$R=-\sqrt{3}\frac{\hbar^2}{2m_0}(-\partial_x\gamma_2\partial_x+\partial_y\gamma_2\partial_y+\mathrm{i}\partial_x\gamma_3\partial_y+\mathrm{i}\partial_y\gamma_3\partial_x)$$

$$S=-\sqrt{3}\frac{\hbar^2}{2m_0}(\partial_z\gamma_3\partial_x+\partial_x\gamma_3\partial_z-\mathrm{i}\partial_z\gamma_3\partial_y-\mathrm{i}\partial_y\gamma_3\partial_z)$$

$$U=\frac{-\mathrm{i}P_0}{\sqrt{3}}\partial_z,\quad V=\frac{-\mathrm{i}P_0}{\sqrt{6}}(\partial_x-\mathrm{i}\partial_y)$$

$$(7\text{-}5\text{-}8)$$

在下面的讨论中，我们假定量子异质结构为量子点，即 3 个方向都是量子受限方向。$k_\alpha,\alpha=(x,y,z)$ 均用 $-\mathrm{i}\partial/\partial x_\alpha$ 代替。为了表示方便，令 $cc=\hbar^2/2m_0$，$cc'=\hbar^2/2m_c$，可知在矩阵元中 $A_c=cc'\boldsymbol{I}_0$，$\boldsymbol{I}_0$ 为 3×3 的单位矩阵，角标 c 的意思是在该矩阵元中，需要设置偏微分耦合方程的 c 参数。在方程中 c 参数为 8×8 的矩阵，每个矩阵元在各向异性的情况下，是一个对称矩阵，最多有 6 个分量。根据 $H_{8\times8}$ 矩阵中矩阵元的表达式，可以看出，并不是每一个矩阵元都需要设置 c 参数。对于不需要设置 c 参数的矩阵元，所有分量均置零即可。在哈密顿矩阵中需要设置 c 参数的还有[44]

$$\boldsymbol{P}_c=\gamma_1 cc\boldsymbol{I}_0,\quad \boldsymbol{Q}_c=\begin{bmatrix}\gamma_2 & 0 & 0\\ 0 & \gamma_2 & 0\\ 0 & 0 & -2\gamma_2\end{bmatrix}cc$$

$$\boldsymbol{R}_c=-\sqrt{3}cc\begin{bmatrix}\gamma_2 & -\mathrm{i}\gamma_3 & 0\\ -\mathrm{i}\gamma_3 & -\gamma_2 & 0\\ 0 & 0 & 0\end{bmatrix},\quad \boldsymbol{S}_c=\sqrt{3}\gamma_3 cc\begin{bmatrix}0 & 0 & 1\\ 0 & 0 & -\mathrm{i}\\ 1 & -\mathrm{i} & 0\end{bmatrix}$$

$$(7\text{-}5\text{-}9)$$

需要特别注意的是，对于 $\boldsymbol{R}_c$ 要将二阶张量写成对称形式。易得相关的矩阵元 c 参数置为如下：

$$-(\boldsymbol{P}_c+\boldsymbol{Q}_c)=-cc\begin{bmatrix}\gamma_1+\gamma_2 & 0 & 0\\ 0 & \gamma_1+\gamma_2 & 0\\ 0 & 0 & \gamma_1-2\gamma_2\end{bmatrix}$$

$$-(\boldsymbol{P}_c-\boldsymbol{Q}_c)=-cc\begin{bmatrix}\gamma_1-\gamma_2 & 0 & 0\\ 0 & \gamma_1\gamma_2 & 0\\ 0 & 0 & \gamma_1+2\gamma_2\end{bmatrix}$$

$$(7\text{-}5\text{-}10)$$

与偏微分方程对流系数 β 有关的项有

$$\boldsymbol{U}_\beta=(0\quad 0\quad -\mathrm{i}P_0/\sqrt{3}),\quad \boldsymbol{V}_\beta=-\mathrm{i}P_0/\sqrt{6}(1\quad -\mathrm{i}\quad 0)\qquad(7\text{-}5\text{-}11)$$

β 为 8×8 的矩阵，每个矩阵元都为一个含有 3 个分量的矢量，在直角笛卡儿坐标系下，依次为 x 分量、y 分量和 z 分量，在哈密顿矩阵中，与对流系数 $\boldsymbol{\beta}$ 无关的矩阵元，同样将所有分量置零。由式(7-3-50)可知,在应变哈密顿量 H_s 中与偏微分方程参数 $\boldsymbol{\beta}$ 有关的项有

$$(\boldsymbol{U}_\varepsilon)_\beta = \frac{-\mathrm{i}P_0}{\sqrt{3}}(\varepsilon_{zx} \quad \varepsilon_{zy} \quad \varepsilon_{zz})$$

$$(\boldsymbol{V}_\varepsilon)_\beta = \frac{-\mathrm{i}P_0}{\sqrt{6}}(\varepsilon_{xx} - \mathrm{i}\varepsilon_{xy} \quad \varepsilon_{xy} - \mathrm{i}\varepsilon_{yy} \quad \varepsilon_{xz} - \mathrm{i}\varepsilon_{zy})$$

$$(7\text{-}5\text{-}12)$$

应变哈密顿量中的其他项都只与偏微分方程中的吸收参数 a 有关。由式(7-3-40)很容易对照写出这些项,分别为

$$P_\varepsilon = -a_v\varepsilon_{\mathrm{hyd}}, \quad Q_\varepsilon = -0.5b\varepsilon_{\mathrm{bi}}, \quad R_\varepsilon = \frac{\sqrt{3}}{2}b(\varepsilon_{xx} - \varepsilon_{yy}) - \mathrm{i}d\varepsilon_{xy}, \quad S_\varepsilon = -d(\varepsilon_{xz} - \mathrm{i}\varepsilon_{yz})$$

$$(7\text{-}5\text{-}13)$$

将式(7-4-10)中的分量代入矩阵元相应的表达式,并设置在吸收参数 a 对应的矩阵元中即可。

对于压电材料比较明显的,需要考虑压电极化的影响,假定压电势为 $V_p(r)$(单位为 V),压电势场会影响导带边和价带边的电势能,在方程中需要调整吸收参数 a,只需将式(7-5-7)替换为

$$\boldsymbol{V}_a = \begin{bmatrix} E_c - eV_p & 0 & 0 & 0 & 0 & 0 & 0 & 0 \\ 0 & E_c - eV_p & 0 & 0 & 0 & 0 & 0 & 0 \\ 0 & 0 & E_v + eV_p & 0 & 0 & 0 & 0 & 0 \\ 0 & 0 & 0 & E_v + eV_p & 0 & 0 & 0 & 0 \\ 0 & 0 & 0 & 0 & E_v + eV_p & 0 & 0 & 0 \\ 0 & 0 & 0 & 0 & 0 & E_v + eV_p & 0 & 0 \\ 0 & 0 & 0 & 0 & 0 & 0 & E_v + eV_p & 0 \\ 0 & 0 & 0 & 0 & 0 & 0 & 0 & E_v + eV_p \end{bmatrix}$$

$$(7\text{-}5\text{-}14)$$

在量子点的基础上,我们很容易根据以上关系给出二维量子线和一维量子阱的多带电子结构的偏微分方程的参数设置表达式,其中与参数 α、β 有关联的矩阵元仍为矢量,在量子线中,矢量的分量个数为 2,在一维量子阱中,与 α、β 有关联的矩阵元退化为标量。每个参数的矩阵元个数都与参与的能带数有关,对于 6 带 $\boldsymbol{k} \cdot \boldsymbol{p}$ 公式,c、α、β 参数变为 6×6 的矩阵元。具体的与 c、α、β 参数有关的项以及表达式不再一一给出。

7.5.2 平面波展开法

对于多带 $\boldsymbol{k} \cdot \boldsymbol{p}$ 哈密顿矩阵,平面波展开法也是常见的方法之一,与单带有效质量近似的平面波展开法完全一样,需要选择平面波展开包络函数,并求解哈密顿矩阵元,最后计算哈密顿矩阵元在平面波展开下的本征值和本征矢。每个能带的包络函数都用平面波展开,以八带 $\boldsymbol{k} \cdot \boldsymbol{p}$ 理论为例,总的包络函数表示为[45]

$$\psi(r)=\frac{1}{\sqrt{L_x L_y L_z}}\sum_{l,m,n}(a_{l,m,n}\ b_{l,m,n}\ c_{l,m,n}\ d_{l,m,n}\ e_{l,m,n}\ f_{l,m,n}\ g_{l,m,n}\ h_{l,m,n})^{\mathrm{T}}\exp(\mathrm{i}k_l x+\mathrm{i}k_m y+\mathrm{i}k_n z)$$

$$(7\text{-}5\text{-}15)$$

其中，$k_l=l\pi/L_x$，$k_m=m\pi/L_y$，$k_n=n\pi/L_z$（$l,m,n\in 0,\pm1,\pm2,\cdots$），$L_x$、$L_y$、$L_z$ 为量子点在 3 个坐标轴方向的周期。仍以式(7-3-9)所示的八带哈密顿矩阵元为例：

$$H=\begin{bmatrix}
|S\downarrow\rangle & |S\uparrow\rangle & |\frac{3}{2},-\frac{3}{2}\rangle & |\frac{3}{2},-\frac{1}{2}\rangle & |\frac{3}{2},\frac{1}{2}\rangle & |\frac{3}{2},\frac{3}{2}\rangle & |-\frac{1}{2},-\frac{1}{2}\rangle & |-\frac{1}{2},\frac{1}{2}\rangle \\
A & 0 & T^\dagger+V^\dagger & 0 & -\sqrt{3}(T-V) & \sqrt{2}(W-U) & W-U & \sqrt{2}(T^\dagger+V^\dagger) \\
0 & A & \sqrt{2}(W-U) & -\sqrt{3}(T^\dagger+V^\dagger) & 0 & T-V & -\sqrt{2}(T-V) & W^\dagger+U \\
T+V & \sqrt{2}(W^\dagger-U) & -P+Q & -S^\dagger & R & 0 & \sqrt{\frac{3}{2}}S & -\sqrt{2}Q \\
0 & -\sqrt{3}(T+V) & -S & -P-Q & 0 & R & -\sqrt{2}R & \sqrt{\frac{1}{2}}S \\
-\sqrt{3}(T^\dagger-V^\dagger) & 0 & R^\dagger & 0 & -P-Q & S^\dagger & \sqrt{\frac{1}{2}}S^\dagger & \sqrt{2}R^\dagger \\
\sqrt{2}(W^\dagger-U) & T^\dagger-V^\dagger & 0 & R^\dagger & S & -P+Q & \sqrt{2}Q & \sqrt{\frac{3}{2}}S^\dagger \\
W^\dagger-U & -\sqrt{2}(T^\dagger-V^\dagger) & \sqrt{\frac{3}{2}}S^\dagger & -\sqrt{2}R^\dagger & \sqrt{\frac{1}{2}}S & \sqrt{2}Q & Z & 0 \\
\sqrt{2}(T+V) & W+U & -\sqrt{2}Q & \sqrt{\frac{1}{2}}S^\dagger & \sqrt{2}R & \sqrt{\frac{3}{2}}S & 0 & Z
\end{bmatrix}$$

$$(7\text{-}5\text{-}16)$$

下面给出上述哈密顿矩阵元的平面波展开，对于矩阵元中在势垒和势阱区域均为常数的物理量，原则上在简单的量子点几何尺寸上能够给出解析解。对随空间位置变换的物理量原则，只能用数值解求平面波展开的矩阵元。由于应变哈密顿量中的应变分量随空间变化，故对于所有的应变哈密顿量，如不做进一步简化通常不能给出矩阵元展开的解析解。对于立方对称材料矩阵元，$W=T=0$。以哈密顿矩阵元 A 为例，$A=E_c+\nabla\left(-\dfrac{\hbar^2}{2m_c}\nabla\right)$，根据单带有效质量近似中的结论，$A$ 的矩阵元可表示为

$$A_{mn}=\frac{\hbar^2}{2}\frac{1}{m_{cB}}\int_\Omega(\nabla\varphi_n^*)(\nabla\varphi_m)\mathrm{d}r+\frac{\hbar^2}{2}\left(\frac{1}{m_{cW}}-\frac{1}{m_{cB}}\right)\int_W(\nabla\varphi_n^*)(\nabla\varphi_m)\mathrm{d}r+$$

$$E_{cB}\int_\Omega\varphi_n^*\varphi_m\mathrm{d}r-E_{cW}\int_W\varphi_n^*\varphi_m\mathrm{d}r\tag{7-5-17}$$

将平面波函数代入得（单量子数做如下替换，即 $m\rightarrow lmn$，$n\rightarrow l'm'n'$，转化为三维情况下的量子数角标）

$$\int_\Omega(\nabla\varphi_n^*)(\nabla\varphi_m)\mathrm{d}r=(k_l k_{l'}+k_m k_{m'}+k_n k_{n'})\delta_{ll'}\delta_{mm'}\delta_{nn'}$$

$$\int_\Omega\varphi_n^*\varphi_m\mathrm{d}r=\delta_{ll'}\delta_{mm'}\delta_{nn'}\tag{7-5-18}$$

$$\int_W(\nabla\varphi_n^*)(\nabla\varphi_m)\mathrm{d}r=(k_l k_{l'}+k_m k_{m'}+k_n k_{n'})\int_W\varphi_n^*\varphi_m\mathrm{d}x\mathrm{d}y\mathrm{d}z$$

对于简单几何形状的势垒区域，式(7-5-17)第三个表达式右侧的积分项可以获得解

析表达式,例如,对于圆柱量子点,高度为 h_0,半径为 R_0,坐标原点位于量子点中心位置,积分项可表示为[46]

$$I = \frac{1}{L_x L_y L_z} \int_{-h}^{h} dz \int_{0}^{2\pi} d\varphi \int_{0}^{R_0} r \exp\left[i(k_l - k_{l'})r\cos\varphi + i(k_m - k_{m'})r\sin\varphi + i(k_n - k_{n'})z\right] dr$$

$$= S_i S_j \tag{7-5-19}$$

其中,$S_i = \begin{cases} \dfrac{h_0}{L_z}, & n = n' \\[3mm] \dfrac{\sin\left[\pi(n-n')\dfrac{h_0}{L_z}\right]}{\pi(n-n')}, & n \neq n' \end{cases}$,$\quad S_j = \begin{cases} \dfrac{\pi R_0^2}{L_x L_y}, & l = l' \,\&\, m = m' \\[3mm] \dfrac{R_0}{\lambda L_x L_y} J_1(\lambda K R_0), & l \neq l' \mid m \neq m' \end{cases}$,

$K = \dfrac{2\pi}{L}$,$\lambda = \sqrt{(l-l')^2 + (m-m')^2}$,$J_1$ 为第一类贝塞尔函数,$J_1(x) = \dfrac{x}{2\pi}\int_{0}^{\pi}\cos(x\cos\theta)$ $\sin^2\theta d\theta$。如量子点为球形,半径为 R_0,中心为坐标原点位置,积分为如下解析式[47]:

$$I = \begin{cases} \dfrac{4\pi R_0^3}{3 L_x L_y L_z}, & n_x = n_x' \,\&\, n_y = n_y' \,\&\, n_z = n_z' \\[3mm] \left[\Lambda R\cos(\Lambda R_0) - \sin(\Lambda R_0)\right]\dfrac{4\pi}{L_x L_y L_z \Lambda^3}, & n_x \neq n_x' \mid n_y \neq n_y' \mid n_z \neq n_z' \end{cases}$$

$$\tag{7-5-20}$$

其中 $\Lambda = \sqrt{\left(\dfrac{2\pi}{L_x}\right)^2(l-l')^2 + \left(\dfrac{2\pi}{L_y}\right)^2(m-m')^2 + \left(\dfrac{2\pi}{L_z}\right)^2(n-n')^2}$。最终,$A$ 的矩阵元表示为

$$A_{lmnl'm'n'} = \left[\left(\frac{\hbar^2}{2m_{cB}}\right)\delta_{ll'}\delta_{mm'}\delta_{m'} + \left(\frac{\hbar^2}{2m_{cr}}\right)I\right](k_l k_{l'} + k_m k_{m'} + k_n k_{n'}) + E_{cB}\delta_{ll'}\delta_{mm'}\delta_{m'} - E_{cW}I$$

$$\tag{7-5-21}$$

其中导带电子简约有效质量表示为 $\dfrac{1}{m_{cr}} = \dfrac{1}{m_{cW}} - \dfrac{1}{m_{cB}}$。仿照上述推导过程,易得其他项的矩阵元:

$$P_{lmnl'm'n'} = \frac{\hbar^2}{2m_0}\left[\gamma_{1B}\delta_{ll'}\delta_{mm'}\delta_{m'} + (\gamma_{1W} - \gamma_{1B})I\right](k_l k_{l'} + k_m k_{m'} + k_n k_{n'}) \tag{7-5-22}$$

$$Q_{lmnl'm'n'} = \frac{\hbar^2}{2m_0}\left[\gamma_{2B}\delta_{ll'}\delta_{mm'}\delta_{m'} + (\gamma_{2W} - \gamma_{2B})I\right](k_l k_{l'} + k_m k_{m'}) +$$

$$\frac{\hbar^2}{2m_0}\left[-2\gamma_{2B}\delta_{ll'}\delta_{mm'}\delta_{m'} - 2(\gamma_{2W} - \gamma_{2B})I\right]k_n k_{n'} \tag{7-5-23}$$

进而可以写出 $(-P \pm Q)_{lmnl'm'n'}$。当矩阵元只有单分量的动量算符时,如 $V = \dfrac{1}{\sqrt{6}}\dfrac{P_0}{\hbar}(p_x - i p_y)$,利用算符替换 $p_x = -i\hbar\partial_x$,$p_y = -i\hbar\partial_y$,$p_z = -i\hbar\partial_z$,易得 $V = \dfrac{-iP_0}{\sqrt{6}}(\nabla_x - i\nabla_y)$,下面求算符 ∇_x 的矩阵元:

$$(\nabla_x)_{mn} = \int_\Omega \varphi_m^* \ \nabla_x \varphi_n \, \mathrm{d}r^3 = \int_\Omega \nabla_x (\varphi_m^* \varphi_n) \, \mathrm{d}r^3 - \int_\Omega (\nabla_x \varphi_m^*) \varphi_n \, \mathrm{d}r^3 = -\int_\Omega (\nabla_x \varphi_m^*) \varphi_n \, \mathrm{d}r^3$$

$$(7\text{-}5\text{-}24)$$

代入 $V_{mn} = \dfrac{1}{\sqrt{6}} \displaystyle\int_\Omega P_0 \ [(\nabla_x \varphi_m^*) \varphi_n - \mathrm{i}(\nabla_y \varphi_m^*) \varphi_n] \, \mathrm{d}r^3$，将两角标换为三角标，并将式(7-5-15)所示的平面波代入，可得

$$V_{lmnl'm'n'} = \frac{1}{\sqrt{6}} (k_l - \mathrm{i}k_m) \int_\Omega P_0 (\varphi_{lmn}^* \varphi_{l'm'n'}) \, \mathrm{d}r^3$$

$$= \frac{1}{\sqrt{6}} (k_l - \mathrm{i}k_m) [P_{0B}\delta_{ll'}\delta_{mm'}\delta_{nn'} + (P_{0W} - P_{0B})I] \quad (7\text{-}5\text{-}25)$$

根据式(7-5-25)可直接写出 $U_{lmnl'm'n'} = \dfrac{1}{\sqrt{3}} k_n \ [P_{0B}\delta_{ll'}\delta_{mm'}\delta_{nn'} + (P_{0W} - P_{0B})I]$。同理，易得

$$(\nabla_x \nabla_y)_{mn} = \int_\Omega \varphi_m^* (\nabla_x \nabla_y) \varphi_n \, \mathrm{d}r^3$$

$$= \int_\Omega \nabla_x (\varphi_m^* \ \nabla_y \varphi_n) \, \mathrm{d}r^3 - \int_\Omega (\nabla_x \varphi_m^*) (\nabla_y \varphi_n) \, \mathrm{d}r^3$$

$$= -\int_\Omega (\nabla_x \varphi_m^*) (\nabla_y \varphi_n) \, \mathrm{d}r^3 \qquad (7\text{-}5\text{-}26)$$

进而可以写出与交叉偏导有关的矩阵元：

$$S_{lmnl'm'n'} = \frac{\hbar^2}{2m_0} 2\sqrt{3} (k_l k_{n'} - \mathrm{i}k_m k_{n'}) [\gamma_{3B}\delta_{ll'}\delta_{mm'}\delta_{nn'} + (\gamma_{3W} - \gamma_{3B})I]$$

$$R_{lmnl'm'n'} = \frac{-\sqrt{3}\hbar^2}{2m_0} (k_l k_{l'} - k_m k_{m'}) [\gamma_{2B}\delta_{ll'}\delta_{mm'}\delta_{nn'} + (\gamma_{2W} - \gamma_{2B})I] +$$

$$\frac{\sqrt{3}\hbar^2}{2m_0} 2\mathrm{i}k_l k_{m'} [\gamma_{3B}\delta_{ll'}\delta_{mm'}\delta_{nn'} + (\gamma_{3W} - \gamma_{3B})I] \qquad (7\text{-}5\text{-}27)$$

对于复杂形状的纳米结构，$I = \displaystyle\int_1 \varphi_{n_x', n_y', n_z'}^* \varphi_{n_x, n_y, n_z} \, \mathrm{d}^3 r$ 是不能写出解析结果的。因为平面波的指数特点，计算矩阵元时可以不必按照如式(7-5-17)所示，将积分分为量子点区域 1 和势垒区域 2 进行计算，而是将矩阵元看作哈密顿量所含材料参数和限制势的傅里叶级数展开系数。仍然以子矩阵 **A** 为例对傅里叶变换进行说明，针对 $\dfrac{\hbar^2}{2}\nabla \cdot \left(\dfrac{1}{m_c}\right)\nabla$ 算符，其矩阵元可以表示为

$$A_{lmnl'm'n'} = \hbar^2 (k_l k_{l'} + k_m k_{m'} + k_n k_{n'}) \int_\Omega \varphi_{lmn}^* \frac{1}{2m_c} \varphi_{l'm'n'} \, \mathrm{d}^3 r$$

$$= \frac{\hbar^2 (k_l k_{l'} + k_m k_{m'} + k_n k_{n'})}{L_x L_y L_z} \int_\Omega \frac{1}{2m_c(r)} \exp\{-\mathrm{i}[(k_l - k_{l'})x +$$

$$(k_m - k_{m'})y + (k_n - k_{n'})z]\} \mathrm{d}^3 r \qquad (7\text{-}5\text{-}28)$$

同理可以写出其他矩阵元的傅里叶变换的表达式[14]。在任意形状的量子点或分布

式参数参与积分运算时,无法获得解析的矩阵元,可利用式(7-5-18)并借助快速傅里叶变换技术,快速获得矩阵元分解的数值解。

本章参考文献

[1] Grosso G, Parraicini G P. Solid State Physics[M]. California: Acadmeic Press, 2003.

[2] Bardeen J. An improved calculation of the energies of metallic Li and Na[J]. The Journal of Chemical Physics, 1938, 6(7): 367-371.

[3] Seitz F. The Modern Theory of Solids[M]. New York: McGraw-Hill, 1940.

[4] Shckley W. Energy band structures in semiconductors [J]. Physical Review, 1950, 78(2): 173-174.

[5] Dersselhaus G, Kip A F, Kittel C. Cyclotron resonance of electrons and holes in silicon and germanium crystals [J]. Physical Review, 1955, 98(2): 368-384.

[6] Luttinger J M, Kohn W. Motion of electrons and holes in perturbed periodic fields [J]. Physical Review, 1955, 97(4): 869-883.

[7] Kane E O. Band structure of indium antimonide [J]. Journal of Chemistry and Chemistry of Solids, 1957, 1(4): 249-262.

[8] Pikus G E, Bir G L. Effects of deformation on the hole energy spectrum of germanium and silicon [J]. Soviet Physics and Solid State, 1960, 1: 1502-1517.

[9] Cardona M, Pollak F H. Energy band structure of Germanium and Silicona: the $k \cdot p$ method [J]. Physical Review, 1966, 142(2): 530-540.

[10] Pryor C. Eight-band calculations of strained InAs/GaAs quantum dots compared with one-, four-, and six-band approximations [J]. Physical Review B, 1998, 57(12): 7190-7195.

[11] Stier O, Bimberg D. Modeling of strained quantum wires using eight-band theory [J]. Physical Review B, 1997, 55(12): 7726-7732.

[12] Li S S, Xia J B, Yuan Z L, et al. Effectifve-mass theory for InAs/GaAs strained coupled quantum dots [J]. Physical Review B, 1996, 54(16): 11575-11581.

[13] Li Shushen, Xia Jianbai. Effective mass theory for hierarchical self-assembly of $GaAs/Al_xGaA_{1-x}s$ quantum dots [J]. Physical Review B, 2005, 71(15): 155301.

[14] Jia Boyong, Yu Zhongyuan, Liu Yuminm. Valence band structures of InAs/

GaAs quantum rings using the Fourier transform method [J]. Modeling and Simulation in Materials Science and Engineering, 2009, 17(3):035004.

[15] Klenovsky P, Schliwa A, Bimberg D. Electronic states of (InGa)(AsSb)/ GaAs/GaP quantum dots [J]. Physical Review B, 2019, 100(11): 115424.

[16] Gangopadhyay S, Nag B R. Energy levels in finite barrier triangular and arrowhead-shaped quantum wires [J]. Journal of Applied Physics, 1997, 81 (12): 7885-7889.

[17] Wei J H, Chan K S. A theoretical analysis of quantum dash structures [J]. Journal of Applied Physics, 2005, 97(12): 123524.

[18] Kiselev A A, Kim K W. Calculational approach for the structure of electron and hole levels in quantum dots of varying shape [J]. Physical Review B, 1999, 60(11): 7748-7751.

[19] Li Shushen, Xia Jianbai. Electronic structure and binding energy of a hydrogenic impurity in a hierarchically self-assembled GaAs/AlGaAs quantum dot [J]. Journal of Applied Physics, 2006, 100(8): 083714.

[20] Califano M, Harrison P. Apporximate methods for the solution of quantum wires and dots: connection rules between pyramidal, cuboidal, and cubic dots [J]. Journal of Applied Physics, 1999, 86(9): 5054-5059.

[21] Nenashev A V, Dvurechenskii A V. Variational method of energy level calculation in pyramidal quantum dots [J]. Journal of Applied Physics, 2020, 127(15): 154301.

[22] Talero C. Energy levels in self-assembled quantum arbitrarily shaped dots [J]. The Journal of Chemical Physics, 2005, 122(6): 064701.

[23] El-Moghraby D, Johnson R G, Harriso P. Calculating modes of quantum wire and dot systems using a finite differencing technique [J]. Computer Physics Communications, 2003, 150(3): 235-246.

[24] Ogawa M, Kunimasa T, Ito T, et al. Finite-element analysis of quantum wires with arbitrary cross sections [J]. Journal of Applied Physics, 1998, 84(6): 3242-3249.

[25] Califano M, Harrison P. Quantum box energies as a route to the ground state levels of self-assembled InAs Pyramidal dots [J]. Journal of Applied Physics, 2000, 88(10): 5870-5874.

[26] Liu Yumin, Yu Zhongyuan, Jia Boyong, et al. Strain distributions and electronic structure of three-dimensional InAs/GaAs quantum rings [J]. Chinese Physics B, 2009, 18(11): 4667-4675.

[27] Baraff G A, Gershoni D. Eigenfunction-expansion method for solving the

quantum-wire problem: formulation [J]. Physical Review B, 1991, 43(5): 4011-4022.

[28] Lowdin P. A note on the quantum-mechanical perturbation theory [J]. The Journal of Chemical Physics, 1951, 19(11): 1396-1401.

[29] Bahder T B. Eight-band k. p model of strained zinc-blende crystals [J]. Physical Review B, 1990, 41(17): 11992-12001.

[30] Chuang S L. Physics of Photonics Devices[M]. 2nd ed. [s. n.]: Wiley, 2009.

[31] Chao C Y P, Chuang S L. Spin-orbit-coupling effects on the valence-band structure of strained semiconductor quantum wells [J]. Physical Review B, 1992, 46(7): 4110-4122.

[32] Fonoberov V A, Balandin A A. Excitonic properties of strained wurtzite and zinc-blende GaN/Al$_x$Ga$_{1-x}$N quantum dots [J]. Journal of Applied Physics, 2003, 94(11): 7178-7186.

[33] Chuang S L, Ukita M, Kijima S. *k · p* method for strained wutzite semiconductors [J]. Physical Review B, 1996, 54(4): 2491-2504.

[34] Bester G, Wu X F, Vanderbilt D, et al. Importance of second-order piezoelectric effects in Zinc-Blende semiconductors[J]. Physical Review Letters, 2006, 96 (18):187602.

[35] Patra S K, Schulz S. Impact of second-order piezoelectricity on electronic and optical properties of c-plane In$_x$Ga$_{1-x}$N quantum dots: consequences for long wavelength emitters [J]. Applied Physics Letters, 2017, 111 (10):103103.

[36] Fonoberov V A, Balandin A A. Optical properties of wurtzite and zinc-blende GaN/AlN quantum dots [J]. Journal Vacuum Science and Technology B, 2004, 22(4): 2190-2194.

[37] Winkelnkemper M, Schliwa A, Bimberg D. Interrelation of structural and electronic properties in In$_x$Ga$_{1-x}$N/GaN quantum dots using an eight-band *k · p* model [J]. Physical Review B, 2006, 74(15): 155322.

[38] Williams D P, Andreev A D, OReilly E P, et al. Derivation of built-in polarization potentials in nitride-based semiconductor quantum dots [J]. Physical Review B, 2005, 72(23) :235318.

[39] Park S W, Cho Y H. Strain and piezoelectric potential effects on optical properties in CdSe/CdS Core/Shell quantum dots [J]. Journal of Applied Physics, 2011, 109(11):113103.

[40] Park S W. Crystal orientation effects on electronic properties of wurtzte InGaN/GaN quantum wells [J]. Journal of Applied Physics, 2002, 91(12):

9904-9908.

[41] Zhao Wei, Yu Zhongyuan, Liu Yumin. Piezoelectric effects and electronic structures of InAs/GaAs quantum dots grown along (111) and (011) directions [J]. Chinese Physics B, 2010, 19(6): 067302.

[42] Pan E. Elastic and piezoelectric fields around a quantum dot: full coupled or semicoupled model? [J]. Journal of Applied Physics, 2002, 91 (6): 3785-3796.

[43] Lassen B, Barettin D, Willatzen M, et al. Piezoelectric models for semiconductor quantum dots [J]. Microelectronics Journal, 2008, 39(11): 1226-1228.

[44] Shu Changgan, Liu Yumin. The calculation for strain distributions and electronic structure of InAs/GaAs quantum dot based on the eight-band $k \cdot p$ theory [J]. Acta Physica Polonica A, 2016, 129(3): 371-377.

[45] Ngo C Y, Yoon S F, Fan W J, et al. Effects of size and shape on electronic states of quantum dots[J]. Physical Review B, 2006, 74(24): 245331.

[46] Park S H, Han D, Lee Y T, et al. Electronic properties of InGaAs/GaAs strained coupled quantum dots modeled by eight-band $k \cdot p$ theory [J]. The Japan Society of Applied Physics, 2003, 42(1): 144-149.

[47] Li Shushen, Xia Jianbai. Electronic structures of N quantum dot molecule [J]. Applied Physics Letters, 2007, 91(9): 092117.

第8章 量子异质结构应变工程及应用

晶格失配应变在应变自组织生长量子点材料过程中具有十分重要的意义,这主要表现在以下几个方面。第一,应变是量子点自组织生长的主要驱动力,了解应变分布,才能更好地理解量子点生长过程的自组织机理。第二,应变分布能够对载流子引起附加的限制势,从而对量子点的电子结构和发光波长产生影响。近年来基于应变工程的手段实现量子点发光波长的调控被国内外多个研究组广泛关注,特别是将GaAs基量子点材料的发光波长拓展到 $1.3 \sim 1.55\ \mu m$ 的光通信窗口。InGaAs 或GaAlAs 作为应变减少层填充隔离层是应变工程常见的方法,可以实现 $1.3\ \mu m$ 发射[1-2],另外 GaN 应变补偿也可以改善量子点形态分布和发光质量[3]。中科院半导体研究所报道了 GaAs 基量子点采用 GaSb 材料及其合金作为异变缓冲层实现 $1.5\ \mu m$ 的长波长发射[4]。第三,基于纳米工程和应变调控可以实现材料的无缺陷生长控制,如本书第 6 章中采用小半径的纳米线轴向异质外延量子点或纳米线等。第四,对于大失配异质外延,基于异质外延中量子点的位错过滤实现任意晶格常数的虚拟衬底,如利用位错过滤实现 Si 基的激光器[5]。本章主要针对应变工程在异质外延中的几个典型应用做详细介绍。

8.1 隔离层和盖层对量子点应变分布的影响

量子点尺寸和形状对量子点的应变弛豫率有影响,从而导致量子点的发光波长变化,但受生长条件的限制,量子点的尺寸和形状的调控程度有限。此外,量子点的应变分布从根本上受限于量子点与周围材料的晶格失配,从自组织生长过程来看,量子点周围的晶格环境分为 3 个部分:衬底与量子点的晶格失配、隔离层与量子点的晶格失配以及盖层与量子点的晶格失配。衬底和盖层对量子点的水平晶格有限制作用,盖层对量子点的纵向晶格有限制作用。尽管量子点加盖层前后,形态和发光特性的变化国内外已经有实验报道[6],但对于未覆盖的量子点,定性分析盖层和隔离层对量子点应变和带边的影响规律对于应变调控量子点的发光波长具有理论指导作用。

我们采用有限元法计算了量子点的应变分布,侧重讨论在量子点盖层生长过程中,隔离层和盖层厚度对量子点应变分布和能带带边的影响[7]。理论分析和计算结果表明,当量子点间距较大时(忽略量子点之间的应变耦合和波函数耦合作用),隔离层区域材料的晶格失配对量子点应变分布变化影响很大,这也验证了应变减少层一般填充在隔离区的原因,但隔离层厚度对发光波长基本没有影响,盖层厚度对应变分布和发光波长都有一定影响。

8.1.1 物理模型

实验观测到的量子点形状与生长条件密切相关,常见的有金字塔形状、透镜形状、圆柱形状和平顶金字塔形状等。建模采用平顶金字塔形状量子点为研究对象,为了减少计算量,将其简化为平顶圆锥形状,这样可以采用轴对称模型,从而大大简化计算量。边界条件为底面 z 方向的位移为零,侧面边界水平方向的位移为零。顶部的面采用自由边界条件。对称轴上水平方向的位移为零。

量子点的几何形状如图 8-1-1 所示,参数如下:量子点底面半径为 10 nm,量子点高度为 4.5 nm,浸润层高度为 0.3 nm,量子点顶面半径为 5 nm,衬底足够厚,本书设置为 40 nm,水平尺度为 30 nm,确保近邻量子点的影响可以忽略(应变耦合和电子波函数耦合效应可以忽略)。如不加说明,量子点和浸润层材料均为 InAs,其他部分为 GaAs 材料。为了计算应变对带边的影响,表 8-1-1 给出了计算应变的材料弹性常数和形变势常数。

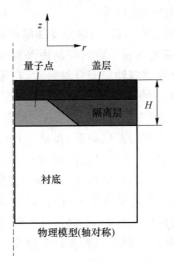

图 8-1-1 量子点的几何模型

表 8-1-1 InAs/GaAs 量子点材料的弹性常数、形变势常数以及晶格常数

材 料	C_{11}/Gpa	C_{12}/Gpa	C_{44}/Gpa	a_c/eV	a_v/eV	b/eV	a/埃米
GaAs	83.4	45.4	39.5	1.00	−5.08	−1.8	5.653 25
InAs	118.8	53.8	59.4	1.16	−7.17	−1.7	6.058 30

8.1.2 隔离层和盖层的影响

下面重点讨论在各种情况下,应变分量在中心轴路径的分布情况。由于采用轴对称模型,所以在中心轴路径上,满足 $\varepsilon_{rr} = \varepsilon_{\phi\phi}$,中心轴路径定义为从衬底到量子点盖层沿模型对称轴的一条直线,如图 8-1-1 中虚线所示。流体静应变和双轴应变对于导带和价带载流子限制势具有重要的影响,根据形变势理论,流体静应变可以表示为 $\varepsilon_{hyd} = \varepsilon_{rr} + \varepsilon_{zz} + \varepsilon_{\phi\phi}$,双轴应变可以表示为 $\varepsilon_{bi} = 2\varepsilon_{zz} - (\varepsilon_{rr} + \varepsilon_{\phi\phi})$。应变对导带边和重空穴带边的影响分别表示为 $\Delta E_c^{hy} = a_c \varepsilon_{hyd}$ 和 $\Delta E_{hh} = a_v \varepsilon_{hyd} - 0.5b\varepsilon_{bi}$。下面分别讨论量子点隔离层厚度和盖层厚度变化时对应变分布和带边产生的影响。隔离层材料为从浸润层开始直到与量子点高度持平的部分,在分析隔离层厚度的影响时,量子点没有被完全覆盖。盖层材料为从量子点被完全覆盖之后的部分,盖层厚度的增加不再影响量子点的埋藏环境,具体可参考图 8-1-1。

1. 隔离层厚度的影响

为了定量分析隔离层厚度对应变分布的影响,图 8-1-2 给出了没有隔离层($H=0$)以及隔离层厚度逐渐增加到等于量子点高度时对应的双轴应变、流体静应变、导带边和重空穴带边沿中心轴路径的变化情况。

如图 8-1-2(a)所示,在量子点内部,双轴应变随隔离层厚度增加而变大,另外,随着隔离层厚度的增加,双轴应变在量子点内部从底部到顶部由线性变化关系演变为非线性变化关系。在量子点底部双轴应变分量最大,在量子点顶部双轴应变分量最小,这说明量子点在顶部有很好的弛豫效果,而在量子点底部弛豫程度明显变小。随着隔离层厚度的增加,量子点弛豫程度减弱,更多的应变储存在量子点内部。图 8-1-2(b)给出了流体静应变随隔离层厚度的变化关系,在量子点内部应变分布的变化趋势与双轴应变相同。通常,材料的应变状态用流体静应变表示,流体静应变大于零,材料处于张应变状态,流体静应变小于零,材料处于压缩应变状态。从图 8-1-2(b)可以看出,量子点处于压缩应变状态,随着隔离层厚度的增加,量子点的压缩应变程度逐渐增强。这一点可以从晶格失配的角度加以说明:当隔离层厚度为零时,量子点表面完全暴露,只有底部与浸润层接触。假定材料保持共格生长,没有位错以及应变弛豫,这时应变能只能在量子点和浸润层内协调。量子点和浸润层材料承受由于晶格失配导致的双轴压缩应变,两个水平方向的应变分量相等,大小为材料的晶格失配,此时量子点材料水平方向的晶格常数与衬底晶格常数相同。但在量子点生长方向,由于弹性力学的泊松效应,量子点材料在该方向承受张应变,因此纵向晶格常数大于水平方向的晶格常数,也就是大于衬底材料在无应变情况下的晶格常数。

随着隔离层的生长,隔离层材料与衬底材料为同一种材料,因此在水平方向与浸润层材料不存在晶格失配,但在纵向方向,量子点材料与隔离层接触界面存在晶格失配,且量子点晶格常数大于隔离层晶格常数,因此隔离层材料的引入使得量子点纵向晶格常数变小,量子点与隔离层接触界面将承受来自隔离层的纵向压缩应变。

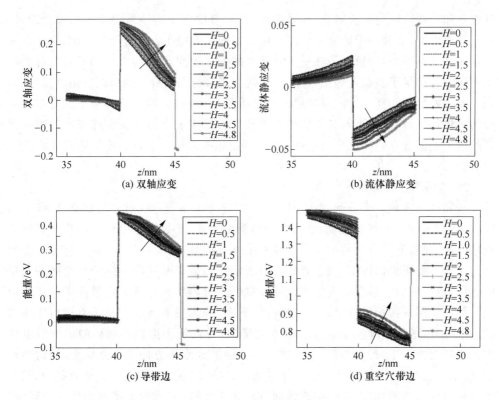

图 8-1-2　沿量子点中心轴路径双轴应变、流体静应变、
导带边和重空穴带边随隔离层厚度的变化

图 8-1-3 给出了有一定隔离层厚度情况下,量子点的轴向应变和径向应变分布。尽管通过单个分量并不能确定应变减少程度,但可为进一步分析起主导作用的应变分量和应变域。

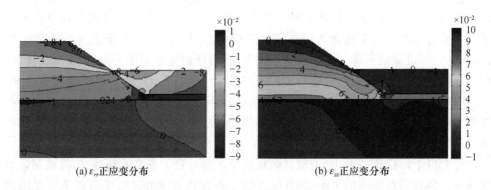

图 8-1-3　隔离层厚度为 2.5 nm 时量子点及附近材料的 ε_{rr} 正应变和 ε_{zz} 正应变分布

图 8-1-2(c)和图 8-1-2(d)分别给出了导带边和重空穴带边随隔离层厚度的变化关系,可以看出,受流体静应变的影响,量子点内部导带边能量变大。重空穴受流体

静应变和双轴应变的综合影响,在量子点内部,重空穴带边能量也变大。综合看来,在量子点内部,有效的带隙宽度受隔离层厚度的影响很小。受应变的影响,带边在量子点内部并不平坦,导致电子在量子点顶部的概率密度大,而空穴在量子点底部的概率密度大。由量子态跃迁理论可知,这样的波函数分布将导致偶极跃迁矩阵元较小,光吸收和发射效率低,另外,隔离层导致量子点承受纵向压缩,使得量子点高度有下降的趋势,实际塌陷程度与具体的热力学和动力学生长条件有关。这与实验观测得到的量子点形态在隔离层生长过程中的变化一致,另外量子点高度塌陷将导致发光波长蓝移[8]。

2. 盖层厚度的影响

当隔离层表面与量子点高度持平时,对于平顶量子点,材料继续生长将增加GaAs盖层与量子点的接触面积,考虑晶格失配因素,盖层的作用将进一步增强量子点的压缩,使得量子点内部的应变弛豫程度进一步减少,这一点可以从流体静应变随盖层厚度的变化得以说明,如图8-1-4(b)所示。当盖层厚度约为量子点高度的2倍时,量子点压缩应变状态接近饱和,继续增加盖层厚度,对量子点内部承受的压缩应变不再产生明显影响。通过以上分析可以看出,隔离层和盖层对量子点材料作用的相同之处是,增加厚度都引起压缩应变的增加,导致量子点内部流体静应变强度变大。不同之处在于,盖层的作用是,进一步增强的是水平方向的压缩应变,同时增加沿生长方向的张应变。隔离层的作用则相反,隔离层在纵向方向与量子点接触,对量子点在纵向方向施加压应变,引起纵向方向张应变减小,同时水平方向压应变减弱。总体上,如果用流体静应变表示量子点的应变状态,无论是隔离层厚度还是盖层厚度的增加,量子点都呈现压缩增强效果。双轴应变随盖层厚度的关系如图8-1-4(a)所示,由于盖层的作用使纵向张应变和横向压应变加强,压应变占主要因素,根据双轴应变的定义,很容易得知,随着盖层厚度的增加,双轴应变将减小。与流体静应变相同,当盖层厚度约为量子点高度的2倍时,双轴应变接近最小值,继续增加盖层厚度,量子点内部的双轴应变不再产生明显变化。图8-1-4(c)和图8-1-4(d)分别给出了量子点导带边和重空穴带边随盖层厚度的变化关系,可以看出,量子点导带边能量增加,重空穴带边能量下降,因此,在量子点区域,有效的带隙宽度变大,盖层厚度增加,将引起明显的发光波长蓝移,这与实验观测结果一致。另外,随着盖层厚度的增加,导带边和重空穴带边在量子点内部逐渐变得较为平坦,因此电子和重空穴的分布函数主要在量子点中心,随着盖层厚度的增加,其发光和吸收效率将增强,这也与实验观测结果一致。

综合以上讨论可以看出,盖层和隔离层厚度都导致了发光波长蓝移,其机制是有区别的。隔离层对应变的影响,能够导致量子点在热力学和动力学条件下有塌陷的效果,从而降低量子点高度,改变量子点形状,引起发光波长蓝移,隔离层厚度对带边的影响在导带和价带上效果是相同的,对有效带隙没有明显影响。在盖层生长过程中,量子点已经被完全覆盖,对量子点形状不再产生影响,但应变导致的导带和价带

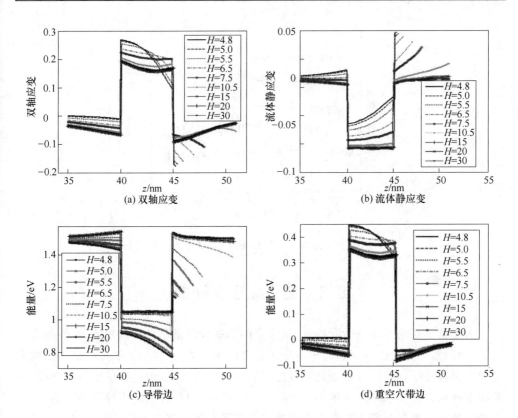

图 8-1-4 沿量子点中心轴路径,双轴应变、流体静应变、导带边和重空穴带边随隔离层厚度的变化

能量的变化方向相反,导致有效带隙变宽,同样能引起发光波长蓝移。另外需要特别强调的是,此处讨论仅限于量子点间距较大的情况,随着量子点间距变小,应变耦合和波函数之间的耦合效应都会显著增强,这时讨论的结论就不再适用,一般情况下,当量子点之间的距离大于量子点底面半径时,同层量子点之间的耦合效应就可以忽略。图 8-1-5 是 Ferdos 等人给出的 InAs 量子点在覆盖生长 0~16 原子单层的 GaAs 时,室温下光谱位置和强度随盖层厚度的变化关系曲线,可以看出,此处的理论分析与 Ferdos 等人的实验结果在趋势上是一致的。

基于 InAs/GaAs 量子点材料,本节讨论了隔离层和盖层在生长过程中,引起的量子点应变分布和导带边以及价带边的变化,从晶格失配的角度,分析了隔离层和盖层厚度对量子点应变分布影响的相同和不同之处,计算结果、物理解释与实验结论一致。本书从应变在生长过程中对量子点形态的影响,以及应变引起的有效带隙变宽两个方面,全面解释了量子点加盖前后发光波长蓝移的原因。从应变角度对量子点发光波长蓝移的解释,有助于读者理解基于"应变工程"的量子点发光波长调控的实现,对拓展 GaAs 基量子点材料的发射波长,实现 1.3~1.5 μm 光通信发光器件具有启发意义。

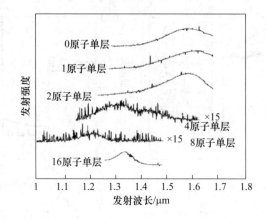

图 8-1-5　量子点荧光波长与隔离层和盖层厚度的关系

8.2　量子点应变补偿

　　由于量子点的零维态密度特性,量子点的制备以及量子点在激光器、半导体光放大器、调制器等方面的应用引起了科研工作者的极大兴趣。1994 年基于量子点的激光器首次被报道,此后,多个研究组报道了发射波长 $1.0\ \mu m$ 附近的量子点激光器,并采用多种材料和技术逐渐实现了 $1.3\ \mu m$ 或 $1.55\ \mu m$ 通信波段的半导体激光器,并且在低阈值电流密度和高特征温度方面逐步获得了突破。基于半导体的自组织量子点由于其广阔的潜在应用价值而成为科学研究的热点领域,并在高效率的太阳能电池等方面开始引起关注[9-11],中间带太阳能电池成为提高太阳能电池全局效率的新概念,可超越 Schockley-Queisser 效率极限,通过在半导体禁带引入一个能态密度小的宅能带,使得在保持开路电压不变的情况下,增加两个子带隙吸收,达到增加电流、提高效率的目的,其理论极限可高达 63.1%。其中,高质量、高密度多层量子点阵列的生长是一个非常关键的技术问题。

　　在晶格失配外延系统中,采用 Stranski-Krastanov 生长模式自组织生长量子点阵列是常用的量子点制备方法。晶格失配应变是量子点自组织生长的驱动力,材料通过应变弛豫生成量子点,但是,系统依然存在剩余应变的积累,由于应变的"种子"效应,导致后续量子点的尺寸受底层量子点的影响而变大,从而降低量子点的密度和有序性,如图 8-2-1(b)所示。实验证明在 InAs/GaAs 系统中生长大于 10 个量子点层之后,因为内部应变的积累超过了临界厚度,会导致位错、缺陷以及岛合并等现象的出现,引起量子点阵列质量的下降,导致太阳能转化效率降低,如图 8-2-1(a)所示。在量子点阵列生长过程中,随着层数的增多量子点的直径和高度会有明显的增加,使量子点大小的均匀性降低,直接引起量子点发光谱的展宽。尽管采用额外的生长控制过程,如 Indium-Flush 过程,可以限制后续外延层量子点的高度,制备高度均匀的量子点,但生长控制的复杂度会相应提高[12],另外,在 Indium-Flush 过程中,为使大团簇的材料蒸发,需要提高环境温度,其中高温退火会导致尺寸一致的量子点发生 In-Ga 互扩散,使量子点发光波长蓝移,发光效率降低。

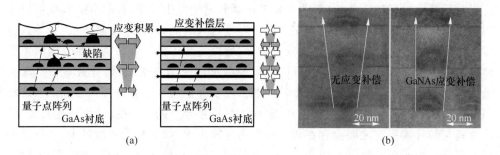

图 8-2-1　(a) InAs/GaAs 量子点应变补偿(GaP 补偿层)实验方案示意图[13]
(b) 有无 GaNAs 应变补偿层时多层 InAs/GaAs 量子点的尺寸分布[14]

　　克服上述问题的方法之一就是在量子点层之间引入一层薄的张应变层,从整体上补偿压缩应变的积累效应[13-14]。这与应变平衡量子阱中,通过引入张应变层补偿量子阱的压缩应变原理一致。应变补偿技术已经应用在了制备高质量、高密度的量子点阵列的实验室研究中。通过应变补偿层的张应变补偿量子点的压应变,可以减少材料系统中的剩余应变和隔离层的厚度,提高量子点的尺寸均匀性和密度,进而改善多层量子点材料的品质,增强荧光强度,减少荧谱线宽,降低激光器阈值电流密度等。

　　近年来,基于应变工程的量子点生长研究引起了国内外研究组的广泛关注,通过在实验中引入应变减少层、种子层、应变补偿层和控制生长条件等途径,可以直接或间接地改变量子点体系的应变场分布,控制生长过程中量子点的尺寸均匀性和密度,降低位错产生的概率,应变分布又会通过引起载流子附加的限制势影响量子点的电子结构和发光波长,最终实现提高量子点生长质量和调谐发光波长的目的。在生长过程中引入张应变的补偿层(如 GaP、GaAsP、GaNAs)来平衡和补偿量子点有源区的压应变是实验中常采用的方案。如在 InAs/GaAs 系统中引入 GaNAs 盖层之后,一方面改善了量子点均匀性和临界厚度,另一方面稀氮材料的引入会促使量子点的光致发光峰向长波长移动[14],这里重点讨论在多层量子点中引入应变补偿层。

8.2.1　应变补偿物理机制

　　下面简单阐述应变补偿的物理机制。量子点阵列在生长过程中,由于应变耦合作用,下层量子点在上层量子点的生长面上形成应变场,会影响上层量子点的生长位置,相邻层量子点之间由于隔离层厚度和应变的各向异性等,会出现垂直对准、斜对准和随机对准等多种情况[15-17],并出现量子点尺寸逐层增加的现象,降低了量子点的均匀性。如果相邻层之间距离较大,则相邻层之间的应变耦合作用可以忽略,相邻层量子点会随机排列。选择合适的应变补偿,会降低相邻量子点之间的对准概率,同时降低上层量子点尺寸的增加速度,提高量子点阵列的整体性能,在合适的条件下,还可以实现对准生长的多层尺寸均匀的量子点阵列。

对于补偿材料的选择原则,首先要考虑缓解量子点生长中的应变能,其次可以考虑对量子点发光的波长的剪裁作用。由于厚度过大的隔离层(应变缓冲层)会导致量子点密度降低,从而影响量子点的发光强度,所以增加了器件集成的困难。而隔离层厚度的减少会导致量子点的均匀性降低以及内部应变的积累,从而导致量子点激射谱线的展宽和量子点阵列质量下降等问题。应变补偿层一般会选择比被补偿系统材料(盖层或者隔离层)晶格大(或小)的材料来补偿系统中的压应变(或张应变)。补偿层材料与被补偿系统之间会存在相对较大的晶格失配,如果补偿浓度过大,会导致界面缺陷的产生而影响整个系统的质量,所以补偿浓度必须在合适的范围内,含氮化合物补偿材料因氮原子在半导体材料中的溶解度较低,所以在实验上较难实现高浓度的生长,以上问题都说明了需要合理的设计补偿方案。对于 InAs/GaAs 材料系,常见的应变补偿层材料有 GaP、GaAsP、GaNgAs、InGaAlAs 等。

补偿层的位置选择也是应变补偿中的关键参数之一,从广义上讲,应变补偿有很多种形式,应变补偿层、应变减少层、应变缓冲层等在一定意义上说都可以起到应变补偿的作用,只是在量子点生长过程中出现的位置不同。从生长的角度上说,应变是量子点形成的驱动力,改善系统的应变场分布会提高量子点的生长质量;从应用的角度上说,量子点中的应变又是影响量子点光电学特性和使用寿命的重要因素。因此,应变补偿理论研究对量子点生长实验具有重要的指导意义。

8.2.2 应变补偿模型

以 GaNgAs 作为应变补偿层材料为例,参照量子点生长实验中的数据[18],我们建立了包含 GaNAs 应变补偿层的 InAs/GaAs(100)量子点系统计算模型,为了简化计算,我们以二维平顶锥形量子点为例。应变补偿结构模型示意如图 8-2-2(a)所示,量子点底面半径和量子点高度分别为 10 nm、4 nm,浸润层高度为 2 nm,量子点顶面直径为 4 nm,衬底足够厚,本书设为 80 nm,水平尺度为 80 nm,以确保近邻量子点的影响可以忽略(应变耦合和电子波函数耦合效应可以忽略)。量子点和浸润层材料为 InAs,盖层和隔离层为 GaAs 材料,盖层和隔离层中间是 GaN_xAs_{1-x} 应变补偿层,由于 GaAs 材料的 N 平衡溶解度很低[19],在研究模型中,将 N 的含量限定在 0~0.05。

对于立方晶体,独立的弹性劲度系数有 3 个,可采用连续弹性理论软件包 Comsol 计算体系的应变能和应变分布。与常见量子点应变分布模型不同的是,相对于 GaAs 材料区域,此模型的初始应变源有两个区域,第一个区域是量子点和浸润层区域受到压缩应变的区域,第二个区域是应变补偿层的区域,受到初始张应变。边界条件与前面章节的设置完全相同,不再阐述。图 8-2-2(b)给出了在盖层表面应变水平分量的分布,可以看出在量子点正上方的一定区域范围内,水平应变分量为张应变,GaAs 材料的张应变区域与 InAs 晶格失配变小,因此后续制备材料会优先在张应变区域聚集,这也是多层自治组织量子点生长会出现垂直关联的物理机制。

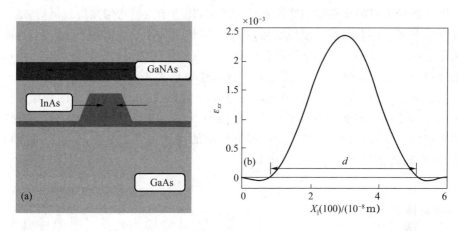

图 8-2-2　(a)应变补偿结构模型示意图;(b)应变场水平分量在盖层表面的分布

8.2.3　应变补偿方案设计

为了研究应变补偿层对量子点生长的影响,需要通过计算隔离层顶部应变场来研究应变补偿对后续量子点生长的影响[20]。实验和理论研究都已表明,应变是量子点自组织生长的主要驱动力,生长过程中量子点的成核、熟化和形状弛豫等都与量子点生长过程中体系应变场分布有着密切的关联。在 S-K 模式自组织生长的过程中,量子点的成岛区域主要集中在张应变区域。成岛的大小和张应变的区域大小有着直接的联系。

为了定量分析补偿层的补偿作用,图 8-2-3(a)计算了没有应变补偿层时,盖层厚度与张应变直径和张应变的最大值之间的变化关系,在 InAs/GaAs 量子点常规生长时,一般都采用 GaAs 作为盖层材料。从图 8-2-3(a)中可以看出,随着盖层厚度的增大,量子点张应变区域逐渐减小,说明盖层厚度越小,盖层表面的应变受到下层量子点的影响越明显。张应变区域越大,生长过程中量子点的成核区域就会越大,形成量子点的底面直径就相应地增大,所以在实验中可以观察到量子点底面直径随着层数的增加有明显增加的现象[14]。在盖层厚度大于一定厚度时(25 nm 左右),张应变的直径基本稳定,从图 8-2-3(a)中应变最大值的变化曲线可以看出,应变的最大值趋近于 0,说明下层量子点的应变对盖层表面的影响逐渐降低,直至消失。

图 8-2-3(b)反映了不同含 N 量情况下应变补偿层的应变补偿作用。其中,盖层厚度为量子点的底面直径到隔离层表面的距离。为了和图 8-2-3(a)进行对比,我们选择了总盖层的厚度范围和图 8-2-3(a)相当,盖层厚度为 8 nm,隔离层厚度为 2 nm。从图 8-2-3(b)可以看出,在有补偿层存在的情况下,总盖层厚度一定,张应变区域比没有补偿层时小。随着 N 含量的增大,张应变的区域越来越小,补偿效果越来越明

显。补偿层产生的压应变补偿了量子点引起的张应变,使得量子点对隔离层表面的应变场分布减弱,对应变的传播起到了类似闸门的阻断作用。所以控制补偿层的参数可以控制量子点随层数增加底面直径的展宽,使量子点的均匀性得到提高,量子点对准概率下降。随着盖层厚度的增加,张应变区域直径逐渐稳定在 50 nm 左右,此时隔离层上的应变场分布受到下面补偿层和量子点的作用减弱,甚至可以忽略,隔离层上表面应变已经充分弛豫,量子点生长的成岛位置已经不再明显受应变场分布的影响。从图 8-2-3(b)中可以看出,当补偿层的 N 含量在 0.03 附近时,总的盖层厚度为12 nm,张应变的直径和没有应变补偿总盖层为 30 nm 时相等,可以说明应变补偿层对隔离层的应变减少作用。适当地控制补偿层的位置和厚度参数,总盖层厚度可以减小,可实现高密度的多层量子点生长。

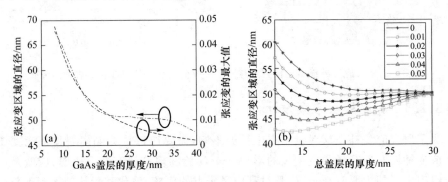

图 8-2-3 (a)盖层表面的张应变大小和张应变直径与盖层厚度的关系;
(b) 含 N 量不同的补偿层条件下,张应变直径和总盖层厚度的关系

为了分析补偿层的参数对补偿作用的影响,优化补偿层的参数,进而起到指导实验的目的,下面从几个方面分别研究补偿层的主要参数对补偿作用的贡献,如补偿层的位置、补偿层中 N 的含量、补偿层厚度等。因为 InAs/GaAs 系统中补偿层一般采用高张应变的材料,最常见的是稀氮材料。在 GaAs 材料中掺高比例的氮很难实现,从实验的角度出发在选择补偿层厚度时一般都选择比较薄的补偿层。这样补偿层的位置和补偿层的含量就成了关键的调控参数。

在总的隔离层厚度和补偿层厚度保持恒定的条件下,我们分别计算了不同的补偿位置、补偿层中 N 的含量和张应变区域直径之间的关系,其中,补偿层厚度和总盖层厚度分别为 2 nm 和 20 nm,补偿层位置范围为 5~17 nm,N 含量范围为 0~5%。从图 8-2-4 中可以看出,当补偿层中 N 的含量一定时,张应变区域的直径随着应变补偿层与量子点距离的增大而逐渐减小,说明补偿位置越远离量子点,同时越接近生长表面,GaAs 盖层越厚,量子点产生的压应变弛豫也就越充分,需要补偿的应变也就越小。相同厚度和 N 含量的应变补偿层,距离越接近生长表面,产生的张应变区域也就越小,生长过程中成岛的直径就会比没有补偿时的直径小,能够有效地抑制量子点底面直径随着层数的增加而变大的情况,提高量子点的均匀性,有效抑制光致发光谱的展宽。

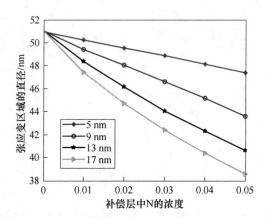

图 8-2-4　补偿层位置在不同的 N 含量下对应变补偿作用的影响，补偿层底面距离量子点底面的高度分别为 5 nm、9 nm、13 nm、17 nm，总盖层厚度固定为 20 nm，补偿层厚度为 2 nm

补偿位置一定的时候，张应变的直径随着补偿层中含 N 量的增加而减小，说明随着补偿层 N 含量的增加，补偿层产生的压应变就越大，量子点引起的盖层表面的张应变补偿就越多，体系中的剩余应变就越少。张应变区域的减少可以有效地控制应变岛直径的展宽，同时量子点内部压应变的减少会影响量子点的电子能级结构和发光谱，使得发光波长向长波长移动。

从前面的讨论中可以看出，应变补偿层对生长表面应变分布具有良好的补偿作用，为量子点的均匀性生长提供了很好的改善作用，体系应变能的减少也有利于减少位错的产生。系统中应变能是影响量子点层数的重要原因，随着量子点层数的增加，量子点体系的应变能逐渐积累。从图 8-2-5 中可以看出，在应变补偿层存在的情况下，对不同大小的量子点体系都起到了补偿作用，减少了体系的应变能（不包括量子点）。所以应变补偿层的引入可以提高高质量量子点的临界层数。

在前面的基础上，我们研究了 N 含量对体系应变能的减少作用。定义应变减少系数为

$$x = \frac{E_{\text{withsc}}}{E_{\text{w/osc}}} \tag{8-2-1}$$

E_{withsc} 是应变补偿层存在的情况下体系的应变能，$E_{\text{w/osc}}$ 为没有应变补偿层时体系的应变能。从图 8-2-6 中可以看出，随着 N 含量的增大，体系的应变能有一个先减少后增大的过程。当补偿层的 N 含量过高（>0.1）时，体系应变能高于没有应变补偿时的值，这就出现了过补偿的情况。从我们的计算结果可以看出，在不牺牲量子点层数和质量的情况下，补偿厚度一定时，补偿中 N 含量存在最优值（≈0.04）。

根据 Xie 等人提出的多层量子点的垂直耦合概率公式[15]，可以计算出下层量子点和上层量子点的对准概率，考察补偿层对量子点后续生长的影响作用。

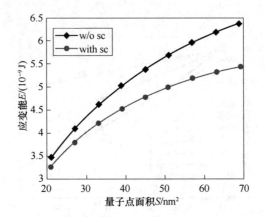

图 8-2-5　在有无应变补偿层情况下,量子点大小和量子点体系应变的关系,
GaN$_x$As$_{1-x}$厚度为 2 nm,N 含量为 0.01,总盖层厚度为 30 nm

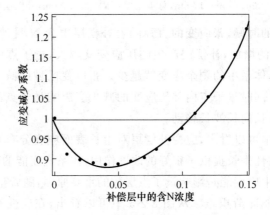

图 8-2-6　应变补偿层中含 N 量和应变减少系数 x 之间的关系

$$P(t_s)=\frac{d}{l}+(1-\frac{d}{l})\frac{1}{Q}\frac{\sinh Q}{\cosh Q+t_s/r_0^3/8L_D A2E_{InAs}k_B T/\Omega_{InAs}(xC_{11}^{InAs}\varepsilon_0)^2 I/I-I\sinh Q}$$

$$(8-2-2)$$

其中 $I=(l^2/4t_s+1)^{3/2}$, $Q=(l-d)/(2L_D)$,相邻量子点中心间距 $l=60$ nm,量子点底面直径 $d=20$ nm,扩散长度 $L_D=280$ nm,总盖层厚度 $t_s=30$ nm,等体积下的球形量子点半径 $r_0=6.1$ nm,晶格失配 $\varepsilon_0=0.0716$,Ω_{InAs} 为原子体积,E_{InAs} 为 InAs 量子点的杨氏模量。材料参数用 InAs/GaAs 材料计算:$A=\dfrac{3B_{InAs}}{3B_{InAs}+2E_{GaAs}/(1+v_{GaAs})}=0.572$。

　　根据以上讨论,如果可以确切知道张应变区域大小及量子点成岛对准概率之间的规律,根据所需张应变区域的大小,即需要生长的量子点的大小,就可以确定最合适的补偿位置和补偿层中的 N 含量。结合量子点大小和应变对发光的影响规律,就可以根据器件需要定制生长量子点阵列。另外,应变补偿层通过对量子点的内部和体系应变的补偿,减小了量子点内部和体系中的应变积累,避免了在量子点阵列生长过程中位错和缺陷的产生,有效地抑制了量子点直径随层数的增加而增大,不仅可以提高量子点的生长均匀性,减小总隔离层的厚度,还使得量子点的发光波长向长波长移动,下面详细讨论对发光波长的影响。

8.2.4 应变补偿层对量子点光学特性的影响

前面主要从力学角度分析了应变补偿层的作用,下面主要研究应变补偿层对于量子点电子结构的影响,电子结构详细计算方法见第 7 章相关内容。由于应变补偿层的存在,会补偿掉量子点中的部分应变,量子点中电子和空穴的限制势分布会发生变化,从而影响载流子的能级以及波函数分布[21]。

以 InAs/GaAs 平顶金字塔量子点为例,量子点底面半径和顶面半径大小分别为 10 nm 和 4 nm,量子点高度为 8 nm,浸润层高度为 0.5 nm,衬底足够厚,为 60 nm,水平尺寸为 80 nm×80 nm,补偿层厚度为 0.5 nm。量子点和浸润层材料为 InAs,盖层和隔离层材料为 GaAs,盖层和隔离层中间是 GaNAs 应变补偿层,补偿层中 N 含量为 0.006。

从图 8-2-7(a)、图 8-2-7(b)可以看出,由于应变补偿层的存在,量子点内净水应变和双轴应变都得到了相应的补偿,应变的绝对值都相应地降低,而应变补偿层与周围材料的晶格失配却积累了较大的应变。应变补偿层在空间上位于量子点的上方,从图中补偿前后的应变可以看出,离补偿层越近,量子点内应变变化越大,补偿作用也越明显。

对于导带和价带带边,因为量子点内部应变对于量子点带边具有修正作用,所以量子点内应变的变化势必会对带边产生影响,如图 8-2-7(c)、图 8-2-7(d)所示,由于量子点内应变的减少,导带带边有小幅度的降低,而重空穴价带带边有小幅度的增加,从而量子点的有效带隙减少,量子点发光波长会产生红移,实验中也观察到了类似现象[18]。由于应变补偿层对于量子点中载流子基态和较低激发态的分布影响不明显,所以此处仅给出量子点较低补偿浓度(0.006)时电子的波函数分布,如图 8-2-8 所示。

图 8-2-9 给出了量子点的载流子能级随应变补偿层位置的变化规律。可以看出,补偿层的浓度一定,随着应变补偿层位置远离量子点的电子基态能级逐渐增加,当补偿层位置超过一定范围时,量子点将失去补偿作用的影响,电子的能级接近或等于未补偿的情况。对于重空穴基态能级来说,同样存在类似的线性规律。而随着补偿浓度的增加,量子点中载流子的能级具有相似的规律,补偿浓度越高,量子点电子和空穴的能级就越偏离未补偿值。当量子点受到应变补偿的作用时,电子和空穴的能级差减少,从电子带间跃迁的角度考虑,量子点的发光波长会产生一定的红移,与应变补偿实验结果一致。

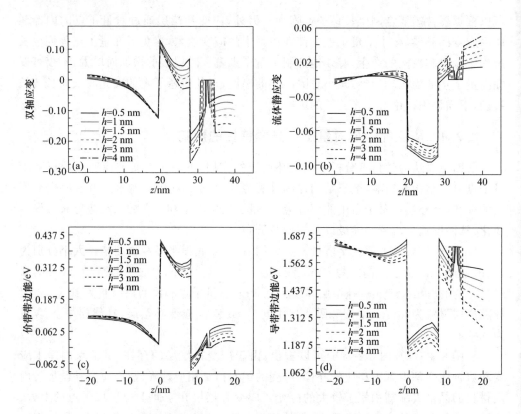

图 8-2-7　InAs/GaAs 量子点的双轴应变(a)和流体静应变
(b)沿量子点轴向分布价带带边能(c)和导带带边能(d)与应变补偿层厚度的关系

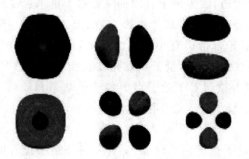

图 8-2-8　有应变补偿层时 InAs/GaAs 量子点中电子波函数分布,从上到下、从左到右分别对应
基态(1.412 eV)和激发态(1.512 eV、1.512 eV、1.585 eV、1.598 eV、1.599 eV)

　　应变补偿方案的设计主要以量子点阵列的生长质量(均匀性和体密度)为出发
点,通过电子结构计算定性表明应变补偿对量子点发光波长能级同样具有一定调控
作用,这是由于 GaNAs 的晶格常数小于 GaAs,衬底对量子点施加的压缩应变一定
程度上被应变补偿层施加的张应变抵消了,导致量子点内部应变减少,使得电子的基

态能级减少,空穴的基态能级增加,减少了有效带隙,实现了发光波长红移。研究结论还表明,应变补偿层越接近量子点,补偿效果越明显。根据应变补偿层对于量子点应变及载流子能级的影响规律,可以为实验制备高密度、高均匀性量子点,提高了发光效率并为剪裁量子点发光波长提供了参考。

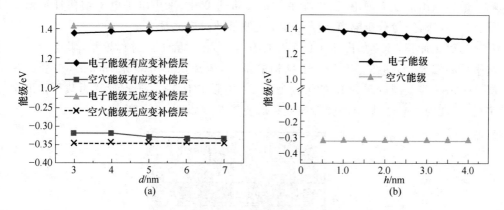

图 8-2-9 (a)量子点载流子能级与应变补偿层位置的关系;
(b)固定应变补偿层位置,量子点载流子能级与应变补偿层厚度的关系

8.3 应变减少层调控量子点发光波长

量子点材料的类 δ 函数的态密度,使得量子点作为半导体激光器的有源区,具有低阈值电流密度、高特征温度等优点,在过去的几十年中,基于量子点的相关器件取得了重要进展,通常 InAs/GaAs 量子点激光器的发射波长位于 $1.0~\mu m$ 附近。实际上 InAs 体材料具有远低于其对应的量子点材料中的有效带隙,这是由于 InAs 量子点承受了来自 GaAs 衬底较大的静水压缩应变,使得有效带隙变宽,发光波长蓝移。为了 InAs/GaAs 量子点激光器可应用于光通信波长,将其波长拓展到 $1.3~\mu m$ 或更长的 $1.55~\mu m$ 具有重要工程实践意义。在 8.1 节中,我们已经分别研究了隔离层和盖层对量子点应变的影响,我们知道隔离层和盖层比量子点的晶格常数小,会对量子点施加压缩应变的效果。但如果将隔离层的材料晶格常数适当变大,则隔离层对量子点的压缩应变将起到缓解作用,文献上常将起应变缓解作用的隔离层称为应变减少层(strain reducing layer)。实验上,利用应变减少层将 InAs/GaAs 量子点的发射波长拓展到室温 $1.3~\mu m$ 已经有报道[22-23]。通常认为,在拓展波长的主要机制中,量子点内的残余应变减少是拓展波长的主要手段,用于作为应变减少层的材料有 InGaAs[22]、InAlAs[23]、GaAsSb[24] 和 InAlAsSb[25] 等。

8.3.1 应变减少层的物理模型

为深入理解这一物理机制,下面将 8.1 节物理模型中的隔离层材料由 GaAs 改为 $In_xGa_{1-x}As$,并基于连续弹性理论计算上述改变对 InAs 量子点内应变分布的影响。最后利用形变势理论,给出导带和价带带边变化,采用单带电子结构计算出电子、空穴能级,定量分析隔离层厚度对发光波长的对应关系[26]。

为简化计算,建立如图 8-3-1 所示的 InAs/GaAs 量子点对称模型,假定量子点水平距离较大,不存在应变和电子结构的耦合,隔离层部分填充 InGaAs 应变减少层,InGaAs 应变减少层中 In 的组分为 0.2。仍假定 InAs 量子点形状为截顶锥形金字塔,高度为 4 nm。材料的弹性参数和形变势参数如表 8-3-1 所示。

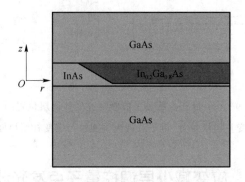

图 8-3-1　InGaAs 应变减少层 InAs/GaAs 量子点轴对称模型示意图

表 8-3-1　**InAs、GaAs 及 $In_{0.2}Ga_{0.8}As$ 合金的材料参数:晶格常数(10^{-10} m),弹性常数 C_{11}、C_{12}、C_{44}(GPa),静水变形式 a_c、a_v(eV),价带带边 $E_{v,av}$(eV),带隙 E_g(eV),双轴剪切变形式 b(eV),电子和重空穴有效质量 m_e、m_{hh}(m_0),自旋轨道分离能 Δ_0(eV)**

参　数	a_v	a_c	b	a	Δ_0	m_e	C_{11}	C_{12}	C_{44}	$E_{v,av}$	E_a	Lattice	m_{hh}
InAs	1.00	−5.08	−1.8	0.25	0.38	0.023	83	45	39	0.25	0.42	6.058 4	0.59
GaAs	1.16	−7.17	−1.7	0.0	0.34	0.067	118	53	59	0	1.519	5.977 4	0.377
$In_{0.2}Ga_{0.8}As$	1.03	−5.50	−1.78	0.2	0.37	0.067	111	52	55	0.2	0.64	5.653 3	0.377

8.3.2 应变减少层对应变、带边和发光波长的影响

图 8-3-2 分别给出了 ε_{rr} 和 ε_{zz} 应变分量沿量子点对称轴的应变随应变层高度的分布,其中 z 轴为量子点生长方向(001),量子点基底位于 z 轴 40 nm 处。从图中可以看出,随着应变减少层厚度的增加,量子点内 ε_{rr} 和 ε_{zz} 分量的应变程度都会增加,但前者为压缩应变,后者为张应变。ε_{rr} 分量由原来的 0.58 增加到 0.72,ε_{zz} 分量则由原来的 0.03 增加到 0.07。但是,在势垒区域的情况恰好相反,ε_{rr} 分量的平均值从原来的 0.08 减少到零,ε_{zz} 分量则从原来的 0.025 减小到 0.003。

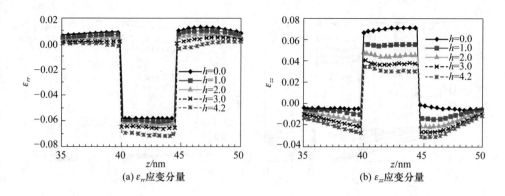

(a) ε_{rr}应变分量　　　　　　　　　(b) ε_{zz}应变分量

图 8-3-2　沿量子点中心对称轴的应变分布

我们感兴趣的是,量子点内部增加的应变(绝对值)与势垒区域减少的应变(绝对值)是否会导致实验观察到的发射波长红移。基于形变势理论,半导体带边的变化主要与材料的静水应变 $\varepsilon_{hyd}=\varepsilon_{rr}+\varepsilon_{\phi}+\varepsilon_{zz}$ 和双轴应变 $\varepsilon_{bi}=2\varepsilon_{zz}-\varepsilon_{\phi}-\varepsilon_{rr}$ 有关。具体由如下方程决定:

$$E_c=E_{c,av}+\frac{\Delta_0}{3}+E_g+a_c(\varepsilon_{rr}+\varepsilon_{\varphi}+\varepsilon_{zz}) \tag{8-3-1}$$

$$E_{hh}=E_{v,av}+\Delta_0/3+a_v(\varepsilon_{zz}+\varepsilon_{rr}+\varepsilon_{\phi})-b(2\varepsilon_{zz}-\varepsilon_{rr}-\varepsilon_{\phi})/2 \tag{8-3-2}$$

图 8-3-3(a)给出了利用有限元法计算得到的流体静应变和双轴应变分量沿模型对称轴方向的分布,可以看出,无论是量子点区域还是势垒区域,流体静应变随应变减少层厚度的增加并没有显著变化,当应变减少层从 0 增加到 4.2 nm 时,在势垒区域流体静应变基本为 0,在量子点内的流体静应变有一定程度的减少,绝对值从 0.082 减少到 0.07,这也是将隔离层中的 InGaAs 合金称为应变减少层的原因。流体静应变的变化表明量子点内部的压缩应变由于应变减少层的引入而减少了。然而,双轴应变受应变减少层的影响较为明显,在量子点内部,该数值的平均值大约从 0.155 增加到 0.27。在势垒区域靠近量子点的部分,双轴应变从 0.07 减少到 0.01,在远离量子点区域,双轴应变分量逐渐减少为零。

根据式(8-3-1)和式(8-3-2),图 8-3-3(b)给出了导带和重空穴带边沿量子点对称轴随应变减少层厚度变化的关系曲线。很明显,随着应变减少层厚度的增加,在量子点内部,静水应变会使得导带边产生一个明显的降低,在双轴应变和静水应变共同的作用下,重空穴带边存在明显的增加,导带和价带随应变减少层厚度的增加,导致有效带隙宽度降低。另外,需要注意的是,尽管有效带隙在量子点内部降低了,但在势垒区域应变并没有明显改变导带边和重空穴带边的位置,对电子和空穴能级的影响可以忽略。因此,可以合理地推断,应变减少层厚度的增加会导致发光波长的红移。

从上面的应变和带边与应变减少层厚度的关系,可以看出应变减少层对应变发光波长的影响,部分归于量子点内部减少的压缩应变。量子点和势垒区域的双轴应变也影响电子、空穴的能级,从而影响发光波长。为了给出定性分析,下面基于单带

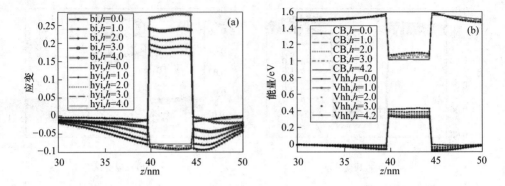

图 8-3-3 　(a)流体静应变(用 hyd 表示)和双轴应变(用 bi 表示)沿量子点中心对称轴的分布与应变减少层厚度的关系；(b)应变影响的导带和重空穴带边与应变减少层厚度的关系

有效质量包络函数近似,给出发光波长红移随应变减少层厚度的关系。求解关于单带包络函数的电子和重空穴能级,需要考虑材料应变修正后的带边、载流子的有效质量,相关参数具体见表 8-3-1。为了简化计算,将薛定谔方程转化为在轴对称坐标系下的形式,可以表示为

$$-\frac{\hbar^2}{2}\frac{\partial}{\partial z}\left(\frac{1}{m}\frac{\partial \phi(r,z)}{\partial z}\right)-\frac{\hbar^2}{2}\frac{1}{r}\frac{\partial}{\partial r}\left(\frac{r}{m}\frac{\partial \phi(r,z)}{\partial r}\right)+\frac{n^2\hbar^2}{2mr^2}\phi(r,z)+V(r,z)\phi(r,z)=E\phi(r,z)$$

$$(8\text{-}3\text{-}3)$$

其中 $n=0,\pm 1,\pm 2,\cdots$ 表示轨道量子数。对称轴以外的边界采用狄里克莱边界,以确保波函数收敛,在对称轴 $r=0$ 上,需要进行特殊处理:当 $n=0$ 时,考虑波函数的连续性,采用纽曼边界条件 $\partial \phi/\partial r=0$；当 $n\geqslant 1$ 时,为保证在中心对称轴 $n^2\hbar^2\varphi(r,z)/2mr^2$ 上不会接近无穷大,在对称轴 $r=0$ 上采用狄利克雷边界条件。在计算中,重点关注电子和空穴的基态能级,对于 GaAs、InGaAs,采用相同的有效质量参数,选方程(8-3-3)中的轨道量子数 $n=0$。

图 8-3-4(a)给出了量子点中电子、重空穴基态能级与应变减少层厚度的函数关系曲线,正如预期,随着应变减少层 InGaAs 合金的厚度从 0 增加到 4.2 nm,电子基态能级减少了约 100 meV(从 1.337 eV 到 1.233 eV)。对于重空穴,基态能级增加了约 110 meV(从 0.28 eV 到 0.395 eV)。对于 $n=0$,电子在量子点中只存在一个束缚态,对于重空穴,超过 4 个束缚态能级,这些激发态能级与基态能级和应变减少层厚度的关系与基态能级类似,这是由于单带有效质量近似忽略了能带之间的耦合。

图 8-3-4(b)给出了电子、重空穴基态跃迁能和对应的发射波长与应变减少层厚度的关系曲线。容易看出,当应变减少层厚度从 0 增加到 4.2 nm 时,基态跃迁能从 1.05 eV 降低到 0.85 eV。对应的发射波长从 1.15 μm 拓展到 1.5 μm。仿真结果与已报道的实验结果在趋势上基本一致。因此,实验观察到的应变减少层导致的荧光谱发射波长红移现象,可以完全由应变效应得到解释,从理论的观点来说,基于 InAs/GaAs 量子点的"应变减少层方案"实现光通信波长的半导体激光器是可行的。

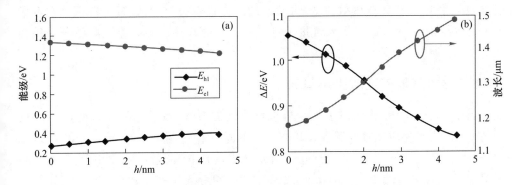

图 8-3-4 （a）量子点的电子、重空穴基态能级与应变减少层厚度的关系；
（b）量子点导带、价带基态跃迁能和发光波长与应变减少层厚度的关系

比较图 8-3-3 和图 8-3-4，可以看出应变在量子点内部改变的最大带边差为 180 meV，然而电子和空穴基态能级之差最大值大约为 280 meV。因此，应变导致的带隙减少小于对应的基态跃迁能的减少，这可能是由于，引入 InGaAs 应变减少层一方面减少了沿对称轴方向的有效带隙，另一方面较大地改变了横向方向材料的势垒，而跃迁能级的改变受纵向和横向势垒两方面的综合影响。

电子的基态波函数分布基本与应变减少层厚度无关，但重空穴波函数随应变减少层厚度变化较为明显，就图 8-3-5 计算的结果来看，重空穴波函数在有些厚度，空穴分布偏离量子点中心，表现在荧光发射上，尽管波长仍具有红移效果，但其荧光强度会大大降低。这说明应变减少层的势垒对重空穴波函数分布的影响很敏感，从而影响荧光强度，这和与应变减少层相关的实验测量一致。

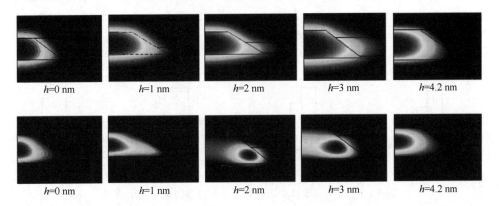

图 8-3-5 基态电子（第一行）和基态重空穴（第二行）波函数分布与 $In_{0.2}Ga_{0.8}As$ 应变减少层厚度的关系

尽管在上面的分析中，我们针对的是特定形状的量子点，研究计算表明 InGaAs 应变减少层的确可以解释量子点的发光波长红移，但是，在实际生长过程中，InGaAs 应变减少层引起量子点内的压缩应变减少，同样有利于制备出大尺寸的量子点。量

子点的尺寸变大,量子受限效应变弱,基态能级接近带边,导致跃迁能降低。在本章参考文献[27]中,Kuldova 等人将量子点发光波长的红移一部分原因归咎于采用合金应变减少层后,量子点尺寸变大。

8.3.3 其他应变减少层材料

利用 $GaAs_{1-y}Sb_y$ 作为应变减少层也可以增加 InAs 量子点的发射波长[24]。然而与 InGaAs 作为应变减少层存在几方面的不同。第一,在覆盖 $GaAs_{1-y}Sb_y$ 的过程中,Sb 原子作为活性剂,有助于保持已有量子点的形状和高度,在 Ulla 等人的实验报道中,量子点的形状尺寸与 $GaAs_{1-y}Sb_y$ 中 Sb 组分无关[28],量子点的高宽比相对于采用 InGaAs 合金作为应变减少层时大很多,在覆盖量子点的过程中,与 GaAs 盖层相比会抑制量子点的分解。第二,Sb 组分较大时,会形成 II 型量子点,使空穴局域在应变减少层中,发光效率会降低。工作在 II 区的量子点的特征是随着激发功率的增加,由于激发高能量的双激子的概率大于激发低能量的激子的概率,所以荧光谱强度会发生较大蓝移,区分 I 型和 II 型量子点,应以空穴在量子点和 $GaAs_{1-y}Sb_y$ 中的相对分布概率来确定。实验观察当 y 组分小于 0.15 时,为 I 型量子点,组分大于 0.19 时,过渡为 II 型量子点,样品荧光寿命会明显增强。其他为 I 型和 II 型的过渡区域。Klenovsky 等人的研究表明基于 $GaAs_{1-y}Sb_y$ 的应变减少层导致的发光波长红移主要归于量子点受限势的改变[29],这从侧面说明 InAs 量子点内部压缩应变减少在发光波长红移中起次要作用。作为比较,图 8-3-6 给出了 InGaAs 和 GaAsSb 作为应变减少层的能带结构示意图。

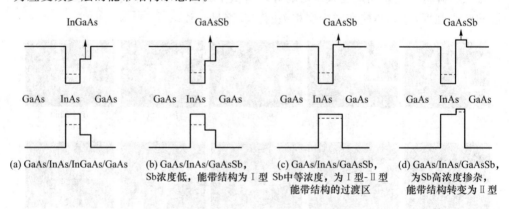

图 8-3-6 不同应变减少层材料及组分对带边的影响示意图

$GaAs_{1-x}N_x$ 或 $GaAs_{1-x}P_x$ 可作为 $GaAs_{1-y}Sb_y$ 应变减少层材料的替代物,实现 InAs 量子点的长波长发射。与 InGaAs 应变减少层不同,N 组分为 1.2%,当 $GaAs_{1-x}N_x$ 位于 InAs 量子点之上时,引起发光波长红移的主要是 GaAsN 的受限势。GaAsN 与 GaAs 的晶格失配很小,只有 0.25%,而 InAs 与 GaAs 的晶格失配为 6.7%,因此,GaAsN 层对于改变量子点的内的压缩应变效应可以忽略不计,作为对比,GaAsN 的导带带边势能低于 GaAs 材料约 50%,对降低电子的基态能级有较大贡献,是发光波长红移的主要原因[30]。

实验还观察到,随着 $GaAs_{1-x}N_x$ 盖层厚度的增加,存在发射波长红移饱和现象,饱和厚度大致在 10 nm。当相同组分的 GaAsN 位于 InAs 量子点之下时,原则上受限势对降低电子基态能级贡献不变,但实验观察结果表明,在这种情况下,量子点发射波长不发生红移,这是由于在实验中,将量子点生长在 GaAs 和 GaAsN 之上,量子点具有不同的尺寸,尽管两种情况下量子点高度变化不明显,但对于后者,量子点横向尺寸大大降低,导致在相同高度的受限势下,电子和空穴能级明显增高,抵消了势垒降低对能级下降的效果[30]。

除 InGaAs 合金做应变减少层外,InAlAs 合金也常用作应变减少层材料[23],从减小量子点内压缩应变这一点上看,两者基本一致,但 InAlAs 具有较高的势垒,势垒也会对量子点中载流子的能级和材料的温度稳定性产生一定影响。在 InAlAs 中添加部分 Sb 元素组成 InAlAsSb 四元合金作为应变减少层,在保持发射波长红移的基础上,由于 Sb 吸附原子的活性可极大地改善异质结构的品质,以及量子点形状保持功能等特点,使材料的辐射效率提高 4~5 倍,并具有较大的基态与第一激发态能量间隔[25]。

在实际生长制备过程中,应变减少层对材料性质的影响是多方面的,在制备应变减少层时,存在 In 原子偏析效应[31],导致对量子点形状和应变产生影响,进而影响发光波长。另外,量子点内部应变的减少可以大幅度抑制有源区的暗线损伤(dark line defect),而暗线损伤会极大地降低半导体激光器的工作寿命。王占国院士课题组通过应变减少层技术实现了长寿命 InAs/GaAs 量子点激光器[32],根据衰减测试实验,其激光器寿命可以达到 9 000 小时,从而首次从实验上证实了半导体应变量子点激光器可以实现长寿命的工作。

尽管利用 InGaAs 应变减少层可以实现将量子点发射波长拓宽到 1.3 μm,但是由于应变减少层中的 In 组分加剧了系统整体的压缩应变,因此,在制备更多层的量子点阵列时,位错、量子点的不均匀性等都会受到影响,另外,应变减少层残余应变产生的非辐射复合中心将导致荧光谱效率下降[33],这时应变补偿是可以缓解的手段之一。Hakayuki 等人利用 MBE 设备在 InAs/GaAs 量子点材料中引入了 InGaAs 作为应变减少层,引入了 GaNAs 作为应变补偿层,用于提高 InAs/GaAs 量子点的发光效率并拓展发光波长至 1.3 μm,是基于应变工程在异质发光结构材料中较早的一次综合应用[34]。

8.4　异变外延及应用

应变减少层和应变补偿层都是在量子点形成后,通过后续隔离层或盖层组分、厚度的调控实现应变量子点内部的应力调控或体系的应变补偿,以改善量子点的质量,调控发射波长。从根本上解决问题的办法是减少衬底和量子点材料的晶格失配,但常见用于做衬底的材料,如 Si、GaAs 等晶格常数是固定的。异变缓冲层外延提供了一种能够裁剪晶格常数的虚衬底的制备方法,并为后续小晶格失配外延有源区制备提供了晶格常数可调控的衬底模板。异变外延技术在 GaAs 基长波长发光、Si 基半导体发光领域获得了较多应用[35-38]。

异变缓冲层可提供可调控晶格常数模板示意如图 8-4-1 所示,一般缓冲层材料的晶格常数与衬底相同,异变缓冲层材料晶格常数要大于衬底的晶格常数,因此,在初始外延阶段,材料保持赝晶生长,当异变外延材料超过临界厚度时,会产生大量失配位错,同时晶格失配的应变能会得到有效弛豫,随着厚度继续增加,异变缓冲层的应变会出现饱和效应。尽管最终异变缓冲层仍具有一定残余应变,但晶格已经得到较充分弛豫,为后续有源区的生长提供了可调控的晶格失配。评价异变缓冲层的效果应以残余应变和表面平坦程度作为依据,从示意图中可以看出,残余应变主要取决于界面失配位错的分布情况和位错之间的相互作用,位错的分布情况由异变外延层的材料特性和生长环境共同决定。

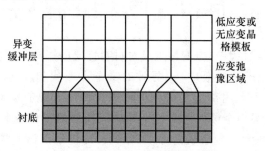

图 8-4-1　异变缓冲层可提供可调控晶格常数模板示意图

在 GaAs 衬底外延异变缓冲层,常见的材料有 InGaAs、GaAsSb 三元合金,通过异变缓冲层为 InAs 量子点或 InGaAs 量子点提供合适的晶格衬底模板。Liu 等人通过实验比较了两种异变缓冲层上外延 InAs 量子点用于 1.55 μm 的长波长发射[39]。在 GaAs 衬底异变外延层的厚度为 1 000 nm,异变外延层 InGaAs 中 In 的组分为 25%,GaAsSb 中 Sb 的组分为 25%。结果表明 GaAsSb 异变缓冲层的样品荧光普的强度远大于 InGaAs 异变缓冲层样品。经原子力显微镜检测 500 nm 异变外延层后的表面形态表明,InGaAs 异变缓冲层表面的度远大于 GaAsSb 样品,表明前者残余的应变能较大,因而对应变弛豫的程度弱于后者。通过分析 GaAs 衬底与异变缓冲层界面的位错分布,发现 GaAsSb/GaAs 界面相邻位错间距的分布比较窄,且间距较近,平均间距约为 30 nm,InGaAs/GaAs 界面相邻位错的分布间距较宽,位错平均间距在 50 nm,如图 8-4-2 所示。Schmidt 等人发现除失配位错外,有序的位错网络也是应变弛豫的有效机制[40]。异变外延层主要依靠大量的界面失配位错实现应变弛豫功能,从而在异变缓冲层表面形成低应变或无应变的晶格模板,对于 GaAsSb/

GaAs 样品,由于位错更加有序,位错密度更大,因此能更好地弛豫应变,以上微观物理机制与观测现象基本一致。

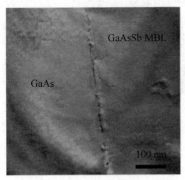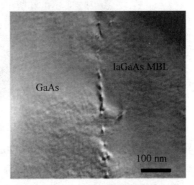

(a) GaAsSb/GaAs 界面的透射电镜照片 (b) InGaAs/GaAs 界面的透射电镜照片

图 8-4-2 GaAsSb/GaAs 界面与 InGaAs/GaAs 界面的透射电镜照片

在异变外延制备过程中,在异变外延层和衬底的界面形成密集有序的位错是有效应变弛豫的前提,如 GaAsSb/GaAs、InGaAs/GaAs 异变外延。在 Si 衬底制备 InAs 量子点可以使用 GaAs/Si、InGaAs/GaAs/Si 作为异变外延层,在界面生成的大量位错,特别是混合位错会随着生长的进行向外延层传播并直达有源区,尽管已有异变外延器件的报道,但通常需要采用位错减少技术,抑制位错的传播,如组分渐变缓冲层、应变减少层等。下面我们重点介绍基于量子点的位错过滤实现位错弯曲,来减少位错向有源区传播。

8.5 位错过滤技术

异变外延和自组织生长是制备半导体纳米器件的重要技术手段之一。异变外延生长通过改变衬底外延材料的晶格常数,形成任意晶格常数的虚衬底模板。相对于直接异质外延生长有源区材料,异变外延在晶格常数上更为自由灵活,使得生长在不同衬底上的器件的单片集成变得可行[37]。形成无应变的虚衬底,需要通过产生位错来有效弛豫异变层和衬底之间晶格失配引起的应变。但不利因素是,界面位错产生的同时还伴随着贯穿位错,在不加控制的情况下,贯穿位错将继续沿生长方向传播并进入有源区,形成非辐射复合中心,从而大大降低了发光强度和效率,影响器件的稳定性和寿命。异变外延过程中界面位错和贯穿位错示意图如图 8-5-1 所示。

如果不施加贯穿位错抑制手段,贯穿位错会一直向外延层方向传播,进入器件有源区并形成电子空穴的非辐射复合中心,从而极大地影响半导体纳米材料与器件的性能及稳定性。因此抑制异质外延生长中的贯穿位错,提高器件的性能、稳定性和寿命,已经成为制备生长高质量半导体纳米材料及其器件亟待解决的一项关键科学问题,并引起广泛关注。为使器件达到应用水平,有源区的贯穿位错密度应低于 10^6 cm^2,

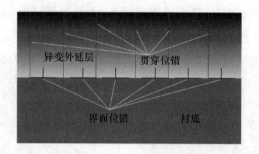

图 8-5-1　异变外延过程中界面位错和贯穿位错示意图

但目前的异变外延技术位错密度多为 10^8 cm^2。因此抑制异变外延生长中的贯穿位错，提高器件的发光效率和可靠性，成为异变外延结构亟待解决的关键科学问题。

应变是界面位错和贯穿位错产生的主要原因，也是改变贯穿位错传播方向的主要手段之一。在异变外延实验中，只有较少课题组讨论了外延过程中的位错抑制问题：一种方式是让贯穿位错通过半导体内部的缺陷，俄罗斯约飞物理技术研究所和德国研究小组合作提出了纳米空洞过滤位错[41]，形成的空气界面会终止位错向生长方向的传播，图 8-5-2 所示为 Lenz 等人通过实验实现纳米空洞的过程[42]；另一种方式是利用应变改变贯穿为错的方向，将沿外延生长方向的位错通过局域大应变将位错线压平，并从侧面传播，从而降低后续外延层中位错的密度，改善有源区性质。美国密歇根大学 Bhattacharya 等人在实验上使用多层自组织量子点来阻断位错向有源区的传播[37]，其原理如图 8-5-3 所示。

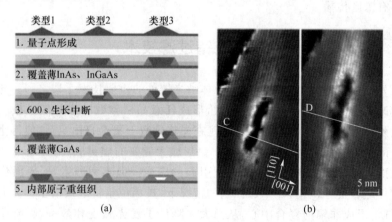

图 8-5-2　（a）抑制外延半导体纳米孔生长形成示意图；
（b）实验观测到的 InAs/GaAs 半导体纳米孔[42]

下面基于各向异性连续弹性理论，研究量子点应变场和位错应变场的相互作用，从能量平衡角度建立判据，并利用有限元方法计算 InAs/GaAs 和氮化物量子点抑制刃型贯穿位错传播的临界条件。

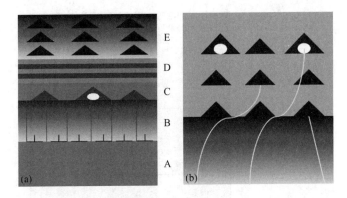

图 8-5-3 （a）A～E 依次为衬底、异变缓冲层、位错过滤纳米微结构、
应变超晶格结构和异变量子点有源区；（b）纳米微结构过滤异变生长中的位错示意图

8.5.1 InAs/GaAs 量子点位错过滤

假设衬底存在一根贯穿位错，在量子点异质外延生长过程中，贯穿位错不会终止于衬底内部，而是会持续延伸传播到外延层表面。对于存在晶格失配的异质外延量子点，量子点内部存在失配应力，在失配应力的作用下，贯穿位错受到镜像力使其沿滑移面方向运动，当贯穿位错到达量子基底合适位置时，在镜像力与位错线张力达到平衡时，贯穿位错转化为失配位错，位置在量子点与衬底界面，从而实现了贯穿位错的抑制。相反，当贯穿位错没有到达量子基底合适位置时，镜像力不能克服位错线的线张力，贯穿位错将继续在 InGaAs 量子点内部传播生长[43-44]。

本小节采用单独的无盖层金字塔形 InGaAs/GaAs 异质量子点作为计算模型。如图 8-5-4 所示，量子点的基底边长度为 20 nm，宽度为 18 nm，量子点高度为 4 nm。在计算过程中采用笛卡儿直角坐标系，x 轴和 y 轴分别对应[110]和[－110]方向，z 轴对应量子点的生长方向，为[001]方向。弹性计算考虑材料的各向异性，根据张量变换可得在新坐标系下的 InAs、GaAs 材料的弹性劲度矩阵，InGaAs 材料弹性系数和晶格常数均按 In 含量做线性插值。

利用 InGaAs 量子点抑制过滤贯穿位错，大概可分为两种情况；一是 InGaAs 量子点与 GaAs 衬底之间的晶格失配应变施加到贯穿位错上的滑移力不足以改变其传播方向，或者不足以将其压弯成界面失配位错，这时，贯穿位错不能被抑制，在计算过程中表现为不改变传播方向直接进入量子点贯穿位错情况下的系统总应变能低于将贯穿位错压弯为界面失配位错的情况；二是当 InGaAs 量子点与 GaAs 衬底之间的晶格失配应变施加到贯穿位错上的滑移力足以改变其传播方向时，贯穿位错能够被压弯为界面失配位错，在计算过程中表现为不改变传播方向直接进入量子点贯穿位错情况下的系统总应变能大于将贯穿位错压弯为界面失配位错的情况。

首先假设贯穿位错传播方向不发生改变，直接穿透衬底进入量子点的情况，如图

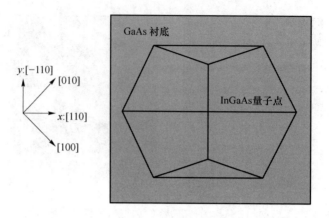

图 8-5-4　InGaAs/GaAs 量子点几何模型俯视图

8-5-5(a)、图 8-5-5(b)所示。其中,贯穿位错的位错线方向为[001],伯格斯矢量方向

为 $a_{\text{sub}}\left[\dfrac{\sqrt{2}}{4},\dfrac{\sqrt{2}}{4},\dfrac{1}{2}\right]$。此时,整个 InGaAs/GaAs 量子点异质结构中的应变来自

InGaAs 量子点与 GaAs 衬底之间的晶格失配以及贯穿位错。该情况下有限元计算

模型中 InGaAs 量子点晶格失配部分的初始应变 ε_{ij}^{0} 可以用 $\varepsilon_{ij}^{0}=(a_{\text{QD}}-a_{\text{sub}})\delta_{ij}/$

$a_{\text{QD}},i,j=x,y,z$ 表示。贯穿位错导致的 InGaAs 量子点以及 GaAs 衬底中的初始应

变 $\varepsilon_{ij}^{\text{thr-dis}}$ 可以用第 4 章式(4-8-3)～式(4-8-6)表示。因此,在贯穿位错传播方向不发

生改变的情况下,InGaAs 量子点中的初始应变为

$$\varepsilon_{ij}^{\text{ini-QD}}=\varepsilon_{ij}^{0}+\varepsilon_{ij}^{\text{thr-dis}}\quad(i,j=x,y,z)\tag{8-5-1}$$

GaAs 衬底中的初始应变为

$$\varepsilon_{ij}^{\text{ini-sub}}=\varepsilon_{ij}^{\text{thr-dis}}\quad(i,j=x,y,z)\tag{8-5-2}$$

考虑晶格失配应变导致贯穿位错传播方向发生改变的情况,如图 8-5-5(c)、图

8-5-5(d)所示。这种情况下,贯穿位错应变场与晶格失配应变场相互作用,其传播方

向发生改变并在量子点-衬底界面处形成界面失配位错结构。此时对于 InGaAs 量

子点,晶格失配、贯穿位错 $\varepsilon_{ij}^{\text{thr-dis}}$ 以及界面失配位错段 $\varepsilon_{ij}^{\text{mis-dis}}$ 所导致的应变同时存在,

作为其有限元模型中的初始应变源。对于 GaAs 衬底,其初始应变可以忽略来自晶

格失配部分的应变源,只考虑贯穿位错以及界面失配位错段。因此,在贯穿位错传播

方向发生弯折的情况下,InGaAs 量子点中的初始应变为

$$\varepsilon_{ij}^{\text{ini-QD}}=\varepsilon_{ij}^{0}+\varepsilon_{ij}^{\text{mis-dis}}+\varepsilon_{ij}^{\text{thr-dis}}\quad(i,j=x,y,z)\tag{8-5-3}$$

GaAs 衬底中的初始应变为

$$\varepsilon_{ij}^{\text{ini-sub}}=\varepsilon_{ij}^{\text{mis-dis}}+\varepsilon_{ij}^{\text{thr-dis}}\quad(i,j=x,y,z)\tag{8-5-4}$$

通过设置合适的材料参数以及边界条件,有限元求解器可以直接计算出无位错

以及含界面失配位错的 InAs/GaAs 异质量子点体系的应力与应变场分布。考虑能

量平衡判据,首先计算贯穿位错传播方向不发生改变情况下的系统应变能

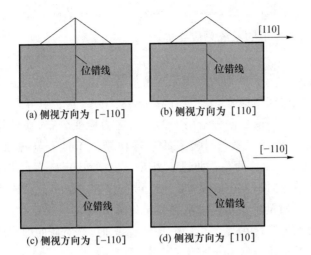

(a) 侧视方向为 [-110]   (b) 侧视方向为 [110]

(c) 侧视方向为 [-110]   (d) 侧视方向为 [110]

图 8-5-5　贯穿位错未能转化为界面失配位错的几何侧视图，
以及贯穿位错转化为界面失配位错的几何侧视图

$E_{\text{threading-total}}$，其中，InGaAs 量子点的最终应变能表示为

$$
\begin{aligned}
E_{\text{threading-QD}} = \frac{1}{2}\int & ((\varepsilon_{xx} - \varepsilon_{xx}^0 - \varepsilon_{xx}^{\text{thr-dis}})\sigma_{xx} + (\varepsilon_{yy} - \varepsilon_{yy}^0 - \varepsilon_{yy}^{\text{thr-dis}})\sigma_{yy} + \\
& (\varepsilon_{zz} - \varepsilon_{zz}^0 - \varepsilon_{zz}^{\text{thr-dis}})\sigma_{zz} + 2(\varepsilon_{xy} - \varepsilon_{xy}^{\text{thr-dis}})\sigma_{xy} + 2(\varepsilon_{xz} - \varepsilon_{xz}^{\text{thr-dis}})\sigma_{xz} + \\
& 2(\varepsilon_{yz} - \varepsilon_{yz}^{\text{thr-dis}})\sigma_{yz})\mathrm{d}V
\end{aligned} \tag{8-5-5}
$$

GaAs 衬底的最终应变能表示为

$$
\begin{aligned}
E_{\text{threading-sub}} = \frac{1}{2}\int & ((\varepsilon_{xx} - \varepsilon_{xx}^{\text{thr-dis}})\sigma_{xx} + (\varepsilon_{yy} - \varepsilon_{yy}^{\text{thr-dis}})\sigma_{yy} + (\varepsilon_{zz} - \varepsilon_{zz}^{\text{thr-dis}})\sigma_{zz} + \\
& 2(\varepsilon_{xy} - \varepsilon_{xy}^{\text{thr-dis}})\sigma_{xy} + 2(\varepsilon_{xz} - \varepsilon_{xz}^{\text{thr-dis}})\sigma_{xz} + \\
& 2(\varepsilon_{yz} - \varepsilon_{yz}^{\text{thr-dis}})\sigma_{yz})\mathrm{d}V
\end{aligned} \tag{8-5-6}
$$

因此，最终无界面位错情况下的系统总应变能为

$$
E_{\text{threading-total}} = E_{\text{threading-QD}} + E_{\text{threading-sub}} \tag{8-5-7}
$$

对于存在含界面失配位错情况下的系统应变能 $E_{\text{misfit-total}}$，其中，InGaAs 量子点的最终应变能表示为

$$
\begin{aligned}
E_{\text{misfit-QD}} = \frac{1}{2}\int & ((\varepsilon_{xx} - \varepsilon_{xx}^0 - \varepsilon_{xx}^{\text{thr-dis}} - \varepsilon_{xx}^{\text{mis-dis}})\sigma_{xx} + (\varepsilon_{yy} - \varepsilon_{yy}^0 - \varepsilon_{yy}^{\text{thr-dis}} - \varepsilon_{yy}^{\text{mis-dis}})\sigma_{yy} + \\
& (\varepsilon_{zz} - \varepsilon_{zz}^0 - \varepsilon_{zz}^{\text{thr-dis}} - \varepsilon_{zz}^{\text{mis-dis}})\sigma_{zz} + 2(\varepsilon_{xy} - \varepsilon_{xy}^{\text{thr-dis}} - \varepsilon_{xy}^{\text{mis-dis}})\sigma_{xy} + \\
& 2(\varepsilon_{xz} - \varepsilon_{xy}^{\text{thr-dis}} - \varepsilon_{xy}^{\text{mis-dis}})\sigma_{xz} + 2(\varepsilon_{yz} - \varepsilon_{yz}^{\text{thr-dis}} - \varepsilon_{yz}^{\text{mis-dis}})\sigma_{yz})\mathrm{d}V
\end{aligned} \tag{8-5-8}
$$

GaAs 衬底的最终应变能表示为

$$
\begin{aligned}
E_{\text{misfit-sub}} = \frac{1}{2}\int & ((\varepsilon_{xx} - \varepsilon_{xx}^{\text{thr-dis}} - \varepsilon_{xx}^{\text{mis-dis}})\sigma_{xx} + (\varepsilon_{yy} - \varepsilon_{yy}^{\text{thr-dis}} - \varepsilon_{yy}^{\text{mis-dis}})\sigma_{yy} + \\
& (\varepsilon_{zz} - \varepsilon_{zz}^{\text{thr-dis}} - \varepsilon_{zz}^{\text{mis-dis}})\sigma_{zz} + 2(\varepsilon_{xy} - \varepsilon_{xy}^{\text{thr-dis}} - \varepsilon_{xy}^{\text{mis-dis}})\sigma_{xy} +
\end{aligned}
$$

$$2(\varepsilon_{xz} - \varepsilon_{xy}^{\text{thr-dis}} - \varepsilon_{xy}^{\text{mis-dis}})\sigma_{xz} + 2(\varepsilon_{yz} - \varepsilon_{yz}^{\text{thr-dis}} - \varepsilon_{yz}^{\text{mis-dis}})\sigma_{yz}]\mathrm{d}V \qquad (8\text{-}5\text{-}9)$$

因此,最终无位错情况下的系统总应变能为

$$E_{\text{misfit-total}} = E_{\text{misfit-QD}} + E_{\text{misfit-sub}} \qquad (8\text{-}5\text{-}10)$$

其中 σ_{ij} 与 $\varepsilon_{ij}(i,j=x,y,z)$ 分别为有限元求解器计算出的系统剩余应力与应变;ε_{ij}^0 是来自材料晶格失配的初始应变。通过计算 InAs/GaAs 量子点异质结构模型中贯穿位错传播方向改变与不改变两种情况下的最终应力应变分布,基于其各自系统总应变能的计算公式,可以通过数值计算获得贯穿位错位于量子点-衬底界面不同位置时,$E_{\text{threading-total}}$ 以及 $E_{\text{misfit-total}}$ 的关系曲线。当 $E_{\text{threading-total}}$ 小于 $E_{\text{misfit-total}}$ 时,异质量子点结构中贯穿位错传播方向不发生改变,贯穿位错直接进入量子点结构中;当 $E_{\text{threading-total}}$ 大于 $E_{\text{misfit-total}}$ 时,异质量子点结构中贯穿位错传播方向发生改变并在量子点-衬底界面上形成界面失配位错;当 $E_{\text{threading-total}}$ 等于 $E_{\text{misfit-total}}$ 时,其对应的即异质量子点进行贯穿位错过滤的临界条件。

8.5.2 贯穿位错过滤的临界条件

首先计算图 8-5-4 以及图 8-5-5 所示的几何模型,InGaAs 量子点的形状设定为金字塔形。分别计算贯穿位错位于量子点底面中心时,其传播方向发生改变与不发生改变两种情况下的系统总应变能,并绘制 InGaAs 量子点与 GaAs 衬底之间晶格失配与系统应变能的关系曲线,如图 8-5-6(a) 所示,其中,实线(threading dislocation)代表贯穿位错传播方向不发生改变的情况,虚线(misfit dislocation)代表贯穿位错传播方向发生改变的情况。可以看出,当贯穿位错位于量子点底部中心时,抑制位错的临界失配为 0.02。只有当量子点与衬底之间的失配大于等于 0.02 时,位于量子点底部中心的贯穿位错可以转换为失配位错,贯穿位错被有效抑制。

图 8-5-6(b) 给出了固定晶格失配为 0.04,沿 x 轴移动贯穿位错的位置,在贯穿位错与量子点-衬底界面的交点从 A 点不断移动到 O 点的过程中,分别计算贯穿位错传播方向发生改变与不发生改变两种情况下的系统总应变能。其中,实线代表贯穿位错传播方向不发生改变的情况,虚线代表贯穿位错传播方向发生改变的情况。可以看出,当量子点与衬底之间的晶格失配为 0.04 时,在沿 x 轴方向上,只有贯穿位错距离量子点底部中心在 3 nm 以内时,量子点才可以有效地将贯穿位错压弯为失配位错,从而实现贯穿位错的有效抑制。

综合图 8-5-6(a)、图 8-5-6(b) 的结论,不断改变量子点与衬底之间的晶格失配以及贯穿位错沿 x 轴方向上的位置,可以得到位错位置与临界失配之间的关系曲线,如图 8-5-7 所示。与图 8-5-6(b) 类似,对贯穿位错与量子点交点的位置进行扫描,随着贯穿位错远离量子点底面中心,抑制贯穿位错传播所需的临界失配越来越大。从前面的计算可得,当贯穿位错处于不同位置时,利用量子点抑制贯穿位错传播所需的临界晶格失配,会随着贯穿位错位置的变化而发生改变。因此,有必要研究不同晶格失配条件下,量子点能够有效抑制贯穿位错传播的有效底部面积。通过沿 y 轴方向以 5 nm 为单位不断移动 AO,并重复前面的计算,可以得到一系列不同晶格失配条件下,x 和 y 方向上贯穿位错可以被有效抑制的临界点。连接这些临界点即可得到 InGaAs 量子点有效抑制贯穿位错的大致范围,如图 8-5-8 所示。从图中可以看出,随着量子点与衬底之间的晶格失配增大,量子点能够抑制贯穿位错传播的有效面积比率也随之不断增大,理论计算结论也得到了相关实验结果的支持[37,45]。

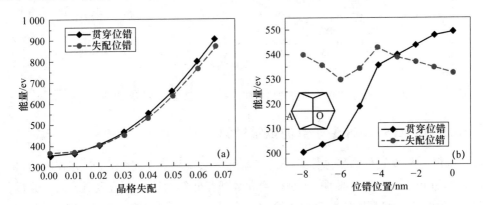

图 8-5-6　(a)贯穿位错位于量子点底部中心时,失配位错与贯穿位错对应的体系应变能与晶格失配的关系;(b)晶格失配为 0.04,贯穿位错与失配位错对应的应变能与位错位置之间的关系

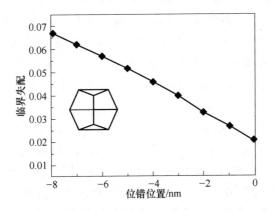

图 8-5-7　InGaAs/GaAs 量子点系统贯穿位错改变其传播方向时的临界失配与位错位置之间的关系

通过对量子点以及失配位错、贯穿位错的应变场分析,建立量子点和位错的应变场相互作用模型。从能量平衡的角度进行研究,利用量子点压缩应变使贯穿位错弯曲的临界条件,分析量子点对贯穿位错传播的影响机制并得到已有实验结果的验证。通过量子点对贯穿位错传播影响机制的理论研究,能够为在异质半导体材料中实现过滤和抑制贯穿位错向器件有源区的传播,实现高质量宽带隙半导体材料的制备生长提供理论指导[46]。

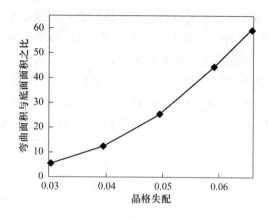

图 8-5-8   量子点改变贯穿位错方向的有效面积与晶格失配之间的关系

8.5.3   AlN/GaN 量子点的位错过滤

由于Ⅲ-Ⅴ族氮化物半导体发光谱覆盖可见光以及紫外波段,并具有较高辐射复合效率,近年来被应用于照明、生物探测和数据存储等领域。在蓝宝石衬底上异质外延高质量的氮化物半导体薄膜的实验中主要采用 AlN 缓冲层。但是 AlN 与蓝宝石衬底存在的晶格失配将产生贯穿位错,若进入有源区将降低器件效率和稳定性。为降低贯穿位错,应变氮化物薄膜(如 AlGaN/GaN 异质结)被提出用于抑制 AlN 中的贯穿位错[47]。有趣的是,实验观察到 GaN/AlN 量子点层也可以有效降低后续外延层中的贯穿位错密度[48]。在理论方面,Ramanov 等人建立了基于薄膜厚度、失配以及位错倾斜的能量平衡模型,但此解析理论不适合应用于更为复杂的量子点结构[49]。下面采用能量平衡判据分析基于 GaN 量子点实现贯穿位错过滤的晶格失配和几何条件[50]。

裸露氮化物量子点过滤贯穿位错的模型如图 8-5-9(a)所示。模型中采用笛卡儿坐标系,x、y 轴方向对应晶向[11−20]和[1−100],z 轴对应[0001]。模型中考虑 AlN 缓冲层中位错线方向沿[0001]的纯刃型贯穿位错,其多余半原子面处于位错线右侧,伯格斯矢量方向为[00−20]。由于滑动平面垂直于双轴应力,所以不会出现切向分量。当贯穿位错在界面上与失配量子点相遇时,假设将出现两种情况:①位错方向不变进入量子点,如图 8-5-9(a)中虚线所示,此时量子点中位错线两侧将分别引入较强的张、压应变场;②贯穿位错转化为界面失配位错,位错线方向转变为[1−100],保证了刃型分量不变,由于 AlN 缓冲层中较量子点中多一列原子,所以失配位错将弛豫量子点中的应变。图 8-5-9(b)给出了两种实验中经常出现的自组织氮化物量子点形状:简单的圆柱形和复杂的六角截顶金字塔形。描述圆柱形量子点几何尺寸的参数为半径 R 和高度 H。六角截顶金字塔形量子点参数为上、下六边形外接圆半径 R_t 和 R_b 及量子点高度 H,在下面的分析中,假设 R_t 为 $0.25R_b$。两种量子点高宽比为

$p = H/2R$。

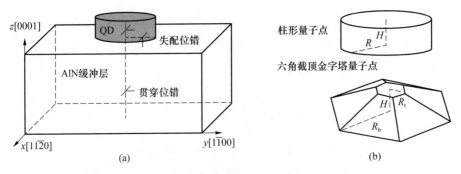

图 8-5-9 （a）氮化物量子点抑制位错模型示意图；
（b）圆柱和六角平顶金字塔量子点几何结构及相关参数

应变场计算基于各向异性连续弹性理论，氮化物晶格为纤锌矿结构，z 轴沿 [0001] 方向。为了使计算更具一般性，假设量子点弹性参数均与缓冲层 AlN 一致；所有位错段位错芯的非弹性应变能均设为 17.1 eV/nm。区分量子点和衬底不同的参数为晶格失配，因为涉及的是刃型位错，在计算应变时可采用 Eshelby 无初始应力模型，计算方法采用有限元法。AlN 缓冲层中贯穿位错的初始应变表示为 $\varepsilon_{xx}^{\mathrm{TD}} = [(a_s+b_s)-a_s]/(a_s+b_s)$，量子点内贯穿位错的初始应变为 $\varepsilon_{xx}^{\mathrm{TD}} = [(a_{\mathrm{QD}}+b_{\mathrm{QD}})-a_s]/(a_{\mathrm{QD}}+b_{\mathrm{QD}})$；界面失配位错的初始应变为 $\varepsilon_{xx}^{\mathrm{TD}} = [(a_s+b_s)-a_s]/(a_s+b_s)$。由前面章节的讨论，根据能量平衡判据，量子点抑制贯穿位错的临界条件将由贯穿位错转化为失配位错前后的能量变化决定，此能量变化可以表示为

$$\Delta E = E_{\mathrm{reax}}^{\mathrm{TD}} + E_{\mathrm{core}}^{\mathrm{TD}} - (E_{\mathrm{relax}}^{\mathrm{MD}} + E_{\mathrm{core}}^{\mathrm{MD}} + E_{\mathrm{b}}) \qquad (8\text{-}5\text{-}11)$$

其中 E_{core} 为位错芯的非弹性能，与材料有关。$\Delta E \geqslant 0$ 表明贯穿位错转变为失配位错后，体系总能量更低，此时，位错抑制可以发生。右式最后一项 E_{b} 为位错弯曲势垒，在薄膜中会随薄膜表面平整度下降而减小。所以在量子点情况下，势垒将小于薄膜中的值，计算中取势垒值为 10 eV。以半径为 12 nm，高宽比为 0.5 的圆柱形量子点为例，体系残余应变能随氮化物量子点失配的增加而增大，并由负值逐渐增大为正值，如图 8-5-10 所示。我们定义 $\Delta E=0$ 时的失配值为临界失配，此例中临界失配为 0.003 2。

圆柱形氮化物量子点临界失配随半径变化的曲线如图 8-5-11(a) 所示，各曲线针对不同高宽比，由下至上分别为 0.5、0.375、0.25 和 0.125。当特定高宽比量子点的半径和晶格失配落在对应曲线的左下方时，则量子点不能使 AlN 中的贯穿位错弯曲为失配位错。相应地，若量子点与 Al 层的失配大于临界失配，那么贯穿位错被抑制后能量更小，即平衡条件下更稳定。考虑较为复杂的六角截顶金字塔形氮化物量子点，计算高宽比分别为 0.375、0.25 和 0.125 3 种情况下临界失配与底边半径的关系，其变化趋势与圆柱形量子点基本一致。作为参考，图 8-5-11 中以点线标出了

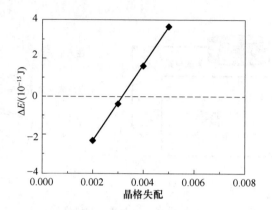

图 8-5-10　圆柱形量子点残余应变能与失配位错的关系

GaN/AlN 材料失配,值为 0.024。实验中观察到的 GaN/AlN 量子点形状几何结构可以描述为截顶六角金字塔,高度是底边半径的 1/2,图中的情况与高宽比为 0.25 的情况相符。可见,GaN/AlN 量子点底边半径需要大于 10 nm 才能保证其对贯穿位错的过滤。如图 8-5-12 所示,当量子点半径一定(12 nm)时,临界失配将随着量子点高度呈现近似线性的反比关系。值得注意的是,基于能量平衡判据,当贯穿位错进入无盖层时,形状"瘦"的量子点即使无失配存在,贯穿位错弯曲为失配位错后的能量仍可保持较低。即在极限情况下,无材料晶格失配也能发生贯穿位错抑制。

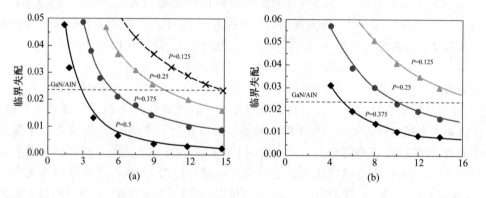

图 8-5-11　(a) 圆柱形氮化物量子点临界失配与半径的关系;(b) 六角截顶金字塔形氮化物量子点临界失配与半径的关系,其中 p 为量子点的高宽比

当保持共格生长的应变量子点大于其临界尺寸时,界面上会自发产生新的失配位错弛豫应变。如第 4 章中的分析,失配位错产生的临界条件是共格量子点体系应变能量与存在失配位错的量子点体系能量相等。很显然,当量子点中存在贯穿位错时,能量要大于共格生长情况。即使考虑了位错弯曲所需的势垒,仍可预期贯穿位错的弯曲引起的失配位错将先于量子点自身失配位错的产生。

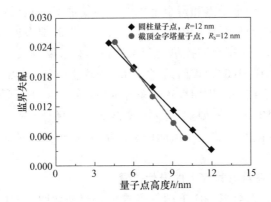

图 8-5-12　氮化物量子点临界失配随量子点高度的变化,两点半径固定为 12 nm

8.6　台形衬底外延量子点的组分形貌控制

量子点器件的性能与量子点的大小、排列、形状、组分分布等息息相关。生长出尺寸均一、排列规则的量子点材料是获得高性能量子点器件的关键。实验上有些宏观生长条件可以控制量子点的大小以及生长位置,比如设置衬底的应变和形貌环境,以及预应变衬底和图形衬底等。在台形衬底上选择性外延生长量子点是一种有效的控制量子点位置的方法。而实际上一些高效的器件有可能要求均匀的量子点按规则排列成一条线或者二维的阵,这些都可以通过台形衬底来控制[51]。所以在理论与实验上研究调控量子点大小和生长位置具有重要意义。

8.6.1　Si/Ge 量子点在正方台形衬底的异质外延

实验上已发现可以通过控制台形衬底的大小来调控量子点的生长位置,G. Jin 等人发现当减小脊状 Si 台形衬底的尺寸时,可以得到完美的 Ge 量子点均匀排列在 Si 台形衬底上[52]。T. Kitajima 等人发现当台形衬底的尺寸变小时,可以得到生长在台形衬底上的单一量子点[53]。以上实验结果显示优化台形衬底大小是一种调控量子点生长位置的有效方法。在理论方面,Liu 等人通过理论模拟发现量子点沉积在预先设计好的衬底表面,可以得到不同形状的量子点结构[54]。Machtay 等人通过研究多个外延岛和单个外延岛在台形衬底上的能量情况,发现当台形衬底尺寸较,而沉积体积较大,台形衬底上存在单一外延岛时,系统能量最小[51],但是这种研究仅基于二维模型,而且忽略了量子点组分及量子点生长过程中的形状转换。因此更加精确的理论研究对指导量子点生长实验有重要意义。

一般来说量子点更容易成核在系统能量最低的位置,基于量子点的组分优化方法,优化台形衬底上量子点的组分,可得到系统的最小吉布斯自由能,同时考虑了台形衬底上量子点的位置和形状转换,使系统具有最小能量。在相同的沉积体积下,计算台形衬底上生长一个量子点和两个量子点的能量情况,结合最小能量原理可以估算生长单一量子点时台形衬底的临界尺寸。通过与实验结果进行对比,发现估算方法和实验是一致的,对于指导调控单量子点生长具有重要意义。下面研究当金字塔形 GeSi 量子点沉积在 Si(001) 表面的正方台形衬底上时,量子点的组分、位置及形状转换情况。大的衬底结构和周期性边界条件的应用可以减小近邻量子点之间的相互影响,计算基于三维有限元模型,所有的计算参数都选择与实验一致。虽然忽略了原子的扩散、晶格的缺陷及近邻量子点间的动力学影响,但是这种简化的热力学模型仍能给出定性的结论。

1. 单一量子点在台形衬底上的最优位置

单一量子点生长在台形衬底上的三维有限元模型如图 8-6-1 所示[55],Si 衬底的长和宽都为 400 nm,高为 150 nm。实际中,在衬底 Si(001) 表面生长 {501}、{311} 和 {15 3 23} 等晶面的 Ge 量子点比较常见。在台形 Si 衬底结构上,Kitajima 等人发现当台形衬底结构尺寸小于 140 nm 时,发现只有一个 {114} 面的截顶金字塔形 Ge 量子点沉积在台形衬底上[53]。为了研究台形 Si 衬底上 Ge 量子点的生长情况,我们在简化的模型中计算 {114} 面的金字塔形 Ge 量子点在台形衬底上的组分及能量情况。Ge 量子点的底边长度为 L_d,Si 台形衬底位于衬底的中心,台形衬底的高为 H,边长为 L。大的 Si 衬底侧面为周期边界条件,底面为固定边界条件,量子点和台形衬底的表面都为自由边界条件,便于应变的弛豫。

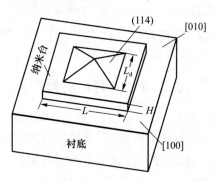

图 8-6-1 台形 Si 衬底上生长单个 Ge 量子的有限元模型

量子点在台形衬底上的不同位置会产生不同的能量释放,从而引起组分的变化。而一般来说量子点越靠近台形衬底的边缘,越容易释放应变能。图 8-6-2 为量子点在台形衬底上不同位置时的组分分布俯视图,量子点底面边长为 $L_d = 85$ nm。在量子点形成过程中,为了减小晶格失配释放应变能,Si 原子会聚集在量子点底部,而 Ga 原子则会聚集在量子点顶端。当量子点在台形衬底中心位置时,量子点底部都位于压应变区域,所以会有 Si 原子的聚集以释放应变。当量子点在台形衬底边缘时,量子点靠近台形衬底边缘的底部更易于应变的释放,所以这个位置的底部张应变会小于其他三边,Si 原子会明显地聚集在其他 3 个边缘,而量子点靠近台形衬底的底边

则没有明显的组分分离。同理,当量子点靠近台形衬底角落时,则有两个底边更容易
释放应变,从而使组分分离不明显。

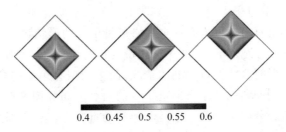

图 8-6-2 量子点在台形衬底上不同位置时 Ge 的组分分布俯视图

当然,应变的释放不仅只依靠量子点,台形衬底也是应变释放的渠道。为了研究
台形衬底的尺寸与系统自由能的关系,我们通过组分优化,计算了量子点在不同位置
时系统的最小吉布斯自由能随台形衬底尺寸的变化情况。如图 8-6-3 所示,单个量
子点在台形衬底的角落时比其在台形衬底中心和边缘处有更小的自由能,也就是说
单个量子点更容易在台形衬底角落沉积,这个结果与实验结果一致[53,56]。从图 8-6-3
中还可以看出,当台形衬底高度一定时,宽度较小的台形衬底更容易释放应变。而当
台形衬底宽度一定时,高的台形衬底却有更小的能量。这是由于量子点在台形衬底
中产生的张应变会穿过台形衬底被存储在大的 Si 衬底中,而存储在大衬底中的应变
不容易被释放。随着台形衬底高度的增加,张应变就会被台形衬底释放,导致存储在
大衬底中的应变减小。所以较高的台形衬底会释放更多的应变能,从而减小系统的
能量。但是当台形衬底的高度大于应变影响的有效高度时,系统的能量就不会随着
台形衬底高度的增加而减小了。对于台形衬底的宽度也有一个应变释放的有效宽
度,所以当台形衬底的尺寸增大时,最终系统的能量会趋于稳定。

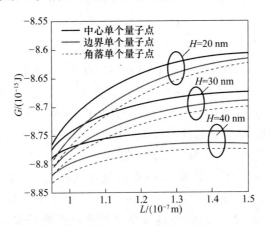

图 8-6-3 量子点在台形衬底的不同位置时,系统的吉布斯自由能随台形衬底尺寸的变化图

2. 台形衬底上量子点的形状转换

量子点的形状转换是量子点生长过程中的又一个重要现象。一般来说,随着沉积体积的增加,低矮的量子点会转换为高陡的量子点形状。如图 8-6-4(a)所示,本节我们讨论台形衬底上具有不同面角的金字塔形量子点的形状转换问题。选定台形衬底底边宽为 300 nm,高为 30 nm。通过优化量子点的组分得到系统的最小能量,本节只计算量子点在台形衬底中心位置处的情况,而边缘型和角落型量子点的能量情况与此类似。具有不同面角的金字塔形量子点的组分分布如图 8-6-4(b)所示,高量子点比低量子点的组分分离得更开。这是由于高的量子点受台形衬底的限制更小,从而更加容易释放应变。

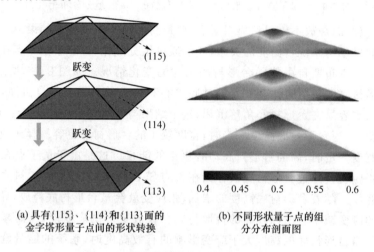

(a) 具有{115}、{114}和{113}面的
金字塔形量子点间的形状转换

(b) 不同形状量子点的组
分分布剖面图

图 8-6-4 量子点的形状转换和组分分布

量子点的形状转换涉及表面能的变化,金字塔形量子点的表面能可以近似为

$$E_{surf} = (3V_q)^{2/3} r^{-2/3} \sqrt{1-4r^2} - 1)\gamma \qquad (8-6-1)$$

其中 V_q 是量子点体积,r 是金字塔形量子点的高宽比,γ 是量子点表面能密度(GeSi 的表面能密度为 $\gamma = 2.22$ J/m²)。从式(8-6-1)可以看出,当量子点体积一定时,高宽比越大的金字塔形量子点表面能越大。虽然大高宽比的量子点更容易释放应变,但是在量子点体积较小时,高量子点和低量子点表面能的差远大于应变能释放的差。所以在量子点沉积初期,低矮的量子点占主要优势。随着量子点体积的增大,量子点蓄积的应变能也会增加。当高量子点和低量子点表面能的差小于量子点释放应变能的差时,量子点就会发生形状转换,由低矮的量子点转向高陡的量子点生长。如图 8-6-5 所示,当量子点体积较小时,{115}面的金字塔形量子点有最小的能量,当体积增大到 2.6×10^{-22} m³ 时,{114}面的金字塔量子点的能量最小,随后体积增大到 4.7×10^{-22} m³ 时,{113}面的金字塔的能量最小。而平衡组分的优化加大了高低量子点应变能释放的差,因而减小了这种形状转换的临界尺寸。

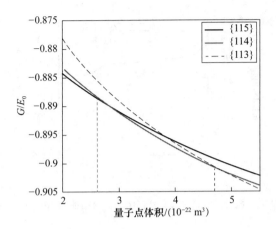

图 8-6-5 具有{115}、{114}和{113}面的 GeSi 金字塔形量子点的吉布斯自由能随量子点
体积的变化图,$E_0 = V_q M \varepsilon_m^2 (M \varepsilon_m^2 = 2.82 \times 10^8 \text{ J/m}^3)$为量子点的特征能量

3. 生长单一量子点时台形衬底的临界尺寸

根据上文的分析,量子点容易在台形衬底角落沉积,而且当量子点较小时容易形成低矮的量子点形状。所以当台形衬底上有两个量子点时,量子点很有可能沉积在台形衬底的两个临近的角落或者两个对着的角落,而且低矮的量子点容易在量子点生长初期产生。本节我们讨论两个{115}面的低矮金字塔形量子点在台形衬底(高 $H = 30 \text{ nm}$)上的组分与能量情况。经过组分优化可以得到系统的最小吉布斯自由能,双量子点在台形衬底上的组分分布如图 8-6-7(a)所示。与单量子点在台形衬底上的组分类似,靠近台形衬底边缘的部分有利于释放应变,从而使组分分离得不明显。通过对双量子点系统能量的研究,我们发现对角双量子点的能量总是小于双邻角量子点系统的能量,如图 8-6-6 所示。这就意味着当有两个量子点沉积在台形衬底上时,最有可能沉积在台形衬底的两个对角位置。而且对双量子点系统能量的研究还发现,对角双量子点系统的能量会随着台形衬底尺寸的增大而增大,而双邻角量子点系统的能量则随着台形衬底尺寸的增大而减小,但是总体还是对角双量子点系统的能量较小,导致这种现象的原因是台形衬底中耦合的应变场阻碍了应变的释放。

对角双量子点系统和双邻角量子点系统的 x 方向应变 ε_x 在中间剖面上的分布如图 8-6-7(b)所示。当台形衬底很小时,双邻角量子点各有一个底边靠得很近,量子点产生的张应变在台形衬底中耦合,从而阻碍了应变的释放。随着台形衬底尺寸的增大,应变的耦合减弱,从而增强应变的释放。这样就导致了衬底增加,而释放的能量大于由于衬底增加而存储的能量,从而使总体的能量会随着台形衬底的增大而减小。对于对角双量子点来说,量子点距离相对比较远,耦合的应变场比较弱,从而使衬底增加,而释放的能量小于由于衬底增加而存储的能量,所以其能量会随着台形衬底的增大而增大。当台形衬底的尺寸大于应变影响的有效尺寸时,系统的能量就会趋于稳定。

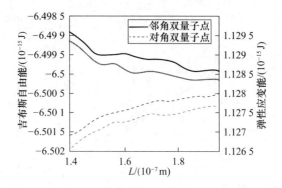

图 8-6-6 双邻角量子点和对角双量子点系统的吉布斯自由能和弹性应变能随台形衬底的变化

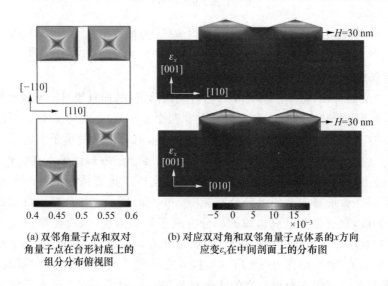

(a) 双邻角量子点和双对角量子点在台形衬底上的组分分布俯视图

(b) 对应双对角和双邻角量子点体系的x方向应变ε_x在中间剖面上的分布图

图 8-6-7 双量子点系统的组分分布和应变分布

最小能量原理常被用于研究临界问题,我们已经成功地利用最小能量原理去计算轴向异质外延纳米线的临界厚度和半径,这里我们利用最小能量原理来估算生长单一量子点时台形衬底的临界尺寸。根据前面的讨论,当有两个量子点在台形衬底上生长时,对角双量子点更有可能首先产生。当单一量子点在台形衬底上,量子点位于台形衬底中心时系统能量最大,而当量子点位于台形衬底角落时系统的能量最小。我们假定生长单一量子点时台形衬底的临界尺寸为:对角双量子点在这个尺寸的台形衬底上的系统能量与同体积的单一量子点在这个尺寸的台形衬底中心位置时系统的能量相等。当台形衬底的尺寸满足单一量子点在中心位置生长时,也能满足量子点在台形衬底其他位置生长。而当台形衬底尺寸小于临界尺寸时,对角双量子点体系的能量要大于单一量子点在台形衬底中心时体系的能量。根据上节的计算,在量子点沉积初期,低矮的量子点容易形成,所以我们选定单一{115}面金字塔形量子点为研究对象,量子点的底边边长为 $L_d = 130$ nm。而双量子点体积和单量子点体积相等,且双量子点也为{115}面金字塔形量子点。通过计算体系的能量与台形衬底尺寸的关系,可以确定台形衬底的临界尺寸。

对角双量子点系统和中心单一量子点系统的能量与台形衬底尺寸的关系如图 8-6-8 所示。通过最小能量法可以很方便地确定生长单一量子点时台形衬底的临界尺寸。从图 8-6-8 中可以看出台形衬底的临界宽度会随着衬底的高度增加而减小,这是由于较高的台形衬底更容易释放应变能。而单一量子点生长在台形衬底的条件是由台形衬底的尺寸和沉积体积决定的。实际上,台形衬底的尺寸会随着量子点体积的增大而增大。我们简化的热力学模型忽略了量子点生长的动力学因素,所以我们的方法仅适用于研究沉积体积确定的量子点结构。当台形衬底的尺寸小于临界尺寸而且沉积体积大于我们计算时量子点的体积时,单一量子点生长条件可以满足,而且量子点会随着体积的增大而转换为较高的量子点形态。通过我们的方法计算的台形衬底临界宽度大约在 200 nm,而实验上生长单一量子点时台形衬底宽度为 140 nm,生长多个量子点时衬底宽度为 300 nm。我们的估算与实验结果匹配得很好,对指导量子点生长实验有一定的意义。

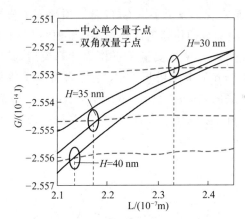

图 8-6-8　对角双量子点系统和中心单一量子点系统的能量随台形衬底尺寸的变化

8.6.2　AlN/GaN 量子点在六角台形衬底的异质外延

异质半导体量子点结构在各种纳米光电子发光器件领域正发挥着越来越重要的作用。比如,通过结合有源区中的量子点可以有效地增强发光二极管以及激光二极管的发光效率。另外,量子点辐射出的光子具有特殊的能级结构,可以实现量子纠缠。其单光子特性对于量子加密以及其他量子信息应用具有重要意义。在这些应用中,每个量子点都代表了一个独立的量子光源,因此,实现量子点的位置、数量可调控对于未来制备相关量子器件至关重要。目前,对于量子加密以及量子信息技术的研究主要基于砷化物量子点和氮化物量子点。其中基于砷化物量子点的研究较为成熟,已经有报道可以实现可控的单光子发射以及极化纠缠。但是不足之处在于,基于砷化物量子点的量子器件只能工作在低温环境中,应用范围极为受限。相比于砷化物半导体量子点材料,InGaN/GaN 宽带隙半导体材料及其器件具有高固有频率、耐高温、可靠性高等优良特性。基于 InGaN/GaN 宽带隙半导体材料的器件可以在 $600\sim1\,000\,℃$ 的温度范围内工作,且在高频、大功率、抗辐射能力以及器件稳定性等方面大大优于砷化物量子半导体器件,具有更大发展潜力,并且可以在光伏、宇航以及军事等领域广泛应用。然而,由于以 Stranski-Krastanow(S-K)模式生长在平面薄膜结构上的 InGaN 量子点,其量子点生长位置、数量具有极大的随机性,难以满足未来量子发光器件的应用,因此在 GaN 纳米结构上生长 InGaN 量子点是目前控制 InGaN 量子点位置以及数量最常用的方法[57-60]。

这里基于弹性力学以及量子点平衡组分优化方法,结合已有实验结果,利用有限元方法,从应力应变角度理论研究并揭示金字塔 GaN 基底上的 InGaN 量子点的组分结构以及形成机制,为实现单个位置可控的 InGaN 量子点生长提供理论指导与验证。

1. 模型与计算方法

目前已有实验报道实现了在金字塔 GaN 基底顶端上生长单个可控 InGaN 量子点[61]。下面基于该实验细节构建理论计算模型[62],如图 8-6-9 所示。采用单独的无盖层截顶金字塔形 $In_{0.1}Ga_{0.9}N$ 异质量子点作为计算模型,其中量子点底面边长为 25 nm,量子点高度为 5 nm。金字塔形 GaN 基底含有 6 个等价的平滑 $\{1-101\}$ 侧面,并且侧面与 (0001) 底面之间的夹角为 $62°$。$In_{0.1}Ga_{0.9}N$ 浸润层的厚度用 h 表示。在仿真过程中采用直角坐标系,x 轴对应 $[1120]$ 方向,量子点生长方向为 $[0001]$ 方向。

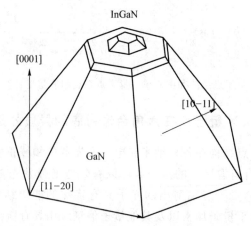

图 8-6-9 GaN 金字塔及其 $In_{0.1}Ga_{0.9}N$ 量子点的几何模型,GaN 金字塔基底含有 6 个等效的 $<10-11>$ 面,InGaN 量子点生长在截顶金字塔 GaN 基底的顶面 (0001) 上;GaN 金字塔基底与 InGaN 量子点之间为 InGaN 浸润层,构成材料的平均组分与量子点相同

首先计算 GaN 金字塔基底顶上的 $In_{0.1}Ga_{0.9}N$ 半导体量子点的平衡组分分布，在热力学框架下，针对 $In_{0.1}Ga_{0.9}N$ 量子点，优化计算系统的最小 Gibbs 自由能，在 Gibbs 自由能最小时得到体系最稳定的组分分布。在该组分分析过程中，设计变量为 $In_{0.1}Ga_{0.9}N$ 量子点及其浸润层的平衡组分分布，目标函数为总的吉布斯自由能，约束条件是平均成分。Gibbs 自由能用于描述体系总能量，包含熵（S）和焓（H）两部分贡献，本章中采用的 Gibbs 自由能表达式可以写为

$$G = H - TS \tag{8-6-2}$$

熵对 Gibbs 自由能的贡献可以近似为

$$TS \approx -kT[c\ln(c) + (1-c)\ln(1-c)] \tag{8-6-3}$$

其中 c 是 $In_{0.1}Ga_{0.9}N$ 量子点的组分分布（在本书的所有计算中，InGaN 量子点及其浸润层中 In 的平均组分均为 0.1），T 为绝对温度（在本书中 $T=800$ ℃），k 为玻尔兹曼常数。焓对 Gibbs 自由能的贡献可以近似为

$$H = E_{chemical} + E_{elastic} + E_{surf} + E_{lin} \tag{8-6-4}$$

其中化学能 $E_{chemical}$ 以及弹性能 $E_{elastic}$ 是构成焓表达式最重要的两部分，而线性能 E_{lin} 以及表面能 E_{surf} 对于焓表达式的贡献相对很小，几乎可以忽略，化学能 $E_{chemical}$ 可以表示为

$$E_{chemical} = \Omega c(1-c) \tag{8-6-5}$$

其中 Ω 为化学作用系数，弹性能 $E_{elastic}$ 的表达式为

$$E_{elastic} = \frac{1}{2}\int \sigma^t(\varepsilon - \varepsilon_0)\mathrm{d}V \tag{8-6-6}$$

其中应力 σ 和应变 ε 为系统的应力、应变场分布，可以从有限元计算直接得出；$\varepsilon_0 = \varepsilon_m c(r)$ 是与组分相关的初始晶格失配应变，ε_m 为 InN 与 GaN 材料之间的晶格失配应变，初始应变只存在于 InGaN 量子点以及浸润层中，关于利用有限元方法进行应力应变计算的方法可以参考第 3 章。

2. InGaN 量子点及其浸润层的组分分析

利用有限元方法，结合 Gibbs 自由能表达式，我们对生长在 GaN 金字塔顶上的 $In_{0.1}Ga_{0.9}N$ 量子点的平衡组分进行了分析。图 8-6-10 给出了当 $In_{0.1}Ga_{0.9}N$ 量子点位于 GaN 金字塔顶不同位置（中心、角落、边缘）时的 In 的平衡组分分布情况。

从图 8-6-10 中可以看出，在量子点形成过程中，Ga 元素集中于压应变较大的中心区域，而 In 元素则集中于量子点顶部和金字塔浸润层的角落区域。这种分布方式有利于减小晶格失配，弛豫系统应变。当量子点位于金字塔顶的中心时，量子点的 6 个底边均处于压应变较大的中心区域，Ga 元素开始在量子点 6 个底边附近聚集。当量子点位于金字塔顶的边缘时，由于靠近金字塔顶边缘的量子点底边可以有效弛豫应变，因此，Ga 元素只在远离金字塔顶边缘的 5 个量子点底边附近聚集。同理，对于位于金字塔顶角落的量子点，Ga 元素只在远离金字塔顶边缘的 4 个量子点底边附近聚集。

中心量子点   角落量子点   侧边量子点

图 8-6-10 $In_{0.1}Ga_{0.9}N$ 量子点位于 GaN 金字塔顶不同位置时的 In 的平衡组分分布情况俯视图,In 大量集中于 InGaN 量子点顶部以及 InGaN 浸润层的 6 个边角处

3. GaN 金字塔上 InGaN 量子点的形成机制研究

根据目前已有实验报道,InGaN 量子点的形成机制与 GaN 金字塔顶的大小密切相关。因此,在组分分布计算的基础上,利用有限元方法,结合能量最小原理,对 GaN 金字塔顶上的 InGaN 量子点的形成进行研究。

(1) 单个量子点的优先形成位置

结合组分分析,分别计算不同金字塔顶直径情况下,当量子点处于金字塔的中心、边缘和角落位置时,InGaN/GaN 量子点系统的自由能。假设浸润层厚度为 10 nm,系统自由能与 GaN 金字塔顶直径之间的关系曲线如图 8-6-11 所示,其中方形曲线表示 InGaN 量子点位于 GaN 金字塔顶中心时系统的 Gibbs 自由能;圆形曲线表示 InGaN 量子点位于 GaN 金字塔顶边缘时系统的 Gibbs 自由能;三角形曲线表示 InGaN 量子点位于 GaN 金字塔顶角落时系统的 Gibbs 自由能。从图 8-6-11 中可得,当量子点处于金字塔顶角落时,系统的总能量最低。根据能量最低平衡判据,当 InGaN 量子点位于 GaN 金字塔顶角落位置时系统最为稳定,因此判定单个量子点的最先形成位置在金字塔顶的角落。

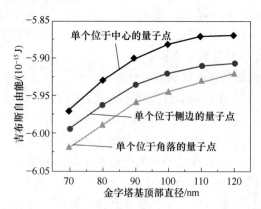

图 8-6-11 单个量子点位于不同位置时系统的自由能与金字塔基顶部直径的关系

(2) 单个量子点形成的临界条件

结合前面所得出的单个量子点的优先形成位置,分别计算不同金字塔顶直径条件下,单量子点生长和无量子点生长两种情况的系统自由能,结果如图 8-6-12 所示,其中方形曲线表示 InGaN 量子点生长在金字塔 GaN 基底顶面的 6 个边角处,圆点

曲线(No QD)表示金字塔 GaN 基底顶面上无 InGaN 量子点形成。同样地,根据能量最小原理可得,当金字塔基顶部直径小于 92 nm 时,没有量子点形成;当金字塔顶直径大于 92 nm 时,单个量子点开始形成。

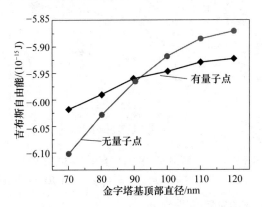

图 8-6-12　金字塔基形成量子点和不形成量子点时,
系统吉布斯自由能与金字塔基顶部直径的关系

同样地,根据能量最小原理可得,当金字塔基顶部直径小于 92 nm 时,没有量子点形成;当金字塔顶直径大于 92 nm 时,单个量子点开始形成。

(3) 双量子点的优先形成位置

在研究单个量子点形成机制的基础上,进一步对双量子点的形成机制进行研究。分别计算当双量子点处于如图 8-6-13 所示的 3 个位置时系统的自由能情况。结果如图 8-6-14 所示。

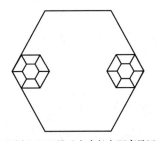 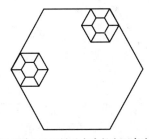 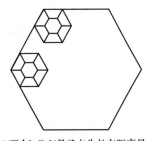

(a) 两个InGaN量子点生长在距离最远的两个金字塔GaN基底顶面的边角上　(b) 两个InGaN量子点生长在距离次远的两个金字塔GaN基底顶面的边角上　(c) 两个InGaN量子点生长在距离最近的两个金字塔GaN基底顶面的边角上

图 8-6-13　双量子点位于不同位置时的俯视图

从图 8-6-14 可知,当两个量子点分别位于金字塔顶上距离最远的两个角落的时候,系统自由能最低,即双量子点情况的最稳定形成结构。这是由于如果两个量子点距离过近,会产生应变耦合效应,阻碍量子点应变弛豫,使系统的应变能增加,不利于双量子点的形成。

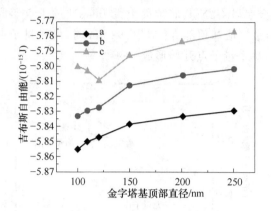

图 8-6-14　双量子点位于不同位置时系统的自由能与金字塔基顶部直径的关系，
图中 a、b、c 分别对应图 8-6-13 中双量子点的 3 种位置分布，假定量子点体积相等，形貌相同

（4）双量子点形成的临界条件

结合前面所得出的双量子点的优先形成位置和单个量子点优先形成的位置，图 8-6-15 计算了不同金字塔基顶部直径下，双量子点生长和单量子点生长两种情况的系统自由能。根据能量最小原理，可以看出，当金字塔顶直径小于 400 nm，金字塔顶只有单个量子点形成时，系统能量最低，当金字塔顶直径大于 400 nm 时，形成双量子点系统能量最低。两种生长模式发生变化的临界尺寸为 400 nm。

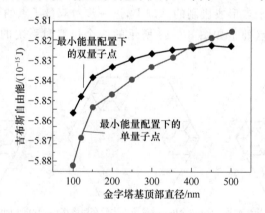

图 8-6-15　最小配置下单量子点和双量子点系统的吉布斯自由能与金字塔基顶部直径的关系

（5）量子点形成与浸润层厚度的关系

前面的计算结论都是在浸润层厚度为 10 nm 的情况下得出的，当金字塔基顶部直径足够小时，在水平方向具有一定的应变弛豫能力，当应变弛豫足够强，浸润层厚度较低时，缺乏足够形成量子点的驱动力，甚至不会形成量子点。因此，结合前面所得结论和方法，进一步计算浸润层厚度与量子点形成配置的关系，是十分必要的。图 8-6-16 所示，计算了最小直径单量子点和最大直径单量子点两种情况下，GaN 基顶

部临界直径与浸润层厚度的关系。其中最小直径单量子点表示单个 InGaN 量子点形成的最小金字塔 GaN 基底顶面，最大直径单量子点表示单个 InGaN 量子点形成的最大金字塔 GaN 基底顶面。

　　根据图 8-6-16 所示的计算结果，方划线下方为无量子点生长区域；点划线与方划线之间为单量子点生长区域；点划线上方为多量子点生长区域。从图 8-6-16 中可以看出：金字塔顶直径的增大有利于量子点的形成；当金字塔顶直径小于一定临界尺寸时，金字塔顶不会形成量子点。计算结论可以解释相关实验结果[61]。

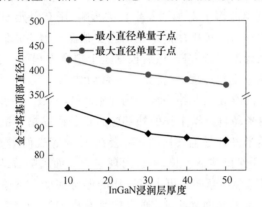

图 8-6-16　不同直径单量子点形成时金字塔基顶部临界直径与浸润层厚度的关系

8.7　刻蚀图形衬底纳米岛的应变弛豫和电子结构

8.7.1　Si(001)衬底上生长 GeSi 纳米岛

　　近几年的研究表明，在图形衬底上进行异质外延生长可以得到一系列有序生长的纳米岛。这种排列有序、尺寸与形状统一的纳米岛对于微纳光电器件具有重要的意义，在激光二极管、单光子发射、单电子晶体管等方面都有很好的应用。理论研究和实验验证同时表明，在图形衬底上异质外延纳米岛结构可以改变外延层表面动力学应变弛豫的演化，为体系提供更多的应变弛豫路径。图形衬底的应用使我们可以通过控制纳米岛生长过程中动力学和热力学过程，从而控制纳米岛在我们所期望的位置成核，实现纳米岛的有序生长[63-64]。Vastola 等人的研究表明，GeSi 纳米岛在图形衬底上的成核位置主要受坑倾角所带来的应变弛豫影响，实验也证明，当坑倾角 $\alpha < 32°$ 时，纳米岛生长在坑内，而当 $\alpha > 32°$ 时，纳米岛则生长在坑的边缘[65-66]。数值模拟结果显示，对于穹顶形纳米岛，当 $\alpha = 32°$ 时，系统获得最好的应变弛豫，应变能最低，当坑倾角在 40° 附近时，纳米岛就会生长在坑的边缘[65]。当纳米岛在坑内生长时，会由穹顶形逐渐变为谷仓形，最终再变为熔铁炉形，熔铁炉形纳米岛底部所包含的{4 4 1}面是平面衬底生长纳米岛所没有的[67]。Hu 等人发现由非线性弹性应变效应引起的热力学生长机理[68]，可以理论解释纳米岛生长在坑内的物理机理。纳米岛首先在坑内成核生长，当达到自身大小的极限后，再在坑边成核生长。此外，在图形衬底坑内生长的纳米岛还被证实具有更少的位错[69]。

至今为止，对 Si(001) 基图形衬底上生长 GeSi 纳米岛的弹性应变弛豫进行完整研究的工作相对较少。这里采用有限元方法系统地研究了 Si(001) 图形衬底上异质外延 GeSi 纳米岛的应变弛豫。在实验观测的结构下构建了多种 GeSi 纳米岛结构模型，包括穹顶、谷仓和熔铁炉及这 3 种常见结构的中间过渡形态，考虑了纳米岛的高宽比 θ、坑倾角 α 和坑填充率 f 对纳米岛生长的影响，用有限元方法(FEM)研究并分析了 5 种纳米岛在图形衬底坑中多面结构的应变弛豫。最终我们得到一个纳米岛生长过程中弹性应变弛豫的拟合方程，然后根据这个拟合方程，我们分析了纳米岛在图形衬底生长的应变弛豫变化过程，并得到了一系列结果。

因为 Ge 和 Si 之间存在的晶格失配约为 4%，所以 GeSi 纳米岛的异质外延遵循 S-K 模式，而 GeSi 纳米岛自组织生长的外部应力正是由晶格失配所引起的体系应变能的释放过程。在纳米岛外延生长初期，Ge 会在 Si 衬底表面形成 3～4 分子厚度的浸润层，此时 Ge 与 Si 保持共格生长，不会出现应力。而后随着纳米岛体积的不断增加，GeSi 纳米岛的形态会逐渐向着更大高宽比的形态演变。试验中常见的几个纳米岛形态分别由各自具备的晶面来定义，通常把具有(001)、(105)、(113)和(15 3 23)这些晶面的纳米岛形态称为穹顶形；如果在此基础上，在纳米岛的底部随着外延生长的进行，继续出现(20 4 23)和(23 4 20)两种晶面，则称为谷仓形；进一步在底部出现(12 3 5)以及(4 4 1)两种晶面，则称为熔铁炉。随着纳米岛的形态由穹顶生长变化为熔铁炉，其高宽比也在不断增大。下面的分析首先假设 Ge 的组分均匀分布，以数值计算的方法研究 Si(001) 衬底上 GeSi 纳米岛的应变弛豫和高宽比的关系，并研究纳米岛应变弛豫的影响因素。

1. GeSi 纳米岛仿真计算模型

图 8-7-1(a)给出了在 Si(001) 图形衬底上生长纳米岛的基本模型，这里的坑横截面为正方形，坑边延(100)方向。随着外延生长的进行，首先在坑内形成一个倒金字塔填充，然后在倒金字塔上开始成核生长纳米岛。坑的主要参数包括坑倾角 α、坑边长 L、坑填充率 $f = d_1/d_2$，数值模拟时包含所有实际情况，坑倾角 α 的范围为 $10°$～$50°$，坑填充率 f 的范围为 0.1～1。根据实验观测结果，纳米岛的各种多面结构穹顶、谷仓和熔铁炉的高宽比 θ 分别为 0.2、0.3 和 0.4[67]。图 8-7-1(b)给出了各种纳米岛多面结构的晶面描述。在生长过程中，假设纳米岛的基底会占据倒金字塔上表面的最大面积，利用有限元方法求解连续线性弹性理论，计算弹性应变能量时使用各向异性的弹性常数。参考实际实验，为方便计算，我们假定纳米岛中 Ge 的组分为 0.3，失配和弹性常数等与组分相关的常数由 Si 和 Ge 材料参数的线性插值确定。

3 个需要主要考虑的变量为高宽比 θ、坑倾角 $\alpha(\xi = \tan \alpha)$ 和坑填充率 f，给出一个可以完整描述 GeSi 纳米岛在图形衬底上生长的应变弛豫表达式，来准确地预测纳

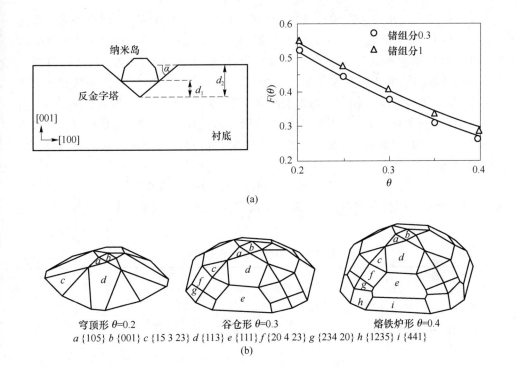

图 8-7-1　Si(001)图形衬底上生长纳米岛的基本模型,以及纳米岛高宽比和应变弛豫的关系

米岛的生长状态,从而对实验进行预测指导是很复杂的任务,也没有特别的必要。这里采用有限元方法计算一些特定采样点,然后利用曲线拟合的方法给出应变弛豫的表达式,再进一步分析评估各个参数对应变弛豫的影响,假定应变弛豫因子的表达式如下:

$$r(\theta, f, \xi) = \rho_{\text{pit}}/\rho_{\text{flat}} = r(\theta, 0.5, \xi)\chi(f, \xi) \tag{8-7-1}$$

ρ_{pit} 和 ρ_{flat} 分别表示纳米岛生长在图形衬底坑内和平面衬底上时的应变能密度,$r(\theta, 0.5, \xi)$ 表示填充率为 0.5 时的应变弛豫因子,$\chi(f, \xi)$ 为填充率为 0.5 情况下的弛豫率。应变弛豫因子 $r(\theta, f, \xi)$ 越小,说明系统的应变弛豫越好。

2. GeSi 纳米岛生长的应变弛豫

首先通过有限元方法计算出纳米岛在平面衬底上生长时系统的应变能密度,然后归一化得出系统浸润层的应变能密度 ρ_{WL},浸润层的弹性弛豫将通过纳米岛的自由面来实现,特别是靠近纳米岛顶端的区域。弛豫因子可以定义为 $F(\theta) = \rho_{\text{flat}}/\rho_{\text{WL}}$,其中 $\rho_{\text{WL}} = (C_{11} + C_{12} - 2C_{12}^2/C_{11})\varepsilon^2$。图 8-7-1(c)给出了纳米岛高宽比 θ 和应变弛豫的关系,两条曲线分别表示 Ge 组分为 0.3 和 0.1 的情况。通过几个计算值的拟合,我们可以得到一个简单的拟合方程[70]:

$$F(\theta) = \rho_{\text{flat}}/\rho_{\text{WL}} = \exp[-(3.37 - 0.35x)\theta] \tag{8-7-2}$$

x 为 Ge 的组分,这一拟合结果与先前的报道一致[71]。

图 8-7-2(a)给出了坑倾角 α 对 GeSi 纳米岛应变弛豫的影响,在保持填充率为
0.5 的条件下,当坑倾角 α 逐渐从 0° 增加到 50° 时,高宽比为穹顶、half-谷仓、谷仓 3
种纳米岛的应变弛豫会先减小到一个最小值,然后开始变大,超过 1。当坑倾角为
20° 时,穹顶形的纳米岛应变弛豫达到最小值。然而对于 half-熔铁炉和熔铁炉两种
纳米岛,应变弛豫随着坑倾角的增加而单调增长,这说明这两种纳米岛在图形衬底坑
内生长,没有在平面衬底上稳定。当我们取固定的坑倾角时,纳米岛的应变弛豫随着
高宽比的增加而增加。根据图 8-7-2(a)中计算结果,弛豫因子 $r(\theta,0.5,\xi)$ 可以拟合
为三次多项式:

$$r(\theta,0.5,\xi)=\eta_1+\eta_2(\theta)\xi+\eta_3(\theta)\xi^2+\eta_4(\theta)\xi^3 \tag{8-7-3}$$

$\eta_i(\theta)$ 为各个项的拟合参数,可以写为一个高宽比的线性表达式,具体的参数值见表
8-7-1。

表 8-7-1 弛豫因子拟合参数值

表达式	拟合参数
$r(\theta,0.5,\xi)=\eta_1+\eta_2\xi+\eta_3\xi^2+\eta_4\xi^3$	$\eta_1=1$ $\eta_2=4.541\,18\theta-1.410\,19$ $\eta_3=-2.331\,12\theta+1.318\,63$ $\eta_4=0.801\,18\theta-0.462\,99$
$A(\xi)=u+v\xi+w\xi^2+p\xi^3+q\xi^4$	$u=-1.68\times10^{-5}, v=-3.33\times10^{-4}, w=-1.11\times10^{-3}$ $p=1.73\times10^{-3}, q=-6.32\times10^{-4}$
$B(\xi)=k+l\xi+m\xi^2+n\xi^3$	$k=-0.22, l=6.37\times10^{-2}, m=-2.36\times10^{-2}, n=7.12\times10^{-3}$
$C(\xi)=g+h\xi+i\xi^2+j\xi^3$	$g=1-3.7\times10^{-4}, h=7.81\times10^{-3}, i=4.29\times10^{-3}, j=-4.38\times10^{-3}$

对于 $\chi(f,\xi)$ 为填充率为 0.5 时的弛豫率,通过对比有限元方法计算特定角度下
穹顶、谷仓和熔铁炉纳米岛的弛豫速率 $\chi(f,\xi)$,发现三者之间的差别很小,这就表明
高宽比对 $\chi(f,\xi)$ 的影响很小,可以忽略。图 8-7-2(b)中的各数据点均为所对应坑倾
角和坑填充率下 3 种形状纳米岛 $\chi(f,\xi)$ 的平均值。从图 8-7-2(b)中可以看出,
$\chi(f,\xi)$ 和填充率呈一个指数衰减的趋势,我们可以得到一个拟合表达式:

$$\chi(f,\xi)=A(\xi)\exp\left[-\frac{f}{B(\xi)}\right]+C(\xi) \tag{8-7-4}$$

其中拟合参数 A、B、C 都与坑倾角密切相关,可以表达为 ξ 的多项式。我们可以发
现,当坑填充率变大时,系统往往会得到更好的应变弛豫,在坑倾角较大时,这个现象
更为明显。

通过上面的分析,可以看出拟合表达式 $r(\theta,f,\xi)=r(\theta,0.5,\xi)\chi(f,\xi)$ 可以有效
地评估生长在硅图形衬底上的 GeSi 纳米岛的弹性应变弛豫。进一步,可得出应变弛
豫与坑倾角和坑填充率的相图,如图 8-7-3 所示。

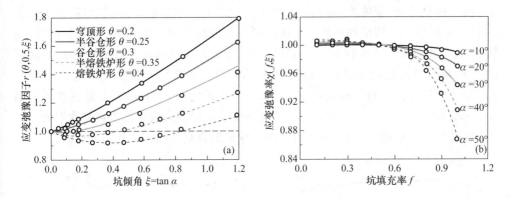

图 8-7-2　(a)应变弛豫因子 $r(\theta,0.5,\xi)$ 与坑倾角 $\xi=\tan\alpha$ 的关系；
(b)应变弛豫率 $\chi(f,\xi)$ 与坑填充率 f 的关系

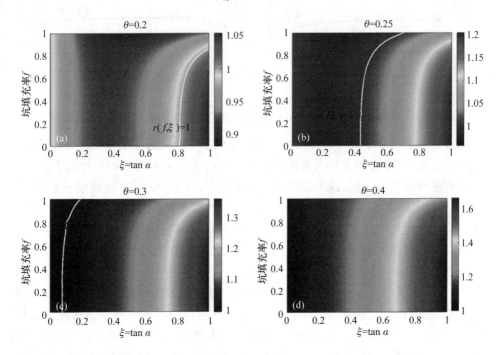

图 8-7-3　不同高宽比 θ 量子点的 $r(f,\xi)$ 相图，在 $\theta=0.4$ 时，
相图中不存在 $r(f,\xi)=1$ 的情况，如图(d)所示

　　从生长在硅图形衬底上各个不同高宽比纳米岛应变弛豫的相图可以很方便地得出，在何种坑倾角和坑填充率下，系统的应变弛豫会小于 1。从图 8-7-3(d)中不能得出曲线 $r(f,\xi)=1$ 与前面分析的图 8-7-2(a)所对应，当高宽比达到一定值后，在图形衬底上生长的 GeSi 纳米岛的应变弛豫一定低于平面衬底上生长的纳米岛。

　　为了验证所得出应变弛豫的拟合表达式的正确性，下面计算了几个其他条件下

的 GeSi 纳米岛的应变弛豫,即 $\alpha=11.3°$ 和 $\alpha=45°$ 的两组数值,同我们的拟合曲线进行对比,来观察拟合结果和计算结果的区别。所取的两个坑倾角为 {105} 和 {101} 两个面,在前面的拟合过程中并未使用过这两组数据作为拟合点。从图 8-7-4(a) 和图 8-7-4(b) 中可以清楚地看出,我们前面所得出的应变弛豫 $r(f,\xi)$ 拟合曲线,可以很好地匹配这次新条件下的计算结果。两个坑倾角下的穹顶形、谷仓形和熔铁炉形的纳米岛在填充率为 0.25、0.5 和 0.75 的情况下所计算出的应变弛豫值都与我们通过拟合方程得到的结果相差无几,很好地证明了我们拟合结果的正确性。

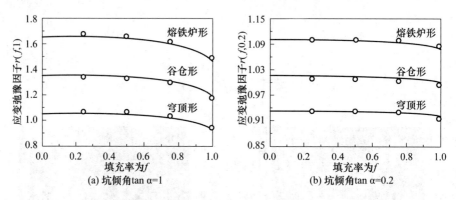

图 8-7-4 计算结果同拟合结果对比图,图中圆圈为计算结果点,曲线为拟合曲线

拟合方程 $r(\theta,f,\xi)=r(\theta,0.5,\xi)\chi(f,\xi)$ 提供了一个准确预测系统应变弛豫的解析方法。首先,可以得知在什么条件下纳米岛生长在图形衬底坑内比生长在平面衬底上具有更好的应变弛豫,这个评判标准非常简单,只需参考应变弛豫因子是否满足 $r(\theta,f,\xi)<1$。图 8-7-5(a) 给出了 $r(\theta,f,\xi)=1$ 的临界坑倾角,从相图中我们可以很快地找出在给定高宽比和填充率的条件下,纳米岛在图形衬底坑内和平面上生长具有相同应变弛豫的坑倾角。对于穹顶形 ($\theta=0.2$) 和谷仓形 ($\theta=0.3$) 纳米岛,在坑填充率为 0.5 时,这个临界角度分别为 40° 和 4.5°,当填充率增加为 1,即相当于平面衬底时,这个临界角度变为 50° 和 10°。当纳米岛的高宽比大于 0.35 时,可以发现临界坑倾角基本都为 0°,这说明在这个条件下,纳米岛更倾向于在坑外平面衬底上成核。其次,可以找到系统应变弛豫最好的参数条件,从图 8-7-5(b) 中可得出在给定高宽比和填充率的条件下,纳米岛具有最小的应变弛豫对应的坑倾角,随着纳米岛高宽比的增加,或者坑填充率的减小,能得到最小应变弛豫的坑倾角呈减小趋势,这对于实验控制纳米岛生长位置具有指导意义。

在实验中,还存在一种特殊现象,纳米岛生长在图形衬底坑的边缘[65]。Vastola 等人提出了一种能量平衡方法来比较纳米岛生长在坑内和坑边缘的应变能密度,根据这一方法,我们对以前的分析结果进行了进一步的完善,从而可以更好地分析高宽比和坑填充率对系统的影响。当纳米岛在坑边缘成核时,系统会引入一项新的微小弛豫,该弛豫速率会随着坑倾角的增加而减小。我们得出一个该弛豫速率的拟合

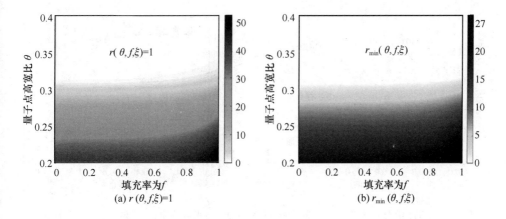

(a) $r(\theta,f,\xi)=1$　(b) $r_{\min}(\theta,f,\xi)$

图 8-7-5　坑倾角的相图

方程：

$$r_{\text{rim}}(\xi)=1-7.88\times10^{-3}\xi-6.21\times10^{-3}\xi \qquad (8\text{-}7\text{-}5)$$

利用有限元方法得到的仿真计算结果显示，高宽比对 $r_{\text{rim}}(\xi)$ 的影响微乎其微，可以忽略不计。

通过计算得出了 $r(\theta,f,\xi)=r_{\text{rim}}(\xi)$ 的相位图，可以得到该条件下的临界坑倾角，结果如图 8-7-6 所示。实际实验中观察到的临界坑倾角为 32°。我们在图 8-7-6 中标出了坑倾角为 32°时，$r(\theta,f,\xi)=r_{\text{rim}}(\xi)$ 所对应的高宽比和坑填充率，其中最小的高宽比约为 0.22，我们在计算过程中并未考虑系统的表面能和非线性效应。

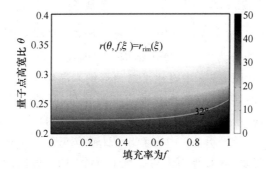

图 8-7-6　坑倾角在 $r(\theta,f,\xi)=r_{\text{rim}}(\xi)$ 时的相图

我们还计算了纯锗纳米岛的应变弛豫，分析了锗组分对应变弛豫的影响。从图 8-7-7(a) 和图 8-7-7(b) 中可以看出，我们计算所得纯锗纳米岛的几个值和我们前面得出的锗组分为 0.3 的拟合曲线差别并不大，计算所得的点基本都在拟合曲线上，在坑倾角和坑填充率较小时，基本没有差别。当纳米岛为穹顶、谷仓和熔铁炉，坑倾角为 10°和 30°时，纯锗和锗组分为 0.3 的 $r(\theta,0.5,\xi)$ 绝对误差分别为 0.003、0.014、0.017 和 0.009、0.028、0.025。在生长实验中，图形衬底的坑倾角基本都比较小，上面拟合得到的表达式可以很好地适用于各种锗组分的情况。

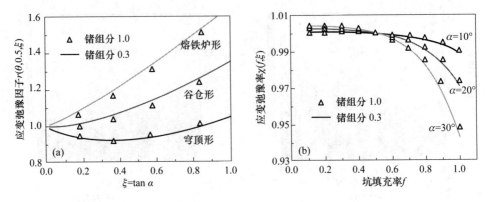

图 8-7-7　Ge 组分对于应变弛豫的影响，实线代表 Ge 组分为 0.3，三角代表 Ge 组分为 1

3. GeSi 纳米岛电子结构

接下来，同样在均匀组分情况下，以 Ge 组分为 0.3 为例，分析并研究一下 GeSi 纳米岛的电子结构。采用单带 **k·p** 理论，考虑能带偏移、形变势能、自旋轨道耦合等电子特性，我们可以将重空穴带哈密顿量简单近似表达为

$$H_{hh} = -\frac{\hbar^2}{2m_{hh}^*}\nabla^2 + E_v + a_v\varepsilon_{hyd} + \frac{b}{2}\varepsilon_{bi} + \frac{\Delta}{3} \qquad (8\text{-}7\text{-}6)$$

m_{hh}^* 为电子有效质量张量，由 Luttinger-Kohn 关系决定，$m_z^* = m_0/(\gamma_1 - 2\gamma_2)$，$m_{xy}^* = m_0/(\gamma_1 + \gamma_2)$，$E_v$、$a_v$ 和 b 分别代表能带偏移和两价带的偏移参数。静压应变 ε_{hyd} 和双轴应变 ε_{bi} 可分别定义为 $\varepsilon_{hyd} = \varepsilon_{xx} + \varepsilon_{yy} + \varepsilon_{zz}$，$\varepsilon_{bi} = \varepsilon_{xx} + \varepsilon_{yy} - 2\varepsilon_{zz}$，$\Delta$ 是由自旋轨道耦合引起的分离能。

在均匀组分条件下，倒金字塔结构和纳米岛之间不存在界面，两者作为一个整体考虑，可看作一个 Ge 组分为 0.3 的冰山结构。根据式(8-7-6)，重空穴带边偏移是由应力应变所决定的。在图 8-7-8 中对比了穹顶形纳米岛生长在图形衬底坑内和平面衬底上两种不同情况时，静压应变和双轴应变的分布，两种情况具有相似的应变弛豫：纳米岛内的压缩应变沿生长方向弛豫，形成纳米岛的自由表面，同时衬底的拉伸应变沿竖直方向衰减。从图 8-7-8 中可看出，双轴应变会在异质界面处导致更高的带边能量，对于图形衬底，异质界面为衬底坑的 4 个(105)方向的面，对于平面衬底，异质界面就是衬底的(001)平面。因此，两种情况下的波函数分布会表现出很大的差异，如图 8-7-9 所示，当生长在图形衬底上时，不同形态下的纳米岛基态重空穴的波函数被主要限制在纳米岛和衬底坑的异质界面处。纳米岛生长在平面衬底上时，对于所有形状的纳米岛，电场分布被限制在纳米岛的底部。当填充率为 0.5 时，对于穹顶、谷仓、熔铁炉纳米岛，基态重空穴的本征值分别为 207.1 meV、206.8 meV 和 205.8 meV。

在实验中观测发现，在 Si 图形衬底上高温外延生长 GeSi 纳米岛，倒金字塔结构中 Ge 组分含量要明显低于纳米岛中的 Ge 组分含量[72]。这里考虑进行 Ge 组分的

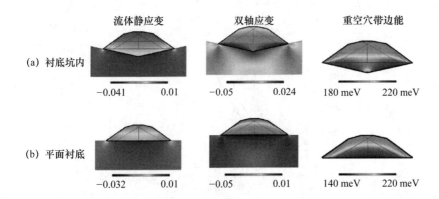

图 8-7-8　穹顶形纳米岛生长在图形衬底坑内和平面衬底上的流体静应变、双轴应变和重空穴带边能

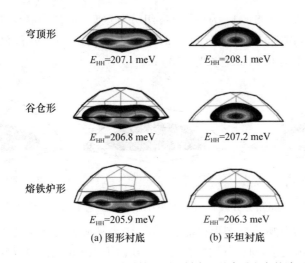

图 8-7-9　不同形态纳米岛生长在图形衬底坑内和平面衬底上基态重空穴的波函数分布和本征值

分区,但保持两分区中 Ge 组分占总量的 $x_{Avg}=30\%$。假设倒金字塔形中 Ge 组分满足关系式 $x_{IP}=x_{Avg}+(x_{Avg}-x_{island})V_{island}/V_{IP}$,角标"IP"表示"倒金字塔",变量 x_{island} 代表纳米岛中的 Ge 组分,V 为几何体积。整个系统的最低应变能决定了 x_{island}。当坑填充率确定后,将计算出的纳米岛和倒金字塔结构应变能密度 ρ_{pit} 按照相应 Ge 组分的平面纳米岛应变能密度进行归一化,图 8-7-10 中的抛物线表示不同形状纳米岛 Ge 组分对系统应变能密度的影响,穹顶形纳米岛系统的最低应变能密度出现在 Ge 组分为 0.324 的情况下,谷仓和熔铁炉形纳米岛的最低形成应变能对应的 Ge 组分同为 0.330[73]。

当倒金字塔结构和纳米岛中 Ge 组分不同时,二者的接触界面不再认为是连续的,会引入一个额外的异质界面。这会使组分引起价带偏移,自旋轨道耦合引起电势能偏移以及应力应变引起带边能变化,上述因素会使最高的重空穴带边移动到新的异质界面处,前两项因素直接由 Ge 组分分布变化引起,第三项由 Ge 组分变化后引

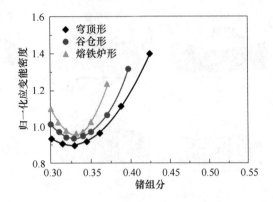

图 8-7-10   不同形状纳米岛 Ge 组分对应变能密度的影响

起的晶格失配引入。图 8-7-11 为引入 Ge 组分分区后,不同形状纳米岛重空穴基态的波函数分布图,相应的本征值分别为 219.0 meV、222.4 meV 和 221.8 meV,所用计算模型坑填充率为 0.5,坑边长为 300 nm。

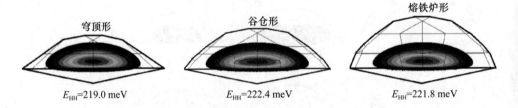

图 8-7-11   考虑 Ge 组分分区后,不同形状纳米岛的重空基态穴波函数分布和本征值

　　本小节系统地分析了硅图形衬底上 GeSi 纳米岛应变弛豫与岛的高宽比、坑倾角和坑填充率的影响关系,通过分别拟合应变弛豫因子 $r(\theta,0.5,\xi)$ 和应变弛豫率 $\chi(f,\xi)$,得到了一个完整的应变弛豫拟合表达式。根据拟合表达式,可以确定高宽比、坑倾角和坑填充率纳米岛的应变能密度和弛豫率。通过与平面衬底生长纳米岛应变弛豫的对比,找到了纳米岛生长在图形衬底坑内最佳弛豫的条件,这对实验异质外延生长 GeSi 纳米岛具有很好的指导意义。同时,本小节计算了 GeSi 纳米岛的电子结构,对于组分均匀分布的情况,由于应力、应变的作用,基态重空穴的波函数主要被限制在坑底面附近。考虑 Ge 组分分区后,纳米岛与倒金字塔结构会形成新的异质界面,重空穴基态波函数会移动到新异质界面以上的纳米岛底面附近。

8.7.2   GaAs(001)衬底 In(Ga)As 纳米岛的电子结构

　　近几年基于腔量子电动力学而设计的新型量子和光学器件有单光子或纠缠光子对光源、少光子光开关和逻辑门等。这些器件基本都基于量子点(纳米岛)和光学腔耦合结构而设计。单个的、一系列有序排列的 In(Ga)As 纳米岛有希望使上述器件工作在光通信窗口波段。现阶段,已经可以通过电子束刻蚀、聚焦离子束、原子力显微镜光刻等技术,很好地实现在亚微米到微米级别精确控制相邻纳米岛的间距,在图形衬底上生长沉积 In(Ga)As 纳米岛引起了广泛的关注。与 Si(001)衬底上图形衬底坑边界只沿(100)方向不同,GaAs(001)衬底具有一个圆形的边界。衬底坑对于外延吸附原子来说就像一个卡槽,坑的底部首先被填充一个倒锥形(IC),然后 In(Ga)As 纳米岛开始在倒锥形的顶部成核沉积。在沉积过程中,纳米岛的主要演化过程为由一个 pre-金字塔形状逐渐变为主要由{1 3 7}晶面构成的金字塔形 s 形,最终再转化为具有陡峭{101}晶面的穹顶形。上一小节对于 GeSi 纳米岛在图形衬底坑内的生长,已经详细地分析了其组分、应力应变、电子结构等。对于 In(Ga)As 纳米岛,其还比较缺乏相关方面的系统研究。特别是生长在图形衬底中的 IC 形 In(Ga)As/GaAs 异质结纳米岛,这种情况下,电子和重空穴会被限制在纳米岛和倒锥形内,这在光电器件的应用中有重要意义。

这里通过用有限元方法(FEM)求解薛定谔方程来计算生长在 GaAs(001)图形衬底上的 InAs 和 InGaAs 纳米岛基态电子和重空穴的波函数和本征值。在计算过程中,会对系统的组分、能带偏移、应力应变、自旋轨道耦合和压电效应的影响进行综合分析,进一步考虑了均匀组分和经过应变能优化(SEO)与经过吉布斯自由能优化(GEO)后的非均匀组分纳米岛在坑内生长的应变弛豫。

1. 仿真计算模型

我们基于实验的观察结果[74],建立了不同高宽比(0.2~0.5)下的多面纳米岛模型,如图 8-7-12 所示。不同高宽比下的纳米岛都由{1 3 7}、{1 0 1}和{1 1 1}3 个晶面构成,当高宽比 Ar 为 0.2 时,顶部的 4 个{1 3 7}晶面占据纳米岛的大部分表面积,同底部几个较小的{1 0 1}和{1 1 1}晶面组成一个金字塔形[70]。随着纳米岛的外延生长,{1 3 7}晶面会沿着生长方向[001]上移,并逐渐变小,最终当高宽比 θ 为 0.5 时,{1 3 7}晶面消失。最终的穹顶形纳米岛只由{1 0 1}和{1 1 1}两种晶面组成。GaAs(001)图形衬底上的坑边界可以假设成一个圆形[75],假定模型中坑的直径为 $D_{pit}=200$ nm。坑的底部首先被沉积物填充出一个倒锥形结构,然后纳米岛再在倒锥形的顶部开始成核沉积,纳米岛的底部将占据倒锥形顶部的最大面积。在坑较浅时,纳米岛的生长都将遵循这一规律。在后续的仿真模拟中,坑倾角和坑填充率将默认为 $\tan\alpha=0.1$ 和 $f=D_{IC}/D_{pit}=0.4$。为了减小计算量,忽略浸润层的影响(浸润层足够薄)。同时因为缺少实验数据支撑,为简化模型,近似假定 InGaAs 纳米岛模型不会受到坑和铟组分变化的影响,这在 GeSi/Si 系统中被证实为可行的[76]。

首先要考虑晶格失配引起的应力应变,因为这直接影响到导带和价带的带边能,在计算电子结构时,考虑了闪锌矿材料的压电效应。采用 Comsol 有限元软件的结构力学模块进行应力应变分析,材料采用各向异性弹性常数。在材料坐标系选择上与全局坐标系一致,选择 x、y 和 z 轴分别沿[100]、[010]和[001]晶向建立笛卡儿坐标系。初始状态时,纳米岛和倒锥形结构被压缩在 GaAs 衬底的晶格内,初始应变可

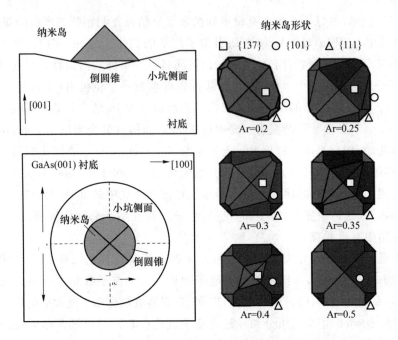

图 8-7-12　纳米岛 GaAs(001) 衬底内生长示意图及典型的纳米岛形状

以表示为 $\varepsilon_{\text{ini}} = (a_{\text{epi}} - a_{\text{sub}})/a_{\text{epi}}$。当弛豫完成后,我们可以通过有限元方法求得各个节点的位移和相应平衡态下的应变场。由于 InAs 和 GaAs 并不存在中心对称,所以应变会导致引入电极化强度,其线性和二次极化之间的关系如下式所示:

$$\boldsymbol{P}_{\text{lin}} = 2e_{14}\begin{bmatrix} \varepsilon_{yz} \\ \varepsilon_{xz} \\ \varepsilon_{xy} \end{bmatrix}$$

$$\boldsymbol{P}_{\text{quad}} = 2B_{114}\begin{bmatrix} \varepsilon_{xx}\varepsilon_{yz} \\ \varepsilon_{yy}\varepsilon_{xz} \\ \varepsilon_{zz}\varepsilon_{xy} \end{bmatrix} + 2B_{124}\begin{bmatrix} (\varepsilon_{yy}+\varepsilon_{zz})\varepsilon_{yz} \\ (\varepsilon_{xx}+\varepsilon_{zz})\varepsilon_{xz} \\ (\varepsilon_{xx}+\varepsilon_{yy})\varepsilon_{xy} \end{bmatrix} + 4B_{156}\begin{bmatrix} \varepsilon_{xz}\varepsilon_{xy} \\ \varepsilon_{yz}\varepsilon_{xy} \\ \varepsilon_{yz}\varepsilon_{xz} \end{bmatrix}$$

(8-7-7)

然后通过求解下面的泊松方程,我们可得到相应的压电势:

$$-\varepsilon_0 \nabla \cdot (\varepsilon_r(r)\nabla V_p) + \nabla \cdot (\boldsymbol{P}_{\text{lin}} + \boldsymbol{P}_{\text{quad}}) = 0$$

(8-7-8)

ε_0 为真空介电常数,$\varepsilon_r(r)$ 为材料的介电常数。从中可以看出[110]和[1−10]方向压电势的各向异性,同时可以增强系统 C_{2v} 的对称性。

我们通过单带有效质量近似研究分析生长在平面和图形衬底上 In(Ga)As 纳米岛的电子结构,其中会涉及不同材料的带边能、应变引起的电势能变化、自旋轨道耦合和压电势能。电子和重空穴的哈密顿算符在多带 $\boldsymbol{k} \cdot \boldsymbol{p}$ 理论下,近似表示为如下形式:

$$H_{el} = -\frac{\hbar^2}{2m_e^*}\nabla^2 + E_{CB} + a_c\varepsilon_{hyd} + \frac{\Delta_0}{3} - eV_p$$

$$\hspace{8cm}(8\text{-}7\text{-}9)$$

$$H_{hh} = -\frac{\hbar^2}{2m_{hh}^*}\nabla^2 + E_v + a_v\varepsilon_{hyd} + \frac{b}{2}\varepsilon_{bi} + \frac{\Delta_0}{3} - eV_p$$

m_e^* 和 m_{hh}^* 为有效质量，其中 m_{hh}^* 的张量表达式由 Luttinger-Kohn 关系式给出。E_{CB} 和 E_v 分别表示导带和价带的带边能，设置体材料 GaAs 价带的带边能零电势能点。a_c、a_v 和 b 为应力应变引起的带边形变势参数。静压应变 ε_{hyd} 和双轴应变 ε_{bi} 可分别定义为 $\varepsilon_{hyd} = \varepsilon_{xx} + \varepsilon_{yy} + \varepsilon_{zz}$，$\varepsilon_{bi} = \varepsilon_{xx} + \varepsilon_{yy} - 2\varepsilon_{zz}$。$\Delta_0/3$ 是由自旋轨道耦合引起的电位偏移，V_p 是通过式(8-7-8)计算得到的压电势。当考虑 InGaAs 纳米岛和倒锥形结构的材料为非均匀组分后，哈密顿算符中与材料相关的参数将由铟的组分所决定，这会进一步改变带边位置，由于带弯曲效应的影响，E_{CB}、E_v 和 Δ_0 3 个参数与铟组分呈非线性关系，其余参数都与铟组分呈线性关系。计算过程中所使用的所有参数都取自本章参考文献[77-78]。

2. 纳米岛电子结构分析

首先分析纯 InAs 组分的纳米岛结构，当纳米岛生长在 GaAs(001)图形衬底上时，外形为统一的冰山状结构，假设坑直径 $D_{pit} = 200$ nm，坑倾角 $\tan\alpha = 0.1$，坑填充率 $f = D_{IC}/D_{pit} = 0.4$。在图 8-7-13(a)中，两种情况下纳米岛的大小完全相同，高宽比 Ar=0.4。通过对比分别生长在图形衬底坑内和平面衬底上纳米岛中电子和重空穴的基态波函数，发现二者波函数分布基本相同，电子都有聚集在 InAs 纳米岛顶端的趋势。在纳米岛顶端，由于压缩应变基本都通过纳米岛表面逐渐释放，所以在这一区域，图形衬底坑对波函数分布并无太大影响。相反，在应变弛豫过程中重空穴波函数趋向于聚集在纳米岛底部，所以分布特征受倒锥形结构和 GaAs 衬底的异质界面影响较大。压电势能破坏了倒圆锥几何结构的 $C_{\infty,v}$ 对称性，导致电场沿[1−10]方向出现一个双峰特征。另外还发现，波函数分布特征会随着纳米岛的高宽比和大小的改变而产生变化，高宽比 Ar=0.4 的纳米岛生长在图形衬底上和晶面上的两个基态之间的跃迁能也不相同，在图形衬底上时，两基态间的跃迁能为 396.0 meV，而在平面衬底上时，这个值为 414.7 meV，从图 8-7-13(b)中也可看出坑内生长的 InAs 纳米岛光谱会出现红移，这与上面得出的基态间跃迁能不一致，当纳米岛在坑内时，基态跃迁能会随着高宽比由 0.2 增加到 0.5 而从 499.9 meV 减小到 389.0 meV。

下面分别分析图形衬底坑填充率、坑大小和坑倾角 3 个参量对两基态间跃迁能的影响。将金字塔形(Ar=0.2)和穹顶形(Ar=0.4)两种经典的纳米岛模型作为仿真计算模型，默认的坑填充率 $f = D_{IC}/D_{pit} = 0.4$，坑直径 $D_{pit} = 200$ nm，坑倾角 $\tan\alpha = 0.1$。如图 8-7-14 所示，当坑填充率和坑大小增加时，InAs 纳米岛和倒锥形结构的体积都会以相同的速率同时变大，导致这两种情况下跃迁能会以相同的速率趋势减小。在图 8-7-14(a)中，两条曲线会在 $f = 0.83$ 处交叉，在这个点之后，金字塔形纳米岛的跃迁能将大于穹顶形纳米岛,此时纳米岛的直径约为 415 nm。只有当坑倾角变大,且倒锥形结构体积增加时,纳米岛才会保持大小不变(倒锥形结构上表面面积保持恒定)。当坑倾角 $\tan\alpha=0.1$ 时,金字塔形纳米岛的跃迁能为 499.9 meV,穹顶形纳米岛的跃迁能为 396.0 meV,随着坑倾角增加,两种形状的纳米岛跃迁能会单调降低,在 $\tan\alpha=0.1$ 时,金字塔形纳米岛跃迁能减小到 189.7 meV,穹顶形纳米岛跃迁能减小到 125.7 meV。

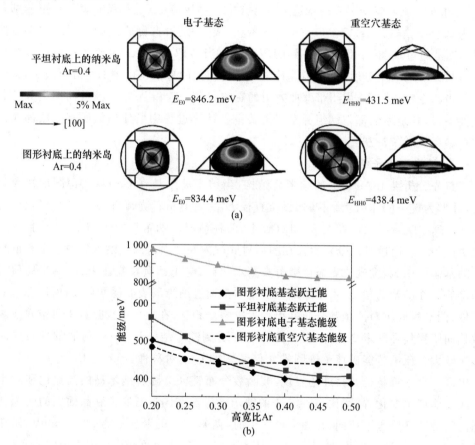

图 8-7-13　(a)均匀组分下基态电子和重空穴在平面和坑内的场强分布,纳米岛高宽比为 0.4;
(b)两基态间的带间跃迁能,纳米岛高宽比从 0.2 到 0.5

在 GaAs(001)图形衬底上生长沉积 $In_xGa_{1-x}As$ 纳米岛时,会由于原子扩散而使周围环境中的镓原子进入纳米岛中。为简化模型和计算量,首先假设纳米岛和倒锥形结构中镓的组分均匀统一。从图 8-7-15 中可看出,金字塔形和穹顶形纳米岛的带间跃迁能量随纳米岛和倒锥形结构中铟组分的增加而单调降低,这也说明随着铟组分的增加,系统的有效带隙会减小。同时我们还发现,随着铟组分的变化,电子的波函数分布基本没有太大的改变,而重空穴的电场图却发生很大的变化,从图 8-7-15

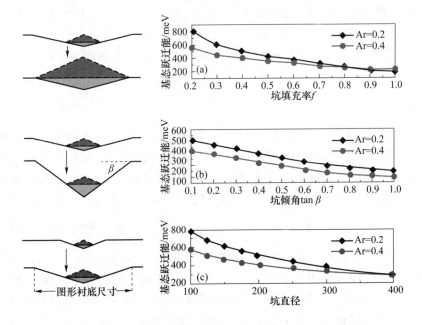

图 8-7-14　两种纳米岛高宽比下,填充率(a)、坑倾角
(b)和坑大小(c)对电子-重空穴基态间跃迁能的影响

中可以清晰地观察到在铟组分 $x=0.2$ 时,重空穴的电场轮廓就较对应的电子电场图变为椭圆形,随着铟组分增加到 $x=0.5$,重空穴电场图出现双峰结构,最后 $x=1.0$ 时,双峰结构彻底分离。

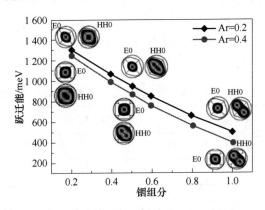

图 8-7-15　当均匀组分分布,高宽比分别为 0.2 和 0.4 时,In 组分对带间跃迁能的影响。
图中给出的波函数分布图对应的组分分别是 $x=0.2,x=0.5,x=1.0$

为了确定纳米岛的组分分布,采用热力学框架内模拟计算了非均匀组分的纳米岛和倒锥形结构,用有限元和移动渐近线方法(MMA)计算并分析给定形状、大小和铟组分的系统平衡态下的组分分布,这里我们忽略了动力学对系统的影响。可以利用硅基图形衬底生长纳米岛实验中铟组分含量从 0.25 到 0.4,作为类比,据此设置铟的平均组分 $\overline{x}=0.5$,分别进行应变能优化(SEO)和吉布斯自由能优化(GEO),此时,吉布斯自由能可以分为化学能、应变能和熵 3 个部分,具体的表达式可写为

$$G=E_{\text{chemical}}-TS+E_{\text{strain}}=\Omega x(1-x)+\frac{KT}{V}\left[x\ln(x)+(1-x)\ln(1-x)\right]+E_{\text{strain}}$$

$$(8\text{-}7\text{-}10)$$

其中 Ω 为相互作用参数,V 是原子体积,K 为玻尔兹曼常数,T 为温度。在已报道的试验中,在图形衬底上沉积生长 InAs 外延层时,会保持在一个温度相对较高的环境中,因此,我们将吉布斯自由能的优化环境设定在 873 K,所有的参数都根据本章参考文献[79]进行取值。同时,为了定量分析组分的影响,我们定义一个隔离指数 $\Phi=\frac{4}{V}\int(x-0.5)^2 dV$,$\Phi=0$ 和 $\Phi=1$ 分别代表组分均匀分布和几种组分完全分离。

我们以生长在较浅图形衬底坑内的穹顶形 InGaAs 纳米岛(Ar=0.4)为例,分析纳米岛的组分分布。如图 8-7-16 左侧一列所示,铟组分更趋向于占据纳米岛的顶部,而镓组分更倾向于聚集在衬底与倒锥形结构形成异质界面处,特别是纳米岛的边缘处。通过应变能优化(SEO)和吉布斯自由能优化(GEO)我们可以很好地得出应变分布,而应力应变在各组分分离中起着决定性作用。熵值作为 GEO 的一部分,会对各组分的分离产生影响,考虑熵的性质,在高温时这种影响更大。经过计算,我们可知在 873 K 时,纳米岛中铟组分最高的区域为 0.87,而只考虑 SEO 的情况下,这一数值可以达到 1.00。很明显,纳米岛会截获倒锥形结构中扩散的铟元素。我们的计算结果显示,在 SEO 优化下,纳米岛和倒锥形结构中铟组分分别占 0.529 和 0.288,而在 GEO 优化下,这组数值变为 0.517 和 0.375。相应的隔离指数分别为 $\Phi=0.084$(GEO)和 $\Phi=0.343$(SEO)。随着纳米岛的高宽比增加,隔离指数也会变大,如表 8-7-2 所示。

表 8-7-2　InGaAs 纳米岛生长在坑内时,In 组分的影响

	Ar=0.2	Ar=0.25	Ar=0.3	Ar=0.35	Ar=0.4	Ar=0.5
GEO(873 K)	0.048	0.049	0.056	0.070	0.084	0.090
SEO	0.192	0.194	0.234	0.290	0.343	0.351

从图 8-7-16 中我们可以看出非均匀组分下纳米岛和倒锥形结构的电子基态和重空穴基态的波函数分布差别很大。铟组分聚集于纳米岛的顶部,导致能带带边下降,波函数整体向上移动。高宽比为 0.4,生长在浅坑内的纳米岛,经计算其在均匀组分、GEO 优化后组分和 SEO 优化后组分情况下所得的本征值分别为 1 124.8 meV、984.6 meV 和 881.1 meV。非均匀组分时,重空穴波函数会从纳米岛的底端向上移动,如图 8-7-16 右侧一列所示。同时我们发现,在非均匀组分的两种情况下(SEO 和

GEO),电子和重空穴的波函数重叠区域明显增加,这表明系统的跃迁速率会明显增加。另外,还应注意到在均匀组分下,波函数的分布会受纳米岛大小影响(如改变坑填充率和坑大小)。

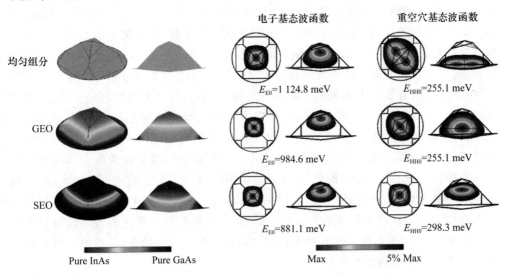

图 8-7-16 均匀组分和非均匀组分下纳米岛的电子结构。纳米岛的 Ar=0.4,
$D_{pit}=200$ nm,$f=0.4$,$\tan \alpha=0.1$

均匀组分和非均匀组分纳米岛的带间跃迁能和纳米岛高宽比的关系如图 8-7-17 所示。计算所用模型各项参数为 $D_{pit}=200$ m,$f=0.4$,$\tan \alpha=0.1$。非均匀组分所引起的谱线红移适用于所有的高宽比情况。从图 8-7-17 中可以得到对于均匀组分,高宽比为 0.2 时,带间跃迁能会减小为 106 meV(GEO,873 K)和 232 meV(SEO),当高宽比变为 0.4 时,这组数值变为 140 meV 和 287 meV。

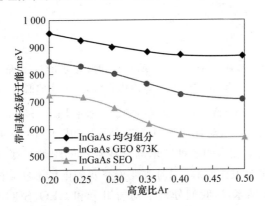

图 8-7-17 InGaAs 均匀组分和非均匀组分的带间跃迁能和高宽比的关系,
$D_{pit}=200$ nm,$f=0.4$,$\tan \alpha=0.1$

　　前面所分析的大部分模型都是在图形衬底坑较浅的情况下（$\tan\alpha=0.1$），这是以实际观测到的 InAs 试验为设定依据的。当坑倾角超过这个数值时，纳米岛更倾向于在坑外成核外延生长。此时，就需要用纳米岛应变弛豫的变化来解释这一现象，下面首先分析坑倾角对应变弛豫的影响，这里以高宽比为 0.2 和 0.4 的两组 InAs 和 $In_{0.5}Ga_{0.5}As$ 纳米岛为例，对均匀组分分布、经过 GEO 和 SEO 优化后的非均匀组分状态 3 种情况进行计算与分析。通过应变能密度（$E_{total}/V_{island+IC}$）便可得出系统的弛豫，然后以生长在平面衬底均匀组分纳米岛的应变弛豫为 1 进行归一化处理。如图 8-7-18 所示，所有情况下都表现出相同的现象：随着坑倾角的增加，归一化的应变能密度首先减小到一个最低值，然后开始变大。当坑倾角足够小时（$\tan\alpha<0.5$），纯 InAs 纳米岛和均匀组分 InGaAs 纳米岛之间的差异可以忽略不计。对于金字塔形纳米岛，InAs 所对应的临界角约为 $33°$，InGaAs 所对应的临界角约为 $35°$，而穿顶形纳米岛的这一组数值为 $22°$ 和 $21°$。在非均匀组分情况下应变弛豫也会变大，在坑倾角较大时更为明显。当纳米岛为金字塔形时，若 $\alpha<50°$，则 GEO 和 SEO 两种情况都不存在临界角。从以上分析结果来看，在计算电子结构时所使用的较小坑倾角条件 $\tan\alpha=0.1$ 下，纳米岛较生长在平面衬底时具有更好的应变弛豫，所以可以确定此条件下纳米岛会在坑内成核生长。

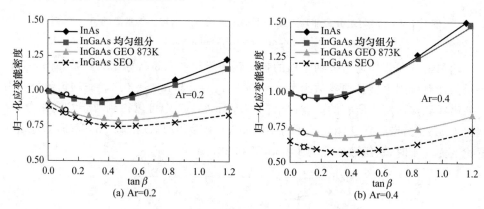

图 8-7-18　高宽比 Ar=0.2 和 Ar=0.4 时，应变能与坑倾角的关系，
坑填充率 $f=0.4$，圆圈代表 $\tan\alpha=0.1$ 的值

　　这一小节对生长在 GaAs(001) 图形衬底上的纯 InAs 和 InGaAs 纳米岛的电子结构进行了系统的研究[80]，对顶端为 {1 3 7} 晶面，考虑了从 0.2 到 0.5 的高宽比，囊括了金字塔形和穿顶形在内的多种纳米岛。在较浅的图形衬底坑内，各种高宽比下的纳米岛带间跃迁都会发生红移，同时改变重空穴的电场形状，并使其更靠近异质节界面。对于 InGaAs 纳米岛，我们分析了均匀组分和 GEO、SEO 优化下的非均匀组分 3 种不同情况，两种非均匀状态都会导致带间跃迁能减小。高宽比较大时，纳米岛各部分铟组分的变化会导致重空穴从倒锥形结构底端向上移动，使复合率上升。在均匀组分下，纳米岛的电场图还会受到纳米岛尺寸的影响。图形衬底坑的倾角对应

变弛豫有影响,在坑倾角较小时 $\tan\alpha=0.1$,纳米岛生长在图形衬底坑内比生长在平面衬底上具有更好的应变弛豫,这表明在这种情况下,纳米岛更倾向于在坑内形成。

8.8　基于应变的量子点有序生长控制

量子点结构独特的光电性能使其成为当今研究的热点,得到结构均一、排列周期的量子点阵列对提高量子点器件的性能具有重要意义。其中利用量子点的应变场控制后续多层量子点的有序性是制备均匀、有序量子点的有效手段之一。基本原理是由于底层量子点产生的应变影响了盖层表面的应变能,使盖层表面的晶格和量子点的晶格失配达到局部最小,从而更容易于晶格失配小的位置形成量子点。上层量子点的沉积位置与底层量子点在盖层产生的应变分布有关,盖层表面的应变能密度分布受外延生长方向、弹性各向异性、盖层厚度等多方面的影响[81]。实验上人们很早就发现了多层量子点对准可以制备垂直对准的量子点超晶格的现象,但由于应变导致的垂直对准关联,使得后续量子点的体积逐层增大,一方面均匀性受到限制,另一方面位错缺陷也会增加,使制备的量子点层数受到限制。尽管采用应变补偿技术,上述情况已有所缓解。但由于材料的各向异性,使得在一定厚度的盖层表面,在底层量子点斜上方出现最有利于量子点成核的位置,这就是斜对准量子点生长方式。斜对准的生长方式盖层量子点通常比垂直对准生长方式制备的量子点均匀性要好[82]。研究中较常见的多层量子点系统有 InAs/InP、InAs/GaAs、GeSi/Si 等材料系。在多层量子点系统中,近邻量子点之间会存在应力的耦合,而应力的耦合会影响量子点的生长位置、组分以及电子结构等。基于量子点组分的计算方法,可以数值计算水平近邻和垂直近邻量子点对无盖层量子点组分的影响,同时基于最小能量原理确定多层量子点系统中量子点在垂直对准、反垂直对准和随机生长等情况下的影响因素。

在多层量子点生长中,如果上层量子点位于下层量子点正上方,就会形成垂直对准多层量子点结构,否则就会形成非垂直对准生长量子点,非垂直对准生长又分为斜对准生长和随机对准生长,当盖层厚度足够厚,底层量子点在盖层表面产生的表面应变能密度非常弱时,量子点的成核呈随机性,因此,人们感兴趣的是垂直对准生长和斜对准生长。除生长条件外,影响量子点成核位置的因素有很多,如应变的各向异性、外延生长方向、盖层厚度、量子点密度、图形衬底等。在 8.6 节已经讨论过多层量子点之间的应变耦合会影响量子点的组分分布和应变,这种应变耦合也会影响量子点的生长位置。理论研究影响量子点生长位置的因素对指导实验有很重要的意义,多层量子点的有序生长现象已经被广泛研究。基于应变理论,量子点会在最容易释放应变能的区域形成,而应变的各向异性会导致量子点的生长位置与下层量子点的顶部发生偏离,并引发下一层量子点排列的横向关联性[83]。Meixner 等人利用蒙特卡罗仿真的方法来验证以上理论[84]。Vesque 等人结合理论和实验来研究影响量子点从垂直对准转向非垂直对准的影响因素,如量子点的大小、下层量子点间的距离及盖层的厚度等[81],Nuntawong 等人利用应变补偿控制量子点垂直对准生长[85]。

基于量子点组分的优化计算方法，可以得到系统的最小吉布斯自由能，通过最小能量原理研究影响量子点生长位置的因素。为了与实验进行对比，这里选取 $InAs_xP_{1-x}/InP$ 量子点作为研究对象。多层量子点模型如图 8-8-1 所示[86]，下层 InAs 量子点排列在 InP 衬底(001)上表面，InP 盖层厚度为 H，无盖层 $InAs_xP_{1-x}$ 量子点位于 InP 盖层上表面。所有的量子点均为截顶金字塔形量子点，金字塔侧面为 $\{113\}$ 面，量子点高为 h，低边宽度为 b，量子点高宽比为 0.2。下层 InAs 量子点沿 $[110]$ 和 $[-110]$ 方向排列，量子点水平间距为 D。衬底及盖层的侧面采用周期边界条件，衬底底面固定，其他面为自由边界。计算了 $InAs_xP_{1-x}$ 量子点在 4 个可能位置 (O, A, B, C) 的组分及体系的最小吉布斯自由能，其中 $InAs_xP_{1-x}$ 量子点的 As 平均组分为 0.9。

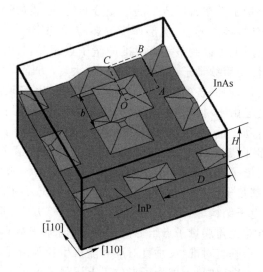

图 8-8-1　$InAs_xP_{1-x}/InP$ 多层量子点有限元模型

为了减小晶格的失配和释放系统的应变能，组分的优化会驱使磷元素 P 聚集在量子点底部的压应变区域，而 As 会聚集在量子点顶部的张应变区域，如图 8-8-2 所示。事实上应变的分布是驱动这一过程的主要因素，根据 8.6 节的讨论，近邻量子点之间的应变耦合也会影响量子点的组分分布，但是这种影响仅当量子点距离很近时才比较明显。系统的能量不仅与无盖层 $InAs_xP_{1-x}$ 量子点的组分分布和生长位置有关，还与盖层及厚度极底层量子点的参数有关。因此首先计算无盖层 $InAs_xP_{1-x}$ 量子点在不同位置时系统能量随盖层厚度的变化关系，最后通过最小能量原理来确定量子点的生长位置随盖层厚度的变化关系。

基于最小能量原理，量子点最容易沉积在能量最小的位置，对于图 8-8-1 中的模型来说，能量最小的位置最可能在盖层表面的中心位置 O 点，或者在对称的 A、B、C 3 个点[81]。系统的能量与量子点、衬底及盖层的参数有关，我们首先研究量子点密度与系统能量的关系。设垂直对准时(对应位置 O)系统能量为 G_0，非垂直对准时

（对应位置 A、B、C）系统能量为 G，能量差为 $\Delta G = G - G_0$。当 $\Delta G > 0$ 时量子点为垂直对准状态，当 $\Delta G < 0$ 时系统为非垂直对准状态。选取量子点底边宽度为 $b = 30$ nm，高为 $h = 0.2b$，量子点密度用 b/D 表示。量子点在不同密度情况下，系统能量差随盖层厚度的变化如图 8-8-3 所示。当盖层厚度比较薄时，$\Delta G > 0$，量子点处于垂直对准状态，随着盖层厚度的增加，量子点会从垂直对准状态向非垂直对准状态转换。这种转换盖层的临界厚度为 $\Delta G = 0$ 时盖层的厚度。从图 8-8-3 中还可以看出，随着量子点密度的降低，这种状态转化时盖层的临界厚度会随之增加。这就意味着大密度的底层量子点更容易使上层量子点处于非垂直对准状态，这个结果与 Gutierrez 等人的研究结果一致[87]。而非垂直对准对应的 B 位置则一直处于相对高的能量状态，从而量子点不会在 B 处沉积。

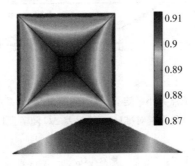

图 8-8-2　$InAs_{0.9}P_{0.1}$ 量子点中 As 的组分分布俯视图及剖面图

同时量子点的大小也可能是影响量子点生长位置的因素。所以我们在量子点密度一定的情况下研究了量子点大小不同时盖层厚度与系统能量差的关系。如图 8-8-4 所示，当量子点密度和宽高比一定，量子点底边大小不同时，量子点从垂直对准状态转向非垂直对准时盖层的临界厚度与量子点大小呈线性关系，同时 Vesque 等人发现增加量子点的高度不会对这种转换产生影响[81]。这就意味着要想调控量子点的生长位置，可以通过调控盖层厚度和底层量子点密度来实现。

无盖层 $InAs_xP_{1-x}$ 量子点在 O 位置和 C 位置，量子点底边宽度 $b = 30$ nm，底层量子点密度 $D = b/0.7$ 时，x 方向上的应变 ε_x 在中间剖面上的分布如图 8-8-5 所示。当盖层较薄时 $H = 2h$ 量子点的状态转换没有发生，垂直对准的量子点会位于由底层量子点产生的张应变区域，而非对准的量子点则位于由底层量子点产生的压应变区域。由于量子点的晶格较大，因而易于在张应变处成核，从而减小晶格失配，所以当盖层较薄时，量子点处于垂直对准状态。当盖层厚度增加时 $H = 5h$，底层量子点形成的张应变会发生耦合，此时非对准位置正是张应变的耦合区域，所以量子点会处于非垂直对准状态。而量子点的密度则是影响这种应变耦合的主要因素，因此可以通过调整量子点密度来调控多层量子点的生长位置。

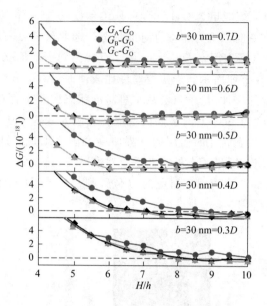

图 8-8-3　量子点大小一定，密度不同的情况下，系统非垂直对准
（G_A、G_B、G_C）和垂直对准（G_O）能量差 ΔG 随盖层厚度的变化

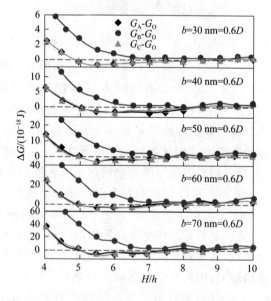

图 8-8-4　量子点密度一定，大小不同的情况下，系统非垂直对准（G_A、G_B、G_C）
和垂直对准（G_O）能量差 ΔG 随盖层厚度的变化

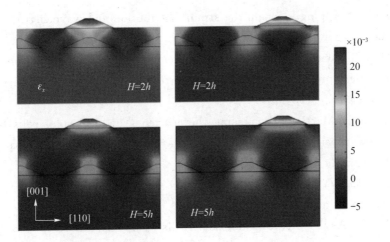

图 8-8-5　无盖层 $InAs_xP_{1-x}$ 量子点在 O 位置和 C 位置，
对应不同盖层厚度时 x 方向上的应变 ε_x 在中间剖面上的分布

本章参考文献

[1]　Seravalli L，Frigeri P，Trevisi G，et al. 1.59 μm room temeperature emission form metamorphic InAs/InGaAs quantum dots grown on GaAs Substrates [J]. Applied Physics Letters，2008，92(21)：213104.

[2]　Liu H Y，Tey C M，Sellers I R，et al. Mechanism for imporvements of optical properties of 1.3 μm InAs/GaAs quantum dots by a combined InAlAs-InGaAs cap layer [J]. Journal of Applied Physics，2005，98(8)：083516.

[3]　Suzuki R，Miyamoto T，Sengoku T，et al. Reduction of spacer layer thickness of InAs quantum dots using GaNAs strain compensation layer [J]. Applied Physics Letters，2008，92(14)：141110.

[4]　Zhou Z Z，Xu Y Q，Hao R T，et al. Long-wavelength light emission from self-assembled heterojunction quantum dots [J]. Journal of Applied Physics，2008，103(9)：094315.

[5]　Mi Z，Yang J，Bhattacharya P，et al. Self-organised quantum dots as dislocation filters：the case of GaAs-based lasers on silicon [J]. Electronic Letters，2006，42 (2)：121.

[6]　Persson J，Hakanson U，Johansson M K J，et al. Strain effets of individual quantum dots：dependence of cap layer thickness [J]. Physical Review B，2005，72(8)：085302.

[7]　Liu Yumin，Yu Zhongyuan，Ren Xiaomin. Effects of the thickness of spacing

layer and capping layer on the strain distribution and wavelength emission of InAs/GaAs quantum dots [J]. Acta Physica Sinica, 2009, 58(1): 66.

[8] Fedos F, Wang S, Wei Y, et al. Influence of a thin GaAs layer on structural and optical properties of InAs quantm dots [J]. Applied Physics Letters, 2002, 81(7): 1195-1197.

[9] Luque A, Marti A. Increasing the efficiency of ideal solar cells by photon induced transitions atintermediate levels [J]. Physical Review Letters, 1997, 78(26): 5014-5017.

[10] Popescu V, Bester G, Hanna M C, et al. Theoretical and experimental examination of the intermediate-band concept for strain-balanced (In, Ga) As/Ga(As, P) quantum dot solar cells [J]. Physical Review B, 2008, 78 (20): 205321.

[11] Hu W G, Inoue T, Kojima O, et al. Effects of absorption coefficients and intermediate-band filling in InAs/GaAs quantum dot solar cells [J]. Applied Physics Letters, 2010, 97(19): 193106.

[12] Wasilewski Z R, Fafard S, McCaffrey J P. Size and shape engineering of vertically stacked self-assembled quantum dots [J]. Journal of Crystal Growth, 1999, 201-202: 1131-1135.

[13] Tatebayashi J, Nuntawong N, Wong P S, et al. Strain compensation technique in self-assembled InAs/GaAs quantum dots for applications to photonic devices [J]. Journal of Physics D: Applie Physics, 2009, 42 (7): 073002.

[14] Suzuki R, Miyamoto T, Sengoku T, et al. Recuction of spacer layer thickness of InAs quantum dots using GaNAs strain compensation layer [J]. Applied Physics Letters, 2008, 92(14): 141110.

[15] Xie Q H, Madhakar A M, Chen P, et al. Vertically self-organized InAs quantum box islands on GaAs (100) [J]. Physical Review Letters, 1995, 75(13): 2542-2545.

[16] Holy V, Springholz G, Pinczolits M, et al. Strain induced vertical and lateral correlations in quantum dot superlattices [J]. Physical Review Letters, 1999, 83(2): 356-359.

[17] Wang X D, Liu N, Shih C K, et al. Spatial correlation-anticorrelation in strain-driven self-assembled InGaAs quantum dots [J]. Applied Physics Letters, 2004, 85(8): 1356-1358.

[18] Nuntawong N, Tatebayashi J, Wong P S, et al. Localized strain reduction in strain-compensated InAs/GaAs stacked quantum dot structures [J].

Applied Physics Letters, 2007, 96(16): 16312.

[19] Harris J J S, Yue H, Bank S, et al. Dilute Nitride Semiconductors[M]. Oxford: Elsevier, 2005.

[20] Feng Hao, Yu Zhongyuan, Liu Yumin, et al. Theoretical stucy on strain compensation layer for growth of quantum dots [J]. Acta Physica Sinica, 2010, 59(2): 765-770.

[21] Song Xin, Feng Hao, Liu Yumin, et al. Impact of GaNAs Strain compensation layer on the electronic structure of InAs/GaAs quantum dots [J]. Chinese Physics B, 2013, 22(1): 017304.

[22] Yeh N T, Nee T E, Chyi J I, et al. Matrix dependence of strain-induced wavelength shift in self-assembled InAs quantum-dot heterostructures [J]. Applied Physics Letters, 2000, 76(2): 1567-1569.

[23] Liu H Y, Sellers I R, Hopkinson M, et al. Enerineering carrier confinement potentials in 1.3-μm InAs/GaAs quantum dots with InAlAs layers: enhancement of the high-temperature photoluminescence intensity [J]. Applied Physics Letters, 2003, 83(18): 3716-3718.

[24] Liu H Y, Steer M J, Badcock T J, et al. Long-wavelength light emission and lasing from InAs/GaAs quantum dots covered by a GaAsSb strain-reducing layer [J]. Applied Physics Letters, 2005, 86(14): 143108.

[25] Chiu P C, Liu W S, Shiau M J. Enhancing the optical properties of InAs quantum dots by an InAlAsSb overgrown layer [J]. Applied Physics Letters, 2007, 91(15): 153106.

[26] Liu Yumin, Yu Zhongyuan, Ren Xiaomin. Influence of strain-reducing layer on strain distribution of self-organized InAs/GaAs quantum dot and redshift of photoluminescence wavelength [J]. Chinese Physics Letters, 2008, 25 (5): 1850-1853.

[27] Kuldova K, Krapek V, Hospodkova A, et al. 1.3 μm emission InAs/GaAs quantum dots [J]. Physica Status Solidi C, 2006, 3(11): 3811-3814.

[28] Ulloa J M, Drouzas I W D, Koenraad P M, et al. Suppresion of InAs /GaAs quantum dot decomposition by the incorporation of a GaAsSb capping layer [J]. Applied Physics Letters, 2007, 90(21):213105.

[29] Klenovsky P, Krapek V, Munzar D, et al. Electronic structure of InAs quantum dots with GaAsSb strain reducing layer: localization of holes and its effect on the optical properties [J]. Applied Physics Letters, 2010, 97 (20): 203107.

[30] Schumann O, Siner S, Baudac M, et al. Effects of strain and comfinment on

the emission wavelength of InAs quantum dots due to a GaAs$_{1-x}$N capping layer [J]. Physical Review B, 2005, 71(24): 245316.

[31] Haxha V, Drouzas I, Ulloa J M, et al. Role of segregation in InAs/GaAs quantum dot structures capped with a GaAsSb Strain-reduction layer[J]. Physical Review B, 2009, 80(16): 165334.

[32] Liu H Y, Wei Y Q, Ding D, et al. Hight-power and long-lifetime InAs/GaAs quantum dot laser at 1 080 nm [J]. Applied Physics Letters, 2001, 79 (18): 2868-2870.

[33] Taebayashi J, Nishioka M, Arkawa Y. Over 1. 5 μm light emission from InAs quantum dots embedded in InGaAs strain reducing layer grown by metalorganic chemical vapor deposition[J]. Applied Physics Letters, 2001, 78(22): 3469-3471.

[34] Hashimoto T, Oshima R, Shigekawa H, et al. MBE growth of InAs self-assembled quantum dots embedded in GaNAs Strain-compensatiing layers [J]. Journal of Crystal Growth, 2007, 301-302: 821-824.

[35] Seravalli L, Frigeri P, Minelli M, et al. Quantum dot strain engineering for emission at 1. 3, 1. 4 and 1. 5 μm [J]. Applied Physics Letters, 2005, 87 (6): 063101.

[36] Mi Z T, Bhattacharya P, Yang J. Growth of ultralow threshold 1. 45 μm metamorphic InAs tunnel injection quantum dot lasers on GaAs[J]. Applied Physics Letters, 2008, 89(15):153109.

[37] Yang J, Bhattacharya P, Mi Z T. High-performance InGaAs/GaAs Quantum-dot laser on silicon with multiple-layer quantum dot dislocation filters [J]. IEEE Transations on Electron Devices, 2007, 54 (11): 2849-2855.

[38] Mi Z T, Bhattacharya P, Yang J, et al. Room temperature self-organised In$_{0.5}$Ga$_{0.5}$As quantum dot laser on silicon[J]. Electronics Letters, 2005, 41 (13): 742.

[39] Liu H Y, Qiu Y, Jin C Y, et al. 1. 55 μm InAs quntum dots grown on a GaAs substrate using a GaAsSb metamorphic buffer layer [J]. Applied Physics Letters, 2008, 92(11): 111906.

[40] Schmidt T, Kroger R, Flege J I, et al. Less strain energy despite fewer misfit dislocations: the impact of ordering [J]. Physical Review Letters, 2006, 96(6): 066101.

[41] Ledentsov N N, Kovsh A R, Shchukin V A, et al. 1. 3-1. 5 μm quantum dot lasers on foreign substrates: growth using defeut reduction technique,

high-power CW operation and degradation resistance[C]//Proceedings of Internal Society for Optical Engineering(6133), 6133s, San Jose, California USA, 2006.

[42] Lenz A, Eisele H, Timm R, et al. Nanovoids in InGaAs/GaAs quantum dots observed by cross-sectional scanning tunning microscopy [J]. Applied Physics Letters, 2004, 85(17): 3848-3850.

[43] Liang Z W, Colby R, Wildeson I H, et al. GaN nanostructure design for optimal dislocation filtering [J]. Journal of Applied Physics, 2010, 108(7): 074313.

[44] Colby R, Liang Z W, Wildeson I H, et al. Dislocation Filtering in GaN Nanostructures [J]. Nano Letters, 2010,10(5):1568-1573.

[45] Mi Z T, Yang J, Bhattacharya P, et al. Self-organised quantum dots as dislocation filters: the case of GaAs-basedlasers on silicon[J]. Electron Letters, 2006, 42(2):121-123.

[46] Zhou Shuai, Liu Yumin, Wang Donglin, et al. Calculation of the bending area of threading dislocations of InGaA area of threading dislocations of InGaAs quantum dots on GaAs substrate [J]. Superlattices and Microstructures, 2013, 63: 29-35.

[47] Bai J, Wang T, Parbrook P J, et al. Two coexisting mechanisms of dislocation rcucation in a AlGaN layer grown using a thin GaN interlayer [J]. Applied Physics Letters, 2007, 91(13): 131903.

[48] Huang D, Reshchikov M A, Yun F, et al. Defect reduction with quantum dots in GaN grown on sapphire substrat by molecular beam epitaxy [J]. Applied Physics Letters, 2002, 80(2): 216-218.

[49] Cantu P, Wu F, Waltereit P, et al. Role of inclined threading dislocations in stress relaxation in mismatched layers [J]. Journal of Applied Physics, 2005, 97(10): 103534.

[50] Ye Han, Lu Pengfei, Yu Zhongyuan, et al. Analysis of strained nitride quantum dots as threading dislocation filters [J]. Solid State Science, 2011, 13(9): 1809-1812.

[51] Kukta R V, Machtay N D. Energetics of epitaxial island arragements on substrate mesas [J]. Journal of Applied Mechanics, 2008, 73: 212-219.

[52] Jin G, Liu J L, Thomas S G, et al. Controlled arrangement of self-orgnized Ge islands on patterned Si(001) substrates [J]. Applied Physics Letters, 1999, 75(18): 2752-2754.

[53] Kitajima T, Liu B, Leone S R. Two-dimensional periodic alignment of self-

assembled Ge islands on patterned si(001) surfaces [J]. Applied Physics Letters, 2001, 80(3):497-499.

[54] Liu P, Lu C, Zhang Y W. Formation of surface structures during heteroepitaxial thin film growth on prepatterned substrates[J]. Physical Review B, 2007, 76(8): 085336.

[55] Wang Donglin, Yu Zhongyuan, Liu Y M, et al. Critical size of substrate mesa for single quantum dot growth [J]. Modelling and Simulation in Materials Science and Engineering, 2012, 20: 035006.

[56] Yang B, Liu F, Lagally M G. Local strain-meidated chemical potential control of quantum dot self-organized in heteroepitaxy [J]. Physical Review Letters, 2004, 92(2):025502.

[57] Schomig H, Halm S, Forchel A, et al. Probing Individual Localization Centers in an InGaN/GaN Quantum Well [J]. Physical Review Letters, 2004, 92: 106802.

[58] Renard J, Songmuang R, Bougerol C, et al. Exciton and Biexciton Luminescence from Single GaN/AlN Quantum Dots in Nanowires [J]. Nano Letters, 2008, 7: 2092-2096.

[59] Hsu C W, Ganguly A, Liang C H, et al. Enhanced Emission of (In, Ga) Nitride Nanowires Embedded with Self-Assembled Quantum Dots [J]. Advanced Functional Materials, 2008,18: 938-942.

[60] Edwards P R, Martin R W, Watson I M, et al. Quantum dot emission from site-controlled InGaN/GaN micro pyramid arrays [J]. Applied Physics Letters, 2004,85(19): 4281-4283.

[61] Lundskog A, Palisatis J, Hus J P, et al. InGaN quantum dot formation mechanism on hexagonal GaN/InGaN/GaN pyramids. Nanotechnology, 2012, 23(30): 305708.

[62] Zhou Shuai, Liu Yumin, Wang Donglin, et al. The calculation of InGaN quantum dot formation mechanism on GaN pyramid[J]. Superlattice and Microstructure, 2015, 84: 72-79.

[63] Zhong Z Y, Schwinger W, Schaffler F, et al. Delayed plastic relaxation on patterned Si substrates: cohrenet SiGe pyramids with dominant {111} Facets[J]. Physical Review Letters, 2007, 98(17): 176102.

[64] Hu H, Gao H J, Liu F. Theory of directed nucleation of strained islands on patterned substrates [J]. Physical Review Letters, 2008, 101(21): 216102.

[65] Vastola G, Grydlik M, Brehm M, et al. How pit facet inclination drives heteroepitaxial island positioning on patterned substrates [J]. Physical

Review B, 2011, 84(15): 155415.

[66] Vastola G, Montalenti F, Miglio L. Understanding the elastic relaxation mechanisms of strain in Ge islands on pit-patterned Si(001) substrates [J]. Journal of Physics: Condensed Matter, 2008, 20(45): 454217.

[67] Hrauda N, Zhang J J, Groiss H, et al. Strain relief and shape oscillations in site-controlled coherent SiGe islands [J]. Nanotechnology, 2013, 24: 335707.

[68] Hu H, Niu X B, Liu F. Thermodynamic self-limiting growth of heteroepitaxial islands induced by nonlinear elastic effect [J]. Nano Letters, 2016, 16(6): 3919-3924.

[69] Boioli F, Gatti R, Crydlik M, et al. Assessing the delay of plastic relaxation onset in SiGe islands grown on pit-patterned Si (001) substrates [J]. Applied Physics Letters, 2011, 99(3): 033106.

[70] Chai Hongyu, Ye Han, Yu Zhongyuan, et al. Elastic strain relaxation of GeSi nanoislands grown on pit-patterned Si (001) substrates [J]. Supperlattices and Microstructures, 2016, 100: 185-190.

[71] Gatti R, Pezzoli F, Boioli F, et al. Assessing the composition of hetero-epitaxial islands via morphological analysis: an analytical model matching GeSi/Si(001) data [J]. Journal of Physics: Condensed Matter, 2012, 24 (10): 104018.

[72] Zhang J J, Rastelli A, Schmidt O G, et al. Compositional evolution of SiGe islands on patterned Si (001) substrates [J]. Applied Physics Letters, 2010, 97(20): 203103.

[73] Ye Han, Yu Zhongyuan. Electronics structures of GeSi nanoislands grown on pit-patterned Si(001) substrate [J]. AIP Advances, 2014, 4(11): 117104.

[74] Atkinson P, Kiravittaya S, Benyoucef M, et al. Site-controlled growth and luminescence of InAs quantum dots using in situ Ga-assisted deoxidation of patterned substrates [J]. Applied Physics Letters, 2008, 93(10): 101908.

[75] Schramm A, Tommila J, Strelow C, et al. Large array of single, site-controlled InAs quantum dots fabricated by UV-nanoimprint lithography and molecular beam epitaxy [J]. Nanotechnology, 2012, 23 (17): 175701.

[76] Tommila J, Schramm A, Hakkarainen T V, et al. Size-dependent properties of single InAs quantum dots grown in nanoimprint lithography patterned GaAs pits [J]. Nanotechnology, 2013, 24 (23): 235204.

[77] Eisele H, Lenz A, Heitz R, et al. Change of InAs/GaAs quantum dot shape and composition during capping [J]. Journal of Applied Physics, 2008, 104 (12): 124301.

[78] Schliwa A, Winkelnkemper M, Bimberg D. Impact of size, shape, and composition on piezoelectric effects and electronic properties of In(Ga)As/GaAs quantum dots [J]. Physical Review B, 2007, 76(20): 205324.

[79] Medhekar N V, Hegadekatte V, Shenoy V B. Composition Maps in Self-ssembled Alloy Quantum Dots [J]. Physical Review Letters, 2008, 100 (10): 106104.

[80] Chai Hongyu, Ye Han, Yu Zhongyuan, et al. Electronic structures of uncapped In (Ga) As nanoislands grown on pit-patterned GaAs (001) substrate [J]. Superlattices and Microstructures, 2017, 109: 99-106.

[81] Levesque A, Shtinkov N, Masut R A, et al. Self-organization of InAs/InP quantum dot multilayers: pseudophase diagram describing the transition from aligned to antialigned structures [J]. Physical Review Letters, 2008, 100(4): 046101.

[82] Springholz G, Pinczolits M, Mayer P, et al. Tuning of vertical and lateral correlations in self-organized Pbse/PbEuTe quantum dot superlattices [J]. Physical Review Letters, 2000, 84(20): 4669-4672.

[83] Holy V, Springholz G, Pinczlist M, et al. Strain induced vertical and lateral correlations in quantum dot superlattices [J]. Physical Review Letters, 1999, 83(2): 356-359.

[84] Meixner M, Scholl E. Kinetically enhanced correlation and anticorrelation effets in self-organized quantum dot stacks [J]. Physical Review B, 2003, 67(12): 121202.

[85] Nuntawong N, Briudavolu S, Hains C P, et al. Effect of strain-compensation in stacked 1.3 μm InAs/GaAs quantum dot active regions grown by metalorganic chemical vapor deposition [J]. Applied Physics Letters, 2004, 85 (15): 3050-3052.

[86] Wang Donglin, Yu Zhongyuan, Liu Yumin, et al. The structure transition from vertical alignment to anti-alignment of InAs/InP quantum dot multilayers [J]. Solid State Communications, 2011, 151: 1266-1269.

[87] Cutierrez M, Herrera M, Conzalez D, et al. Role of elastic anisotropy in the vertical alignment of In(Ga)As quantum dot superlattices [J]. Applied Physics Letters, 2006, 88(19): 193118.

第9章 量子点与微腔相互作用及光学结构设计

9.1 量子点与微腔耦合的腔量子电动力学系统

腔量子电动力学(Cavity Quantum Electrodynamics, CQED)旨在研究在光学微腔中量子辐射源与受限光场相互作用引起的一系列新奇现象和效应。随着量子通信与量子信息等逐渐成为现今物理学热点前沿研究领域,腔量子电动力学系统因在这些领域具有重要应用价值而受到研究学者的广泛关注。根据腔量子电动力学理论,置于光腔中的量子辐射源的辐射特性会因为腔内光场而改变,并取决于电子与光子间耦合作用的强度。当耦合作用较弱时,辐射源的自发辐射率对比其在无限大体材料介质中得到增强,称为 Purcell 效应,定义单一腔模式(模式体积为 V_c)的偶极子自发辐射率与自由空间模式的自发辐射率的比值为 Purcell 因子。当上述耦合作用较强时,辐射源与光腔间以一定频率周期性地交换能量,并且其辐射谱分裂为两个峰,这两个现象分别被称为真空 Rabi 振荡和真空 Rabi 分裂。这一系列效应从 20 世纪 80 年代在孤立原子系统中从实验和理论上都得到了验证。将这些效应引入半导体光子器件中,不仅可以增强系统的调控能力,还可以开辟一系列新应用领域,如超低阈值激光器、高效率单光子源及光量子信息处理器件。为实现这一目标,嵌入自组织半导体量子点的半导体光学微腔及它们的相互作用得到了广泛而深入的研究[1]。

Gerard 等人于 1998 年首次实现了半导体量子点与光学微腔弱耦合的腔量子电动力学实验[2],他们研究了 InAs 量子点在 GaAs/AlAs 微柱腔中的自发辐射寿命。结果显示在共振腔内的量子点寿命比 GaAs 体材料中的量子点寿命显著缩短,而在失谐腔内的量子点寿命则与体材料中的接近。这即是共振条件下的弱耦合所产生的 Purcell 效应。此后一系列的相关研究陆续展开。

对于强耦合作用,2004 年两个研究小组分别独立地在"半导体量子点+微腔耦合"系统中发现了真空 Rabi 分裂现象[3-4]。实验中,在二维光子晶体微腔内,约有几百个 InAs 量子点(密度约为 4×10^{10} cm²),由于量子点尺寸与形貌的起伏,所以它们的跃迁频率各不相同。通过温度控制,其中的一个量子点接近腔模共振频率时,发光谱中分别属于腔模与该量子点的峰并未重叠在一起,而是出现明显的抗交叉。这一现象即归因于点-腔耦合作用下的真空 Rabi 分裂。如今,这一现象在许多种类型的点腔耦合系统实验中被观测到。

9.1.1 Jaynes-Cummings 模型

Jaynes-Cummings(J-C)模型是描述光与物质相互作用的最简单并可精确求解的全量子模型,是腔量子电动力学等理论与实验研究的基础,最早由 Jaynes 和 Cummings 在研究自发辐射的量子与半经典理论时提出,此后以两位研究者的姓氏命名。具体来说,J-C 模型描述的是二能级系统(原子或二能级量子点等类原子系统)与单模光场的相互作用。J-C 模型被提出后,成为量子光学研究中一个著名的基础模型,还被扩展到多能级原子(量子点)、量子点-多模场耦合、耦合腔阵列、多原子(量子点)耦合、光力学等系统[5],并发展出了 Jaynes-Cummings-Hubbard 模型[6]、Tavis-Cummings 模型[7]等。

考虑二能级量子点与单模腔内光场相互作用的 J-C 系统,在旋波近似(rotating wave approximation)下的哈密顿量为

$$H = \omega_a a^\dagger a + \omega_\sigma \sigma^\dagger \sigma + g(a^\dagger \sigma + a \sigma^\dagger) \tag{9-1-1}$$

其中,约化普朗克常数 $\hbar$ 设为 1(除特殊说明之处,以下全书均保持此设定)。式中前两项分别对应腔模与量子点的哈密顿量,第三项则表示它们间的相互作用。$a^\dagger$ 与 a 分别是腔模光场的产生算符和湮灭算符;$\sigma^\dagger$ 与 σ 则分别是量子点激子态的向上升迁算符和下降算符,对于基态(真空态)和激发态(激子态)分别为 $|g|$ 和 $|e\rangle$ 的量子点,$\sigma = |g\rangle\langle e|$;$\omega_a$ 与 ω_σ 分别是腔模共振频率和量子点激子态跃迁频率;g 是量子点与腔模相互作用强度系数。

直积态 $|n;\sigma\rangle = |n\rangle|\sigma\rangle$,$|n\rangle$ 与 $|\sigma\rangle$ 分别是腔模的光子数态与量子点的本征态,其中 $n = 0, 1, 2, \cdots$,$\sigma = e, g$。因此 $|n;g\rangle$ 是无相互作用项哈密顿量的本征态,亦称为裸态(bare states)。对于 J-C 系统,可在以裸态 $|n-1;e\rangle$ 和 $|n;g\rangle$ 为基的希尔伯特子空间中,将哈密顿量表示为一个 2×2 矩阵:

$$H_n = ((n-1)\omega_a + \frac{1}{2}(\omega_\sigma + \omega_a)) \begin{bmatrix} 1 & 0 \\ 0 & 1 \end{bmatrix} + \begin{bmatrix} \frac{1}{2}\Delta & g\sqrt{n} \\ g\sqrt{n} & -\frac{1}{2}\Delta \end{bmatrix} \tag{9-1-2}$$

其中 $\omega_{n;\pm}$ 是量子点与腔模的失谐量。通过式(9-1-2)可以得出每一个子空间的本征能量 $\omega_{n;\pm}$ 和本征态 $|n;\pm\rangle$:

$$\omega_{n;+} = n\omega_a + \frac{1}{2}\Delta + \frac{1}{2}\Omega_n$$
$$|n;+\rangle = \sin\theta_n |n-1;e\rangle + \cos\theta_n |n;g\rangle$$
$$\omega_{n;-} = n\omega_a + \frac{1}{2}\Delta - \frac{1}{2}\Omega_n \tag{9-1-3}$$
$$|n;-\rangle = \cos\theta_n |n-1;e\rangle + \sin\theta_n |n;g\rangle$$

其中 $\Omega_n = \sqrt{\Delta^2 + 4g^2 n}$ 是这一对裸态间能量交换的频率,称作 Rabi 频率。由此得到的 J-C 哈密顿量的本征态 $|n;\pm\rangle$ 即缀饰态。具有相同总量子数 n(光子数与激子数

之和)的一对缀饰态 $|n;\pm\rangle$ 我们称为第 n 阶缀饰态。缀饰态是由裸态线性叠加得到的,叠加概率幅分别为

$$\cos\theta_n = \frac{\Omega_n - \Delta}{\sqrt{(\Omega_n - \Delta)^2 + 4g^2 n}}, \quad \sin\theta_n = \frac{2gn}{\sqrt{(\Omega_n - \Delta)^2 + 4g^2 n}} \quad (9\text{-}1\text{-}4)$$

当量子点与腔模共振,即 $\Delta=0$ 时,裸态能量 $\omega_{n-1,e} = \omega_{n,g}$ 是简并的。但缀饰态能量满足

$$\omega_{n,\pm} = n\omega_0 \pm \sqrt{n}g \quad (9\text{-}1\text{-}5)$$
$$\omega_{n,+} - \omega_{n,-} = \Omega_n = 2\sqrt{n}g$$

说明当系统中量子点与腔模存在相互作用时,系统的本征能量始终是非简并的,这一现象被称为反交叉。同时亦可得出,能级组间的跃迁频率与 n 呈非线性关系:

$$\omega_{n+1,+} - \omega_{n,+} = \omega_0 + (\sqrt{n+1} - \sqrt{n})g$$
$$\omega_{n+1,-} - \omega_{n,-} = \omega_0 + (\sqrt{n} - \sqrt{n+1})g$$
$$\omega_{n+1,+} - \omega_{n,-} = \omega_0 + (\sqrt{n+1} + \sqrt{n})g \quad (9\text{-}1\text{-}6)$$
$$\omega_{n+1,-} - \omega_{n,+} = \omega_0 + (\sqrt{n+1} - \sqrt{n})g$$

这种非谐能级结构是 J-C 非线性效应的具体体现[8],它是 J-C 系统中产生光子阻塞效应[9]的物理基础。

9.1.2 存在耗散的 J-C 模型与主方程

研究存在环境耗散作用系统的一个有力和常用的手段即量子主方程方法。主方程是系统密度矩阵的时间演化方程。考虑二能级量子点-单模腔光场的耦合系统中最主要的两类耗散:腔内光场向外界环境的耗散与量子点激子的偶极自发辐射。系统 Lindblad 形式的主方程为如下形式:

$$\frac{d\rho}{dt} = -i[H,\rho] + 2\kappa \mathcal{L}[a] + 2\gamma \mathcal{L}[\sigma] \quad (9\text{-}1\text{-}7)$$

其中,ρ 是量子点-腔系统的密度矩阵;κ 是单模腔内光场的衰减率,其值为 $\kappa = \omega_a/(2Q)$(Q 是谐振腔的品质因子);γ 是量子点激子的自发辐射率;a 与 σ 分别是腔内光场的耗散过程与量子点自发辐射的坍缩算符;$\mathcal{L}[C]$ 是坍缩算符 C 的 Lindblad 超算符,用来描述该坍缩算符对应的系统非相干耗散过程,其形如

$$\mathcal{L}[C] = C\rho C^\dagger - \frac{1}{2}C^\dagger C\rho - \frac{1}{2}\rho C^\dagger C \quad (9\text{-}1\text{-}8)$$

考虑系统的耗散作用,引入有效哈密顿量

$$H_{\text{eff}} = H - \frac{i}{2}\sum_i L_i C_i^\dagger C_i, \quad i = 1, 2, \cdots \quad (9\text{-}1\text{-}9)$$

其中 L_i 是主方程中坍缩算符 C_i 对应的超算符的系数。这是一个非厄米的算符,实部是系统的哈密顿量,而虚部则表示系统的非相干耗散作用。有效哈密顿量 H_{eff} 可以

在以裸态 $|n-1;e\rangle$ 和 $|n;g\rangle$ 为基的希尔伯特子空间中表示为如下的矩阵：

$$H_{\text{eff}} = \left[n(\omega_a - i\kappa) + \frac{\Delta + i(\kappa - \gamma)}{2} \right] \begin{bmatrix} 1 & 0 \\ 0 & 1 \end{bmatrix} + \begin{bmatrix} \dfrac{\Delta + i(\kappa - \gamma)}{2} & g\sqrt{n} \\ g\sqrt{n} & -\dfrac{\Delta + i(\kappa - \gamma)}{2} \end{bmatrix}$$

$$(9\text{-}1\text{-}10)$$

求解该矩阵的本征值，得到系统的本征能量：

$$\omega_{n;\pm} = n(\omega_a - i\kappa) + \frac{\Delta + i(\kappa - \gamma)}{2} \pm \sqrt{g^2 n + \left[\frac{\Delta + i(\kappa - \gamma)}{2} \right]^2} \qquad (9\text{-}1\text{-}11)$$

在量子点-腔系统中，自发辐射率 γ 往往远小于腔场衰减率 κ 和耦合强度 g，在多数情况下可以忽略。令 $\Delta = 0$，可得 $\omega_{n;+} - \omega_{n;-} = 2\sqrt{g^2 n - (\kappa/2)^2}$。因此，对任何 $n(n=1,2,\cdots)$，根号下的部分始终为正值，$\omega_{n;\pm}$ 与 $\omega_{n;\pm}$ 两个值的实部是不同的，表现为在腔传输谱上出现两个分裂的共振峰，此时系统处于强耦合状态。反之，当 $g \leqslant \kappa/2$ 时系统处于弱耦合状态，量子点与腔模间的耦合相互作用产生的缀饰态能级分裂被系统的耗散过程所导致的能级展宽所湮没，表现为在腔传输谱上只出现一个重叠的共振峰，不能观察到反交叉现象。基于此特性，在许多量子点-微腔系统耦合系统的实验中，共振条件下的反交叉现象被用来证实系统内的强耦合相互作用以及测量相互作用强度。

9.2　基于量子点的单光子源

单光子源的研究在基础科学（如光与物质的相互作用方面）和应用科学（如量子信息）领域都获得了极大的关注，特别是对于光量子计算、量子加密和量子通信等应用领域，单光子源是至关重要的器件之一。

9.2.1　单光子源与二阶相关函数

对于经典电磁场，光电二极管可以用来测量光场强度，但这一测量方式对于单光子态和平均光子数 $\bar{n}=0$ 的相干态来说结果是相同的。因此，仅对光场强度的测量不足以区分量子场与经典场，必须考虑光场的统计性质才能解决这一问题。在实验上则通过 Hanbury-Brown-Twiss 的强度干涉进行二阶相关函数的测量，亦即用光子符合计数实验来研究光场的统计性质。如图 9-2-1 所示，光源发出的光束经过分束器分为光强相等的两束，分别由探测器 D1 和 D2 接收和计数，将光子信号输出到

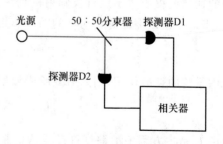

图 9-2-1　HBT 强度干涉实验

相关器并进行相关测量。

二阶相关函数定义为

$$g^2(\tau) = \frac{\langle n_1(t) n_2(t+\tau) \rangle}{\bar{n}^2} \tag{9-2-1}$$

$$\bar{n} = \langle n_1(t) \rangle = \langle n_2(t+\tau) \rangle$$

其中 $n_1(t)$ 与 $n_2(t+\tau)$ 分别为探测器 1 与探测器 2 在 t 与 $t+\tau$ 时刻记录的光子数。$n_1(t) n_2(t+\tau)$ 称为光子符合计数,因为只有 $n_1(t)$ 与 $n_2(t+\tau)$ 均不为零时,该值不为零。对于黑体辐射等经典光源,当 τ 增大时,$g^2(\tau)$ 减小,趋向于不相关;而当 τ 减小时,$g^2(\tau)$ 增大,趋向于同时到达,这就是光子的聚束效应(或称群聚效应)。对于相干光源,$g^2(\tau)$ 始终约等于 1,表明光子没有相关性,称为无聚束。对于原子共振荧光等非经典光源,当 τ 为 0 时 $g^2(\tau)$ 接近为 0,说明光子趋向于不同时到达,称为反聚束。量子理论认为,原子由激发态回到基态辐射一个光子,光子在分束器处只能选择进入探测器 D1 或探测器 D2,而不能一分为二,各有一半进入两个探测器;而跃迁到基态的原子不能在短时间内辐射第二个光子,因此 $n_1(t)$ 与 $n_2(t+\tau)$ 必有一个为 0,因而得到反聚束现象。根据 Hardy 不等式和 Schwarz 不等式,得到不等式

$$g^2(0) \geqslant 1, \quad g^2(0) \geqslant g^2(\tau) \tag{9-2-2}$$

即经典场与非经典场的判据。满足上述两个不等式的光场即经典场,否则为非经典场。光场的聚束(反聚束)效应通过描述光子更趋于群聚(单独)出现,即时间分布体现其经典(量子)统计特性;还有另一统计特性可以体现光场的量子和经典特性,即光场的光子数分布[79]。光子数分布可以分为亚泊松分布、泊松分布以及超泊松分布。亚泊松(超泊松)分布定义为方差比相同平均值的泊松分布更小(更大)的概率分布。亚泊松光子统计是非经典光场所特有的量子现象。

对于单模场,零延时二阶相关函数可以写作

$$g^2(0) = \frac{\langle a^\dagger a^\dagger a a \rangle}{\langle a^\dagger a \rangle^2} \tag{9-2-3}$$

对理想单光子源产生的光,即单光子态有 $g^2(0) = 0$,说明不能在同一时刻探测到多个光子。二阶相关函数是衡量单光子源工作性能的重要指标,一般而言,$g^2(0)$ 越接近 0,单光子源的非经典特性越好[10]。

由式(9-2-1)可得到二阶相关函数与光子数统计方差间的关系:

$$g^2(0) = 1 + \frac{\langle \Delta n^2 \rangle - \langle n \rangle}{\langle n \rangle^2} \tag{9-2-4}$$

由此,我们可以直观地得出,对光子数分布满足泊松分布的相干态 $|\alpha\rangle$,无论平均光子数为何值,始终满足 $g^2(0) = 1$;光子数满足亚泊松分布的光场其零延时二阶相关函数 $g^2(0) < 1$,超泊松分布光场满足 $g^2(0) > 1$。

9.2.2 光子阻塞效应

在一些非线性系统内,由于系统能级的失谐性,即基态到第一激发态的跃迁频率

与第一激发态到第二激发态的跃迁频率不相同,所以系统在吸收一个光子后,会形成阻止其吸收更多光子的壁垒,这种效应被称作光子阻塞。系统只能吸收一个光子,导致系统可以产生反聚束光,用于单光子源和其他非经典光源的产生。

前面提到 J-C 系统的能级结构是非谐振的,因此 J-C 系统也可以产生光子阻塞效应。2005 年原子-腔耦合系统的光子阻塞效应被首次发现,2008 年量子点-光子晶体微腔耦合系统的光子阻塞效应被首次发现[11]。利用其光子阻塞效应,量子点-腔耦合系统还被应用于非经典光产生[12]和超快单光子开关[13]。

考虑二能级量子点与单模腔耦合系统,假设量子点激子态跃迁频率与单模腔共振频率相同,图 9-2-2 中绘出了系统的最低两阶缀饰态和基态能级。若系统被共振地由基态 $|G\rangle$ 激励至一阶缀饰态 $|1;\pm\rangle$ 中的任一个(实线),则无法被共振地激励到二阶缀饰态 $|2;\pm\rangle$ 中的任一个(虚线),因而产生光子阻塞效应。

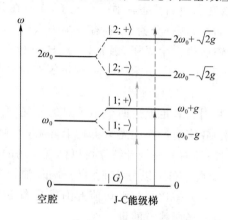

图 9-2-2　J-C 非谐振能级结构

系统在以泵浦激光频率为基的旋转框架下的哈密顿量为

$$H = \Delta a^\dagger a + \Delta \sigma^\dagger \sigma + g(a^\dagger \sigma + a\sigma^\dagger) + E(a^\dagger + a) \tag{9-2-5}$$

其中 $\Delta = \omega_a - \omega_L = \omega_\sigma - \omega_L$ 是激光频率与量子点或腔模频率的失谐;E 是激光对腔模进行相干激励的强度,对于连续波激励其为常数。根据主方程式(9-1-7)求解系统的稳态特性,可以研究光子阻塞效应诱导的非经典光发射以及系统参数对该效应的影响,如图 9-2-3 所示。

由于较低阶的缀饰态与腔模频率的失谐,系统在共振激励的情况下不能吸收光子,因而腔内光子数极低。此外,根据缀饰态能级式可得

$$\omega_{n;\pm} = n\left(\omega_0 \pm \frac{1}{\sqrt{n}}g\right) \tag{9-2-6}$$

因此,当 n 越大时,缀饰态能级与腔模频率的失谐越小。这就意味着在共振激励条件下,系统若吸收光子倾向于吸收多个光子并被激发到高能级缀饰态,此时腔内光子为超泊松分布,其二阶相关函数值极高。

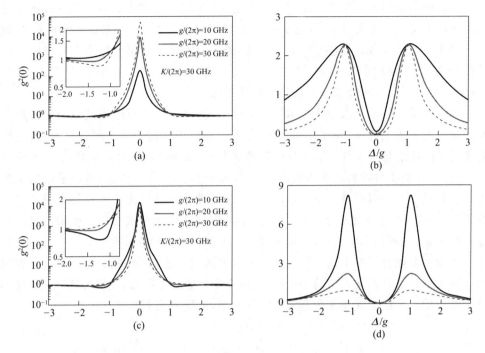

图 9-2-3　点-腔耦合强度 g 与腔衰减率 κ 对 J-C 系统的二阶相关函数（a-b）和腔内光子数（c-d）与频率失谐的依赖关系

从图 9-2-3 中可以观察到系统的光子阻塞效应发生在 $\Delta = 1.2g$ 附近，而非严格等于共振激发至一阶缀饰态时满足的 $\Delta = g$ 处，这是由腔衰减而导致的。腔衰减使缀饰态能级展宽，因此系统可以吸收频率略高于一阶缀饰态能级的光子，而这一频率将使得系统更难被激发至二阶缀饰态，因而获得最佳的光子阻塞效应。由于系统共振地吸收泵浦光而激发至缀饰态，显而易见地，此时腔内光子数将取得最大值。

基态至一阶缀饰态的跃迁能量与一阶缀饰态至二阶缀饰态的跃迁能量之差为 $(2-\sqrt{2})g$。因此当点-腔耦合强度 g 越大时，系统能级的非谐性越强烈，因而光子阻塞效应越显著，腔内光子二阶相关函数也就越低。腔衰减对缀饰态能级的展宽则削弱了这种非谐性，因而其值增加时，光子阻塞效应减弱；同时腔内光子的泄露提高，因而腔内光子数随之减小。

因此，为了在 J-C 系统中获得更强的光子阻塞效应，降低其二阶相关函数，需提高点-腔耦合强度 g，而降低腔衰减率 κ。在 $g/\kappa \to \infty$ 极限条件下，系统可以实现理想的光子阻塞效应，即 $g^2(0) = 0$。

9.2.3　量子点-双模腔耦合系统亚泊松分布光的产生

基于二能级量子点-单模腔耦合系统的非线性，即非谐能级结构，利用光子阻塞效应可以产生亚泊松分布光。理论上,理想的光子阻塞效应要在 g/κ 及 $g/\gamma \to \infty$ 的极限条件下实现。在量子点与光子晶体微腔耦合系统中,由于制备技术的限制而 $g \gg \gamma$ 的条件较难实现。受限于此,在目前实验报道的基于二能级量子点与单模微腔的耦合系统中利用光子阻塞效应产生亚泊松分布光的最优结果仅实现 $g^2(0) \sim 0.75^{[10]}$,并不能很好地应用于单光子源。

为了在现有技术手段和实验水平的基础上,提高基于光子阻塞效应的亚泊松分布光和单光子源的性能,降低 $g^2(0)$,研究者们提出了非传统光子阻塞机制,通过耦合模式间的相消量子干涉抑制系统的双光子发射,从而降低了对系统非线性(亦即量子点-腔耦合强度与腔场衰减率的比值)的要求。为实现这一机制,可以采用的系统方案包括量子点与双模微腔耦合系统[14-15]、非线性光子分子或量子点与光子分子耦合系统[16]等。在这样具有多个模式光场的系统中,使两个模式分别产生超泊松分布光与相干光,再使其耦合叠加,即可通过量子干涉产生亚泊松分布光。

考虑一个耦合了单个二能级量子点的双模微腔系统,如图 9-2-4(a)所示。腔的两个模式 a 与 b 是相互正交的偏振模式,同时受泵浦激光激励,且都与量子点存在耦合相互作用。在以激光频率为基的旋转框架下,系统的哈密顿量写作

$$H = H_0 + E_a(a^\dagger + a) + E_b(b^\dagger + b)$$

$$H_0 = \Delta_a a^\dagger a + \Delta_b b^\dagger b + \Delta_\sigma \sigma^\dagger \sigma + g_a(a^\dagger \sigma + \sigma^\dagger a) + g_b(b^\dagger \sigma + \sigma^\dagger b) \tag{9-2-7}$$

其中,$a^\dagger$、$b^\dagger$ 分别是腔模 a、b 的产生算符;σ 是量子点激子态的向下跃迁算符;Δ 是腔模 a、b 的共振频率及量子点激子态跃迁频率和激光频率间的失谐量;g 是量子点与腔模的耦合强度;E_a 与 E_b 分别是腔模 a 与 b 的激励强度。系统的主方程具有如下形式:

$$\frac{\mathrm{d}\rho}{\mathrm{d}t} = -\mathrm{i}[H, \rho] + 2\kappa \mathcal{L}[a] + 2\kappa \mathcal{L}[b] + 2\gamma \mathcal{L}[\sigma] \tag{9-2-8}$$

其中

$$\mathcal{L}[C] = C\rho C^\dagger - \frac{1}{2}C^\dagger C\rho - \frac{1}{2}\rho C^\dagger C \tag{9-2-9}$$

其中,κ 是腔模 a 与 b 的衰减率,γ 是量子点激子的自发辐射率。

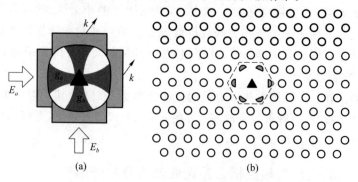

图 9-2-4 (a)量子点-双模微腔耦合系统模型;
(b)基于光子晶体微腔的量子点-双模微腔耦合系统方案示意

　　对主方程进行数值求解,可以研究两个腔模的光发射特性。如图 9-2-5 所示,当 $E_b=0$,即仅有腔模 a 被激励时,在 $\Delta=\pm\sqrt{2}g$ 附近发现腔模 a 的较弱的亚泊松分布特性,二阶相关函数 $g^2(0)\sim0.96$,这一现象源自 J-C 模型的传统光子阻塞效应。根据耦合系统的哈密顿量得到其能级结构,可知当 $\Delta=0$ 时系统可以被共振地激励至一阶能级,继而再被共振地激励至二阶能级。然而,在 $\Delta=0$ 附近还可以观察到较强的亚泊松分布特性,二阶相关函数 $g^2(0)\sim0.5$。这不是由传统的光子阻塞效应所产生的。此外,由于 $E_b=0$,腔模 b 的光子完全来源于量子点与腔模 b 的相互作用,而量子点通过与被激励的腔模 a 相互作用被激励,因此腔模 b 的二阶相关函数与单量子点激发产生单光子的情况类似〔图 9-2-6(b)〕。当腔模 b 也被激励时,腔模 a 与 b 的光子可认为都是泵浦激光的直接激励与量子点-腔模相互作用两种来源光子的量子干涉叠加,并产生更强的亚泊松分布特性。

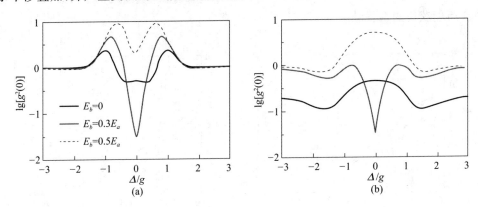

图 9-2-5　在不同激励强度比下腔模 a(a)与腔模 b(b)的零延时二阶相关函数 $g^2(0)$

引入一组新的腔模形式:

$$\alpha=(a+b)/\sqrt{2} \tag{9-2-10}$$
$$\beta=(a-b)/\sqrt{2}$$

亦即

$$a=(\alpha+\beta)/\sqrt{2} \tag{9-2-11}$$
$$b=(\alpha-\beta)/\sqrt{2}$$

系统的哈密顿量随之改写为

$$H_1=\Delta(\alpha^\dagger\alpha+\sigma^\dagger\sigma)+\sqrt{2}g(\alpha^\dagger\sigma+\alpha\sigma^\dagger)+\frac{1+r}{\sqrt{2}}E_a(\alpha^\dagger+\alpha)$$

$$H_2=\Delta\beta^\dagger\beta+\frac{1-r}{\sqrt{2}}E_a(\beta^\dagger+\beta) \tag{9-2-12}$$

$$H=H_1+H_2$$

其中 r 是腔模 a 与 b 的激励强度之比,即 E_b/E_a。哈密顿量由两部分组成:第一部分 H_1 表示的是与量子点耦合的单模腔 α 在强度为 $(1+r)E_a/\sqrt{2}$ 的腔模激励下的哈密顿量;第二部分 H_2 则表示的是单模空腔 β 在强度为 $(1-r)E_a/\sqrt{2}$ 的腔模激励下的哈密顿量。当 $\Delta=0$ 时,腔 α 的光场是超泊松分布的;而空腔 β 的光场则是泊松分布的。当 $r=0$,即 $E_b=0$ 时,腔 α 与 β 的激励强度是相等的,Majumdar 等人证明了在这种情况下由腔 α 的超泊松分布光和腔 β 的泊松分布光叠加组合得到的腔模 a 与 b 的光场都是亚泊松分布的[14]。当 $r\neq0$ 时,尽管腔 α 光场始终表现为强超泊松分布〔$g^2(0)\sim10^4$〕,但其二阶相关函数仍随着 r 增加而下降。超泊松分布与泊松分布光的光子数比例以及超泊松分布二阶相关函数决定了由这两部分光场叠加得到的腔模 a 与 b 的光子统计特性。因此通过调节腔模激励强度比例 r,可以优化系统的光子亚泊松分布特性,如图 9-2-6 所示,在一定的 r 取值下可以获得极小的、远低于传统光子阻塞效应所能获得的最优结果。

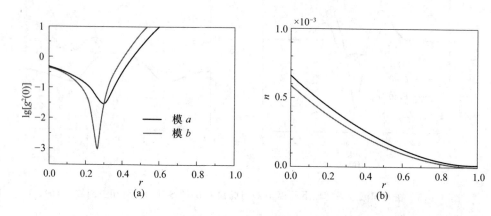

图 9-2-6 激励强度比 r 对腔模的零延时二阶相关函数 $g^2(0)$(a)及腔模光子数的影响(b)

通过对系统参数的优化,包括量子点-腔模耦合强度和腔模衰减率对系统的光子亚泊松分布特性的影响,可以发现,与 J-C 系统需要在强耦合条件下取得较好的亚泊松分布不同,量子点-双模微腔耦合系统在弱耦合条件下可以取得极强的亚泊松分布特性,其二阶相关函数可以达到 $g^2(0)\sim10^{-7}$ 以下(如图 9-2-7 所示),而要求的系统参数是完全可在实验中实现的。

在多腔模的系统中通过调控模式间激励强度之比来优化系统单光子发射特性的机制具有广泛的适用性,除了可以优化量子点-双模微腔耦合系统外,还可以应用于腔阵列耦合系统以及非线性腔耦合系统,在高性能单光子源、量子信息处理、量子密钥分发和线性光量子计算等领域具有应用前景。

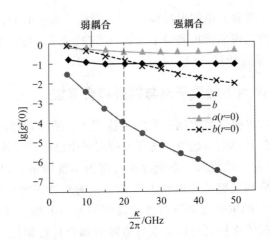

图 9-2-7 腔模 a 与 b 的 $g^2(0)$ 在不同的腔衰减率 κ 下可取得的最优值，以及以在 $r=0$ 时的值作为对比

9.3 磁场作用下量子点-腔的光开关和光逻辑

信息时代通信带宽的爆炸式增长对高速全光开关提出了迫切的应用需求，另外，全光开关还可应用于计算机处理器，以大幅度降低其功耗。此外，极少光子甚至单光子的光开关是实现量子信息处理与量子网络至关重要的器件。全光开关往往基于非线性光学过程，一方面这需要较高的光强以产生非线性，另一方面在单光子级别上非线性晶体材料的非线性效应极低，难以实现基于非线性光学效应的量子光开关。

降低光开关的光强需求最有效的方法之一，是利用强耦合腔量子电动力学系统作为平台，如量子点-微腔耦合系统的在单光子或极少量光子级别上的强非线性效应。强耦合下的量子点-微腔系统的非谐振能级结构导致非线性响应，利用这一非线性可以实现超高速、极低能耗的全光开关。

2012 年，Imamoglu 等人基于量子点与光子晶体微腔强耦合系统，利用其能级结构的非谐振性，实现了对单个光子传输的开关控制[17]，开关时间仅约为 50 ps。同年，同样基于量子点与光子晶体微腔强耦合系统，Bose 等实现了 120 ps 内对约含140 光子的脉冲开关进行控制[18]。Englund 等人也于 2012 年报道了基于量子点与光子晶体微腔强耦合系统的光开关，采用脉冲控制信号实现了连续波或脉冲信号的开关控制[13]。这些研究展示了利用量子点与微腔耦合系统的非线性实现可片上集成的超高速、低能耗的单光子或极少光子水平全光开关的前景。

量子点（QD）嵌入光子晶体腔中，这类系统因为其突出的潜力，已经引起了人们的广泛关注。基于这类系统实现的量子器件或量子信息处理的系统不断涌现。在腔量子电动力学（CQED）框架中，这种量子点-腔耦合系统已经得到了广泛研究并有望用于量子通信和量子信息网络的模块构建[19]。利用长相干时间的优势，人们提出了许多使用光子量子位实现的可扩展量子计算、确定性光子补偿空间极化 CNOT 门和基于光子-物质耦合系统的量子门。

9.3.1 磁场作用下的量子点与微腔耦合系统

二能级量子点与单模微腔的耦合系统组成了 J-C 系统，其能级的非谐性带来的光学非线性在非经典光产生与超快全光开关的应用中已被广泛研究。与二能级量子点相比，多能级量子点与微腔耦合系统存在着更为丰富的新奇现象，例如在激子-双激子级联系统和自旋相关腔量子电动力学系统中的双光子发射和纠缠光子对发射等[20]。量子点与微腔的耦合通常可以通过温度和外加电场等手段来进行调控。磁场则提供了一个全新的途径来对量子点与微腔的耦合进行调控。引入外部磁场，可以通过 Zeeman 效应使激子态去简并，产生额外的激子跃迁方式，对量子点的激子自旋态进行调控，产生更为复杂的能级结构。这已被应用于在裸量子点中实现相干布居数囚禁与单量子点自旋的量子操纵。在量子点与微腔耦合的系统中，外部磁场可以直接影响量子点与腔模的耦合相互作用强度。基于激子态在磁场下的 Zeeman 分裂实现自旋可选可控的激子-腔模耦合，在强耦合条件[21]和弱耦合条件[22]下均已有报道。利用磁场的调控使两个量子点同时与一个单模腔耦合也已在实验上实现[23]。

受量子点在磁场作用下的 Zeeman 效应影响，磁场作用下的量子点-双模腔耦合系统在脉冲激励下表现出偏振相关非线性效应，这一效应展现出耦合系统在偏振相关光开关和光逻辑上的应用前景[24]，下面进行具体分析。

考虑单个中性量子点与双模微腔耦合的系统。双模微腔的两个模式能量简并，且具有相互正交的线偏振，量子点激子跃迁过程与这两个模式同时耦合（如图 9-3-1 所示）。忽略激子精细结构分裂，在无外加磁场时，激子本征态是简并的，可以将量子点近似二能级系统处理。激子的本征态 $|\sigma_+\rangle\rangle$（$|\sigma_-\rangle$）由具有 $1/2(1/2)$ 自旋的电子和（$-3/2$）自旋的空穴组成，其具有右旋（左旋）偏振。引入线偏振的激子态，定义为 $|X\rangle=(|\sigma_+\rangle+|\sigma_-\rangle)/\sqrt{2}$ 及 $|Y\rangle=(|\sigma_+\rangle-|\sigma_-\rangle)/\sqrt{2}\mathrm{i}$，激子自旋本征态 $|\sigma_+\rangle$、$|\sigma_-\rangle$ 与微腔两个模式间的耦合可以用线偏振激子态 $|X\rangle$、$|Y\rangle$ 与具有相应偏振的腔模间的耦合来等效处理。引入法拉第几何构型的磁场，即方向与量子点生长方向相同的磁场，磁感应强度为 B，激子本征态由于 Zeeman 效应产生分裂，其跃迁频率为 $\omega_{\sigma\pm}=\omega_0\mp(1/2)g_{exc}\mu_B B$。其中 ω_0 是没有磁场时的激子本征态跃迁频率；等号右边第二项表示的是 Zeeman 频移，g_{exc} 是朗德 g 因子；μ_B 为玻尔磁子，定义为 $\mu_B=e\hbar/(2m_e)$，e 和 m_e 分别为电子的电荷与质量。对两个激子本征态 $|\sigma_+\rangle$、$|\sigma_-\rangle$，抗磁频移始终是相同的，不会产生激子本征态间的频率差，频移可以通过调节点腔失谐抵消，因此磁场导致的抗磁频移在理论研究中可以忽略。以线偏振激子态 $|X\rangle$、$|Y\rangle$ 表示的耦合系统哈密顿量为

$$H_{\text{sys}} = \omega_{\sigma_{\pm}}(|\sigma_{\pm}\rangle\langle\sigma_{\pm}|) + \left(\omega_c + \frac{\Delta_s}{2}\right)a^{\dagger}a + \left(\omega_c - \frac{\Delta_s}{2}\right)b^{\dagger}b +$$

$$g_a(a^{\dagger}\sigma_X + a\sigma_X^{\dagger}) + g_b(b^{\dagger}\sigma_Y + b\sigma_Y^{\dagger}) \tag{9-3-1}$$

其中，σ_X 与 σ_Y 分别是量子点激子态 $|X\rangle$ 与 $|Y\rangle$ 的向下降算符，a 与 b 分别是 X 偏振与 Y 偏振腔模的湮灭算符，g 是线偏振激子态 $|X\rangle$ 和 $|Y\rangle$ 与相同偏振的腔模间的耦合相互作用强度，ω_c 是腔模的中心频率。

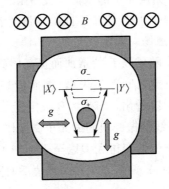

图 9-3-1　磁场下的量子点-双模微腔耦合系统示意

当采用具有特定偏振的激光脉冲激励腔模时，系统的哈密顿量在以激光频率为基的旋转框架下可表示为

$$H = (\Delta_{xl} \mp \Delta_B)|\sigma_{\pm}\rangle\langle\sigma_{\pm}| + \left(\Delta_d + \frac{\Delta_s}{2}\right)a^{\dagger}a + \left(\Delta_d - \frac{\Delta_s}{2}\right)b^{\dagger}b +$$

$$g(a^{\dagger}\sigma_X + a\sigma_X^{\dagger} + b^{\dagger}\sigma_Y + b\sigma_Y^{\dagger}) + \Omega_X(t)(a^{\dagger}+a) + \Omega_Y(t)(b^{\dagger}+b) \tag{9-3-2}$$

其中，$\Omega_X(t)$ 与 $\Omega_Y(t)$ 分别是泵浦激光在 X 偏振与 Y 偏振方向上激励强度的分量。这里假设腔模的中心频率 ω_c 与激子在无外加磁场时的本征态频率 ω_0 和泵浦激光的频率相同。系统的主方程具有如下形式：

$$\frac{\mathrm{d}\rho}{\mathrm{d}t} = -\mathrm{i}[H,\rho] + 2\kappa\mathcal{L}[a] + 2\kappa\mathcal{L}[b] + 2\gamma\mathcal{L}[|G\rangle\langle\sigma_{+}|] + 2\gamma\mathcal{L}[|G\rangle\langle\sigma_{-}|]$$

$$\tag{9-3-3}$$

同样地，其中

$$\mathcal{L}[C] = C\rho C^{\dagger} - \frac{1}{2}C^{\dagger}C\rho - \frac{1}{2}\rho C^{\dagger}C \tag{9-3-4}$$

κ 是两个腔模的衰减率，γ 是量子点的两个激子本征态的自发辐射率。

采用与腔模偏振相同的 X 偏振高斯脉冲作为耦合系统激励，即 $\Omega_Y(t)=0$，$\Omega_X(t)=\Omega_0 f(t;t_0,\tau)$。图 9-3-2 给出了在不同磁场强度作用下，腔内 X 偏振与 Y 偏振光子的时间响应，其中设定激励高斯脉冲的峰值出现在 $t_0=0$ 时刻。

在磁场 $B=0$ 时，腔内光子与激励脉冲一样均为 X 偏振，系统的动态特性与二能级量子点-单模微腔耦合系统在脉冲激励下的情况是相同的。腔内光子数的时间振荡即光子在量子点与腔模间的 Rabi 振荡所引起的。引入外部磁场作用后，非简并的

激子本征态 $|\sigma_\pm\rangle$、$|\sigma_\pm\rangle$ 充当了线偏振激子态 $|X\rangle$ 与 $|Y\rangle$ 相互作用的媒介。由 $H_{\mathrm{QD}}|X\rangle=\omega_0|X\rangle-\mathrm{i}\Delta_\mathrm{B}|Y\rangle$ 可以看出,当 $\Delta_\mathrm{B}\neq0$ 时,线偏振激子态 $|X\rangle$ 并非激子本征态。在脉冲泵浦的激励下,量子点通过与腔模的耦合相互作用被激励到 $|X\rangle$ 时,与之相正交的线偏振激子态 $|Y\rangle$ 必定会在激子态的演化过程中被占据,反之亦然。进一步地,这一过程为两个相互正交的腔模之间的光子转换起了媒介作用,而本应出现的 X 偏振光子的振荡则由于 Y 偏振光子的振荡而被抑制。

在图 9-3-2(b) 与图 9-3-2(c) 中绘出了不同磁场强度下 Y 偏振光子振荡的光子数最大值及其所出现的时间与磁场间的函数关系。Y 偏振光子振荡峰值所出现的时间表征了其振荡频率,振荡频率随磁场 B 的增加而提高(峰值时间下降)。这是由于磁场导致先线偏振激子态与腔模之间产生失谐,继而增加了缀饰态间的能量差。由 $H_{\mathrm{QD}}|X\rangle=\omega_0|X\rangle-\mathrm{i}\Delta_\mathrm{B}|Y\rangle$ 可以看出,$\pm\mathrm{i}\Delta_\mathrm{B}\propto B$ 决定了线偏振激子态间的相互作用就强度,因此磁场 B 越大,两线偏振腔模间的光子交换作用就越强;而当磁场 B 足够大时,腔模与激子态间的频率失谐变得太大以至于抑制了激子态与腔模间的光子交换,因而导致在磁场 B 较大时,Y 偏振光子振荡峰值反而随着磁场 B 增加而减小,因此出现图中所示的结果。

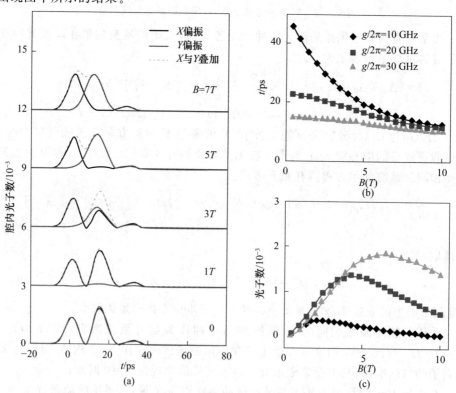

图 9-3-2　(a)磁场对单个 X 偏振脉冲激励下腔内光子数的时间演化的影响;
(b)Y 偏振光子振荡的光子数最大值;(c)最大值所出现的时间与磁场间的函数关系

9.3.2 磁场作用量子点-微腔的光开关和光逻辑应用

磁场作用为脉冲激励下的量子点-微腔耦合系统带来了非线性响应特性,基于这一特性,在双脉冲激励下系统还将表现出开关效应。

考虑用 X 偏振和 Y 偏振两个激光脉冲的激励,并设 Y 偏振脉冲为前置脉冲,其中心时间位置位于 0 时刻,后置脉冲为 X 偏振,与其有 Δt 的时延,即有

$$\Omega_Y(t) = \Omega_{Y0} f(t; 0, \tau)$$
$$\Omega_X(t) = \Omega_{X0} f(t; \Delta t, \tau)$$

$$(9\text{-}3\text{-}5)$$

设两个高斯脉冲的幅值是相同的,即 $\Omega_{X0} = \Omega_{Y0} = \Omega_0$。图 9-3-3 展示了对不同的脉冲时延 Δt,系统腔内光子数的动态特性。可以发现,当脉冲时延 Δt 逐渐增加时,X 偏振光子响应出现了被抑制的现象。引入两个参量 Area_X 和 Area_Y,分别定义为 X 偏振与 Y 偏振光子的腔内光子数时间演化曲线下的面积,来表征两种偏振光子的响应强度,来说明这种抑制现象以及脉冲时延 Δt 和量子点-腔模耦合强度对其的影响。如图 9-3-3 所示,Area_X 随 Δt 增加首先减小而后再度增加,取得的最小值显著小于 $\Delta t = 0$ 时的取值;而 Area_Y 随 Δt 变化的幅度则相对小得多。当 $g/2\pi = 20 \text{ GHz}$ 时,Area_X 大约在 $\Delta t = 20 \text{ ps}$ 时取得最小值,即此时 X 偏振光子响应的抑制效应达到最大。当 $g/2\pi = 30 \text{ GHz}$ 时,Area_X 则在 $\Delta t = 15 \text{ ps}$ 时取得最小值。当 $g/2\pi = 10 \text{ GHz}$ 时,Area_X 则在 $\Delta t = 25 \text{ ps}$ 时取得最小值。在任一量子点-腔模耦合强度 g 下,Area_X 取得最小值时的 Δt 值是相同 g 取值下单个 X 偏振脉冲激励时系统 Y 偏振光子振荡的幅值达到最大值时的时间。因此可以认为,这种对 X 偏振光子即后置脉冲响应的抑制效应,是来自后置脉冲激励的 X 偏振光子与来自前置脉冲的非线性响应 X 偏振光子振荡之间的相消干涉所导致的。Area_X 所能取得的最小值是随着量子点-腔模耦合强度增加而减小的。当 $g/2\pi = 10 \text{ GHz}$ 时,系统处于量子点与腔模强弱耦合的过渡条件下,此时磁场所产生的非线性效应较弱,因此不能获得较好的后置脉冲响应抑制。为获得对后置脉冲响应的最佳抑制效果,系统应处于腔耦合条件下。

利用这一抑制效应,以前置脉冲为控制脉冲,以具有时延的后置脉冲为信号脉冲,以与后置脉冲偏振相同的光子响应为输出信号,则可以本系统为基础实现偏振光开关的功能。而对于信号光为连续波的情况,耦合系统也可以作为光开关应用。

考虑 Y 偏振连续波和 X 偏振脉冲同时激励系统(如图 9-3-4 所示),不同的脉冲幅值与脉冲宽度下系统的动态特性。Y 偏振连续波的激励强度 $\Omega_Y/2\pi = 1 \text{ GHz}$,$X$ 偏振脉冲的峰值在 20 ps 处。由图 9-3-4 可见,当 X 偏振脉冲注入系统后,系统的 X 偏振光子先在脉冲的时间范围内被抑制而迅速减少,其后随时间振荡恢复到 Y 偏振连续波激励水平上。在脉冲幅值较低时,抑制效果也较差;而当幅值太高时,则在未达到脉冲峰值时系统内的 X 偏振光子被完全抑制,而后当脉冲强度值继续升高

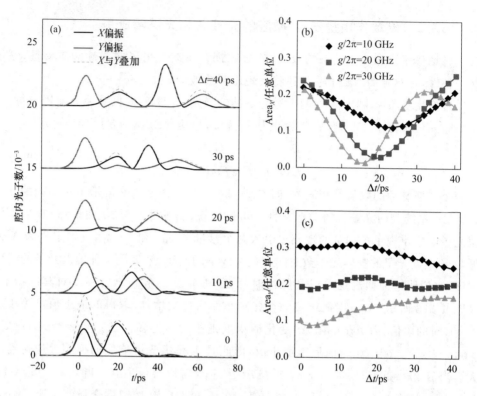

图 9-3-3 （a）不同的脉冲间时延,在两个偏振正交的脉冲激励下腔内光子的动态响应与开关效应;
（b）X 偏振光子和 （c）Y 偏振光子的时间演化曲线下的面积与脉冲间时延的函数关系

时,反而由脉冲激励产生了 X 偏振光子响应,而后脉冲强度值回落时,X 偏振光子再度被完全抑制。由图 9-3-4(b)可以看出,随着脉冲宽度不断增加,脉冲激励的非线性响应越强,对系统响应的抑制效果也相应地越强。

利用系统的开关效应,还可以设计如下的光逻辑模块:如图 9-3-5 所示,以 Y 偏振前置脉冲为控制脉冲,以具有时延 Δt 的 X 偏振后置脉冲为信号脉冲,以系统的 X 偏振光子响应为输出信号。其工作状态如下。①在没有控制脉冲时（逻辑"0"状态）:(a)输入信号脉冲,记为逻辑"1"状态,根据单脉冲激励系统响应特性,将产生相应的 X 偏振光子输出,可记为"通路"状态或逻辑"1"状态;(b)不输入信号脉冲,记为逻辑"0"状态,系统无任何输出。②当施以控制脉冲时（逻辑"1"状态）:(a)输入 X 偏振后置信号脉冲,根据上文的结论,系统不会产生 X 偏振光子输出,即可记为"关断"状态或逻辑"0"状态;(b)不输入信号脉冲,记为逻辑"0"状态,系统在 Y 偏振控制脉冲激励下仍将产生 X 偏振光子的非线性响应输出,记为逻辑"1"状态。

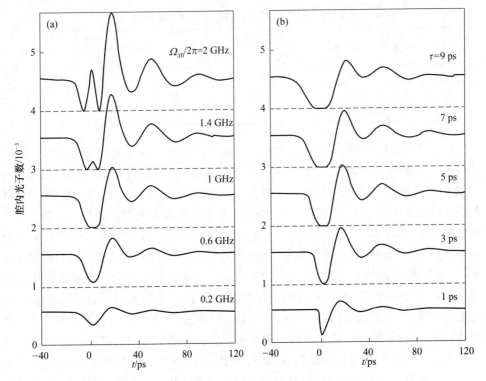

图 9-3-4　(a)不同的脉冲幅值与(b)脉冲宽度下系统在脉冲-连续
波混合激励下腔内光子的动态响应与开关效应

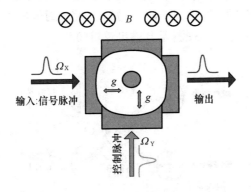

图 9-3-5　以本系统为基础的光逻辑模块

可以看出,一方面,系统通过控制脉冲的输入与不输入,分别实现信号脉冲输出的关断与连通,实现了光开关功能;另一方面,如表 9-3-1 所示,系统输出端的逻辑状态在控制状态为"0"时与输入端保持不变,而在控制状态为"1"时与输入端正好相反,由此系统便实现了异或门的光逻辑功能。

表 9-3-1　单个点-腔耦合的量子光逻辑功能状态

控制脉冲	信号脉冲	输出端
0	0	0
0	1	1
1	0	1
1	1	0

通过耦合系统的级联，还可以实现与门和非门的光逻辑功能。如图 9-3-6 所示，级联耦合系统的逻辑模块包含 3 个点-腔耦合系统，分别记为 C1、C2 和 C3。C1 与 C3 之间仅传输 X 偏振光（路径 A），C2 与 C3 之间则仅传输 Y 偏振光（路径 B）。输入端将输入 X 偏振光视为逻辑"1"状态，而将输入 Y 偏振光视为逻辑"0"状态。探测器 A 仅探测 X 偏振光，探测到时记为逻辑"1"，否则记为逻辑"0"；探测器 B 与之相反，仅探测 Y 偏振光，探测到时记为逻辑"0"，否则记为逻辑"1"。其工作状态如下。①C1 与 C2 均输入 X 偏振脉冲（逻辑"11"）：C1 与 C2 均输出 X 偏振光和 Y 偏振振荡的非线性响应，其中 Y 偏振光在时间上落后于 X 偏振光。通过路径 A 与 B 的偏振选择，输入 C3 的是两个有一定时延的 X（前置）和 Y（后置）偏振脉冲。选择适当的系统参数，使这一时延满足耦合系统的后置脉冲响应抑制所需的时延，则 C3 将输出 X 偏振光，而 Y 偏振被抑制，因此探测器 A 输出逻辑"1"，探测器 B 输出逻辑"0"。②C1 与 C2 均输入 X 偏振脉冲（逻辑"00"）：与上一工作状态正好相反，因此探测器 A 输出逻辑"0"，探测器 B 输出逻辑"1"。③C1 与 C2 分别输入正交的偏振脉冲（逻辑"10"和逻辑"01"）：无论 C1 或 C2 输入的是何偏振光，输入 C3 的均为没有时延的两个偏振正交的脉冲，由图 9-3-6 可知，C3 将同时输出 X 偏振光与 Y 偏振光，因此探测器 A 输出逻辑"1"，探测器 B 输出逻辑"0"。

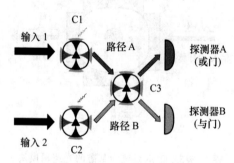

图 9-3-6　基于点-腔耦合系统级联的与门和非门光逻辑模块

如表 9-3-2 所示，以探测器 A 作为输出，级联系统实现了与门的逻辑功能；而以探测器 B 作为输出，则实现了或门的逻辑功能。

表 9-3-2 基于点-腔耦合系统级联的量子光逻辑模块工作状态

输入 1	输出 2	探测器 A	探测器 B
0	0	0	0
0	1	1	1
1	0	1	0
1	1	1	0

9.4 基于量子点双模腔耦合系统的少光子光开关和逻辑门

近年来,人们提出了许多低光子数(单光子)层次的全光开关方案,Chen 等实现了一种用光晶体管存储栅极光子并用之控制源光子的透射谐振器[25],Volz 等报道了量子点-腔强耦合系统中的单光子,并以此实现了全光开关,其中总开关时间约为 50 ps[17]。Bose 等演示了利用单一量子点和 L3 光子晶体腔之间的强耦合实现两个激光脉冲之间的非线性光学切换[18],切换响应时间快至 120 ps,而在约 140 个和 440 个驱动光子处分别实现了 3 dB 和 10 dB 的对比度。但是,伴随信息内容的迅速膨胀,人们对开关比和更快切换速度的全光开关的迫切需求也越来越高,另外,低光子数状态的复杂的全光 AND/OR 逻辑门尚未得到很好的研究。这里采用腔量子电动力学框架,将双模光子晶体腔和二能级量子点组成的耦合系统作为平台,采用两束具有可控偏振的脉冲激光器分别来驱动腔模式,通过适当地调整信号光和控制光脉冲之间的时间延迟,研究系统的光开关效应及逻辑输出功能。在理论计算中,开关时间约为 10 ps,同时,在量子点和光子腔体之间处于一个适当的耦合强度范围内时,可以实现大于 12.5 dB 的开关比,通过级联量子点-双模腔系统,完成一个可行的光学的 AND/OR 逻辑门方案[26]。

9.4.1 系统哈密顿量

在这项工作中,基于腔量子电动力学框架来描述量子点-双模腔耦合系统。采用两束具有可控偏振的脉冲激光器分别来驱动腔模式。一般来说,二能级量子点-双模腔耦合系统的哈密顿量为

$$H = H_0 + H_{int} + H_d \tag{9-4-1}$$

其中

$$H_0 = \frac{1}{2}\omega_{qd}\sigma_z + \omega_{cavity\text{-}a}a^\dagger a + \omega_{cavity\text{-}b}b^\dagger b \tag{9-4-2}$$

$$H_{int} = ig_a(a^\dagger\sigma - a\sigma^\dagger) + ig_b(b^\dagger\sigma - b\sigma^\dagger)$$

$$H_d = i\varepsilon_a f(t)(ae^{-i\omega_{drive\text{-}a}t} - a^\dagger e^{-i\omega_{drive\text{-}a}t}) + i\varepsilon_b h(t)(be^{-i\omega_{drive\text{-}b}t} - b^\dagger e^{-i\omega_{drive\text{-}b}t})$$

在这里,我们用 $|g\rangle$ 和 $|e\rangle$ 分别代表二能级量子点的本征态和激发态。$\sigma = |g\rangle|e\rangle$ 是量

子点的向下跃迁算符，$\sigma_z = |e\rangle\langle e| - |g\rangle\langle g|$ 是泡利算符，量子点的本征频率是 ω_{qd}。a 和 b 分别代表双模腔两种光子模式的淹没算符，它们的本征频率分别是 $\omega_{cavity\text{-}a}$ 和 $\omega_{cavity\text{-}b}$。g_a 和 g_b 则分别代表了量子点与腔模的耦合强度。ε_a 和 ε_b 则是激励强度，其中 $f(t)$ 和 $h(t)$ 代表对应激励时域上的形状。为了方便讨论，我们可以对系统做绘景变换。将主要精力放在所出现的各项能级中的相对值中去，而不是绝对值。绘景变换满足

$$H_{rot} = i\frac{\partial U^\dagger}{\partial t}U + U^\dagger H U \tag{9-4-3}$$

在这里，不妨取

$$U = \exp(i\omega_{qd}\sigma^\dagger\sigma + i\omega_{drive\text{-}a}a^\dagger a + i\omega_{drive\text{-}b}b^\dagger b) \tag{9-4-4}$$

经过计算得到新的绘景下的哈密顿量为

$$H_0 = \Delta_{cav\text{-}dri\text{-}a}a^\dagger a + \Delta_{cav\text{-}dri\text{-}b}b^\dagger b$$
$$H_{int} = ig_a(a^\dagger\sigma e^{i\Delta_{qd\text{-}dri\text{-}a}t} - a\sigma^\dagger e^{-i\Delta_{qd\text{-}dri\text{-}a}t}) + ig_b(b^\dagger\sigma e^{i\Delta_{qd\text{-}dri\text{-}b}t} - b\sigma^\dagger e^{-i\Delta_{qd\text{-}dri\text{-}b}t})$$
$$H_d = i\varepsilon_a f(t)(a - a^\dagger) + i\varepsilon_b h(t)(b - b^\dagger)$$

$$\tag{9-4-5}$$

此时，所有的系统参量都化作相对值：

$$\Delta_{cav\text{-}dri\text{-}a} = \omega_{cavity\text{-}a} - \omega_{drive\text{-}a}$$
$$\Delta_{cav\text{-}dri\text{-}b} = \omega_{cavity\text{-}b} - \omega_{drive\text{-}b} \tag{9-4-6}$$
$$\Delta_{qd\text{-}dri\text{-}a} = \omega_{qd} - \omega_{drive\text{-}a}$$
$$\Delta_{qd\text{-}dri\text{-}b} = \omega_{qd} - \omega_{drive\text{-}b}$$

然而，耦合项相较于变换之前，将多出一项不必要的 e 指数项。在我们所讨论的系统参数下，有 $\Delta \ll g_a, g_b$，因此，我们忽略掉 $\Delta_{qd\text{-}dri\text{-}a}$ 以及 $\Delta_{qd\text{-}dri\text{-}b}$ 的影响，仍然认为相互作用哈密顿量是不变的，这一近似称为旋波近似。为简单起见，我们再对系统做一些合理的假设和近似。我们所考虑的双模腔具有两个互相垂直偏振态的光模式，而这两个光模式具有相同的本征频率，该频率与二能级量子点的本征能量共振。基于上述的假设，系统的哈密顿量可以简化为

$$H = H_{int} + H_d$$
$$H_{int} = ig(a^\dagger\sigma + b^\dagger\sigma - a\sigma^\dagger - b\sigma^\dagger) \tag{9-4-7}$$

而激励项与式（9-4-5）保持一致，式（9-4-7）就是接下来需要主要讨论的上述哈密顿量。

9.4.2 系统的能级结构与干涉相消

图 9-4-1 画出了裸态表象下，系统的 6 个较低能级。由于系统工作在少光子层次，这里所考虑的光子数态最多只到 1。图 9-4-1 中标出了这些能级之间的跃迁路径以及各自所对应的耗散系数。g 代表着量子点-腔之间的耦合强度，是关联光子晶体腔两个能级之间的关键参数。

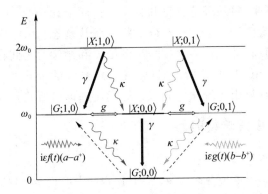

图 9-4-1   在裸态表象下，量子点-双模腔耦合系统的部分能级结构

假设由于激励较弱，只有极少数的光子被系统吸收并激发，该系统中大多数时候没有光子或只存在一个光子。态 $|x;m,n\rangle$ 代表了耦合系统的裸态，其中 x 可以等于 g 或者 e，即分别代表着二能级量子点的能量基态和激发态。而 m 和 n 分别代表光子晶体腔中可能存在的两种正交模式的光子数态。两个模式之间互相垂直，并且其本征能量都与量子点的本征能级共振耦合。为方便起见，我们假设激励 a 与腔模式 a 具有相同的偏振态和本征频率，同理，激励 b 与腔模 b 具有相同的偏振态和本征频率。而激励是直接激励腔的本征模式，即往腔中泵入对应模式的光子。从能级图中可以看出，激励的作用是可以让耦合系统从 $|g;0,0\rangle$ 基态进入 $|g;1,0\rangle$ 或者 $|g;0,1\rangle$ 态。原则上，激励可以让系统从 $|g;1,0\rangle$ 或者 $|g;0,1\rangle$ 激励到能量更高的 $|g;2,0\rangle$、$|g;1,1\rangle$ 以及 $|g;0,2\rangle$ 态，但是我们前面假设了激励的能量很弱，不考虑系统中存在 2 个或以上光子的状态。

此外，我们发现由于耦合作用的存在，腔的两个正交模式之间存在相互转换的路径。它们经历了这样一个过程。系统处在 $|g;1,0\rangle$ 时，代表腔中存在一个 a 模式的光子，而 a 模式的光子被量子点所吸收，使得量子点被激发到高能态 $|e;0,0\rangle$，处在高能态的量子点是不稳定的，由于量子点与腔的两个模式之间都存在耦合作用，自发辐射或其他原因，它发生了跃迁，可能发射出一个 a 模式的光子以回到 $|g;1,0\rangle$ 态，也可能发射出一个 b 模式的光子以到达 $|g;0,1\rangle$ 态，因此，腔的两个模式之间发生相互转换。

综上两点，系统从基态 $|g;0,0\rangle$ 跃迁到 $|g;1,0\rangle$ 或 $|g;0,1\rangle$ 存在两个可能的路径。举个例子。激励 b 可以将系统从基态 $|g;0,0\rangle$ 直接激励至 $|g;0,1\rangle$；同时，也可能是激励 a 将系统从基态 $|g;0,0\rangle$ 直接激励至 $|g;0,1\rangle$，然后通过耦合作用，借助 $|x;0,0\rangle$ 以完成 $|g;1,0\rangle \to |x;0,0\rangle \to |g;0,1\rangle$ 的过程并最终达到 $|g;0,1\rangle$。我们可以设想，这两条路径之间，因为干涉相消而使得 $|g;0,1\rangle$ 态的占有率变得极低。这是设计光开关的基础。

可以看到，间接激励路径相对于直接激励而言，将会花费更多的时间（这点有点

像拉比频率)。接下来,将从理论计算和数值分析两个途径,找出系统产生干涉相消时的优化参数。假定激励 a 与激励 b 分别将系统从基态 $|g;0,0\rangle$ 激发到 $|g;1,0\rangle$ 和 $|g;0,1\rangle$ 所花费的时间是一致的,因此,当激励 a 和激励 b 之间存在时延,并且恰好与 $|g;1,0\rangle$ 跃迁至 $|g;0,1\rangle$ 所花费的时间一致时,系统的干涉相消效应最好。这样,理论计算将着重于计算出系统从 $|g;1,0\rangle$ 跃迁至 $|g;0,1\rangle$ 所花费的时间。

9.4.3 系统模式转换时间

所考察的哈密顿量为

$$H = ig(a^{\dagger}\sigma + b^{\dagger}\sigma - a\sigma^{\dagger} - b\sigma^{\dagger}) + i\varepsilon_a f(t)(a - a^{\dagger}) + i\varepsilon_b h(t)(b - b^{\dagger}) \quad (9\text{-}4\text{-}8)$$

这里的 $f(t)$ 和 $h(t)$ 代表对应激励时域上的形状,在我们考察的系统中,取 $f(t) = \exp(-(t-t_0)^2/2s^2)$,$h(t) = h(t-\Delta t) = \exp(-(t-t_0-\Delta t)^2/2s^2)$。$\Delta t$ 代表这两束激励之间的时延。在耗散动力学意义上系统满足量子力学主方程:

$$\dot{\rho} = -i[H,\rho] + \sum_j \mathcal{L}(C_j)\rho \quad (9\text{-}4\text{-}9)$$

这里的 $\mathcal{L}$ 是 lindblad 超算符,表示为

$$\mathcal{L}(C_j)\rho = C_j\rho C_j^{\dagger} - \{C_j^{\dagger}C_j, \rho\}/2 \quad (9\text{-}4\text{-}10)$$

量子点和腔模之间的每一个耗散过程将由一个耗散算符 C_j 描述,其中 $C_j \in \{\sqrt{\kappa}a, \sqrt{\kappa}b, \sqrt{\gamma}\sigma\}$。

含有激励项的量子力学主方程难以直接求解,考虑系统两种模式的激励在数学上是一致的,因此可以假设激励的影响等效于给齐次系统一个初始状态。将系统的波函数按裸态展开为

$$|\psi\rangle = \sum_{m,n=0}^{1} (b_{gmn} | g;m,n\rangle + b_{emn} |e;m,n\rangle) \quad (9\text{-}4\text{-}11)$$

为不失一般性,裸态记为

$$|\psi\rangle = \sum_j b_j |B_j\rangle \quad (9\text{-}4\text{-}12)$$

其满足薛定谔方程

$$\frac{d|\psi\rangle}{dt} = -iH_{\text{eff}}|\psi\rangle \quad (9\text{-}4\text{-}13)$$

其中

$$H_{\text{eff}} = H - i\sum_j C_j^{\dagger}C_j/2, \quad C_j \in \{\sqrt{\kappa}a, \sqrt{\kappa}b, \sqrt{\gamma}\sigma\} \quad (9\text{-}4\text{-}14)$$

其中 $|B_j\rangle$ 为裸态的本征态,在裸态表象下,取 FOCK 态为 2。各算符均写作

$$a,b,\sigma = \begin{bmatrix} 0 & 1 \\ 0 & 0 \end{bmatrix} \quad (9\text{-}4\text{-}15)$$

满足 $a|x;1,n\rangle = |x;0,n\rangle$,$b|x;m,1\rangle = |x;m,0\rangle$ 和 $\sigma|e;1,n\rangle = |g;0,n\rangle$。若求得展开系数 b_j,就可以知道裸态 $|g;0,1\rangle$ 随时间的演化规律,此外,假如存在本征态簇

$|D_k\rangle$，满足

$$H_{\text{eff}}|D_k\rangle = \varepsilon_k|D_k\rangle \qquad (9\text{-}4\text{-}16)$$

称 $|D_k\rangle$ 为缀饰态，ε_k 为系统的能量本征值。显然求 $|D_k\rangle$ 与 ε_k 是特征值问题，是容易求得的。裸态 $|B_j\rangle$ 与缀饰态 $|D_k\rangle$ 都是完备的，因此波函数 $|\psi\rangle$ 也可以按缀饰态 $|D_k\rangle$ 展开：

$$|\psi\rangle = \sum_k d_k|D_k\rangle \qquad (9\text{-}4\text{-}17)$$

代入薛定谔方程得

$$\sum_k \dot{d}_k|D_k\rangle = -i\sum_k d_k H_{\text{eff}}|D_k\rangle = -i\sum_k d_k\varepsilon_k|D_k\rangle \Rightarrow$$

$$\dot{d}_k = -i\varepsilon_k d_k \Rightarrow d_k = d_k(0)e^{-i\varepsilon_k t} \qquad (9\text{-}4\text{-}18)$$

可以得到缀饰态的展开系数 d_k 随时间的演化，但是我们需要求的是裸态随时间的演化 b_j，此外，由于 $|B_j\rangle$ 的正交性，展开系数 b_j 亦满足

$$b_j = \langle B_j|\psi\rangle \qquad (9\text{-}4\text{-}19)$$

将式(9-4-17)代入式(9-4-19)得

$$b_j = \langle B_j|\psi\rangle = \sum_k d_k\langle B_j|D_k\rangle = \sum_k u_{jk}d_k(0)e^{-i\varepsilon_k t} \qquad (9\text{-}4\text{-}20)$$

其中 $u_{jk} = \langle B_j|D_k\rangle$ 为第 k 个缀饰态在裸态表象下的第 j 个系数。由式(9-4-20)可以看出，我们需要求的裸态 $|g;0,1\rangle$ 随时间的演化规律即系数 b_{g01}。这里我们仅关心与 b_{g01} 有关的方程。经过计算，联立得到：

$$\begin{cases} b_{00e}(t) = \dfrac{(\kappa-\gamma)+i\sqrt{32g^2-(\kappa-\gamma)^2}}{4g}\tilde{d}_1(0)e^{-i\varepsilon_1 t} + \dfrac{(\kappa-\gamma)-i\sqrt{32g^2-(\kappa-\gamma)^2}}{4g}\tilde{d}_2(0)e^{-i\varepsilon_2 t} \\[3mm] b_{10g}(t) = \dfrac{1}{\sqrt{2}}d_0(0)e^{-i\varepsilon_0 t} + \tilde{d}_1(0)e^{-i\varepsilon_1 t} + \tilde{d}_2(0)e^{-i\varepsilon_2 t} \\[3mm] b_{01g}(t) = -\dfrac{1}{\sqrt{2}}d_0(0)e^{-i\varepsilon_0 t} + \tilde{d}_1(0)e^{-i\varepsilon_1 t} + \tilde{d}_2(0)e^{-i\varepsilon_2 t} \\[3mm] -i\varepsilon_0 = -\kappa/2; -i\varepsilon_1 = -(\kappa+\gamma)/4 + i\sqrt{32g^2-(\kappa+\gamma)^2}/4; \varepsilon_2 = \varepsilon_1^* \end{cases} \qquad (9\text{-}4\text{-}21)$$

将激励看作给系统赋以初态，因此，求解时，系统的初态设为 $b_{e00}(0)=0, b_{g10}(0)=1$，$b_{g01}(0)=0$。可以求得

$$\begin{cases} d_0(0) = \dfrac{1}{\sqrt{2}} \\[3mm] \tilde{d}_1(0) = \dfrac{1}{4}\left(1 + \dfrac{i(\kappa-\gamma)}{\sqrt{32g^2-(\kappa-\gamma)^2}}\right) \\[3mm] \tilde{d}_2(0) = \tilde{d}_1^*(0) \end{cases} \qquad (9\text{-}4\text{-}22)$$

代入方程并求解，由于在我们的系统中所考虑的典型值是 $\kappa/2\pi = 40\ \text{GHz}, \gamma/2\pi = 1\ \text{GHz}$。因此，对方程大量应用近似表达式 $\kappa-\gamma \approx \kappa$，得

$$b_{01g}(t) = -\frac{1}{2}e^{-\kappa/2t} - \frac{1}{2\sqrt{32g^2-\kappa^2}}e^{-\kappa t/4} \times$$

$$\left[\kappa\sin\left(\frac{1}{4}\sqrt{32g^2-\kappa^2}t\right) - \sqrt{32g^2-\kappa^2}\cos\left(\frac{1}{4}\sqrt{32g^2-\kappa^2}t\right)\right] \quad (9\text{-}4\text{-}23)$$

至此,得到了态$|g;0,1\rangle$的概率幅。与拉比震荡类似,系统从态$|g;1,0\rangle$转换到态$|g;0,1\rangle$将会花费一定的时间,这个时间是概率幅从 0 到最大值所需要的时间,约为

$$\Delta t_{\text{state}} \approx \frac{1}{\sqrt{32(g/2\pi)^2 - (\kappa/2\pi)^2}} \quad (9\text{-}4\text{-}24)$$

9.4.4　基于干涉相消的开关效应

在上文中,通过量子力学主方程,求解了不存在激励条件下,量子点-双模腔耦合系统的瞬态过程的自然演化。接下来,我们将通过蒙特卡罗方法,数值模拟系统的含时演化过程。

图 9-4-2(a)表明,当系统被单一模式的激光激励时,腔中两种模式的响应都会被激发,图 9-4-2(b)表明,当存在这固定时间延迟的两种正交模式的激励同时激励时,这里 b 模式落后于 a 模式,只能看到 a 模式的响应,相反地,几乎没有 b 模式的响应存在。可以分析得知,一方面,响应中的两个峰,其中一个来自 a 模式的直接激励,滞后的峰来自 b 模式的间接激励;另一方面,对于 b 模式而言,来自 a 模式的间接激励与来自 b 模式的直接激励发生了干涉相消,这样的结果造成了几乎不存在 b 模式的响应。反过来,图 9-4-2(c)展示了当 b 模式激励超前于 a 模式激励时,b 模式响应的两个峰,前者来自 b 模式激励的直接激励,后者来自 a 模式激励的间接激励,由于两者的峰值被错开,所以在激励响应处同时存在着 b 模式的两个响应,但对于 a 模式的响应而言,来自 b 模式的间接激励与来自 a 模式的直接激励的峰值几乎重合,由于干涉相消的作用,使得响应中几乎没有 a 模式的响应。可以看出 a 模式与 b 模式的行为是完全对称的。

响应能量、能量比与量子点腔之间的耦合系数,以及两个激励之间的时延关系由图 9-4-3 和图 9-4-4 给出。图 9-4-3 中颜色代表模式 b 的响应能量,此时假设模式 b 的激励滞后于模式 a 的激励。横坐标代表量子点与腔之间的耦合强度。纵坐标代表两个模式激励峰值之间的时间间隔。图 9-4-3 中的实线为读图得出的使 b 模式的响应能量最低的 g 与 Δt 的关系,而虚线由式(9-4-24)计算得出。假设两个激励的量级是一致的,腔的耗散速率为 $\kappa/2\pi=40\,\text{GHz}$,量子点的自发辐射速率为 $\gamma/2\pi=1\,\text{GHz}$。当处于强耦合区域($g/2\pi\geqslant20\,\text{GHz}$),且同时存在两种模式的激励时,选择合适的时间间隔,可以将 b 模式的响应能量控制到极低的范围。而在弱耦合区域($g/2\pi<20\,\text{GHz}$),抑制效果并不是很好。这样的效应可以解释为,产生干涉相消的原因是,一个来自直接激励的响应与一个来自间接激励的响应发生了干涉,而当耦合很弱时,间接激励将会变得很弱,使得不能很好地产生干涉相消的效果。对于特定的耦合强度 g,可以从

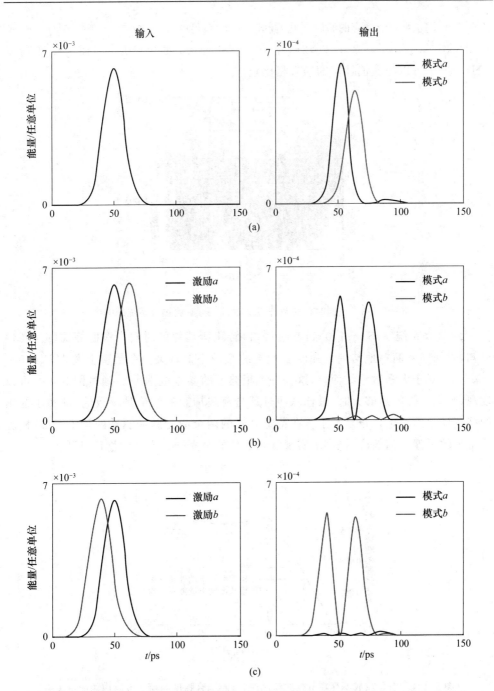

图 9-4-2 激励与瞬态响应的时间序列图。选取了典型值 $\kappa/2\pi=40\ \mathrm{GHz}$, $g/2\pi=20\ \mathrm{GHz}$, $\Delta t=11.2\ \mathrm{ps}$。(a)激励 a 模式时的时域序列图。(b)经过精心选择的激励时间间隔下,同时存在激励 a 模式和激励 b 模式时的时域序列图。(c)与(b)图激励顺序相反

图 9-4-4 中得到一个对应的激励之间的间隔 Δt 所满足的关系：$\Delta t = -4.3 \times 10^{-4}(g/2\pi)^3 + 4.92 \times 10^{-2}(g/2\pi)^2 - 2.18(g/2\pi) + 38.5$。此处，$\Delta t$ 的单位是 ps，而 g 的单位是 GHz。这个可以与数值计算的结果相比较。

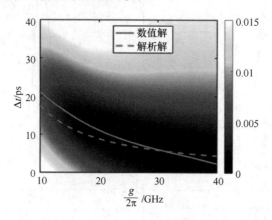

图 9-4-3　当同时存在两种激励时，量子点-腔耦合系统的响应

Δt 代表系统从态 $|g;1,0\rangle$ 到态 $|g;0,1\rangle$ 转化所消耗的时间。根据等式 (9-4-24) 可知，时间间隔简单地与耦合强度 g 和空腔衰减率 κ 有关。在数值上通常取 $0.5 \leqslant g/\kappa \leqslant 2$。对于大多数系统而言，这是一个很典型的参数范围[27]。通过图 9-4-3 可以发现，当耦合强度足够大时，最佳脉冲时延与模式抑制的结论是一致的，证实了提出的抑制现象的产生。正是基于存在特定时延的两个激光脉冲驱动的量子点-双模腔系统中的干涉相消效应，提供了实现低光子数的全光开关方案的物理机制。

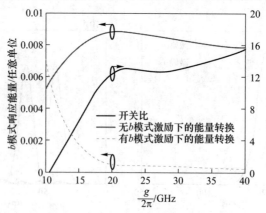

图 9-4-4　当存在或不存在 b 模式激励时，点腔耦合强度与模式 b 响应的能量关系

将激光 A 视为输入信号，同时将激光 B 作为控制信号，与此同时，模式 b 传输响应被作为输出信号。图 9-4-2(a) 与图 9-4-2(b) 清楚地显示了光开关的工作原理。控制光是否存在，如何存在，决定了信号光的输出结果，可以通过合理地选择

时间延迟控制光来"关闭"对应的输出模式响应。图 9-4-4 展示了是否存在激励 b 两种情况时 b 模式的响应。当同时存在两种激励时，激励之间的时间间隔由式(9-4-24)决定。该式给出了如何选择一个合适的时间间隔产生最优的干涉相消效应的解析表达式。当耦合强度处在 $g/2\pi \geqslant 20$ GHz 范围内时，光开关的开关比保持高于 12.5 dB。我们定义切换时间为输入和输出信号之间的时间间隔，从图 9-4-2 中可以看出，约为 13 ps。在图 9-4-2(a)中，a 模式的响应光子在本例中没有价值，并可能导致部分能量损失。此外，由于系统的对称性，我们可以人为地选择激励的先后顺序，以决定选择将哪种模式的响应输出。仍然将激光 B 作为控制光，控制激光先于或滞后于信号激光 A 决定了响应传输的偏振态与输入信号相同或正交，它工作起来就是一个非门。

9.4.5 基于串级系统的 AND 和 OR 逻辑门

如图 9-4-2(a)所示，当将腔中泵浦 a 模式的光子作为输入时，微腔中将会产生 a 模和 b 模的光子输出。在图 9-4-2(b)中，若同时往腔中施加一个相对于激励 a(由浅色线标出)存在，由式(9-4-24)给出的时延 b 模式的脉冲激励(由深色线标出，下同)，此时微腔中将几乎没有 b 模光子的产生。这个效应可以用来制作一个光开关。将图 9-4-2(b)中的 b 模脉冲视为控制光，当不施加控制光时，点-腔中存在 b 模光子，当施加控制光时，点-腔中将几乎没有 b 模光子，亦即控制光的有无对点-腔的 b 模光子具有开关作用。

1. 响应光的模式选择、"非"逻辑门

基于点-腔两种正交模式的对称性，可以看出：图 9-4-2(b)的情况表明，若输入端 b 模式的脉冲滞后于 a 模式的脉冲，则输出端中只有 a 模光子；相反地，图 9-4-2(c)表示若 b 模脉冲超前于 a 模脉冲，则输出只有 b 模光子。这里所提到的"超前""滞后"表示的时延均由式(9-4-24)给出。

仍然将图 9-4-5(b)、图 9-4-5(c) b 模中的脉冲视为控制光，将 a 模中脉冲视为信号光。当控制光滞后于信号光时，输出端光子的偏振态与信号光一致，即 a 模光子；当控制光超前于信号光时，输出端光子的偏振态将与信号光正交，即 b 模光子。这个效应实现了对输出光的模式选择，也可以用于非门的功能。

2. 与、或逻辑门

图 9-4-5(d)中绘出了两条时间间隔与点-腔耦合强度 g 的关系曲线。实线代表着产生开关效应的最优化时间间隔，亦即两个激励 Laser A 和 Laser B 之间的时间间隔，由图 9-4-3 的扫描图读出。虚线代表着对系统施加一个单一模式的激励时〔图 9-4-5(a)〕，两种模式响应光的峰值之间的间隔〔图 9-4-5(b)〕。可以看出这两个时间间隔几乎是一致的。因此，可以单一模式激光激励的两种模式的响应光〔图 9-4-5(b)〕，作为另一个相同的点-双模腔系统的激励，可以预知仍然存在着上述

所提到的开关效应。图 9-4-5(c)所示即这个串级系统的响应光,可见仍然存在可观的开关效应。

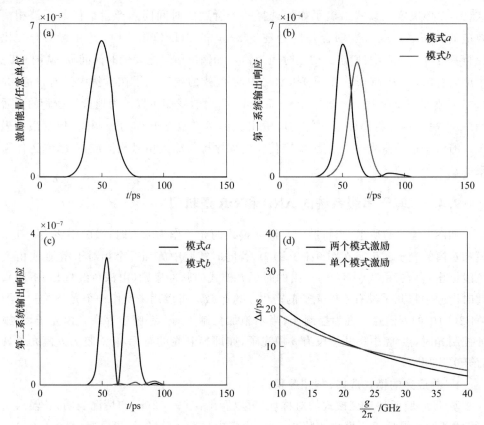

图 9-4-5　级联的量子点-腔耦合系统瞬态响应。图(a)～图(c)代表级联系统,第一个子系统的输出作为第二个子系统的输入,可以看出第二个子系统的 b 模式响应也被抑制。图(d)中实线代表发生最优化的干涉相消效应所需要的时间间隔,虚线代表只存在一个激励时,系统两种模式响应峰值之间的时间间隔

如图 9-4-6 所示,系统由 3 个相同的点-腔系统串级而成,分别记为 C1、C2、C3;系统有两个输入端,由两个偏振分束器将输入的信号光分别与 C1、C2 对应的偏振模式耦合。利用波导,将 C1 的 a 模式偏振光子耦合进 C3,同时将 C2 的 b 模式偏振光子耦合进 C3,亦即 C1、C2 的响应将作为 C3 的激励。最后用两个光子计数器分别探测 C3 腔的 a 模光子和 b 模光子。下面分 3 种情况进行讨论。

① 当输入 1 和输入 2 的信号光都是 a 模脉冲时,C1 和 C2 中两种模式的光子均存在,b 模光子数的峰值相对于 a 模光子数的峰值滞后。利用波导将对应的光子耦合进 C3 并激励 C3 腔,此时对于 C3 而言,b 模激励滞后于 a 模激励并且此滞后时间与开关效应的最优化时间一致,在 C3 腔中只能探测到 a 模光子。

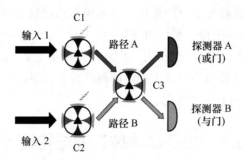

图 9-4-6　基于光子偏振的全光与/或逻辑门示意图

② 当输入 1 和输入 2 的信号光都是 b 模脉冲时,与①中相反的是,b 模光子数的峰值相对于 a 模光子数的峰值超前。利用波导将对应的光子耦合进 C3 并激励 C3 腔,此时对于 C3 而言,a 模激励滞后于 b 模激励,在 C3 腔中只能探测到 b 模光子。

③ 当输入 1 的信号光是 a 模脉冲,输入 2 的信号光是 b 模脉冲时,C1 中 b 模光子数的峰值相对于 a 模光子数的峰值滞后,相反地,C2 中 a 模光子数的峰值相对于 b 模光子数的峰值滞后。波导分别将 C1 的 a 模光子与 C2 的 b 模光子耦合进 C3,相对于 C3 而言,a 模激励与 b 模激励是同时的,不存在超前滞后关系,此时 C3 中两种模式的光子都能被探测器探测到。为直观,将上述讨论用表格 9-4-1 表示。

表 9-4-1　输入、输出端口的 AND、OR 逻辑表

输入 1	输入 2	时延	探测器 A(OR)	探测器 B(AND)
R (1)	R (1)	R B	R (1)	N (1)
B (0)	B (0)	B R	N (0)	B (0)
R (1)	B (0)	R B	R (1)	B (0)
B (0)	R (1)	B R	R (1)	B (0)

在表 9-4-1 中,a 模偏振用字母 R 表示,并视为逻辑 1;b 模偏振用字母 B 表示,并视为逻辑 0。可以看出,探测器 A 实际上充当了逻辑或门的角色,而探测器 B 则是逻辑与门。

综上所述,量子点-双模腔耦合系统可以实现明显的开关效应。利用这个开关效应,我们构建了基于光子偏振态的与、或、非基本逻辑门,实现的逻辑门均工作在少光子层次,对于全光集成、光子计算机以及量子信息领域的基本器件,提供了一种有效可行的方法。

本节讲述了构建基于光子偏振态的 AND 和 OR 逻辑门,其主要原理是利用量子干涉相消效应。在量子点-双模腔耦合系统中,量子点对腔的两种模式都存在耦合作用,使得腔的两个模式之间可以互相转换。当存在两种模式的激励同时激励腔模时,由于干涉相消效应而使得其中一种模式受到抑制。本书从理论计算和数值模拟

两方面讨论了激励对该耦合系统的作用。当两种模式激励之间存在一个特定的时间间隔时,输出响应中的一个模式可以被很好地抑制。当仅存在单个模式的激励时,腔的两种模式都会被激发,并且两个模式的峰值之间存在一个特定时间间隔,这个时间间隔与产生最优化抑制效果的激励间的时间间隔极其接近,基于这样的性质,通过串联系统,设计了 AND 和 OR 逻辑门。

9.5　光子晶体微腔的结构设计

基于全光的量子信息处理是未来高速信息处理发展的必然趋势,其中如何实现高效、可集成、可调控的单光子器件是光量子信息处理迫切需要解决的关键问题[28]。采用量子点与光子晶体纳米腔构成的耦合系统是实现高效的单光子发射的优选方案之一[29]。在量子点光子晶体纳米腔耦合系统中,当原子与腔模式的耦合强度远大于光子从腔中逃脱的速率和逃脱所选择模式的速率时,会使光子在腔模式和原子之间被往复放出和吸收,形成光与物质强耦合状态,从而为控制和研究单量子系统提供了机会(耦合强度 $g \propto V_{eff}^{-1/2}$,其中 V_{eff} 为腔的有效模式体积)。因此,优化设计光子晶体微腔,减小其模式体积,实现光与物质的强耦合,对单量子系统和量子计算的研究具有重要意义。相反,当耦合强度小于腔泄露和原子自发辐射速率时,原子的衰减将会受到腔的调制,这时称为弱耦合。在弱耦合情况下,当电偶极子的辐射波长和微腔的谐振波长相吻合时,自发辐射效应会增强,增强效应可用 Purcell 因子来描述(Purcell 因子 $F_p \propto Q/V_{eff}$,其中 Q 为腔的品质因子)。在这种情况下,将量子点置于光子晶体纳米腔中光场的波腹处,通过设计优化光子晶体腔的结构,调谐光子晶体腔的谐振频率,使其与量子点发光峰达到共振,提高自发辐射率,从而大大提高单光子的产生效率。因此,优化光子晶体纳米腔结构,得到高 Q 值、小 V_{eff} 的光子晶体微腔结构,是实现光与物质强耦合的关键,也是在弱耦合情况下提高单光子发射效率的重要途径。

基于量子点光子晶体腔的单光子源,提高光子晶体腔中量子点的自发辐射效率(Purcell 效应)是提高单光子辐射效率的关键。而提高 Purcell 因子有两种办法,一是增加腔的 Q 值,二是减小腔的有效模式体积。其中通过减小腔垂直方向上光的辐射来增加腔 Q 值的方法很多,如异质结构光子晶体波导组合法[30],动量空间和傅里叶空间设计法[31],腔周围空气孔位置、大小简单的调整法等[32]。其中有一些方法得到的 Q 值高达 10^8 左右,但是相应的有效模式体积 V_{eff} 却大于 $1(\lambda_0/n)^3$,其中 λ_0 为腔的共振波长,n 为腔材料的折射率。当腔的有效模式体积大于量子点辐射线宽时,就不利于强耦合系统的产生[33]。而且当腔的共振线宽远小于量子点的辐射线宽时,腔的 Q 值就会被材料的 Q 值所取代,$Q_m = \omega_e/\Delta\omega_e$,其中 $\Delta\omega_e$ 为量子点共振线宽[34]。在这种情况下增加腔的 Q 值将不会对 Purcell 因子产生影响,而减小 V_{eff} 则是提高

Purcell 因子的重要途径。Robinson 等人通过在腔中场强最大位置引入子波长尺度不连续折射率的方法大大减小了腔的 V_{eff} 值,但是这种做法会破坏腔的结构,从而减小了腔的 Q 值[35]。所以采用新颖的优化算法优化光子晶体腔结构,使其有高的 Q 值和小的 V_{eff},对于今后单光子源的研制有重要意义。

光子晶体微腔内的场分布和品质因子对微腔的几何结构变化非常敏感,结构上的任何微小变化都将在一定程度上改变光子晶体微腔的光学特性。近年来,国内外学者对光子晶体微腔结构进行微调,提出了各种各样的光子晶体微腔结构,获得了高 Q 和较小 V_{eff} 的微腔。如 Nomura 等人[36]通过调整六角晶格光子晶体平板 H0 腔水平方向和垂直方向近邻空气孔的位置,得到的高 Q 值达 2.8×10^5,相应的 V_{eff} 能达到 $0.23(\lambda_0/n)^3$。同时,Ee 等人[37]利用此方法调整了四角晶格光子晶体平板腔近邻空气孔的位置,得到了更小的有效模式体积,为 $0.21(\lambda_0/n)^3$,但是腔的 Q 值却仅为 4 200。以上优化光子晶体腔的方法仅为简单的参数优化。Frei 等人[38]也通过几何投影法对腔进行了优化,虽然得到了 Q 值 2 倍的提高,但是由于网格的尺寸影响了腔电场的分布,从而使计算精确的 V_{eff} 很困难。这里,我们结合以上优化光子晶体腔的方法,采用改进的几何投影法来优化光子晶体腔近邻空气孔的形状,以此来得到具有高 Q 值和小 V_{eff} 的光子晶体腔结构[39],该方法的有效性和优点已经在多种光子微结构器件的优化设计中被证实[40-42]。首先,我们通过参数方法优化了不同对称性的光子晶体腔结构,从中总结出腔 Q 值和 V_{eff} 的变化规律。然后基于参数优化的最优结构,采用改进的几何投影法优化光子晶体腔结构,最终得到了一种新光子晶体结构,其有较高 Q 值 5.15×10^5,对应的 V_{eff} 值为 $0.09(\lambda_0/n)^3$,计算结构可以应用到 Si 或者 GaAs 等半导体材料,为单光子源的研制提供了平台设计方面的支持。

9.5.1 不同对称结构的光子晶体平板腔

具有不同对称结构的光子晶体腔可以通过移除空气孔或者调整腔附近空气孔的位置及大小得到。本小节中我们研究的光子晶体腔结构是基于六角晶格的光子晶体结构,腔的折射率 $n=3.4$,平板腔的厚度为 0.6Λ,原始光子晶体结构空气孔的半径为 0.26Λ,其中 Λ 为晶格常数。腔的 Q 值和 V_{eff} 值通过有限元方法计算得到,为了提高计算的准确性,计算的腔模型包含 15 层空气孔。具体的计算模型和计算过程参见本章参考文献[38]。

如图 9-5-1 所示,具有 $C_{6,\delta v}$ 对称性的光子晶体平板腔可以通过移除一个空气孔得到。我们把腔近邻空气孔的半径(r_2)和位置(d),以及次近邻空气孔的半径(r_1)作为优化参数。优化目标就是使腔的 Q 值尽可能大,有效模式体积 V_{eff} 尽可能小,也就是求解优化方程:最大化 $f=Q/V_{eff}$。我们把优化变量 r_1、r_2 和 d 与优化目标函数 f 代入单纯形优化算法中,求满足条件的最优解。最终我们得到的最优参数为

$r_1 = 0.38$，$r_2 = 0.22$，$d = 0.28$，$\Lambda = 1$，对应最优腔结构的归一化共振波长为 $\lambda_0 = 3.707\ 3$。腔的 H_z 和 E_x 分量分布如图 9-5-1 所示。这种腔结构的 Q_{total} 值为 3.48×10^4，其中平行方向 $Q_{//}$ 值为 1.41×10^6，垂直方向 $Q_\perp$ 值为 3.57×10^4。

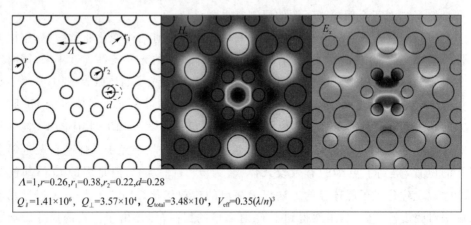

$\Lambda = 1, r = 0.26, r_1 = 0.38, r_2 = 0.22, d = 0.28$

$Q_{//} = 1.41 \times 10^6$，$Q_\perp = 3.57 \times 10^4$，$Q_{total} = 3.48 \times 10^4$，$V_{eff} = 0.35 (\lambda/n)^3$

图 9-5-1　具有 $C_{6,\sigma v}$ 对称性的光子晶体平板腔的几何结构和 H_z、E_x 分布图

$Q_{//}$ 的值是由水平方向布拉格反射决定的，它的大小与光子晶体层数有关。光子晶体层数越多，平行方向光的限制能力就越强，$Q_{//}$ 的值就越大。而 $Q_\perp$ 的值代表腔垂直方向上限制光的能力，它与垂直方向波导的全内反射有关。在动量空间，当腔模式的动量分量（$k_{//}$）在缺陷光锥中有分量时，就会导致光在垂直方向上的光辐射，从而减小 $Q_\perp$ 的值。其中缺陷光锥定义为 $k_{//} = (\omega/c)^{2[31]}$。所以要增加 $Q_\perp$ 的值就必须减小腔模动量分量 $k_{//}$ 位于光锥里的分量[43]。本小节中，我们通过计算光子晶体平板腔中平板内电场 x 方向分量 E_x 的二维傅里叶变换谱来研究光腔在垂直方向上产生光辐射的情况。具有 $C_{6,\sigma v}$ 对称性的光子晶体腔结构的 E_x 分量的二维傅里叶变换谱如图 9-5-2（a）所示，其动量分量主要集中在 4 个 K 点处。图 9-5-2（b）为图 9-5-2（a）的放大，其中白色的圆圈为缺陷光锥的表面与腔模本征平率（$\omega_0 = 2\pi c/\lambda_0$）的交线，从图中可以看出，傅里叶谱在缺陷模式中有很大的分量，这就导致了腔在垂直方向上强的光辐射，从而使光腔的 Q 值很小。光子晶体腔的另一个重要参数 V_{eff} 可以通过下式得到：

$$V_{eff} = \frac{\iiint \varepsilon(x,y,z) |E(x,y,z)|^2 \,\mathrm{d}x \mathrm{d}y \mathrm{d}z}{\max[\varepsilon(x,y,z) |E(x,y,z)|^2]} \tag{9-5-1}$$

其中 $\varepsilon(x,y,z)$ 为介质材料的电介质常数分布，$|E(x,y,z)|$ 为腔内电场的模值分布。通过式（9-5-1），我们可以发现腔内电场越集中，得到的腔的 V_{eff} 值就越小。具有 $C_{6,\sigma v}$ 对称结构的光子晶体腔的电场幅值分布如图 9-5-2（c）所示，电场集中分布在 6 个点，而对应的强的 V_{eff} 仅为 $0.35(\lambda_0/n)^3$。

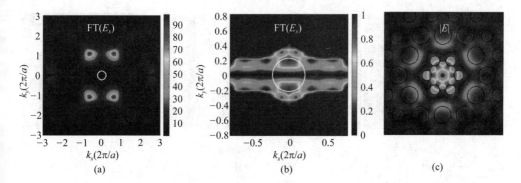

图 9-5-2　(a)具有 $C_{6,\sigma v}$ 对称性的光子晶体平板腔电场分量 E_z 的二维傅里叶谱；(b)图(a)的放大图，其中白色的圆圈为缺陷光锥的表面与腔模本征平率($\omega_0 = 2\pi c/\lambda_0$)的交线；(c)腔内电场振幅 $|E|$ 的分布图

同理，具有 $C_{3,\sigma v}$ 对称结构的光子晶体腔可以通过调整腔近邻 3 个空气孔的半径 r_2 及位置 d 和次近邻 3 个空气孔的半径 r_1 进行优化设计。通过同样的参数优化我们可以得到最优结构的参数，为 $r_1 = 0.25, r_2 = 0.26, d = 0.14$ 和 $\Lambda = 1$。腔的归一化共振波长为 0.352 4，腔的 H_z 和 E_x 分量分布如图 9-5-3 所示。通过计算我们得到了具有 $C_{3,\sigma v}$ 对称性的强结构的 Q 值，为 2.14×10^5，其中水平方向 $Q_{//}$ 值为 1.46×10^6，垂直方向 $Q_\perp$ 值为 2.51×10^5。腔的电场分量 E_x 的二维傅里叶变换谱如图 9-5-4(a) 所示，其动量分量主要集中在两个 M 点。图 9-5-4(b) 为图 9-5-4(a) 的放大图，从图中可以看出腔模的傅里叶谱在缺陷圈内的分量要比具有 $C_{6,\sigma v}$ 对称小的腔结构少。所以这种腔结构在垂直方向上的光辐射比较弱，从而使其 Q 值较大。这种腔结构的电场幅值分布如图 9-5-4(c) 所示，电场主要分布在 3 个点，电场更加集中，所以能得到比具有 $C_{6,\sigma v}$ 对称小的腔更小的 $V_{eff} = 0.27(\lambda_0/n)^3$。

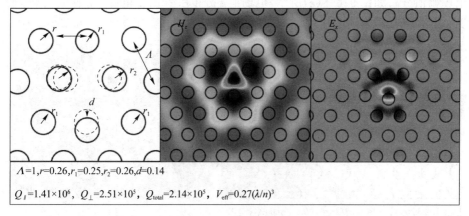

$\Lambda = 1, r = 0.26, r_1 = 0.25, r_2 = 0.26, d = 0.14$

$Q_{//} = 1.41 \times 10^6$，$Q_\perp = 2.51 \times 10^5$，$Q_{total} = 2.14 \times 10^5$，$V_{eff} = 0.27(\lambda/n)^3$

图 9-5-3　具有 $C_{3,\sigma v}$ 对称性的光子晶体平板腔的几何结构和 H_z、E_z 分布图

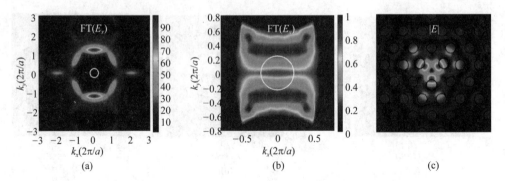

图 9-5-4 (a)具有 $C_{3,\sigma v}$ 对称性的光子晶体平板腔电场分量 E_z 的二维傅里叶谱；
(b)图(a)的放大图；(c)腔内电场振幅 $|E|$ 的分布图

通过移动腔 x 方向近邻空气孔的位置(sx_1, sx_2, sx_3)和 y 方向近邻空气孔的位置(sy_1, sy_2)，可以得到具有 $C_{2,\sigma v}$ 对称性的光子晶体腔结构。这种结构的光子晶体腔已经在先前的研究中被参数优化，得到的最优参数为 $sx_1 = 0.14$, $sx_2 = 0$, $sx_3 = 0.06$, $sy_1 = 0.04$, $sy_2 = 0.02$, $\Lambda = 1$。在本节中，我们通过有限元方法来计算这种最优腔结构，发现计算结果和先期的报道结果偏差很小。对应这种腔结构的 H_z 和 E_x 分布如图 9-5-5 所示。腔的归一化共振波长为 3.473 5。腔的 Q 值为 2.7×10^5，其中水平方向 $Q_\parallel$ 值为 2.11×10^6，垂直方向 $Q_\perp$ 值为 3.12×10^5。这个计算结果仅比先期的计算小了 3.5%，所以我们的计算方法的正确性能得到保证。腔的电场 x 方向分量 E_x 的二维傅里叶变换谱如图 9-5-6(a)所示，其动量分量主要集中在 4 个 M 点。图 9-5-6(b)为图 9-5-6(a)的局部放大，从图中可以看出腔模的傅里叶谱在缺陷圈内的分量要比具有 $C_{6,\sigma v}$ 和 $C_{3,\sigma v}$ 对称性的腔结构少。这就意味着这种腔结构在垂直方向上的光辐射小于以上两种对称结构的腔，所以能得到最大的 Q 值。这种腔结构的电场幅值分布如图 9-6-6(c)所示，电场主要分布在 2 个点，电场分布比以上两个腔结构更加集中，所以能得到比以上两种对称的腔结构更小的模式体积 $V_{eff} = 0.22(\lambda_0/n)^3$。

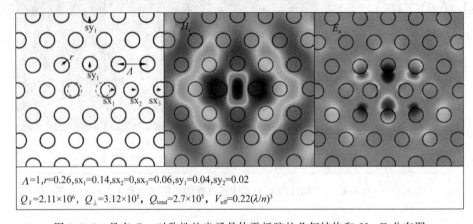

$\Lambda = 1$, $r = 0.26$, $sx_1 = 0.14$, $sx_2 = 0$, $sx_3 = 0.06$, $sy_1 = 0.04$, $sy_2 = 0.02$

$Q_\parallel = 2.11 \times 10^6$, $Q_\perp = 3.12 \times 10^5$, $Q_{total} = 2.7 \times 10^5$, $V_{eff} = 0.22(\lambda/n)^3$

图 9-5-5 具有 $C_{2,\sigma v}$ 对称性的光子晶体平板腔的几何结构和 H_z、E_z 分布图

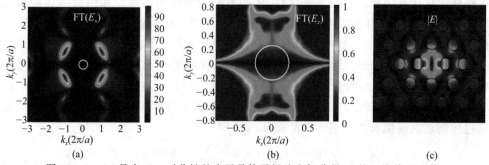

图 9-5-6　(a)具有 $C_{2,\sigma v}$ 对称性的光子晶体平板腔电场分量 E_z 的二维傅里叶谱；
(b)图(a)的放大图；(c)腔内电场振幅$|E|$的分布图

9.5.2　几何投影法

优化问题的计算是指求一个目标的最大或最小值。对于一般的数学优化计算问题，是指求函数 $f(x_n)$ 的最大值或最小值，如下式所示：

$$最小值或最大值：y = f(x_1, x_2, x_3, \cdots, x_n) \tag{9-5-2}$$
$$x_i \in g_j(x_i), \quad i = 1, 2, \cdots, n, \quad j = 0, 1, 2, \cdots, n$$

其中 $f(x_n)$ 为目标函数，x_n 为变量，$g_j(x_i)$ 为限制方程。这个方程可以通过数值计算方法求解，常用的方法有牛顿法、最速下降法等。而对于二元图形结构优化问题来说，限制方程就仅为离散的 0 或者 1，其中 0 和 1 分别代表图形结构无或者有（如图 9-5-7 所示）。离散的限制方程会增加优化计算的复杂度，导致计算量非常大，常见的计算方法是遗传优化算法。传统的图形结构优化可能导致优化的结果不连续分布，从而降低计算结果的实用性。

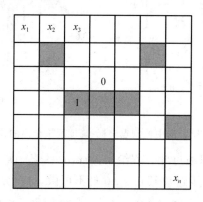

图 9-5-7　图形结构优化计算中变量分布示意图

为了避免传统图形结构优化计算中计算量大和优化结果不连续的问题，将几何投影法引入图形结构优化中。几何投影法是一种变换的方法，能将图形结构优化问题转换为一般的数学优化问题，可减小计算的复杂度和计算量。而且此方法的引入可以使优化计算结果保存边界连续性,进而有利于实际的制造。几何投影法起初被 Norato 等人开发并用于结构的优化问题[44],后来被 Frei 等人发展用于解决电磁学模型的微纳结构优化问题[38]。几何投影法的具体实现过程如下。

几何投影法在处理二维材料分布问题方面,主要是通过一个三维曲面在二维平面上的投影来定义材料的分布范围,即通过求一个三维曲面 $S=(x, y, z): z=s(x, y)$ 与一个平面 $z=0$ 的交线 $\Gamma=(x, y):0=s(x, y)$ 来定义两种材料的分界线。其中 S 是通过控制点高度拟合决定的[45],表示为

$$z = s(\boldsymbol{x}, \boldsymbol{q}) = c_0 + \boldsymbol{c} \cdot \boldsymbol{x} + \sum_p \chi_p(\boldsymbol{q}) \psi(|\boldsymbol{x} - \boldsymbol{x}_p|)$$

(9-5-3)

$$\psi(r) = \psi(r^2 \ln r)$$

其中 $\boldsymbol{x}_p=(x_p, y_p)$ 为控制点 p 的坐标集,$\boldsymbol{q}$ 为控制点的高度集,如图 9-5-8 所示。$\boldsymbol{c}$ 和 χ 为多项式系数,可以通过曲面在控制点的值和控制点的高相等求解,即 $s(\boldsymbol{x}_p, \boldsymbol{q})=q_p$。多项式系数可以通过求解以下线性方程等到:

$$\begin{bmatrix} \boldsymbol{A} & \boldsymbol{B} \\ \boldsymbol{B}^{\mathrm{T}} & \boldsymbol{0} \end{bmatrix} \begin{Bmatrix} \boldsymbol{X} \\ \boldsymbol{C} \end{Bmatrix} = \begin{Bmatrix} \boldsymbol{q} \\ \boldsymbol{0} \end{Bmatrix}$$

(9-5-4)

其中 $\boldsymbol{A}_{ij}=\psi(|\boldsymbol{x}_i - \boldsymbol{x}_j|)$,$[\boldsymbol{B}_{i,1-3}]=[1, x_i, y_i]$,$i, j=1, 2, \cdots, p$,共 p 个控制点,解以上方程可以得到系数 $\boldsymbol{X}=[\chi_1, \chi_2, \cdots, \chi_p]^{\mathrm{T}}$ 和 $\boldsymbol{C}=[c_0, \boldsymbol{c}]^{\mathrm{T}}$。

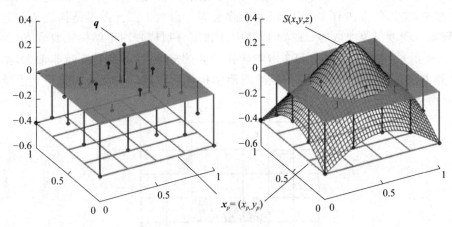

图 9-5-8　几何投影法中控制点坐标、高度及拟合出的控制曲面示意图

介质材料的分布可以通过此方程给出:$\varepsilon(\boldsymbol{x}, \boldsymbol{q})=\varepsilon_1+(\varepsilon_2-\varepsilon_1) H(z(\boldsymbol{x}, \boldsymbol{q}))$。其中 $H(z)$ 为单位阶跃函数,为了避免其在 $z=0$ 处不可微,材料分布函数可以近似为

$$\varepsilon(\boldsymbol{x}, \boldsymbol{q}) = \{(\varepsilon_2-\varepsilon_1) + (\varepsilon_2-\varepsilon_1) \tanh(\xi d_s(\boldsymbol{x}, \boldsymbol{q}))\}/2$$

(9-5-5)

其中 $d_s(\boldsymbol{x}, \boldsymbol{q})$ 为带符号的距离方程(将在下部分论述)。方程(9-5-5)引入了一个很小的区域,在这个区域内材料从 ε_1 到 ε_2 分布连续,而这个区域法范围可以通过系数 ξ 来调控。而在这个区域之外则只有 ε_1 和 ε_2 的分布,调控控制点高度 $\boldsymbol{q}$ 的值就可以调控材料的分布函数,如图 9-5-9 所示。

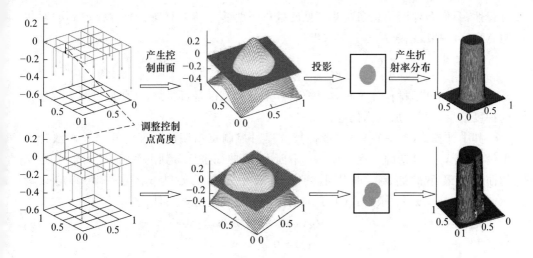

图 9-5-9 几何投影法通过调控控制点的高度可以调整介质材料的分布

带符号的距离方程 $d_s(\boldsymbol{x},\boldsymbol{q})$ 定义为从曲面网格坐标 $\boldsymbol{x}$ 到曲面与零平面的交线 Γ 的最小距离。可以通过求以下最小距离问题得到：

$$d(\boldsymbol{x},\boldsymbol{q})=\min_{\boldsymbol{x}_0}|\boldsymbol{x}_0-\boldsymbol{x}|$$
$$s(\boldsymbol{x}_0,\boldsymbol{q})=0$$

(9-5-6)

其中 $\boldsymbol{x}_0$ 为交线上到网格坐标 $\boldsymbol{x}$ 最近点的坐标。而带符号的距离方程可通过下式得到：

$$d_s(\boldsymbol{x},\boldsymbol{q})=\mathrm{sign}[s(\boldsymbol{x},\boldsymbol{q})]d(\boldsymbol{x},\boldsymbol{q})$$

(9-5-7)

而为了便于材料分布的优化计算,带符号距离方程对控制点高度的梯度信息可以通过求解以下方程获得:

$$\frac{\partial d_s(\boldsymbol{x},\boldsymbol{q})}{\partial q_i}=-\mathrm{sign}[s(\boldsymbol{x},\boldsymbol{q})]\lambda\frac{\partial s(\boldsymbol{x}_0,\boldsymbol{q})}{\partial q_i},i=1,2,\cdots,p$$

(9-5-8)

其中 λ 为库恩塔克最优性条件中的拉格朗日乘子[46]。结合式(9-5-3)中的线性方程可改写为

$$\begin{bmatrix}\chi_1\\\vdots\\\chi_p\\c_0\\\boldsymbol{c}\end{bmatrix}=\begin{bmatrix}\partial\chi_1/\partial q_1&\cdots&\partial\chi_1/\partial q_p\\\vdots&&\vdots\\\partial\chi_p/\partial q_1&\cdots&\partial\chi_p/\partial q_p\\\partial c_0/\partial q_1&\cdots&\partial c_0/\partial q_p\\\partial\boldsymbol{c}/\partial q_1&\cdots&\partial\boldsymbol{c}/\partial q_p\end{bmatrix}\begin{Bmatrix}q_1\\\vdots\\q_p\end{Bmatrix}$$

(9-5-9)

由上式可求出 $s(\boldsymbol{x}_0,\boldsymbol{q})$ 对控制点高度 q_i 的梯度信息,如下式所示:

$$\frac{\partial s(\boldsymbol{x}_0,\boldsymbol{q})}{\partial q_i}=\frac{\partial c_0}{\partial q_i}+\frac{\partial\boldsymbol{c}}{\partial q_i}\boldsymbol{x}_0+\sum_p\frac{\partial\chi_p}{\partial q_i}\psi(|\boldsymbol{x}_0-\boldsymbol{x}_p|)$$

(9-5-10)

需要注意的是,带符号的距离方程 d_s 在 $d_s(\boldsymbol{x},\boldsymbol{q})=0$ 时是不可微的,为了保持上式的

方程性,我们令梯度信息在这些罕见的条件下为零。所以材料分布方程 $\varepsilon(\boldsymbol{x},\boldsymbol{q})$ 对控制点高度的梯度信息可由下式求出:

$$\frac{\partial \varepsilon(\boldsymbol{x},\boldsymbol{q})}{\partial q_p} = \frac{\xi}{2} \big[(\varepsilon_2 - \varepsilon_1) \big] \mathrm{sech}\, (\xi d_\mathrm{s}(\boldsymbol{x},\boldsymbol{q}))^2 \big] \frac{\partial d_\mathrm{s}(\boldsymbol{x},\boldsymbol{q})}{\partial q_p} \tag{9-5-11}$$

从上式可以看出,材料分布函数对控制点坐标和高度是可微的,因此通过此方程求出的梯度信息有利于加速优化进程。

其中计算式(9-5-11)中的带符号方程对控制点高度的梯度是几何投影法计算量最大、计算最复杂的过程。在 x-y 平面内,求曲面坐标 $\boldsymbol{x}$ 到由平面 $s(\boldsymbol{x},\boldsymbol{q})=0$ 定义的曲线上最小的距离。曲线上到 $\boldsymbol{x}$ 是最小距离的点为 $\boldsymbol{x}_0$,这个距离定义为 $g(\boldsymbol{x},\boldsymbol{x}_0) = |\boldsymbol{x} - \boldsymbol{x}_0|$。求解式(9-5-8)满足库恩塔克的必要条件:

$$\nabla g(\boldsymbol{x},\boldsymbol{x}_0) - \lambda\, \nabla s(\boldsymbol{x}_0) = 0 \tag{9-5-12}$$
$$s(\boldsymbol{x}_0) = 0$$

其中 λ 为拉格朗日乘子。首先给出在曲线上一个最接近 $\boldsymbol{x}_0$ 的初始猜测点 $\boldsymbol{x}_i$,同时给出 λ 的一个初始猜测值 λ_i。这样可以得到残差

$$\boldsymbol{r}(\boldsymbol{v}_i) = \boldsymbol{r} \begin{bmatrix} \boldsymbol{x}_i \\ \lambda_i \end{bmatrix} = \begin{Bmatrix} \nabla g(\boldsymbol{x},\boldsymbol{x}_i) - \lambda_i\, \nabla s(\boldsymbol{x}_i) \\ s(\boldsymbol{x}_i) \end{Bmatrix} \tag{9-5-13}$$

如果循环的起始点很接近最优值,则最优化问题可以通过牛顿迭代法求解:

$$\boldsymbol{v}_{i+1} = \boldsymbol{v}_i - \Big[\frac{\partial \boldsymbol{r}}{\partial \boldsymbol{v}}(\boldsymbol{v}_i) \Big]^{-1} \boldsymbol{r}(\boldsymbol{v}_i) \tag{9-5-14}$$

其中残差的偏导表示为

$$\Big[\frac{\partial \boldsymbol{r}}{\partial \boldsymbol{v}}(\boldsymbol{v}_i) \Big] = \begin{bmatrix} \nabla^2 g(\boldsymbol{x},\boldsymbol{x}_i) - \lambda_i\, \nabla^2 s(\boldsymbol{x}_i) & -\nabla s(\boldsymbol{x}_i) \\ \nabla s(\boldsymbol{x}_i)^{\mathrm{T}} & 0 \end{bmatrix} \tag{9-5-15}$$

上式中单位相关一阶和二阶偏导数分别表示为

$$\nabla g(\boldsymbol{x},\boldsymbol{x}_i) = \Big\{ \frac{(\boldsymbol{x} - \boldsymbol{x}_i)}{g(\boldsymbol{x},\boldsymbol{x}_i)} \Big\} \tag{9-5-16}$$

$$\nabla^2 g(\boldsymbol{x},\boldsymbol{x}_i) = \Big(\frac{1}{g(\boldsymbol{x},\boldsymbol{x}_i)} \Big) I - \Big(\frac{1}{g(\boldsymbol{x},\boldsymbol{x}_i)^3} \Big) [(\boldsymbol{x} - \boldsymbol{x}_i) \otimes (\boldsymbol{x} - \boldsymbol{x}_i)] \tag{9-5-17}$$

$$\nabla s(\boldsymbol{x}_i) = \boldsymbol{c}^{\mathrm{T}} + \Big\{ \sum_p \chi_p (2\ln(g(\boldsymbol{x}_i,\boldsymbol{x}_p)) + 1)(\boldsymbol{x}_i - \boldsymbol{x}_p) \Big\} \tag{9-5-18}$$

$$\nabla^2 s(\boldsymbol{x}_i) = \Big(\sum_p \chi_p (2\ln(g(\boldsymbol{x}_i,\boldsymbol{x}_p)) + 1) \Big) I + \sum_p \Big[\frac{2\chi_p}{g(\boldsymbol{x}_i,\boldsymbol{x}_p)^2} [(\boldsymbol{x}_i - \boldsymbol{x}_p) \otimes (\boldsymbol{x}_i - \boldsymbol{x}_p)] \Big]$$
$$\tag{9-5-19}$$

沿着 $\nabla s(\boldsymbol{x})$ 的方向搜寻牛顿迭代的起始点 $\boldsymbol{x}_0$。首先对 $s(\boldsymbol{x})$、$\nabla s(\boldsymbol{x})$ 和 $\nabla^2 s(\boldsymbol{x})$ 采用 4 次拟合,如果没有得到零交叉点,则对 $s(\boldsymbol{x})$ 和 $\nabla s(\boldsymbol{x})$ 采用线性拟合来搜寻零交叉点的初始猜测值。而拉格朗日乘子的初始猜测值是沿着 $\nabla s(\boldsymbol{x})$ 方向从 $\boldsymbol{x}$ 到 $\boldsymbol{x}_i$ 的步长,从 $\boldsymbol{v}_i$ 点开始迭代,直到残差的模 L^2 收敛到小于 10^{-9},这样就能得到收敛的 $\boldsymbol{x}$ 和拉格朗日乘子 λ 的值。在极少情况下残差没有收敛,残差的偏导信息是不可用的,或者在 40

次循环内得不到合适的点,这时就要替换初始猜测值从新迭代。如果还是不能达到收敛条件,就把这个点的符号距离方程设为 $d_s(x) = s(x)$,而且把这个点处的符号距离方程的偏导设为零,此时这个点在梯度计算时就不起作用了。而实际上很少有不收敛的情况发生,所以以上的处理对整个计算的影响很小[47]。

9.5.3　光子晶体腔的几何投影法优化

基于前面的分析,具有 $C_{2,\sigma v}$ 对称性的光子晶体腔是最有可能获得高 Q 值和小 V_{eff} 的腔结构。本节在此结构的基础上引入几何投影法,优化腔近邻空气孔的形状,使腔获得更高的 Q 值和更小的 V_{eff}。Frei 等人首次把几何投影法应用到光子晶体腔结构的优化上,得到了 Q 值大于两倍的提高[38]。几何投影法的精髓在于,它将介质材料的分布形状通过控制点高度来调整,从而大大地减小了计算量,而且计算的结果边界平滑,更易于实验制作。但是在 Frei 等人优化光子晶体腔的模型中,通过几何投影得到的介质材料分布形状首先被存储到一个文本文件中,然后通过方程的形式将数据导入有限元模型中,模型中优化区域的网格尺寸就会影响腔内电场的分布,而且精细的网格会增大计算量[38]。最主要的是在空气孔边界的网格节点处会引起电场的不连续分布,从而很难精确计算腔的 V_{eff}。所以 Frei 等人的方法仅适用于优化光子晶体腔的 Q 值,而要优化腔的 V_{eff} 值还需进一步改进几何投影法在模型中的应用。这里采用改进的几何投影法来处理光子晶体腔的 Q 值和 V_{eff} 优化问题。如图 9-5-10 所示,我们直接将由控制点高度拟合出的曲面与零平面的交线计算出来,利用多边形将此交线近似等分(本节将交线等分为 50 份),然后利用多变形来近似空气孔的形状,在建立腔的有限元模型时直接将多边形数据写入。这样的处理减小了电场在空气孔边界处的不连续分布,从而使优化高 Q 值和小 V_{eff} 的光子晶体腔成为可能。

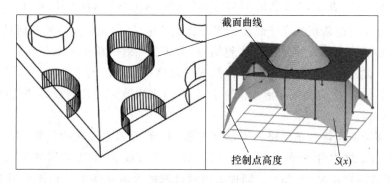

图 9-5-10　光子晶体平板腔有限元模型中几何投影法的改进用法示意图

光子晶体腔近邻空气孔的形状对腔特性的影响很大,通过优化空气孔的形状可以提升腔的特性。在本节中,我们采用改进的几何投影法来优化近邻空气孔的形状,这就意味着几何投影法中控制点的高度为我们的计算变量。通过优化控制点高度,

可以得到最优的空气孔投影形状,如图 9-5-11 所示。对应这种腔结构的 H_z 和 E_x 分布与优化前变化不是很明显。腔的归一化共振波长为 3.52,腔的 Q 值为 5.15×10^5,其中水平方向 $Q_{//}$ 值为 5.72×10^6,垂直方向 $Q_\perp$ 值为 5.15×10^5。这个计算结果仅比优化前提高了近两倍。腔的电场 x 分量 E_x 的二维傅里叶变换谱如图 9-5-12(a)所示,从总体上看与优化前变化不大。图 9-5-12(b)为图 9-5-12(a)的放大图,从图中可以看出腔模的傅里叶谱在缺陷圈内的分量基本为零,要比优化前少很多。这就意味着通过几何投影法的优化可以减小腔在垂直方向上的光辐射,从而提高腔的 Q 值。这种腔结构的电场幅值分布如图 9-5-12(c)所示,在优化空气孔附近放大的 $|E|^2 \varepsilon$ 分布图如图 9-5-12(d)所示。近邻空气孔处有一个小的区域是折射率不连续的,在这个区域附近电场分布更加集中。在折射率不连续的界面处,电位移密度为了保持在法向上的连续性,使电场分布产生了不连续性,从而导致电场幅度在这个区域变得很大,所以能得到更小的 $V_{\text{eff}} = 0.09(\lambda_0/n)^3$,这个结果为优化前的 $\frac{1}{3}$ 左右。

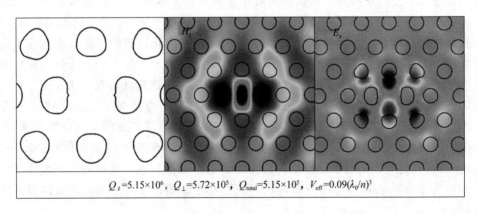

$$Q_{//} = 5.15 \times 10^6, \quad Q_\perp = 5.72 \times 10^5, \quad Q_{\text{total}} = 5.15 \times 10^5, \quad V_{\text{eff}} = 0.09(\lambda_0/n)^3$$

图 9-5-11　几何投影法优化后的光子晶体平板腔的几何结构和其 H_z、E_x 分布图

本节旨在通过新颖的光子晶体纳米腔优化算法,优化光子晶体腔几何结构,力求设计出高 Q 值和小 V_{eff} 的光子晶体腔结构,为研制高效的单光子器件提供平台设计基础。本节首先研究了具有不同对称性光子晶体平板腔的 Q 值和 V_{eff},分析了影响提高光子晶体腔 Q 值和减小腔 V_{eff} 的原因,然后采用改进的几何投影法优化光子晶体平板腔结构。

通过移动和调整六角晶格光子晶体平板 H1 腔近邻空气孔的位置和半径,可以得到具有 $C_{6,\sigma v}$ 对称性的光子晶体结构。通过参数优化可以得到其最优 Q 值为 3.48×10^4,V_{eff} 为 $0.35(\lambda_0/n)^3$。同理可以通过调整六角晶格光子晶体平板 H0 腔近邻的空气孔位置和半径,得到具有 $C_{3,\sigma v}$ 对称性和 $C_{2,\sigma v}$ 对称性的光子晶体腔结构。其中具有 $C_{3,\sigma v}$ 对称性的腔结构有最优的 Q 值,为 2.14×10^5,V_{eff} 为 $0.27(\lambda_0/n)^3$。具有 $C_{2,\sigma v}$ 对称性的腔结构有最优的 Q 值,为 2.7×10^5,V_{eff} 为 $0.22(\lambda_0/n)^3$。从不同对称结构光子晶体腔结构的 E_x 分布的二维傅里叶变换谱中可以看出,具有 $C_{2,\sigma v}$ 对称性的腔

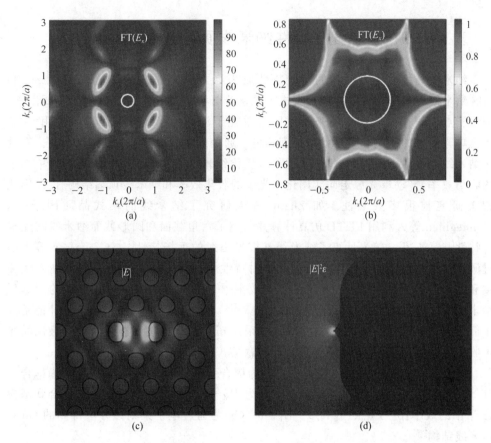

图 9-5-12 (a)几何投影法优化的光子晶体平板腔电场分量 E_z 的二维傅里叶谱；
(b)图(a)的局部放大图；(c)腔内电场振幅$|E|$的分布图；
(d)优化后空气孔附近$|E|^2\varepsilon$的幅度分布图

结构其腔模式在垂直方向上的辐射远小于其他对称结构的光子晶体腔结构，因此具有 $C_{2,\sigma v}$ 对称性的腔有最大的 Q 值。从不同对称结构光子晶体腔内电场强度能量的集中度看，具有 $C_{2,\sigma v}$ 对称性的腔其电场聚集在 2 个点，其能量聚集程度大于其他两种对称结构的腔，因此具有 $C_{2,\sigma v}$ 对称性的腔有最小的 V_{eff}。

　　基于以上分析，具有 $C_{2,\sigma v}$ 对称性的腔结构有最大的 Q 值和最小的 V_{eff}。基于此结构，采用改进的几何投影法，对具有 $C_{2,\sigma v}$ 对称性的光子晶体腔近邻空气孔的形状进行优化。通过优化得到一种新型的光子晶体平板腔结构，其 Q 值能达到 5.15×10^5，比优化前提高了近两倍。而且同时使腔具有很小的 $V_{eff} = 0.09(\lambda_0/n)^3$，不到优化前的 $\frac{1}{2}$。此新型结构同时具有很高的 Q 值和很小的 V_{eff}，为单光子源的研制提供了平台设计基础。

9.6　单光子器件纳米线顶端结构的优化

纳米线结构由于其独特的光电特性成为当今研究的热点,单晶 GaN、ZnO 和 CdS 纳米线在光电器件上的应用将成为推动半导体光电技术快速发展的重要因素。把量子点埋藏在纳米线中用来制作固态单光子源是纳米线的一个重要应用[48-50]。固态单光子源的研制在量子信息处理和量子通信的发展中具有重要应用价值。在基于纳米线埋藏量子点的固态单光子源中,优化纳米线结构则可以大大地提高单光子的收集效率,推动单光源走向实用化。光子的收集效率和纳米线顶端结构有关,因此相关研究被很多人关注。如 Zhang 等人研究了纳米线的模式品质因子[51],Henneghien 等人利用 FDTD 仿真计算并研究了六角截面和圆形截面纳米线的光辐射特性[52],Maslov 等人计算了纳米线基模光辐射的远场特性[53],Gregersen 等人通过圆锥形纳米线顶端控制纳米线的光辐射特性[54],Friedler 等人通过设计纳米线顶端和底端反射镜来提高单光子源的收集效率[55]。以上研究发现利用截顶的圆锥形纳米线顶端可以大大地提高光子的收集效率[56]。尽管如此,以上的优化设计都是基于简单的几何参数调整,而对纳米线顶端采用拓扑优化方法则有可能得到最优的光子收集效率,对设计高亮单光源具有重要意义。

在图 9-6-1 中,D 为纳米线直径,P_M 为耦合到基模 HE_{11} 中的辐射率,γ 为耦合到其他模式中的辐射率,总的自发辐射效率为 $P_M + \gamma$,β 参数表示自发辐射耦合到基模 HE_{11} 中的效率:$\beta = P_M/(P_M + \gamma)$。图 9-6-1(b)为通过电子束刻蚀方法得到的 GaAs 纳米线结构[55]。

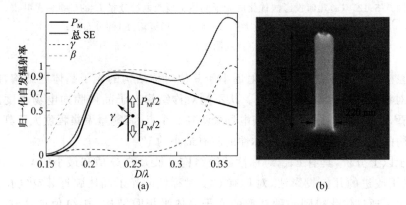

图 9-6-1　埋藏在 GaAs 纳米线中偶极子的归一化自发辐射效率

固态单光子源的输出性能主要由以下两个参数决定:β 参数和光子收集效率 η。β 为量子点自发辐射耦合到纳米线基模的效率,如图 9-6-1 所示,大的 β 参数可以通过选择合适的纳米线半径得到[55-56]。而光子收集效率 η 则可以通过优化纳米线几何结构得到提高[57]。纳米线内的光场分布是导模前向传播和后向传播场叠加的结果,而纳米线顶端导模光场一部分穿过纳米线顶端透射到自由空间,而另一部分经过纳米线顶端的反射又回到纳米线内部。为了提高光子的前向透射,一般在纳米线底部放置一个平面金属反射镜把从顶端反射回来的光和后向传播的光都反射向前传播[55]。在理论仿真中一般采用偶极子近似量子点发光,研究光在纳米线中的传播与透射特性,如图 9-6-2 所示[50,55]。在下面的分析中,假设纳米线内部后向传播的光都被反射,从而只有前向传播的光。因此在我们简化的纳米线模型中,基模光场从纳米线底部直接导入,从而忽略光的后向传播。利用拓扑优化算法和参数优化算法相结合优化纳米线顶端的几何结构,提高光子的前向透射,从而提高光子收集效率。

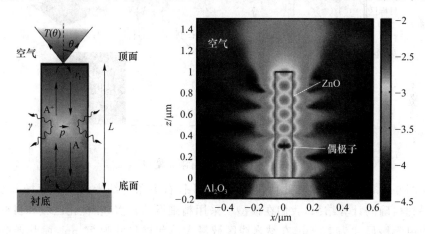

图 9-6-2 在理论仿真中,利用偶极子近似量子点的光辐射,计算纳米线中的光场分布特性[52,55]

9.6.1 模型与优化方法

下面采用有限元方法建立纳米线模型,重点研究采用几何投影法[44,38]优化纳米线顶端的剖面结构,以提高纳米线的前向透射效率。几何投影法可以通过调控三维曲面的形状来控制其在平面上的投影结构。基于几何投影法的结构优化算法可以大大地减少优化变量,提高计算效率。而有限元方法可以提供导入几何投影法产生数据的渠道,而且在处理任意形状介质材料分布问题方面很有优势。

纳米线有限元模型如图 9-6-3 所示,假设纳米线为 GaAs 材料,其折射率为3.45,为了获得最大的 β 参数,纳米线半径选为 105 nm[55]。选取圆柱形纳米线的顶端为优化区域,而目标探测区域到优化区域的距离为 $d=3r$,探测区域半径 $R=3r$。优化区域高度为 200 nm,纳米线总体高度为 1 000 nm。根据纳米线内光场基模的对称性,我们采用对称边界条件只计算柱形纳米线模型的 1/4 区域。在简化的模型中我们只考虑光的前向传播,因此我们在纳米线底部采用光入射的方法来模拟纳米线内的光场分布,基态模式 HE_{11} 模直接作为光源入射。如图 9-6-3 所示,在模型的 yOz 平面采用完美电导体边界条件(PEC),在 xOz 平面采用完美磁导体边界条件(PMC)。完美电导体和完美磁导体边界条件与基模 HE_{11} 的两个偏振态相对应,如果边界条件互换就会得到另一个偏振的 HE_{11} 模入射。由于两个偏振模式是对称的,因而不会影响计算结果。在空气层外面采用完美匹配层来减小反射光的影响,完美匹配层外面采用的是吸收边界条件[38]。

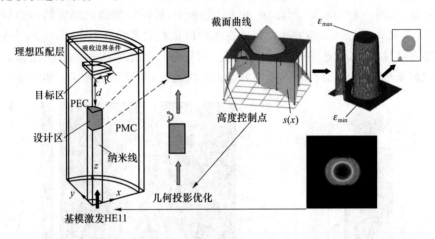

图 9-6-3　纳米线有限元模型

在图 9-6-3 中,右上角为几何投影法示意图,右下角为纳米线基模模场分布[58]。为了得到精确的计算结果,我们在模型中采用精细网格设置,在优化区域和目标区域最大的单元格尺寸为 10 nm,在纳米线区域最大单元格尺寸为 20 nm,而其他的区域则采用自动网格分布。在完美匹配层沿着光吸收方向至少有两层单元格,而且要满足在每个波长的尺度上至少存在 4 个单元格。基于以上网格设计,本模型中一共包含大约 50 000 个计算单元。虽然更加精细的网格也是可取的,但是计算单元个数的增加只会增加计算时间,对计算结果已经没太大影响,说明结果已经收敛。

由于三维的拓扑优化算法计算量很大而且计算方法复杂,所以这里利用纳米线的对称性,采用二维优化方法优化纳米线的剖面结构。二维的优化只是利用了纳米线的对称结构,但是却忽略了纳米线光场模式的对称性,所以二维的简化计算只能接近全局最优结构。我们采用几何投影法来优化纳米线的剖面结构,这种方法在形状优化问题上有其独特的魅力,可以克服传统拓扑优化所产生的不平滑边界图形结构,如图 9-6-3 所示,其基本原理为:在优化区域选择合适的控制点,并对控制点赋予不同的高度,利用控制点的高度产生一个平滑的控制曲面,曲面由控制点表示〔式(9-5-2)〕,然后利用控制曲面在零平面的投影产生优化区域形状。通过调整控制点的高度就可以得到新的优化区域形状,并且所得的优化结果边界平滑,更易于实验制造,几何投影法的具体原理见 9.5 节相关内容。材料介电函数的分布可以表示为式(9-5-4)。纳米线的前向透射可以通过对目标区域的能流密度积分计算,表示为

$$P = \int_{\Gamma} \frac{1}{2} \mathrm{Re}(E \times H^*) ds , \Gamma \text{ 为目标区域的底部边界。}$$

针对本节的纳米线优化模型,采用具体的优化方法,步骤如下。

① 将纳米线顶端的剖面结构选定为优化区域,在优化区域选取合适的控制点,并对每一个控制点都赋予一个初始高度 h。把控制点坐标与控制点高点代入几何投影法中,通过此方法给出一个初始的折射率分布。本节中初始的折射率分布为圆柱形的剖面结构。

② 将上一步产生的二维折射率分布通过旋转对称的方法改写成三维折射率分布,并将数据存入一个 .txt 文件,便于导入有限元模型中。

③ 将三维折射率分布数据导入有限元模型中,计算光场在模型中的分布情况。通过对目标区域的能流密度进行积分得到目标函数值。

④ 将优化变量(控制点高度为 h)和目标函数代入单纯性优化算法中,经过计算得到新的控制点高度 h'。由于光场基模 HE_{11} 并非有旋转对称性,所以目标函数对折射率分布的梯度也不具有旋转对称性。因此梯度信息不能代入优化算法中,只能采用简单的迭代算法进行计算。

⑤ 将更新的控制点高度 h' 代入第 1 步中,依次循环直到满足收敛条件。

9.6.2 优化结果

基于几何投影法,可以通过优化控制点高度,得到合适的纳米线顶端结构,使光的前出射最大。通过对单位立体角内能流密度的积分来研究纳米线的前向透射特性。透射方程可以表示为

$$S(\theta) = \int_{\Gamma(\theta)} \frac{1}{2} \mathrm{Re}(E \times H^*) \mathrm{d}s \tag{9-6-1}$$

$$\Gamma(\theta) = \int_{\theta-0.5\pi/N}^{\theta} R^2 \mathrm{d}\theta \tag{9-6-2}$$

这里 $\Gamma(\theta)$ 表示把八分之一的球面平均分为 N 个面积相等的部分。如图 9-6-4 所示,$N=10$,$\theta>0$,球面被均分成 10 份,如果 N 越大就表示 $S(\theta)$ 的取值越密。通过对能流密度在这些等分球面上的积分就可以得到纳米线顶端的能流分布特性。

当纳米线的半径和基模模式波长满足 $r=0.11\lambda$ 时,基于纳米线结构的单光子源就可以获得最大的 β 值,从而提高单光子源的带宽[55]。基于上节的计算模型和优化方法,这里我们选择 HE_{11} 模式的入射波长为 $\lambda=950\ \mathrm{nm}$ 来满足最大 β 值条件。模型只考虑了光在纳米线中的传输特性,忽略了光的反

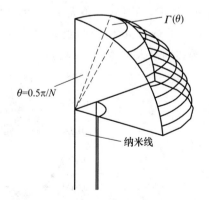

图 9-6-4 能流密度积分的等分球面示意图

射、埋藏量子点的发光特性以及光的模式耦合效应等。但是简化的模型侧重的是纳

米线的顶端结构和光的前向透射,所以研究结果依然能为基于纳米线的固态单光子源提供理论支持。

通过上节的优化方法,我们得到了一种新的顶端结构,如图 9-6-5 所示,优化后的纳米线顶端剖面结构为拱形结构。拱形顶端结构的纳米线前向透射比圆柱形纳米线的前向透射特性更好,虽然在立体角 10°以内的能流通过量没有得到很大提升,但是总体的前向透射比优化前提升了很多。

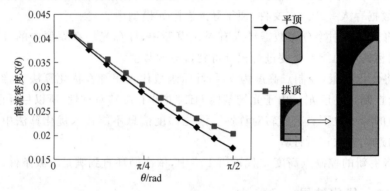

图 9-6-5 几何投影法优化后的纳米线顶端结构,以及优化前后纳米线的前向透射特性曲线

通过以上的几何投影法优化,发现当纳米线顶端具有拱形结构时,有利于提高光的前向透射,但具体的拱形结构参数还需要采用参数优化方法获得。这里我们利用半椭球形来近似拱形的顶端结构,拱形高为 h,底面半径为 r(与纳米线半径相等),拱形曲面参数用 $\alpha=h/r$ 表示。目标函数值随 α 的变化如图 9-6-6 所示,当 $\alpha=1.2$ 时纳米线的前向透射达到最小,而当 $\alpha=3.4$ 时可以获得最大的前向透射。同时我们还计算了当纳米线的顶端拱形结构具有不同 α 时纳米线的前向透射特性,如图 9-6-7 所示。当 $\alpha<1.2$ 时,光场主要向纳米线的上方透射,增加 α 只能调控 45°内的光子透射,而对立体角大于 45°的区域影响不大。当 $\alpha>1.2$ 时,光子在立体角大于 45°区域的透射也会增加,当 $\alpha=3.4$ 时光子透射在纳米线顶端全区域(立体角 180°以内)都达到最大。

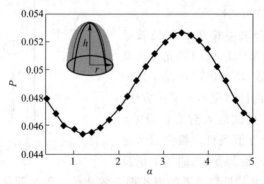

图 9-6-6 不同的拱形顶端参数对应目标区域的能流积分

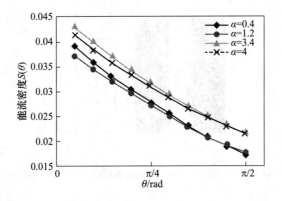

图 9-6-7 具有不同拱形顶端参数的纳米线的前向透射特性

通过几何投影法优化和参数优化，当 $\alpha=3.4$ 时，光子的前向透射可以达到最大。优化前后纳米线的前向透射特性对比如图 9-6-8 所示，经过优化，光子在立体角 180° 范围内的透射特性都得到很大提高。圆柱形顶端和拱形顶端($\alpha=3.4$)纳米线结构的电场分布剖面图如图 9-6-9 所示。对于圆柱形顶端的纳米线结构，光子透射只能影响到纳米线上方的能量流动，而拱形顶端的纳米线结构光子透射可以从侧面增加纳米线的前向透射。所以拱形顶端的纳米线结构有更大的光子前向透射效率，因此更加有利于光子收集效率的提高。

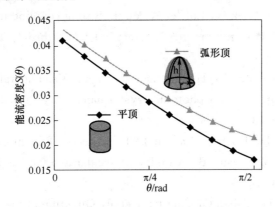

图 9-6-8 优化前后纳米线的前向透射特性

实验上 GaAs 纳米线中埋藏 InAs 量子点的光子收集效率只有 17%，这主要是由于量子点辐射的光一部分会通过衬底逃逸，而且纳米线表面的光滑度也会影响光子的收集效率。而我们的模型忽略了纳米线表面及衬底的影响，仅采用表面完美光滑的纳米线模型，而且假设光全部是前向传播。我们简化的模型不能定量地研究量子点在纳米线中的光辐射特性，仅能提供一种优化纳米线顶端结构，提高光子前向透射效率的方法，此方法可以为提高固态单光子源光子收集效率方面的研究提供理论支持。

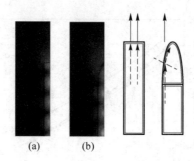

图 9-6-9　优化前(a)后(b)纳米线的电场分布剖面图

本章参考文献

[1] Thompson R J, Rempe G, Kimble H J. Observation of normal-mode splitting for an atom in an optical cavity [J]. Physical Review Letters, 1992, 68(8): 1132-1135.

[2] Gerard J M, Sermage B, Gayral B, et al. Enhanced spontaneous emission by quantum boxes in a monolithic optical microcavity [J]. Physical Review Letters, 1998, 81(5): 1110-1113.

[3] Reithmaier J P, Sek G, Loffler A, et al. Strong coupling in a single quantum dot-semiconductor microcavity system [J]. Nature, 2004, 432 (7014): 197-200.

[4] Yoshie T, Scherer A, Hendrickson J, et al. Vacuum rabi splitting with a single quantum dot in a photonic crystal nanocavity [J]. Nature, 2004, 432 (7014): 200-203.

[5] Greentree A D, Koch J, Larson J. Fifty years of Jaynes-cummings physics [J]. Journal of Physics B: Atomic, Molecular and Optical Physics, 2013, 46 (22): 220201.

[6] Greentree A D, Tahan C, Cole J H, et al, Quantum phase transitions of light [J]. Nature Physics, 2006, 2(12): 856-861.

[7] Tavis M, Cummings F W. Approximate Solutions for an N-Molecule-Radiation-Field Hamiltonian [J]. Physical Review, 1969, 188(2): 692-695.

[8] Fink J M, Goppl M, Baur M, et al. Climbing the Jaynes-cummings ladder and observing its nonlinearity in a cavity QED system [J]. Nature, 2008, 454 (7202): 315-318.

[9] Birnbaum K M, Boca A, Miller R, et al. Photon blockade in an optical cavity with one trapped atom [J]. Nature, 2005, 436(7047): 87-90.

[10] Reinhard A, Voltz T, Winger M, et al. Strongly correlated photons on a chip [J]. Nature Photonics, 2011, 6(2): 93-96.

[11] Faraon A, Fushman I, Englund D, et al. Coherent generation of non-classical light on a chip via photon-induced tunnelling and blockade [J]. Nature Physics, 2008, 4(11): 859-863.

[12] Majumdar A, Bajcsy M, Vuckovic J. Probing the ladder of dressed states and nonclassical light generation in quantum-dot-cavity QED [J]. Physical Review A, 2012, 85(4): 041801.

[13] Englund D, Majumdar A, Bajcsy M, et al. Ultrafast Photon-Photon Interaction in a Strongly Coupled Quantum Dot-Cavity System [J]. Physical Review Letters, 2012, 108(9): 093604.

[14] Majumdar A, Bajcsy M, Rundquist A, et al. Loss-Enabled Sub-Poissonian Light Generation in a Bimodal Nanocavity [J]. Physical Review Letters, 2012, 108(18): 183601.

[15] Zhang Wen, Yu Zhongyuan, Liu Yumin, et al. Optimal photon antibunching in a quantum-dot-bimodal-cavity system [J]. Physical Review A, 2014, 89(4): 043832.

[16] Liew T C H, Savona V. Single Photons from Coupled Quantum Modes[J]. Physical Review Letters, 2010, 104(18): 183601.

[17] Voltz T, Reinhard A, Winger M, et al. Ultrafast all-optical switching by single photons [J]. Nature Photonics, 2012, 6(9): 605-609.

[18] Bose R, Sridharan D, Kim H, et al. Low-Photon-Number Optical Switching with a Single Quantum Dot Coupled to a Photonic Crystal Cavity [J]. Physical Review Letters, 2012, 108(22): 227402.

[19] Makoto Y, Takashi A, Susumu N. Third emission mechanism in solid-state nanocavity quantum electrodynamics [J]. Reports on Progress in Physics, 2012, 75(9): 096401.

[20] Pathak P, Hughes S. Cavity-assisted fast generation of entangled photon pairs through the biexciton-exciton cascade [J]. Physical Review B, 2009, 80(15): 155325.

[21] Kim H, Shen T C, Sridharan D, et al. Magnetic field tuning of a quantum dot strongly coupled to a photonic crystal cavity [J]. Applied Physics Letters, 2011, 98(9): 091102.

[22] Ren Q J, Lu J, Tan H H, et al. Spin-Resolved Purcell Effect in a Quantum Dot Microcavity System [J]. Nano Letters, 2012, 12(7): 3455-3459.

[23] Kim H, Sridharan D, Shen T C, et al. Strong coupling between two quantum dots and a photonic crystal cavity using magnetic field tuning [J].

Optics Express，2011，19(3)：2589-2598.

[24] Zhang Wen，Yu Zhongyuan，Liu Yumin，et al. Optical nonlinearity in a quantum dot-microcavity system under an external magnetic field [J]. Journal of the Optical Society of America B，2014，31(2)：296-301.

[25] Chen W L，Beck K M，Bucker R，et al. All-Optical Switch and Transistor Gated by One Stored Photon [J]. Science，2013，341(6147)：768-777.

[26] Ma Shen，Yu Zhongyuan，Zhang Wen，et al. Low-photon-number optical switch and AND/OR logic gates based on quantum dot-bimodal cavity coupling system[J]. Scientific Reports，2016，6(1)：19001.

[27] Majumdar A，Kaer P，Bajcsy M，et al. Proposed coupling of an electron spin in a semiconductor quantum dot to a nanosize optical cavity[J]. Physical Review Letters，2013，111(2)：027402.

[28] Chang W H，Chen W Y，Chang H S，et al. Efficient single-photon sources based on low-density quantum dots in photonic-crystal nanocavities [J]. Physical Review Letters，2006，96(11)：117401.

[29] Kaniber M，Laucht A，Neumann A，et al. Investigation of the nonresonant dot-cavity coupling in two-dimensional photonic crystal nanocavities[J]. Physical Review B，2008，77(16)：161303.

[30] Tanaka Y，Asano T，Noda S. Design of photonic crystal nanocavity with Q-Factor of ～109[J]. IEEE Journal of Lightwave Technology，2008，26(11)：1532-1539.

[31] Srinivasan K，Painter O. Momentum space design of high-Q photonic crystal optical cavities[J]. Optics Express，2002，10(15)：670-684.

[32] Han Z，Checoury X，Haret L-D，et al. High quality factor in a two-dimensional photonic crystal cavity on silicon-on-insulator [J]. Optics Letters，2011，36(10)：1749.

[33] Peter E，Senellart P，Martrou D，et al. Exciton-photon strong coupling regime for a single quantum dot embedded in a microcavity [J]. Physical Review Letters，2005，95(6)：067401.

[34] Coccioli R，Boroditsky M，Yablonovitch E，et al. Smallest possible electromagnetic mode volume in a dielectric cavity [J]. IEE Proceedings-Optoelectronics，1998，145(6)：391-397.

[35] Robinson J T，Manolatou C，Chen L，et al. Ultrasmall Mode Volumes in Dielectric Optical Microcavities [J]. Physical Review Letters，2005，95 (14)：143901.

[36] Nozaki K，Baba T. Laser characteristics with ultimate-small modal volume

in photonic crystal slab point shift nanolasers [J]. Applied Physics Letters, 2006, 88(21): 211101.

[37] Ee H-S, Jeong K-Y, Seo M-K, et al. Ultrasmall square-lattice zero-cell photonic crystal laser [J]. Applied Physics Letters, 2008, 93(1): 011104.

[38] Frei W R, Johnson H T, Choquette K D. Optimization of a single defect photonic crystal laser cavity[J]. Journal of Applied Physics, 2008, 103(3): 033102.

[39] Wang Donglin, Yu Zhongyuan, Liu Yumin, et al. Ultrasmall modal volume and high Q factor optimization of a photonic crystal slab cavity [J]. Journal of Optics, 2013, 15(12): 125102.

[40] Wang Donglin, Yu Zhongyuan, Liu Yumin, et al. Optimization of a two-dimensional photonic crystal waveguide for ultraslow light propogation [J]. Journal of Optics, 2012, 14(12): 125101.

[41] Wang Donglin, Yu Zhongyuan, Liu Yumin, et al. Transverse-electric and transverse-magnetic mode slow light propogation in a two-dimensional photonic crystal waveguide [J]. Applied Optics, 2013, 52(26): 6523-6528.

[42] Wang Donglin, Yu Zhongyuan, Liu Yumin, et al. The optimal structure of two dimensional photonic crystals with the large absolute band gap [J]. Optics Express, 2011, 19(20): 19346-19353.

[43] Vuckovic J, Loncar M, Mabuchi H, et al. Optimization of the Q factor in photonic crystal microcavities [J]. IEEE Journal of Quantum Electronics, 2002, 38(7): 850-856.

[44] Norato J, Haber R, Tortorelli D, et al. A Geometry projection method for shape optimization [J]. International Journal for Numerical Methods in Engineering, 2004, 60(14): 2289-2312.

[45] Franke R. Scattered data interpolation test of some methods [J]. Mathematics of Computation, 1982, 38:181-200.

[46] Berasekas D P. Nonlinear Programming [M]. 2ed. [s. n.]: Athena Scientific, 1995.

[47] Frei W R. Optimization of photonic crystal structures. University of Illinois at Urbana-Champaign, 2004.

[48] Borgstrom M T, Zwiller V, Muller E, et al. Optically bright quantum dots in single nanowires [J]. Nano Letters, 2005, 5(7): 1439-1443.

[49] Zwiller V, Akopian N, van Weert M, et al. Optics with single nanowires [J]. Comptes Rendus Physique, 2008, 9(8): 804-815.

[50] Panev N, Persson A I, Skold N, et al. Sharp exciton emission from single

InAs quantum dots in GaAs nanowires [J]. Applied Physics Letters, 2003, 83(11): 2238-2240.

[51] Zhang Y, Loncar M. Ultra-high quality factor optical resonators based on semiconductor nanowires [J]. Optics Express, 2008, 16(22): 17400-17409.

[52] Henneghien A L, Gayral B, Desieres Y, et al. Simulation of waveguiding and emitting properties of semiconductor nanowires with hexagonal or circular sections [J]. Journal of the Optical Society of America B, 2009, 26 (12): 2396-2403.

[53] Maslov A V, Ning C Z. Far-field emission of a semiconductor nanowire laser [J]. Optics Letters, 2004, 29(6): 572-574.

[54] Gregersen N, Nielsen T R, Claudon J, et al. Controlling the emission profile of a nanowire with a conical taper [J]. Optics Letters, 2008, 33 (15): 1693-1695.

[55] Friedler I, Sauvan C, Hugonin J P, et al. Solid-state single photon sources: the nanowire antenna[J]. Optics Express, 2009, 17(4): 2095-2110.

[56] Nowicki-Bringuier1 Y R, Hahner R, Claudon J, et al. A novel high-efficiency single-mode single photon source [J]. Ann. Phys. Fr., 2007, 32 (213): 151-154.

[57] Barnes W L, Bjork G, Gerard J M, et al. Solid-state single photon sources: light collection strategies [J]. European Physical Journal D, 2002, 18(2): 197-210.

[58] Wang Donglin, Yu Zhongyuan, Liu Yumin, et al. Optimizing the top profile of a nanowire for maximum forward emission [J]. Chinese Physics B, 2011, 20(11): 116102.

附录 A 四元合金半导体的参数拟合公式

四元化合物半导体的物理参数也可用插值函数表示,插值表达式可借助三元化合物的弯曲参数表示,对于表示为 $A_x B_{1-x} C_y D_{1-y}$ 类型的四元化合物合金半导体,物理参量的拟合公式可以用如下经验公式表示:

$$Q(x,y) = \frac{x(1-x)\left[yT_{ABC(x)} + (1-y)T_{ABD(x)}\right] + y(1-y)\left[xT_{ACD(y)} + (1-x)T_{BCD(y)}\right]}{x(1-x) + y(1-y)}$$

$$(A-1)$$

对于形如 $AB_x C_y D_{1-x-y}$ 的四元化合物半导体合金,物理参量的拟合公式则表示为

$$Q(x,y) = \frac{xyT_{ABC(u)} + y(1-x-y)T_{ACD(v)} + x(1-x-y)T_{ABD(w)}}{xy + y(1-x-y) + x(1-x-y)} \qquad (A-2)$$

其中 $u=(1-x+y)/2, v=(2-x-2y)/2, w=(2-2x-y)/2$。在组成合金化合物半导体的过程中,由于生长条件的不同,材料摩尔组分的并入比不是任意的,形成稳定的结构需满足热动力学相平衡条件。对于 $Al_x Ga_{1-x} As$ 合金,摩尔组分 x 可以任意变化。对于特定摩尔组分的合金系统,要形成均匀组分的合金,当不满足热动力学相平衡条件时会形成较大的团簇(大于基本的物理学元胞),团簇将增加载流子的散射概率,劣化载流子的输运特性。一般随着温度的升高,形成均匀合金组分的选择范围变大。

附录 B 坐标变换与张量变换

1. 坐标变换

采用一定的数学方法将一种坐标系的坐标变换为另一种坐标系的坐标,有时可以对某些物理张量带来简化,类似于线性代数中的矩阵对角化。平面二维的坐标变换比较简单,这里介绍三维的坐标变换及其过程,我们仅限于坐标绕原点旋转的情况,新旧坐标系的手性不变化。

如图 B-1 所示,原坐标系为 x-y-z,变换坐标系 x'-y'-z' 由原坐标系经过旋转而来,其分解过程为:先绕 z 轴旋转角度 φ,得到中间坐标系 x''-y''-z'',再绕 y'' 旋转角度 θ,得到目标坐标系 x'-y'-z'。

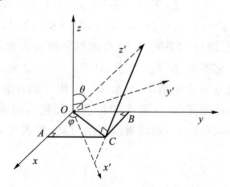

图 B-1 坐标变换分步绕轴旋转示意图

以上只是外在地描述了坐标变换的过程,但是其数学语言是怎么描述的呢?也就是在原坐标中给定一个点,这个点应该怎么在变换坐标中表示。此变换过程的数学描述即旋转矩阵。

由上述说明可知其分解过程为:先绕 z 轴旋转角度 φ,得到中间坐标系 x''-y''-z'',再绕 y'' 旋转角度 θ,得到目标坐标系 x'-y'-z'。下面推导坐标变换矩阵。

第一步,先绕 z 轴旋转角度 φ,很容易得到旋转矩阵

$$\boldsymbol{T}_1 = \begin{bmatrix} \cos\varphi & \sin\varphi & 0 \\ -\sin\varphi & \cos\varphi & 0 \\ 0 & 0 & 1 \end{bmatrix}$$

第二步,绕中间坐标系的 y'' 轴旋转角度 θ,其旋转矩阵为

$$T_2 = \begin{bmatrix} \cos\theta & 0 & -\sin\theta \\ 0 & 1 & 0 \\ \sin\theta & 0 & \cos\theta \end{bmatrix}$$

第三步,合成,得到所需变换坐标系与原坐标系之间的关系,同上可知:

$$\begin{bmatrix} e_{x'} \\ e_{y'} \\ e_{z'} \end{bmatrix} = T_1 \times T_2 \begin{bmatrix} e_x \\ e_y \\ e_z \end{bmatrix}$$

$$= \begin{bmatrix} \cos\theta & 0 & -\sin\theta \\ 0 & 1 & 0 \\ \sin\theta & 0 & \cos\theta \end{bmatrix} \begin{bmatrix} \cos\varphi & \sin\varphi & 0 \\ -\sin\varphi & \cos\varphi & 0 \\ 0 & 0 & 1 \end{bmatrix} \begin{bmatrix} e_x \\ e_y \\ e_z \end{bmatrix}$$

$$= \begin{bmatrix} \cos\theta\cos\varphi & \cos\theta\sin\varphi & -\sin\theta \\ -\sin\varphi & \cos\varphi & 0 \\ \sin\theta\cos\varphi & \sin\theta\sin\varphi & \cos\theta \end{bmatrix} \begin{bmatrix} e_x \\ e_y \\ e_z \end{bmatrix}$$

即所求旋转矩阵为

$$T = T_1 \times T_2$$

$$= \begin{bmatrix} \cos\theta & 0 & -\sin\theta \\ 0 & 1 & 0 \\ \sin\theta & 0 & \cos\theta \end{bmatrix} \begin{bmatrix} \cos\varphi & \sin\varphi & 0 \\ -\sin\varphi & \cos\varphi & 0 \\ 0 & 0 & 1 \end{bmatrix}$$

$$= \begin{bmatrix} \cos\theta\cos\varphi & \cos\theta\sin\varphi & -\sin\theta \\ -\sin\varphi & \cos\varphi & 0 \\ \sin\theta\cos\varphi & \sin\theta\sin\varphi & \cos\theta \end{bmatrix}$$

2. 张量变换

由坐标变换可推导张量变换,已知两个矢量 P、Q 由一个二阶张量相关系,表示为

$$\begin{bmatrix} p_x & p_y & p_z \end{bmatrix}^{\mathrm{T}} = \begin{bmatrix} T_{ij} \end{bmatrix} \begin{bmatrix} q_x & q_y & q_z \end{bmatrix}^{\mathrm{T}}$$

其中,T 为它们之间的转换矩阵,$T = \begin{bmatrix} T_{ij} \end{bmatrix}$。

坐标系的改变不能改变物理量本身以及物理量之间的关系,在另外一个坐标系中上述关系可以表示为

$$P' = \begin{bmatrix} T'_{ij} \end{bmatrix} Q'$$

其中,P' 和 Q' 分别为 P 和 Q 变换坐标后的矢量表示,$T' = \begin{bmatrix} T'_{ij} \end{bmatrix}$ 为联系 P' 和 Q' 的二阶张量。现要求 T' 和 T 之间的关系,由坐标变换关系 $p'_i = \sum_{j=1}^{3} A_{ij} p_j$、反变换关系 $q_k = \sum_{l=1}^{3} A_{lk} q'_l$,可得 p'_i 和 q'_i 之间的关系为

$$p'_i = \sum_{j=1}^{3} \sum_{k=1}^{3} \sum_{l=1}^{3} A_{ij} T_{jk} A_{lk} q'_l = \sum_{l=1}^{3} \sum_{j=1}^{3} \sum_{k=1}^{3} A_{ij} T_{jk} A_{lk} q'_l = \sum_{l=1}^{3} T'_{il} q'_l$$

于是可得 **T′** 和 **T** 之间的关系

$$T'_{il} = \sum_{j=1}^{3} \sum_{k=1}^{3} A_{ij} T_{jk} A_{lk}$$

同理可以写出三阶张量和四阶张量的变换表达式：

$$T_{i,j,k} = U_{i,m} U_{j,n} U_{k,o} T_{m,n,o}$$

$$T_{i,j,k,l} = U_{i,m} U_{j,n} U_{k,o} U_{l,p} T_{m,n,o,p}$$

附录 C 弹性张量坐标变换数值程序

```
clc
clear
          [118.8    53.8    53.8     0       0        0
           53.8    118.8    53.8     0       0        0
           53.8    53.8    118.8     0       0        0
CC_001 =    0       0       0      59.4      0        0
            0       0       0       0      59.4       0
            0       0       0       0       0      59.4];
%%旋转矩阵;
H = 1;  K = 1;  L = 1;
fai = atan(H/K);        sita = asin(sqrt((H^2 + K^2)/(H^2 + K^2 + L^2)));
R = [cos(fai) * cos(sita)   sin(fai) * cos(sita)   - sin(sita)
        - sin(fai)              cos(fai)                 0
     cos(fai) * sin(sita)   sin(fai) * sin(sita)   cos(sita)];
matrix = GaAs;
for J = 1:1:6
    if J == 1
            mm = 1; nn = 1;
        elseif J == 2
            mm = 2;   nn = 2;
        elseif J == 3
            mm = 3;   nn = 3;
        elseif J == 4
            mm = 2;   nn = 3;
        elseif J == 5
            mm = 1;   nn = 3;
        elseif J == 6
            mm = 1;   nn = 2;
        end
```

```
for K = 1:1:6
    if K == 1
        oo = 1;   pp = 1;
    elseif K == 2
        oo = 2; pp = 2;
    elseif K == 3
        oo = 3; pp = 3;
    elseif K == 4
        oo = 2; pp = 3;
    elseif K == 5
        oo = 1;   pp = 3;
    elseif K == 6
        oo = 1;   pp = 2;
    end
    new_CC(J,K) = 0;
    % 开始循环求和
    for M = 1:1:3
        for N = 1:1:3
            for O = 1:1:3
                for P = 1:1:3
                    % % 判断两位数矩阵
                    if M + N == 2
                        JJ = 1;
                    elseif ((M + N) == 4&&M == N)
                        JJ = 2;
                    elseif ((M + N) == 4&&M~ = N)
                        JJ = 5;
                    elseif M + N == 6
                        JJ = 3;
                    elseif M + N == 5
                        JJ = 4;
                    elseif M + N == 3
                        JJ = 6;
                    end
                    if O + P == 2
                        KK = 1;
```

```
                    elseif ((O + P) == 4&&O == P)
                        KK = 2;
                    elseif ((O + P) == 4&&O~ = P)
                        KK = 5;
                    elseif O + P == 6
                        KK = 3;
                    elseif O + P == 5
                        KK = 4;
                    elseif O + P == 3
                        KK = 6;
                    end
    new_CC(J,K) = R(mm,M) * R(nn,N) * rotation(oo,O) * R(pp,P) * CC_001(JJ,
KK) + new_CC(J,K);
                        end
                    end
                end
            end
        end
    end
```

附录 D Mathematica 弹性张量坐标变换数值程序

```
(* 推导张量变换 *)
(* 立方晶体 *)
Clear[R, CC, CCC, C11, C12, C44, m, n, o, p, mm, nn, oo, pp];
(* C11 = 118.8;  C12 = 53.8;  C44 = 59.4; *)
(* 材料坐标系 *)
CC = {
    {C11, C12, C12, 0, 0, 0},
    {C12, C11, C12, 0, 0, 0},
    {C12, C12, C11, 0, 0, 0},
    {0, 0, 0, C44, 0, 0},
    {0, 0, 0, 0, C44, 0},
    {0, 0, 0, 0, 0, C44}
    };
R[1, 1] = Cos[\[Theta]] * Cos[\[Phi]];
R[1, 2] = Cos[\[Theta]] * Sin[\[Phi]];  R[1, 3] = - Sin[\[Theta]];
R[2, 1] = - Sin[\[Phi]];  R[2, 2] = Cos[\[Phi]];  R[2, 3] = 0;
R[3, 1] = Sin[\[Theta]] * Cos[\[Phi]];  R[3, 2] = Sin[\[Theta]] * Sin[\
        [Phi]];
R[3, 3] = Cos[\[Theta]];
R = {{R[1, 1], R[1, 2], R[1, 3]}, {R[2, 1], R[2, 2], R[2, 3]}, {R[3, 1], R
    [3, 2], R[3, 3]}};
CCC = ConstantArray[0, {6, 6}];
For[ind1 = 1, ind1 <= 6, ind1 + + ,
 If[ind1 == 1, {mm = 1, nn = 1}];
 If[ind1 == 2, {mm = 2, nn = 2}];
 If[ind1 == 3, {mm = 3, nn = 3}];
 If[ind1 == 4, {mm = 2, nn = 3}];
 If[ind1 == 5, {mm = 3, nn = 1}];
 If[ind1 == 6, {mm = 1, nn = 2}];
```

```
For[ind2 = 1, ind2 <= 6, ind2 + + ,
 (* 计算外循环系数 *)
 If[ind2 == 1, {oo = 1, pp = 1}];
 If[ind2 == 2, {oo = 2, pp = 2}];
 If[ind2 == 3, {oo = 3, pp = 3}];
 If[ind2 == 4, {oo = 2, pp = 3}];
 If[ind2 == 5, {oo = 3, pp = 1}];
 If[ind2 == 6, {oo = 1, pp = 2}];
 (* 开始变换循环 *)
 For[m = 1, m <= 3, m + + ,
  For[n = 1, n <= 3, n + + ,
   For[o = 1, o <= 3, o + + ,
    For[p = 1, p <= 3, p + + ,
     If[m + n == 2, index1 = 1];
     If[(m + n == 4) && (m == n), index1 = 2];
     If[m + n == 6, index1 = 3]; If[m + n == 5, index1 = 4];
     If[(m + n == 4) && (m ! = n), index1 = 5];
     If[m + n == 3, index1 = 6];
     If[o + p == 2, index2 = 1];
     If[(o + p == 4) && (o == p), index2 = 2];
     If[o + p == 6, index2 = 3]; If[o + p == 5, index2 = 4];
     If[(o + p == 4) && (o ! = p), index2 = 5];
     If[o + p == 3, index2 = 6];
CCC[[ind1, ind2]] = CCC[[ind1, ind2]] + R[[mm, m]] * R[[nn, n]] * R[[oo,
                   o]] * R[[pp, p]] * CC[[index1, index2]];
     (* Print[ind1,ind2]; Print[mm,nn,oo,pp]; Print[CCC[[ind1,ind2]]];
     Print[index1,index2];     Print[CC[[index1,index2]]]; *)
      ]
     ]
    ]
   ]
  ] (* 结束循环 *)
 ]
(* 以 111 方向为例 *)
Simplify[CCC /. {\[Theta] - >ArcSin[Sqrt[2/3]], \[Phi] - > Pi/4} //
     MatrixForm]
```

下面给出文献中常用的晶面方向弹性劲度矩阵：

$$C_{111}=$$

$$
\begin{bmatrix}
\dfrac{C_{11}+C_{12}+2C_{44}}{2} & \dfrac{C_{11}+5C_{12}-2C_{44}}{6} & \dfrac{C_{11}+2C_{12}-2C_{44}}{3} & 0 & \dfrac{C_{12}+2C_{44}-C_{11}}{3\sqrt{2}} & 0 \\[3mm]
\dfrac{C_{11}+5C_{12}-2C_{44}}{6} & \dfrac{C_{11}+C_{12}+2C_{44}}{2} & \dfrac{C_{11}+2C_{12}-2C_{44}}{3} & 0 & \dfrac{-(C_{12}+2C_{44}-C_{11})}{3\sqrt{2}} & 0 \\[3mm]
\dfrac{C_{11}+2C_{12}-2C_{44}}{3} & \dfrac{C_{11}+2C_{12}-2C_{44}}{3} & \dfrac{C_{11}+2C_{12}+4C_{44}}{3} & 0 & 0 & 0 \\[3mm]
0 & 0 & 0 & \dfrac{C_{11}-C_{12}+C_{44}}{3} & 0 & \dfrac{-(C_{12}+2C_{44}-C_{11})}{3\sqrt{2}} \\[3mm]
\dfrac{C_{12}+2C_{44}-C_{11}}{3\sqrt{2}} & \dfrac{-(C_{12}+2C_{44}-C_{11})}{3\sqrt{2}} & 0 & 0 & \dfrac{C_{11}-C_{12}+C_{44}}{3} & 0 \\[3mm]
0 & 0 & 0 & \dfrac{-(C_{12}+2C_{44}-C_{11})}{3\sqrt{2}} & 0 & \dfrac{C_{11}-C_{12}+4C_{44}}{6}
\end{bmatrix}
$$

$$C_{113}=$$

$$
\begin{bmatrix}
\dfrac{89C_{11}+153(C_{12}+2C_{44})}{242} & \dfrac{9C_{11}+13C_{12}-18C_{44}}{22} & \dfrac{27C_{11}+94C_{12}-54C_{44}}{121} & 0 & \dfrac{15(C_{11}-C_{12}-2C_{44})}{121\sqrt{2}} & 0 \\[3mm]
\dfrac{9C_{11}+13C_{12}-18C_{44}}{22} & \dfrac{C_{11}+C_{12}+2C_{44}}{2} & \dfrac{C_{11}+10C_{12}+2C_{44}}{11} & 0 & \dfrac{3(C_{11}-C_{12}-2C_{44})}{11\sqrt{2}} & 0 \\[3mm]
\dfrac{27C_{11}+94C_{12}-54C_{44}}{121} & \dfrac{C_{11}+10C_{12}+2C_{44}}{11} & \dfrac{(C_{11}+10C_{12}+2C_{44})}{11} & 0 & \dfrac{-24\sqrt{2}(C_{11}-C_{12}-2C_{44})}{121} & 0 \\[3mm]
0 & 0 & 0 & \dfrac{C_{11}-C_{12}+C_{44}}{3} & 0 & \dfrac{3(C_{11}-C_{12}-2C_{44})}{11\sqrt{2}} \\[3mm]
\dfrac{15(C_{11}-C_{12}-2C_{44})}{121\sqrt{2}} & \dfrac{3(C_{11}-C_{12}-2C_{44})}{11\sqrt{2}} & \dfrac{-24\sqrt{2}(C_{11}-C_{12}-2C_{44})}{121} & 0 & \dfrac{27C_{11}-27C_{12}+67C_{44}}{121} & 0 \\[3mm]
0 & 0 & 0 & \dfrac{3(C_{11}-C_{12}-2C_{44})}{11\sqrt{2}} & 0 & \dfrac{9C_{11}-9C_{12}+4C_{44}}{22}
\end{bmatrix}
$$

$$
C_{110}=
\begin{bmatrix}
C_{11} & C_{12} & C_{12} & 0 & 0 & 0 \\[2mm]
C_{12} & \dfrac{C_{11}+C_{12}+2C_{44}}{2} & \dfrac{C_{11}+C_{12}-2C_{44}}{2} & 0 & 0 & 0 \\[3mm]
C_{12} & \dfrac{C_{11}+C_{12}-2C_{44}}{2} & \dfrac{C_{11}+C_{12}+2C_{44}}{2} & 0 & 0 & 0 \\[3mm]
0 & 0 & 0 & \dfrac{C_{11}-C_{12}}{2} & 0 & 0 \\[3mm]
0 & 0 & 0 & 0 & C_{44} & 0 \\[2mm]
0 & 0 & 0 & 0 & 0 & C_{44}
\end{bmatrix}
$$

附录 E　对坐标的曲线积分和曲面积分

　　弧长的曲线积分最简单的物理对应就是对分布在曲线 L 上的标量场求和,如曲线的密度为 $\rho(r)$,求曲线的质量,假定曲线 L 的参数方程可表示为 $x = \varphi(t)$, $y = \phi(t)$,这时需要对标量场沿弧长求积分:

$$\int_L \rho(r)\mathrm{d}s = \int_L \rho(x,y)\sqrt{1 + y'(x)}\,\mathrm{d}x = \int_L \rho(t)\sqrt{x'(t) + y'(t)}\,\mathrm{d}t \qquad (E\text{-}1)$$

对坐标的曲线积分最简单的物理应用就是外力沿一定路径做功问题。以二维情况为例,我们给出坐标曲线积分的定义和计算。二维空间的某矢量场表示为 $\boldsymbol{F}(x,y) = P(x,y)\boldsymbol{i} + Q(x,y)\boldsymbol{j}$,如果 $P(x,y)$ 和 $Q(x,y)$ 在曲线 L 上有定义且连续,在二维空间存在有向曲线 L,定义矢量对坐标的曲线积分为

$$\int_L \boldsymbol{F} \cdot \mathrm{d}\boldsymbol{r} = \int_L P(x,y)\mathrm{d}x + Q(x,y)\mathrm{d}y \qquad (E\text{-}2)$$

假定有向曲线 L 的起点为 A,终点为 B,曲线参量为 t,且单调地从 α 变为 β,$\varphi(t)$、$\phi(t)$ 在以 α 和 β 为端点的闭区间具有一阶连续导数 $\phi'(t)$ 和 $\varphi'(t)$,且 $[\varphi'(t)]^2 + [\phi'(t)]^2 \neq 0$,则曲线积分 $\int_L P(x,y)\mathrm{d}x + Q(x,y)\mathrm{d}y$ 存在,且满足

$$\int_L P(x,y)\mathrm{d}x + Q(x,y)\mathrm{d}y = \left[\int_\alpha^\beta P(t)\varphi'(t) + \int_\alpha^\beta Q(t)\phi'(t)\right]\mathrm{d}t \qquad (E\text{-}3)$$

两类曲线积分之间的关系可以方便地由曲线的参数方程给出,曲线在某点处的一个切向量表示为

$$\boldsymbol{\tau} = \varphi'(t)\boldsymbol{i} + \phi'(t)\boldsymbol{j} \qquad (E\text{-}4)$$

　　指向方向与改点参数增大的方向一致,因此,当 $\alpha < \beta$ 时,(E-4)切线指向有向弧长 L 的走向,切向的方向余弦表示为

$$\cos\alpha = \frac{\varphi'}{\sqrt{(\varphi')^2 + (\phi')^2}}, \quad \cos\beta = \frac{\phi'}{\sqrt{(\varphi')^2 + (\phi')^2}} \qquad (E\text{-}5)$$

两类曲线积分的关系可以表示为

$$\int_L [P(t)\cos\alpha + Q(t)\cos\beta]\mathrm{d}s = \int_L [P(t)\cos\alpha + Q(t)\cos\beta]\sqrt{x'(t) + y'(t)}\,\mathrm{d}t$$

$$= \int_L [P(t)\varphi'(t) + Q(t)\phi'(t)]\mathrm{d}t$$

$$= \int_L P(x,y)\mathrm{d}x + Q(x,y)\mathrm{d}y \qquad (E\text{-}6)$$

空间曲线依次类推,简写为 $\int_\Gamma \boldsymbol{A} \cdot \mathrm{d}\boldsymbol{r} = \int_\Gamma (\boldsymbol{A} \cdot \boldsymbol{\tau}) \mathrm{d}s, \boldsymbol{\tau} = \boldsymbol{i}\cos\alpha + \boldsymbol{j}\cos\beta + \boldsymbol{k}\cos\gamma$,不再给出具体描述。

下面介绍曲面积分,首先介绍对面积的曲面积分,面积的曲面积分典型的物理应用如具有一定电荷面密度 $\rho_s(x,y,z)$ 的带电表面,假定曲面 Σ 由方程 $z=z(x,y)$ 给出,方程求总的电荷即面积分的形式:

$$Q = \iint_\Sigma \rho(x,y,z) \mathrm{d}S = \iint_{D_{xy}} \rho(x,y,z)\sqrt{1+(z_x)^2+(z_y)^2}\,\mathrm{d}x\mathrm{d}y \qquad (\text{E-7})$$

对坐标的曲面积分典型的物理应用为流问题,在某曲面存在非均匀矢量场 $\boldsymbol{v}=\boldsymbol{i}X+\boldsymbol{j}Y+\boldsymbol{k}Z$,那么在该表面的流量可以表示为

$$\iint_\Sigma \boldsymbol{v} \cdot \mathrm{d}\boldsymbol{S} = \iint_\Sigma \boldsymbol{v} \cdot (\boldsymbol{i}\mathrm{d}y\mathrm{d}z + \boldsymbol{j}\mathrm{d}x\mathrm{d}z + \boldsymbol{k}\mathrm{d}x\mathrm{d}y) = \iint_\Sigma X\mathrm{d}y\mathrm{d}z + Y\mathrm{d}x\mathrm{d}z + Z\mathrm{d}x\mathrm{d}y$$

$$(\text{E-8})$$

下面给出闭合曲线积分的斯托克斯公式:

$$\iint_S \nabla\times\boldsymbol{R} \cdot \mathrm{d}\boldsymbol{S} = \iint_S (\nabla\times\boldsymbol{R} \cdot \boldsymbol{N})\mathrm{d}S = \oint_L \boldsymbol{R} \cdot \mathrm{d}\boldsymbol{r} \qquad (\text{E-9})$$

展开表示为

$$\iint_S \left(\frac{\partial Z}{\partial y}-\frac{\partial Y}{\partial z}\right)\mathrm{d}y\mathrm{d}z + \left(\frac{\partial Y}{\partial x}-\frac{\partial X}{\partial y}\right)\mathrm{d}x\mathrm{d}y + \left(\frac{\partial X}{\partial z}-\frac{\partial Z}{\partial x}\right)\mathrm{d}x\mathrm{d}z$$

$$= \iint_S \left[\left(\frac{\partial Z}{\partial y}-\frac{\partial Y}{\partial z}\right)\cos\alpha + \left(\frac{\partial Y}{\partial x}-\frac{\partial X}{\partial y}\right)\cos\beta + \left(\frac{\partial X}{\partial z}-\frac{\partial Z}{\partial x}\right)\cos\gamma\right]\mathrm{d}S$$

$$= \oint_L X\mathrm{d}x + Y\mathrm{d}y + Z\mathrm{d}z$$

$$= \oint_L \boldsymbol{A} \cdot \mathrm{d}\boldsymbol{r} \qquad (\text{E-10})$$

闭合曲面积分的高斯定理:

$$\iiint_\Omega \nabla\cdot\boldsymbol{R}\mathrm{d}x\mathrm{d}y\mathrm{d}z = \oiint_\Sigma \boldsymbol{R} \cdot \mathrm{d}\boldsymbol{S} = \oiint_\Sigma (\boldsymbol{R} \cdot \boldsymbol{N})\mathrm{d}S \qquad (\text{E-11})$$

展开表示为

$$\iiint_\Omega \left(\frac{\partial X}{\partial x}+\frac{\partial Y}{\partial y}+\frac{\partial Z}{\partial z}\right)\mathrm{d}x\mathrm{d}y\mathrm{d}z = \oiint_\Sigma (X\cos\alpha + Y\cos\beta + Z\cos\gamma)\mathrm{d}S \qquad (\text{E-12})$$

$\boldsymbol{N}$ 为曲面 Σ 上一点的法线单位矢量,$\boldsymbol{N}=\boldsymbol{i}\cos\alpha+\boldsymbol{j}\cos\beta+\boldsymbol{k}\cos\gamma$,其中:

$$\cos\alpha = -\frac{z_x}{\sqrt{1+z_x^2+z_y^2}}, \quad \cos\beta = \frac{-z_y}{\sqrt{1+z_x^2+z_y^2}}, \quad \cos\gamma = \frac{1}{\sqrt{1+z_x^2+z_y^2}}$$

$$(\text{E-13})$$

练习题 1:结合量子线应变分布的计算公式,给出从点 (x_1,z_1) 到 (x_2,z_2) 的直线线元并将其作为量子线积分边界,计算该线元对空间某点 (x,z) 应力场的贡献(几何

结构如图 E-1 所示)。

$$C = \arctan E + \arctan F$$

$$\sigma_{xx} = \Lambda\left[\left(\frac{B}{D}\right)^2 C - \left(\frac{BH}{D^2}\right)\ln\left(\frac{d_2}{d_1}\right)\right]$$

$$\sigma_{zz} = \Lambda\left[\left(\frac{H}{D}\right)^2 C + \left(\frac{BH}{D^2}\right)\ln\left(\frac{d_2}{d_1}\right)\right]$$

$$\sigma_{xz} = \Lambda\left[\left(\frac{BH}{D^2}\right)C + \left(\frac{B^2 - H^2}{2D^2}\right)\ln\left(\frac{d_2}{d_1}\right)\right]$$

其中：

$$E = \frac{Bb_1 + Hh_1}{Bh_1 - Hb_1}, \quad F = \frac{Hh_2 + Bb_2}{Hb_1 - Bh_1}$$

$$H = z_2 - z_1, \quad h_1 = z_1 - z, \quad h_2 = z_2 - z$$

$$B = x_2 - x_1, \quad b_1 = x_1 - x, \quad b_2 = x_2 - x$$

$$d_1^2 = h_1^2 + b_1^2, \quad d_2^2 = h_2^2 + b_2^2, \quad D^2 = H^2 + B^2$$

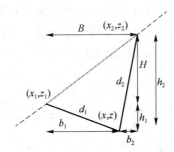

图 E-1 线元积分结构示意图

练习题 2：上述问题中，假定空间某点(x, z)位于线元的延长线上，试绘制几何结构并证明：$C = \arctan E + \arctan F = 0$。此时该线元对于改点应力分量的贡献可以转化为以下简单形式：

$$\sigma_{xx} = -\Lambda\left(\frac{BH}{D^2}\right)\ln\left(\frac{d_2}{d_1}\right), \quad \sigma_{zz} = \Lambda\left(\frac{BH}{D^2}\right)\ln\left(\frac{d_2}{d_1}\right), \quad \sigma_{xz} = \Lambda\left(\frac{B^2 - H^2}{2D^2}\right)\ln\left(\frac{d_2}{d_1}\right) \quad \text{(E-14)}$$

练习题 3：针对问题 1，如果转换坐标系，假定线元与坐标系的 x 轴重合，证明线元对空间任意一点的应力分量贡献为 $\sigma_{xx} = \Lambda\phi, \sigma_{yy} = 0, \sigma_{xy} = \frac{\Lambda}{2}\ln\left(\frac{d_2}{d_1}\right)$。其中 ϕ 为 d_1、d_2 之间的夹角，顺时针取负值，逆时针取正值。上式意义很明显，沿 x 轴的线元对于 z 方向的正应力没有贡献，x 方向的正应力只与改点和线元构成的张角有关。在 xOy 坐标系下求得应力分布后，再转化为 $x'Oy'$ 坐标系，需要用到二阶张量的变换 $\sigma_{ij} = \sum\limits_{m=x,y}\sum\limits_{n=x,y}R_{im}R_{jn}\sigma_{mn}$，其中 R_{nn} 为坐标 $xOy \to x'Oy'$ 的坐标变换矩阵元，表示为

$$\boldsymbol{R} = \begin{bmatrix} \cos\theta & \sin\theta \\ -\sin\theta & \sin\theta \end{bmatrix}$$，θ 为原坐标系到新坐标系的旋转角度，正负号遵循同样的规则，

根据以上条件，求图 E-2 所示 $x'Oy'$ 坐标系下的各个应变分量。

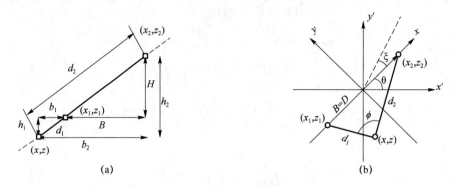

图 E-2　（a）任意直角坐标系中的量子线方位示意图；
（b）量子线在新旧坐标系中的方位示意图

练习题 4：对图 E-3 所示的 Ⅰ、Ⅱ、Ⅲ、Ⅳ 4 段边界构成的矩形量子线，内部任意一点与 4 段边界围成的夹角分别为 θ_1、θ_2、θ_3、θ_4。为计算简便，假定边界与坐标轴平行，试证明，在量子点内部静水应力为常数 $\sigma_{xx}+\sigma_{zz}=2\pi\Lambda$，在量子点外部，静水分量为零（可用习题 3 的结论，也可直接代公式）。

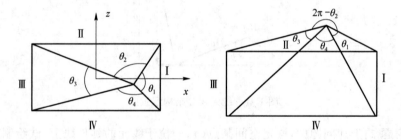

图 E-3　量子线内部点和量子线外部点与矩形量子线、4 个顶角构成的方位角关系

练习题 5：假定量子线的线元为一段圆弧，根据定义，求图 E-4 所示的坐标二维表面任意一点 (x,y) 处的应力分量表达式，试用 Mathematic 推导。

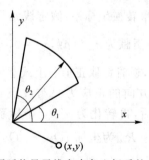

图 E-4　圆弧状量子线在直角坐标系的方位示意图

　　练习题 6：如果矩形量子点的棱边与直角坐标系的主轴平行，与练习题 3 类似，试证明 σ_{xx} 正应力分量只与量子点两个垂直于 x 轴的平面有关，大小与该点和两个平面的立体角有关。进一步证明，量子点内部的静水应力为常数，量子点外部的静水应力为零。

附录 F　三维量子点形状特征函数的傅里叶变换

量子点几何特征函数的傅里叶变换定义为

$$\bar{\chi}_{\mathrm{QD}}(\xi) = \frac{1}{(2\pi)^3} \int \exp(-\mathrm{i}\xi \cdot r) \mathrm{d}V \tag{F-1}$$

(1) 球形(原点位于球心,半径为 R)

$$\bar{\chi}_{\mathrm{QD}}(\xi) = \frac{1}{(2\pi)^3} \frac{4\pi}{\xi} \left(\frac{\sin(\xi R)}{\xi^2} - \frac{R\cos(\xi R)}{\xi} \right) \tag{F-2}$$

(2) 立方体(原点位于中心,3 个边长分别为 a_1、a_2、a_3)

$$\bar{\chi}_{\mathrm{QD}}(\xi) = \frac{1}{(2\pi)^3} \frac{8}{\xi_1 \xi_2 \xi_3} \sin(\xi_1 a_1/2) \sin(\xi_2 a_2/2) \sin(\xi_3 a_3/2) \tag{F-3}$$

(3) 圆柱(原点位于中心,直径为 D,高为 h)

$$\bar{\chi}_{\mathrm{QD}}(\xi) = \frac{1}{(2\pi)^3} \frac{2\pi D}{\xi_{/\!/} \xi_3} \sin(\xi_3 h/2) J_1\left(\frac{D\xi_{/\!/}}{2} \right) \tag{F-4}$$

(4) 圆锥(原点位于底面中心,底面半径为 R,高为 h)

$$\bar{\chi}_{\mathrm{QD}}(\xi) = \frac{1}{(2\pi)^3} \frac{2\pi\mathrm{i}}{\xi_z} \left[\exp(-\mathrm{i}\xi_z h) I_2(\xi_{/\!/} R, \xi_z h) - \frac{R}{\xi_{/\!/}} J_1(R\xi_{/\!/}) \right] \tag{F-5}$$

$$I_2(\alpha, \beta) = \int_0^1 x J_0(\alpha x) \exp(\mathrm{i}\beta x) \mathrm{d}x$$

(5) 半球(原点位于球心,半径为 R)

$$\tilde{\chi}_{\mathrm{QD}}(\xi) = \frac{1}{2} \tilde{\chi}_{\mathrm{QD}}^{\mathrm{sphere}}(\xi) + \frac{1}{(2\pi)^3} \frac{2\pi\mathrm{i}}{\xi_3} \left[\frac{R}{\xi_{/\!/}} J_1(R\xi_{/\!/}) - R^2 I_{j0}(R\xi_3, R\xi_{/\!/}) \right] \tag{F-6}$$

$$\xi_{/\!/} = \sqrt{\xi_1^2 + \xi_2^2}, \quad I_2(\alpha, \beta) = \int_0^1 x J_0(\alpha \sqrt{1-x^2}) J_0(\beta x) \mathrm{d}x$$

(6) 金字塔(原点在底面中心,基底棱边与坐标轴平行,L_x、L_y 为金字塔底部的变长,h 为量子点的高度)

$$\tilde{\chi}_{\mathrm{QD}}(\xi) = \chi_1(\xi_1, \xi_2, \xi_3, L_x, L_y) + \chi_1(\xi_2, \xi_1, \xi_3, L_y, L_x) + $$
$$\chi_1(-\xi_1, \xi_2, \xi_3, L_x, L_y) + \chi_1(-\xi_2, \xi_1, \xi_3, L_y, L_x) \tag{F-7}$$

其中:

$$\chi_1(\xi_1, \xi_2, \xi_3, L_x, L_y) = \frac{1}{\xi_2 \xi_3} \left\{ \mathrm{e}^{-\mathrm{i}\xi_3 h} \left[I_{e0}\left(\frac{L_x}{2}, -\xi_1 + \xi_3 \frac{L_y}{L_x} + \frac{\xi_2 2h}{L_x} \right) - I_{e0}\left(\frac{L_x}{2}, -\xi_1 - \xi_3 \frac{L_y}{L_x} + \frac{\xi_2 2h}{L_x} \right) \right] \right.$$
$$\left. I_{e0}\left(\frac{L_x}{2}, -\xi_1 + \xi_2 \frac{L_y}{L_x} \right) + I_{e0}\left(\frac{L_x}{2}, -\xi_1 + \xi_2 \frac{L_y}{L_x} \right) \right\}$$

$$I_{e0}(a, \xi) = \left[\mathrm{e}^{\mathrm{i}\xi a} - 1 \right] / (\mathrm{i}\xi)$$

$$\tag{F-8}$$

（7）六角平顶金字塔（GaN/AlN 量子点）

如图 F-1 所示，可以将多边金字塔量子点转化为 N 个直角三棱锥，不同三棱锥之间的傅里叶变换通过旋转坐标联系。先求其中的一个三棱锥，假定边长的中垂线与坐标轴 x 轴平行，则该边长对应的三棱锥的傅里叶变换表示为

$$\tilde{\chi}_{\mathrm{p}}(\boldsymbol{\xi}) = \frac{1}{(2\pi)^3} \int_0^{x_0} e^{-i\xi_x x}\, \mathrm{d}x \int_{-y_0 x/x_0}^{y_0 x/x_0} e^{-i\xi_y y}\, \mathrm{d}y \int_0^{h(1-x/x_0)} e^{-i\xi_z z}\, \mathrm{d}z \qquad (\text{F-9})$$

其中，h 为金字塔的高度，$x_0 = R_{\mathrm{b}}\cos(\alpha/2)$，$y_0 = R_{\mathrm{b}}\sin(\alpha/2)$，$\alpha = \dfrac{2\pi}{N}$ 为棱边对金字塔底面中心的张角。对式（F-9）进行积分运算得

$$\tilde{\chi}_{\mathrm{p}}(\boldsymbol{\xi}) = -\frac{1}{\xi_y \xi_z} \left\{ I_{\mathrm{e}}\left(x_0, -\xi_x - \xi_y \frac{y_0}{x_0} + \xi_z \frac{h}{x_0}\right) e^{-i\xi_z h} - I_{\mathrm{e}}\left(x_0, -\xi_x + \xi_y \frac{y_0}{x_0} + \xi_z \frac{h}{x_0}\right) e^{-i\xi_z h} - \right.$$
$$\left. I_{\mathrm{e}}\left(x_0, -\xi_x - \xi_y \frac{y_0}{x_0}\right) + I_{\mathrm{e}}\left(x_0, -\xi_x + \xi_y \frac{y_0}{x_0}\right) \right\}$$

$$(\text{F-10})$$

其中：

$$I_{\mathrm{e}}(a, b) = \int_0^a e^{ibx}\, \mathrm{d}x = \frac{1}{ib}\left[e^{iba} - 1\right] \qquad (\text{F-11})$$

为求得其他三棱锥金字塔的傅里叶变化，可以根据以下变换关系：

$$\boldsymbol{\xi}' = \boldsymbol{T}^{\mathrm{T}} \boldsymbol{\xi} = \begin{bmatrix} \cos\theta & \sin\theta & 0 \\ -\sin\theta & \cos\theta & 0 \\ 0 & 0 & 1 \end{bmatrix} \begin{bmatrix} \xi_1 \\ \xi_2 \\ \xi_3 \end{bmatrix} \qquad (\text{F-12})$$

其中 θ 为每个三棱锥与上述参照三棱锥之间绕 z 轴旋转的角度，这样整个多边金字塔特征函数的傅里叶变换可以表示为

$$\tilde{\chi}_{\mathrm{N\text{-}pyr}}(\boldsymbol{\xi}) = \sum_{N=0}^{N-1} \tilde{\chi}_{\mathrm{p}}\left(\cos\frac{2\pi p}{N}\xi_1 + \sin\frac{2\pi p}{N}\xi_2, -\sin\frac{2\pi p}{N}\xi_1 + \cos\frac{2\pi p}{N}\xi_2, \xi_3\right)$$

$$(\text{F-13})$$

对于截顶的多边金字塔量子点，其傅里叶变换为两个金字塔特征函数之差，根据傅里叶变换的平移性质，可得

$$\tilde{\chi}_{\mathrm{N\text{-}pyr\text{-}trun}}(\boldsymbol{\xi}) = \tilde{\chi}_{\mathrm{N\text{-}pyr}}(\boldsymbol{\xi}, h + h_{\mathrm{tru}}) - e^{-i\xi_z h}(\boldsymbol{\xi}, h_{\mathrm{tru}}) \qquad (\text{F-14})$$

其中 h 为截顶金字塔的高度，h_{tru} 为截去部分金字塔的高度。

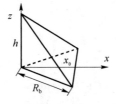

图 F-1　多边金字塔的一部分

（8）多边截顶金字塔（含非均匀组分）

对于含有非均匀组分的量子点，其特征函数表示为

$$\tilde{\chi}_{QD}(\xi) = \frac{1}{(2\pi)^3}\int g(r)\exp(-i\xi \cdot r)dV \tag{F-15}$$

以沿生长方向均匀变化的组分为例：$g(z) = g_d + \dfrac{(g_u - g_d)z}{h}$。其特征函数的傅里叶变换仍可以表示为

$$\tilde{\chi}_{N-pyr}(\xi) = \sum_{N=0}^{N-1} \tilde{\chi}_p \left(\cos\frac{2\pi p}{N}\xi_1 + \sin\frac{2\pi p}{N}\xi_2, -\sin\frac{2\pi p}{N}\xi_1 + \cos\frac{2\pi p}{N}\xi_2, \xi_3\right) \tag{F-16}$$

其中：

$$\tilde{\chi}_p(\xi) = -\frac{1}{(2\pi)^3 \xi_y \xi_z}\Bigg\{ I_0(b,\kappa_1)\left(g_u + \frac{g_u - g_d}{i\xi_z h}\right)e^{-i\xi_z h} - I_1(b,\kappa_1)\frac{g_u - g_d}{b}e^{-i\xi_z h} +$$

$$I_0(b,\kappa_2)\left(g_d + \frac{g_u - g_d}{i\xi_z h}\right) - I_0(b,\kappa_3)\left(g_u + \frac{g_u - g_d}{i\xi_z h}\right)e^{-i\xi_z h} +$$

$$I_1(b,\kappa_3)\frac{g_u - g_d}{b}e^{-i\xi_z h} + I_0(b,\kappa_4)\left(g_d + \frac{g_u - g_d}{i\xi_z h}\right)\Bigg\} \tag{F-17}$$

其中 b 为基底中心到边长中心的距离，$b = R\cos\alpha$，R 为底面多边形的外接圆半径，其他相关参数依次为

$$\kappa_1 = \xi_x - \xi_y\tan\alpha + \xi_z h/b, \quad \kappa_2 = -\xi_x - \xi_y\tan\alpha$$

$$\kappa_3 = -\xi_x + \xi_y\tan\alpha + \xi_z h/b, \quad \kappa_4 = \xi_x - \xi_y\tan\alpha$$

$$I_m(a,\kappa) = \int_0^a x^m e^{i\kappa x}dx = \frac{a^m}{i\kappa}e^{i\kappa a} - \frac{m}{i\kappa}I_{m-1}(a,\kappa), \quad I_0 = (e^{i\kappa a} - 1)/(i\kappa) \tag{F-18}$$